国家科学技术学术著作出版基金资助出版

基于系统能力量化的自主运行技术

——可诊断性、可重构性与可观测性

王大轶　符方舟　屠园园　董天舒　著

科学出版社

北京

内 容 简 介

自主运行技术是实现航天器在复杂空间环境下独立、可靠运行的关键，而自主导航和自主诊断重构是其中的两大核心难题。本书提出了一类二阶动态系统诊断、重构和观测能力定量表征理论方法，创新发展了可诊断性、可重构性和可观测性理论，创新突破了自主诊断重构和自主导航技术，实现了理论发展、方法创新、技术突破和工程应用的完整闭环。

本书可供从事航天工程领域科研人员使用，也可供高等院校相关专业的师生参考。

图书在版编目（CIP）数据

基于系统能力量化的自主运行技术 ：可诊断性、可重构性与可观测性 / 王大轶等著. -- 北京 ：科学出版社，2025. 6. -- ISBN 978-7-03-081935-2

Ⅰ. V448.2

中国国家版本馆CIP数据核字第2025GL5340号

责任编辑：刘宝莉　张海娜　赵微微 / 责任校对：任苗苗
责任印制：肖　兴 / 封面设计：无极书装

科学出版社 出版
北京东黄城根北街 16 号
邮政编码: 100717
http://www.sciencep.com
三河市春园印刷有限公司印刷
科学出版社发行　各地新华书店经销
*
2025 年 6 月第　一　版　开本：720 × 1000　1/16
2025 年 6 月第一次印刷　印张：21 1/2
字数：428 000

定价：198.00 元

（如有印装质量问题，我社负责调换）

序　一

党的二十大明确指出，要“加快实施创新驱动发展战略，加快实现高水平科技自立自强”。随着航天任务复杂度与多样性的不断提升，自主运行技术已成为突破发展瓶颈的关键所在。在此背景下,《基于系统能力量化的自主运行技术——可诊断性、可重构性与可观测性》一书的出版恰逢其时，为这一领域的发展提供了理论支撑和实践指导，对促进资源强受限下空间飞行器自主运行技术的发展具有重要意义。

“生命因奋斗而精彩，使命因艰巨而光荣”，作者团队发扬老一辈航天精神，继承“两弹一星”优良传统，以“数十年磨一剑”的科研定力，深耕自主运行技术领域。他们紧密围绕我国探月工程、深空探测等重大航天任务需求，针对自主运行领域中自主诊断重构与自主导航这两大核心问题，开展了系统而深入的研究。

该书的一个特点是理论方法有创新突破。自主运行的关键在于系统能够基于自身能力实时生成运行逻辑。然而，对于资源强受限的空间飞行器，缺乏对相关能力的定量表征手段，始终是实现自主运行的主要障碍。书中包括了作者提出的二阶动态系统诊断、重构和观测能力定量表征理论，基于能力量化的自主诊断重构与自主导航方法和可诊断性与可重构性理论的完整框架。这些创新成果为确保我国探月工程、首次火星探测和北斗三号卫星导航系统等任务的圆满成功发挥了关键作用。

该书的另一个特点是理论工程紧密结合。作者在工程技术和理论研究两方面都做得非常好，该书的内容体现了理论发展、方法创新、技术突破与工程应用的完整闭环。

我相信，该书的出版将在控制科学与航天工程领域产生重要的影响，为更多专家学者投身工程实践提供借鉴。

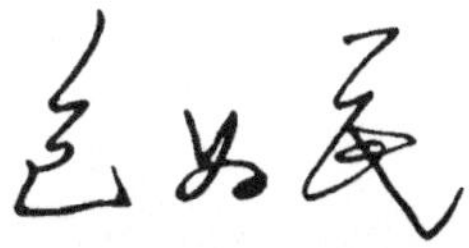

2025 年 6 月 20 日

序　二

自主运行技术是航天领域亟需发展的关键核心技术，在复杂未知多变的空间环境下，航天器必须具备安全可靠的自主运行能力。王大轶研究员是我国空间飞行器自主运行技术领域专家和学术带头人，长期致力于该领域中自主诊断重构和自主导航这两大关键核心的研究工作，取得了系统性、创造性成果。对于资源强受限的空间无人系统，无法定量表征相关能力、无法确定是否具备能力，是难以实现自主的根本原因。他首创了二阶动态系统诊断、重构和观测能力的定量表征理论方法，提出了基于可诊断性与可重构性理论的自主诊断重构技术和基于可观测性理论的自主导航技术，为空间飞行器安全可靠自主运行做出了重要贡献。

自主诊断重构是利用各种冗余(硬件或解析)自主确定并及时处理故障的过程，关键在于无需复杂算法即可充分利用不同部件间的解析冗余，而实现诊断重构能力定量表征是其中的核心，也是可诊断性与可重构性理论研究的重点。其难点是：对于闭环控制系统，故障信息和正常状态高度耦合，如何构建故障信息到测量数据、资源配置到重构目标的映射关系；如何基于诊断重构能力的定量表征，自主协同诊断重构时间、自主统筹有限资源。王大轶研究员在可诊断性与可重构性理论方面，首创了一类二阶动态系统的诊断和重构能力定量表征理论方法，解决了因不能表征量化诊断重构能力而无法实现自主诊断重构的难题。

自主导航是仅靠自身观测设备自主确定位置和速度等导航状态的过程，实现观测能力的等价降维表征是自主导航的关键，也是可观测性理论研究的重点。其难点是：由于非合作目标的观测基准缺失，自主导航系统的观测设备需多源冗余配置，在计算资源不足且要处理大量异构测量数据的情况下，如何降维表征观测能力，以及如何自主优选测量数据和自主估计导航状态。王大轶研究员在可观测性理论方面，首创了一类二阶动态系统的观测能力定量表征理论方法，实现了能观矩阵的等价降维表征，解决了因不易量化观测能力而无法实现自主导航的难题。

自主诊断重构和自主导航是航天器实现自主运行的保障和前提，《基于系统能力量化的自主运行技术——可诊断性、可重构性与可观测性》一书相关的理论创新和技术突破成果，已成功应用于我国探月工程、首次火星探测和北斗三号卫星导航系统等任务，在国际上首次实现了基于不同部件解析冗余关系的自主诊断重构，以及不依赖先验信息的月球和火星软着陆过程自主导航。该书的出版既是自主运行技术领域一次重要的总结创新，也是控制学科理论与航天工程实际有机结合的生动体现。期待更多的工程师和学者们在工程理论结合方面深耕突破，共同为我国科技创新发展贡献新的力量。

2025 年 6 月 7 日

前 言

自主运行技术一般是指无人系统不依赖外界人造信息开展测量感知、命令执行、规划调度、诊断重构等工作，实现独立、可靠运行的技术，也是支撑无人系统完成复杂任务的关键。作为一类在地球大气层外、能够长期在轨运行的典型无人系统，航天器目前主要采用天地大回路的方式，依托地面遥测遥控实现运行控制。但对于一些要求实时性强、自主性高的特殊任务，或者为了应对一些突发严重故障，航天器必须具备安全可靠自主运行的能力。对于资源严重受限、不易在轨维修的航天器，能够在器上将各类测量数据自主转化为故障诊断重构策略和导航状态，实现自主诊断重构和自主导航，是自主运行的保障和前提，也是亟待攻克的瓶颈难题。

自主诊断重构是仅靠航天器自身携带的资源配置，自主实现故障检测与隔离，并通过改变部件构型、控制算法等方式处理故障，以恢复系统全部或部分既定功能的技术手段，是航天器自主运行的重要安全保障。传统研究主要关注诊断重构算法，存在两方面局限：未关注系统前期设计，无法从根本上提升诊断重构能力；未考虑器上资源约束与诊断重构算法性能之间的矛盾，设计的算法通常比较复杂，难以在器上自主运行。

自主导航是仅靠器上测量设备，自主确定位置、速度和姿态等信息的技术手段，是航天器自主运行的关键信息来源。为了通过自主导航滤波估计全部状态信息，自主导航系统通常采用多敏感器的配置方案，如利用微波雷达、激光雷达、光学相机、惯性测量单元等提供的多源测量数据进行融合估计。但是，现有多源融合自主导航技术的融合结构和滤波算法异常复杂，受制于星上资源的严苛约束，无法直接应用。

可诊断性、可重构性和可观测性是反映系统诊断、重构和观测能力的本质属性，是指导实现航天器自主诊断重构和自主导航的关键核心。国外虽然已对可诊断性、可重构性和可观测性开展了一些研究工作，但仍存在一定问题，难以直接应用于航天器：在可诊断性与可重构性方面，现有概念模糊、考虑因素单一，未能突破诊断重构能力定量表征瓶颈，难以指导系统优化设计和模式自主调整，无法实现航天器的自主诊断重构；在可观测性方面，现有分析过程通常涉及复杂的高维矩阵运算，难以在资源受限的航天器上直接应用，无法自主评估多源测量数据的观测能力，进而无法在理论指导下优化融合结构、简化滤波算法。

针对上述问题，在王大轶负责的国家 973 计划、国家杰出青年科学基金和国防科技卓越青年科学基金等重大科技项目支持下，本书以实现航天器自主运行为目标，瞄准其中两大核心难点（自主诊断重构和自主导航）开展了深入的研究，提出了一类二阶动态系统诊断、重构和观测能力定量表征理论方法，创新发展了可诊断性、可重构性和可观测性理论，创新突破了自主诊断重构和自主导航技术，为实现航天器安全可靠自主运行提供了理论依据和技术支撑。

全书共分为四部分：准备部分（第 1、2 章）分析自主运行技术研究现状和存在的问题，探究可诊断性、可重构性和可观测性的内涵和影响因素，介绍所需的预备知识；理论部分（第 3～5 章）通过定量表征航天器这一类二阶动态系统的诊断、重构和观测能力，构建可诊断性、可重构性和可观测性理论；技术部分（第 6、7 章）提出基于可诊断性与可重构性理论的航天器自主诊断重构方法和基于可观测性理论的航天器自主导航方法；总结部分（第 8 章）是对全书内容的归纳总结和对该领域发展的未来展望。

本书是作者二十多年相关研究成果的总结和提炼，重点论述与自主诊断重构和自主导航相关的理论、方法和技术问题，研究基于系统能力定量表征实现航天器自主运行的技术途径，是一部融基础理论方法与工程设计技术为一体的学术技术专著，既可作为航天工程领域科研人员的参考书，也可作为高等院校相关专业研究生和高年级本科生的教材。

在本书相关课题研究和成果形成过程中，得到了刘成瑞研究员、何英姿研究员、张香燕研究员、黄晓峰研究员、孙泽洲研究员和 Steven X Ding 教授等的关心、支持和具体指导。

在本书的成稿过程中，得到了中国空间技术研究院航天器自主运行技术研究团队的大力支持，其中李嘉兴、侯博文、徐文青、于牧野等参与了本书部分内容撰写、图文和数据整理工作。作者在此表示最衷心的感谢。

承蒙中国科学院郭雷院士、中国空间技术研究院叶培建院士、北京航空航天大学郭雷院士对课题研究及本书出版的深切关注和关怀指导，包为民院士和王巍院士亲为本书作序并提出宝贵意见，作者备受鼓舞，必竭智尽力，再攀高峰！

本书的研究工作得到了国家自然科学基金（U22B6001、62388101、62473389、62403047）、广东省自然科学基金（2025B1515020097、2024A1515011730），以及国家自然科学基金委员会信息科学部、北京空间飞行器总体设计部和中山大学的大力支持，作者在此一并致谢。

航天器自主诊断重构方法和自主导航方法覆盖面广、技术发展非常迅速，加上作者水平有限，难以全面、完整地就研究前沿一一深入探讨。书中难免存在不当之处，恳请读者批评指正。

作　者

2025年5月于航天城

目　录

第1章 绪　　论

1.1 引　　言

2013 年 12 月 14 日，嫦娥三号探测器成功着陆于月球虹湾地区，使我国成为第三个有能力独立自主实施月球软着陆任务的国家；2019 年 1 月 3 日，嫦娥四号探测器成功着陆于月球背面的冯·卡门撞击坑，实现了人类探测器首次月背软着陆；2020 年 12 月 17 日，嫦娥五号探测器携带 1731 克月壤返回地球，标志着我国圆满完成了探月工程“绕、落、回”三步走战略目标；2021 年 5 月 15 日，天问一号探测器成功着陆于火星乌托邦平原南部，标志着我国星际探测实现了从地月系到行星际的跨越。2024 年 6 月 25 日，嫦娥六号返回器携带 1935.3 克月球背面样品准确着陆于内蒙古四子王旗预定区域，标志着探月工程嫦娥六号任务取得圆满成功，实现世界首次月球背面采样返回。

2022 年新年伊始，国务院新闻办公室发布了《2021 中国的航天》白皮书，明确指出我国在未来五年将继续实施月球探测工程，发射嫦娥七号探测器完成月球极区高精度着陆和阴影坑飞跃探测，完成嫦娥八号探测器任务关键技术攻关，与相关国家、国际组织和国际合作伙伴共同开展国际月球科研站建设，继续实施行星探测工程，发射小行星探测器，完成近地小行星采样和主带彗星探测，完成火星采样返回、木星系探测等关键技术攻关，并论证太阳系边际探测等实施方案。基于上述任务的实施，我国深空探测工程在未来将达到新的高度。

深空探测任务具有探测目标远、飞行时间长、所处环境动态多变等特点，这使得深空探测器操作控制遇到的技术难题与近地轨道卫星存在很大的区别，如上传指令延迟大、地面测控精度差、数据传输码率低、安全自主保证难等。传统的“地面测控站-航天器”大回路运控管理模式大幅限制了深空探测任务的实时性、安全性和可靠性。航天器自主运行是解决这些问题的有效途径，已成为未来深空探测技术发展的一个重要方向。

自主诊断重构是航天器自主运行的重要安全保障，它是指仅靠航天器自身携带的资源配置，自主实现故障检测与隔离，并通过改变部件构型、控制算法等方式处理故障，以恢复系统全部或部分既定功能的技术手段。航天器系统规模日益庞大、功能任务愈发复杂、太空环境变化多样，在轨难免发生各类故障，如果其中一些故障无法及时自主处理，将会对航天器的安全运行造成严重危害。例如，日本的隼鸟号探测器在对小行星“丝川”进行附着探测的过程中，发生了发动机故障，因无法自主处理，姿态严重失控，最终与小天体发生碰撞，致使第一次附着探测任务失败，造成重大经济损失。现有航天器故障诊断与系统重构的自主性水平不高，主要依赖地面专家根据遥测遥控数据进行故障会诊，再基于会诊结果向航天器发送重构指令。这种基于“天地大回路”的故障诊断与系统重构方式适用于大部分人造地球卫星，但对于通信时延大的深空探测航天器，该方式时效性较差，难以实现故障的及时处理，无法保障航天器安全可靠自主运行，亟须提升航天器自主诊断重构能力。

自主导航是航天器自主运行的关键信息来源，它是指仅靠器上测量设备，自主确定位置、速度和姿态等信息的技术手段。航天器自主导航在减小地面测控负担、提高航天器适应能力和扩展航天器应用潜力等方面具有无法替代的作用，是各航天强国优先发展并严格保密的核心技术。由于我国测控资源有限，在深空探测任务中，依靠科技创新、自立自强地发展自主导航方法尤为迫切。为确保深空探测自主导航任务过程安全可靠，一般需要对关键的导航敏感器单机进行冗余容错设计，采用微波雷达、激光雷达、光学相机、惯性测量单元等敏感器提供的多源信息进行自主导航。然而，在深空环境下，受限于空间信息获取手段、航天器计算能力和误差校正条件等因素的严重制约，多冗余配置的自主导航系统实际上是一类欠观测系统。对于这类系统，仅依赖后端的融合结构及滤波算法难以实现高精度、快收敛的自主导航，需要在航天器上表征及定量评估系统观测能力，进而在理论指导下选取最佳的导航敏感器及最优的测量数据段，从根源上提升自主导航系统的性能。

本书面向航天器实现自主运行的迫切需求，以系统诊断、重构和观测能力量化为突破口，以航天器控制系统和导航系统为主要研究对象，通过构建定量表征航天器这一类二阶动态系统的诊断、重构和观测能力，构建可诊断性、可重构性和可观测性理论，实现航天器诊断、重构、观测能力的完整表征、准确判定和完备量化，为系统能力的根本提升提供理论依据；进而提出基于可诊断性与可重构性理论的航天器自主诊断重构方法和基于可观测性理论的航天器自主导航方法，解决制约系统诊断、重构和观测能力提升的核心科学难题，为实现航天器安全可靠自主运行提供理论依据。

1.2 自主诊断方法

自主故障诊断指的是探测器不依赖地面，仅靠自身携带的测量设备和计算机，自主地实现故障检测、故障隔离、故障辨识的技术手段。

为实现航天器的自主运行，需要大幅提高航天器控制系统的安全性。以往的研究[1-3]大多是通过提高零部件可靠性以及提高系统的故障诊断和处理能力两种方式来提高航天器控制系统的安全性。然而，前者受加工、制造和装配等客观因素影响，提升零部件的能力有限，且提高零部件可靠性只能降低故障概率，高可靠性不代表不会出现故障[4]。同时，由于航天器独特的运行条件，大多数航天器发生故障后通常不易维修，因此，应在保证足够可靠性的基础上，着重提高航天器控制系统的故障诊断和处理能力。目前大多数航天器都采用天地大回路的方式处理故障，即航天器诊断系统检测到异常后，将数据传输给地面站，通过地面站人工判读的方法对故障进行诊断和分析后，再将所得结果传回航天器，指导航天器完成故障处理[5]。然而，传统的地面站专家会诊的故障应对方法会导致故障处理严重滞后，无法满足航天器自主运行的要求。因此，为保证航天器安全可靠自主运行，必须实现航天器的自主故障诊断。下面将对国内外深空探测器的自主诊断方法的发展现状进行综述。

1.2.1 自主诊断方法研究现状及存在问题

1. 自主诊断方法研究现状

从 20 世纪 50 年代到 70 年代，航天器的故障诊断主要利用地面遥测数据完成——将器上遥测数据发送至地面站，由地面站进行监测并诊断故障后，通过航天器设计硬件的冗余切换对故障进行简单的处理。该类基于地面遥测数据的故障诊断与系统重构方法被成功应用于美国的第一艘载人宇宙飞船水星号（Mercury）和苏联的第一艘载人宇宙飞船东方号（Vostok）。实际上，由于没有在系统设计阶段考虑故障的诊断与重构，仅通过运行时的遥测数据难以完成故障的精确定位，导致只能通过整机切换的方式实现故障的诊断与重构，这对探测器的运载能力提出了极高的要求。

从 20 世纪 70 年代到 90 年代，第二代航天器系统的故障诊断和重构方法特别是基于硬件冗余的故障诊断容错技术得到了很大发展。其中，美国的 Landsat 系列卫星、法国的 SPOT 系列卫星、日本的地球资源卫星 1 号（JERS-1）等都具备了不同程度的故障诊断能力和重构能力。我国航天器的自主故障诊断与系统重构方法的研究起步相对较晚。在 1999 年发射的资源一号卫星 01 星配置了具有智能接口的部件和模块级备份计算机，成为我国第一颗具有一定自主故障诊断能力的卫星。

从 20 世纪 90 年代到 21 世纪初，基于解析冗余的自主故障诊断与容错技术被广泛应用于包括美国的阿波罗号（Apollo）载人飞船和俄罗斯的联盟号（Soyuz）飞船的第三代航天器系统的自主故障诊断与系统重构。该时期的航天器关键部件有多重冗余，满足航天器对系统的安全性、可靠性要求，可以做到“一重故障保工作，双重故障保安全”。同一时期我国研制的遥感卫星、气象卫星、通信卫星以及各类小卫星的系统也都具备了不同程度的故障诊断与系统重构能力。

从21世纪初开始，航天器从原本单一配置于各分系统(如控制分系统、电源分系统、推进分系统等)的诊断系统处理故障的方式，向系统级状态监测、故障预测和故障修复的方式发展，逐步形成了航天器集成健康管理系统，从保障任务完成的系统顶层实现对航天器的故障综合检测与重构。到目前为止，门限值检验法、推断检验法、一致性检验法等实用的故障诊断方法，以及备份部件切换、系统切换、敏感器和执行机构重构等冗余控制方法都在我国已发射或在研型号中得到应用。其中，针对月球背面软着陆任务的特点，要求嫦娥四号探测器必须具备极强的自主能力。因此，对于故障的诊断与处理也提出了更高要求——将原本依赖地面的基于人工判断处理的方式改变为交由器上自主进行诊断与执行。在部件级层面，重点针对推进发动机、陀螺、加速度计、测距敏感器、测速敏感器等关键部件，设计了自主故障诊断与处理算法；在系统级层面，重点针对导航、姿控等关键分系统，设计了自主故障定位与重构策略，极大提升了航天器系统故障的自主诊断能力。

2. 自主诊断方法存在的问题

航天器一般具有不易在轨维修和资源严重受限两大特点，其诊断能力确定于设计之初、受制于有限资源，这意味着航天器自主故障诊断研究需要关注系统前期设计、充分利用有限资源。然而，由自主诊断方法研究现状可以看出，传统研究思路主要关注诊断重构算法的创新突破，主要存在以下两方面局限性。

(1)未关注系统前期设计。故障可以被诊断是诊断算法设计和容错控制策略设计的前提[6]，换言之，若缺少必要的测量信息，使得故障信息无法反映到可测信息中，则无法通过设计或改进诊断算法达到诊断故障的目的。因此，仅关注于故障诊断算法的研究无法从根本上提高航天器的诊断能力。

(2)未考虑航天器特性。航天器是一类典型的资源严重受限的系统，现有的研究思路未充分考虑资源约束与诊断算法精准性、实时性之间的矛盾，导致设计的算法通常比较复杂，对计算和存储资源提出了极高要求，仅能在地面运行，无法从工程应用上实现航天器自主故障诊断。

作为表征系统诊断能力的根本属性，可诊断性可为航天器自主故障诊断能力的提高提供新的思路——不同于着力于诊断算法设计的传统思路，对航天器进行故障诊断能力评价(可诊断性评价)，并根据评价结果对其进行优化设计(可诊断性设计)，可以从系统层面提升可测信息对故障的反应能力，从而有效地弥补传统方法提升能力有限、提升效果不全面的不足。除此之外，这种着力于系统评价的设计方式可以在保证系统诊断性能的前提下合理配置资源，从而大幅提升航天器的经济效益。可以说，航天器的可诊断性评价与设计是实现其自主故障诊断的有效途径。下面将详细介绍可诊断性内涵及影响因素。

1.2.2　可诊断性内涵及影响因素

1. 可诊断性内涵

1) 可诊断性定义

由电气电子工程师学会(Institute of Electrical and Electronics Engineers, IEEE)发布的1522标准可以得到可诊断性的定义[7]：系统故障能够被确定地、有效地识别的程度。其中，“确定地”要求每次系统发生故障时都能准确地对故障进行检测与隔离，实质上强调的是诊断系统完成诊断任务的能力；“有效地”则考虑的是诊断系统完成诊断任务的资源利用效率，即要求对隔离故障所需的资源进行优化。

值得注意的是，故障可诊断性不等于故障诊断。由文献[8]可知，故障诊断是故障检测、故障隔离与故障辨识的统称。换句话说，故障诊断是对系统故障进行检测、隔离与辨识的技术手段。可诊断性包括可检测性、可隔离性和可辨识性，主要用于衡量故障识别的准确程度和识别效率。因此，可诊断性是衡量故障诊断能力的指标。

目前为止，可诊断性评价与设计已被广泛应用于许多领域，如汽车工业[9]、电力生产[10]等。近年来，针对不同的研究需要，可诊断性研究所考虑的因素不尽相同，如文献[11]、[12]将可诊断性视为与故障大小和种类无关的内部属性，而文献[13]考虑了噪声和故障大小等因素对可诊断性的影响，这导致对不同系统可诊断性的定义存在较大的差异。因此，需要根据航天器的具体要求给出对应的可诊断性定义。首先，总结了具有代表性的针对不同系统的可诊断性定义，如表1.1所示。

表 1.1　不同系统的可诊断性定义

文献	可检测性	可隔离性	可辨识性
[11]	如果故障的发生(与大小和类型无关)会导致系统输出的标称状态发生变化，则故障是可检测的	两个故障的同时发生都会导致系统输出发生变化，则这两个故障是可隔离的	若可从系统输出和输入重构故障，则故障是可辨识的
[7]	系统故障能够被确定地、有效地识别的程度。其中，“确定地”要求每次系统发生故障时都能准确地对故障进行检测与隔离，实质上强调的是诊断系统完成诊断任务的能力；“有效地”考虑的是诊断系统完成诊断任务的资源利用效率，即要求对隔离故障所需的资源进行优化		—
[14]	如果存在信号 f_i 、 x 和 z 满足 $\boldsymbol{H}(p)\boldsymbol{x}+\boldsymbol{L}(p)+\boldsymbol{F}(p)\boldsymbol{f}_i=\boldsymbol{0}$ 且 $z\notin\mathcal{M}$ ，则故障 $\boldsymbol{f}_i$ 是可检测的	—	—

续表

文献	可检测性	可隔离性	可辨识性
[13]	当 $\boldsymbol{p}_{\theta}^{i} \notin \mathcal{Z}_{NF}$ 时，故障时序为 $\boldsymbol{\theta}_i \in \Theta_i$ 的故障 $\boldsymbol{f}_i$ 是可检测的	当 $\boldsymbol{p}_{\theta}^{i} \notin \mathcal{Z}_{f_j}$ 时，故障时序为 $\boldsymbol{\theta}_i \in \Theta_i$ 的故障 $\boldsymbol{f}_i$ 与故障模式 f_i 是可隔离的	—
[15]	—	—	如果一个故障的发生使得在时间区间 $[t-s+1,t]$ 内可测信息发生独一无二的改变，即该故障可以与其余故障或故障模式相隔离，则称该故障在该区间内是可辨识的
[16]	给定一组可用的测量值 M 和一组故障 F，如果 F 中的所有单一故障都可以用 M 唯一隔离，则系统是可诊断的		—
[17]	当 $O(\boldsymbol{f}_i) \notin O(NF)$ 时，故障 $\boldsymbol{f}_i$ 是可检测的	当 $O(\boldsymbol{f}_i) \notin O(\boldsymbol{f}_j)$ 时，故障 $\boldsymbol{f}_i$ 和 $\boldsymbol{f}_j$ 是可隔离的	—

注：由于篇幅限制，在本书中不对表格中的符号进行展开说明，具体细节请参考原文献。

根据表 1.1 可以得到如下结论：①已有研究主要基于具体特征定义可诊断性，如随机特征[13]、图形特征[16]和动态特征[11,14,17]等。②大多数文献仅侧重于研究可诊断性的一部分。例如，Fu 等[15]研究了故障可辨识性，而 IEEE 标准[7]只考虑了故障可检测性和故障可隔离性。③目前已有的可诊断性定义很少考虑航天器控制系统的实际特性，如其独特的运行条件和有限的器载资源，使得这些定义不适用于航天器。综上，本书通过充分分析航天器的实际工程背景，给出航天器可诊断性的定义：在资源配置和运行条件一定的情况下，航天器准确、有效地检测、隔离和辨识故障的能力。资源配置是指设计阶段航天器的可用资源配置结果，主要考虑系统配置、部件构型、搭载的诊断方法(计算资源)和系统动力学特性等；运行条件是指航天器在运行过程中的影响因素，包括环境因素和不确定性等。

注 1.1 所提出的航天器可诊断性定义与现有定义的基本思想本质上是相同的，由于针对不同系统，关注的角度不同，因此定义的表达存在差异。具体说，本书所提出的定义是在已有定义的基础上，侧重于考虑在航天器能力分析和设计过程中需要面临的实际特点。换言之，本书所提出的定义主要侧重于实际工程应用，其内涵与已有定义在本质上并不冲突。

2) 可诊断性与已有概念的关系

本节将通过对比已有概念与可诊断性的异同，分析不同概念之间的关系，以明确可诊断性的特点。

(1)与可测试性的关系。

目前可诊断性与可测试性之间的界限较为模糊[18]，针对在不同的研究领域或不同的研究对象，两者之间关系也不尽相同，如等价关系[19-22]、并列关系[23,24]、互补关系[25]等。

可测试性与可诊断性都可用于提升系统的运行质量，且相互之间存在一定的联系。本节将从多个角度对可测试性与可诊断性进行分析，通过比较两者的异同，给出不同概念之间的界限。

首先，给出可测试性的定义：有效地确定系统运行状态(可工作、不可工作、性能下降)，隔离内部故障的设计特性[7,26]。

由定义可知，可测试性与可诊断性均属于系统设计特性且两者均将研究重点放在故障的处理阶段，这是两者之间显著的相同点。

从研究方法来看，可测试性主要采用多信号流图等方法对系统进行分析，而在可诊断性的研究过程中，除了常见的多信号流图方法，基于数据、统计特征相似度等方法也被广泛采用。

从度量方法的角度对两者进行对比，系统的可测试性通常由故障检测率、故障隔离率和故障虚警率等具有统计特性的指标来描述。因此，可测试性主要分析的是能被检测(能被隔离/引起虚警)的故障占总故障的比例，即本质上回答的是“故障能否被检测(隔离)”或“是否存在虚警”的问题。与可测试性的研究内容不同，可诊断性主要研究系统对故障的可检测性、可隔离性与可辨识性。针对不同的描述形式，可诊断性既可用于回答“故障能否被诊断”的问题，又可用于分析故障的诊断难度。

从应用范围的角度对两者进行分析，可以看出，目前可测试性的研究大多集中于对系统进行优化，相应地，可诊断性研究不仅可以作用于系统设计阶段，还可以在诊断方案设计阶段指导方案设计，这也是两者的不同点之一。

上述分析通过研究方法、度量指标及应用范围三个方面对两者进行了对比。Sheppard 等[27]从可测试性与可诊断性的概念等方面对两者进行了分析，给出了可诊断性与可测试性之间的基本关系，如图 1.1 所示。由图可知，相对于可测试性，可诊断性具有更加广泛的内涵，即在系统设计阶段与诊断方案设计阶段，可诊断性研究可以为设计者提供更多可利用的系统信息，从而更全面地提高系统安全性。

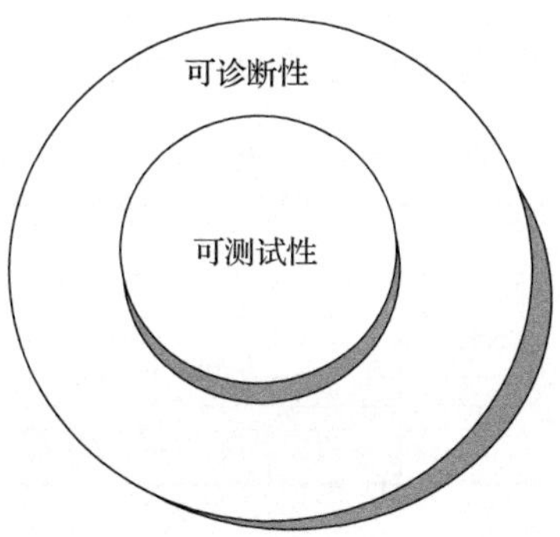

图 1.1 可诊断性与可测试性之间的基本关系

然而，随着可测试性术语使用范围的不断扩展以及研究者对可测试性研究的不断深入，可测试性与可诊断性之间的区别不断减小，两者之间的界限也越来越模糊。但毫无疑问地，可测试性与可诊断性并非等价的关系。

综上所述，可诊断性与可测试性之间的对比分析如表 1.2 所示。

表 1.2　可诊断性与可测试性之间的对比分析

	可测试性	可诊断性
本质	设计特性	
研究目标	处理故障	
研究方法	主要采用多信号流图方法	多信号流图方法，基于数据、统计特征相似度等方法
度量指标	故障检测率、故障隔离率、故障虚警率	可检测性、可隔离性、可辨识性
应用范围	优化系统配置	优化系统配置，优化诊断方案
关系	可诊断性包含可测试性	

(2) 与可观测性、可重构性的关系。

可诊断性用于衡量系统可测信息对故障反应的程度。因此，可以将故障视为系统的扩展状态，通过分析故障所对应的“系统状态”的可观测性来判断故障是否可检测。基于此，不少研究者将系统可观测性与故障可诊断性相结合，取得了一定的研究成果[28-30]。然而可观测性分析是研究可诊断性的一种方法，不能简单地将故障可观测性视为可诊断性。

可重构性反映的是系统在发生故障后，利用故障诊断结果对系统进行重构，使之恢复既定功能的能力[4,31]。可以看出，故障诊断是系统重构的前提，而系统重构是保证系统运行质量的重要手段。因此，可诊断性与可重构性是处理故障的不同阶段所对应的性质。

综上所述，可诊断性与可观测性、可重构性之间的对比分析如表 1.3 所示。

表 1.3　可诊断性与可观测性、可重构性之间的对比分析

	可观测性	可诊断性	可重构性
基本概念	系统状态运动可由输出完全反映的属性	系统故障能够被确定地、有效地识别的程度	发生故障时，系统克服故障恢复既定功能的能力
关系	可观测性分析是研究可诊断性的一种方法		处理故障的不同阶段所对应的性质

2. 可诊断性影响因素

为进一步分析航天器可诊断性，下面从资源配置和运行条件两个角度对影响航天器可诊断性的主要因素进行分析。

1）资源配置

（1）系统配置与部件构型。系统配置主要关注航天器的部件和测量点的数量，而部件构型主要指部件的安装构型和测量点位置。

系统故障诊断能力在很大程度上取决于测量信息的质量（即获取故障信息的能力），而其质量又直接受系统配置和部件构型影响。对于其余系统，可以通过搭载先进的测量设备提升测量信息质量，进而提升故障诊断能力。然而，由于航天器的承载能力有限，对传感器等部件的体积和数量有着严格的限制，这将极大地限制系统获取故障信息的能力，主要体现在：增加传感器等部件在提高系统故障诊断能力的同时显著增加任务成本[32]，这会极大地降低航天器的经济效益；另外，由于航天器长期运行于受中性热层、等离子体、辐射轨道碎片等影响的太空环境，为确保其可靠性，航天器计算机的存储资源和计算能力难以达到较高的水平，这也会降低诊断系统分析故障信息能力。因此，通过对航天器控制系统进行可诊断性评价设计，调整部件和测点个数并优化部件安装方式和测点的位置，可以使航天器控制系统在保证足够的故障诊断性能的基础上缓解燃料需求，降低任务成本。可以看出，基于可诊断性分析的系统配置和系统构型优化是航天器控制系统可诊断性设计的一个重要部分。研究者已对资源有限的航天器故障诊断系统的优化进行了研究并取得了一定的进展[33]。

（2）搭载的诊断算法。搭载的诊断算法直接影响最终的故障诊断结果。故障诊断算法通常包括以下影响因素。

①诊断要求。根据故障诊断结果，诊断需求通常分为三类：故障检测、故障隔离和故障辨识[34,35]。故障检测主要用于分析系统中是否发生故障，而故障隔离主要用于确定故障位置，故障辨识主要利用系统的测量数据确定故障类型、大小和其他特征。不同的故障位置、故障特征和任务需求通常对应不同的诊断需求。此外，航天器结构复杂、组件众多，根据建模程度可分为功能模块级、组件级和系统级，不同程度建模通常对应不同的诊断深度（如功能模块级故障诊断、部件级故障诊断和系统级故障诊断）。

②故障模式。根据故障位置，故障也可分为执行器故障、传感器故障和过程故障。此外，根据故障对系统的影响，故障还可分为加性故障和乘性故障。

③诊断时间。航天器发生故障后，需要一定的时间完成诊断任务。过长的诊断时间可能会导致故障加剧，超过最佳故障处理时间。然而，缩短诊断时间通常会导致航天器器载计算资源的需求增加。因此，对于资源严重受限的航天器，实

时故障诊断能力也是评估故障诊断算法的重要指标[36]。

④诊断计算成本。故障诊断的计算量与诊断时间密切相关。降低所需的诊断计算成本将减少系统负担并提高故障诊断算法的适用性[37,38]。如前文所述，与一般控制系统不同，航天器运行环境非常恶劣，为确保系统的可靠性，通常难以为航天器配备性能优异的计算机，这直接限制了器载计算资源。因此，诊断计算成本也是航天器控制系统故障诊断算法设计中的一个关键指标。

(3) 动力学特性。根据不同的实际需求，不同系统的动态特性往往不同。对航天器而言，其动力学特性主要受航天器的惯性张量和轨道角速度的影响。惯性张量取决于航天器的质量分布，其中，质量分布与航天器各子系统的形状、尺寸、材料、位置和结构的柔性等因素有关；轨道角速度通常由具体任务决定。这些动态特性与系统配置和部件构型密切相关[39,40]。在航天器设计阶段，在确保系统满足任务要求的前提下，通过改变动态特性，可以提高可测量信息反映故障的能力，进而更有效地获取故障诊断所需的信息，提高可诊断性。然而，现有的可诊断性研究成果大多集中于对系统配置和系统构型的优化。针对动力学特性优化的研究，更多是从提升系统控制性能的角度出发。如何在设计过程中同时考虑控制性能和可诊断性是研究中值得考虑的问题。

2) 运行条件

(1) 环境因素。航天器所处的太空环境通常可分为中性热环境、等离子体环境、辐射环境等[41]。这些极端环境影响了航天器控制系统的正常运行，增加了系统故障的概率，大大增加了故障诊断的难度。例如，太阳风暴和磁暴会导致计算机重置并遇到其他问题[42]。因此，环境因素是可诊断性研究的关键影响因素。

(2) 不确定性。不确定性将极大地影响诊断算法的诊断效果[43]。由于航天器规模庞大、零部件众多且在参数测量和辨识的过程中不可避免地会出现微小误差，通常难以给出精确的模型。除此之外，对于长期运行的航天器，载荷和材料特性等因素都随着时间不断变化，这种变化通常难以精确描述，这使得实际模型和用于分析和设计的标称模型之间的差别逐渐增大，从而使得诊断结果出现偏差，甚至会导致诊断算法失效。

(3) 其他因素。除了上述因素外，航天器在实际运行过程中还可能会受到输出饱和、测量时延、测量信息丢失和丢包等其他因素的影响。因此，应当在可诊断性分析阶段尽可能充分地考虑不同的运行条件，从而保证后续可诊断性设计的有效性。

综上所述，给出航天器可诊断性影响因素如图 1.2 所示。

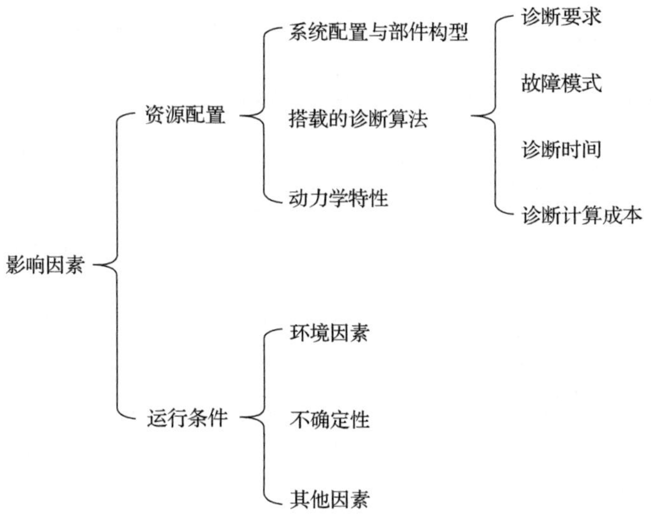

图 1.2　航天器可诊断性影响因素

1.3　自主重构方法

航天器自主重构方法是指仅依靠航天器自身携带的资源配置，根据故障检测与隔离结果，通过自主改变部件构型、控制算法等方式处理故障，以恢复系统全部或部分既定功能的技术手段。

为了提高航天器在轨运行的安全性，传统方法是通过可靠性设计来降低故障发生的概率。但是受成本和重量等因素的制约，航天器可备份的部件数量有限，再加上工艺水平的限制，其可靠性的提升存在瓶颈——当单个零部件的可靠性达到一定水平时，若要继续提高，所需代价将十分昂贵；更重要的是，可靠性描述的仅仅是概率意义下系统正常工作的可能性，高可靠性不代表不出现故障。同时，因为独特的运行条件，航天器无法像汽车、飞机等一般系统一样进行定期的维护与保养，一旦发生故障，将难以对其进行在轨维修。鉴于此，在保证零部件可靠性的基础之上，必须考虑航天器可能发生故障的实际情况和难以在轨维修的客观条件，发展航天器在故障下自主重构方法，为系统的安全可靠自主运行提供保障。

1.3.1　自主重构方法研究现状及存在问题

1. 自主重构方法研究现状

2004 年发布的国际标准[44]将航天器的自主重构划分为三个等级。

(1) C1 级：遇到致命故障时，航天器可切换至安全模式，避免灾难性事故的发生；

(2) C2 级：航天器可对故障部件进行冗余切换，但具体的系统重构决策仍然依赖于地面；

(3) C3 级：航天器能够完全自主地进行系统重构。

目前，航天器的自主重构方法基本处于 C2 级，整个过程主要依赖于地面，一旦检测到系统异常，航天器便将数据下载传至地面站，经专家会诊进行重构方案决策，再将指令发送给航天器，对故障部位进行冗余切换，具体流程如图 1.3 所示。

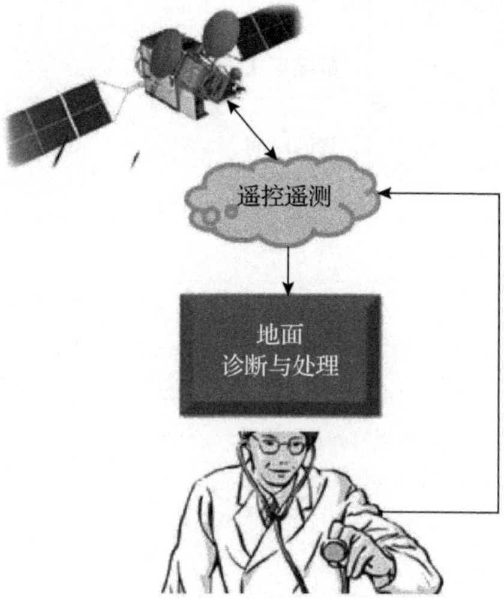

图 1.3　天地大回路诊断与处理方法

航天器自主重构方法经历了从硬件冗余到解析冗余的发展过程，目前已形成基于硬件和基于解析冗余的重构方法两大类，如图 1.4 所示。早期的重构方法主要是通过配备相同或功能相近的部件作为备份冗余来保证系统在故障时正常运行。然而，随着航天器的发展，对自主重构方法的要求日益提高，传统基于硬件的重构方法已逐渐难以满足要求，因此，基于解析冗余的重构方法得到极大发展。下面对这两类重构方法分别进行介绍。

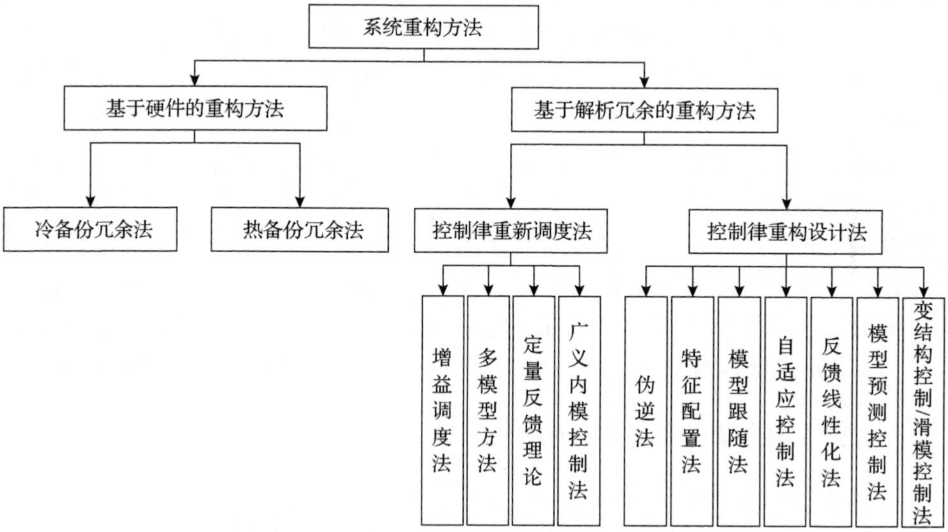

图 1.4　系统重构方法分类示意图

1）基于硬件的重构方法

基于硬件的重构方法就是采用冗余设置的思想，在系统中设置多个相同或功能相近的部件，常应用于航天器敏感器的配置中。根据冗余部件的工作状态，可以将这种重构方法分为冷备份冗余法和热备份冗余法。冷备份是指冗余部件平时处于非工作状态，只有在紧急情况时才进入工作状态，一旦完成规定的任务则又返回到非工作状态，处于备用状态的时间远远大于工作时间。而热备份是指在正常情况下，所有冗余的部件同时工作，当某一冗余部件出现故障，系统可切除故障部件，降级工作。基于硬件的重构方法可靠性高、易于实现，在航天器设计中十分常见。然而，受运载能力限制，航天器可搭载的资源有限，基于硬件的重构方法可能造成器上冗余过多，导致航天器体积、质量等过高，大幅度提升任务成本和造价预算，甚至超出其运载能力范围。此外，由于在复杂的空间环境中难以准确预测故障发生的位置及部件，这给系统的冗余配置工作带来了极大的难题。

2）基于解析冗余的重构方法

基于解析冗余的重构方法是指在某些部件冗余配置的基础上，利用系统内的解析冗余关系设计算法以实现航天器的安全稳定运行。该方法虽然需要针对不同的系统、不同的故障、不同的系统部件分别设计具有针对性的控制算法，相比基于硬件的重构方法来说更加复杂，但因弥补了基于硬件的重构方法的缺点而受到了国内外学者的广泛关注。基于解析冗余的重构方法需要在故障发生后重新调整控制器参数，也可能需要改变控制器结构，大体上可以分为控制律重新调度法和控制律重构设计法两类。

（1）控制律重新调度法。控制律重新调度是一类较简单、较早发展起来的重构方法。在系统发生故障后，整个系统的动态特性发生了变化，该类方法针对不同的故障形式进行相应的控制器设计。其基本思想是离线设计出各种故障下适用的控制律，并储存起来，然后根据在线的故障诊断结果进行控制器的选择和切换，构成一个新的闭环系统，从而起到对故障系统进行重构的作用。该类方法主要包括增益调度（gain scheduling, GS）法[45,46]、多模型（multiple-model, MM）方法[47,48]、定量反馈理论（quantitative feedback theory, QFT）[49,50]、广义内模控制（generalized internal model control, GIMC）法[51,52]等。控制律重新调度法是一种较为实用而又快速的系统重构策略，有着较好的工程应用前景。然而，这种重构策略对故障诊断方法的实时性要求比较高，需要对被控系统具有较深的认知程度，且当故障种类较多或难以预测时，不同故障所对应控制器的设计工作难度将大幅增加，这也对控制律的存储空间提出了更高要求。

（2）控制律重构设计法。控制律重构设计是一种基于系统状态变化或故障诊断结果对控制律进行在线重新设计的系统重构方法，目前很受关注，现有的成果也比较多，主要包括伪逆（pseudo-inverse, PI）法[53,54]、特征配置（eigenstructure assignment, EA)法[55,56]、模型跟随(model following, MF)法[57,58]、自适应控制(adaptive control, AC)法[59,60]、反馈线性化(feedback linearization, FL)法[61,62]、模型预测控制(model predictive control, MPC)法[63,64]、变结构控制(variable structure control, VSC)/滑模控制(sliding mode control, SMC)法[65,66]等。相比于控制律重新调度法，控制律重构设计法不需要设计和存储多个控制器，更加轻量化，且自适应性更高，可以处理一些非预期故障，较好地弥补了控制律重新调度法的缺点。然而，这类方法对系统的在线计算能力提出了更高要求，其控制器的设计难度也相应增大，具有一定的局限性。

2. 自主重构方法存在的问题

从航天器重构方法的研究现状来看，虽然该方法在理论研究领域有了一定的发展，但在工程领域的自主性水平还不是很高，很大程度上仍然需要依赖于地面。这种过分依赖地面的处理方式，受时空限制，效率较低且地面人工干预能力有限。我国的地面测控站数量有限，大部分时间用于接收载荷信息且通常只能覆盖航天器的部分星下点轨迹，当航天器在监测范围以外出现故障时，可能会由于不能及时处理故障而造成十分严重的后果。例如，执行亚太地区气象和环境观测任务的日本地球静止轨道向日葵卫星(图 1.5)，在 2006 年发生计算机故障，失控 4h 以后地面才对其进行控制重构，且在失控的 4h 内系统温度过高，因此又花了 16h 才恢复正常工作，造成了重大的经济损失[67]。由此可见，亟须进一步大幅提升航天器自主重构能力，提高故障处理的时效性，增强在轨运行的安全性，减少地面的参与程度，摆脱烦琐的人工监控模式，节约地面监控成本。

图 1.5　日本向日葵卫星

导致目前航天器重构方法的自主性水平不高的原因有很多。从对象来看，其根本原因在于航天器不易在轨维修且资源严重受限。从设计过程来看，其根本原因在于缺乏基于科学理论指导的系统评价设计准则；在该情况下，航天器的正常要素与故障要素割裂设计、诊断模块与重构模块也割裂设计，这些都是导致系统重构性能不高的原因。下面对这些原因分别进行讨论。

1）具有不易在轨维修且资源严重受限的系统特性

在目前的理论研究中，主要通过对系统重构方法的设计与改进来提升航天器的自主重构能力。然而，重构方法只是提升系统故障处理能力的后天因素，仍然受航天器自身特性的严重制约。事实上，航天器有别于一般的系统：一方面，受运行条件的限制，它无法进行定期的维护与保养，也难以在故障后进行直接的在轨维修，即航天器的重构能力确定于设计之初；另一方面，受运载能力的限制，它的可用资源严重受限，在设计时无法随意添加冗余备份，且计算性能与存储空间十分有限的星载计算机也难以搭载复杂算法，导致很多先进的系统重构方法无法在轨实现。在这种不易在轨维修且资源严重受限的情况下，仅仅研究系统重构方法的改进，无法从根本上提升航天器的自主重构潜力。因此，需要另辟蹊径，寻找更适用于航天器的有效途径。

2）缺乏基于科学理论指导的系统评价设计准则

基于上述分析，可见在资源受限的条件下实现高效的系统设计对航天器自主重构能力的提高至关重要。然而，目前在航天器的研制阶段，关于重构设计方面，缺乏一套基于科学理论指导的系统评价设计准则，仅基本依赖于设计师的经验，对设计好的航天器进行打补丁式的故障预案添加。由于缺乏理论指导，设计师对航天器的重构能力认识模糊，难以获知航天器是否具备充分的重构能力以及具备多大的重构能力。在对系统能力认知模糊的情况下，很难对航天器进行有针对性的、高效的优化设计，也无法完全信任设计好的航天器，因此不能清楚地划分星上自主的可靠范围与地面辅助的必要范围。为保证可靠性，依然需要极大地依赖地面进行系统重构，所以现有航天器在系统重构方面的自主性较低。

3）正常要素与故障要素割裂设计

由于缺乏基于理论指导的评价设计准则，现有航天器的重构设计具有很大的局限性。目前，在航天器研制阶段，正常要素设计与故障要素设计一般为割裂进行，前者聚焦系统性能的提升，后者注重任务可靠性的保障。这种设计模式忽略了系统性能与重构能力之间的关系，在资源一定的情况下可能会引发二者的相互冲突，进而导致因缺乏理论指导而以牺牲重构能力为代价、盲目追求系统性能的激进设计，使得航天器重构能力过低，难以安全可靠自主运行；反之，也可能会导致以牺牲系统性能为代价、盲目追求重构能力的过保守设计，使得有限的星上资源不能被充分利用。

4）诊断模块与重构模块割裂设计

此外，目前故障诊断模块与重构模块的设计工作一般也割裂进行，前者未考虑重构模块对诊断输出信息实时性与精确性的要求，后者一般默认诊断模块可以提供理想的故障信息。事实上，故障诊断的速度和时间严重影响诊断结果的精度，而诊断结果的精度与输出信息的种类又会进一步影响后续的系统重构性能。例如，若故障诊断时间过短，则可能会由于诊断效果不佳而降低系统的重构性能；反之，若为了获得较好的诊断效果，而花费过长的诊断时间，则有可能会由于重构时刻过晚而削弱系统的重构性能。换言之，从时间维度上来看，故障诊断效果与系统重构性能之间既关联又矛盾。而在目前诊断模块与重构模块割裂考虑的设计模式下，这种关联与矛盾常常被忽略，因此系统的诊断模块与重构模块难以高效匹配，导致工作性能低下。

针对上述各种情况，应立足于航天器对象本身，深入研究航天器的自身特性，从更深层次来研究自主重构方法，发展一套可以量化航天器重构能力的理论方法，形成一套科学的系统评价设计准则，合理配置并充分利用有限的星上资源，实现航天器自主重构能力的根本提升。

1.3.2　可重构性内涵及影响因素

1. 可重构性内涵

1) 可重构性定义

针对可重构性，在机器人[68]、制造系统[69]，以及计算机网络通信[70]等不同领域具有不同的定义。对航天器控制系统而言，可重构性反映的是系统对故障的自主处理能力。基于此，结合实际工程背景，给出具体定义。航天器控制系统的可重构性是指，在资源配置和运行条件一定的情况下，在保证安全的时间内，航天器控制系统通过自主改变空间构型或控制算法等方式，克服故障，恢复全部或部分既定功能的能力。

2) 可重构性与已有概念的关系

(1) 与可靠性的关系。系统可靠性一般指在规定的时间内和规定的工况下，系统完成规定功能的概率。同属提升系统质量特性的工具，可靠性与可重构性有着诸多异同点。综合上文对可重构性内涵的深入分析，给出二者的对比分析如表 1.4 所示。

首先，可靠性与可重构性都属于系统质量特性的研究范畴，前者主要从统计学角度来衡量系统的冗余度，后者主要从功能完成角度来衡量。对系统进行可靠性设计的目的在于预防故障的发生，而进行可重构性设计的目的在于提高故障发生后系统的功能恢复能力。前者的主要手段是提高系统的冗余度，后者的主要手段是优化系统的冗余分配。在时间维度上，可靠性会因为元器件的老化与损耗，随着时间的增长而有所下降[71]，可重构性也会由于资源消耗、故障扩散和任务

表 1.4 可靠性与可重构性的对比分析

	可靠性	可重构性
研究对象	系统质量特性	
研究范畴	统计特性	功能特性
研究目的	预防故障	处理故障
优化手段	提高冗余度	优化冗余分配
时间维度	受时间变化影响	
空间维度	二维(逻辑关系)	三维(空间构型)
限制因素	生产因素(成本/重量/工艺)	性能因素(资源/时间/输出)

要求等原因，受到各种时间因素的制约；在空间维度中，可靠性设计主要关注元器件之间的备份关系，贴近于一种二维概念，而可重构性设计主要讨论元器件的空间构型，更注重三维的构型。在设计过程中，可靠性的提升主要受成本、重量、工艺水平等生产因素的限制；而可重构性的提升主要受资源配置、时间窗口、执行器输出能力等性能因素的制约。

更宏观地看，提高可重构性，可以提高系统对故障的自主处理能力，从而增大系统顺利完成任务的可能性。因此，提高可重构性，在一定程度上可以提高整个系统的可靠性。反之，系统可靠性的提升对可重构性产生的影响，需要分两种情况进行讨论：①如果通过增加备份数量来提高系统的可靠性，那么由于冗余量的扩充，系统进行故障处理的能力也可能有所增强，此时提高系统的可靠性有可能会提高其可重构性；②当备份数量一定时，仅仅通过优化部件质量来提高整个系统的可靠性，只能降低系统发生故障的概率，并不能提高其对故障的自主处理能力，此时提高系统的可靠性并不能提高其可重构性。由此可见，相比于可靠性设计，对控制系统进行可重构性设计是提升其运行质量更为全面有效的技术途径。

(2)与维修性的关系。维修性定义为：产品在规定的条件下和规定的时间内，按规定的程序和方法进行维修时，保持或恢复其规定状态的能力。从定义可以看到，维修性和可重构性一样，都与装备的自身设计特性和可用资源有关。但二者的最大区别在于对象系统维修条件的不同：可重构性更侧重于描述系统在一定的约束条件下，在难以进行人为干预时，进行自主故障处理的能力，是对系统自身容错能力的一种刻画；而维修性与维修人员有关，侧重于描述一种人为干预下对系统进行维修的方便性、快速性与经济性，是对人与系统之间交互关系难易程度的一种刻画。

可重构性与可靠性、维修性等其他传统特性一样，是一种描述系统固有能力的设计属性，与其他特性共同刻画了系统的安全质量特性。它可以反映系统设计的优劣程度，任何设计出来的系统都存在这种反映自主故障处理能力的固有属性，只是水平有高有低。在系统的研制过程中，无论其可重构性是否被自觉地赋予，都直接影响系统投入运行后的容错能力与容错性能。一旦系统研制结束，若再要改善其可重构性，将极其困难与昂贵。

2. 可重构性影响因素

分析可重构性的定义可知，要描述航天器控制系统的实际重构能力，需要考虑三大影响因素，即限制约束(具体包括资源配置、运行条件、安全时间等)、重构方式(改变空间构型或控制算法)以及重构目标(恢复全部或部分既定功能)。下面分别对这三个影响因素进行分析，以便可以更加深刻地认识可重构性的基本内涵。

1)限制约束

由于星上资源受限，航天器控制系统的重构能力受多种实际限制约束影响。从定义出发可以发现，航天器控制系统的可重构性兼具空间和时间两个维度的属性。一方面，它与系统的部件构型、资源配置等空间因素密切相关；另一方面，它又受到任务完成时刻、故障诊断结束时刻以及控制重构时刻等时间因素的深刻影响。下面分别从空间与时间两个维度出发，对航天器控制系统可重构性的实际限制约束展开进一步的分析与讨论。

(1)空间约束。当航天器控制系统处于严重的故障状态时，执行机构的期望输出可能会超出其物理范围，如轮控系统，过大的期望力矩会导致飞轮饱和而失去控制作用[72,73]。航天器控制系统执行机构的操作过程可以描述如下：首先通过计算控制律得到期望控制力矩，然后根据执行机构的指令类型得到对应的总指令，接着通过分配逻辑将总指令分配到执行机构上，最终使得机构按指令工作，产生实际的控制力矩作用于被控对象。由上述过程可知，执行机构的实际输出与指令的分配逻辑直接相关，而分配逻辑的选取又与机构的安装构型有关，主要取决于机构的个数、安装位置和安装角度等参数。此外，系统长期处于故障状态会引起资源的大量浪费，由于航天器帆板发电能力和推进剂携带量有限[74]，过度的资源消耗会影响后续功能的实现，从而削弱系统的可重构性。

由此可见，在空间域内，航天器控制系统的重构能力与执行机构的输出范围、安装构型、太阳帆发电功率和推进剂携带量等系统配置密切相关。

(2)时间约束。典型重构控制系统的时间响应如图 1.6 所示。由图可知，系统发生故障以后，需要花费一段时间($t_d - t_f$)进行故障诊断，才能“对症下药”，采取有效的重构措施，即控制重构存在一定的“延时”（$t_r - t_f$）。如果这段“延时”过短，则诊断模块没有充足的时间对故障进行精确辨识，无法为重构控制器提供准确的故障信息，从而导致控制系统重构性能低下，甚至重构失败；反之，如果这段“延时”过长，则会造成有限资源的大量浪费，并引起故障偏差的过分扩散，使得后续重构代价过大，超出星上资源可以提供的范围，从而导致系统在实际意义下不可重构[75,76]。此外，在航天器的实际运行过程中，有很多特定的航天任务（变轨、着陆等）都需要在规定任务完成时刻内完成（$t_0 \sim t_{\mathrm{mis}}$）[77,78]。因此，系统故障后，为继续完成这类既定任务，必须在一定的时间窗口内进行控制重构，该窗口越小，说明系统的时间冗余度越小，相应的重构难度越大。

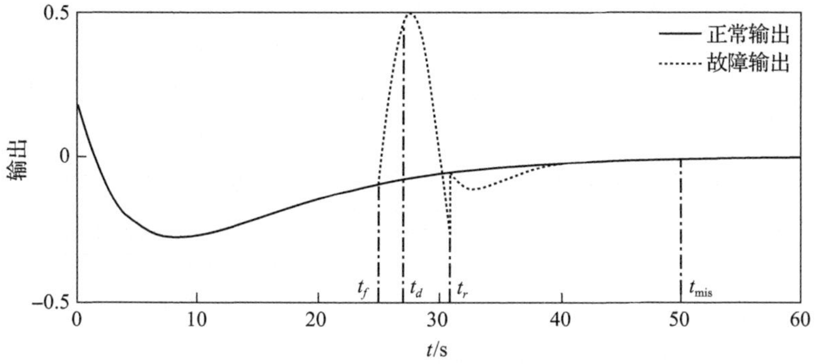

图 1.6　重构控制系统的时间响应

因此，故障系统是否可重构，除了取决于各项空间因素以外，一定程度上还受故障诊断结束时刻、控制重构时刻和任务完成时刻等各种时间因素影响。由此可见，控制系统的可重构性是一个横跨时空两域的高维概念。值得强调的是，由于运行条件的特殊性，相比于一般控制系统，航天器控制系统的时间问题更为突出，不应该被忽略。

由于航天器受到的约束种类较多，难以周全考虑，为了能够对系统的可重构性进行有效的描述与分析，应该抓住关键矛盾，区分主次约束。基于此，可以根据来源将约束划分为两类：①硬约束，该类约束来源于系统的物理限制，不允许任何程度的放松，如轮控系统的输出上限[79]；②软约束，该类约束是指考虑经济、环保、安全，甚至最后要达到的控制精度等要求，而对系统施加的相关约束，允许在一定程度上进行放松。

2）重构方式

可重构性实质上描述的是系统进行自主故障处理的最大潜力。而自主故障处理的最大潜力是指，系统穷尽一切可以自主实现的方式，能够达到的最大功能恢复能力。这些方式主要有两类：一类是改变系统构型[80,81]，另一类是改变控制算法(参数或类型)[82]。二者分别对应于硬件和软件的调整，目的都在于充分调用系统既有冗余资源。

系统的最大重构潜力取决于空间构型，因此，改变构型的方法能够从根本上提高系统的固有可重构性，相比于另一种方法更为彻底，然而对航天器控制系统而言，该方法难以在轨实现，目前更适用于地面设计阶段，不过未来有很大的发展空间。改变控制算法的方式，可以在构型不变的前提下，尽可能充分地利用系统既有冗余资源。相对而言，该方法比较易于自主实现，适用于运行阶段对故障的及时处理，但是受固定构型的限制，对可重构性的提升能力有限。

因此，在实际应用中，若采用改变控制算法的方式无法满足期望的重构要求，则在条件允许的情况下，可以考虑采用改变构型的重构方式。

3)重构目标

控制系统重构目标的制定主要依据原始目标，而完成程度又受故障大小、剩余资源以及系统性能的制约，可见重构目标的选取受多种因素影响，并不唯一[83-86]。故障发生后，应该根据系统的实际状态，制定合理的重构目标。采用不同的划分原则可以得到不同的分类方案，这里以一种基于功能完成程度的分类方案为例，将重构目标分为三大类：完全重构目标、部分重构目标及安全重构目标，三种目标的具体含义如下。

(1)完全重构目标。完全重构目标要求系统在没有任何性能下降的前提下完成既定功能，该类目标适用于对控制要求十分严格的航天任务，如嫦娥三号着陆任务(必须保证着陆点处于一个绝对的精度范围)、姿态跟踪控制任务(航天器的三轴姿态必须实时跟踪期望目标)等。针对这类航天任务，系统发生故障以后，要继续完成既定功能，则必须保证其在各项约束的作用下，仍然具有一定的控制/观测能力，因此该类重构目标的研究对象为系统的剩余可控/可观测性。

(2)部分重构目标。在部分重构目标中，允许系统规格有所下降，以完成部分既定功能，例如，星载陀螺失效以后，可以改用星敏感器进行定姿，虽然精度有所下降，但仍然可以保证系统正常运行；对地观测卫星发生故障以后，其偏航轴不需要绝对可控，只需要保持一定的稳定性，便可以继续完成相应的对地观测任务，针对这种情况，应该研究故障系统的剩余镇定性。

(3)安全重构目标。安全重构目标指，在确保系统仍然运行于一定安全范围的前提下，决定暂时搁置当前任务，但后续可采取相应措施(如地面干预)，使系统在等待一段时间以后，可继续降级完成部分既定功能。该类目标适用于故障偏差较大，暂时无法依靠星上资源进行自主恢复的系统，针对这种情况，应该研究系统的剩余稳定性。

1.4 自主导航方法

导航(navigation)一般是指针对测量数据进行处理，确定载体(或运动体)在给定时刻相对某个坐标系的轨道(位置和速度)和姿态参数[87]。出于习惯，航天器导航仅仅是指轨道参数确定。通常将仅利用航天器自身携带的测量设备和计算装置而不依赖于地面支持的导航称为航天器自主导航[88]。

自主导航是航天器自主运行的核心技术之一，是航天器实现轨道、姿态自主控制，以及执行软着陆、交会捕获等空间任务的前提。实现自主导航不仅能够降低航天器对地面测控的依赖程度，提高自主生存能力，还能缓解国土面积有限对地面测控站布局的制约，提升航天器在测控区外的任务能力。

现有的航天器自主导航方法通常是在地面设计阶段提前确定导航敏感器以及测量数据处理方法，并未实现真正意义上的“自主”导航。如何令航天器自主导航系统具备自主选择、判断及决策的能力是航天器自主导航领域未来发展的重要方向。可观测性理论最早由 Kalman 在 20 世纪 60 年代提出，经过学术界和工程界的不断研究和验证，已经证明可观测性对系统状态估计问题具有根本性意义。可观测性分析结果可以指导敏感器测量数据的选用，极大地降低自主导航系统对存储空间及计算资源的占用，有效平衡导航系统的观测代价及观测性能；还可以指导自主导航系统状态空间的构建，进而实现系统误差补偿，显著提高导航系统状态估计的精度及收敛速度。将可观测性理论与航天器自主导航结合将从根本上改变航天器自主导航模式。本节重点探究自主导航方法研究现状及存在的问题，阐述可观测性内涵及影响因素。

1.4.1 自主导航方法研究现状及存在问题

1. 自主导航方法研究现状

从测量原理的角度，航天器自主导航可以分为惯性自主导航、光学自主导航和脉冲星自主导航等。下面将对这些自主导航方法进行介绍。

1)惯性自主导航

惯性导航系统(inertial navigation system, INS)是一种基于航迹推算(dead reckoning, DR)的自主导航系统，它由一组惯性器件和导航处理器组成。惯性器件又称惯性测量单元(inertial measurement unit, IMU)，通常由三个正交的加速度计和三个正交的陀螺仪组成。陀螺仪测量载体的惯性角速度，加速度计测量作用在载体上的力(又称非引力加速度)。结合初始状态信息，对测量值进行数值积分，可以获取航天器的位置、速度和姿态信息。

INS 的优势在于不依赖外界信息，也不向外界辐射能量，具有短时精度高、带宽高、导航信息全面、隐蔽性好、不易受干扰等一系列优点。INS 不仅应用于航天器，还广泛应用在其他的运动载体，是航天、航空和航海等领域最重要的一种导航方式。不足之处在于 INS 的导航精度会随着时间的推移而降低。

(1)陀螺仪。陀螺仪(简称陀螺)是一种利用动量守恒感知方向的装置。按照工作机理，现有陀螺可以分成两大类[89]：一类以经典力学为基础，如机械陀螺、振动陀螺等。另一类以近代物理学为基础，如激光陀螺、光纤陀螺等。

①机械陀螺。机械陀螺将自转的轮子安装在两个万向节上，由于角动量守恒，自转轮的转轴在空间的方向不变，定义了一个基准。因此，如果有外界旋转运动，轮子指向恒定，万向节之间的夹角会发生改变。读取夹角值即可确定运动载体的指向。按照自由度的不同，机械陀螺可以分为单自由度陀螺和多自由度陀螺。

机械陀螺在启动的时候需要几分钟进行预热。而且机械陀螺包含运动部件，会产生摩擦力，从而导致输出发生漂移。为了减少摩擦，提高精度，机械陀螺不断地改进支撑结构，从刚体滚珠轴承陀螺发展到液浮陀螺、气浮陀螺、静电悬浮陀螺(electrostatically suspended gyroscope, ESG)等。其中液浮陀螺的主要特点是转子密封在充有惰性气体的浮球(或浮筒)内，而浮球悬浮于氟油之中，通过精确的静平衡以及温度控制，使浮球所受的浮力与该组件的重力完全平衡，从而保证浮球定位用的宝石轴承上的摩擦力矩降到极微小的程度，以减小陀螺漂移[90]。气浮陀螺利用具有一定压力的气体将转轴或浮体悬浮起来，按照气体压力的来源可以分为动压气浮陀螺和静压气浮陀螺，具备气源及控制气体进入轴承的节流器，是静压轴承区别于动压轴承的两个主要特点。其中气体静压轴承主要用于框架浮筒的支撑，气体动压轴承用于高速旋转的陀螺电动机转子的支撑，都可代替滚珠轴承实现陀螺转子的支撑。气体动压轴承作为陀螺电动机转子的支撑，具有体积小、转速高、温升小等优点，提高了陀螺的工作性能和可靠性[91]。静电悬浮陀螺是应用电场原理，在超真空的腔体内由静电场产生的吸力来支撑球形转子的一种自由转子陀螺，是目前精度最高的陀螺，精度能够达到 10^{-7}(°)/h。

20 世纪 60 年代初，出现了一种新颖支撑原理的动力调谐陀螺(dynamically tuned gyroscope, DTG)。它是一种非液浮、干式弹性支撑、机电性的挠性陀螺。作为技术成熟的刚体转子机械陀螺，其精度范围在 0.01～1(°)/h。动力调谐陀螺(简称动调陀螺)，具有结构简单、体积小、重量轻、成本低等优点，动力调谐陀螺在精度、可靠性、体积、寿命和成本等方面拥有综合性优势。

②振动陀螺。振动陀螺利用高频振动的质量块在被基座带动旋转时所产生的科里奥利(简称科氏)效应来检测角速度。振动陀螺包括石英音叉陀螺、压电陀螺、微机电系统(micro electro-mechanical system, MEMS)陀螺和半球谐振陀螺

(hemispherical resonator gyroscope, HRG)等。下面简要对 MEMS 陀螺进行介绍。对于其他振动陀螺的原理可以参考专业的惯性导航书籍[90,92]。建立一个动坐标系，在该动坐标系下，科氏力为

$$\boldsymbol{F}_c = -2m(\boldsymbol{\omega}_0 \times \boldsymbol{v}) \tag{1.1}$$

其中，m 为质量；$\boldsymbol{\omega}_0$ 为动坐标系的角速度；$\boldsymbol{v}$ 为运动速度。

MEMS 陀螺中，振动元件被驱动来回作径向运动或者振荡，由此产生的科氏力不停地在横向来回变化，并有可能使物体在横向微小振荡，相位正好与驱动力差 90°。MEMS 陀螺通常有两个方向可移动的电容板：径向的电容板加振荡电压迫使物体径向运动，横向电容板测量由横向科氏运动带来的电容变化。因为科氏力正比于角速度，所以可以由电容变化计算出角速度。目前 MEMS 陀螺无法达到光学陀螺的精度，但是它们的优势在于小体积、轻重量、低功耗、可快速启动以及低成本等。

③光学陀螺。光学陀螺可以分为光纤陀螺(fiber optical gyroscope, FOG)和环形激光陀螺(ring laser gyroscope, RLG)。两者的基本原理为萨尼亚克(Sagnac)效应。对于光纤陀螺而言，当两条光束绕一个封闭的环路分别沿相反方向(顺时针和逆时针)传播时，如果环路绕垂直于环路平面的轴线旋转，两条路径的视在光学长度便会出现差异。当光束从环路中出来时，萨尼亚克效应导致两光束有相位差，从而会发生干涉，干涉后的光束密度和角速度有关。因此，可以通过对光束的密度进行测量来确定角速度。环形激光陀螺和 FOG 的区别在于环形激光陀螺利用多个镜面形成环路，光纤陀螺采用光纤作为激光回路。由于光纤可以进行绕制，因此光纤陀螺中激光回路的长度比环形激光陀螺大大增加，使得检测灵敏度和分辨率也提高了几个数量级，从而有效地克服了环形激光陀螺的闭锁问题。从技术的发展历程看，光纤陀螺可以看成第二代激光陀螺。光纤陀螺的主要优点在于可靠性高、寿命长、启动快速、耐冲击和振动、对重力加速度不敏感、动态范围大等，这些优点是传统机械式陀螺所无法比拟的。光纤陀螺的精度取决于光束传播路径的长度，因此往往受设备大小的限制。

(2)加速度计。加速度计可以分为机械加速度计和固态加速度计两大类。

当仪表的壳体沿敏感轴有一个加速度时，检测质量块由于自身的惯性，趋于抵制这种运动的变化。在稳态条件下，作用在该质量块上的力会与弹簧的拉力构成平衡，弹簧的净伸长就可以用来测量所受的力。该力与加速度成正比。由牛顿第二定律可知 $\boldsymbol{F} = m\boldsymbol{a} = m\boldsymbol{f} + m\boldsymbol{g}$，式中 $\boldsymbol{g}$ 为引力加速度，$\boldsymbol{f}$ 为非引力加速度，可以由位移传感器测得。

固态加速度计可以分为表面声波(surface acoustic wave, SAW)加速度计、硅加

速度计、石英加速度计等。这里仅对表面声波加速度计进行介绍。

表面声波加速度计是一种开环敏感器，其压电石英晶体悬臂梁上有一对表面声波谐振器电极。该梁一端刚性地连在壳体上，另一端带有检测质量块且可自由运动。利用一对金属电极交互数字阵列之间的正向激励，可产生一系列表面声波，其波长由金属电极(常称为叉指)之间的距离决定。当加速度加在垂直于悬臂梁平面时，该组件的惯性反应引起梁的弯曲。此时，梁的表面出现应变，而表面声波的频率变化与应变成比例。这一变化与基准频率的比较就是对沿敏感轴加速度的直接测量。

随着 MEMS 技术的发展，出现了 MEMS 加速度计。目前有两种类型的 MEMS 加速度计，一类和机械加速度计原理相同，另外一类和固态加速度计相同。与 MEMS 陀螺一样，MEMS 加速度计体积小、重量轻、功耗低、启动快速、成本低，缺点为精度较低。

(3) 惯性导航系统。根据惯性器件在载体安装方式的不同，惯性导航系统可以分为平台惯性导航系统(platform inertial navigation system, PINS)和捷联惯性导航系统(strapdown inertial navigation system, SINS)。PINS 的惯性器件安装在平台上，从而得以和外界的旋转运动进行隔离。在平台上安装万向节使该平台和导航坐标系保持对准。平台上安装的陀螺可以检测到陀螺的旋转信号，这些信号传递给力矩电机以旋转万向节来抵消外界的旋转，从而可以保持平台与导航坐标系的对准。通过读取万向节之间的夹角，可以获取载体的姿态信息。加速度计的信号在补偿掉引力加速度以后，进行一次积分得到速度，再进行一次积分可得到位置。

捷联惯性导航系统没有物理平台，陀螺和加速度计直接安装在载体上。与平台惯性导航系统相比，捷联惯性导航系统的体积大大减小，重量和成本大大降低。但是由于惯性器件是固连在载体上，直接承受载体的振动和冲击，工作环境恶劣，使得惯性器件的测量精度降低。同时，捷联惯性导航系统中的加速度计输出的是沿载体坐标系的分量，需要转换到导航坐标系下，会增加计算的复杂程度。但是随着惯性器件和电子计算机技术的飞速发展，上述问题已经不再制约捷联惯性导航系统的发展，捷联惯性导航系统在导航领域已得到了广泛应用。在不做特殊说明的情况下，本书中所针对的惯性导航系统均为捷联惯性导航系统。

2) 光学自主导航

早在 20 世纪 60 年代，国外就开始了深空探测自主导航方法的研究工作，并逐步在深空探测任务中进行试验和应用。随着星载计算机、敏感器和执行部件性能和可靠性的不断提高，在越来越多的深空探测任务中成功应用了自主导航方法，具备了自主导航功能，为提高深空探测航天器生存能力提供了重要保障，到目前，深空探测主要的自主导航方法为光学自主导航。光学自主导航的工作原理是以目标天体或者运行轨道附近的一些已知星历的天体作为导航星，然后规划和处理观测到的天体光学图像，再利用已知的天体信息，确定航天器的位置和速度以及姿态信息[92,93]。光学自主导航的关键技术包括[93,94]：导航天体选取与规划技术、光学导航敏感器技术、导航信息的获取与处理技术、导航滤波算法等。影响光学自主导航精度的因素主要有状态先验知识、未建模加速度、敏感器指向误差、测量频率、导航星的星历误差、测量随机噪声及其他系统误差等。

(1)深空探测任务中的光学自主导航。Battin[95]提出了星际航天器自主导航理论，即通过测量已知天体(如太阳、地球、月球等)与遥远恒星视线之间的夹角，结合这些天体的星历，解算出航天器的位置。1968 年发射的阿波罗 8 号飞船应用了这一理论，将六分仪作为自主导航系统的光学敏感器，第一次验证了航天器自主导航的可行性。阿波罗 8 号的六分仪是一种双视线 28 倍率窄视场的角度测量装置，用于测量地球或者月球相对恒星的视线夹角[94]。根据几何关系可以确定飞船的空间位置。由于受当时技术的限制，单纯依靠角测量获得的位置解算精度并不太高，因此自主导航仅作为地面测控的补充，用于确认轨道安全，并在地面不能向飞船提供导航支持的情况下为飞船返回地球提供支持。

1971 年 5 月，美国发射的第一颗火星探测器水手 9 号利用星载光学系统拍摄带有恒星背景的火星天然卫星(Phobos 和 Deimos)图像进行自主导航。事后的飞行评估结果表明，水手 9 号获得的光学观测数据比预先设想的精度要高，仅利用这些观测数据就能完成火星入轨阶段的导航任务[96]。

1994 年 1 月，美国发射的克莱门汀号(Clementine)月球探测器利用两个星跟踪仪自主确定探测器的姿态，具有自主操作功能，原打算利用成像敏感器获取的地/月图像和惯性姿态进行地月转移和环月自主导航试验，但是由于探测器故障，仅在地面利用敏感器图像数据进行了导航计算[97]。

1998 年 10 月，美国发射的深空 1 号探测器第一次成功地在轨验证了真正的深空探测自主导航与控制系统。在巡航段验证了基于导航相机获取小行星和背景恒星图像的自主导航方法，导航的位置精度为 250km 左右，速度精度为 0.5m/s 左右，满足巡航段对导航精度的要求。在接近和飞越小行星或彗星段利用了基于目标天体图像的自主导航技术。其自主导航与控制系统能够自主地进行拍照序列规划、图像处理和分析、轨道确定、星历修正、轨道修正和姿态机动[98,99]。

1999 年 2 月，美国发射的星尘号探测器，于 2004 年 1 月利用光学自主导航技术飞越了 Wild 2 彗星并完成了对彗星的采样任务。在飞越过程中，星尘号探测器利用中心提取技术处理拍摄到的彗星图像，得到彗星中心点，结合姿态确定系统和滤波技术，完成了飞越过程中的航天器实时自主导航[100]。

2003 年 5 月，日本发射的隼鸟号探测器实现了人类首次从小行星采样返回任务。在隼鸟号与“丝川”小行星交会和附着的过程中，利用光学导航敏感器、雷达测距仪、激光测距仪，并和预先投掷的导航路标进行通信，成功实现了自主附着任务[101]。

2003 年 9 月，欧洲航天局发射 SMART-1，为未来深空任务进行自主导航试验，将在轨获取的自主导航系统观测数据返回地面处理。试验利用导航相机对确定的导航天体进行拍照，结合图像信息与探测器姿态信息，确定导航天体的视线方向，再输入导航滤波器估计出探测器的轨道[102]。

2004 年 3 月，欧洲航天局发射的罗塞塔号探测器和它所携带的着陆器均采用了自主控制技术。其中自主控制软件能够在远离地球(通信延迟 0.5h)的情况下进行自主决策和控制，保证探测器的正确运行。为了确保探测器安全，在着陆彗核阶段采用了自主制导、导航和控制，通过处理星载相机和雷达的测量信息确定探测器的轨道，并自主完成轨道控制[95]。

2005 年 1 月，美国发射的深度撞击号探测器完成了与彗星交会、撞击的任务，验证了接近撞击彗星的自主导航与控制技术。撞击器部分继承和发展了深空 1 号的自主导航和控制系统，利用导航敏感器对目标彗星拍摄的图像和姿态信息，实现了撞击彗星前两小时以内的自主导航和控制[103]。

2005 年 8 月，美国国家航空航天局发射的火星勘测号探测器携带了一架试验型导航相机，在接近火星的过程中对火星的两颗天然卫星拍照，利用这两颗卫星的图像和星历信息，实现了自主导航，获得比地面测控精度更高的火星接近段导航精度，验证了未来火星着陆任务必需的高精度导航技术。

(2)不同飞行阶段的光学自主导航。根据探测器距离目标天体的远近，探测器与太阳、地球等大天体的相对关系，以及周边小天体分布的不同，各种探测器在不同的任务阶段具体选择的光学导航敏感器以及图像处理算法和导航方法也不尽相同。

①自由飞行段的光学自主导航。在自由飞行段，探测器距离目标天体较远，无法对目标天体进行观测。因此，这一阶段的导航星通常为飞行轨道附近的一些已知星历的天体。在一段时间内对导航星进行连续观测，可以根据导航星的星历信息，估计出探测器的轨道(和姿态)信息。美国的深空 1 号探测器利用小行星和背景星的光学测量信息及小行星和背景恒星的星历来确定自身的位置和速度[99]。美国的克莱门汀号探测器在地月转移段利用导航敏感器获取地球和月球图像，提取地心和月心的方向矢量，结合姿态和地月星历信息利用卡尔曼滤波方法估计出探测器的轨道，但由于探测器故障，自主导航试验没有完成[104]。

②接近段的光学自主导航。在探测器接近目标天体阶段，目标天体的大小和亮度保证探测器的导航敏感器足以在其焦平面上成像，此时导航星可以选取为目

标天体。利用敏感器连续对目标天体成像，提取目标天体的中心矢量信息，结合惯性姿态和目标天体星历就可以确定探测器相对目标天体的轨道和姿态。目标天体的中心点提取技术在美国的旅行者(Voyager)号探测器与海王星和天王星相遇时进行了验证，并在此基础上将光学导航技术应用于星尘号探测器与彗星接近阶段[100]。

③环绕段的光学自主导航。在环绕目标天体段，探测器距离目标天体较近，所以能够利用导航相机获取清晰的目标天体图像，导航系统利用图像处理算法提取目标天体图像的边缘，然后根据绕飞飞行的特殊需要，对于大行星等球形天体，计算出目标天体的视半径和中心指向；对于不规则小天体，利用小天体边缘图像与预处理的目标小天体模型进行匹配给出小天体的特征点信息，结合姿态信息输入滤波算法确定探测器的轨道。美国的克莱门汀号探测器在环绕月球段采取的就是光学导航的方式，利用敏感器获取的月球图像得到月球的视半径和月心矢量，结合姿态信息采用滤波算法确定探测器的轨道。

针对环绕段小天体自主导航的需求，美国喷气推进实验室(Jet Propulsion Laboratory, JPL)发展了一种环绕小天体基于光学成像的自主导航方法[105]，该方法利用宽视场相机获得的小天体边缘图像与预处理的目标小天体模型进行匹配，采用加权最小二乘法实时确定探测器相对小天体中心的位置，然后将位置输入到导航滤波器中计算出探测器的轨道参数。

④着陆或附着段的光学自主导航。在自主着陆或附着过程中，探测器相对目标天体的距离更近。为了能够准确地识别目标天体的表面情况，选择安全着陆点，采用的光学导航相机往往视场较小，分辨率较高。日本宇宙科学研究所(Institute of Space and Astronautical Science, ISAS)开发了着陆小行星的自主导航与制导技术[106]。鉴于小行星着陆时难以详细了解着陆地点的状态，ISAS 提出了利用导航相机和激光测距的自主着陆小行星导航方法——利用导航相机对着陆目标拍照，用激光仪测量探测器到小行星表面的距离，再通过滤波器获取探测器的位置和速度。美国 JPL 的 Johnson 等[107]提出了基于计算机视觉的自主着陆小行星导航算法。

通过以上分析不难看到，基于光学成像导航的深空探测自主控制技术在不同任务阶段根据不同任务的需要，采用了不同的方法和技术手段。在各个不同运行阶段，成像导航敏感器跟踪的目标不同，目标大小、距离、亮度和背景杂光的影响也不一样，这就给导航敏感器设计和图像处理算法造成了很大的困难，使得光学敏感器技术以及导航滤波算法和图像处理算法的研究成为深空探测航天器自主导航实现的关键。表 1.5 为深空探测自主导航候选方案。

表 1.5　深空探测自主导航候选方案

深空任务段		自主导航任务	自主导航方案	导航敏感器配置	导航方法
转移段	日心转移	确定探测器相对日心的轨道	基于多颗小行星和背景恒星图像的深空自主导航方案	惯性测量单元、星敏感器和高精度窄视场导航相机	导航小行星的选取与规划、图像处理、导航滤波、天体星历计算
	地月转移	确定探测器相对地心的轨道	基于地月图像信息的自主导航方案	惯性测量单元、星敏感器和导航相机	图像处理、导航滤波、天体星历计算
接近段		确定探测器相对目标天体的姿态和轨道	基于目标天体图像(天体中心/边缘/特征)的自主导航方案	惯性测量单元、星敏感器和导航相机	图像处理、导航滤波、天体星历计算
撞击段		确定探测器相对目标天体的姿态和轨道及撞击点信息	基于目标天体图像(天体中心/表面特征)的自主导航和预测制导方案	高精度宽视场导航相机、星敏感器和惯性测量单元	图像处理、导航滤波、天体星历计算、机动制导计算
环绕段		确定探测器相对环绕天体的姿态和轨道	对于环绕大天体，采用基于目标天体图像/其他形式光学信息获取目标天体方向与视半径的自主导航方案/对于环绕小天体采用基于目标天体图像(天体形心/边缘/特征)的自主导航方案	宽视场导航相机或其他适合目标天体特性的光学相机、星敏感器和惯性测量单元	敏感器数据处理(图像处理)和自主导航滤波算法
着陆或附着段		确定探测器相对着陆点的位置和速度及着陆区域的障碍	采用具有自主避障检测功能的自主导航与控制方案	测距测速仪、惯性测量单元、高精度宽视场导航相机和三维成像仪	自主避障检测与安全着陆区域预测、高精度自主导航与控制算法

3) 脉冲星自主导航

基于X射线脉冲星的深空探测器自主导航是利用甚长基线干涉测量等手段确定脉冲星在太阳系质心坐标系中的位置单位矢量和X射线脉冲的标准到达时间，将其与深空探测器上携带的X射线探测器测得的脉冲星视线方向和实际到达时间相比较，采用适当的滤波算法，得到航天器的位置、速度和时间等导航信息。基于X射线脉冲星的导航同样可以实现姿态确定，其原理类似于基于光学相机的姿态确定。通过对脉冲星成像来得到它在探测器坐标系中的坐标，从而可以估计出视线矢量相对于探测器的方位信息。

(1) 脉冲星导航理论的研究历程。1974 年，美国 JPL 首次提出了基于脉冲星的行星际探测器自主轨道确定方法，采用直径为 25m 的天线接收脉冲星的射电信号可以实现 150km 左右的定轨精度[108]。但是由于射电信号微弱，需要大型的天线，这对于一般的航天任务并不现实。另外脉冲星发射的可见光信号也非常微弱，而且数量极少[109]。要利用可见光信号进行导航，需要在航天器上安装大型光学望远镜，这对于一般的航天任务而言也比较困难。

为了实现脉冲星导航，同时避免在航天器上安装大型设备，1981 年，美国通信系统研究所 Chester 等[110]提出了基于脉冲星的 X 射线信号实现航天器导航的方法。与脉冲星发射的可见光和其他射电信号不同，X 射线信号可以由小型设备进行检测，比较适合空间飞行器的使用要求。仿真研究表明，采用有效面积为 1000cm^2 的 X 射线探测器可获得约 150km 的定位精度。

1993 年，美国海军研究实验室(Naval Research Laboratory, NRL)的 Wood 博士[111]设计了非常规恒星特征试验，提出了利用 X 射线源确定航天器的轨道和姿态以及利用 X 射线脉冲星进行时间保持的方法。斯坦福大学的 Hanson[112]针对非常规恒星特征试验进行了深入细致的研究，提出了基于 X 射线源的航天器姿态测量算法和时间保持锁相环路设计方案。

2004 年，欧洲航天局的报告分析了脉冲星导航的基本原理和脉冲星信号模型，阐述了系统工程可实现性[113]。美国马里兰大学的 Sheikh[114]做了很多卓有成效的工作，他建立了一个导航 X 射线源数据库，借鉴已有的脉冲星计时模型，给出了考虑视差、Shapiro 延迟、Romer 延迟的脉冲到达时间(time of arrival, TOA)转换模型。结果表明，采用面积为 0.1m^2 的 X 射线探测器，航天器定位精度可达 2km；同时，Sheikh 通过对某颗脉冲星的时间模型进行分析指出，利用该脉冲星进行导航，理论上可以获得约 300m 的定位精度。2007 年，Graven 等[115]分析了 X 射线脉冲星导航的系统误差——从物理背景出发，将该导航系统的误差因素分为敏感器误差、信号源测量误差、信号源模型误差、航天器系统误差、其他模型误差等类别，并初步分析了脉冲相位误差对测量信息的影响。Emadzadeh 等[116]研究了基于 X 射线脉冲星的相对导航方法，分析了速度误差对信号时延估计的影响。

国内也有学者对 X 射线脉冲星自主导航进行了深入的研究[87,117-124]，讨论了脉冲星自主导航的基本框架，分析了影响脉冲星导航的关键技术和精度影响因素，在星历误差修正[122,125-130]和星钟误差校正[131]等方面取得了不错的成果。

X 射线脉冲星导航涉及的关键技术有脉冲星的巡天观测与数据处理技术、脉冲到达时间测量与误差修正技术、X 射线探测器与微弱信号处理技术、导航定位时空基准的建立与维持技术以及自主导航信息处理的鲁棒滤波技术等。

脉冲星导航的主要误差来源于时间测量的不确定性，包括脉冲星的发射噪声、传播噪声、宇宙背景噪声、信号接收器噪声、当地时间噪声、时间量化噪声、脉冲形状不确定性、脉冲周期不确定性和脉冲相位误差等。该方法的优点是在提供导航信息的同时还可提供时间基准，不足之处在于目前 X 射线脉冲星的数目较少，且测量精度无法保证。

(2) 脉冲星导航科学研究计划或任务。1999 年，搭载 USA(unconventional stellar aspect)试验设备的 ARGOS(advanced research and global observation satellite)卫星发射升空，该卫星上安装了有效面积为 1000cm^2 的 X 射线望远镜，能够精确记录

能量为 1～15keV 光子的到达时间。

2004 年，美国国防高级研究项目局开始招标，准备分三期资助“基于 X 射线源的卫星自主导航(XNAV)研究”[132]，内容包括 X 射线脉冲星特性研究、X 射线探测器开发、脉冲星导航算法和空间系统设计四个部分。该项目的目标是实现脉冲星角位置测定偏差小于 0.0001″，X 射线探测器有效面积小于 1.0m^2，光子到达时间测量精度达到 1～10ns，脉冲星导航定位精度优于 100m 的技术指标，为航天器提供高可靠性的定位、姿态测量和授时服务。2005 年，以 Ball 宇航公司为牵头单位的项目组得到了该项目资助。

脉冲星导航要达到在轨应用水平，需要重点解决 X 射线探测器小型化和工程化、脉冲到达时间精确提取、高保真度地面模拟和在轨演示试验等一系列关键问题，并通过长期在轨观测建立精确的 X 射线脉冲星星表、辐射信号轮廓和计时模型[87]。2011 年，美国国家航空航天局的戈达德空间飞行中心联合美国大学空间研究联合会启动了“空间站 X 射线计时与导航技术”(station explorer for X-ray timing and navigation technology, SEXTANT)试验项目[133]。SEXTANT 项目将使用嵌套式聚焦镜头和硅漂移探测器(silicon drift detector, SDD)成像器件，利用毫秒脉冲星作为导航信号源进行定轨演示，目标是在高动态的近地轨道上，通过两周的观测，获得优于 10km 的定轨精度。SEXTANT 的中子星内部组成探测器(neutron star interior composition explorer, NICER)于 2017 年 6 月 3 日由 SpaceX 的猎鹰 9 号火箭发射并安装在空间站上，所得数据将用于 X 射线脉冲星导航的性能分析和关键技术攻关。

我国目前正在积极开展基于 X 射线脉冲星的在轨观测和导航验证研制工作(图 1.7)。2016 年 11 月 10 日，我国发射了首颗脉冲星试验卫星 XPNAV-1，用于

图 1.7　X 射线导航敏感器示意图

验证星载脉冲星探测器性能指标和空间环境适应性，积累在轨实测脉冲星数据。2017 年 6 月 15 日，作为我国的首颗大型 X 射线天文卫星，硬 X 射线调制望远镜(hard X-ray modulation telescope, HXMT)发射升空。HXMT 可以进行宽波段大天区 X 射线巡天成像，也可以积累实测脉冲星数据，为实现脉冲星导航积累经验。

2. 自主导航方法存在的问题

航天器自主导航方法经过长时间的发展，已经在星上实现自动化，然而受制于航天器严苛的资源约束，现有导航方法尚难以实现完全自主化。为改变这一现状，目前国内外学者从不同角度、不同应用、不同领域对航天器自主导航系统进行了探索和研究。目前主要的难点问题有：针对星上计算资源严重受限的约束，如何构建自主导航系统的可观测度评价体系，为导航系统自主化提供客观的依据；针对多维多时空导航信息，如何设计快速可靠的滤波算法，以提升状态估计精度；针对系统多源误差影响，如何实现基于统一建模的系统误差快速估计与补偿，以提升自主导航的精度。需针对上述问题开展深入研究，以实现真正意义上“自主”的航天器自主导航。

1.4.2　可观测性内涵及影响因素

可观测性的概念是由 Kalman[134]在 20 世纪 60 年代提出的，经过学术界和工程界的不断研究和验证，已经证明系统可观测性对状态估计问题具有根本性意义。系统的可观测性反映了系统能否在有限时间内根据观测量确定状态量。如果系统观测量反演结果能够反映系统的真实状态，则此时系统被认为是可观测的。系统的可观测性分析主要包括定性判定和定量评估，定性判定主要解决系统可观测性有无的判断问题，定量评估主要解决系统观测量反演结果与真实状态差异大小的评估问题。定量评估结果越好，观测量反演结果越接近系统真实状态。因此，可观测性分析是自主导航系统设计以及实施的关键依据，对自主导航系统研究至关重要。

目前，可观测性研究可按系统特性分为线性系统可观测性研究和非线性系统可观测性研究。其中，线性定常系统的可观测性分析方法已经趋于完善，非线性系统的可观测性研究方兴未艾(航天器自主导航系统通常被视为非线性系统)。目前非线性系统的可观测性研究方法主要聚焦于观测能力的表征、判定及量化等核心问题。其中，观测能力的表征是进行系统观测能力定性判定及定量表达的基础，是将非线性系统观测能力进行抽象表达的方法，在此基础上，针对不同的表征形式，其系统观测能力的定性判定及定量表达方法也各有不同。非线性系统的可观测性研究现状将在后续章节中进行介绍。

鉴于可观测性对于自主导航系统研究极其重要，影响航天器自主导航系统观测能力的因素也是目前研究的热点问题。按来源划分，系统观测能力影响因素可分为两大类：动力学因素和观测方程因素。下面以光学自主导航系统为例，说明这两类因素如何对系统观测能力产生影响。

1. 动力学因素

航天器自主导航系统的运行规律通常遵循航天器轨道、姿态动力学。因此，通过改变导航系统的动力学运行规律，可以在一定程度上改变系统的观测能力。下面以光学自主导航为例进行说明。Woffinden 等[135]在基于视线几何的可观测性分析基础上，给出了距离估计误差与轨道机动参数的关联表达式，进而实现了最优轨道机动以提升系统的可观测性。Pi 等[136]基于 Fisher 信息矩阵建立了轨道机动可观测度最优目标函数，轨道机动规划结果表明当航天器共面时，相对距离越接近，系统的可观测度越高。Grzymisch 等[137]通过将仅测角导航系统近似线性化，基于近似线性模型建立了轨道机动可观测度优化函数。Sullivan 等[138]基于轨道要素描述了航天器相对运动，在此基础上分析了轨道机动对系统局部弱可观测性矩阵病态的改善情况。Lee 等[139]和 Mok 等[140]基于 Fisher 信息矩阵采用数值法给出了提升序列图像导航系统可观测度的轨道机动最优规划。此外，Franquiz 等[141]基于范数法建立了可观测度量化表达式，并给出了兼顾改善可观测度及机动终点位置的双脉冲机动策略。可见，借助于轨道机动可以改变系统的动力学规律，进而影响系统的观测能力。除此之外，Atashgah 等[142]和 Geller 等[143]提出了无需轨道机动的系统观测能力提升方法。Atashgah 等[142]将相对轨道动力学模型由笛卡儿坐标描述转换为球面坐标描述，基于数值仿真分析表明此时欠观测系统的可观测性得到了提升。Geller 等[143]则基于误差协方差说明了圆柱坐标系下的仅测角导航系统观测能力较笛卡儿坐标系得到了提升，同时分析了图像时间间隔对可观测度的影响，分析结果表明观测时间间隔较长时系统可观测度可得到改善，但时间间隔需避免与相对轨道固有周期重叠。

2. 观测方程因素

航天器自主导航系统观测能力除了与动力学规律相关，还与观测方程相关，不同观测敏感器和观测机理带来的差异已阐述，此处主要说明系统噪声对观测能力的影响。文献[144]将紫外敏感器的系统误差转化为地心方向矢量误差，并结合偏航姿态机动辅助，提高系统误差状态变量的可观测性，结合扩展卡尔曼滤波(extended Kalman filter, EKF)算法，实现了测量偏差的估计与自校正，并显著提高了紫外敏感器自主导航系统的导航精度。文献[145]通过构建地球敏感器误差的空间几何相位映射模型，分析不确定性脉冲信号影响机理，抑制其对卫星姿态测量的影响。文献[146]将陀螺漂移与星敏感器低频误差表征为傅里叶级数，在此基础上，建立了低频周期误差补偿模型，提高了姿态测量精度，实现了高精度卫星姿态确定。文献[147]在自适应两级无迹卡尔曼滤波(unscented Kalman filter, UKF)算法的基础上，通过衰减因子补偿模型的不确定性，分离估计系统状态和偏差，并将其应用于存在随机时变偏差的近地卫星自主导航系统状态估计中，有效地实现了导航系统误差精确补偿和高精度状态估计。文献[148]首先采用简化反向传播神经网络对光学相机的焦距和主点进行参数估计，然后采用 UKF 算法对畸变等参数进行精确标定，该方法具有自初始化的优点，不需要姿态或预先安装的传感器参数，满足大多星载相机在轨校正需求。文献[149]采用基于最小二乘和卡尔曼滤波的迭代算法，实现了星敏感器非线性畸变的分步校准：首先通过迭代算法求得最优焦距和主点，然后在此基础上求解高阶焦平面畸变，实现了星敏感器误差精确补偿。文献[150]在一个由外部参数决定的广义摄像机框架中，进行逐步校准，分别实现光学相机的外部参数和内部参数高精度估计。

1.5 本 章 小 结

本章通过对自主诊断方法、自主重构方法和自主导航方法的研究现状进行归纳，并综合考虑航天器不易维修、资源受限的特点，明确了现有技术存在的问题。在此基础上，从定义、与现有概念之间的关系等方面进行分析，深入挖掘可诊断性、可重构性与可观测性的内涵及影响因素，为后续研究提供必要条件。

参 考 文 献

[1] Venkateswaran N, Siva M S, Goel P S. Analytical redundancy based fault detection of gyroscopes in spacecraft applications. Acta Astronautica, 2002, 50(9): 535-545.

[2] Zhang J, Swain A K, Nguang S K. Robust sensor fault estimation scheme for satellite attitude control systems. Journal of the Franklin Institute, 2013, 350(9): 2581-2604.

[3] Shakouri A, Assadian N. Fault detection and isolation of satellite gyroscopes using relative positions in formation flying. Aerospace Science and Technology, 2018, 78: 403-417.

[4] 王大轶, 屠园园, 刘成瑞, 等. 航天器控制系统可重构性的内涵与研究综述. 自动化学报, 2017, 43(10): 1687-1702.

[5] 王大轶, 符方舟, 刘成瑞, 等. 控制系统可诊断性的内涵与研究综述. 自动化学报, 2018, 44(9): 1537-1553.

[6] Tudoroiu N, Khorasani K. Satellite fault diagnosis using a bank of interacting Kalman filters. IEEE Transactions on Aerospace and Electronic Systems, 2007, 43(4): 1334-1350.

[7] IEEE Standards Coordinating Committee 20. IEEE Trial-Use Standard for Testability and Diagnosability Characteristics and Metrics: IEEE Std 1522-2004. New York: Institute of

Electrical and Electronics Engineers, 2005.
[8] Wang D, Yu M, Low C B, et al. Model-based Health Monitoring of Hybrid Systems. New York: Springer, 2013.
[9] Svärd C, Nyberg M, Frisk E. Realizability constrained selection of residual generators for fault diagnosis with an automotive engine application. IEEE Transactions on Systems, Man, and Cybernetics: Systems, 2013, 43(6): 1354-1369.
[10] Svärd C, Nyberg M. Automated design of an FDI-system for the wind turbine benchmark. IFAC Proceedings Volumes, 2011, 44(1): 8307-8315.
[11] Ding S X. Model-based Fault Diagnosis Techniques: Design Schemes, Algorithms, and Tools. Berlin: Springer Science & Business Media, 2008.
[12] Chi G Y, Wang D W, Zhu S Q. An integrated approach for sensor placement in linear dynamic systems. Journal of the Franklin Institute, 2015, 352(3): 1056-1079.
[13] Eriksson D, Frisk E, Krysander M. A method for quantitative fault diagnosability analysis of stochastic linear descriptor models. Automatica, 2013, 49(6): 1591-1600.
[14] Nyberg M, Frisk E. Residual generation for fault diagnosis of systems described by linear differential-algebraic equations. IEEE Transactions on Automatic Control, 2006, 51(12): 1995-2000.
[15] Fu F Z, Wang D Y, Ding S X, et al. Fault identifiability analysis of linear discrete time-varying systems. IEEE Transactions on Circuits and Systems I: Regular Papers, 2019, 66(6): 2371-2381.
[16] Roychoudhury I, Biswas G, Koutsoukos X. Designing distributed diagnosers for complex continuous systems. IEEE Transactions on Automation Science and Engineering, 2009, 6(2): 277-290.
[17] Krysander M, Frisk E, Åslund J. Sensor placement for fault isolation in linear differential-algebraic systems. Proceedings of the 17th World Congress the International Federation of Automatia Control, Seoul, 2008: 7895-7900.
[18] Kaufman M, Sheppard J. P1522: A formal standard for testability and diagnosability measures. Proceedings of the IEEE Systems Readiness Technology Conference, San Antonio, 1999: 411-418.
[19] Provan G. System diagnosability analysis using model-based diagnosis tools. Proceedings of the Aerospace/Defense Sensing, Simulation, and Controls. International Society for Optics and Photonics, Bellingham, 2001: 93-101.
[20] Pattipati K R, Raghavan V, Shakeri M, et al. TEAMS: Testability engineering and maintenance system. Proceedings of the American Control Conference, Baltimore, 1994: 1989-1995.
[21] Wey C L. Design of testability for analogue fault diagnosis. International Journal of Circuit

Theory and Applications, 1987, 15(2): 123-142.
[22] Simpson W R, Sheppard J W. System Test and Diagnosis. Boston: Kluwer, 1994: 139-190.
[23] Li K S M, Chang Y W, Lee C L, et al. Multilevel full-chip routing with testability and yield enhancement. IEEE Transactions on Computer-Aided Design of Integrated Circuits and Systems, 2007, 26(9): 1625-1636.
[24] Ungar L Y. Economic evaluation of testability and diagnosability for commercial off the shelf equipment. Proceedings of the Autotestcon, Orlando, 2010: 1-5.
[25] Le Traon Y, Ouabdesselam F, Robach C, et al. From diagnosis to diagnosability: Axiomatization, measurement and application. Journal of Systems and Software, 2003, 65(1): 31-50.
[26] 朱美娴, 周鸣岐, 叶权达, 等. 测试与诊断术语: GJB 3385A—2020. 北京: 中国标准出版社, 2020.
[27] Sheppard J W, Kaufman M. Formal specification of testability metrics in IEEE P1522. Proceedings of the Autotestcon, Valley Forge, 2001: 71-82.
[28] Magni J F, Mouyon P. On residual generation by observer and parity space approaches. IEEE Transactions on Automatic Control, 1994, 39(2): 441-447.
[29] Diop S, Martínez-Guerra R. On an algebraic and differential approach of nonlinear systems diagnosis. Proceedings of the 40th IEEE Conference on Decision and Control, Orlando, 2001: 585-589.
[30] Huber J, Kopecek H, Hofbaur M. Sensor selection for fault parameter identification applied to an internal combustion engine. Proceedings of the IEEE Conference on Control Applications, Juan Les Antibes, 2014: 89-96.
[31] Wu N E, Zhou K M, Salomon G. Control reconfigurability of linear time-invariant systems. Automatica, 2000, 36(11): 1767-1771.
[32] Mehra R, Rago C, Seereeram S. Autonomous failure detection, identification and fault-tolerant estimation with aerospace applications. 1998 IEEE Aerospace Conference Proceedings, Snowmass, 1998: 133-138.
[33] Liu W J, Teng B Y. Application of weighted evidence theory in the space-earth fault diagnosis result fusion of spacecraft. 2016 12th World Congress on Intelligent Control and Automation, Guilin, 2016: 1742-1748.
[34] Gao Z W, Cecati C, Ding S X. A survey of fault diagnosis and fault-tolerant techniques—part I: Fault diagnosis with model-based and signal-based approaches. IEEE Transactions on Industrial Electronics, 2015, 62(6): 3757-3767.
[35] Gao Z W, Cecati C, Ding S X. A survey of fault diagnosis and fault-tolerant techniques—part II: Fault diagnosis with knowledge-based and hybrid/active approaches. IEEE Transactions on Industrial Electronics, 2015, 62(6): 3768-3774.

[36] Yan R Y, He X, Wang Z D, et al. Detection, isolation and diagnosability analysis of intermittent faults in stochastic systems. International Journal of Control, 2018, 91 (2): 480-494.

[37] Lee J M, Qin S J, Lee I B. Fault detection and diagnosis based on modified independent component analysis. AIChE Journal, 2006, 52 (10): 3501-3514.

[38] Ye H, Wang G Z, Ding S X. A new parity space approach for fault detection based on stationary wavelet transform. IEEE Transactions on Automatic Control, 2004, 49 (2): 281-287.

[39] Caliskan F, Hacizade C. Sensor and actuator FDI applied to an UAV dynamic model. IFAC Proceedings Volumes, 2014, 47 (3): 12220-12225.

[40] Wang H. Actuator fault diagnosis for nonlinear dynamic systems. Transactions of the Institute of Measurement and Control, 1995, 17 (2): 63-71.

[41] Hastings D, Garrett H. Spacecraft-Environment Interactions. Cambridge: Cambridge University Press, 2004.

[42] Tafazoli M. A study of on-orbit spacecraft failures. Acta Astronautica, 2009, 64 (2-3): 195-205.

[43] Park S, Park Y, Park Y S. Degree of fault isolability and active fault diagnosis for redundantly actuated vehicle system. International Journal of Automotive Technology, 2016, 17 (6): 1045-1053.

[44] Technical Committee ISO/TC 20. Space Systems-Unmanned Spacecraft Operability: ISO 14950: 2004. Geneva: ISO Copyright Office, 2004.

[45] Apkarian P, Adams R J. Advanced gain-scheduling techniques for uncertain systems. IEEE Transactions on Control Systems Technology, 2002, 6 (1): 21-32.

[46] Helmersson A. μ synthesis and LFT gain scheduling with real uncertainties. International Journal of Robust and Nonlinear Control, 1998, 8 (7): 631-642.

[47] Boskovic J D, Mehra R K. Intelligent adaptive control of a tailless advanced fighter aircraft under wing damage. Journal of Guidance Control and Dynamics, 2000, 23 (5): 876-884.

[48] Boskovic J D, Jackson J A, Mehra R K, et al. Multiple-model adaptive fault-tolerant control of a planetary lander. Journal of Guidance Control and Dynamics, 2009, 32 (6): 1812-1826.

[49] Niksefat N, Sepehri N. A QFT fault-tolerant control for electrohydraulic positioning systems. IEEE Transactions on Control Systems Technology, 2002, 10 (4): 626-632.

[50] Shamisa A, Kiani Z. Robust fault-tolerant controller design for aerodynamic load simulator. Aerospace Science and Technology, 2018, 78 (6): 332-341.

[51] Zhou K M, Ren Z. A new controller architecture for high performance, robust, and fault-tolerant control. IEEE Transactions on Automatic Control, 2001, 46 (10): 1613-1618.

[52] Campos-Delgado D U, Zhou K M. Reconfigurable fault-tolerant control using GIMC structure. IEEE Transactions on Automatic Control, 2003, 48 (5): 832-839.

[53] Bajpai G, Chang B C, Lau A. Reconfiguration of flight control systems for actuator failures.

IEEE Aerospace and Electronic Systems Magazine, 2001, 16(9): 29-33.

[54] Gao Z Q, Antsaklis P J. Stability of the pseudo-inverse method for reconfigurable control systems. International Journal of Control, 1991, 53(3): 717-729.

[55] Zhang Y M, Jiang J. Integrated active fault-tolerant control using IMM approach. IEEE Transactions on Aerospace and Electronic Systems, 2001, 37(4): 1221-1235.

[56] Zhang Y M, Jiang J. Integrated design of reconfigurable fault-tolerant control systems. Journal of Guidance, Control, and Dynamics, 2001, 24(1): 133-136.

[57] Kim K S, Lee K J, Kim Y. Reconfigurable flight control system design using direct adaptive method. Journal of Guidance, Control, and Dynamics, 2003, 26(4): 543-550.

[58] Kim D, Kim Y. Robust variable structure controller design for fault tolerant flight control. Journal of Guidance, Control, and Dynamics, 2000, 23(3): 430-437.

[59] Tao G, Chen S, Joshi S M. An adaptive actuator failure compensation controller using output feedback. IEEE Transactions on Automatic Control, 2002, 47(3): 506-511.

[60] Zhai D, Xi C J, Dong J X, et al. Adaptive fuzzy fault-tolerant tracking control of uncertain nonlinear time-varying delay systems. IEEE Transactions on Systems, Man, and Cybernetics: Systems, 2020, 50(5): 1840-1849.

[61] Ngo A D, Doman D B. Dynamic inversion-based adaptive/reconfigurable control of the X-33 on ascent. IEEE Aerospace Conference Proceedings, Big Sky, 2001: 2683-2697.

[62] Freddi A, Lanzon A, Longhi S. A feedback linearization approach to fault tolerance in quadrotor vehicles. IFAC Proceedings Volumes, 2011, 44(1): 5413-5418.

[63] Robles D, Puig V, Ocampo-Martinez C, et al. Reliable fault-tolerant model predictive control of drinking water transport networks. Control Engineering Practice, 2016, 55: 197-211.

[64] Kale M M, Chipperfield A J. Stabilized MPC formulations for robust reconfigurable flight control. Control Engineering Practice, 2005, 13(6): 771-788.

[65] Hess R A, Wells S R. Sliding mode control applied to reconfigurable flight control design. Journal of Guidance, Control, and Dynamics, 2003, 26(3): 452-462.

[66] Alwi H, Edwards C. Fault tolerant control using sliding modes with on-line control allocation. Automatica, 2008, 44(7): 1859-1866.

[67] 陈求发. 世界航天器大全. 北京: 中国宇航出版社, 2012.

[68] Iagnemma K D, Rzepniewski A, Dubowsky S, et al. Mobile robot kinematic reconfigurability for rough terrain. Proceedings of SPIE—The International Society for Optical Engineering, Boston, 2000: 413-420.

[69] Lee D G H. Reconfigurability consideration design of components and manufacturing systems. International Journal of Advanced Manufacturing Technology, 1997, 13(5): 376-386.

[70] Demestichas P, Vivier G, El-Khazen K, et al. Evolution in wireless systems management

concepts: From composite radio environments to reconfigurability. IEEE Communications Magazine, 2004, 42(5): 90-98.

[71] 曾声奎. 系统可靠性设计分析教程. 北京: 北京航空航天大学出版社, 2004.

[72] Chaturvedi N A, McClamroch N H. Almost global attitude stabilization of an orbiting satellite including gravity gradient and control saturation effects. Proceedings of the American Control Conference, Minneapolis, 2006: 1748-1753.

[73] Lim Y H, Ahn H S. Relative position keeping in satellite formation flying with input saturation. Journal of the Franklin Institute, 2014, 351(2): 1112-1129.

[74] 岳新成, 杨莹, 耿志勇. 有限推力能量、燃料最优轨道转移控制. 南京航空航天大学学报, 2009, 41(6): 715-719.

[75] Zhang Y M, Jiang J. Issues on integration of fault diagnosis and reconfigurable control in active fault-tolerant control systems. IFAC Proceedings Volumes, 2006, 39(13): 1437-1448.

[76] Hamdaoui R, Abdelkrim M N. Conditions on diagnosis and accommodation delays for actuator fault recoverability. Proceedings of the 8th International Multi-Conference on Systems, Signals and Devices, Sousse, 2011: 1-6.

[77] Zhou J K, Hu Q L, Friswell M I. Decentralized finite time attitude synchronization control of satellite formation flying. Journal of Guidance, Control, and Dynamics, 2013, 36(1): 185-195.

[78] Hu Q L, Li B, Zhang A H. Robust finite-time control allocation in spacecraft attitude stabilization under actuator misalignment. Nonlinear Dynamics, 2013, 73(1-2): 53-71.

[79] Xiao B, Hu Q L, Shi P. Attitude stabilization of spacecrafts under actuator saturation and partial loss of control effectiveness. IEEE Transactions on Control Systems Technology, 2013, 21(6): 2251-2263.

[80] 霍星, 胡庆雷, 肖冰, 等. 带有饱和受限的挠性卫星变结构姿态容错控制. 控制理论与应用, 2011, 28(9): 1063-1068.

[81] Godard G, Kumar K D. Fault tolerant reconfigurable satellite formations using adaptive variable structure techniques. Journal of Guidance Control and Dynamics, 2012, 33(3): 969-984.

[82] Li T, Zhang Y, Gordon B W. Nonlinear fault-tolerant control of a quadrotor UAV based on sliding mode control technique. IFAC Proceedings Volumes, 2012, 45(20): 1317-1322.

[83] 关守平, 杨飞生. 面向重构目标的控制系统可重构性. 信息与控制, 2010, 39(4): 391-396.

[84] Sebek M, Bisiacco M, Fornasini E. Controllability and reconstructibility conditions for 2-D systems. IEEE Transactions on Automatic Control, 1988, 33(5): 496-499.

[85] Kaczorek T. Local controllability, reachability, and reconstructability of the general singular model of 2D systems. IEEE Transactions on Automatic Control, 1992, 37(10): 1527-1530.

[86] Gehin A L, Staroswiecki M. Reconfiguration analysis using generic component models. IEEE Transactions on Systems, Man, and Cybernetics—Part A: Systems and Humans, 2008, 38(3):

575-583.

[87] 王大轶, 魏春岭, 熊凯. 航天器自主导航技术. 北京: 国防工业出版社, 2017.

[88] 王大轶, 黄翔宇, 魏春岭. 基于光学成像测量的深空探测自主控制原理与技术. 北京: 中国宇航出版社, 2012.

[89] 以光衢. 惯性导航原理. 北京: 航空工业出版社, 1987.

[90] 杨立溪. 惯性技术手册. 北京: 中国宇航出版社, 2013.

[91] 秦冬黎. 一种球形气浮气动陀螺仪的设计方法及误差分析研究. 哈尔滨: 哈尔滨工业大学, 2009.

[92] 王大轶, 黄翔宇. 深空探测自主导航与控制技术综述. 空间控制技术与应用, 2009, 35(3): 6-12, 43.

[93] 李俊峰, 崔文, 宝音贺西. 深空探测自主导航技术综述. 力学与实践, 2012, 34(2): 1-9.

[94] 张晓文. 深空探测航天器转移轨道段的自主导航与控制方法研究. 北京: 北京控制工程研究所, 2009.

[95] Battin R H. An Introduction to The Mathematics and Methods of Astrodynamics. New York: American Institute of Aeronautics and Astronautics Inc., 1999.

[96] Duxbury T C, Born G H, Jerath N. Viewing phobos and deimos for navigating mariner 9. Journal of Spacecraft and Rockets, 1974, 11(4): 215-222.

[97] Regeon P A, Chapman R J, Baugh R. Clementine: The deep space program science experiment. Acta Astronautica, 1995, 35: 307-321.

[98] Riedel J, Bhaskaran S, Desai S, et al. Deep space 1 technology validation report: Autonomous optical navigation. Pasadena: Jet Propulsion Laboratory, 2000.

[99] Bhaskaran S, Desai S, Dumont P J, et al. Orbit determination performance evaluation of the deep space 1 autonomous navigation system. AAS/AIAA Space Flight Mechanics Meeting, Monterey, 1998: 1-20.

[100] Bhaskaran S, Riedel J E, Synnott S P. Autonomous nucleus tracking for comet/asteroid encounters: The Stardust example. IEEE Aerospace Conference, Snowmass, 1998: 353-365.

[101] Kubota T, Hashimoto T, Kawaguchi J, et al. Navigation, guidance and control of asteroid sample return spacecraft: MUSES-C. NEC Research & Development, 2001, 42(2):188-192.

[102] Marini A E, Racca G D, Foing B H. SMART-1 technology preparation for future planetary missions. Advances in Space Research, 2002, 30(8): 1895-1900.

[103] Mastrodemos N, Kubitschek D G, Synnott S P. Autonomous navigation for the deep impact mission encounter with comet tempel 1. Space Science Reviews, 2005, 117(1-2): 95-121.

[104] Bernard M, Robert D. The deep space program science experiment mission (DSPSE) astrodynamics mission planning. The 44th International Astronautical Federation Congress, Graz, 1993: 1-18.

[105] Bhaskaran S, Riedel J E, Synnott S P. Demonstration of autonomous orbit determination around small bodies. Pasadena: Jet Propulsion Laboratory, 1995.
[106] Kubota T, Hashimoto T, Sawai S, et al. An autonomous navigation and guidance system for MUSES-C asteroid landing. Acta Astronautica, 2003, 52(2-6): 125-131.
[107] Johnson A E, Cheng Y, Matthies L H. Machine vision for autonomous small body navigation. 2000 IEEE Aerospace Conference, Big Sky, 2002: 661-671.
[108] Downs G. Interplanetary navigation using pulsating radio sources. Boston: NASA-CR-140398, 1974.
[109] Shearer A, Golden A. Implications of the optical observations of isolated neutron stars. The Astrophysical Journal, 2001, 547(2): 967-972.
[110] Chester T, Butman S. Navigation using X-ray pulsars. Pasadena: Jet Propulsion Laboratory, 1981.
[111] Wood K S. Navigation studies utilizing the NRL-801 experiment and the ARGOS satellite. Conference on Small-Satellite Technology and Applications, Orlando, 1993: 105-116.
[112] Hanson J E. Principles of X-ray navigation. Palo Alto: Stanford University, 1996.
[113] Sala J, Urruela A, Villares X, et al. Feasibility study for a spacecraft navigation system relying on pulsar timing information. Barcelona: Universitat Politecnica Catalunya, 2004.
[114] Sheikh S I. The use of variable celestial X-ray sources for spacecraft navigation. College Park: University of Maryland, 2005.
[115] Graven P, Collins J, Sheikh S I, et al. XNAV beyond the moon. Proceedings of the 63rd Annual Meeting of the Institute of Navigation, Cambridge, 2007: 423-431.
[116] Emadzadeh A A, Speyer J L. X-ray pulsar-based relative navigation using epoch folding. IEEE Transactions on Aerospace and Electronic Systems, 2011, 47(4): 2317-2328.
[117] 帅平，李明，陈绍龙，等．X 射线脉冲星导航系统原理与方法．北京：中国宇航出版社，2009.
[118] 帅平．脉冲星：宇宙航行的灯塔．北京：国防工业出版社, 2016.
[119] 郑伟，王奕迪，汤国建，等. X 射线脉冲星导航理论与应用．北京：科学出版社, 2015.
[120] 杨廷高，南仁东，金乘进，等．脉冲星在空间飞行器定位中的应用．天文学进展，2007, 25(3): 249-261.
[121] 王奕迪. X 射线脉冲星信号处理与导航方法研究．长沙：国防科技大学, 2011.
[122] 熊凯．基于脉冲星的空间飞行器自主导航技术研究．北京：中国空间技术研究院, 2008.
[123] 刘劲．基于 X 射线脉冲星的航天器自主导航方法研究．武汉：华中科技大学, 2011.
[124] 李鹏飞．基于 X 射线脉冲星的航天器自主导航技术研究．哈尔滨：哈尔滨工业大学，2015.
[125] 熊凯，魏春岭，刘良栋．鲁棒滤波技术在脉冲星导航中的应用．空间控制技术与应用，

2008, 34(6): 8-11, 17.

[126] Liu J, Ma J, Tian J W, et al. X-ray pulsar navigation method for spacecraft with pulsar direction error. Advances in Space Research, 2010, 46(11): 1409-1417.

[127] Wang Y D, Zheng W, Sun S M, et al. X-ray pulsar-based navigation system with the errors in the planetary ephemerides for Earth-orbiting satellite. Advances in Space Research, 2013, 51(12): 2394-2404.

[128] Wang Y D, Zheng W, Sun S M, et al. X-ray pulsar-based navigation using time-differenced measurement. Aerospace Science and Technology, 2014, 36: 27-35.

[129] 褚永辉. 基于 X 射线脉冲星的深空探测组合导航方法研究. 北京: 中国空间技术研究院, 2011.

[130] 褚永辉, 李茂登, 黄翔宇, 等. 基于自适应滤波的脉冲星导航方法研究. 空间控制技术与应用, 2015, 41(6): 8-12.

[131] 孙守明, 郑伟, 汤国建. 基于 X 射线脉冲星同步定位/授时的可观性分析. 第一届中国卫星导航学术年会, 北京, 2010: 1277-1283.

[132] Sheikh S I, Pines D J, Wood K S, et al. Spacecraft navigation using X-ray pulsars. Journal of Guidance, Control, and Dynamics, 2006, 29(1): 49-63.

[133] Winternitz L M B, Hassouneh M A, Mitchell J W, et al. X-ray pulsar navigation algorithms and testbed for SEXTANT. IEEE Aerospace Conference, Big Sky, 2015: 1-14.

[134] Kalman R E. On the general theory of control systems. Proceedings First International Conference on Automatic Control, Moscow, 1960: 481-492.

[135] Woffinden D C, Geller D K. Optimal orbital rendezvous maneuvering for angles-only navigation. Journal of Guidance, Control, and Dynamics, 2009, 32(4): 1382-1387.

[136] Pi J, Bang H. Trajectory design for satellite relative angles-only navigation. International Conference on Mathematical Problems in Engineering, Aerospace and Sciences, Vienna, 2012: 747-751.

[137] Grzymisch J, Fichter W. Optimal rendezvous guidance with enhanced bearings-only observability. Journal of Guidance, Control, and Dynamics, 2015, 38(6): 1131-1140.

[138] Sullivan J, D'Amico S. Nonlinear Kalman filtering for improved angles-only navigation using relative orbital elements. Journal of Guidance, Control, and Dynamics, 2017, 40(9): 2183-2200.

[139] Lee D, Tahk M J, Lee C H. Optimal threshold of intermittent maneuver for target observability improvement. International Journal of Aeronautical and Space Sciences, 2021, 22(4): 911-922.

[140] Mok S H, Pi J, Bang H. One-step rendezvous guidance for improving observability in bearings-only navigation. Advances in Space Research, 2020, 66(11): 2689-2702.

[141] Franquiz F J, Muñoz J D, Udrea B, et al. Optimal range observability maneuvers of a

spacecraft formation using angles-only navigation. Acta Astronautica, 2018, 153: 337-348.

[142] Atashgah M A, Torkamani M R, Lavaei A. Robust positioning, preliminary orbit determination, and trajectory prediction of space debris using in-space iterative-bearing-only observations. Journal of Navigation, 2017, 70(4): 789-809.

[143] Geller D K, Lovell T A. Angles-only initial relative orbit determination performance analysis using cylindrical coordinates. The Journal of the Astronautical Sciences, 2017, 64(1): 72-96.

[144] Liu H B, Tan J C, Jia H. Autonomous on-orbit calibration of a star tracker camera. Optical Engineering, 2011, 50(2): 1-8.

[145] 魏春岭, 张斌, 张春青. 一种姿态机动辅助下的天文导航系统偏差自校准方法. 宇航学报, 2010, 31(1): 93-97.

[146] Hu X B, Zhao J H, Tu Z J. Research on the method of suppressing sun and moon's interference on infrared conical earth sensor. Proceedings of the Institution of Mechanical Engineers, Part G: Journal of Aerospace Engineering, 2015, 229(3): 399-406.

[147] Wang J Q, Xiong K, Zhou H Y. Low-frequency periodic error identification and compensation for star tracker attitude measurement. Chinese Journal of Aeronautics, 2012, 25(4): 615-621.

[148] 程会艳, 郝云彩, 熊凯. 自适应两级 UKF 算法及其在时变偏差估计中的应用. 空间控制技术与应用, 2010, 36(3): 33-37, 54.

[149] Zhang H, Niu Y X, Lu J Z, et al. On-orbit calibration for star sensors without priori information. Optics Express, 2017, 25(15): 18393-18409.

[150] Wang M, Cheng Y F, Yang B, et al. On-orbit calibration approach for optical navigation camera in deep space exploration. Optics Express, 2016, 24(5): 5536-5554.

第2章 预备知识

2.1 常用坐标系

2.1.1 参考坐标系的定义

为了描述参考坐标系，需要给出坐标原点的位置、基准平面(即 XY 平面)的方位以及主方向(即 X 轴的方向)和 Z 轴的方向。由于 Z 轴必须垂直于基准平面，故只需说明其正方向。一般选择 Y 轴方向使坐标系成为右手坐标系。

1. 太阳系质心坐标系($O_{ssb}X_{ssb}Y_{ssb}Z_{ssb}$)

太阳系质心坐标系的原点定义在太阳系质心(solar system barycenter, SSB)，基准平面为 J2000 平赤道面，X 轴指向 J2000 平春分点，Z 轴与地球自转角速度方向一致。

2. 日心黄道坐标系($O_{si}X_{si}Y_{si}Z_{si}$)

日心黄道坐标系的原点定义在日心，基准平面与黄道面(黄道面是地球绕太阳运行的轨道平面)一致，如图 2.1 所示。黄道面与地球赤道面的交线确定了 X 轴的方向，此方向称为春分点方向，Z 轴垂直于黄道面，与地球公转角速度矢量一致。地球自旋轴的方向有缓慢的漂移，导致黄赤交线的缓慢漂移，因此，日心黄道坐标系实际上并不是一个惯性参考坐标系，为了建立惯性参考坐标系，需要注明所用的坐标系是根据哪一特定时刻(历元)的春分点方向建立的。本书采用 J2000 日心黄道坐标系，其基准平面和主方向分别为 J2000 的平黄道和平春分点。

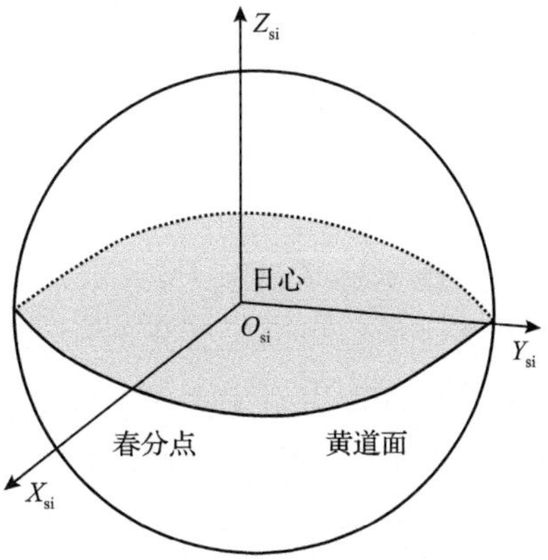

图 2.1 日心黄道坐标系

3. 地心坐标系

1)地心赤道坐标系($O_eX_{ei}Y_{ei}Z_{ei}$)

地心赤道坐标系的原点定义在地心，基准平面是地球赤道平面，X 轴方向指

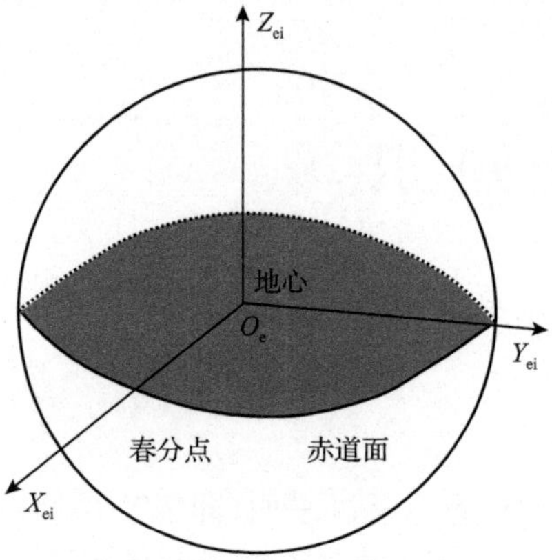

图 2.2　地心赤道坐标系

向春分点，Z 轴方向指向北极，如图 2.2 所示。需要说明的是，地心赤道坐标系并不是固定在地球上与地球一起转动。本书采用 J2000 地心赤道坐标系，其主方向为 J2000 的平春分点，基准平面为平赤道面。

2) 地心黄道坐标系 ($O_eX_{si}Y_{si}Z_{si}$)

地心黄道坐标系的原点定义在地心，基准平面是黄道平面，X 轴方向指向春分点，Z 轴方向指向北极。地心黄道坐标系即日心黄道坐标系原点平移到地心形成的坐标系。

4. 目标天体坐标系

1) 目标天体惯性坐标系 ($O_tX_{ei}Y_{ei}Z_{ei}$)

目标天体惯性坐标系的原点定义在目标天体中心，X 轴、Y 轴、Z 轴分别与 J2000 地心赤道坐标系的 X 轴、Y 轴、Z 轴方向一致。

2) 目标天体固连坐标系 ($O_tX_{tf}Y_{tf}Z_{tf}$)

目标天体固连坐标系的原点定义在目标天体中心，Z 轴取目标天体的自转轴，X 轴在目标天体赤道面指向某一定义点，选择 Y 轴与 X 轴、Z 轴构成右手坐标系。

5. 轨道坐标系 ($O_cX_oY_oZ_o$)

轨道坐标系以航天器标称质心或某特殊点为原点(主要考虑到飞行过程中航天器实际质心可能是变化的)，Z 轴沿航天器指向中心天体的中心方向；X 轴在瞬时轨道平面内垂直于 Z 轴，并指向航天器速度方向；Y 轴与瞬时轨道平面的法线平行。X 轴、Y 轴、Z 轴构成右手坐标系。

6. 近焦点坐标系 ($O_{gc}X_\omega Y_\omega Z_\omega$)

近焦点坐标系的原点定义在主引力场中心，基准平面是航天器的轨道平面，X 轴指向近拱点，在轨道面内按运动方向从 X 轴转过 90°是 Y 轴，Z 轴为轨道面法线且与 X 轴、Y 轴构成右手坐标系。

7. 航天器本体坐标系 ($O_cX_bY_bZ_b$)

航天器本体坐标系以航天器标称质心或某特殊点为原点，坐标轴的指向一般会考虑航天器的结构，一般可分如下几种。

1) 特征轴坐标系

X 轴沿航天器某一特征轴方向，Y 轴和 Z 轴也沿着航天器另外两个特征轴方向，且 X 轴、Y 轴、Z 轴构成右手坐标系。

2) 惯性主轴坐标系

X 轴沿航天器某一惯性主轴方向，Y 轴和 Z 轴也沿着航天器另外两个惯性主轴方向，且 X 轴、Y 轴、Z 轴构成右手坐标系。

3) 速度坐标系

X 轴沿航天器速度方向，Y 轴在航天器纵向对称平面内，垂直于 X 轴指向上方，Z 轴与 X 轴、Y 轴构成右手坐标系。

8. 航天器上的光学成像敏感器坐标系 ($O_{fc}X_{bs}Y_{bs}Z_{bs}$)

航天器上的光学成像敏感器坐标系的原点定义在光学成像敏感器的焦平面中心，Z 轴为光学成像敏感器的光轴方向，X 轴为焦平面内设定的参考基准，选择 Y 轴与 X 轴、Z 轴构成右手坐标系。

2.1.2 坐标系之间的变换

坐标变换必然涉及坐标旋转。为此，首先定义坐标旋转对应的坐标转换矩阵的表示方法。若原坐标系中的某一矢量用 $\boldsymbol{r}$ 表示，在旋转后的新坐标系中用 $\boldsymbol{r}'$ 表示，那么，YZ 平面、ZX 平面和 XY 平面分别绕 X 轴、Y 轴和 Z 轴转动 θ 角(逆时针为正)，则有

$$\begin{aligned}\boldsymbol{r}' &= \boldsymbol{C}_X(\theta)\boldsymbol{r} \\ \boldsymbol{r}' &= \boldsymbol{C}_Y(\theta)\boldsymbol{r} \\ \boldsymbol{r}' &= \boldsymbol{C}_Z(\theta)\boldsymbol{r}\end{aligned} \tag{2.1}$$

其中，

$$\boldsymbol{C}_X(\theta) = \begin{bmatrix} 1 & 0 & 0 \\ 0 & \cos\theta & \sin\theta \\ 0 & -\sin\theta & \cos\theta \end{bmatrix}$$

$$\boldsymbol{C}_Y(\theta) = \begin{bmatrix} \cos\theta & 0 & -\sin\theta \\ 0 & 1 & 0 \\ \sin\theta & 0 & \cos\theta \end{bmatrix}$$

$$\boldsymbol{C}_Z(\theta) = \begin{bmatrix} \cos\theta & \sin\theta & 0 \\ -\sin\theta & \cos\theta & 0 \\ 0 & 0 & 1 \end{bmatrix}$$

且坐标转换矩阵 $\boldsymbol{C}(\theta)$ 有如下性质：

$$\boldsymbol{C}^{-1}(\theta)=\boldsymbol{C}^{\mathrm{T}}(\theta)=\boldsymbol{C}(-\theta) \tag{2.2}$$

1. 日心黄道坐标系到地心黄道坐标系到地心赤道坐标系

历元日心黄道坐标系和历元地心赤道坐标系之间的转换过程为平移和旋转，其中平移对应一个过渡性的历元地心黄道坐标系。记历元地心赤道坐标系、历元地心黄道坐标系和历元日心黄道坐标系的位置矢量分别为 $\boldsymbol{r}_{\mathrm{ei}}$ 、 $\boldsymbol{r}_{\mathrm{e,si}}$ 和 $\boldsymbol{r}_{\mathrm{si}}$ ，则有

$$\begin{aligned}&\boldsymbol{r}_{\mathrm{e,si}}=\boldsymbol{r}_{\mathrm{si}}+\boldsymbol{r}_{\mathrm{se,si}}\\&\boldsymbol{r}_{\mathrm{ei}}=\boldsymbol{C}_X(-\overline{\varepsilon})\boldsymbol{r}_{\mathrm{e,si}}\end{aligned} \tag{2.3}$$

其中，$\boldsymbol{r}_{\mathrm{se,si}}$ 为太阳(日心)在地心黄道坐标系中的位置矢量；$\overline{\varepsilon}=\varepsilon-\Delta\varepsilon$ 为平黄赤交角， $\Delta\varepsilon$ 为交角章动， $\varepsilon=23°26'21.448''-46.8150''t-0.00059''t^2+0.001813''t^3$ ，$t=\dfrac{\mathrm{JD}(t)-\mathrm{JD(J2000)}}{36525.0}$ ， $\mathrm{JD}(t)$ 表示计算时刻 t 对应的儒略日， JD(J2000) 是历元 J2000 对应的儒略日。

2. 目标天体惯性坐标系到目标天体固连坐标系

如图 2.3 所示，可以利用三个角 φ 、 ψ 、 θ 来描述目标天体固连坐标系相对目标天体惯性坐标系的指向，记目标天体惯性坐标系和目标天体固连坐标系的位置矢量分别为 $\boldsymbol{r}_{\mathrm{ti}}$ 和 $\boldsymbol{r}_{\mathrm{tf}}$ ，则有

$$\boldsymbol{r}_{\mathrm{tf}}=\boldsymbol{C}_Z(\psi)\boldsymbol{C}_X(\theta)\boldsymbol{C}_Z(\varphi)\boldsymbol{r}_{\mathrm{ti}} \tag{2.4}$$

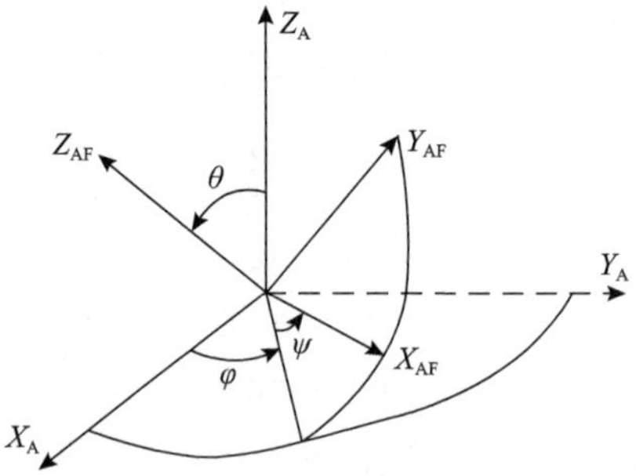

图 2.3　目标天体惯性坐标系与目标天体固连坐标系变换关系

3. 日心黄道坐标系到轨道坐标系

日心黄道坐标系到轨道坐标系的位置矢量如下所示：

$$\boldsymbol{r}_{\mathrm{o}}=\boldsymbol{C}_Z(\omega)\boldsymbol{C}_X(i)\boldsymbol{C}_Z(\varOmega)\boldsymbol{r}_{\mathrm{si}} \tag{2.5}$$

其中，Ω 为升交点经度；i 为轨道倾角；ω 为近日点幅角；$\boldsymbol{r}_{\mathrm{o}}$ 为航天器在轨道坐标系的位置；$\boldsymbol{r}_{\mathrm{si}}$ 为航天器在日心黄道坐标系的位置。

2.2 航天器轨道动力学模型

建立精确的轨道动力学模型是开展自主导航方法研究的基础。

2.2.1 轨道摄动模型

航天器除了受到中心天体引力和轨道控制力外，在飞行过程中还会受到空间环境中各种摄动力的作用，这些摄动力主要包括：中心天体形状非球形和质量不均匀产生的附加引力、其他天体引力、太阳光压和可能的大气阻力以及姿态控制可能产生的干扰力等。

1. 中心天体引力及形状摄动势函数

在分析天体对航天器的引力作用时，常使用引力势函数，即引力场在空间任意一点的势函数 U，在该点上单位质量航天器受到的引力为

$$\boldsymbol{F} = \mathrm{grad}U \tag{2.6}$$

其中，grad 表示函数的梯度。此势函数与坐标系的选择无关，应用较方便。当假设天体的质量 M 集中于一点时，它的势函数是

$$U_0 = \frac{GM}{r} = \frac{\mu}{r} \tag{2.7}$$

其中，G 为万有引力常数；$\mu = GM$ 为天体引力常数；r 为集中质点到空间某点的距离。

均匀质量的圆球天体对外部各点的势函数与整个球体质量集中于中心时的势函数相同，它的梯度方向总是指向球体中心，这就是二体问题的基础。航天器二体轨道动力学方程为

$$\ddot{\boldsymbol{r}} = -\frac{\mu}{r^3}\boldsymbol{r} \tag{2.8}$$

其中，$\bar{\boldsymbol{r}}$ 为航天器相对天体中心的位置。

当考虑天体形状摄动时，势函数包括两部分：

$$U = U_0 + R \tag{2.9}$$

其中，R 是摄动力的势函数，称为摄动函数。

当考虑天体形状摄动时，对于大行星、月球等形状接近球体的天体，一般可用球谐项展开表示其引力势函数；对于小行星、彗星等一些椭球形天体，一般可用椭球谐项展开表示其引力势函数；对于一些形状极其特别的天体，可以采用多面体组合方法计算其引力势函数。

采用球谐项展开的引力势函数为

$$U=\frac{GM}{r}\sum_{n=0}^{\infty}\sum_{m=0}^{n}\left(\frac{r_0}{r}\right)^n\overline{\mathrm{P}}_{nm}(\sin\vartheta)\times\left(\overline{C}_{nm}\cos(m\lambda)+\overline{S}_{nm}\sin(m\lambda)\right) \tag{2.10}$$

其中，$\overline{\mathrm{P}}_{nm}$ 为勒让德多项式函数；n 和 m 分别为多项式的次数和阶数；r_0 为天体的参考半径；r 为航天器到天体中心的距离；ϑ 和 λ 分别为天体的纬度和经度；$\overline{C}_{nm}$ 和 $\overline{S}_{nm}$ 为归一化系数。

归一化系数与无归一化系数之间的关系如下：

$$\left(\overline{C}_{nm};\overline{S}_{nm}\right)=\left[\frac{(n+m)!}{\left(2-\delta_{0m}\right)(2n+1)(n-m)!}\right]^{1/2}\left(C_{nm};S_{nm}\right) \tag{2.11}$$

其中，δ_{0m} 为克罗内克符号函数。

勒让德多项式函数为

$$\overline{\mathrm{P}}_{nm}(x)=\left(1-x^2\right)^{m/2}\frac{\mathrm{d}^m}{\mathrm{d}x^m}\overline{\mathrm{P}}_n(x) \tag{2.12}$$

勒让德多项式为

$$\overline{\mathrm{P}}_n(x)=\frac{1}{2^n n!}\frac{\mathrm{d}^n}{\mathrm{d}x^n}\left(x^2-1\right)^n \tag{2.13}$$

采用椭球谐项展开的引力势函数为

$$U=GM\sum_{n=0}^{N_{\max}}\sum_{p=0}^{2n-1}\overline{\alpha}_n^p\frac{F_n^p(\lambda_1)}{F_n^p(a)}\overline{E}_n^p(\lambda_2)\overline{E}_n^p(\lambda_3) \tag{2.14}$$

其中，$\overline{\alpha}_n^p$ 为规范化的椭球谐项系数，考虑天体形状和密度变化，其满足

$$\overline{\alpha}_n^p=\int_0^h\int_h^k\frac{U\left(\lambda_1=a,\lambda_2,\lambda_3\right)}{GM}\overline{E}_n^p(\lambda_2)\overline{E}_n^p(\lambda_3)\mathrm{d}S \tag{2.15}$$

这个面积分利用了天体对应的布里渊椭球体产生的势函数。图 2.4 给出了布里渊球体与布里渊椭球体的示意图。其中，$\overline{E}_n^p(\lambda_2)\overline{E}_n^p(\lambda_3)$ 满足如下关系：

$$\bar{E}_n^p(\lambda_2)\bar{E}_n^p(\lambda_3)=\frac{E_n^p(\lambda_2)E_n^p(\lambda_3)}{\sqrt{\gamma_n^p}} \tag{2.16}$$

其中，E_n^p 表示第一类 Lamé 函数(可为 K_n^p、L_n^p、M_n^p、N_n^p)；n 为函数的维数；p 为特征值。

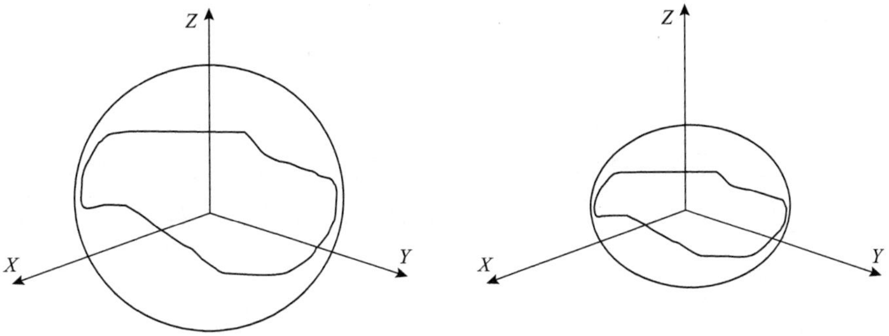

(a) 布里渊球体 (b) 布里渊椭球体

图 2.4 布里渊球体与布里渊椭球体

$\bar{F}_n^p(\lambda_1)$ 和 E_n^p 满足如下关系式：

$$\bar{F}_n^p(\lambda_1)=(2n+1)\bar{E}_n^p(\lambda_1)\int_{\lambda_1}^{\infty}\frac{\mathrm{d}s}{\left(E_n^p\right)^2(s)\sqrt{\left(s^2-h^2\right)\left(s^2-k^2\right)}} \tag{2.17}$$

其中，s、h 和 k 为椭球方程的参数，椭球方程如下：

$$\frac{x^2}{s^2}+\frac{y^2}{s^2-h^2}+\frac{z^2}{s^2-k^2}=1 \tag{2.18}$$

对于给定的 x、y 和 z，方程(2.18)关于 s^2 有三个实数根 $(\lambda_i)_{i=1,2,3}$，其满足如下约束：

$$\lambda_1^2\in\left[k^2,+\infty\right),\ \ \lambda_2^2\in\left[h^2,k^2\right],\ \ \lambda_3^2\in\left[0,h^2\right] \tag{2.19}$$

采用多面体组合方法计算的引力势为

$$U=\sum_{i\in\text{cubes}}\left(\frac{G\rho_i}{2}\sum_{e\in\text{edges}}\bar{\boldsymbol{r}}_e^{\mathrm{T}}\boldsymbol{E}_e\bar{\boldsymbol{r}}_e\cdot\bar{L}_e-\frac{G\rho_i}{2}\sum_{f\in\text{faces}}\bar{\boldsymbol{r}}_f^{\mathrm{T}}\boldsymbol{F}_f\bar{\boldsymbol{r}}_f\cdot\bar{\boldsymbol{\omega}}_f\right) \tag{2.20}$$

其中，$\bar{\boldsymbol{r}}_e$ 为由引力计算点指向每个边缘任意点的矢量；$\boldsymbol{E}_e$ 为由与每个边缘相关的面与边缘法线向量组成的并矢量；$\bar{L}_e$ 为表达一维直线势的对数项；$\bar{\boldsymbol{r}}_f$ 为由引力计算点指向每个面上任意点的矢量；$\boldsymbol{F}_f$ 为面法线向量的外积；$\bar{\boldsymbol{\omega}}_f$ 为从引力计算点出发的每个面所对的立体角。

2. 其他天体引力摄动加速度

第 i 个摄动天体对航天器产生的摄动加速度为

$$\bar{\boldsymbol{a}}_i = \mu_i \left(\frac{\bar{\boldsymbol{r}}_{ri}}{r_{ri}^3} - \frac{\bar{\boldsymbol{r}}_{pi}}{r_{pi}^3} \right) \tag{2.21}$$

其中，μ_i 为第 i 个摄动天体的引力常数；$\bar{\boldsymbol{r}}_{pi}$ 为第 i 个摄动天体相对中心天体的位置，且 $r_{pi} = \|\bar{\boldsymbol{r}}_{pi}\|$；$\bar{\boldsymbol{r}}_{ri}$ 为第 i 个摄动天体相对航天器的位置，即 $\bar{\boldsymbol{r}}_{ri} = \bar{\boldsymbol{r}}_{pi} - \bar{\boldsymbol{r}}$，$\bar{\boldsymbol{r}}$ 为航天器相对天体中心的位置，且 $r_{ri} = \|\bar{\boldsymbol{r}}_{ri}\|$。

3. 太阳光压摄动加速度

当航天器受到太阳光照射时，太阳辐射能量的一部分被吸收，另一部分被反射，这种能量转换会使航天器受到力的作用，称为太阳辐射压力(简称光压)。航天器表面对太阳光的反射比较复杂，有镜面反射和漫反射。在研究太阳光压对航天器轨道的影响时，可以认为光压的方向和太阳光的入射方向一致，作用在航天器单位质量上的光压可以表示为

$$\bar{\boldsymbol{a}}_s = -\frac{AG}{mr_{rs}^3}\bar{\boldsymbol{r}}_{rs} \tag{2.22}$$

其中，A 为垂直于太阳光方向的航天器截面积；m 为航天器质量；G 为太阳通量常数，有 $G = k'p_0\varDelta_0^2$，k' 为综合吸收系数，$\varDelta_0$ 为太阳到地球表面的距离，p_0 为地球表面的太阳光压强度；$\bar{\boldsymbol{r}}_{rs}$ 为太阳相对航天器的位置矢量，即 $\bar{\boldsymbol{r}}_{rs} = \bar{\boldsymbol{r}}_{ps} - \bar{\boldsymbol{r}}$，$\bar{\boldsymbol{r}}$ 为航天器相对天体中心的位置，且 $r_{rs} = \|\bar{\boldsymbol{r}}_{rs}\|$。

4. 大气阻力摄动加速度

大气对航天器所产生的阻力加速度 $\boldsymbol{a}_d$ 为

$$\boldsymbol{a}_d = -\frac{1}{2}c_d\rho\frac{A}{m}v_a\bar{\boldsymbol{v}}_a \tag{2.23}$$

其中，c_d 为阻力系数；ρ 为大气密度；A 为迎风面积，即航天器沿速度方向的投影面积；m 为航天器的质量；$\bar{\boldsymbol{v}}_a$ 为航天器相对旋转大气的速度，$v_a = \|\bar{\boldsymbol{v}}_a\|$。

2.2.2 轨道动力学方程的表达形式

针对所研究的问题，航天器轨道动力学方程可以选择不同的表达形式，例如轨道参数可以用球坐标、直角坐标或开普勒要素表示，摄动项可以直接用摄动力表示，也可以用摄动函数表示。

1. 球坐标表达的轨道动力学方程

用球坐标表示天体形状和质量的不均匀性比较方便、直观。研究天体引力的摄动函数及其对航天器运动的影响，常用球坐标表示航天器的轨道动力学方程：

$$
\begin{aligned}
&\ddot{r}-r\dot{\lambda}^2\cos^2\vartheta-r\dot{\vartheta}^2=a_r\\
&r\ddot{\lambda}\cos\vartheta+2(\dot{r}\cos\vartheta-r\dot{\varphi}\sin\vartheta)\dot{\lambda}=a_\lambda\\
&r\ddot{\vartheta}+2\dot{r}\dot{\vartheta}+r\dot{\lambda}^2\sin\vartheta\cos\vartheta=a_\vartheta
\end{aligned}
\tag{2.24}
$$

其中，(r,λ,ϑ) 是航天器的球坐标；r 是航天器相对天体中心的距离；(λ,ϑ) 是航天器位置对应的经纬度；a_r、a_λ、a_ϑ 是沿球面坐标轴方向作用在航天器上的加速度。若只考虑天体引力加速度，则它们等于引力势函数 $U(r,\lambda,\vartheta)$ 沿着三个方向的导数。

2. 开普勒要素表达的轨道动力学方程

利用开普勒要素表达轨道，便于分析摄动力对航天器轨道要素的影响。

1) 拉格朗日行星摄动方程

拉格朗日行星摄动方程是天体力学中常用的方程，其表达式为

$$
\begin{aligned}
&\frac{\mathrm{d}a}{\mathrm{d}t}=\frac{2}{na}\frac{\partial R}{\partial M}\\
&\frac{\mathrm{d}e}{\mathrm{d}t}=\frac{1-e^2}{na^2e}\frac{\partial R}{\partial M}-\frac{\sqrt{1-e^2}}{na^2e}\frac{\partial R}{\partial \omega}\\
&\frac{\mathrm{d}i}{\mathrm{d}t}=\frac{\cot i}{na^2\sqrt{1-e^2}}\frac{\partial R}{\partial \omega}-\frac{\csc i}{na^2\sqrt{1-e^2}}\frac{\partial R}{\partial \Omega}\\
&\frac{\mathrm{d}\Omega}{\mathrm{d}t}=\frac{1}{na^2\sqrt{1-e^2}\sin i}\frac{\partial R}{\partial i}\\
&\frac{\mathrm{d}\omega}{\mathrm{d}t}=\frac{\sqrt{1-e^2}}{na^2e}\frac{\partial R}{\partial e}-\frac{\cot i}{na^2\sqrt{1-e^2}}\frac{\partial R}{\partial i}\\
&\frac{\mathrm{d}M}{\mathrm{d}t}=n-\frac{2}{na}\frac{\partial R}{\partial a}-\frac{1-e^2}{na^2e}\frac{\partial R}{\partial e}
\end{aligned}
\tag{2.25}
$$

其中，a为半长轴；e为偏心率；i为轨道倾角；Ω为升交点赤经；ω为近天体角距；M为平近点角；n为平均轨道角速度大小；R为航天器到中心天体的距离。

如果确定了摄动势函数的具体表达式，就可以利用方程求解任意时刻的密切轨道要素，并根据二体问题的关系求出航天器的位置和速度。摄动方程的上述形式只适合用于摄动力可以用摄动势函数来表示的场合。更一般形式的轨道动力学方程是高斯型摄动方程。

2）高斯型摄动方程

用轨道要素表示的轨道动力学方程为

$$\begin{aligned}
\frac{\mathrm{d}a}{\mathrm{d}t} &= \frac{2}{n\sqrt{1-e^2}}\left[F_r e\sin f + F_t(1+e\cos f)\right] \\
\frac{\mathrm{d}e}{\mathrm{d}t} &= \frac{\sqrt{1-e^2}}{na}\left[F_r\sin f + F_t(\cos E+\cos f)\right] \\
\frac{\mathrm{d}i}{\mathrm{d}t} &= \frac{r\cos(\omega+f)}{na^2\sqrt{1-e^2}\sin i}F_n \\
\frac{\mathrm{d}\Omega}{\mathrm{d}t} &= \frac{r\sin(\omega+f)}{na^2\sqrt{1-e^2}\sin i}F_n \\
\frac{\mathrm{d}\omega}{\mathrm{d}t} &= \frac{\sqrt{1-e^2}}{nae}\left(-F_r\cos f + F_t\frac{2+e\cos f}{1+e\cos f}\sin f\right) - \cos i\frac{\mathrm{d}\Omega}{\mathrm{d}t} \\
\frac{\mathrm{d}M}{\mathrm{d}t} &= n - \frac{1-e^2}{nae}\left[F_r\left(\frac{2er}{p}-\cos f\right) + F_t\left(1+\frac{r}{p}\right)\sin f\right]
\end{aligned} \tag{2.26}$$

其中，a为半长轴；e为偏心率；i为轨道倾角；Ω为升交点赤经；ω为近天体角距；M为平近点角；E为偏近点角；f为真近点角；t为时间；$p=a\left(1-e^2\right)$为半通径；n为平均轨道角速度大小；F_r、F_t、F_n分别为摄动加速度在径向、横向和轨道面法向上的分量。对于二体运动$F_r=F_t=F_n=0$，$\frac{\mathrm{d}M}{\mathrm{d}t}=n$，其余五个轨道要素都为常值。

3. 直角坐标表达的轨道动力学方程

用直角坐标表达的轨道动力学方程为

$$\begin{aligned}
\dot{\overline{\boldsymbol{r}}} &= \overline{\boldsymbol{v}} \\
\dot{\overline{\boldsymbol{v}}} &= -\frac{Gm}{r^3}\overline{\boldsymbol{r}} + \mathrm{grad}R + \overline{\boldsymbol{a}}
\end{aligned} \tag{2.27}$$

其中，$\overline{\boldsymbol{r}}$ 和 $\overline{\boldsymbol{v}}$ 分别为航天器的位置和速度；$\overline{\boldsymbol{a}}$ 为其他摄动加速度矢量；G 为万有引力常数；m 为中心天体质量；$r=|\boldsymbol{r}|$。

2.2.3　轨道动力学方程

1. 日心转移段轨道动力学方程

对于日心转移轨道段，太阳引力为中心引力，在无轨道控制力作用时对航天器的运动起主要作用。其他摄动力主要包括大行星引力和太阳光压。在 J2000 日心黄道坐标系上，建立航天器轨道动力学方程为

$$\begin{aligned}
&\dot{\overline{\boldsymbol{r}}}=\overline{\boldsymbol{v}}\\
&\dot{\overline{\boldsymbol{v}}}=-\frac{\mu_s}{r^3}\overline{\boldsymbol{r}}+\sum_{i=1}^{n_p}\mu_i\left(\frac{\overline{\boldsymbol{r}}_{ri}}{r_{ri}^3}-\frac{\overline{\boldsymbol{r}}_{pi}}{r_{pi}^3}\right)-\frac{AG}{mr^3}\overline{\boldsymbol{r}}+\frac{\overline{\boldsymbol{T}}}{m}+\overline{\boldsymbol{a}}
\end{aligned}\tag{2.28}$$

其中，$\overline{\boldsymbol{r}}$ 和 $\overline{\boldsymbol{v}}$ 分别为航天器在日心黄道坐标系的位置和速度矢量，且 $r=\left\|\overline{\boldsymbol{r}}\right\|$；$\overline{\boldsymbol{r}}_{pi}$ 为第 i 个摄动行星在日心黄道坐标系的位置矢量，且 $r_{pi}=\left\|\overline{\boldsymbol{r}}_{pi}\right\|$；$\overline{\boldsymbol{r}}_{ri}$ 为第 i 个摄动行星相对航天器的位置矢量，即 $\overline{\boldsymbol{r}}_{ri}=\overline{\boldsymbol{r}}_{pi}-\overline{\boldsymbol{r}}$，且 $r_{ri}=\left\|\overline{\boldsymbol{r}}_{ri}\right\|$；$\mu_s$ 为太阳引力常数；μ_i 为第 i 个摄动行星的引力常数；n_p 为摄动行星的个数；$\overline{\boldsymbol{T}}$ 为推力矢量；$\overline{\boldsymbol{a}}$ 为其他摄动加速度矢量；A 为行星摄动力的高阶系数。

2. 近目标天体段轨道动力学方程

这里的近目标天体段是指航天器已进入目标天体的引力场范围，对航天器的作用力以目标天体引力为主的任务段，主要包括接近、撞击和环绕天体等任务段。

由于航天器距离天体近，天体引力将对航天器的运动起主要作用。考虑到天体形状不规则摄动和太阳引力及光压摄动，在目标天体惯性坐标系建立航天器轨道动力学方程如下：

$$\begin{aligned}
&\dot{\overline{\boldsymbol{r}}}_i=\overline{\boldsymbol{v}}_i\\
&\dot{\overline{\boldsymbol{v}}}_i=\frac{\partial V\left(\overline{\boldsymbol{r}}_i\right)}{\partial\overline{\boldsymbol{r}}_i}+\overline{\boldsymbol{a}}_i
\end{aligned}\tag{2.29}$$

其中，$\overline{\boldsymbol{r}}_i$ 和 $\overline{\boldsymbol{v}}_i$ 分别为航天器的位置和速度矢量；$\overline{\boldsymbol{a}}_i$ 为其他需要考虑的力加速度；V 为势函数，具体表达式如下：

$$V\left(\overline{\boldsymbol{r}}_i\right)=U\left(\overline{\boldsymbol{r}}_{tf}\right)+\frac{\beta\overline{\boldsymbol{d}}\cdot\overline{\boldsymbol{r}}_i}{\left|\overline{\boldsymbol{d}}\right|^3}-\frac{\mu_s}{2d^3}\left[\overline{\boldsymbol{r}}_i\cdot\overline{\boldsymbol{r}}_i-3\left(\frac{\overline{\boldsymbol{d}}\cdot\overline{\boldsymbol{r}}_i}{\left|\overline{\boldsymbol{d}}\right|}\right)^2\right]\tag{2.30}$$

其中，第一项为天体引力势函数，其中 $\bar{\boldsymbol{r}}_{tf}$ 为在固连坐标系表达的航天器相对天体中心的位置矢量；第二项为太阳光压摄动势函数，其中 β 为太阳光压参数；第三项为太阳引力摄动势函数，其中 $\bar{\boldsymbol{d}}$ 为天体相对太阳的位置矢量，可以由天体的星历计算得到，μ_s 为太阳引力常数，$\bar{\boldsymbol{r}}_i$ 为航天器相对太阳的位置矢量。

2.3 航天器姿态运动学模型

2.3.1 姿态的描述

姿态的描述有多种形式，常见的有方向余弦式、欧拉角式、欧拉轴角参数式和姿态四元数式。某时刻航天器姿态唯一确定，因此各种形式的姿态参数间可以相互转换。

1. 方向余弦式

令 $\boldsymbol{i}$、$\boldsymbol{j}$、$\boldsymbol{k}$ 表示坐标轴 x、y、z 的单位矢量，下标表示坐标系的种类。例如，b 和 r 分别代表星体和参考坐标系。这两套坐标轴之间的夹角余弦，即方向余弦，共有 9 个，以 C_{xx}、C_{xy} 等形式表示，有

$$\begin{cases}\cos(\boldsymbol{i}_b,\boldsymbol{i}_r)=\boldsymbol{i}_b\cdot\boldsymbol{i}_r=C_{xx}\\ \cos(\boldsymbol{i}_b,\boldsymbol{j}_r)=\boldsymbol{i}_b\cdot\boldsymbol{j}_r=C_{xy}\\ \qquad\vdots\\ \cos(\boldsymbol{k}_b,\boldsymbol{k}_r)=\boldsymbol{k}_b\cdot\boldsymbol{k}_r=C_{zz}\end{cases} \tag{2.31}$$

其中，“·”表示两个矢量的点积运算。

利用这些方向余弦，任一星体坐标轴的单位矢量在参考坐标系中的方向有下列形式：

$$\begin{aligned}\boldsymbol{i}_b&=(\boldsymbol{i}_b\cdot\boldsymbol{i}_r)\boldsymbol{i}_r+(\boldsymbol{i}_b\cdot\boldsymbol{j}_r)\boldsymbol{j}_r+(\boldsymbol{i}_b\cdot\boldsymbol{k}_r)\boldsymbol{k}_r\\ &=C_{xx}\boldsymbol{i}_r+C_{xy}\boldsymbol{j}_r+C_{xz}\boldsymbol{k}_r\end{aligned} \tag{2.32}$$

将式(2.31)中方向余弦组成一个矩阵：

$$\boldsymbol{C}=\begin{bmatrix}C_{xx} & C_{xy} & C_{xz}\\ C_{yx} & C_{yy} & C_{yz}\\ C_{zx} & C_{zy} & C_{zz}\end{bmatrix} \tag{2.33}$$

根据式(2.33)，星体坐标系在参考坐标系中的几何方向可确定为

$$[\boldsymbol{i}_b \quad \boldsymbol{j}_b \quad \boldsymbol{k}_b] = \boldsymbol{C}[\boldsymbol{i}_r \quad \boldsymbol{j}_r \quad \boldsymbol{k}_r] \tag{2.34}$$

因为矩阵完全确定了卫星姿态在参考系中的状态，矩阵中的每个元素为姿态参数，所以称此方向余弦阵$\boldsymbol{C}$为姿态矩阵。由于参考坐标系r和星体坐标系b都是正交坐标系，因此9个元素满足6个约束方程。由各单位矢量的模值可导出3个约束方程：

$$\begin{cases} \boldsymbol{i}_b \cdot \boldsymbol{i}_b = C_{xx}^2 + C_{xy}^2 + C_{xz}^2 = 1 \\ \boldsymbol{j}_b \cdot \boldsymbol{j}_b = C_{yx}^2 + C_{yy}^2 + C_{yz}^2 = 1 \\ \boldsymbol{k}_b \cdot \boldsymbol{k}_b = C_{zx}^2 + C_{zy}^2 + C_{zz}^2 = 1 \end{cases} \tag{2.35}$$

由星体坐标轴的正交特性可导出另外3个约束方程：

$$\begin{cases} \boldsymbol{i}_b \cdot \boldsymbol{j}_b = C_{xx}C_{yx} + C_{xy}C_{yy} + C_{xz}C_{yz} = 0 \\ \boldsymbol{i}_b \cdot \boldsymbol{k}_b = C_{xx}C_{zx} + C_{xy}C_{zy} + C_{xz}C_{zz} = 0 \\ \boldsymbol{j}_b \cdot \boldsymbol{k}_b = C_{yx}C_{zx} + C_{yy}C_{zy} + C_{yz}C_{zz} = 0 \end{cases} \tag{2.36}$$

因此，只有3个姿态参数是独立的。换言之，只需要3个独立参数就可描述卫星的3轴姿态在参考坐标系中的状态。

根据上述6个约束方程，就可知道姿态矩阵满足：

$$\boldsymbol{C}\boldsymbol{C}^{\mathrm{T}} = \boldsymbol{I} \tag{2.37}$$

其中，$\boldsymbol{I}$为单位矩阵。

式(2.37)表明，$\boldsymbol{C}$是正交矩阵。实际上，姿态矩阵也就是参考坐标系与星体坐标系之间的转换矩阵。如果已有单位参考矢量$\boldsymbol{V}$，那么它在星体坐标系b和参考坐标系r中分别表示为

$$\begin{cases} \boldsymbol{V} = V_x^b \boldsymbol{i}_b + V_x^b \boldsymbol{j}_b + V_x^b \boldsymbol{k}_b \\ \boldsymbol{V} = V_x^r \boldsymbol{i}_r + V_x^r \boldsymbol{j}_r + V_x^r \boldsymbol{k}_r \end{cases} \tag{2.38}$$

将式(2.38)两端分别与矢量$\boldsymbol{i}_b$、$\boldsymbol{j}_b$、$\boldsymbol{k}_b$进行点积运算，并令$\boldsymbol{V}_b$和$\boldsymbol{V}_r$表示矢量$\boldsymbol{V}$在星体坐标系b和参考坐标系r中的方向余弦，则

$$\boldsymbol{V}_b = \boldsymbol{C}\boldsymbol{V}_r \tag{2.39}$$

用方向余弦表示的姿态矩阵是描述姿态的一般形式。

2. 欧拉角式

在工程技术中，希望三个姿态参数具有更简单更明显的几何意义，能用姿态

敏感器直接测量，能较方便地求解对应的姿态动力学方程。欧拉角符合上述特点。根据欧拉定理，刚体绕固定点的位移也可以是绕该点的若干次有限转动的合成。在欧拉转动中，将参考坐标系转动三次得到星体坐标系。在三次转动中，每次的旋转轴是被转动坐标系的某一坐标轴，每次转动的角度即为欧拉角。因此，用欧拉角确定的姿态矩阵是三次坐标转换矩阵的乘积。这些坐标转换矩阵具有如下标准形式：

$$\boldsymbol{C}_x(\theta)=\begin{bmatrix}1 & 0 & 0\\ 0 & \cos\theta & \sin\theta\\ 0 & -\sin\theta & \cos\theta\end{bmatrix} \tag{2.40}$$

$$\boldsymbol{C}_y(\theta)=\begin{bmatrix}\cos\theta & 0 & -\sin\theta\\ 0 & 1 & 0\\ \sin\theta & 0 & \cos\theta\end{bmatrix} \tag{2.41}$$

$$\boldsymbol{C}_z(\theta)=\begin{bmatrix}\cos\theta & \sin\theta & 0\\ -\sin\theta & \cos\theta & 0\\ 0 & 0 & 1\end{bmatrix} \tag{2.42}$$

其中，θ 表示转角。

以 $\boldsymbol{C}_x(\theta)$ 为例说明。假定空间中有一点 B 在坐标系 $Oxyz$ 中的位置为 (X,Y,Z)。将此正交坐标系绕 x 轴旋转过角度 θ，得到一个新的坐标系 $Ox'y'z'$，见图 2.5。

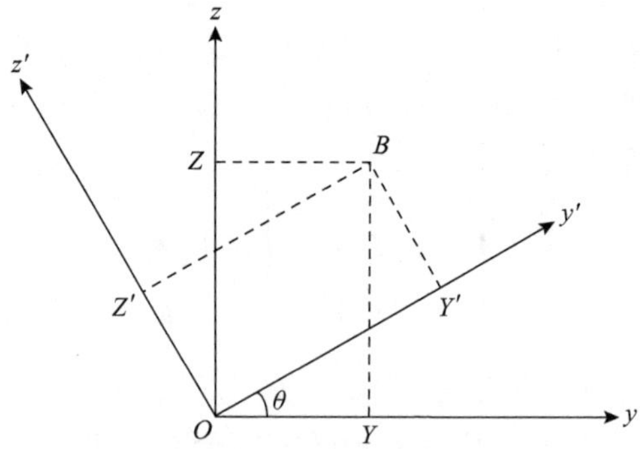

图 2.5　绕 x 轴的坐标系旋转

显然 x' 和 x 轴是重合的。记 B 点在新坐标系中的位置为 (X',Y',Z')，则有

$$\begin{cases}X'=X\\ Y'=Y\cos\theta+Z\sin\theta\\ Z'=-Y\sin\theta+\cos\theta\end{cases} \tag{2.43}$$

写成矩阵形式为

$$\begin{bmatrix} X' \\ Y' \\ Z' \end{bmatrix} = \boldsymbol{C}_x(\theta) \begin{bmatrix} X \\ Y \\ Z \end{bmatrix} \tag{2.44}$$

在第一次绕 x 轴后旋转 θ 角度后，第二次绕新坐标系中的 y' 轴旋转 ϕ 角，第三次绕第二次旋转后的新坐标中的 z'' 轴旋转 ψ 角，则 B 点在坐标系 $Ox'''y'''z'''$ 中的坐标可以写成

$$\begin{bmatrix} X''' \\ Y''' \\ Z''' \end{bmatrix} = \boldsymbol{C}_z(\psi)\boldsymbol{C}_y(\phi)\boldsymbol{C}_x(\theta) \begin{bmatrix} X \\ Y \\ Z \end{bmatrix} \tag{2.45}$$

显然，姿态矩阵还与三次转动的顺序有关，转动顺序可分为两类。第一类：第一次和第三次转动是绕同类坐标轴进行的，第二次转动是绕另两类轴中的一轴进行的；第二类：每次转动是绕不同类别的坐标轴进行的。

如以数字顺序 1、2、3 分别代表各类坐标系的坐标轴 x 、y 、z ，则 12 种欧拉转动顺序可表示为

1-2-1，1-3-1，2-1-2
2-3-2，3-1-3，3-2-3

及

1-2-3，1-3-2，2-1-3
2-3-1，3-1-2，3-2-1

最常用的欧拉角按 3-1-3 或 3-1-2 顺序得出。各次欧拉转角分别记为 ψ 、θ 、ϕ 和 ψ 、ϕ 、θ 。

对于参考坐标系 $Oxyz$ ，第一类 3-1-3 转动顺序，首先绕 z 轴转动 ψ 角，得到过渡坐标系 $Ox'y'z'$ 。其中 z' 轴与 z 轴一致，坐标转换矩阵为 $\boldsymbol{C}_z(\psi)$ 。其次绕 x 轴转动 θ 角，又得到过渡坐标系 $Ox''y''z''$ 。其中 x'' 轴和 x' 轴一致，坐标转换矩阵为 $\boldsymbol{C}_x(\theta)$ 。最后绕 z 轴转动 ϕ 角，得到星体坐标系 $Ox_by_bz_b$ 。其中 z_b 轴和 z'' 轴一致，坐标转换阵为 $\boldsymbol{C}_z(\phi)$ 。根据坐标转换矩阵的三个标准形式得出第一类用欧拉角表示的姿态矩阵为

$$\begin{aligned} \boldsymbol{C} &= \boldsymbol{C}_z(\phi)\boldsymbol{C}_x(\theta)\boldsymbol{C}_z(\psi) \\ &= \begin{bmatrix} \cos\phi\cos\psi - \cos\theta\sin\phi\sin\psi & \cos\phi\sin\psi + \cos\theta\sin\phi\cos\psi & \sin\theta\sin\phi \\ -\sin\phi\cos\psi - \cos\theta\cos\phi\sin\psi & \sin\phi\sin\psi + \cos\theta\cos\phi\cos\psi & \sin\theta\cos\phi \\ \sin\theta\sin\psi & -\sin\theta\cos\psi & \cos\theta \end{bmatrix} \end{aligned} \tag{2.46}$$

对照方向余弦矩阵，欧拉角与方向余弦的关系为

$$\begin{cases}\psi = -\arctan\dfrac{C_{zx}}{C_{zy}}\\ \theta = \arccos C_{zz}\\ \phi = \arctan\dfrac{C_{xz}}{C_{yz}}\end{cases} \tag{2.47}$$

为了避免θ解的双重性，一般应选择$0° < \theta < 180°$。

第二类 3-1-2 转动顺序，转角依次为ψ、ϕ、θ。同理可得对应的姿态矩阵为

$$\begin{aligned}\boldsymbol{C} &= \boldsymbol{C}_y(\theta)\boldsymbol{C}_x(\phi)\boldsymbol{C}_z(\psi)\\ &= \begin{bmatrix}\cos\theta\cos\psi - \sin\phi\sin\theta\sin\psi & \cos\phi\sin\psi + \sin\phi\sin\theta\cos\psi & -\cos\phi\sin\theta\\ -\cos\theta\sin\psi & \cos\phi\cos\psi & \sin\phi\\ \sin\theta\cos\psi - \cos\theta\sin\phi\sin\psi & \sin\theta\sin\psi - \sin\phi\cos\theta\cos\psi & \cos\phi\cos\theta\end{bmatrix}\end{aligned} \tag{2.48}$$

若ψ、ϕ、θ都是小角度，则上述姿态矩阵的小角度近似为

$$\boldsymbol{C} = \begin{bmatrix}1 & \psi & -\theta\\ -\psi & 1 & \phi\\ \theta & -\phi & 1\end{bmatrix} \tag{2.49}$$

3. 欧拉轴角参数式

应用姿态矩阵表示姿态要用 9 个方向余弦，在求解时还要引入 6 个约束方程，使用很不方便，特别是该描述方法未直接显示航天器姿态的几何意义。欧拉角式需多次三角运算，并且有奇点问题，而欧拉轴角参数式具有独特的优点。在理论力学中有著名的欧拉定理：刚体绕固定点的任一位移，可由绕通过此点的某一轴转过一个角度而得到。此定理来源于正交矩阵$\boldsymbol{C}$的一个性质，即一个常实正交阵至少有一个特征值为 1 的特征矢量，即存在一个满足下面等式的单位矢量$\boldsymbol{e}$：

$$\boldsymbol{e} = \boldsymbol{C}\boldsymbol{e} \tag{2.50}$$

此式表明代表刚体转轴方向的矢量在星体坐标中的分量与在参考坐标系中的分量相同，而任何姿态转动都对应一个转换矩阵。描述姿态的参数有 4 个，即转轴的单位矢量$\boldsymbol{e}$在参考坐标系中的三个方向余弦e_x、e_y、e_z，以及绕此转轴的转角$\varPhi$。

下面叙述这 4 个姿态参数和 9 个方向余弦之间的转换关系：

$$
\begin{aligned}
&\boldsymbol{C}(\varPhi)\\
&=\begin{bmatrix} \cos\varPhi+e_x^2(1-\cos\varPhi) & e_xe_y(1-\cos\varPhi)+e_z\sin\varPhi & e_xe_z(1-\cos\varPhi)-e_y\sin\varPhi \\ e_xe_y(1-\cos\varPhi)-e_z\sin\varPhi & \cos\varPhi+e_y^2(1-\cos\varPhi) & e_ye_z(1-\cos\varPhi)+e_x\sin\varPhi \\ e_xe_z(1-\cos\varPhi)+e_y\sin\varPhi & e_ye_z(1-\cos\varPhi)-e_x\sin\varPhi & \cos\varPhi+e_x^2(1-\cos\varPhi) \end{bmatrix}\\
&=\cos\varPhi\boldsymbol{I}+(1-\cos\varPhi)\boldsymbol{e}\boldsymbol{e}^{\mathrm{T}}-\sin\varPhi\tilde{\boldsymbol{E}}
\end{aligned}
\tag{2.51}
$$

其中，$\boldsymbol{I}$ 为单位矩阵；$\boldsymbol{e}\boldsymbol{e}^{\mathrm{T}}$ 为矢量积；$\tilde{\boldsymbol{E}}$ 为反对称矩阵，表达式为

$$
\tilde{\boldsymbol{E}}=\begin{bmatrix} 0 & -e_z & e_y \\ e_z & 0 & -e_x \\ -e_y & e_x & 0 \end{bmatrix} \tag{2.52}
$$

转轴 $\boldsymbol{e}$ 称为欧拉转轴，转角 $\varPhi$ 称为欧拉转角，因此这种定义卫星姿态的方法称为欧拉转角参数式，表面上有 4 个参数，但只有 3 个参数是独立的，因为 $\|\boldsymbol{e}\|=e_x^2+e_y^2+e_z^2=1$。根据式(2.51)，可以利用欧拉轴角参数表示两个坐标系的方向余弦。同理，已知方向余弦也可按照式(2.53)计算欧拉参数：

$$
\begin{cases} e_x=\dfrac{C_{yz}-C_{zy}}{2\sin\varPhi} \\ e_y=\dfrac{C_{zx}-C_{xz}}{2\sin\varPhi} \\ e_z=\dfrac{C_{xy}-C_{yx}}{2\sin\varPhi} \\ \cos\varPhi=\dfrac{\mathrm{tr}\boldsymbol{C}-1}{2} \end{cases} \tag{2.53}
$$

其中，$\mathrm{tr}\boldsymbol{C}=C_{xx}+C_{yy}+C_{zz}$ 为姿态矩阵的迹。绕任意轴转动相同的 $\varPhi$ 角，姿态矩阵的迹不变。

继续分析欧拉转角 $\varPhi$ 和两套坐标系之间的关系是很有意义的。令 $\varPhi_x$、$\varPhi_y$、$\varPhi_z$ 是参考坐标系和星体坐标系中对应坐标轴之间的夹角。显然，姿态矩阵中对角线上的元素可以表示成

$$
C_{mm}=\cos\varPhi_m=\cos\varPhi+e_m^2(1-\cos\varPhi),\quad m=x,y,z \tag{2.54}
$$

经过三角恒等变换，即利用倍角公式 $\cos(2\alpha)=\cos^2\alpha-\sin^2\alpha$，可得

$$\begin{aligned}\cos\Phi_m &= \cos^2\frac{\Phi_m}{2}-\sin^2\frac{\Phi_m}{2}=1-2\sin^2\frac{\Phi_m}{2}\\ \cos\Phi+e_m^2(1-\cos\Phi)&=\left(1-e_m^2\right)\cos\Phi+e_m^2\end{aligned} \tag{2.55}$$

由式(2.55)可得

$$\begin{aligned}-2\sin^2\frac{\Phi_m}{2} &= \left(1-e_m^2\right)\cos\Phi-\left(1-e_m^2\right)\\ &=\left(1-e_m^2\right)(\cos\Phi-1)\\ &=\left(1-e_m^2\right)\left(1-2\sin^2\frac{\Phi}{2}-1\right)\\ &=-2\left(1-e_m^2\right)\sin^2\frac{\Phi}{2}\end{aligned} \tag{2.56}$$

根据上述关系，由 $m=x,y,z$ 对应的等式相加，可得

$$\sin^2\frac{\Phi}{2}=\frac{1}{2}\left(\sin^2\frac{\Phi_x}{2}+\sin^2\frac{\Phi_y}{2}+\sin^2\frac{\Phi_z}{2}\right) \tag{2.57}$$

式(2.57)给出了对应坐标轴的偏离角与绕欧拉转轴转角之间的关系。当偏离角较小时，有

$$\Phi=\sqrt{\frac{\Phi_x^2+\Phi_y^2+\Phi_z^2}{2}} \tag{2.58}$$

这个公式对于评价姿态确定误差很有用。

4. 姿态四元数式

为了便于对姿态矩阵进行矩阵运算，由欧拉轴角参数式组成另外四个姿态参数，前三个代表欧拉转轴的方向，第四个代表欧拉转角。定义 $\boldsymbol{q}$ 由三维矢量和标量组成：

$$\boldsymbol{q}=\begin{bmatrix}\hat{\boldsymbol{q}}\\ q_4\end{bmatrix}=\begin{bmatrix}q_1\\ q_2\\ q_3\\ q_4\end{bmatrix}=\begin{bmatrix}e_x\sin\dfrac{\Phi}{2}\\ e_y\sin\dfrac{\Phi}{2}\\ e_z\sin\dfrac{\Phi}{2}\\ \cos\dfrac{\Phi}{2}\end{bmatrix} \tag{2.59}$$

这四个参数满足约束方程：

$$q_1^2+q_2^2+q_3^2+q_4^2=1 \tag{2.60}$$

利用三角公式$\cos\Phi=2\cos^2\dfrac{\Phi}{2}-1$和$\sin\Phi=2\sin\dfrac{\Phi}{2}\cos\dfrac{\Phi}{2}$，可以得到姿态矩阵与四元素之间的关系式如下：

$$\begin{aligned}\boldsymbol{C}(\boldsymbol{q})&=\begin{bmatrix} q_1^2-q_2^2-q_3^2+q_4^2 & 2(q_1q_2+q_3q_4) & 2(q_1q_3-q_2q_4) \\ 2(q_1q_2-q_3q_4) & -q_1^2+q_2^2-q_3^2+q_4^2 & 2(q_2q_3+q_1q_4) \\ 2(q_1q_3+q_2q_4) & 2(q_2q_3-q_1q_4) & -q_1^2-q_2^2+q_3^2+q_4^2 \end{bmatrix} \\ &=\left(q_4^2-\hat{\boldsymbol{q}}^{\mathrm{T}}\hat{\boldsymbol{q}}\right)\boldsymbol{I}+2\hat{\boldsymbol{q}}\hat{\boldsymbol{q}}^{\mathrm{T}}-2q_4\tilde{\boldsymbol{Q}}\end{aligned} \tag{2.61}$$

其中，$\tilde{\boldsymbol{Q}}$ 为 $\hat{\boldsymbol{q}}$ 的反对称矩阵，可表示为

$$\tilde{\boldsymbol{Q}}=\begin{bmatrix} 0 & -q_3 & q_2 \\ q_3 & 0 & -q_1 \\ -q_2 & q_1 & 0 \end{bmatrix} \tag{2.62}$$

四元数与方向余弦的关系如下：

$$\begin{aligned}\hat{\boldsymbol{q}}&=\frac{1}{4q_4}\begin{bmatrix} C_{23}-C_{32} \\ C_{31}-C_{13} \\ C_{12}-C_{21} \end{bmatrix} \\ q_4&=\pm\frac{1}{2}\sqrt{\mathrm{tr}\boldsymbol{C}+1}\end{aligned} \tag{2.63}$$

其中，q_4的正负号任取。取正号的意义相当于绕定轴旋转角度Φ。取负号旋转角度$2\pi+\Phi$。如果$1+C_{11}+C_{22}+C_{33}\approx 0$，则由式(2.63)计算出来的四元数分量可能会因$q_4$作为分母而导致较大的误差。为避免该情况，同样根据式(2.61)给出的四元数与方向余弦阵的关系，可按式(2.64)计算四元数各分量：

$$\begin{cases} q_2=\pm\dfrac{1}{2}\sqrt{1-C_{11}+C_{22}-C_{33}} \\ q_1=\dfrac{1}{4q_2}(C_{12}-C_{21}) \\ q_3=\dfrac{1}{4q_2}(C_{32}-C_{23}) \\ q_4=\dfrac{1}{4q_2}(C_{31}-C_{13}) \end{cases} \tag{2.64}$$

进一步，如果 $q_2 \approx 0$，则同样可以采用类似的方法先求解 q_1 或 q_3，再求解其他分量。

与方向余弦法相似，连续两次转动后的姿态四元数等于各次转动的四元数的乘积。令第一次转动的四元数为 $\boldsymbol{q}$，第二次转动的四元数为 $\boldsymbol{q}'$，两次连续转动后的姿态四元数为 $\boldsymbol{q}''$。若以姿态矩阵表示两次转动的结果，则有

$$\boldsymbol{C}(\boldsymbol{q}'') = \boldsymbol{C}(\boldsymbol{q}')\boldsymbol{C}(\boldsymbol{q}) \tag{2.65}$$

即

$$\begin{bmatrix} q_1'' \\ q_2'' \\ q_3'' \\ q_4'' \end{bmatrix} = \begin{bmatrix} q_4' & q_3' & -q_2' & q_1' \\ -q_3' & q_4' & q_1' & q_2' \\ q_2' & -q_1' & q_4' & q_3' \\ -q_1' & -q_2' & -q_3' & q_4' \end{bmatrix} \begin{bmatrix} q_1 \\ q_2 \\ q_3 \\ q_4 \end{bmatrix} \tag{2.66}$$

或

$$\begin{bmatrix} q_1'' \\ q_2'' \\ q_3'' \\ q_4'' \end{bmatrix} = \begin{bmatrix} q_4 & -q_3 & q_2 & q_1 \\ q_3 & q_4 & -q_1 & q_2 \\ -q_2 & q_1 & q_4 & q_3 \\ -q_1 & -q_2 & -q_3 & q_4 \end{bmatrix} \begin{bmatrix} q_1' \\ q_2' \\ q_3' \\ q_4' \end{bmatrix} \tag{2.67}$$

2.3.2　姿态运动学方程

姿态运动学方程是姿态参数在姿态机动过程中变化的方程。令姿态相对参考坐标的转速为 ω，转轴为 $\boldsymbol{e}$，即 $\boldsymbol{\omega} = \omega \boldsymbol{e}$。若在时刻 t 姿态矩阵为 $\boldsymbol{A}(t)$，在 $t+\Delta t$ 时刻姿态矩阵为 $\boldsymbol{A}(t+\Delta t)$，则

$$\boldsymbol{A}(t+\Delta t) = \boldsymbol{A}'\boldsymbol{A}(t) \tag{2.68}$$

$\boldsymbol{A}'$ 为绕 $\boldsymbol{e}$ 轴转过 $\Delta\varphi = \omega\Delta t$ 角的转动矩阵，按欧拉轴角参数式(2.53)，此转动矩阵可写为

$$\boldsymbol{A}' = \cos\Delta\varphi \boldsymbol{I} + (1-\cos\Delta\varphi)\boldsymbol{e}\boldsymbol{e}^{\mathrm{T}} - \sin\Delta\varphi \tilde{\boldsymbol{E}} \tag{2.69}$$

其中，$\tilde{\boldsymbol{E}}$ 为反对称矩阵：

$$\tilde{\boldsymbol{E}}=\begin{bmatrix}0 & -e_z & e_y\\ e_z & 0 & -e_x\\ -e_y & e_x & 0\end{bmatrix} \tag{2.70}$$

当 $\Delta\varphi \ll 1$ 时，有 $\sin\Delta\varphi=\omega\Delta t$，则

$$\boldsymbol{A}'=\boldsymbol{I}-\tilde{\boldsymbol{\omega}}\Delta t \tag{2.71}$$

其中，$\tilde{\boldsymbol{\omega}}$ 为反对称阵：

$$\tilde{\boldsymbol{\omega}}=\begin{bmatrix}0 & -\omega_z & \omega_y\\ \omega_z & 0 & -\omega_x\\ -\omega_y & \omega_x & 0\end{bmatrix} \tag{2.72}$$

在 $t+\Delta t$ 时刻，姿态矩阵可展开为

$$\boldsymbol{A}(t+\Delta t)=\boldsymbol{A}(t)-\tilde{\boldsymbol{\omega}}\boldsymbol{A}\cdot\Delta t \tag{2.73}$$

即可以姿态矩阵表示姿态运动方程：

$$\frac{\mathrm{d}\boldsymbol{A}}{\mathrm{d}t}=\lim_{\Delta t\to 0}\frac{\boldsymbol{A}(t+\Delta t)}{\Delta t}=-\tilde{\boldsymbol{\omega}}\boldsymbol{A} \tag{2.74}$$

应用姿态四元数与方向余弦的关系式，可得姿态四元数的变化方程。以 q_4 为例，由式(2.63)微分得

$$\dot{q}_4=\frac{1}{8q_4}\left(\dot{A}_{xx}+\dot{A}_{yy}+\dot{A}_{zz}\right) \tag{2.75}$$

按式(2.74)，矩阵元素的导数可列为

$$\begin{aligned}\dot{A}_{xx}&=\omega_z A_{yx}-\omega_y A_{zx}\\ \dot{A}_{yy}&=-\omega_z A_{xy}+\omega_x A_{zy}\\ \dot{A}_{zz}&=\omega_y A_{xz}-\omega_x A_{yz}\end{aligned} \tag{2.76}$$

代入 $\dot{q}_4$ 的等式，可得

$$\dot{q}_4=-\frac{1}{2}\left(q_1\omega_x+q_2\omega_y+q_3\omega_z\right) \tag{2.77}$$

同样，可得其他四元数的微分公式，归纳为

$$
\begin{aligned}
\begin{bmatrix} \dot{q}_1 \\ \dot{q}_2 \\ \dot{q}_3 \\ \dot{q}_4 \end{bmatrix} &= \frac{1}{2}\begin{bmatrix} 0 & \omega_z & -\omega_y & \omega_x \\ -\omega_z & 0 & \omega_x & \omega_y \\ \omega_y & -\omega_x & 0 & \omega_z \\ -\omega_x & -\omega_y & -\omega_z & 0 \end{bmatrix}\begin{bmatrix} q_1 \\ q_2 \\ q_3 \\ q_4 \end{bmatrix} \\
&= \frac{1}{2}\begin{bmatrix} q_4 & -q_3 & q_2 \\ q_3 & q_4 & -q_1 \\ -q_2 & q_1 & q_4 \\ -q_1 & -q_2 & -q_3 \end{bmatrix}\begin{bmatrix} \omega_x \\ \omega_y \\ \omega_z \end{bmatrix}
\end{aligned} \tag{2.78}
$$

式(2.78)为姿态四元数运动方程，可简写为

$$
\dot{\boldsymbol{q}} = \frac{1}{2}\boldsymbol{\Omega}(\omega)\boldsymbol{q} \tag{2.79}
$$

此为线性微分方程,不含三角函数,无奇点问题,且解必须满足约束条件式(2.60)。

令四元数的模为

$$
\|\boldsymbol{q}\| = \boldsymbol{q}^{\mathrm{T}}\boldsymbol{q} \tag{2.80}
$$

其微分式为

$$
\begin{aligned}
\frac{\mathrm{d}\|\boldsymbol{q}\|}{\mathrm{d}t} &= \dot{\boldsymbol{q}}^{\mathrm{T}}\boldsymbol{q} + \boldsymbol{q}^{\mathrm{T}}\dot{\boldsymbol{q}} \\
&= \boldsymbol{q}^{\mathrm{T}}\left(\boldsymbol{\Omega}^{\mathrm{T}} + \boldsymbol{\Omega}\right)\boldsymbol{q}
\end{aligned} \tag{2.81}
$$

因 $\boldsymbol{\Omega}^{\mathrm{T}} = -\boldsymbol{\Omega}$ ，四元数微分方程(2.79)的解的模值恒为常值。

从欧拉角转动顺序可得姿态欧拉角的运动方程，姿态相对参考坐标系的转速 $\boldsymbol{\omega}$ 在星体坐标系中可表示为

$$
\tilde{\boldsymbol{\omega}} = \omega_x \boldsymbol{x}_b + \omega_y \boldsymbol{y}_b + \omega_z \boldsymbol{z}_b \tag{2.82}
$$

此转速可视为三次欧拉转动的合成。

以 3-1-3 和 3-1-2 顺序为例，有

$$
\boldsymbol{\omega}_{313} = C_3(\phi)\left\{\begin{bmatrix} 0 \\ 0 \\ \dot{\phi} \end{bmatrix} + C_1(\theta)\left[\begin{bmatrix} \dot{\theta} \\ 0 \\ 0 \end{bmatrix} + C_3(\psi)\begin{bmatrix} 0 \\ 0 \\ \dot{\psi} \end{bmatrix}\right]\right\} \tag{2.83}
$$

即

$$\begin{bmatrix} \omega_x \\ \omega_y \\ \omega_z \end{bmatrix}_{313} = \begin{bmatrix} \dot{\psi}\sin\theta\sin\phi + \dot{\theta}\cos\phi \\ \dot{\psi}\sin\theta\cos\phi - \dot{\theta}\sin\phi \\ \dot{\psi}\cos\theta + \dot{\phi} \end{bmatrix} \tag{2.84}$$

和

$$\boldsymbol{\omega}_{312} = C_2(\theta)\left\{\begin{bmatrix} 0 \\ \dot{\theta} \\ 0 \end{bmatrix} + C_1(\phi)\left[\begin{bmatrix} \dot{\phi} \\ 0 \\ 0 \end{bmatrix} + C_3(\psi)\begin{bmatrix} 0 \\ 0 \\ \dot{\psi} \end{bmatrix}\right]\right\} \tag{2.85}$$

即

$$\begin{bmatrix} \omega_x \\ \omega_y \\ \omega_z \end{bmatrix}_{312} = \begin{bmatrix} -\dot{\psi}\sin\theta\cos\phi + \dot{\phi}\cos\theta \\ \dot{\psi}\sin\phi - \dot{\theta} \\ \dot{\psi}\cos\theta\cos\phi + \dot{\phi}\sin\theta \end{bmatrix} \tag{2.86}$$

由姿态动力学方程得姿态角速度，再利用式(2.86)求解姿态角的变化。按 3-1-3 顺序，姿态角方程如下：

$$\begin{bmatrix} \dot{\psi} \\ \dot{\theta} \\ \dot{\phi} \end{bmatrix}_{313} = \frac{1}{\sin\theta}\begin{bmatrix} \omega_x\sin\phi + \omega_y\cos\phi \\ \omega_x\cos\phi\sin\theta - \omega_y\sin\phi\sin\theta \\ -\omega_x\sin\phi\cos\theta - \omega_y\cos\phi\cos\theta + \omega_z\sin\theta \end{bmatrix} \tag{2.87}$$

对于 3-1-2 顺序，有

$$\begin{bmatrix} \dot{\psi} \\ \dot{\phi} \\ \dot{\theta} \end{bmatrix}_{312} = \frac{1}{\cos\phi}\begin{bmatrix} -\omega_x\sin\theta + \omega_z\cos\theta \\ \omega_x\cos\phi\cos\theta - \omega_z\cos\phi\sin\theta \\ \omega_x\sin\phi\sin\theta + \omega_y\cos\phi - \omega_z\sin\phi\cos\theta \end{bmatrix} \tag{2.88}$$

以上两组为非线性方程，并有奇点，分别为 $\theta = 0°$ 和 $\phi = 90°$。

2.4　航天器故障模式分析

2.4.1　典型故障模式

航天器控制系统的功能结构复杂、光机电部件种类繁多，在轨故障事件频发。

究其原因介绍如下。①由外部原因(空间环境)导致的故障。例如，日光或月光进入地球传感器和星传感器视场，会对航天器姿态测量子系统造成干扰；空间环境温度较低，容易引发材料形变以及润滑装置失效，进而使执行机构产生电机停转、卡死等故障；空间存在大量高能粒子，使控制器容易发生单粒子翻转的故障。②由内部原因(部件老化、磨损、疲劳等)导致的故障。例如，红外地球传感器和星传感器等光学部件的老化，会使航天器姿态测量子系统产生性能下降、噪声增大等故障；为实现航天器姿态的快速机动与快速稳定，控制力矩陀螺、动量轮等执行机构需不断地做机械运动，容易产生由轴承磨损、润滑性能降低而导致的摩擦力矩增大、卡死等故障。

表 2.1 为航天器控制系统的典型故障模式。

表 2.1　航天器控制系统的典型故障模式

<table>
<tr><th>序号</th><th>部件</th><th colspan="2">故障源</th><th>故障模式</th></tr>
<tr><td>1</td><td rowspan="7">星传感器</td><td rowspan="4">功能模块级</td><td>二次电源</td><td>+5V 星敏信息处理线路电源故障</td></tr>
<tr><td>2</td><td rowspan="2">ISB 线路</td><td>输入的帧同步信号故障</td></tr>
<tr><td>3</td><td>输入 VS、HS、CLK、像点数据均不正常</td></tr>
<tr><td>4</td><td>RISC 线路</td><td>+5V 星敏信息处理线路电源信号故障</td></tr>
<tr><td>5</td><td colspan="2" rowspan="3">部件级</td><td>星敏 X 轴输出存在偏差</td></tr>
<tr><td>6</td><td>星敏 Z 轴输出存在偏差</td></tr>
<tr><td>7</td><td>星敏输出存在低频噪声</td></tr>
<tr><td>8</td><td rowspan="7">太阳传感器</td><td colspan="2">部件级</td><td>输出存在偏差</td></tr>
<tr><td>9</td><td rowspan="6">功能模块级</td><td rowspan="4">探头组件模块</td><td>粗码码道失效</td></tr>
<tr><td>10</td><td>细码码道失效</td></tr>
<tr><td>11</td><td>监视码码道失效</td></tr>
<tr><td>12</td><td>全开码码道失效</td></tr>
<tr><td>13</td><td>细码处理模拟电路</td><td>细码模拟开关恒高、恒低或断路</td></tr>
<tr><td>14</td><td>数字电路模块</td><td>格雷码转换电路异常</td></tr>
<tr><td>15</td><td rowspan="6">红外地球传感器</td><td colspan="2" rowspan="4">部件级</td><td>叠加滚动输出偏差</td></tr>
<tr><td>16</td><td>叠加俯仰输出偏差</td></tr>
<tr><td>17</td><td>滚动轴输出为常值</td></tr>
<tr><td>18</td><td>输出精度降低</td></tr>
<tr><td>19</td><td rowspan="2">功能模块级</td><td rowspan="2">复合视场地球探头</td><td>探测器电平输出噪声变大</td></tr>
<tr><td>20</td><td>红外探测器噪声变大</td></tr>
</table>

续表

序号	部件	故障源		故障模式
21	陀螺	部件级		叠加常值偏差
22				输出饱和
23				输出精度降低
24		功能模块级	二次电源	电源模块输出电压过低
25			切换板	通道继电器无法接通
26			温控电路	遥测测温电阻短路
27			频率源模块	频率源电路晶振无频率输出
28				频率源电路晶振频率输出漂移
29			电动机及三相电路	电动机及三相电路故障
30				电动机输出轴承故障
31			力反馈模块	力反馈控制电路元器件故障，输出常高
32				力反馈控制电路元器件故障，输出常低
33				角速度遥测信号丢失
34	动量轮	部件级		空转故障
35				停转故障
36				摩擦力矩增大
37				转速持续下降
38		功能模块级	前置级电源变换模块	前置级继电器故障
39				前置级过流保护电路故障
40			力矩限幅与方向变换逻辑模块	力矩限幅功能失效
41				力矩方向变换逻辑极性控制功能故障
42			电流控制器模块	电流采样故障
43				电流控制器输出异常
44			换向开关与换向逻辑模块	转速方向遥测电路发生故障
45				转速脉冲遥测信号发生故障
46				输入的方向控制信号故障
47	控制力矩陀螺	部件级		框架角速度存在常值偏差
48				框架角速度存在随机噪声
49				不响应框架角速度指令

2.4.2 故障模式分类与建模

对于表 2.1 给出的航天器控制系统典型故障模式，下面从发生部位、表示方法等角度对其进行了分类，并给出了故障模式的数学模型。

无故障时的系统状态空间模型可以写成如下形式：

$$\begin{aligned} \boldsymbol{x}(t+1) &= \boldsymbol{A}\boldsymbol{x}(t)+\boldsymbol{B}\boldsymbol{u}(t) \\ \boldsymbol{y}(t) &= \boldsymbol{C}\boldsymbol{x}(t)+\boldsymbol{D}\boldsymbol{u}(t) \end{aligned} \tag{2.89}$$

1. 按照故障发生部位进行分类

根据发生部位不同，可将式(2.89)所示航天器控制系统的故障分为：执行机构故障、传感器故障、控制器故障、受控对象故障和计算机硬件故障(A/D、D/A等计算机接口故障)。

1)执行机构故障

执行机构故障具体表现为：执行机构输入命令和实际输出之间存在差别。令 u_i 表示第 i 个执行机构的实际输出；$u_{i,\text{normal}}(t)$ 表示第 i 个执行机构输出的正常信号；$u_{i,\min}$ 和 $u_{i,\max}$ 分别表示第 i 个执行机构输出的最小值和最大值。

执行机构故障的数学模型如下所示。

卡死：$u_i(t)=a_i$，$u_{i,\min}\leqslant a_i\leqslant u_{i,\max}$；若 $a_i=u_{i,\min}$ 或者 $a_i=u_{i,\max}$，则执行机构开路失效；

恒增益变化：$u_i(t)=k_i u_{i,\text{normal}}(t)$，当 $k_i=0$ 时相当于卡死在 $u_{i,\min}$ 处；

恒偏差失效：$u_i(t)=u_{i,\text{normal}}(t)+\Delta u$，$\Delta u_i$ 表示第 i 个执行机构的输出偏差量。

2)传感器故障

传感器故障具体表现为：对象变量测量值与其实际值之间存在差别。令 y_i 表示第 i 个传感器的实际输出；$y_{i,\text{normal}}$ 表示第 i 个传感器输出的正常信号；t_f 表示故障发生时刻，Δt_f 表示故障持续时间，$t_f<t<t_f+\Delta t_f$。

传感器故障的数学模型如下所示。

卡死：$y_i(t)=a_i$，a_i 为常数。

恒增益变化：$y_i(t)=k_i y_{i,\text{normal}}(t)$，$k_i$ 为增益变化的比例系数；

恒偏差失效：$y_i(t)=y_{i,\text{normal}}(t)+\Delta y_i$，$\Delta y_i$ 表示第 i 个传感器的输出偏差量；

测量精度降低：$y_i(t)=y_{i,\text{normal}}(t)+\mu_{y_i}v(t)$，$v(t)$ 为测量噪声，μ_{y_i} 为第 i 个传感器的精度降低系数。

2. 按照故障表示方法进行分类

根据故障的不同表示方法，可将故障分为乘性故障和加性故障。

1) 乘性故障

乘性故障是指能够引起系统输出变化的系统某些参数的变化，同时这些变化也受已知输入的影响。乘性故障多用于描述传感器和执行机构的故障。

这里以非完全失效故障为例，给出执行机构乘性故障的数学表达式为

$$\boldsymbol{u}(t)=\boldsymbol{\Sigma}_a\boldsymbol{u}_{\text{normal}}(t) \tag{2.90}$$

其中，$\boldsymbol{u}_{\text{normal}}(t)$ 表示无故障情况下执行机构的输出；$\boldsymbol{\Sigma}_a=\operatorname{diag}\left\{\varepsilon_{a,1},\cdots,\varepsilon_{a,l_u}\right\}$；$\varepsilon_{a,1},\cdots,\varepsilon_{a,l_u}\in[0,1]$ 表示执行机构的效能系数，$\varepsilon_{a,i}$ 越小表示系统剩余效率越低，特别地，当 $\varepsilon_{a,i}=0$ 时表示完全失效，当 $\varepsilon_{a,i}=1$ 时表示无故障发生。

根据式(2.89)和式(2.90)，当执行机构发生故障时可得

$$\begin{aligned}\boldsymbol{x}(t+1)&=\boldsymbol{A}\boldsymbol{x}(t)+\boldsymbol{B}\boldsymbol{\Sigma}_a\boldsymbol{u}_{\text{normal}}(t)\\ \boldsymbol{y}(t)&=\boldsymbol{C}\boldsymbol{x}(t)+\boldsymbol{D}\boldsymbol{u}(t)\end{aligned} \tag{2.91}$$

执行机构的乘性故障不直接改变被控对象的动力学特性，但能够极大地改变闭环控制系统的动力学特性，并改变系统的可控性。

传感器的乘性故障与执行机构的乘性故障类似，这里以非完全失效故障为例，给出传感器乘性故障的数学表达式为

$$\boldsymbol{y}(t)=\boldsymbol{\Sigma}_s\boldsymbol{y}_{\text{normal}}(t) \tag{2.92}$$

其中，$\boldsymbol{y}_{\text{normal}}(t)$ 表示无故障情况下传感器的输出；$\boldsymbol{\Sigma}_s=\operatorname{diag}\left\{\varepsilon_{s,1},\cdots,\varepsilon_{s,l_u}\right\}$；$\varepsilon_{s,1},\cdots,\varepsilon_{s,l_u}\in[0,1]$ 表示传感器的效能系数，$\varepsilon_{s,i}$ 越小表示系统剩余效率越低，特别地，当 $\varepsilon_{s,i}=0$ 时表示完全失效，$\varepsilon_{s,i}=1$ 时表示无故障发生。

根据式(2.91)和式(2.92)，当传感器发生故障时可得

$$\begin{aligned}\boldsymbol{x}(t+1)&=\boldsymbol{A}\boldsymbol{x}(t)+\boldsymbol{B}\boldsymbol{u}_{\text{normal}}(t)\\ \boldsymbol{y}(t)&=\boldsymbol{\Sigma}_s\boldsymbol{C}\boldsymbol{x}(t)+\boldsymbol{\Sigma}_s\boldsymbol{D}\boldsymbol{u}(t)\end{aligned} \tag{2.93}$$

此时，由式(2.91)和式(2.93)可得到同时带有执行机构和传感器乘性故障的表达式：

$$\begin{aligned}\boldsymbol{x}(t+1)&=\boldsymbol{A}\boldsymbol{x}(t)+\boldsymbol{B}\boldsymbol{\Sigma}_a\boldsymbol{u}_{\text{normal}}(t)\\ \boldsymbol{y}(t)&=\boldsymbol{\Sigma}_s\boldsymbol{C}\boldsymbol{x}(t)+\boldsymbol{\Sigma}_s\boldsymbol{D}\boldsymbol{u}(t)\end{aligned} \tag{2.94}$$

2) 加性故障

加性故障通常可以表示为直接作用在系统上的未知输入，它的出现会导致系统输出发生独立于已知输入的改变。从理论上讲，加性故障可以视为执行机构、敏感器和被控对象的故障。加性故障的表示形式比乘性故障更通用，加性故障下的系统模型可以写成：

$$\begin{aligned} \boldsymbol{x}(t+1) &= \boldsymbol{A}\boldsymbol{x}(t) + \boldsymbol{B}\boldsymbol{u}(t) + \boldsymbol{F}\boldsymbol{f}(t) \\ \boldsymbol{y}(t) &= \boldsymbol{C}\boldsymbol{x}(t) + \boldsymbol{D}\boldsymbol{u}(t) + \boldsymbol{E}\boldsymbol{f}(t) \end{aligned} \tag{2.95}$$

其中，矩阵 $\boldsymbol{F}$ 和 $\boldsymbol{E}$ 表示故障参数矩阵； $\boldsymbol{f}(t)$ 表示故障信号。

3. 其他分类方式

1) 按照故障的时变特性进行分类

(1) 阶跃型故障：元件参数突然出现很大偏差，事前不可监测和预测。

(2) 缓慢漂移型故障：又称缓变故障、软故障或潜在故障，是指元器件参数值随时间的推移和环境的变化而缓慢变化的故障。

(3) 脉冲型故障：又称间隙故障，指老化、容差不足或接触不良引起的时隐时现的故障。

2) 按照故障间的相互关系进行分类

(1) 单故障：故障仅涉及单个部件故障或性能降低。

(2) 多故障：故障涉及多个部件故障或性能降低。

(3) 独立故障：由部件本身因素引起，与其他部件故障与否无关。

(4) 关联故障：由某一部件本身因素引起，通过传递而引发的其他部件故障。

3) 按照故障状态发展的速度进行分类

(1) 快速故障：系统由于结构的剧烈破坏而发生的故障可以在数十毫秒或更短的时间内产生灾难性的后果，这类故障称为快速故障。

(2) 慢速故障：由系统部件的损坏而引起的系统性能的降低通常经过一个时间历程而发展为快速故障或使系统处于一个稳定故障状态，这类故障称为慢速故障。

快速故障往往是由慢速故障的发展变化而形成的，实现对于慢速故障的诊断与处理也就实现了对于快速故障的早期诊断与预报。

2.5　系统可观测性

系统可观测性研究对导航系统的设计、实施具有重要意义，本节主要介绍系统可观测性的基础概念，并简要介绍现有线性系统、非线性系统的可观测性分析方法。

2.5.1　线性系统可观测性

线性系统分为线性定常系统和线性时变系统，它们的可观测性定义及判定准则略有不同，下面分别进行介绍。

1. 线性定常系统可观测性

1)线性定常系统可观测性定义

可观测性反映了系统根据有限时间内观测量确定系统状态的能力。可观测性可以根据可观测性矩阵的秩条件进行判断，线性定常系统的可观测性矩阵简单易求；对于线性时变系统，可通过求解不同时刻的可观测性矩阵对其可观测性进行分析；对于非线性系统，可利用奇异值分解等方法分析可观测性。

线性定常系统模型为

$$\begin{aligned}\dot{\boldsymbol{x}}(t) &= \boldsymbol{A}\boldsymbol{x}(t)+\boldsymbol{B}\boldsymbol{u}(t)\\ \boldsymbol{z}(t) &= \boldsymbol{C}\boldsymbol{x}(t)\end{aligned} \tag{2.96}$$

其中，$\boldsymbol{x}(t)\in\mathbf{R}^n$ 表示状态矢量；$\boldsymbol{u}(t)\in\mathbf{R}^r$ 表示输入矢量；$\boldsymbol{z}(t)\in\mathbf{R}^m$ 表示输出矢量，$\boldsymbol{A}$ 、$\boldsymbol{B}$ 和 $\boldsymbol{C}$ 分别表示状态矩阵、输入矩阵和输出矩阵。

线性定常系统的可观测性可定义为：对于线性连续定常系统的任意初始状态矢量 $\boldsymbol{x}(t_0)$ ，如果对任意输入矢量 $\boldsymbol{u}(t)$ ，均能根据输出矢量 $\boldsymbol{z}(t)$ 在有限时间区间 $[t_0,t_f]$ 内的测量值，确定唯一初始状态矢量 $\boldsymbol{x}(t_0)$ ，则称该线性定常系统状态完全可观测(简称可观)，否则称为不可观。

举例来说，某线性定常系统状态结构如图 2.6 所示，由于状态 x_1 与输出完全隔断，故该线性定常系统不可观测。

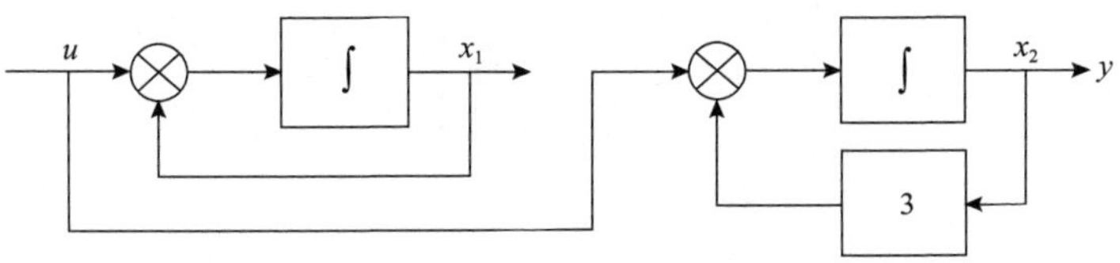

图 2.6　线性定常系统状态结构图

应当指出，只有线性定常状态空间中的所有状态都可观，线性定常系统才可观。在线性定常系统可观的情况下，一旦根据输出矢量 $\boldsymbol{z}(t)$ 确定了初始状态，便可根据给定的控制输入矢量 $\boldsymbol{u}(t)$ ，利用状态转移矩阵求出任意时刻的瞬时状态。若线性定常系统不可观，则可能有一部分状态可观，另一部分状态不可观。此时，可把它们分解成完全可观子空间和完全不可观子空间。

可观测性表示输出反映状态变量的能力，由输入引起的输出响应是已知的(可根据状态转移矩阵求出)，因此，可观测性与输入无直接关系，在定义中可以不涉及输入矢量，即令 $\boldsymbol{u}(t)\equiv 0$ ，仅考虑矩阵 $\boldsymbol{A}$ 和 $\boldsymbol{C}$ 。若输出矢量 $\boldsymbol{z}(t)$ 的维数等于状态矢量 $\boldsymbol{x}(t)$ 的维数，且矩阵 $\boldsymbol{C}$ 非奇异，有

$$\boldsymbol{z}(t)=\boldsymbol{C}\boldsymbol{x}(t) \tag{2.97}$$

$$\boldsymbol{x}(t)=\boldsymbol{C}^{-1}\boldsymbol{z}(t) \tag{2.98}$$

可由一组输出矢量 $\boldsymbol{z}(t)$ 确定系统状态，无需观测时间。一般情况下，输出矢量 $\boldsymbol{z}(t)$ 的维数小于状态矢量 $\boldsymbol{x}(t)$ 的维数，这时需测几组输出数据，构成 n 个方程，输出数据需要在时间上有一定间隔，即需要观测时间 $t_f>t_0$ 。

2)线性定常系统可观测性判据

判断系统可观测性有多种方法，包括秩判据、对角型及约当型判据、格拉姆矩阵法等。本节主要介绍秩判据。

线性定常系统模型为

$$\begin{aligned}\dot{\boldsymbol{x}}&=\boldsymbol{A}\boldsymbol{x}+\boldsymbol{B}\boldsymbol{u}\\ \boldsymbol{z}&=\boldsymbol{C}\boldsymbol{x}\end{aligned} \tag{2.99}$$

其中， $\boldsymbol{x}(t_0)=\boldsymbol{x}_0$ 为初始状态矢量。

系统可观测性的秩判据定理如下。

定理 2.1　线性定常系统状态可观的充分必要条件是系统可观测性判别矩阵(可观测性矩阵)满秩，即

$$\boldsymbol{N}=\begin{bmatrix}\boldsymbol{C}\\ \boldsymbol{C}\boldsymbol{A}\\ \vdots\\ \boldsymbol{C}\boldsymbol{A}^{n-1}\end{bmatrix} \tag{2.100}$$

$$\operatorname{rank}(\boldsymbol{N})=n \tag{2.101}$$

即 n 个列矢量线性无关。若矩阵的秩 $\operatorname{rank}(\boldsymbol{N})<n$ ，则系统不可观。$\boldsymbol{N}$ 为 mn 行 n 列矩阵。

证明　令 $\boldsymbol{u}(t)=0$ ，则 n 维线性定常系统动态方程的解为

$$\boldsymbol{z}(t)=\boldsymbol{C}\mathrm{e}^{\boldsymbol{A}t}\boldsymbol{x}(t_0) \tag{2.102}$$

根据凯莱-哈密顿定理，$\mathrm{e}^{\boldsymbol{A}t}$ 可写为如下形式：

$$\mathrm{e}^{\boldsymbol{A}t}=\sum_{k=0}^{n-1}a_k(t)\boldsymbol{A}^k \tag{2.103}$$

其中，$a_k(t)$ 为时间的标量函数。

将式(2.103)代入式(2.102)，得到

$$\begin{aligned}\boldsymbol{z}(t)&=\boldsymbol{C}\sum_{k=0}^{n-1}a_k(t)\boldsymbol{A}^k\boldsymbol{x}(t_0)\\&=\left[a_0(t)\boldsymbol{I}_m\quad a_1(t)\boldsymbol{I}_m\quad\cdots\quad a_{n-1}(t)\boldsymbol{I}_m\right]\begin{bmatrix}\boldsymbol{C}\\\boldsymbol{CA}\\\vdots\\\boldsymbol{CA}^{n-1}\end{bmatrix}\boldsymbol{x}(t_0)\end{aligned} \tag{2.104}$$

其中，$\boldsymbol{I}_m$ 为 m 维单位矩阵。

这是一个含有 n 个未知量、m 个方程的线性方程组，当 $m<n$ 时，方程无唯一解。如果要唯一确定 n 维初始状态矢量 $\boldsymbol{x}(t_0)$，需要用不同时刻的输出矢量构成具有 n 个独立方程的线性方程组：

$$\begin{bmatrix}z(t_1)\\z(t_2)\\\vdots\\z(t_f)\end{bmatrix}=\begin{bmatrix}a_0(t_1)\boldsymbol{I}_m & a_1(t_1)\boldsymbol{I}_m & \cdots & a_{n-1}(t_1)\boldsymbol{I}_m\\a_0(t_2)\boldsymbol{I}_m & a_1(t_2)\boldsymbol{I}_m & \cdots & a_{n-1}(t_2)\boldsymbol{I}_m\\\vdots & \vdots & & \vdots\\a_0(t_f)\boldsymbol{I}_m & a_1(t_f)\boldsymbol{I}_m & \cdots & a_{n-1}(t_f)\boldsymbol{I}_m\end{bmatrix}\begin{bmatrix}\boldsymbol{C}\\\boldsymbol{CA}\\\vdots\\\boldsymbol{CA}^{n-1}\end{bmatrix}\boldsymbol{x}(t_0) \tag{2.105}$$

简记为

$$\bar{z}=\boldsymbol{Q}\boldsymbol{x}(t_0) \tag{2.106}$$

其中，

$$\bar{z}=\begin{bmatrix}z(t_1)\\z(t_2)\\\vdots\\z(t_f)\end{bmatrix},\quad \boldsymbol{Q}=\begin{bmatrix}a_0(t_1)\boldsymbol{I}_m & a_1(t_1)\boldsymbol{I}_m & \cdots & a_{n-1}(t_1)\boldsymbol{I}_m\\a_0(t_2)\boldsymbol{I}_m & a_1(t_2)\boldsymbol{I}_m & \cdots & a_{n-1}(t_2)\boldsymbol{I}_m\\\vdots & \vdots & & \vdots\\a_0(t_f)\boldsymbol{I}_m & a_1(t_f)\boldsymbol{I}_m & \cdots & a_{n-1}(t_f)\boldsymbol{I}_m\end{bmatrix}\begin{bmatrix}\boldsymbol{C}\\\boldsymbol{CA}\\\vdots\\\boldsymbol{CA}^{n-1}\end{bmatrix}$$

使式(2.105)所示的方程有解且唯一，则系数矩阵 $\boldsymbol{Q}$ 和增广矩阵 $[\boldsymbol{Q}\quad\bar{z}]$ 应满足

$$\operatorname{rank}(\boldsymbol{Q})=\operatorname{rank}([\boldsymbol{Q}\quad\bar{z}])=n \tag{2.107}$$

而矩阵 $\boldsymbol{Q}$ 的秩为 n 的充分必要条件是 mn 行 n 列可观测性矩阵 $\boldsymbol{N}$ 的秩为 n，此时，在 $[t_0,t_f]$ 时间间隔内，根据测量到的输出矢量 $\boldsymbol{z}(t)$，可由式(2.105)唯一确定出 $\boldsymbol{x}(t_f)$，即线性定常系统可观的充分必要条件是可观测性矩阵 $\boldsymbol{N}$ 的秩为 n。证明完毕。□

2. 线性时变系统可观测性

1)线性时变系统可观测性定义

设 n 维线性时变系统的动态方程为

$$\begin{aligned}\dot{\boldsymbol{x}}(t) &= \boldsymbol{A}(t)\boldsymbol{x}(t)+\boldsymbol{B}(t)\boldsymbol{u}(t)\\ \boldsymbol{z}(t) &= \boldsymbol{C}(t)\boldsymbol{x}(t)\end{aligned} \tag{2.108}$$

其中，$\boldsymbol{x}(t_0)=\boldsymbol{x}_0$ 为初始状态矢量；$\boldsymbol{A}(t)$、$\boldsymbol{B}(t)$ 和 $\boldsymbol{C}(t)$ 分别表示时变的状态矩阵、输入矩阵和输出矩阵。

线性时变系统的可观测性可定义为：若对状态空间中的任一时刻 t_0 的状态矢量 $\boldsymbol{x}(t_0)$，存在一有限时间区间 $[t_0,t_f]$，使得输入矢量 $\boldsymbol{u}(t)$ 和输出矢量 $\boldsymbol{z}(t)$ 的信息足以确定 $\boldsymbol{x}(t_0)$，则称线性时变系统在 t_0 时刻可观。时间区间 $[t_0,t_f]$ 是识别初始状态 $\boldsymbol{x}(t_0)$ 所需要的观测时间。对于线性时变系统，此时间区间的大小与初始时间 t_0 的选择有关。

举例来说，考虑 $\boldsymbol{u}(t)=\boldsymbol{0}$，若 t_0 时刻的初始状态 $\boldsymbol{x}(t_0)$ 引起的系统输出有 $\boldsymbol{z}(t)\equiv\boldsymbol{0}(t>t_0)$，则 $\boldsymbol{x}(t_0)$ 为 t_0 时刻不可观测的状态。

2)线性时变系统可观测性判据

线性时变系统的可观测性判据定理如下。

定理 2.2 线性时变系统在 t_0 时刻可观测的充分必要条件是格拉姆矩阵

$$\boldsymbol{W}_o(t_0,t_f)=\int_{t_0}^{t_f}\boldsymbol{\Phi}^{\mathrm{T}}(\tau,t_0)\boldsymbol{C}^{\mathrm{T}}(\tau)\boldsymbol{C}(\tau)\boldsymbol{\Phi}(\tau,t_0)\,\mathrm{d}\tau \tag{2.109}$$

为非奇异矩阵。

定理中的 $\boldsymbol{\Phi}(\tau,t_0)$ 为线性时变系统的状态转移矩阵，可根据线性时变系统状态矩阵 $\boldsymbol{A}(t)$ 计算得到。通常称 $\boldsymbol{W}_o(t_0,t_f)$ 为线性时变系统的可观测性格拉姆矩阵，它由线性时变系统状态矩阵 $\boldsymbol{A}(t)$ 和输出矩阵 $\boldsymbol{C}(t)$ 决定。因此，线性时变系统的可观测性是由系统自身结构、参数决定的固有特性，与线性时变系统的具体瞬时特性无关。采用该判据判断线性时变系统可观测性必须先求出状态转移矩阵 $\boldsymbol{\Phi}(\tau,t_0)$，一般计算量较大；若转移矩阵无闭合解，则此判据失效。为了寻求更实用的方法，根据定理 2.2 推出推论 2.1。

推论 2.1　如果线性时变系统的状态矩阵 $\boldsymbol{A}(t)$ 和输出矩阵 $\boldsymbol{C}(t)$ 是 $n-1$ 阶连续可微的，存在一个有限的 $t_f > t_0$，使得

$$\operatorname{rank}\left(\begin{bmatrix} \boldsymbol{N}_0(t) \\ \boldsymbol{N}_1(t) \\ \vdots \\ \boldsymbol{N}_{n-1}(t) \end{bmatrix}\right) = n \tag{2.110}$$

则线性时变系统在 t_0 时刻是可观的，其中，

$$\boldsymbol{N}_0(t) = \boldsymbol{C}(t)$$

$$\boldsymbol{N}_{k+1}(t) = \boldsymbol{N}_k(t)\boldsymbol{A}(t) + \frac{\mathrm{d}}{\mathrm{d}t}\boldsymbol{N}_k(t), \quad k = 0,1,2,\cdots,n-1$$

应当注意，推论 2.1 是线性时变系统可观的充分条件，即不满足此条件的时变系统不一定不可观。

2.5.2　非线性系统可观测性

在已介绍线性系统可观测性定义和判据的基础上，本节介绍非线性系统的可观测性定义及判据，对基于奇异值分解的可观测性分析方法进行说明。

1. 非线性系统可观测性定义及判据

1) 非线性系统可观测性定义

为了分析非线性系统的可观测性，这里引入非线性系统局部弱可观的概念。设非线性系统可以表示为

$$\begin{aligned} \dot{\boldsymbol{x}} &= \boldsymbol{f}(\boldsymbol{x}) \\ \boldsymbol{z} &= \boldsymbol{h}(\boldsymbol{x}) \end{aligned} \tag{2.111}$$

其中，$\boldsymbol{x}$ 为系统状态矢量；$\boldsymbol{z}$ 为观测矢量；$\boldsymbol{f}(\boldsymbol{x})$ 和 $\boldsymbol{h}(\boldsymbol{x})$ 分别为非线性系统的状态函数和观测函数。

非线性系统局部弱可观的概念可表述为：如果存在一个 $\boldsymbol{x}_0$ 的开邻域 $\boldsymbol{U}$，使得对于 $\boldsymbol{U}$ 内 $\boldsymbol{x}_0$ 的任意一个开邻域，非线性系统都可观，那么就称非线性系统在 $\boldsymbol{x}_0$ 点局部弱可观。进而，如果对于定义区间内的每个 $\boldsymbol{x}$，非线性系统都局部弱可观，那么称非线性系统局部弱可观。

2) 非线性系统可观测性判据

记非线性系统的可观测性判别矩阵（简称可观测性矩阵）为

$$
\boldsymbol{Q}(\boldsymbol{x})=\begin{bmatrix} \mathrm{d}L_f^0\boldsymbol{h}(\boldsymbol{x}) \\ \mathrm{d}L_f^1\boldsymbol{h}(\boldsymbol{x}) \\ \vdots \\ \mathrm{d}L_f^{n-1}\boldsymbol{h}(\boldsymbol{x}) \end{bmatrix} \tag{2.112}
$$

其中，n 为状态矢量 $\boldsymbol{x}$ 的维数；$L_f^k\boldsymbol{h}(\boldsymbol{x})$ 为如下定义的 k 阶李导数：

$$
L_f^0\boldsymbol{h}(\boldsymbol{x})=\boldsymbol{h}(\boldsymbol{x}) \tag{2.113}
$$

$$
L_f^k\boldsymbol{h}(\boldsymbol{x})=\frac{\partial\left(L_f^{k-1}\boldsymbol{h}\right)}{\partial\boldsymbol{x}}\boldsymbol{f}(\boldsymbol{x}),\quad k=1,2,\cdots,n-1 \tag{2.114}
$$

$\mathrm{d}L_f^k\boldsymbol{h}(\boldsymbol{x})$ 定义如下：

$$
\mathrm{d}L_f^k\boldsymbol{h}(\boldsymbol{x})=\frac{\partial\left(L_f^{k}\boldsymbol{h}\right)}{\partial\boldsymbol{x}},\quad k=1,2,\cdots,n-1 \tag{2.115}
$$

如果 $\mathrm{rank}\left(\boldsymbol{Q}\left(\boldsymbol{x}_0\right)\right)=n$，那么称非线性系统在 $\boldsymbol{x}_0$ 点满足可观测性秩条件。如果对于定义区间内的每个 $\boldsymbol{x}$，非线性系统都满足可观测性秩条件，那么称整个非线性系统满足可观测性秩条件。

非线性系统的可观测性判据可归纳为如下两个定理。

定理 2.3　如果非线性系统在 $\boldsymbol{x}_0$ 点满足可观测性秩条件，那么非线性系统在 $\boldsymbol{x}_0$ 点局部弱可观。

定理 2.4　如果非线性系统满足可观测性秩条件，那么非线性系统局部弱可观。

考虑非线性系统的一种特殊形式，即线性定常系统：

$$
\begin{aligned} \dot{\boldsymbol{x}} &= \boldsymbol{A}\boldsymbol{x} \\ \boldsymbol{z} &= \boldsymbol{H}\boldsymbol{x} \end{aligned} \tag{2.116}
$$

由式(2.112)可得出线性定常系统的可观测性判据：

$$
\boldsymbol{Q}=\begin{bmatrix} \boldsymbol{H} \\ \boldsymbol{HA} \\ \vdots \\ \boldsymbol{HA}^{n-1} \end{bmatrix},\quad \mathrm{rank}(\boldsymbol{Q})=n \tag{2.117}
$$

不难看出，当非线性系统退化为线性系统时，本节所述的可观测性判据与线性定常系统可观测性判据一致。

3) 非线性系统可观测性分析实例

不考虑模型误差和观测误差，不含未知模型参数的航天器轨道动力学模型和观测模型可以表达为

$$\begin{cases}\dot{\boldsymbol{r}}=\boldsymbol{v}\\ \dot{\boldsymbol{v}}=\boldsymbol{f}(\boldsymbol{r},\boldsymbol{v})\end{cases}\tag{2.118}$$

$$\boldsymbol{z}=\boldsymbol{h}(\boldsymbol{r},\boldsymbol{v})\tag{2.119}$$

其中，$\boldsymbol{r}$ 为位置矢量；$\boldsymbol{v}$ 为速度矢量；$\boldsymbol{f}(\boldsymbol{r},\boldsymbol{v})$ 为作用在航天器上的加速度；$\boldsymbol{z}$ 为观测矢量。

由于在实际的航天器自主导航问题中，一般都是利用导航观测量来修正包含一定误差的航天器预报轨道，所以只需要确定自主导航系统在给定航天器轨道的一定邻域内是否可观。因此，可以利用上述非线性系统的可观测性秩条件来分析自主导航系统的可观测性。

利用多个导航目标天体(恒星、太阳、行星、地球、月球和小天体等)的视线方向、视线角、夹角和图像等观测信息可以确定航天器的位置矢量。本节利用非线性系统的可观测性秩条件来分析通过观测量能直接确定航天器位置矢量的自主导航系统的可观测性。

自主导航系统观测方程为

$$\boldsymbol{h}(\boldsymbol{r})=\boldsymbol{r}\tag{2.120}$$

利用式(2.120)可求得

$$L_f^0\boldsymbol{h}=\boldsymbol{r}\tag{2.121}$$

$$\mathrm{d}L_f^0\boldsymbol{h}=[\boldsymbol{I}_{3\times3}\quad \boldsymbol{0}_{3\times3}]\tag{2.122}$$

$$L_f^1\boldsymbol{h}=\boldsymbol{v}\tag{2.123}$$

$$\mathrm{d}L_f^1\boldsymbol{h}=[\boldsymbol{0}_{3\times3}\quad \boldsymbol{I}_{3\times3}]\tag{2.124}$$

定义 $\boldsymbol{Q}_{01}=\begin{bmatrix}\mathrm{d}L_f^0\boldsymbol{h}\\ \mathrm{d}L_f^1\boldsymbol{h}\end{bmatrix}$，则 $\boldsymbol{Q}_{01}=\begin{bmatrix}\boldsymbol{I}_{3\times3} & \boldsymbol{0}_{3\times3}\\ \boldsymbol{0}_{3\times3} & \boldsymbol{I}_{3\times3}\end{bmatrix}$。因为 $\mathrm{rank}(\boldsymbol{Q}_{01})=6$，根据非线性系统的可观测性秩条件，可以得到如下结论：在不考虑模型误差和观测误差的情况下，根据观测量能够直接确定航天器位置矢量且动力学模型中不含有未建模型参数的自主导航系统局部弱可观，可以实现航天器的自主导航。

(1)能直接确定位置矢量、存在未知模型参数的自主导航系统可观测性分析。

处理航天器未知摄动加速度和导航敏感器系统误差的方法之一是将其建模为未知模型参数的形式，并将未知模型参数扩充为状态变量，与航天器的位置速度一起进行估计。为了回答能否得到未知模型参数估计值这一问题，需要对维数增加后的自主导航系统进行可观测性分析。带未知模型参数的状态方程可表达为

$$\begin{cases}\dot{\boldsymbol{r}} = \boldsymbol{v} \\ \dot{\boldsymbol{v}} = \boldsymbol{f}(\boldsymbol{r},\boldsymbol{v},\boldsymbol{\theta}) \\ \boldsymbol{\theta} = \boldsymbol{0}\end{cases} \tag{2.125}$$

其中，$\boldsymbol{\theta}$ 为需要估计的参数，其维数为 m ，定义状态矢量 $\boldsymbol{x} = \left[\boldsymbol{r}^{\mathrm{T}},\boldsymbol{v}^{\mathrm{T}},\boldsymbol{\theta}^{\mathrm{T}}\right]^{\mathrm{T}}$ ，则其维数为$6+m$。于是可得

$$L_f^0\boldsymbol{h} = \boldsymbol{r} \tag{2.126}$$

$$\mathrm{d}L_f^0\boldsymbol{h} = [\boldsymbol{I}_{3\times3} \quad \boldsymbol{0}_{3\times3} \quad \boldsymbol{0}_{3\times3}] \tag{2.127}$$

$$L_f^1\boldsymbol{h} = \boldsymbol{v} \tag{2.128}$$

$$\mathrm{d}L_f^1\boldsymbol{h} = [\boldsymbol{0}_{3\times3} \quad \boldsymbol{I}_{3\times3} \quad \boldsymbol{0}_{3\times3}] \tag{2.129}$$

$$L_f^2\boldsymbol{h} = [\boldsymbol{0}_{1\times3} \quad \boldsymbol{f}^{\mathrm{T}}(\boldsymbol{r},\boldsymbol{v},\boldsymbol{\theta}) \quad \boldsymbol{0}_{1\times3}]^{\mathrm{T}} \tag{2.130}$$

$$\mathrm{d}L_f^2\boldsymbol{h} = \begin{bmatrix}\boldsymbol{0}_{3\times3} & \boldsymbol{0}_{3\times3} & \boldsymbol{0}_{3\times3} \\ \dfrac{\partial \boldsymbol{f}}{\partial \boldsymbol{r}} & \dfrac{\partial \boldsymbol{f}}{\partial \boldsymbol{v}} & \dfrac{\partial \boldsymbol{f}}{\partial \boldsymbol{\theta}} \\ \boldsymbol{0}_{3\times3} & \boldsymbol{0}_{3\times3} & \boldsymbol{0}_{3\times3}\end{bmatrix} \tag{2.131}$$

定义 $\boldsymbol{Q}_{012} = \begin{bmatrix}\mathrm{d}L_f^0\boldsymbol{h} \\ \mathrm{d}L_f^1\boldsymbol{h} \\ \mathrm{d}L_f^2\boldsymbol{h}\end{bmatrix}$ ，则 $\mathrm{rank}\left(\boldsymbol{Q}_{012}\right) = \mathrm{rank}\left(\begin{bmatrix}\boldsymbol{I}_{3\times3} & \boldsymbol{0}_{3\times3} & \boldsymbol{0}_{3\times m} \\ \boldsymbol{0}_{3\times3} & \boldsymbol{I}_{3\times3} & \boldsymbol{0}_{3\times m} \\ \dfrac{\partial \boldsymbol{f}}{\partial \boldsymbol{r}} & \dfrac{\partial \boldsymbol{f}}{\partial \boldsymbol{v}} & \dfrac{\partial \boldsymbol{f}}{\partial \boldsymbol{\theta}}\end{bmatrix}\right)$。当需要估计参数的维数 $m \leqslant 3$ 时，如果 $\mathrm{rank}\left(\dfrac{\partial \boldsymbol{f}}{\partial \boldsymbol{\theta}}\right) = m$ ，那么 $\mathrm{rank}\left(\boldsymbol{Q}_{012}\right) = 6 + m = n$ ，则可观测性矩阵的秩 $\mathrm{rank}(\boldsymbol{Q}) = n$ ，即对应的自主导航系统是局部弱可观的。对于 $m > 3$ 的情况，很难通过表达式来判断可观测性矩阵的秩 $\mathrm{rank}(\boldsymbol{Q})$ 的大小，在此不予讨论。

研究的结论可归纳为：在不考虑模型误差和观测误差的情况下，如果条件

$\operatorname{rank}\left(\dfrac{\partial \boldsymbol{f}}{\partial \boldsymbol{\theta}}\right)=m(m\leqslant 3)$ 成立，则能直接确定位置矢量，存在未知模型参数的自主导航系统局部弱可观。

(2) 以单位视线矢量和径向速度为观测量的自主导航系统可观测性分析。

对于以导航目标天体单位视线矢量和径向速度为观测量的自主导航系统，其观测方程可写为

$$\boldsymbol{h}(\boldsymbol{r},\boldsymbol{v})=\begin{bmatrix}\boldsymbol{r}_{i0}\\ v_r\end{bmatrix} \tag{2.132}$$

其中，$\boldsymbol{r}_{i0}$ 和 v_r 分别表示导航目标天体单位视线矢量和航天器的相对径向速度。下面对观测量进行说明。

单位视线矢量的观测模型为

$$\boldsymbol{r}_{i0}=\boldsymbol{C}_n^s\frac{1}{\sqrt{(x_i-x)^2+(y_i-y)^2+(z_i-z)^2}}\begin{bmatrix}x_i-x\\ y_i-y\\ z_i-z\end{bmatrix} \tag{2.133}$$

其中，$\boldsymbol{r}_{i0}$ 为航天器本体坐标系的视线矢量；$\boldsymbol{C}_n^s$ 为航天器导航坐标系到敏感器坐标系的姿态矩阵；$(x_i,y_i,z_i)(i=1,2,\cdots,N)$ 为在观测点 (x,y,z) 观测到的导航目标天体（或天体表面的控制点）在导航坐标系的位置，通常导航目标天体的位置已知。

利用光源（一般指太阳）和航天器之间相对运动产生的多普勒漂移，可以计算出航天器相对测量天体的径向速度，相应观测模型的表达式为

$$v_r=\frac{\boldsymbol{r}\cdot\boldsymbol{v}}{\|\boldsymbol{r}\|} \tag{2.134}$$

其中，$\boldsymbol{r}$ 和 $\boldsymbol{v}$ 分别为航天器位置和速度矢量。

令 $\boldsymbol{v}=[\mathrm{d}x,\mathrm{d}y,\mathrm{d}z]^{\mathrm{T}}$，可求得

$$L_f^0\boldsymbol{h}=\boldsymbol{h}(\boldsymbol{r},\boldsymbol{v}) \tag{2.135}$$

$$\mathrm{d}L_f^0\boldsymbol{h}=\begin{bmatrix}\begin{bmatrix}\dfrac{-1}{r_i^3}\begin{bmatrix}(y_i-y)^2+(z_i-z)^2 & -(x_i-x)(y_i-y) & -(x_i-x)(z_i-z)\\ -(x_i-x)(y_i-y) & (x_i-x)^2+(z_i-z)^2 & -(y_i-y)(z_i-z)\\ -(x_i-x)(z_i-z) & -(y_i-y)(z_i-z) & (x_i-x)^2+(y_i-y)^2\end{bmatrix} & \boldsymbol{0}_{3\times 3}\end{bmatrix}\\ \begin{matrix}\dfrac{\mathrm{d}x}{r}-\dfrac{x(\boldsymbol{r}\cdot\boldsymbol{v})}{r^3} & \dfrac{\mathrm{d}y}{r}-\dfrac{y(\boldsymbol{r}\cdot\boldsymbol{v})}{r^3} & \dfrac{\mathrm{d}z}{r}-\dfrac{z(\boldsymbol{r}\cdot\boldsymbol{v})}{r^3} & \dfrac{x}{r} & \dfrac{y}{r} & \dfrac{z}{r}\end{matrix}\end{bmatrix} \tag{2.136}$$

不难看出，$\mathrm{d}L_f^0\boldsymbol{h}$ 的具体表达式非常复杂，因此，可观测性矩阵的数学表达式也非常复杂，很难直接通过表达式确定可观测性矩阵的秩。为了解决这一问题，可以采用数值方法来研究航天器自主导航系统的可观测性。基于这一思路，下面给出基于奇异值分解的可观测性分析方法。

2. 基于奇异值分解的可观测性分析

实际航天器自主导航系统的可观测性分析通常基于数值分析完成。航天器自主导航系统的观测能力与观测量的个数、测量频率、测量几何关系和测量精度都有关系。基于奇异值分解的可观测性分析方法就是基于数值分析的方法之一。

非线性系统的可观测性判别矩阵如式(2.112)所示。对某一 $\boldsymbol{x}_0$ 点的可观测性矩阵 $\boldsymbol{Q}_{m\times n}$ 进行奇异值分解可得

$$\boldsymbol{Q}=\boldsymbol{USV}^{\mathrm{T}} \tag{2.137}$$

其中，$\boldsymbol{S}=\begin{bmatrix}\boldsymbol{D}\\ \boldsymbol{0}_{(m-n)\times n}\end{bmatrix}$，$\boldsymbol{D}$ 为矩阵 $\boldsymbol{Q}$ 的奇异值 $\sigma_i(i=1,2,\cdots,n)$ 组成的对角阵；$\boldsymbol{U}$ 和 $\boldsymbol{V}$ 分别为 m 维和 n 维正交阵，$\boldsymbol{u}_i$ 和 $\boldsymbol{v}_i$ 分别为 $\boldsymbol{U}$ 和 $\boldsymbol{V}$ 的列矢量。

利用非线性系统可观测性秩条件可以得到如下结论：当 $\mathrm{rank}(\boldsymbol{D})=n$ 时，非线性系统在 $\boldsymbol{x}_0$ 点局部弱可观；当 $\mathrm{rank}(\boldsymbol{D})<n$ 时，非线性系统在 $\boldsymbol{x}_0$ 点局部不完全可观。

2.6 本章小结

本章探讨了常用坐标系的定义与坐标系之间的变换规律，详细阐述了轨道摄动模型的构成要素，深入剖析了轨道动力学方程的不同表达形式，介绍了姿态的描述方法和姿态运动学方程，揭示了航天器姿态变化的内在规律。除此之外，对航天器故障模式进行了较为全面的分析。通过综述典型的故障模式，明确航天器可能出现的故障类型，并对故障模式进行分类与建模，为后续的自主故障重构研究提供了坚实的理论支撑。

第3章　诊断能力定量表征和可诊断性理论

3.1　可诊断性理论研究现状

可诊断性理论主要研究系统诊断能力的表征、判定和量化，即诊断能力评价。按诊断目标进行分类，诊断能力评价可分为可检测性评价、可隔离性评价和可辨识性评价[1]，分别对应系统检测、隔离和辨识故障能力的衡量过程。按评价结果进行分类，可诊断性可分为可诊断性定性评价和可诊断性定量评价两个部分。前者主要用于定性地分析故障能否被检测(隔离/辨识)，后者主要着力于定量分析故障被检测(隔离/辨识)的难度，即诊断能力量化。相对于定性评价结果，定量评价结果可以为设计者提供更多可用的信息[2]；除此之外，由第 1 章可知，系统可诊断性主要受到系统结构的影响，不同系统结构往往对应于不同的系统描述方式，因此，按系统描述方式进行分类，诊断能力评价还可分为基于模型的诊断能力评价和基于数据的诊断能力评价。对于大部分可由模型描述的系统，可以通过分析系统结构得到故障与可测信息之间的关系，并利用两者的关系研究系统的可诊断性；相反地，对于难以由模型描述的系统，则可以通过利用已有的可测信息分析系统的可诊断性。考虑到按系统描述方式进行综述，可以更好地对已有方法进行归纳，因此，本章将从这两个方面分析诊断能力评价的研究现状，并给出诊断能力评价在航天器中的应用现状。

3.1.1　基于模型的诊断能力评价方法

基于模型的诊断能力评价有着物理意义明确(定量模型)、可宏观描述系统(定性模型)等优势，因此，目前大部分诊断能力评价的研究都着力于系统模型。

1. 定量模型

1)线性模型

对于输入输出模型，文献[3]在频域内给出了干扰影响下的线性时不变系统可检测性的判据：至少有一个故障对输出的影响大于扰动对输出的影响，则认为系统在这个时间段内是可检测的。该判据最大的优势在于评价结果不基于故障检测算法。Kóscielny 等[4]给出了基于二值诊断矩阵的故障可隔离性评价标准，并将该评价方法用于诊断算法残差的设计过程。除此之外，还系统地对不同判据进行对比并给出相应的适用范围。对于微分代数方程描述，在不考虑噪声的情况下，Krysander 等[5]通过分析发生故障情况下的已知信号向量与无故障情况下所有已知信号向量集合之间的从属关系，给出故障可检测性判别方法：若故障引起的可观测量的变化能由未知信号表示，则认为故障是不可检测的。Nyberg 等[6]则利用一致性检验给出了微分代数方程描述下考虑噪声影响的可诊断性的评价方法，扩大了评价算法的适用范围。对于被广泛应用于故障诊断算法设计的状态空间描述，Ding 等[7]给出了多阶段制造过程的可诊断性的量化指标。然而，由于该指标实质上是定性指标的量化表示，即考虑的是可诊断故障占总故障的比重，使得该指标无法对诊断难度进行量化。鉴于此，Eriksson 等[8]通过将系统状态空间模型重构为滑动窗口模型，使故障诊断能力量化问题转换成多元分布相似度对比问题，并利用 Kullback-Leibler 散度量化不同故障所对应的多元分布的相似度，给出了量化的诊断能力评价算法。除此之外，通过分析所提出量化指标和残差生成器的故噪比(fault-to-noise ratio, FNR)，给出了最大故噪比残差生成器的设计方法。Fu 等[9]进一步扩展了文献[8]中的研究结果，对用于诊断能力评价的滑动窗口模型进行等效降维，有效地降低了评价所需计算量。通过给出可靠可分辨性的定义，将诊断能力的评价问题转换成求解优化问题，进而在诊断能力评价指标中考虑了未知不确定性的影响。为了对测量信息丢失和噪声耦合影响的网络系统的可诊断性进行分析，Fu 等[10]通过对不同信息丢失情况的诊断能力评价值进行加权求和，提出了基于权重的诊断能力评价方法。同时，为了反映信息丢失中不确定性对可诊断性的影响，该文献还给出了区间形式的评价指标以及不确定性率的定义。Chow 等[11]通过重构传感器瞬时输出、传感器输出历史和被监测系统执行器输入之间的关系得到系统的解析冗余关系(analytical redundancy relation, ARR)，基于此提出了一种直观有效的方法来评估线性系统的诊断能力。Gertler[12]介绍了基于分析冗余的故障检测和隔离方法的概况，并描述了基于结构化残差的故障可检测性的充分条件。与上述着力于可检测性和隔离性研究的工作不同，文献[13]给出了基于回归分析的故障可辨识性评价方法，通过定义故障可辨识性指标以衡量线性离散时变系统故障识别的难度。

2) 非线性模型

由于非线性系统具有复杂的特性以及多样的形式，目前缺乏通用的非线性系统分析工具。因此，已有的非线性系统的诊断能力分析的研究结果较为分散。Zhang 等[14]为了处理非线性多输入多输出(multi-input-multi-output, MIMO)不确定系统的传感器偏移故障的检测与隔离问题，提出了包含一个故障检测估计器和一组隔离估计器的故障诊断算法，并根据该算法给出了故障可检测与可隔离的条件。Zhang[15]进一步扩展了文献[14]的研究内容，有效地增大了故障可检测与可隔离的判据适用范围。针对高维离散时间非线性系统，Ferrari 等[16]提出了依赖于自适应近似算法的故障可检测性与可隔离性的判据。与上述依赖于故障诊断方法的可诊断性指标不同，对于一类仿射非线性系统，Peng 等[17]提出了不依赖于任何诊断方法的故障可检测性和可隔离性标准，通过可诊断故障数与故障总数的比例量化系统的诊断能力。相似地，Xing 等[18]考虑了带有未知输入的仿射非线性系统，利用故障与未知输入对输出的不变性，给出了故障可诊断性的定性评价准则。除此之外，不少研究者基于解析冗余关系给出了相应的诊断能力评价方法。Staroswiecki 等[19]针对非线性动态系统，基于解析冗余关系提出了一种结构化残差设计方法；根据所提出的残差，进一步给出了故障可检测性和可隔离性的充要条件。Verdière 等[20]提出了一种基于解析冗余关系的多故障非线性系统诊断能力分析方法，其主要贡献在于创新性地将代数关系引入诊断能力评价过程。其他相关工作，如 Liu 等[21]和 Cruz-Victoria 等[22]所做的工作，也从不同的角度分析了非线性系统的可诊断性。另外，文献[23]～[26]也从多个角度提供了基于解析冗余关系实现故障诊断和诊断能力评价的全面综述。

2. 定性模型

对于部分结构复杂、难以用定量模型表示的系统，可利用定性模型对所研究对象的可诊断性进行分析[27]。Cabasino 等[28]给出了离散事件系统可诊断的充要条件，在此基础上，提出了系统可诊断性的测试方法。Haar 等[29]利用 Petri 网对离散事件系统的可诊断性进行分析，并给出了强可诊断性与弱可诊断性的定义。Kościelny 等[30]则通过建立故障与可测点之间的矩阵对故障可检测性进行分析，并针对故障分离问题提出了条件可分离性的定义及相关的判据。为了解决切换系统单发故障的诊断问题，Mekki 等[31]提出了一种定性的故障诊断方法，分析了不同模式下系统的可诊断性与可隔离性。Pucel 等[32]提出了一种故障诊断算法性能评估方法，其最大创新点在于该方法可以有效地缓解故障模型对性能评价的约束。

3.1.2　基于数据的诊断能力评价方法

由于定量模型难以准确地描述出复杂系统的所有细节，而建立定性模型又要求工程师具有复杂高深的专业知识以及长期积累的经验；另外，多数复杂系统在经过长时间的运行后，都会储存大量的运行数据，通过分析已有数据对复杂系统进行诊断，可以有效地解决上述基于定量、定性模型的诊断方法设计的问题，这是基于数据的故障诊断方法的一个重要优势。鉴于上述原因，基于数据驱动的故障诊断方法的研究取得了一定的成果[33-36]。随着这类故障诊断方法的发展，基于数据的诊断能力评价研究引起了研究者的广泛关注。

基于数据的诊断能力评价方法的核心是使用在线数据和离线数据来评估系统内故障的可检测性、可隔离性和可辨识性。Dunia 等[37]研究了多维故障的可检测性、可重构性和可隔离性，并基于故障子空间、故障幅值和平方预测误差给出了可诊断的充分条件和必要条件。以故障可检测性为例，所给出的可诊断判定条件主要取决于模型子空间与故障子空间之间的差异，两个子空间差异越大则代表故障越容易被检测；除此之外，还给出了基于平方预测误差的故障可辨识性指标，该指标可以用于分析实际故障的辨识过程。Yue 等[38]进一步拓展了文献[37]的研究内容，结合平方预测误差(squared prediction error, SPE)和 T^2 给出了多维故障可检测性条件，并利用该组合指标对故障可重构性与可辨识性进行分析。针对传感器早期故障，Ji 等[39]给出了基于滑动窗口重构的故障诊断方法与基于该方法的故障可检测性与可隔离性的理论分析，并给出了窗口长度对故障可诊断性的影响：随着窗口长度的增加，诊断系统可以诊断更小的初期故障，同时也会增加诊断所需的计算量和诊断延迟时间，在选取诊断故障所需窗口长度时，需要对准确性和计算量进行权衡。

值得一提的是，上述研究成果主要关注的是静态模型的诊断能力评价。相对于静态模型，动态模型能更好地描述系统的动态特征，可以为设计者提供更多且更准确的系统信息[40]，这对故障诊断和可诊断性分析至关重要。对于动态模型，Cui 等[41]通过系统内部的控制关系，将组件级可诊断性分析方法扩展到系统级可诊断性分析；分析结果显示：故障可诊断性极大地受到观测量维数的影响，即使只增加一个传感器或测试点，都有可能使原先不可诊断的故障变得可以诊断，反之则会导致可诊断性的下降。不同于上述文献，Hua 等[42]利用模糊集相似度对故障可诊断性进行分析，并给出了相应的可诊断性量化指标。两个不同故障状态之间的模糊集差别越大，则两者越容易被隔离。

3.1.3 诊断能力评价在航天器中的应用

航天器诊断能力评价是后续可诊断性设计的理论依据，主要用于航天器的地面设计阶段和在轨运行阶段。在地面设计阶段，通过对航天器进行诊断能力评价，可以准确地量化系统的能力边界，从而识别系统薄弱环节，并基于评价结果从故障诊断的角度对系统结构和诊断方法进行优化；在空间运行阶段，通过在线评估故障系统的性能状态，可以提前预测系统性能衰退，从而基于预测结果充分调用系统的既有冗余资源并实时优化诊断策略，从而提升系统自主故障诊断能力。除此之外，在航天器运行阶段，若诊断系统检测到由于系统结构等限制而被判定为不可诊断的故障，则可确定诊断系统发生误报并及时启动诊断系统自检程序，以此提高航天器的自主故障诊断能力；换言之，诊断能力评价结果还可以在航天器在轨运行阶段对诊断结果进行辅助校正，提高诊断结果的准确性。

作为可诊断性设计的前提条件，诊断能力评价逐渐引起航天领域专家研究者们的高度关注。与文献[30]利用残差多值评估分析故障对工业电气控制元件的可测信息的影响的思路相似，针对航天器故障多发的特点，Liu 等[43]将符号有向图与故障时态信息相结合，在特征矩阵中利用多值评估分析方法描述典型故障的不同特征和时间序列，实现了对航天器可诊断性的定性分析。

针对卫星姿态控制分系统中的冗余反作用轮，Meskin 等[44]定义了可检测性指标和强可检测族，利用秩判据给出了多故障可检测性的必要条件。Pirmoradi 等[45]认为故障可隔离性是区分不同故障的能力，定义为不同故障子空间之间的角度：角度越小，不同故障之间的区分度越低。类似地，Nagesh 等[46]用残差信号与对应于第 i 个推进器故障的扭矩分布矩阵列之间的角度隔离了非线性卫星系统中的故障。针对已有的基于距离相似度的判别准则在进行可诊断性量化评价中存在的不足，李文博等[47]利用故障矢量的分布概率以及不同故障矢量之间的余弦相似度，设计基于方向相似度的可诊断性量化评价新方法。针对卫星姿态控制系统，Gao 等[48]基于 Gronwall-Bellman 不等式，给出了在最坏的情况下将可检测执行器故障与其他故障隔离的充分条件。Roychoudhury 等[49]从集合的角度给出了可诊断性的定性描述：复杂连续系统中的所有单发故障是否可以在长时间载人任务中被隔离。为将提高卫星控制系统故障诊断能力的工作重点前移到地面设计阶段，文献[50]将卫星控制系统描述成一类仿射非线性模型，通过子空间相似度判别准则，根据故障方向矢量和所得不变分布以及不同故障方向矢量之间的夹角关系，分别设计了可检测性和可隔离性的量化指标，并给出了具体评价流程。同样是针对卫星控制系统，Zhong 等[51]基于最小误差最小最大概率机给出了误报率和漏报率的分析方法，基于此，将诊断系统一体化设计过程转换成二元分类问题的求解过程，并给出了“最坏情况下”故障诊断漏报率和误报率的最优权衡方法。Song 等[52]进一步扩展了 Zhong 等[51]的研究成果，从概率的角度给出了最优故障可隔离性的定义，实现了不同情况下故障隔离成功率的有效权衡。通过构建不同故障的贡献向量，文献[53]采用随机化算法给出了一种基于观测器的卫星姿态控制系统故障诊断算法性能的量化评价方法，并基于此给出满足所需故障检测率和误报率的阈值选取方法，大幅提升了故障诊断方法的诊断能力。

为更好地归纳有关航天器诊断能力评价现状，给出航天器诊断能力评价方法概述如表 3.1 所示。

由表 3.1 的“输入”一栏可以看出，评估航天器可诊断性的大多数方法的要求都是已知的系统模型。此外，该表的“阶段”一栏表明，已有航天器诊断能力评价方法主要用于地面设计阶段；然而，考虑到航天器通常难以在轨维修，“在线”

表 3.1 航天器诊断能力评价方法概述

评价类别	方法/指标	研究对象	阶段	输入	输出	年份
定性评价	可观测性秩[44]	动量轮	地面设计阶段	非线性系统模型	p-可检测族集合	2007
	故障特征元组[49]	生命支持系统	地面设计阶段	正常、故障情况下系统动态的键合图	可诊断性指标	2009
	Gronwall-Bellman 不等式[48]	姿态控制系统	地面设计阶段	非线性系统模型	执行机构故障可检测性指标	2013
	符号有向图[43]	推进系统	地面设计阶段	故障特征矩阵	可检测和可隔离故障的分类集合	2016
定量评价	故障子空间角度[45]	姿态确定系统	地面设计阶段	非线性系统模型	故障区分能力评价值	2009
	残差向量角度[46]	Mex 卫星	在轨运行阶段	非线性系统模型	可隔离性指标	2011
	余弦相似度[47]	姿态确定系统	地面设计阶段	线性系统模型	可诊断性指标	2015
	子空间相似度[50]	动量轮	地面设计阶段	仿射非线性系统模型	可检测性与可隔离性指标	2015
	最小误差最小最大概率机[51]	姿态控制系统	地面设计阶段	线性系统模型	最坏情况下的分类精度	2018
	贡献分析[53]	姿态控制系统	地面设计阶段	非线性系统模型	可隔离性指标	2019
	最小误差最小最大概率机[52]	姿态控制系统	地面设计阶段	线性系统模型	可隔离性指标	2020

诊断能力评价对于提高故障系统的故障诊断性能具有重要意义。事实上，这种在线评价已应用于工业系统，如单级蒸汽压缩机制冷循环系统[41]。此外，表 3.1 的最后一列表明，如 3.1.1 节所述，相对于可诊断性定性评价，其定量评价结果能为设计者提供更多的可用信息，这一优势使得近年来可诊断性定量评估的研究受到了广泛关注。

3.2　未知输入影响下系统诊断能力量化方法

实际系统在运行过程中不可避免地会受到外部扰动以及不同噪声等的影响[1,54]。除此之外，未知输入会极大地增加故障可检测性与可隔离性的分析难度。例如，当故障对输出的影响小于扰动对输入的影响时，诊断系统将难以有效地检测故障[3]。考虑到大多数的未知不确定性，如建模误差、外部扰动等都可用系统未知输入表示[55]。本节针对同时受到随机噪声以及未知输入影响的航天器控制系统，提出一种基于 Kullback-Leibler 散度的系统可诊断性的评价方法。首先，在不影响评价结果的前提下，优化了已有的滑动窗口模型，有效地降低了后续研究所需计算量；其次，通过对模型不确定性、随机噪声和未知输入的特性进行分析，给出可靠可检测性与可靠可隔离性的定义，并根据定义给出了基于 Kullback-Leibler 散度的模型不确定性、噪声和未知输入影响下系统的诊断能力评价指标；再次，通过推导给出了故障可靠可隔离性的充分必要条件，并对诊断能力评价指标的计算方法进行简化，进一步降低了评价所需计算量，除此之外，为了量化不确定性对可诊断性的影响，提出了扰动率的定义；最后，通过仿真实例验证评价方法的有效性。

3.2.1　问题描述

考虑如下动态系统的离散状态空间模型：

$$\begin{cases} \boldsymbol{x}(t+1)=\boldsymbol{A}\boldsymbol{x}(t)+\boldsymbol{B}_u\boldsymbol{u}(t)+\boldsymbol{B}_f\boldsymbol{f}(t)+\boldsymbol{B}_w\boldsymbol{w}(t)+\boldsymbol{\xi}_c(t) \\ \boldsymbol{y}(t)=\boldsymbol{C}\boldsymbol{x}(t)+\boldsymbol{D}_u\boldsymbol{u}(t)+\boldsymbol{D}_f\boldsymbol{f}(t)+\boldsymbol{D}_v\boldsymbol{v}(t)+\boldsymbol{\xi}_o(t) \end{cases} \tag{3.1}$$

其中，$\boldsymbol{x}(t)\in\mathbf{R}^{l_x}$、$\boldsymbol{u}(t)\in\mathbf{R}^{l_u}$、$\boldsymbol{y}(t)\in\mathbf{R}^{l_y}$ 和 $\boldsymbol{f}(t)\in\mathbf{R}^{l_f}$ 分别为系统在 k 时刻的状态向量、输入向量、输出向量和故障向量；$\boldsymbol{w}(t)\in\mathbf{R}^{l_w}$ 和 $\boldsymbol{v}(t)\in\mathbf{R}^{l_v}$ 分别表示系统在 t 时刻的过程噪声和测量噪声，并假设两者为均值为零、协方差矩阵分别为 $\boldsymbol{\Lambda}_w$ 和 $\boldsymbol{\Lambda}_v$ 的互不相关的高斯白噪声；矩阵 $\boldsymbol{A}$、$\boldsymbol{B}_u$、$\boldsymbol{B}_f$、$\boldsymbol{B}_w$、$\boldsymbol{C}$、$\boldsymbol{D}_u$、$\boldsymbol{D}_f$ 和 $\boldsymbol{D}_v$ 为具有合适维数的已知常数系数矩阵；$\boldsymbol{\xi}_c(t)\in\mathbf{R}^{l_x}$ 和 $\boldsymbol{\xi}_o(t)\in\mathbf{R}^{l_y}$ 表示系统在 t 时刻的确定性未知输入。

假设 3.1　系统模型(3.1)中的确定性未知输入满足$\|\xi_c(t)\| \leqslant \bar{\delta}_c, \|\xi_o(t)\| \leqslant \bar{\delta}_o, \forall t$，其中$\bar{\delta}_c$和$\bar{\delta}_o$为已知常数。

相比于一般的确定性系统$(\boldsymbol{w}(t)=\mathbf{0}, \boldsymbol{v}(t)=\mathbf{0})$与一般的随机系统$\left(\boldsymbol{\xi}_c(t)=\mathbf{0}, \boldsymbol{\xi}_o(t)=\mathbf{0}\right)$，模型(3.1)更具有一般性。该模型已广泛应用于过程控制、化工系统和航空系统等[56]。

根据式(3.1)构建向量：

$$\boldsymbol{z}_s = \left[\boldsymbol{y}^{\mathrm{T}}(t-s+1), \cdots, \boldsymbol{y}^{\mathrm{T}}(t), \boldsymbol{u}^{\mathrm{T}}(t-s+1), \cdots, \boldsymbol{u}^{\mathrm{T}}(t)\right]^{\mathrm{T}}$$

$$\boldsymbol{x}_s = \left[\boldsymbol{x}^{\mathrm{T}}(t-s+1), \cdots, \boldsymbol{x}^{\mathrm{T}}(t+1)\right]^{\mathrm{T}}$$

$$\boldsymbol{f}_s = \left[\boldsymbol{f}^{\mathrm{T}}(t-s+1), \cdots, \boldsymbol{f}^{\mathrm{T}}(t)\right]^{\mathrm{T}}$$

$$\boldsymbol{e}_s = \left[\boldsymbol{w}^{\mathrm{T}}(t-s+1), \cdots, \boldsymbol{w}^{\mathrm{T}}(t), \boldsymbol{v}^{\mathrm{T}}(t-s+1), \cdots, \boldsymbol{v}^{\mathrm{T}}(t)\right]^{\mathrm{T}}$$

$$\boldsymbol{\xi}_s = \left[\boldsymbol{\xi}_c^{\mathrm{T}}(t-s+1), \cdots, \boldsymbol{\xi}_c^{\mathrm{T}}(t), \boldsymbol{\xi}_o^{\mathrm{T}}(t-s+1), \cdots, \boldsymbol{\xi}_o^{\mathrm{T}}(t)\right]^{\mathrm{T}}$$

并通过迭代给出模型(3.1)的时间窗口长度为s的滑动窗口模型：

$$\tilde{\boldsymbol{L}}\boldsymbol{z}_s = \tilde{\boldsymbol{H}}\boldsymbol{x}_s + \tilde{\boldsymbol{F}}\boldsymbol{f}_s + \tilde{\boldsymbol{E}}\boldsymbol{e}_s + \tilde{\boldsymbol{\Lambda}}\boldsymbol{\xi}_s \tag{3.2}$$

其中，$\boldsymbol{z}_s \in \mathbf{R}^{(l_u+l_y)s}$、$\boldsymbol{x}_s \in \mathbf{R}^{l_x(s+1)}$、$\boldsymbol{f}_s \in \mathbf{R}^{l_f s}$、$\boldsymbol{e}_s \in \mathbf{R}^{(l_w+l_v)s}$、$\boldsymbol{\xi}_s \in \mathbf{R}^{(l_x+l_y)s}$、$\tilde{\boldsymbol{L}} \in \mathbf{R}^{(l_x+l_y)s \times (l_u+l_y)s}$、$\tilde{\boldsymbol{H}} \in \mathbf{R}^{(l_x+l_y)s \times l_x(s+1)}$、$\tilde{\boldsymbol{F}} \in \mathbf{R}^{(l_x+l_y)s \times l_f s}$和$\tilde{\boldsymbol{E}} \in \mathbf{R}^{(l_x+l_y)s \times (l_w+l_v)s}$为已知参数矩阵，且有

$$\hat{\boldsymbol{L}} = \left[\begin{array}{ccc|ccc} \mathbf{0} & \cdots & \mathbf{0} & -\boldsymbol{B}_u & \cdots & \mathbf{0} \\ \vdots & \ddots & \vdots & \vdots & \ddots & \vdots \\ \mathbf{0} & \cdots & \mathbf{0} & \mathbf{0} & \cdots & -\boldsymbol{B}_u \\ \hline \boldsymbol{I} & \cdots & \mathbf{0} & -\boldsymbol{D}_u & \cdots & \mathbf{0} \\ \vdots & \ddots & \vdots & \vdots & \ddots & \vdots \\ \mathbf{0} & \cdots & \boldsymbol{I} & \mathbf{0} & \cdots & -\boldsymbol{D}_u \end{array}\right], \quad \tilde{\boldsymbol{H}} = \left[\begin{array}{ccccc} \boldsymbol{A} & -\boldsymbol{I} & \mathbf{0} & \cdots & \mathbf{0} \\ \mathbf{0} & \boldsymbol{A} & -\boldsymbol{I} & \ddots & \vdots \\ \vdots & \ddots & \ddots & \ddots & \mathbf{0} \\ \mathbf{0} & \cdots & \mathbf{0} & \boldsymbol{A} & -\boldsymbol{I} \\ \hline \boldsymbol{C} & \mathbf{0} & \mathbf{0} & \cdots & \mathbf{0} \\ \mathbf{0} & \boldsymbol{C} & \mathbf{0} & \ddots & \mathbf{0} \\ \vdots & \ddots & \ddots & \ddots & \vdots \\ \mathbf{0} & \cdots & \mathbf{0} & \boldsymbol{C} & \mathbf{0} \end{array}\right]$$

$$\tilde{\boldsymbol{F}} = \begin{bmatrix} \tilde{\boldsymbol{B}}_f^{\mathrm{T}} & \mathbf{0} & \cdots & \mathbf{0} & \tilde{\boldsymbol{D}}_f^{\mathrm{T}} & \mathbf{0} & \cdots & \mathbf{0} \\ \mathbf{0} & \tilde{\boldsymbol{B}}_f^{\mathrm{T}} & \ddots & \vdots & \mathbf{0} & \tilde{\boldsymbol{D}}_f^{\mathrm{T}} & \ddots & \vdots \\ \vdots & \ddots & \ddots & \mathbf{0} & \vdots & \ddots & \ddots & \mathbf{0} \\ \mathbf{0} & \cdots & \mathbf{0} & \tilde{\boldsymbol{B}}_f^{\mathrm{T}} & \mathbf{0} & \cdots & \mathbf{0} & \tilde{\boldsymbol{D}}_f^{\mathrm{T}} \end{bmatrix}^{\mathrm{T}}$$

$$\tilde{E}=\left[\begin{array}{cccc|cccc} B_w & 0 & \cdots & 0 & 0 & 0 & \cdots & 0 \\ 0 & B_w & \ddots & \vdots & 0 & 0 & \ddots & 0 \\ \vdots & \ddots & \ddots & 0 & \vdots & \ddots & \ddots & \vdots \\ 0 & \cdots & 0 & B_w & 0 & 0 & \cdots & 0 \\ \hline 0 & 0 & \cdots & 0 & D_v & 0 & \cdots & 0 \\ 0 & 0 & \ddots & 0 & 0 & D_v & \ddots & \vdots \\ \vdots & \ddots & \ddots & \vdots & \vdots & \ddots & \ddots & 0 \\ 0 & 0 & \cdots & 0 & 0 & \cdots & 0 & D_v \end{array}\right],\quad \tilde{\Lambda}=I\in\mathbf{R}^{(l_x+l_y)s\times(l_x+l_y)s}$$

由于未知向量 ξ_s 的存在，已有的诊断能力评价方法无法直接用于所研究系统的可诊断性分析。因此，本节的研究重点在于通过充分利用已知信息衡量未知输入对于可诊断性的影响。除此之外，当滑动窗口模型(3.2)维数较高时，会极大地增加分析过程中的计算量，这限制了基于该模型的评价方法在高维系统中的应用，大大降低了其适用性。

3.2.2　模型重构

由式(3.2)可知，随着时间窗口的不断增加，系数矩阵 $\tilde{H}$ 、$\tilde{F}$ 和 $\tilde{E}$ 的维数将急剧增加，这会极大地加重诊断能力评价所需的数据储存与计算的负担。因此，本节将会通过系统内部的递推关系对模型(3.2)进行化简，给出一种用于系统诊断能力评价的新模型，从而提高评价方法的实用性。

根据文献[57]，利用系统内部关系对式(3.1)进行递推，可得

$$\begin{aligned} y(t-j)&=CA^{s-1-j}x(t-s+1)+\sum_{i=j+2}^{s}CA^{s-i}B_u u(t-j-s+i-1) \\ &\quad+D_u u(t-j)+\sum_{i=j+2}^{s}CA^{s-i}B_f f(t-j-s+i-1) \\ &\quad+D_f f(t-j)+\sum_{i=j+2}^{s}CA^{s-i}B_w w(t-j-s+i-1)+D_v v(t-j) \\ &\quad+\sum_{i=j+2}^{s}CA^{s-i}\xi_c(t-j-s+i-1)+\xi_o(t-j),\quad j=0,1,\cdots,s-1 \end{aligned}\tag{3.3}$$

根据式(3.3)，式(3.1)可改写为矩阵形式：

$$Lz_s=Hx(t-s+1)+Ff_s+Ee_s+\Lambda\xi_s\tag{3.4}$$

其中，z_s 、f_s 、e_s 和 ξ_s 定义与式(3.2)相同；L、H、F、E 和 Λ 为已知的参数矩阵，且有

$$
\boldsymbol{L}=\left[\begin{array}{c:ccccc}
\boldsymbol{I}_{l_y s} & -\boldsymbol{D}_u & \boldsymbol{0} & \cdots & \boldsymbol{0} & \boldsymbol{0} \\
 & -\boldsymbol{C}\boldsymbol{B}_u & -\boldsymbol{D}_u & \ddots & \ddots & \boldsymbol{0} \\
 & \vdots & \ddots & \ddots & \ddots & \vdots \\
 & -\boldsymbol{C}\boldsymbol{A}^{s-3}\boldsymbol{B}_u & \ddots & \ddots & -\boldsymbol{D}_u & \boldsymbol{0} \\
 & -\boldsymbol{C}\boldsymbol{A}^{s-2}\boldsymbol{B}_u & -\boldsymbol{C}\boldsymbol{A}^{s-3}\boldsymbol{B}_u & \cdots & -\boldsymbol{C}\boldsymbol{B}_u & -\boldsymbol{D}_u
\end{array}\right],\quad
\boldsymbol{H}=\begin{bmatrix}\boldsymbol{C}\\ \boldsymbol{C}\boldsymbol{A}\\ \vdots \\ \boldsymbol{C}\boldsymbol{A}^{s-1}\end{bmatrix}
$$

$$
\boldsymbol{F}=\begin{bmatrix}
\boldsymbol{D}_f & \boldsymbol{0} & \cdots & \boldsymbol{0} \\
\boldsymbol{C}\boldsymbol{B}_f & \boldsymbol{D}_f & \ddots & \vdots \\
\vdots & \ddots & \ddots & \boldsymbol{0} \\
\boldsymbol{C}\boldsymbol{A}^{s-2}\boldsymbol{B}_f & \cdots & \boldsymbol{C}\boldsymbol{B}_f & \boldsymbol{D}_f
\end{bmatrix},\quad
\boldsymbol{E}=\left[\begin{array}{ccccc:c}
\boldsymbol{0} & \boldsymbol{0} & \cdots & \boldsymbol{0} & \boldsymbol{0} & \\
\boldsymbol{C}\boldsymbol{B}_w & \boldsymbol{0} & \ddots & \ddots & \boldsymbol{0} & \\
\vdots & \ddots & \ddots & \ddots & \vdots & \boldsymbol{I}\otimes\boldsymbol{D}_v \\
\boldsymbol{C}\boldsymbol{A}^{s-3}\boldsymbol{B}_w & \ddots & \ddots & \boldsymbol{0} & \boldsymbol{0} & \\
\boldsymbol{C}\boldsymbol{A}^{s-2}\boldsymbol{B}_w & \boldsymbol{C}\boldsymbol{A}^{s-3}\boldsymbol{B}_w & \cdots & \boldsymbol{C}\boldsymbol{B}_w & \boldsymbol{0} &
\end{array}\right]
$$

$$
\boldsymbol{\varLambda}=\left[\begin{array}{ccccc:c}
\boldsymbol{0} & \boldsymbol{0} & \cdots & \boldsymbol{0} & \boldsymbol{0} & \\
\boldsymbol{C} & \ddots & \ddots & \ddots & \boldsymbol{0} & \\
\vdots & \ddots & \ddots & \ddots & \vdots & \boldsymbol{I} \\
\boldsymbol{C}\boldsymbol{A}^{s-3} & \ddots & \ddots & \boldsymbol{0} & \boldsymbol{0} & \\
\boldsymbol{C}\boldsymbol{A}^{s-2} & \boldsymbol{C}\boldsymbol{A}^{s-3} & \cdots & \boldsymbol{C} & \boldsymbol{0} &
\end{array}\right]
$$

给出模型(3.2)与模型(3.4)的参数矩阵维数对比如表 3.2 所示。

表 3.2　模型(3.2)与模型(3.4)的参数矩阵维数对比

模型	参数矩阵维数
(3.2)	$\tilde{\boldsymbol{L}}\in\mathbf{R}^{(l_x+l_y)\times(l_u+l_y)s}$，$\tilde{\boldsymbol{H}}\in\mathbf{R}^{(l_x+l_y)s\times l_x(s+1)}$，$\tilde{\boldsymbol{F}}\in\mathbf{R}^{(l_x+l_y)s\times l_f s}$，$\tilde{\boldsymbol{E}}\in\mathbf{R}^{(l_x+l_y)s\times(l_w+l_v)s}$，$\tilde{\boldsymbol{\varLambda}}\in\mathbf{R}^{(l_x+l_y)s\times(l_x+l_y)s}$
(3.4)	$\boldsymbol{L}\in\mathbf{R}^{l_y s\times(l_u+l_y)s}$，$\boldsymbol{H}\in\mathbf{R}^{l_y s\times l_x}$，$\boldsymbol{F}\in\mathbf{R}^{l_y s\times l_f s}$，$\boldsymbol{E}\in\mathbf{R}^{l_y s\times(l_w+l_v)s}$，$\boldsymbol{\varLambda}\in\mathbf{R}^{l_y s\times(l_x+l_y)s}$

由表 3.2 可以看出，相较于已有模型，所提出的模型具有更低的维数，大大降低了评价过程中所需计算量以及数据存储空间。

注 3.1　该简化模型不仅适用于降低本节提出的系统诊断能力评价方法的计算量，还可直接应用于已有的评价方法的优化。

假设 3.2　$[\boldsymbol{H}\quad\boldsymbol{E}]$是行满秩矩阵。

由于所有传感器的测量值都不可避免地受到测量噪声的影响，因此$\boldsymbol{D}_v$是行满秩矩阵，从而保证$[\boldsymbol{H}\quad\boldsymbol{E}]$是行满秩矩阵。换言之，假设 3.2 在一般情况下均成立。

3.2.3 考虑未知输入的诊断能力评价方法

1. 考虑未知输入的诊断能力评价指标

为消去未知初始状态向量 $\boldsymbol{x}(t-s+1)$，对式(3.4)等号两端同时左乘矩阵 $\boldsymbol{H}$ 的左零空间的正交基 $\boldsymbol{N}_H$，可以得到

$$\boldsymbol{N}_H\boldsymbol{L}\boldsymbol{z}_s=\boldsymbol{N}_H\boldsymbol{F}\boldsymbol{f}_s+\boldsymbol{N}_H\boldsymbol{\Lambda}\boldsymbol{\xi}_s+\boldsymbol{N}_H\boldsymbol{E}\boldsymbol{e}_s \tag{3.5}$$

由式(3.5)可以看出，与已有文献不同的是，系统的动态特性 $\boldsymbol{N}_H\boldsymbol{L}\boldsymbol{z}_s$ 不仅受故障向量 $\boldsymbol{N}_H\boldsymbol{F}\boldsymbol{f}_s$ 和干扰向量 $\boldsymbol{N}_H\boldsymbol{E}\boldsymbol{e}_s$ 的影响，还受到未知输入向量 $\boldsymbol{N}_H\boldsymbol{\Lambda}\boldsymbol{\xi}_s$ 的影响。由式(3.1)可知，$\boldsymbol{N}_H\boldsymbol{E}\boldsymbol{e}_s$ 是均值为零的高斯随机向量，$\boldsymbol{N}_H\boldsymbol{F}\boldsymbol{f}_s$ 和 $\boldsymbol{N}_H\boldsymbol{\Lambda}\boldsymbol{\xi}_s$ 均为确定性向量。因此，由式(3.5)可得，$\boldsymbol{N}_H\boldsymbol{L}\boldsymbol{z}_s$ 的均值和方差分别为

$$\boldsymbol{E}\left[\boldsymbol{N}_H\boldsymbol{L}\boldsymbol{z}_s\right]=\boldsymbol{E}\left[\boldsymbol{N}_H\boldsymbol{F}\boldsymbol{f}_s+\boldsymbol{N}_H\boldsymbol{\Lambda}\boldsymbol{\xi}_s+\boldsymbol{N}_H\boldsymbol{E}\boldsymbol{e}_s\right]=\boldsymbol{N}_H\boldsymbol{F}\boldsymbol{f}_s+\boldsymbol{N}_H\boldsymbol{\Lambda}\boldsymbol{\xi}_s \tag{3.6}$$

和

$$\boldsymbol{\sigma}_e=\boldsymbol{E}\left[\left(\boldsymbol{N}_H\boldsymbol{F}\boldsymbol{f}_s+\boldsymbol{N}_H\boldsymbol{\Lambda}\boldsymbol{\xi}_s+\boldsymbol{N}_H\boldsymbol{E}\boldsymbol{e}_s-\boldsymbol{N}_H\boldsymbol{F}\boldsymbol{f}_s-\boldsymbol{N}_H\boldsymbol{\Lambda}\boldsymbol{\xi}_s\right)^2\right]=\boldsymbol{N}_H\boldsymbol{E}\boldsymbol{\Lambda}_e\boldsymbol{E}^{\mathrm{T}}\boldsymbol{N}_H^{\mathrm{T}} \tag{3.7}$$

其中，$\boldsymbol{e}_s\sim\mathcal{N}\left(\boldsymbol{0},\boldsymbol{\Lambda}_e\right)$。

综上所述，$\boldsymbol{N}_H\boldsymbol{L}\boldsymbol{z}_s$ 为均值为 $\boldsymbol{N}_H\boldsymbol{F}\boldsymbol{f}_s+\boldsymbol{N}_H\boldsymbol{\Lambda}\boldsymbol{\xi}_s$，协方差矩阵为 $\boldsymbol{\sigma}_e$ 的高斯随机向量，即满足 $\boldsymbol{N}_H\boldsymbol{L}\boldsymbol{z}_s\sim\mathcal{N}\left(\boldsymbol{N}_H\boldsymbol{F}\boldsymbol{f}_s+\boldsymbol{N}_H\boldsymbol{\Lambda}\boldsymbol{\xi}_s,\boldsymbol{\sigma}_e\right)$。假设 3.2 用于保证协方差矩阵 $\boldsymbol{\sigma}_e$ 为非奇异矩阵。

为了更清晰地描述问题，给出故障时序的表达式：

$$\boldsymbol{\theta}_i(t):=\left[f_i(t-s+1),f_i(t-s+2),\cdots,f_i(t)\right]^{\mathrm{T}}\in D\subset\mathbf{R}^s \tag{3.8}$$

并简写为 $\boldsymbol{\theta}_i$。其中，D 表示有界的封闭区域[58]；$f_i(\cdot)\ \left(i=0,1,\cdots,l_f\right)$ 表示向量 $\boldsymbol{f}(\cdot)$ 的第 i 个元素，特别地，$i=0$ 表示无故障情况，即 $\boldsymbol{\theta}_0\equiv\boldsymbol{0}$。

利用 $\mathcal{F}_i$ 和 Θ_i 分别表示第 i 个故障的故障模式以及该故障的所有故障时序 $\boldsymbol{\theta}_i$ 的集合，同时可以得到相应的多维随机分布的概率密度函数：

$$\boldsymbol{p}_{\theta_i,\xi_{s,i}}=p\left(\boldsymbol{N}_H\boldsymbol{L}\boldsymbol{z}_s;\boldsymbol{N}_H\boldsymbol{F}_i\boldsymbol{\theta}_i+\boldsymbol{N}_H\boldsymbol{\Lambda}\boldsymbol{\xi}_{s,i}\right) \tag{3.9}$$

其中，$\boldsymbol{F}_i\in\mathbf{R}^{l_y s\times s}$ 为矩阵 $\boldsymbol{F}$ 中对应于故障时序 $\boldsymbol{\theta}_i$ 的列所构成的矩阵；未知输入的时序为 $\boldsymbol{\xi}_{s,i}=\left[\boldsymbol{\xi}_{c,i}^{\mathrm{T}}(t-s+1),\cdots,\boldsymbol{\xi}_{o,i}^{\mathrm{T}}(t),\boldsymbol{\xi}_{o,i}^{\mathrm{T}}(t-s+1),\cdots,\boldsymbol{\xi}_{o,i}^{\mathrm{T}}(t)\right]^{\mathrm{T}}\in\mathbf{R}^{\left(l_x+l_y\right)s}$，$\boldsymbol{\xi}_{c,i}$ 与 $\boldsymbol{\xi}_{o,i}$

分别表示对应于第 i 个故障模式的执行器与传感器中的未知输入 $\boldsymbol{\xi}_c$ 和 $\boldsymbol{\xi}_o$ ，特别地， $\xi_{s,0}$ 为无故障情况下的未知输入向量。

根据上述定义，当未知输入向量 $\boldsymbol{\xi}_{s,i}$ 确定时，给出可用于描述未知输入影响的所有故障时序下的概率密度函数 $\boldsymbol{p}_{\theta_i,\xi_{s,i}}$ 的集合：

$$\mathcal{Z}_{i,\xi_{s,i}}=\left\{p\left(\boldsymbol{N}_H\boldsymbol{L}\boldsymbol{z}_s,\boldsymbol{N}_H\boldsymbol{\Lambda}\boldsymbol{\xi}_{s,i}+\boldsymbol{N}_H\boldsymbol{F}_i\boldsymbol{\theta}_i\right)\middle|\forall\boldsymbol{\theta}_i\in\Theta_i\right\} \tag{3.10}$$

除此之外，当故障时序 $\boldsymbol{\theta}_i$ 确定时，给出可用于描述未知输入影响的所有未知输入下的概率密度函数 $\boldsymbol{p}_{\theta_i,\xi_{s,i}}$ 的集合：

$$\tilde{p}_{\theta_i}=\left\{p\left(\boldsymbol{N}_H\boldsymbol{L}\boldsymbol{z}_s,\boldsymbol{N}_H\boldsymbol{\Lambda}\boldsymbol{\xi}_{s,i}+\boldsymbol{N}_H\boldsymbol{F}_i\boldsymbol{\theta}_i\right)\middle|\forall\boldsymbol{\xi}_{s,i}\in\Xi_i\right\} \tag{3.11}$$

其中， Ξ_i 为对应故障模式 $\mathcal{F}_i$ 的所有未知输入向量的集合。

与式(3.10)类似，根据式(3.11)给出所有故障时序下概率密度函数集合 $\tilde{p}_{\theta_i}$ 的集合：

$$\tilde{\mathcal{Z}}_i=\left\{p\left(\boldsymbol{N}_H\boldsymbol{L}\boldsymbol{z}_s,\boldsymbol{N}_H\boldsymbol{\Lambda}\boldsymbol{\xi}_{s,i}+\boldsymbol{N}_H\boldsymbol{F}_i\boldsymbol{\theta}_i\right)\middle|\forall\boldsymbol{\theta}_i\in\Theta_i,\forall\boldsymbol{\xi}_{s,i}\in\Xi_i\right\} \tag{3.12}$$

特别地， $\tilde{\mathcal{Z}}_0=\left\{p\left(\boldsymbol{N}_H\boldsymbol{L}\boldsymbol{z}_s,\boldsymbol{N}_H\boldsymbol{\Lambda}\boldsymbol{\xi}_{s,0}\right)\middle|\forall\boldsymbol{\xi}_{s,0}\in\Xi_0\right\}$ 。

由式(3.9)和图 3.1 可知，假设 $\boldsymbol{\xi}_{s,i}$ 已知，此时故障时序 $\boldsymbol{\theta}_i$ 所对应的多重分布的概率密度函数 $\boldsymbol{p}_{\theta_i,\xi_{s,i}}$ 唯一，可表示为图中的一个点。与文献[8]的思路相同，可以利用该点到故障模式 $\mathcal{F}_j$ 所对应的多重分布的概率密度函数集合 $\mathcal{Z}_{j,\xi_{s,i}}$ 的“最小距离”量化故障时序 $\boldsymbol{\theta}_i$ 与故障模式 $\mathcal{F}_j$ 的隔离难度。该距离越小，表明所考虑的故障时序 $\boldsymbol{\theta}_i$ 发生时，对应的系统动态特性与故障模式 $\mathcal{F}_j$ 中的某个故障发生后对应的动态特性越近，此时两者隔离难度越大。Kullback-Leibler 散度可用于衡量不同分布之间的“距离”，同时该衡量指标已经被广泛应用于控制系统的故障诊断。因此，利用 Kullback-Leibler 散度衡量故障时序 $\boldsymbol{\theta}_i$ 与故障模式 $\mathcal{F}_j$ 所对应的不同分布之间的相似度，可以有效地量化两者的隔离难度，同时可使评价结果可以直接应用于已有故障诊断方法的优化。

根据上述分析，给出 $\boldsymbol{\xi}_{s,i}$ 已知时的故障可检测性、可隔离性和评价指标的定义。

定义 3.1 给定系统模型(3.5)及 $\boldsymbol{\xi}_{s,i}$ ，当且仅当 $\boldsymbol{p}_{\theta_i,\xi_{s,i}}\notin\mathcal{Z}_{j,\xi_{s,i}}$ 时，故障时序 $\boldsymbol{\theta}_i$ 与故障模式 $\mathcal{F}_j$ 是可隔离的。

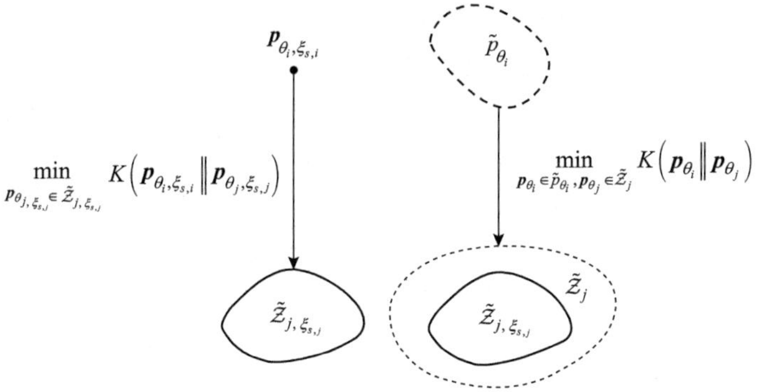

图 3.1 基于 Kullback-Leibler 散度的系统诊断能力评价的示意图

定义 3.2 给定系统模型(3.5)及$\boldsymbol{\xi}_{s,i}$，当且仅当$\boldsymbol{p}_{\theta_i,\xi_{s,i}} \notin \mathcal{Z}_{0,\xi_{s,0}}$时，故障时序$\boldsymbol{\theta}_i$是可检测的。

定义 3.3 给定系统模型(3.5)及已知的$\boldsymbol{\xi}_{s,i}$，故障时序$\boldsymbol{\theta}_i$与故障模式$\mathcal{F}_j$的可隔离性评价指标为

$$\mathcal{D}_{i,j}\left(\boldsymbol{\theta}_i,\boldsymbol{\xi}_{s,i},\boldsymbol{\xi}_{s,j}\right) = \min_{\boldsymbol{p}_{\theta_j,\xi_{s,j}} \in \mathcal{Z}_{j,\xi_{s,j}}} K\left(\boldsymbol{p}_{\theta_i,\xi_{s,i}} \middle\| \boldsymbol{p}_{\theta_j,\xi_{s,j}}\right) \tag{3.13}$$

其中，$K\left(\boldsymbol{p}_{\theta_i,\xi_{s,i}} \middle\| \boldsymbol{p}_{\theta_j,\xi_{s,j}}\right)$表示概率密度函数$\boldsymbol{p}_{\theta_i,\xi_{s,i}}$和$\boldsymbol{p}_{\theta_j,\xi_{s,j}}$之间的 Kullback-Leibler 散度。

上述定义仅能用于分析$\boldsymbol{\xi}_{s,i}$已知的情况。然而在实际运行中，航天器控制系统在未知输入项$\boldsymbol{\xi}_{s,i}$通常是未知的。此时，定义 3.1～定义 3.3 将不再适用。由式(3.11)、式(3.12)和图 3.1 可知，当系统中包含未知输入时，故障时序$\boldsymbol{\theta}_i$所对应的多重分布的概率密度函数不唯一，可用集合$\tilde{p}_{\theta_i}$表示。除此之外，由于未知输入的影响，用于表示对应于故障时序$\boldsymbol{\theta}_i$的所有系统动态特征的集合$\tilde{\mathcal{Z}}_{j,\xi_{s,i}}$由更大的集合$\tilde{\mathcal{Z}}_j$所取代。综上所述，给出适用于分析带有未知输入的控制系统的诊断能力评价的故障可靠可检测性和故障可靠可隔离性的定义如下。

定义 3.4 给定系统模型(3.5)，当且仅当$\tilde{p}_{\theta_i} \notin \tilde{\mathcal{Z}}_j$时，故障时序$\boldsymbol{\theta}_i$与故障模式$\mathcal{F}_j$是可靠可隔离的。

定义 3.5 给定系统模型(3.5)，当且仅当$\tilde{p}_{\theta_i} \notin \tilde{\mathcal{Z}}_0$时，故障时序$\boldsymbol{\theta}_i$是可靠可检测的。

注 3.2 定义 3.4 和定义 3.5 分别是定义 3.1 和定义 3.2 的充分条件，即若故障时序$\boldsymbol{\theta}_i$与故障模式$\mathcal{F}_j$是可靠可隔离的，则故障$\boldsymbol{\theta}_i$与故障模式$\mathcal{F}_j$是可隔离的；同理，若故障时序$\boldsymbol{\theta}_i$是可靠可检测的，则该故障是可检测的。

相比于定义 3.1 和定义 3.2，定义 3.4 和定义 3.5 将未知输入的影响纳入可诊断性判别的标准中，直观地反映出未知输入对可诊断性的影响。自然地，考虑利用集合 $\tilde{p}_{\theta_i}$ 与集合 $\tilde{\mathcal{Z}}_j$ 之间的最小 Kullback-Leibler 散度量化带有未知输入的控制系统的故障检测性能和隔离性能。

定义 3.6 给定系统模型(3.5)，故障时序 $\boldsymbol{\theta}_i$ 与故障模式 $\mathcal{F}_j$ 的可隔离性评价指标为

$$\tilde{\mathcal{D}}_{i,j}(\boldsymbol{\theta}_i)=\min_{\boldsymbol{p}_{\theta_i}\in\tilde{p}_{\theta_i},\boldsymbol{p}_{\theta_j}\in\tilde{\mathcal{Z}}_j} K\left(\boldsymbol{p}_{\theta_i}\middle\|\boldsymbol{p}_{\theta_j}\right) \tag{3.14}$$

由上述分析可知，$\tilde{\mathcal{D}}_{i,j}(\boldsymbol{\theta}_i)$ 越大，表示故障时序 $\boldsymbol{\theta}_i$ 与故障模式 $\mathcal{F}_j$ 之间的隔离难度越小。值得一提的是，$\tilde{\mathcal{D}}_{i,j}(\boldsymbol{\theta}_i)$ 考虑的是将故障时序 $\boldsymbol{\theta}_i$ 从故障模式 $\mathcal{F}_j$ 中隔离的最坏情况，即表示的是隔离的最大难度。

命题 3.1 故障时序 $\boldsymbol{\theta}_i$ 与故障模式 $\mathcal{F}_j$ 是可靠可隔离的充分必要条件是 $\tilde{\mathcal{D}}_{i,j}(\boldsymbol{\theta}_i)>0$；故障时序 $\boldsymbol{\theta}_i$ 是可靠可检测的充分必要条件是 $\tilde{\mathcal{D}}_{i,0}(\boldsymbol{\theta}_i)>0$。

为了更清楚地阐述本节所研究内容与已有工作的区别，给出基于 Kullback-Leibler 散度的系统诊断能力评价的示意图(图 3.1)。

2. 考虑未知输入的诊断能力评价指标的计算与优化

为了简化分析，不失一般性，设干扰向量 $\boldsymbol{N}_H\boldsymbol{E}\boldsymbol{e}_s$ 的方差矩阵 $\boldsymbol{\sigma}_e=\boldsymbol{N}_H\boldsymbol{E}\boldsymbol{\Lambda}_e\boldsymbol{E}^{\mathrm{T}}\boldsymbol{N}_H^{\mathrm{T}}=\boldsymbol{I}$。根据文献[59]，由式(3.14)可得

$$\begin{aligned}\tilde{\mathcal{D}}_{i,j}(\boldsymbol{\theta}_i)&=\min_{\boldsymbol{p}_{\theta_i}\in\tilde{p}_{\theta_i},\boldsymbol{p}_{\theta_j}\in\tilde{\mathcal{Z}}_j} K\left(\boldsymbol{p}_{\theta_i}\middle\|\boldsymbol{p}_{\theta_j}\right)\\&=\min_{\boldsymbol{\theta}_j\in\Theta_j,\boldsymbol{\xi}_{s,i}\in\Xi_i,\boldsymbol{\xi}_{s,j}\in\Xi_j}\frac{1}{2}\left\|\boldsymbol{N}_H\left[\boldsymbol{F}_i\boldsymbol{\theta}_i-\boldsymbol{F}_j\boldsymbol{\theta}_j+\boldsymbol{\Lambda}\left(\xi_{s,i}-\xi_{s,j}\right)\right]\right\|^2\end{aligned} \tag{3.15}$$

由式(3.1)、式(3.15)与假设 3.2，控制系统的诊断能力评价问题可等价地转换为优化问题：

$$\begin{aligned}&\min_{\boldsymbol{\theta}_j,\xi_{s,i,j}}\frac{1}{2}\left\|\boldsymbol{N}_H\left(\boldsymbol{F}_i\boldsymbol{\theta}_i-\boldsymbol{F}_j\boldsymbol{\theta}_j+\boldsymbol{\Lambda}\boldsymbol{\xi}_{s,i,j}\right)\right\|^2\\&\text{s.t. }\left\|\xi_{c,l}(m)\right\|\leqslant\bar{\delta}_c,\left\|\xi_{o,l}(m)\right\|\leqslant\bar{\delta}_o,\quad l=i,j;m=t-s+1,\cdots,t\end{aligned} \tag{3.16}$$

其中，$\xi_{s,i,j}=\xi_{s,i}-\xi_{s,j}$。

为了将该优化问题进行简化，首先给出引理 3.1。

引理 3.1 假设存在映射 $f:D\to\mathbf{R}$ 在封闭集 $D\subset\mathbf{R}^m\times\mathbf{R}^n$ 上连续，则 $\min\limits_x\min\limits_y f(x,y)\equiv\min\limits_{(x,y)\in D}f(x,y)$ 成立。

该结论的证明比较直观，在此将不再赘述。□

根据式(3.15)和引理 3.1，可得

$$
\begin{aligned}
\tilde{\mathcal{D}}_{i,j}(\boldsymbol{\theta}_i) &= \min_{\boldsymbol{\theta}_j\in\Theta_j,\xi_{s,i}\in\Xi_i,\xi_{s,j}\in\Xi_j} \frac{1}{2}\left\|\boldsymbol{N}_H\left[\boldsymbol{F}_i\boldsymbol{\theta}_i - \boldsymbol{F}_j\boldsymbol{\theta}_j + \boldsymbol{\Lambda}\left(\xi_{s,i}-\xi_{s,j}\right)\right]\right\|^2 \\
&= \min_{\xi_{s,i,j}\in\Xi_{i,j}}\left[\min_{\boldsymbol{\theta}_j\in\Theta_j}\frac{1}{2}\left\|\boldsymbol{N}_H\left(\boldsymbol{F}_i\boldsymbol{\theta}_i - \boldsymbol{F}_j\boldsymbol{\theta}_j + \boldsymbol{\Lambda}\boldsymbol{\xi}_{s,i,j}\right)\right\|^2\right] \\
&= \min_{\xi_{s,i,j}\in\Xi_{i,j}}\frac{1}{2}\left\|\boldsymbol{S}_{[H\quad F_j]}\left(\boldsymbol{F}_i\boldsymbol{\theta}_i + \boldsymbol{\Lambda}\boldsymbol{\xi}_{s,i,j}\right)\right\|^2
\end{aligned}
\tag{3.17}
$$

其中，$\boldsymbol{S}_{[H\quad F_j]} = \boldsymbol{N}_H - \boldsymbol{N}_H\boldsymbol{F}_j\left(\boldsymbol{N}_H\boldsymbol{F}_j\right)^+\boldsymbol{N}_H$，$\Xi_{i,j} = \Xi_i \ominus \Xi_j$，$\ominus$ 表示闵可夫斯基差。

$\boldsymbol{\xi}_{s,i}$ 与 $\boldsymbol{\xi}_{s,j}$ 仅表示不同故障模式下的未知输入。因此，两者的约束条件相同。基于此，可以对式(3.16)进行进一步简化：

$$
\begin{aligned}
&\min_{\xi_{s,i}}\frac{1}{2}\left\|\boldsymbol{S}_{[H\quad F_j]}\left(\boldsymbol{F}_i\boldsymbol{\theta}_i + 2\boldsymbol{\Lambda}\boldsymbol{\xi}_{s,i}\right)\right\|^2 \\
&\text{s.t.}\ \left\|\xi_{c,i}(m)\right\| \leqslant \bar{\delta}_c, \left\|\xi_{o,i}(m)\right\| \leqslant \bar{\delta}_o, \quad m = t-s+1,\cdots,t
\end{aligned}
\tag{3.18}
$$

通过与式(3.16)对比可知，利用式(3.18)计算系统的诊断能力评价值 $\tilde{\mathcal{D}}_{i,j}(\boldsymbol{\theta}_i)$，可以将待确定参数的个数由 $\left[2\left(l_x+l_y\right)+1\right]s$ 变为 $\left(l_x+l_y\right)s$，大大提升了评价方法的实用性。

注 3.3　所提出的诊断能力评价值计算式(3.18)是一个标准的非线性规划问题，可以通过多种已有的优化方法直接求解，如内点法[60]等。

注 3.4　当 $\boldsymbol{\xi}_s$ 恒等于零，即系统不包含未知输入时，诊断能力评价值 $\tilde{\mathcal{D}}_{i,j}(\boldsymbol{\theta}_i)$ 可退化为文献[8]所提的可分辨性指标。因此，相比于已有可诊断性指标，所提指标更具适用性。

接下来，给出可靠可隔离(可靠可检测)的充分条件。

定理 3.1　给定系统模型(3.5)，若未知输入的范数界 $\bar{\delta}_c$ 和 $\bar{\delta}_o$ 满足不等式：

$$
\sqrt{s\left(\bar{\delta}_c^2+\bar{\delta}_o^2\right)} < \left\|\left(2\boldsymbol{S}_{[H\quad F_j]}\boldsymbol{\Lambda}\right)^+\boldsymbol{S}_{[H\quad F_j]}\boldsymbol{F}_i\boldsymbol{\theta}_i\right\|
\tag{3.19}
$$

则故障时序 $\boldsymbol{\theta}_i$ 与故障模式 $\mathcal{F}_j$ 是可靠可隔离的。

证明　由命题 3.1 可知，当 $\tilde{\mathcal{D}}_{i,j}(\boldsymbol{\theta}_i)=0$ 时，故障时序 $\boldsymbol{\theta}_i$ 与故障模式 $\mathcal{F}_j$ 不是可靠可隔离的。自然地，可以通过利用满足 $\tilde{\mathcal{D}}_{i,j}(\boldsymbol{\theta}_i)=0$ 的未知输入的范数界 $\bar{\delta}_c$ 和 $\bar{\delta}_o$

来分析可靠可隔离的充分条件。由于式(3.5)中的矩阵 $\boldsymbol{\Lambda}$ 是行满秩矩阵，则可得到

$$\operatorname{rank}(2\boldsymbol{\Lambda}) = \operatorname{rank}\left(\begin{bmatrix} 2\boldsymbol{\Lambda} & -\boldsymbol{F}_i\boldsymbol{\theta}_i \end{bmatrix}\right) \tag{3.20}$$

由此可知，方程 $2\boldsymbol{S}_{[H\ \ F_j]}\boldsymbol{\Lambda}\boldsymbol{\xi}_s^i = -\boldsymbol{S}_{[H\ \ F_j]}\boldsymbol{F}_i\boldsymbol{\theta}$ 有解。根据文献[61]，得到该方程的最小范数解

$$\left\|\boldsymbol{\xi}_{\min}^{i\to j}\right\| = \min_{\boldsymbol{\xi}_{s,i}\in\mathcal{S}}\left\|\boldsymbol{\xi}_{s,i}\right\| \tag{3.21}$$

其中

$$\begin{aligned} \mathcal{S} &= \left\{\boldsymbol{\xi}_{s,i} \in \mathbf{R}^{(l_x+l_y)s} \left| \frac{1}{2}\left\|\boldsymbol{S}_{[H\ \ F_j]}\left(\boldsymbol{F}_i\boldsymbol{\theta}_i + 2\boldsymbol{\Lambda}\boldsymbol{\xi}_{s,i}\right)\right\|^2 = 0 \right.\right\} \\ \boldsymbol{\xi}_{\min}^{i\to j} &= -\left(2\boldsymbol{S}_{[H\ \ F_j]}\boldsymbol{\Lambda}\right)^{+}\boldsymbol{S}_{[H\ \ F_j]}\boldsymbol{F}_i\boldsymbol{\theta}_i \end{aligned} \tag{3.22}$$

由式(3.21)可知，当实际未知输入的范数界 $\left\|\boldsymbol{\xi}_{s,i}\right\|$ 小于使得 $\tilde{\mathcal{D}}_{i,j}(\boldsymbol{\theta}_i)=0$ 成立所需未知输入最小范数界，即 $\left\|\boldsymbol{\xi}_{s,i}\right\| < \left\|\boldsymbol{\xi}_{\min}^{i\to j}\right\|$ 时，必有 $\tilde{\mathcal{D}}_{i,j}(\boldsymbol{\theta}_i) > 0$。另外，由式(3.5)可得 $\max\left\|\boldsymbol{\xi}_s^i\right\| = \sqrt{s\left(d_c^2 + d_o^2\right)} < \left\|\boldsymbol{\xi}_{\min}^{i\to j}\right\|$。因此，由式(3.21)可知，当满足 $\sqrt{s\left(\overline{\delta}_c^2 + \overline{\delta}_o^2\right)} < \left\|\left(2\boldsymbol{S}_{[H\ \ F_j]}\boldsymbol{\Lambda}\right)^{+}\boldsymbol{S}_{[H\ \ F_j]}\boldsymbol{F}_i\boldsymbol{\theta}_i\right\|$ 时，$\tilde{\mathcal{D}}_{i,j}(\boldsymbol{\theta}_i) > 0$。得证。□

根据定理 3.1，从故障时序的角度进一步对故障的可靠可隔离的充分条件进行分析。

定理 3.2 给定系统模型(3.5)，若故障时序 $\boldsymbol{\theta}_i$ 满足

$$\frac{\sqrt{s\left(\overline{\delta}_c^2 + \overline{\delta}_o^2\right)}}{\sigma_{\min}\left(\left(2\boldsymbol{S}_{[H\ \ F_j]}\boldsymbol{\Lambda}\right)^{+}\boldsymbol{S}_{[H\ \ F_j]}\boldsymbol{F}_i\right)} < \left\|\boldsymbol{\theta}_i\right\| \tag{3.23}$$

则故障时序 $\boldsymbol{\theta}_i$ 与故障模式 $\mathcal{F}_j$ 是可靠可隔离的。

证明 易证

$$\left\|\left(2\boldsymbol{S}_{[H\ \ F_j]}\boldsymbol{\Lambda}\right)^{+}\boldsymbol{S}_{[H\ \ F_j]}\boldsymbol{F}_i\boldsymbol{\theta}_i\right\| \geqslant \sigma_{\min}\left(\left(2\boldsymbol{S}_{[H\ \ F_j]}\boldsymbol{\Lambda}\right)^{+}\boldsymbol{S}_{[H\ \ F_j]}\boldsymbol{F}_i\right)\left\|\boldsymbol{\theta}_i\right\| \tag{3.24}$$

成立，其中 $\sigma_{\min}(\cdot)$ 表示矩阵的最小奇异值。当式(3.23)成立时，根据式(3.24)与定理 3.1，不难证明此时故障时序 $\boldsymbol{\theta}_i$ 与故障模式 $\mathcal{F}_j$ 是可靠可隔离的。□

3. 扰动率

式(3.14)中的评价指标 $\tilde{\mathcal{D}}_{i,j}(\boldsymbol{\theta}_i)$ 仅从宏观上量化在未知输入影响下的系统对故障的诊断能力，而无法细致地反映未知输入变化时系统诊断能力的变化趋势，即航天器控制系统可诊断性对于未知输入的鲁棒性。不同的未知输入会对系统可诊断性产生不同的影响，为了更精确地反映未知输入对诊断性能的影响，提出扰动率的定义。

定义 3.7　给定系统模型(3.5)，故障时序 $\boldsymbol{\theta}_i$ 与故障模式 $\mathcal{F}_j$ 的扰动率为

$$\text{Ratio}_{i,j}(\boldsymbol{\theta}_i)=\begin{cases}\dfrac{\tilde{\mathcal{D}}_{i,j}^{*}(\boldsymbol{\theta}_i)-\tilde{\mathcal{D}}_{i,j}(\boldsymbol{\theta}_i)}{\tilde{\mathcal{D}}_{i,j}^{*}(\boldsymbol{\theta}_i)}, & \tilde{\mathcal{D}}_{i,j}^{*}(\boldsymbol{\theta}_i)\neq 0\\[2ex] 1, & \tilde{\mathcal{D}}_{i,j}^{*}(\boldsymbol{\theta}_i)=0\end{cases} \tag{3.25}$$

其中，$\tilde{\mathcal{D}}_{i,j}^{*}(\boldsymbol{\theta}_i)=\dfrac{1}{2}\left\|\boldsymbol{S}_{[H\quad F_j]}\boldsymbol{F}_i\boldsymbol{\theta}_i\right\|^2$ 表示理想状况下(不考虑未知输入影响时)系统的诊断能力评价值。

由式(3.25)可知，$\text{Ratio}_{i,j}(\boldsymbol{\theta}_i)\in[0,1]$，扰动率越大，表示未知输入对诊断性能的影响越大。特别地，当 $\text{Ratio}_{i,j}(\boldsymbol{\theta}_i)=0$ 时，诊断性能不受未知输入影响；当 $\text{Ratio}_{i,j}(\boldsymbol{\theta}_i)=1$ 时，故障时序 $\boldsymbol{\theta}_i$ 与故障模式 $\mathcal{F}_j$ 不是可靠可隔离的。

3.2.4　仿真算例

本节以文献[47]中红外地球敏感器+陀螺仪为例，对所提评价方法的有效性进行分析。给出系统 y 轴的离散状态空间模型：

$$\begin{bmatrix}\theta(t+1)\\ d_y(t+1)\\ b_y(t+1)\end{bmatrix}=\begin{bmatrix}1 & -\mathrm{d}t & -\mathrm{d}t\\ 0 & 1-\dfrac{1}{\tau_y}\mathrm{d}t & 0\\ 0 & 0 & 1\end{bmatrix}\begin{bmatrix}\theta(t)\\ d_y(t)\\ b_y(t)\end{bmatrix}+\begin{bmatrix}\mathrm{d}t & 0 & 0\\ 0 & \mathrm{d}t & 0\\ 0 & 0 & \mathrm{d}t\end{bmatrix}\begin{bmatrix}\omega_0+g_y\\ 0\\ 0\end{bmatrix}$$

$$+\begin{bmatrix}\mathrm{d}t & 0\\ 0 & 0\\ 0 & 0\end{bmatrix}\begin{bmatrix}f_1(t)\\ f_2(t)\end{bmatrix}+\begin{bmatrix}1 & 0 & 0\\ 0 & 1 & 0\\ 0 & 0 & 1\end{bmatrix}\begin{bmatrix}n_y(t)\\ n_{d_y}(t)\\ n_{b_y}(t)\end{bmatrix}+\begin{bmatrix}\xi_1(t)\\ \xi_2(t)\\ \xi_3(t)\end{bmatrix} \tag{3.26}$$

$$\theta(t)=\begin{bmatrix}1 & 0 & 0\end{bmatrix}\begin{bmatrix}\theta(t)\\ d_y(t)\\ b_y(t)\end{bmatrix}+\begin{bmatrix}0 & 1\\ 0 & 0\\ 0 & 0\end{bmatrix}\begin{bmatrix}f_1(t)\\ f_2(t)\end{bmatrix}+[1]n_\theta(t)+\xi_4(t)$$

其中，θ、ω_0、g_y、d_y、b_y 和 τ_y 分别表示卫星的姿态角、轨道角速度、陀螺仪的输出、指数相关漂移、常值漂移和时间常数；$\xi_i(i=1,2,3,4)$ 表示陀螺仪和红外地球敏感器的未知输入；$n_y(t)$、$n_{d_y}(t)$、$n_{b_y}(t)$ 和 $n_\theta(t)$ 表示噪声；$f_1(t)$ 和 $f_2(t)$ 分别表示陀螺仪与敏感器的故障；$\mathrm{d}t$ 为采样时间间隔。

令采样时间间隔 $\mathrm{d}t=0.1\mathrm{s}$，陀螺仪的时间常数为 $\tau_y=\dfrac{1}{11}$，卫星轨道角速度为 $\omega_0=0.06\mathrm{rad/s}$；假设噪声向量为独立同分布的高斯噪声向量，且满足：$n_y(t)\sim\mathcal{N}\left(0,10^{-6}\right)$，$n_{d_y}(t)\sim\mathcal{N}\left(0,10^{-4}\right)$，$n_{b_y}(t)\sim\mathcal{N}\left(0,10^{-5}\right)$，$n_\theta(t)\sim\mathcal{N}\left(0,10^{-4}\right)$。考虑时间窗口长度为 $s=5$，故障时序为 $\boldsymbol{\theta}_i=\left[0.1,0,0.1,0,0.1\right]^{\mathrm{T}}$，$i=1,2$，未知输入的范数界为 $\bar{\delta}_c=\bar{\delta}_o=5\times10^{-4}$，可得到该系统的可检测性与可隔离性的评价结果与所对应的扰动率如表 3.3 和表 3.4 所示。

表 3.3　$s=5$、$\boldsymbol{\theta}_i=\left[0.1,0,0.1,0,0.1\right]^{\mathrm{T}}$ 时系统(3.26)的诊断能力评价结果 $\tilde{\mathcal{D}}_{i,j}\left(\boldsymbol{\theta}_i\right)$

$\boldsymbol{\theta}_i$	$\tilde{\mathcal{D}}_{i,j}\left(\boldsymbol{\theta}_i\right)$		
	$\mathcal{F}_0$	$\mathcal{F}_1$	$\mathcal{F}_2$
$\boldsymbol{\theta}_1$	0.0683	0	0
$\boldsymbol{\theta}_2$	33.922	0	0

表 3.4　$s=5$、$\boldsymbol{\theta}_i=\left[0.1,0,0.1,0,0.1\right]^{\mathrm{T}}$ 时系统(3.26)的扰动率 $\mathrm{Ratio}_{i,j}\left(\boldsymbol{\theta}_i\right)$

$\boldsymbol{\theta}_i$	$\mathrm{Ratio}_{i,j}\left(\boldsymbol{\theta}_i\right)$		
	$\mathcal{F}_0$	$\mathcal{F}_1$	$\mathcal{F}_2$
$\boldsymbol{\theta}_1$	0.270	1	1
$\boldsymbol{\theta}_2$	0.094	1	1

由表 3.3 可知，$\tilde{\mathcal{D}}_{1,0}\left(\boldsymbol{\theta}_1\right)=0.0683\ll\tilde{\mathcal{D}}_{2,0}\left(\boldsymbol{\theta}_2\right)=33.922$，即系统(3.26)中敏感器故障的检测难度远小于检测陀螺仪故障的难度。由于所考虑的系统为单输出系统，因此可检测故障时序 $\boldsymbol{\theta}_1$ 与故障时序 $\boldsymbol{\theta}_2$ 是相互不可隔离的，即 $\tilde{\mathcal{D}}_{1,2}\left(\boldsymbol{\theta}_1\right)=\tilde{\mathcal{D}}_{2,1}\left(\boldsymbol{\theta}_2\right)=0$。由表 3.4 可知，$\mathrm{Ratio}_{1,0}\left(\boldsymbol{\theta}_1\right)=0.270>0.094=\mathrm{Ratio}_{2,0}\left(\boldsymbol{\theta}_2\right)$，未知输入对系统检测故障时序 $\boldsymbol{\theta}_2$ 的能力的影响小于检测故障时序 $\boldsymbol{\theta}_1$ 的影响。

为了进一步分析未知输入对系统可诊断性的影响，在其余参数不变的情况下，令 $\bar{\delta}_c=\bar{\delta}_o\in[0,0.001]$，给出随着未知输入范数界的变化，不同未知输入范数界下的可检测性评价值如图 3.2 所示。图中 $\tilde{\mathcal{D}}_{i,0}^{e}\left(\boldsymbol{\theta}_i\right)$ 表示已有的可检测性评价指标。

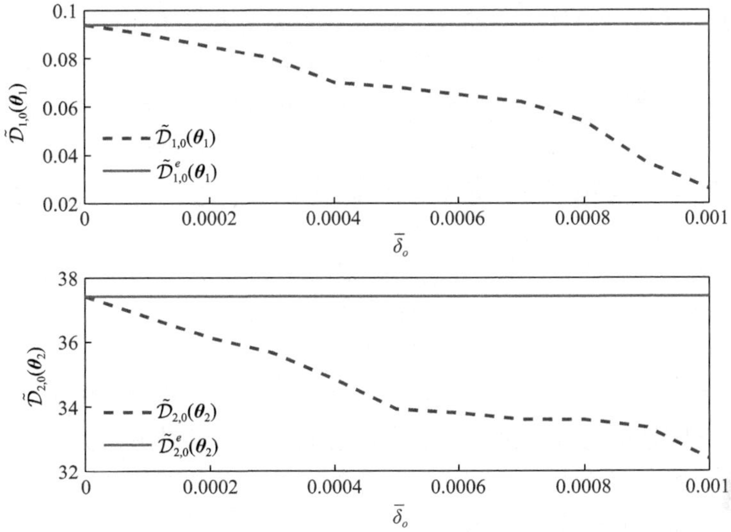

图 3.2　不同未知输入范数界下的可检测性评价值

由图3.2可以看出,随着未知输入范数界的不断变大,所提出评价指标 $\tilde{\mathcal{D}}_{i,j}(\boldsymbol{\theta}_i)$ 不断减小，意味着故障的检测难度不断增大。另外，通过对比可知，已有评价指标不随着未知输入的变化而改变，即无法有效地反映出未知输入的影响，这也证明了所提指标的优越性。相似地，在其余参数不变的情况下，给出不同未知输入范数界下的扰动率如图 3.3 所示。

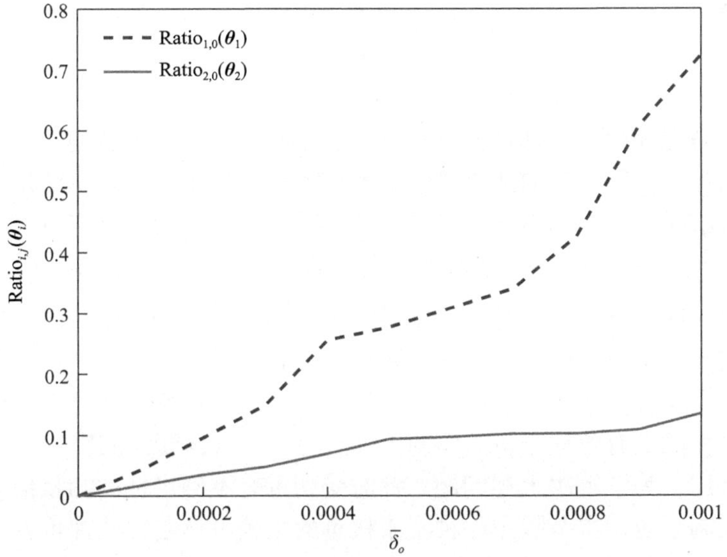

图 3.3　不同未知输入范数界下的扰动率

由图 3.3 可知，随着未知输入范数界的不断增大，未知输入对故障诊断性能的影响也不断增加。通过对比两者的变化趋势可以看出，从故障诊断性能的角度考虑，相对于陀螺仪，敏感器对未知输入具有更强的鲁棒性。

3.3　测量受限条件下系统诊断能力量化方法

3.2 节给出了未知输入影响下系统可诊断性理论并分析了未知输入对系统可诊断性的影响，大大增加了评价结果的准确性，使设计者能够获取并利用更多的系统信息，从而能够更好地设计并优化系统。由之前的分析结果可知，系统对故障的诊断性能与所用的已知信息量直接相关。在诊断过程中，随着所用信息量的不断增加，诊断性能也会增强。然而，在已有的可诊断性分析方法中，没有考虑测量受限的情况。实质上，跟踪目标的高机动性、意外的传感器故障、未知的环境干扰、网络堵塞和数据传输延迟等，会造成测量信息的丢失[62-65]，导致诊断系统无法全面、连续、准确地获取测量信息。由于故障诊断系统对测量信息的依赖性，这种测量受限的现象极大地提升了故障诊断的难度。例如，当信息丢失概率较大，且可用传感器的数量不足以消除其带来的影响时，诊断系统将因为无法接收到足够的信息而导致诊断结果不准确。一方面，为了保证在信息丢失的干扰下诊断系统仍然保证其诊断性能维持在可接受的范围，需要对航天器控制系统的传感器布置进行优化；另一方面，作为衡量航天器控制系统故障诊断性能的指标，系统诊断能力评价结果可以为优化传感器布置提供理论依据。因此，如何针对不同信息情况给出相应的诊断能力评价结果，以此选取合适的测点从而更有效地抑制信息丢失的影响，成为系统设计中一个亟待解决的问题。

如上所述，信息丢失不可避免地会影响故障诊断系统的性能。然而，大多数研究并没有考虑如何量化地评价信息丢失发生时系统的诊断性能。信息丢失现象通常可用满足伯努利分布的随机变量 ξ 表示[66,67]。令 $\xi(t)=0$ 表示测量信息在 k 时刻丢失，而 $\xi(t)=1$ 表示该时刻系统未发生信息丢失的情况。已有成果仅能用于分析测量信息丢失的两个情况：①测量信息完全丢失，即 $\text{Prob}\{\xi(t)=0\}=1$；②测量信息未丢失，即 $\text{Prob}\{\xi(t)=1\}=1$。除此之外，由文献[68]可知，测量信息丢失的概率也可能包含不确定因素，使得故障诊断的难度进一步增大，这就需要对测量信息丢失的影响进行分析。只有明确了测量信息丢失概率变化时系统诊断能力的变化趋势，才能更有效地分析其中的不确定性对于可诊断性的影响。

综上所述，为了解决上述问题，针对受到带有不确定性的测量信息丢失影响的航天器控制系统，本节提出一种基于权重的系统可诊断性的评价方法。首先，根据 3.2 节中提出的优化模型，给出了基于权重的系统可诊断性的评价方法；其次，根据已知的不确定丢失概率界，给出以区间表示的诊断能力评价指标；再次，为了降低评价过程中所需计算量，进一步增加所提方法的有效性，给出了近似的诊断能力评价指标；除此之外，为了量化不确定丢失概率对可诊断性的影响，提出不确定性率的定义；最后，通过仿真实例验证评价方法的有效性。

3.3.1　问题描述

考虑如下动态系统的离散状态空间模型：

$$\begin{cases} \boldsymbol{x}(t+1)=\boldsymbol{A}\boldsymbol{x}(t)+\boldsymbol{B}_u\boldsymbol{u}(t)+\boldsymbol{B}_f\boldsymbol{f}(t)+\boldsymbol{B}_w\boldsymbol{w}(t) \\ \boldsymbol{y}_p(t)=\boldsymbol{C}\boldsymbol{x}(t)+\boldsymbol{D}_u\boldsymbol{u}(t)+\boldsymbol{D}_f\boldsymbol{f}(t)+\boldsymbol{D}_v\boldsymbol{v}(t) \end{cases} \tag{3.27}$$

其中，$\boldsymbol{x}\in\mathbf{R}^{l_x}$、$\boldsymbol{u}\in\mathbf{R}^{l_u}$、$\boldsymbol{y}_p\in\mathbf{R}^{l_y}$ 和 $\boldsymbol{f}\in\mathbf{R}^{l_f}$ 分别表示系统的状态向量、输入向量、输出向量和故障向量；$\boldsymbol{w}\in\mathbf{R}^{l_w}$ 和 $\boldsymbol{v}\in\mathbf{R}^{l_v}$ 表示噪声向量，并假设两者为均值为零、协方差矩阵分别为 $\boldsymbol{\Lambda}_w$ 和 $\boldsymbol{\Lambda}_v$ 的互不相关的高斯白噪声；矩阵 $\boldsymbol{A}$、$\boldsymbol{B}_u$、$\boldsymbol{B}_f$、$\boldsymbol{B}_w$、$\boldsymbol{C}$、$\boldsymbol{D}_u$、$\boldsymbol{D}_f$ 和 $\boldsymbol{D}_v$ 为具有合适维数的已知常数系数矩阵。

在实际运行过程中，由于间歇传感器故障的发生、噪声干扰的突然出现、传输数据的丢失或者网络的拥挤等，系统有可能会出现测量信息丢失的现象[69]。此时，在 t 时刻的测量值可以建模为[70-72]

$$\boldsymbol{y}(t)=\xi(t)\Big(\boldsymbol{C}\boldsymbol{x}(t)+\boldsymbol{D}_u\boldsymbol{u}(t)+\boldsymbol{D}_f\boldsymbol{f}(t)\Big)+\boldsymbol{D}_v\boldsymbol{v}(t) \tag{3.28}$$

其中，$\xi(t)\in\mathbf{R}$ 用于表示测量信息随机丢失的现象并服从伯努利分布，其分布律满足

$$\begin{cases} \text{Prob}\{\xi(t)=1\}=\pi+\Delta\pi \\ \text{Prob}\{\xi(t)=0\}=1-(\pi+\Delta\pi) \end{cases} \tag{3.29}$$

其中，$\pi+\Delta\pi\in[0,1]$，π 为已知标量，$\Delta\pi$ 表示测量信息随机丢失概率的不确定性，且满足 $|\Delta\pi|\leqslant\varepsilon$ 和 $\varepsilon\geqslant 0$。因此，信息丢失的概率为 $1-(\pi+\Delta\pi)$。

注 3.5　模型(3.27)和模型(3.28)也可以用来描述航天[73]和工业[74]等领域中出现的间断观测现象。

给出模型(3.27)和模型(3.28)的窗口长度为 s 的等效降阶模型：

$$\boldsymbol{y}_s-\boldsymbol{\varXi}\boldsymbol{U}\boldsymbol{u}_s=\boldsymbol{\varXi}\boldsymbol{H}\boldsymbol{x}(t-s+1)+\boldsymbol{\varXi}\boldsymbol{F}\boldsymbol{f}_s+\boldsymbol{E}\boldsymbol{e}_s \tag{3.30}$$

其中

$$\boldsymbol{y}_s=\left[\boldsymbol{y}^{\mathrm{T}}(t-s+1),\cdots,\boldsymbol{y}^{\mathrm{T}}(t)\right]^{\mathrm{T}}\in\mathbf{R}^{sl_y}，\quad \boldsymbol{u}_s=\left[\boldsymbol{u}^{\mathrm{T}}(t-s+1),\cdots,\boldsymbol{u}^{\mathrm{T}}(t)\right]^{\mathrm{T}}\in\mathbf{R}^{sl_u}$$

$$\boldsymbol{e}_s = \left[\boldsymbol{w}^{\mathrm{T}}(t-s+1),\cdots,\boldsymbol{w}^{\mathrm{T}}(t),\boldsymbol{v}^{\mathrm{T}}(t-s+1),\cdots,\boldsymbol{v}^{\mathrm{T}}(t)\right]^{\mathrm{T}} \in \mathbf{R}^{s(l_w+l_v)}$$

$$\boldsymbol{f}_s = \left[\boldsymbol{f}^{\mathrm{T}}(t-s+1),\cdots,\boldsymbol{f}^{\mathrm{T}}(t)\right]^{\mathrm{T}} \in \mathbf{R}^{sl_f}$$

$$\varXi = \mathrm{diag}\left(\xi(t-s+1)\boldsymbol{I}_{l_y},\cdots,\xi(t)\boldsymbol{I}_{l_y}\right) \in \mathbf{R}^{sl_y \times sl_y}$$

$$\boldsymbol{U} = \begin{bmatrix} \boldsymbol{D}_u & \boldsymbol{0} & \cdots & \boldsymbol{0} \\ \boldsymbol{C}\boldsymbol{B}_u & \boldsymbol{D}_u & \ddots & \boldsymbol{0} \\ \vdots & \ddots & \ddots & \vdots \\ \boldsymbol{C}\boldsymbol{A}^{s-2}\boldsymbol{B}_u & \cdots & \boldsymbol{C}\boldsymbol{B}_u & \boldsymbol{D}_u \end{bmatrix} \in \mathbf{R}^{sl_y \times sl_u}, \quad \boldsymbol{H} = \begin{bmatrix} \boldsymbol{C} \\ \boldsymbol{C}\boldsymbol{A} \\ \vdots \\ \boldsymbol{C}\boldsymbol{A}^{s-1} \end{bmatrix} \in \mathbf{R}^{sl_y \times l_x}$$

$$\boldsymbol{F} = \begin{bmatrix} \boldsymbol{D}_f & \boldsymbol{0} & \cdots & \boldsymbol{0} \\ \boldsymbol{C}\boldsymbol{B}_f & \boldsymbol{D}_f & \ddots & \boldsymbol{0} \\ \vdots & \ddots & \ddots & \vdots \\ \boldsymbol{C}\boldsymbol{A}^{s-2}\boldsymbol{B}_f & \cdots & \boldsymbol{C}\boldsymbol{B}_f & \boldsymbol{D}_f \end{bmatrix} \in \mathbf{R}^{sl_y \times sl_f}$$

$$\boldsymbol{E} = \left[\begin{array}{cccc|c} \boldsymbol{0} & \boldsymbol{0} & \cdots & \boldsymbol{0} & \\ \xi(t-s+2)\boldsymbol{C}\boldsymbol{B}_w & \boldsymbol{0} & \ddots & \vdots & \\ \vdots & \ddots & \ddots & \boldsymbol{0} & \boldsymbol{I}_s \otimes \boldsymbol{D}_v \\ \xi(t)\boldsymbol{C}\boldsymbol{A}^{s-2}\boldsymbol{B}_w & \cdots & \xi(t)\boldsymbol{C}\boldsymbol{B}_w & \boldsymbol{0} & \end{array}\right] \in \mathbf{R}^{sl_y \times s(l_w+l_v)}$$

$\boldsymbol{e}_s \sim \mathcal{N}(0,\boldsymbol{\varLambda}_e)$为均值为 0、协方差为$\boldsymbol{\varLambda}_e$的正态分布。

由于测量信息丢失现象的出现，除了系统噪声向量$\boldsymbol{e}_s$之外，等效降维滑动窗口模型(3.30)中还包含其余的未知变量，使得无法直接利用已有的方法分析该系统的可诊断性。除此之外，由于测量信息丢失中包含不确定因素，这也大大增加了分析的难度。因此，本节的重点主要在于提出一种适用于分析带有不确定测量信息丢失的控制系统的可诊断性分析方法，并对其计算方法进行优化。

3.3.2　考虑测量信息丢失的诊断能力评价方法

本节给出了适用于考虑测量信息丢失的可诊断性分析时所需的相关定义，并将权重的思想引入诊断能力评价，大大提高了评价结果的准确性。除此之外，为了量化测量信息丢失中的不确定性的影响，给出了用于代替已有的标量指标的区间形式的评价指标。

1. 未考虑测量信息丢失不确定性的诊断能力评价指标

首先，针对未考虑测量信息丢失不确定性的情况（$\Delta\pi=0$），对系统(3.27)的可诊断性进行分析。给出如下假设。

假设 3.3　$[\boldsymbol{H}\quad \boldsymbol{E}]$是行满秩矩阵。

若所有传感器的测量值都受到测量噪声的影响，则$\boldsymbol{D}_v$为行满秩，因此该假设在一般情况下均成立。

令$\boldsymbol{\varXi}_\gamma\left(\gamma=1,2,\cdots,2^s\right)$表示在时间区间$[t-s+1,t]$内测量信息丢失的第$\gamma$个情况；$\boldsymbol{N}_\gamma$表示第$\gamma$个情况下矩阵$\boldsymbol{\varXi}_\gamma\boldsymbol{H}$的左零空间的正交基，即$\boldsymbol{N}_\gamma\boldsymbol{\varXi}_\gamma\boldsymbol{H}=\boldsymbol{0}$；$\mathrm{Prob}\left\{\varXi=\varXi_\gamma\right\}=P_\gamma=\pi^{m_\gamma}(1-\pi)^{n_\gamma}$表示测量信息丢失的第$\gamma$个情况发生的概率，其中$m_\gamma$为矩阵$\boldsymbol{\varXi}_\gamma$中元素“1”的数量，$n_\gamma=s-m_\gamma$，$\forall\gamma$，且有$\sum\limits_{\gamma=1}^{2^s}P_\gamma=1$。因此，对于一个给定的$\gamma$，对式(3.30)的等式两边同时左乘$\boldsymbol{N}_\gamma$得到

$$\boldsymbol{N}_\gamma\boldsymbol{y}_s-\boldsymbol{N}_\gamma\boldsymbol{\varXi}_\gamma\boldsymbol{U}\boldsymbol{u}_s=\boldsymbol{N}_\gamma\boldsymbol{\varXi}_\gamma\boldsymbol{F}\boldsymbol{f}_s+\boldsymbol{N}_\gamma\boldsymbol{E}\boldsymbol{e}_s \tag{3.31}$$

其中，$\gamma=1,2,\cdots,2^s$。

相似地，给出系统的故障时序：

$$\boldsymbol{\theta}_i=\left[f_i(t-s+1),f_i(t-s+2),\cdots,f_i(t)\right]^{\mathrm{T}}\in\mathbf{R}^s \tag{3.32}$$

其中，$f_i(\varsigma)$表示向量$\boldsymbol{f}$在时刻ς的第i个元素。$i=0$表示无故障情况，此时有$\boldsymbol{\theta}_0\equiv\boldsymbol{0}$。

根据式(3.27)、式(3.31)和式(3.32)，对于给定的γ，系统发生第i个故障所对应的动态特性$\boldsymbol{N}_\gamma\boldsymbol{y}_s-\boldsymbol{N}_\gamma\boldsymbol{\varXi}_\gamma\boldsymbol{U}\boldsymbol{u}_s$服从均值为$\boldsymbol{N}_\gamma\boldsymbol{\varXi}_\gamma\boldsymbol{F}_i\boldsymbol{\theta}_i$、协方差矩阵为$\boldsymbol{\sigma}_e:=\boldsymbol{N}_\gamma\boldsymbol{E}\boldsymbol{\varLambda}_e\boldsymbol{E}^{\mathrm{T}}\boldsymbol{N}_\gamma^{\mathrm{T}}$的多维正态分布，即$\boldsymbol{N}_\gamma\boldsymbol{y}_s-\boldsymbol{N}_\gamma\boldsymbol{\varXi}_\gamma\boldsymbol{U}\boldsymbol{u}_s\sim\mathcal{N}\left(\boldsymbol{N}_\gamma\boldsymbol{\varXi}_\gamma\boldsymbol{F}_i\boldsymbol{\theta}_i,\boldsymbol{\sigma}_e\right)$。

令$\boldsymbol{p}_{\theta_i,\gamma}:=p\left(\boldsymbol{N}_\gamma\boldsymbol{y}_s-\boldsymbol{N}_\gamma\boldsymbol{\varXi}_\gamma\boldsymbol{U}\boldsymbol{u}_s;\boldsymbol{N}_\gamma\boldsymbol{\varXi}_\gamma\boldsymbol{F}_i\boldsymbol{\theta}_i\right)$表示该多维正态分布$\boldsymbol{N}_\gamma\boldsymbol{y}_s-\boldsymbol{N}_\gamma\boldsymbol{\varXi}_\gamma\boldsymbol{U}\boldsymbol{u}_s$的多维概率密度函数，并定义对应于故障模式$\mathcal{F}_i$的多维概率密度函数的集合为$\mathcal{Z}_i=\left\{\boldsymbol{p}_{\theta_i,\gamma}\middle|\forall\boldsymbol{\theta}_i\in\Theta_i\right\}$。

为了简化分析，根据假设 3.3，对$\boldsymbol{\sigma}_e$进行楚列斯基(Cholesky)分解，可得

$$\boldsymbol{\sigma}_e=\boldsymbol{\varGamma}\boldsymbol{\varGamma}^{\mathrm{T}} \tag{3.33}$$

考虑故障 f_i 的情况，由式(3.31)可得

$$\boldsymbol{\Gamma}^{-1}\boldsymbol{N}_\gamma \boldsymbol{y}_s - \boldsymbol{\Gamma}^{-1}\boldsymbol{N}_\gamma \boldsymbol{\Xi}_\gamma \boldsymbol{U}\boldsymbol{u}_s = \boldsymbol{\Gamma}^{-1}\boldsymbol{N}_\gamma \boldsymbol{\Xi}_\gamma \boldsymbol{F}_i\boldsymbol{\theta}_i + \boldsymbol{\Gamma}^{-1}\boldsymbol{N}_\gamma \boldsymbol{E}\boldsymbol{e}_s \tag{3.34}$$

此时有 $\boldsymbol{p}_{\theta_i,\gamma} := p\left(\boldsymbol{z}_s;\boldsymbol{\Gamma}^{-1}\boldsymbol{N}_\gamma \boldsymbol{\Xi}_\gamma \boldsymbol{F}_i\boldsymbol{\theta}_i\right)$，其中，$\boldsymbol{z}_s := \boldsymbol{\Gamma}^{-1}\boldsymbol{N}_\gamma \boldsymbol{y}_s - \boldsymbol{\Gamma}^{-1}\boldsymbol{N}_\gamma \boldsymbol{\Xi}_\gamma \boldsymbol{U}\boldsymbol{u}_s$，且有 $\boldsymbol{z}_s \sim \mathcal{N}\left(\boldsymbol{\Gamma}^{-1}\boldsymbol{N}_\gamma \boldsymbol{\Xi}_\gamma \boldsymbol{F}_i\boldsymbol{\theta}_i, \boldsymbol{I}\right)$。

由于已有的系统可检测性与可隔离性的定义仅考虑了噪声的随机特性，已有定义已不再适用于本节所研究的内容。鉴于此，给出如下定义。

定义 3.8　给定系统模型(3.34)，当且仅当存在 γ，使得 $\boldsymbol{p}_{\theta_i,\gamma} \notin \mathcal{Z}_0$ 且 $P_\gamma \neq 0$ 时，故障时序 $\boldsymbol{\theta}_i$ 是可检测的。

定义 3.9　给定系统模型(3.34)，当且仅当存在 γ，使得 $\boldsymbol{p}_{\theta_i,\gamma} \notin \mathcal{Z}_j$ 且 $P_\gamma \neq 0$ 时，故障时序 $\boldsymbol{\theta}_i$ 与故障模式 $\mathcal{F}_j$ 是可隔离的。

根据之前的分析，两个不同故障所对应的系统动态特性差异越大，则越容易对两者进行隔离。因此，可以利用 Kullback-Leibler 散度等指标度量系统不同情况下动态特性的相似程度，从而达到量化系统可诊断性的目的，这同时也是已有文献中的基本思想。然而，由于降维滑动窗口模型(3.30)中随机矩阵 $\boldsymbol{\Xi}_\gamma$ 与 $\boldsymbol{E}$ 的存在，已有方法不再适用。由模型(3.27)和模型(3.28)可知，在不考虑信息丢失概率存在不确定性的情况下，测量信息丢失满足已知的伯努利分布。另外，不同的信息丢失现象会对系统可诊断性产生不同的影响。因此，自然地想到，可以根据加权的思想，利用不同测量信息丢失时系统诊断能力评价值的权重和来描述该系统的可诊断性。给出带有权重因子的诊断能力评价指标如下所示。

定义 3.10　给定系统模型(3.34)及 $\Delta\pi = 0$，故障时序 $\boldsymbol{\theta}_i$ 与故障模式 $\mathcal{F}_j$ 的可隔离性评价指标为

$$\mathcal{D}_{i,j}\left(\boldsymbol{\theta}_i\right) = \sum_{\gamma=1}^{2^s} P_\gamma \min_{\boldsymbol{p}_{\theta_j,\gamma} \in \mathcal{Z}_j} K\left(\boldsymbol{p}_{\theta_i,\gamma} \middle\| \boldsymbol{p}_{\theta_j,\gamma}\right) \tag{3.35}$$

$\mathcal{D}_{i,j}\left(\boldsymbol{\theta}_i\right)$ 越小表示故障时序 $\boldsymbol{\theta}_i$ 与故障模式 $\mathcal{F}_j$ 隔离的难度越大。

注 3.6　所提出的可隔离性指标(3.35)可同时用于量化评价系统的故障可检测性($\boldsymbol{\theta}_j(t) = 0, \forall t$)与可隔离性。

根据式(3.34)和式(3.35)可得

$$\mathcal{D}_{i,j}\left(\boldsymbol{\theta}_i\right)=\sum_{\gamma=1}^{2^s}P_\gamma\min_{\boldsymbol{\theta}_j\in\Theta_j}\frac{1}{2}\left\|\boldsymbol{\Gamma}^{-1}\boldsymbol{N}_\gamma\boldsymbol{\Xi}_\gamma\left(\boldsymbol{F}_i\boldsymbol{\theta}_i-\boldsymbol{F}_j\boldsymbol{\theta}_j\right)\right\|^2 \tag{3.36}$$

其中，$\mathcal{D}_{i,j}\left(\boldsymbol{\theta}_i\right)\geqslant 0,\forall\boldsymbol{\theta}_i$。

注 3.7　根据定义 3.8～定义 3.10，与文献[8]中的故障可检测性、可隔离性以及诊断能力评价指标定义不同，本节所提出的定义有效地反映了测量信息丢失的情况。特别地，当信息丢失概率为 0，即 $P_\gamma=\begin{cases}1, & \gamma=\gamma^*\\0, & \gamma\neq\gamma^*\end{cases}$，$\boldsymbol{\Xi}_{\gamma^*}=\boldsymbol{I}$，定义 3.8～定义 3.10 可分别退化为文献[8]中故障可检测性、可隔离性和诊断能力评价指标的定义。此时，所提出的诊断能力评价指标 $\mathcal{D}_{i,j}\left(\boldsymbol{\theta}_i\right)$ 与已有的评价指标 $\mathcal{D}_{i,j}^e\left(\boldsymbol{\theta}_i\right)$ 相等。

根据 3.2 节中给出的基于伪逆运算的可诊断性指标计算方法，给出指标(3.36)的计算结果如下所示：

$$\begin{aligned}\mathcal{D}_{i,j}\left(\boldsymbol{\theta}_i\right)&=\sum_{\gamma=1}^{2^s}P_\gamma\min_{\boldsymbol{\theta}_j\in\Theta_j}\frac{1}{2}\left\|\boldsymbol{\Gamma}^{-1}\boldsymbol{N}_\gamma\boldsymbol{\Xi}_\gamma\left(\boldsymbol{F}_i\boldsymbol{\theta}_i-\boldsymbol{F}_j\boldsymbol{\theta}_j\right)\right\|^2\\&=\sum_{\gamma=1}^{2^s}P_\gamma\frac{1}{2}\left\|\boldsymbol{\Gamma}^{-1}\boldsymbol{N}_\gamma\boldsymbol{\Xi}_\gamma\boldsymbol{F}_i\boldsymbol{\theta}_i-\boldsymbol{\Gamma}^{-1}\boldsymbol{N}_\gamma\boldsymbol{\Xi}_\gamma\boldsymbol{F}_j\left(\boldsymbol{\Gamma}^{-1}\boldsymbol{N}_\gamma\boldsymbol{\Xi}_\gamma\boldsymbol{F}_j\right)^+\boldsymbol{\Gamma}^{-1}\boldsymbol{N}_\gamma\boldsymbol{\Xi}_\gamma\boldsymbol{F}_i\boldsymbol{\theta}_i\right\|^2\\&=\frac{1}{2}\sum_{\gamma=1}^{2^s}P_\gamma\left\|\boldsymbol{S}_{\left[H\quad \Xi_\gamma F_j\right]}\boldsymbol{\Xi}_\gamma\boldsymbol{F}_i\boldsymbol{\theta}_i\right\|^2\end{aligned} \tag{3.37}$$

其中，$\boldsymbol{S}_{\left[H\quad \Xi_\gamma F_j\right]}=\boldsymbol{\Gamma}^{-1}\boldsymbol{N}_\gamma-\boldsymbol{\Gamma}^{-1}\boldsymbol{N}_\gamma\boldsymbol{\Xi}_\gamma\boldsymbol{F}_j\left(\boldsymbol{\Gamma}^{-1}\boldsymbol{N}_\gamma\boldsymbol{\Xi}_\gamma\boldsymbol{F}_j\right)^+\boldsymbol{\Gamma}^{-1}\boldsymbol{N}_\gamma$。

命题 3.2　故障时序 $\boldsymbol{\theta}_i$ 与故障模式 $\mathcal{F}_j$ 可隔离的充分必要条件是 $\mathcal{D}_{i,j}\left(\boldsymbol{\theta}_i\right)>0$；故障时序为 $\boldsymbol{\theta}_i$ 的故障 f_i 可检测的充分必要条件是 $\mathcal{D}_{i,0}\left(\boldsymbol{\theta}_i\right)>0$。

根据定义 3.8～定义 3.10，易证该命题，因此不再赘述。□

2. 考虑测量信息丢失不确定性的诊断能力评价指标

系统诊断能力量化指标(3.35)仅考虑了测量信息丢失概率精确已知的情况。然而，实质上，测量信息丢失现象会随时间变化而变化[75]，通常难以获得其精确信息。因此，为了更精确地量化该情况下系统诊断故障的能力、衡量不确定测量信息丢失对系统的影响，有必要针对不确定的测量信息丢失情况进行进一步分析。

根据式(3.29)，考虑$\Delta\pi$未知并满足$|\Delta\pi| \leqslant \varepsilon$且$\varepsilon \geqslant 0$的情况。与指标(3.35)不同，由于$\Delta\pi$的不确定性，无法利用权重的思想对不同的不确定概率$\Delta\pi$下所得到的可诊断性指标进行加权求和并给出精确的诊断能力评价值。然而，一般而言，对于故障诊断系统，故障诊断的难度应随着测量信息丢失概率的增加而增加。因此，自然地，可以通过分析不确定测量信息丢失对系统故障诊断能力的影响边界，给出该情况下的可隔离性评价指标。

定义 3.11 给定系统模型(3.34)，故障时序$\boldsymbol{\theta}_i$与故障模式$\mathcal{F}_j$的可隔离性评价指标为

$$\mathcal{D}_{i,j}\left[\boldsymbol{\theta}_i\right] = \left[\underline{\mathcal{D}}_{i,j}(\boldsymbol{\theta}_i), \overline{\mathcal{D}}_{i,j}(\boldsymbol{\theta}_i)\right] \tag{3.38}$$

其中

$$\begin{cases} \underline{\mathcal{D}}_{i,j}(\boldsymbol{\theta}_i) = \min\left\{\mathcal{D}_{i,j}^{-}(\boldsymbol{\theta}_i), \mathcal{D}_{i,j}^{+}(\boldsymbol{\theta}_i)\right\} \\ \overline{\mathcal{D}}_{i,j}(\boldsymbol{\theta}_i) = \max\left\{\mathcal{D}_{i,j}^{-}(\boldsymbol{\theta}_i), \mathcal{D}_{i,j}^{+}(\boldsymbol{\theta}_i)\right\} \end{cases} \tag{3.39}$$

且有

$$\begin{cases} \mathcal{D}_{i,j}^{-}(\boldsymbol{\theta}_i) = \dfrac{1}{2}\sum\limits_{\gamma=1}^{2^s} \underline{P}_\gamma \left\| \boldsymbol{S}_{\left[H \quad \Xi_\gamma F_j\right]} \boldsymbol{\Xi}_\gamma \boldsymbol{F}_i \boldsymbol{\theta}_i \right\|^2 \\ \mathcal{D}_{i,j}^{+}(\boldsymbol{\theta}_i) = \dfrac{1}{2}\sum\limits_{\gamma=1}^{2^s} \overline{P}_\gamma \left\| \boldsymbol{S}_{\left[H \quad \Xi_\gamma F_j\right]} \boldsymbol{\Xi}_\gamma \boldsymbol{F}_i \boldsymbol{\theta}_i \right\|^2 \end{cases} \tag{3.40}$$

和

$$\begin{cases} \underline{P}_\gamma = \langle \pi - \varepsilon \rangle^{m_\gamma} \left[1 - \langle \pi - \varepsilon \rangle\right]^{n_\gamma} \\ \overline{P}_\gamma = \langle \pi + \varepsilon \rangle^{m_\gamma} \left[1 - \langle \pi + \varepsilon \rangle\right]^{n_\gamma} \end{cases} \tag{3.41}$$

$n_\gamma = s - m_\gamma$，$\forall \gamma$；$\underline{\mathcal{D}}_{i,j}(\boldsymbol{\theta}_i) \leqslant \overline{\mathcal{D}}_{i,j}(\boldsymbol{\theta}_i)$且$\mathcal{D}_{i,j}(\boldsymbol{\theta}_i) \in \mathcal{D}_{i,j}\left[\boldsymbol{\theta}_i\right]$。

注 3.8 根据式(3.36)，定义 3.8 和命题 3.2，如果$\overline{\mathcal{D}}_{i,j}(\boldsymbol{\theta}_i) = 0$，即$\mathcal{D}_{i,j}(\boldsymbol{\theta}_i) = \mathcal{D}_{i,j}\left[\boldsymbol{\theta}_i\right] = 0$，则故障时序$\boldsymbol{\theta}_i$与故障模式$\mathcal{F}_j$是不可隔离的；另外，如果$\underline{\mathcal{D}}_{i,j}(\boldsymbol{\theta}_i) > 0$，则故障时序$\boldsymbol{\theta}_i$与故障模式$\mathcal{F}_j$是可隔离的。在其余情况下，由于不确定信息丢失概率的存在，无法准确地确定其可检测性与可隔离性。

信息丢失概率中不同大小的不确定性会对系统可诊断性产生不同的影响，为了更精确地反映不确定性对诊断性能的影响，提出不确定性率的定义。

定义 3.12　给定系统模型(3.34)，故障时序 $\boldsymbol{\theta}_i$ 与故障模式 $\mathcal{F}_j$ 的不确定性率为

$$\rho_{i,j}=\frac{\overline{\mathcal{D}}_{i,j}\left(\boldsymbol{\theta}_i\right)-\underline{\mathcal{D}}_{i,j}\left(\boldsymbol{\theta}_i\right)}{\mathcal{D}_{i,j}\left(\boldsymbol{\theta}_i\right)} \tag{3.42}$$

其中，$\rho_{i,j}\in[0,+\infty)$，$\overline{\mathcal{D}}_{i,j}\left(\boldsymbol{\theta}_i\right)$ 和 $\underline{\mathcal{D}}_{i,j}\left(\boldsymbol{\theta}_i\right)$ 由式(3.39)得到，$\mathcal{D}_{i,j}\left(\boldsymbol{\theta}_i\right)$ 表示系统中不存在不确定信息丢失时（$\Delta\pi=0$）系统的诊断能力评价值。

$\rho_{i,j}$ 越大表示不确定信息丢失概率对系统故障诊断能力的影响越大。

3. 诊断能力评价近似指标

前面所提出的诊断能力评价指标可以准确地回答“检测故障 f_i 或将该故障从故障模式 $\mathcal{F}_j$ 中隔离的难度有多大”的问题。然而，由式(3.36)与式(3.38)可知，随着时间窗口长度 s 的增加，测量信息丢失的情况的个数（2^s）也呈指数型增加，这对评价过程中所需的计算量与存储空间提出了较高的要求。因此，为了有效地提升评价指标的实用性，需要提出一个能有效降低评价过程所需计算量与数据存储空间的诊断能力评价指标。

这里以无测量信息丢失不确定性（$\Delta\pi=0$）为例进行说明。在非特殊情况下，为了确保系统正常运行，大多数控制系统测量信息丢失的概率 $\text{Prob}\{\xi(k)=0\}=1-\pi$ 通常较小。因此，对于给定的 γ，若 m_γ 较小，式(3.36)与式(3.38)中的权重系数，$P_\gamma=\pi^{m_\gamma}(1-\pi)^{n_\gamma}$，$m_\gamma+n_\gamma=s$，往往很小。除此之外，若故障诊断系统接收到的有用信息较少，则故障诊断的难度会随之增大，这意味着此时系统具有更低的诊断能力，换言之，较小的 $m_{\overline{\gamma}}$ 对应于较小的诊断能力评价值。综上所述，可以通过忽略 $m_{\overline{\gamma}}$ 较小的项，提出一个新的诊断能力评价指标。定义 m_γ 的阈值为 m_{th}，即当 $m_\gamma<m_{\text{th}}$ 时，$\mathcal{D}_{i,j}\left(\boldsymbol{\theta}_i\right)=0$。根据式(3.35)，给出诊断能力评价近似指标（$\Delta\pi=0$）如下所示：

$$\mathcal{D}_{i,j}^{a}\left(\boldsymbol{\theta}_i\right)=\begin{cases}\displaystyle\sum_{\gamma=1}^{2^s}P_\gamma\min_{\boldsymbol{\theta}_j\in\Theta_j}\frac{1}{2}\left\|\boldsymbol{\Gamma}^{-1}\boldsymbol{N}_\gamma\boldsymbol{\Xi}_\gamma\left(\boldsymbol{F}_i\boldsymbol{\theta}_i-\boldsymbol{F}_j\boldsymbol{\theta}_j\right)\right\|^2, & m_\gamma\geqslant m_{\text{th}}\\ 0, & m_\gamma<m_{\text{th}}\end{cases} \tag{3.43}$$

相似地，可以得到考虑不确定测量信息丢失的诊断能力评价近似指标：

$$\mathcal{D}_{i,j}^{a}\left[\boldsymbol{\theta}_i\right]=0=\left[\underline{\mathcal{D}}_{i,j}^{a}\left(\boldsymbol{\theta}_i\right),\overline{\mathcal{D}}_{i,j}^{a}\left(\boldsymbol{\theta}_i\right)\right] \tag{3.44}$$

其中，$\underline{\mathcal{D}}_{i,j}^{a}\left(\boldsymbol{\theta}_i\right)$和$\overline{\mathcal{D}}_{i,j}^{a}\left(\boldsymbol{\theta}_i\right)$可以通过将式(3.43)中的$P_\gamma$分别由式(3.41)所给出的$\underline{P}_\gamma$和$\overline{P}_\gamma$替换得到。

近似误差主要受到阈值m_{th}、滑动窗口长度s和测量信息丢失的概率Prob$\{\xi(k)=0\}=1-\pi$的影响。在本节中，通过对计算负担和近似精度进行权衡，给出自适应阈值m_{th}如下所示：

$$m_{\text{th}}=\begin{cases}\dfrac{s+1}{2}-1, & s\text{为奇数}\\ \dfrac{s}{2}, & s\text{为偶数}\end{cases},\quad s>1 \tag{3.45}$$

3.3.3　仿真算例

为验证所提出评价指标的有效性，下面针对某典型卫星姿态控制系统的线性化模型(见文献[76])进行数值仿真。首先给出线性化和离散化后的系统模型：

$$\begin{cases}\boldsymbol{x}(t+1)=\boldsymbol{A}\boldsymbol{x}(t)+\boldsymbol{B}_u\boldsymbol{u}(t)+\boldsymbol{B}_f\boldsymbol{f}(t)+\boldsymbol{B}_w\boldsymbol{w}(t)\\ \boldsymbol{y}_p(t)=\boldsymbol{C}\boldsymbol{x}(t)+\boldsymbol{D}_u\boldsymbol{u}(t)+\boldsymbol{D}_f\boldsymbol{f}(t)+\boldsymbol{D}_v\boldsymbol{v}(t)\end{cases} \tag{3.46}$$

其中

$$\boldsymbol{A}=\begin{bmatrix}1 & 0 & \omega_0\mathrm{d}t & \mathrm{d}t & 0 & 0\\ 0 & 1 & 0 & 0 & \mathrm{d}t & 0\\ -\omega_0\mathrm{d}t & 0 & 1 & 0 & 0 & \mathrm{d}t\\ 0 & 0 & 0 & 1 & \alpha\omega_{z,w} & \alpha\omega_{y,w}\\ 0 & 0 & 0 & \beta\omega_{z,w} & 1 & \beta\omega_{x,w}\\ 0 & 0 & 0 & \tau\omega_{y,w} & \tau\omega_{x,w} & 1\end{bmatrix},\quad \alpha=\frac{I_y-I_z}{I_x}\mathrm{d}t,\quad \beta=\frac{I_z-I_x}{I_y}\mathrm{d}t$$

$$\tau=\frac{I_x-I_y}{I_z}\mathrm{d}t,\quad \boldsymbol{B}_u=\begin{bmatrix}\boldsymbol{0}\\ \boldsymbol{B}_J\boldsymbol{B}_{dt}\end{bmatrix},\quad \boldsymbol{B}_J=\mathrm{diag}\left(\frac{1}{I_x},\frac{1}{I_y},\frac{1}{I_z}\right),\quad \boldsymbol{B}_{dt}=\mathrm{diag}\left(\mathrm{d}t,\mathrm{d}t,\mathrm{d}t\right)$$

$$\boldsymbol{B}_f=\begin{bmatrix}\boldsymbol{0} & \\ \boldsymbol{B}_J\boldsymbol{B}_{dt} & \boldsymbol{0}\end{bmatrix},\quad \boldsymbol{B}_w=\boldsymbol{D}_v=\boldsymbol{I}_6,\quad \boldsymbol{C}=\boldsymbol{I}_6,\quad \boldsymbol{D}_f=\begin{bmatrix}\boldsymbol{0} & \boldsymbol{I}_6\end{bmatrix}$$

表3.5为卫星及其轨道参数。

表 3.5　卫星及其轨道参数

参数	数值
卫星本体主惯量 $I_x / I_y / I_z$	$12.5\text{kg}\cdot\text{m}^2 / 13.7\text{kg}\cdot\text{m}^2 / 15.9\text{kg}\cdot\text{m}^2$
卫星轨道角速度 ω_0	0.001rad/s
过程噪声 $\boldsymbol{w}(k)$	$\mathcal{N}\left(\boldsymbol{0}, 2.25\times10^{-10}\boldsymbol{I}_6\right)$
测量噪声 $\boldsymbol{v}(k)$	$\mathcal{N}\left(\boldsymbol{0}, \begin{bmatrix} 8.7\times10^{-5}\boldsymbol{I}_3 & \boldsymbol{0} \\ \boldsymbol{0} & 4.2\times10^{-6}\boldsymbol{I}_3 \end{bmatrix}\right)$
工作点 $\omega_{x,w} / \omega_{y,w} / \omega_{z,w}$	$2\times10^{-4}\text{rad} / 4\times10^{-4}\text{rad} / 3\times10^{-4}\text{rad}$

设采样时间间隔 dt 为 0.1s，时间窗口长度 $s=5$，故障时序 $\boldsymbol{\theta}_i = [0.1, 0.15, 0.2, 0.25, 0.3]^{\mathrm{T}}, i=1,2,\cdots,9$。考虑测量信息丢失概率为 0.1，即 $\pi = 0.9$ 的情况，可得到本节所提出的诊断能力评价指标 $\mathcal{D}_{i,j}(\boldsymbol{\theta}_i)$（$\Delta\pi=0$）、$\mathcal{D}_{i,j}[\boldsymbol{\theta}_i]$（$\Delta\pi$ 未知，且有 $|\Delta\pi| \leqslant 0.05$），以及文献[8]所提出的诊断能力评价指标 $\mathcal{D}_{i,j}^e(\boldsymbol{\theta}_i)$ 如表 3.6～表 3.8 所示。评价指标 $\mathcal{D}_{i,j}(\boldsymbol{\theta}_i)$ 越小，表示在 $\Delta\pi=0$ 的情况下，故障时序 $\boldsymbol{\theta}_i$ 与故障模式 $\mathcal{F}_j$ 的隔离难度越小。由表 3.6 可知，对于姿态控制系统(3.46)，传感器阶梯故障的检测难度均小于执行机构相同故障的检测难度。

如注 3.7 所述，已有的评价指标 $\mathcal{D}_{i,j}^e(\boldsymbol{\theta}_i)$ 实质上是本节所提出的评价指标 $\mathcal{D}_{i,j}(\boldsymbol{\theta}_i)$ 的退化形式，即在信息丢失概率为 0 的情况下，$\mathcal{D}_{i,j}(\boldsymbol{\theta}_i) = \mathcal{D}_{i,j}^e(\boldsymbol{\theta}_i)$。因此，当信息丢失概率不为 0 时，$\mathcal{D}_{i,j}(\boldsymbol{\theta}_i) \leqslant \mathcal{D}_{i,j}^e(\boldsymbol{\theta}_i)$。相同的结论可以由表 3.6 和表 3.8 得出。由此可知，信息丢失会增加检测、隔离故障的难度。

为了进一步分析信息丢失概率对系统故障诊断能力的影响，以系统对故障 1 的检测能力为例，给出不同信息丢失概率下的可检测性评价值如图 3.4 所示。

由图 3.4 可以看出，随着信息丢失概率的不断提高，故障时序 $\boldsymbol{\theta}_1$ 的可检测性评价值也不断降低，换言之，检测故障的难度随着信息丢失概率的提高而提高。除此之外，与之前的分析结果相同，已有的可诊断性指标仅能用于评价信息未发生丢失以及信息完全丢失两种情况下系统的故障诊断性能，而本节所提出的指标可用于反映不同信息丢失概率对航天器控制系统可诊断性的影响。

为分析时间窗口长度对于航天器控制系统诊断性能以及本节所提出的诊断能力评价近似指标的精确程度的影响，以故障时序 $\boldsymbol{\theta}_4$ 与故障模式 $\mathcal{F}_1$ 之间的可隔离性评价值为例，给出不同时间窗口长度下的可隔离性评价值如图 3.5 所示。

表 3.6　$s=5$、$\boldsymbol{\theta}_i=[0.1,0.15,0.2,0.25,0.3]^{\mathrm{T}}$ 时系统(3.46)的诊断能力评价指标 $\mathcal{D}_{i,j}(\boldsymbol{\theta}_i)$（$\Delta\pi=0$）

$\boldsymbol{\theta}_i$	$\mathcal{D}_{i,j}(\boldsymbol{\theta}_i)$									
	$\mathcal{F}_0$	$\mathcal{F}_1$	$\mathcal{F}_2$	$\mathcal{F}_3$	$\mathcal{F}_4$	$\mathcal{F}_5$	$\mathcal{F}_6$	$\mathcal{F}_7$	$\mathcal{F}_8$	$\mathcal{F}_9$
$\boldsymbol{\theta}_1$	2.1004	0	2.1003	2.1003	2.0997	2.1004	2.1000	0.0002	2.1004	2.1004
$\boldsymbol{\theta}_2$	1.7485	1.7485	0	1.7485	1.7485	1.7480	1.7485	1.7485	0.0001	1.7485
$\boldsymbol{\theta}_3$	1.2981	1.2981	1.2981	0	1.2979	1.2981	1.2977	1.2981	1.2981	0.0001
$\boldsymbol{\theta}_4$	125.5961	99.8294	124.4581	123.7107	0	125.5961	0	0	125.5961	125.5961
$\boldsymbol{\theta}_5$	125.5961	125.4997	99.8294	125.4851	125.5961	0	125.5961	125.5961	0	125.5961
$\boldsymbol{\theta}_6$	125.5961	123.6945	124.7353	99.8294	0	125.5961	0	125.5961	125.5961	0
$\boldsymbol{\theta}_7$	2623.9741	12.6404	2623.7897	2623.6497	2603.8328	2623.9741	2603.8328	0	2623.9740	2623.9738
$\boldsymbol{\theta}_8$	2623.9740	2623.9223	12.6404	2623.8782	2623.9740	2603.8328	2623.9740	2623.9739	0	2623.9735
$\boldsymbol{\theta}_9$	2623.9741	2623.6644	2623.8348	12.6404	2603.8328	2623.9741	2603.8328	2623.9740	2623.9740	0

表 3.7　$s=5$、$\boldsymbol{\theta}_i=\left[0.1,0.15,0.2,0.25,0.3\right]^{\mathrm{T}}$ 时系统(3.46)的诊断能力评价指标 $\mathcal{D}_{i,j}\left[\boldsymbol{\theta}_i\right]$（$\Delta\pi$ 未知，且有 $\left|\Delta\pi\right|\leqslant 0.05$）

$\boldsymbol{\theta}_i$	$\mathcal{D}_{i,j}(\boldsymbol{\theta}_i)$									
	$\mathcal{F}_0$	$\mathcal{F}_1$	$\mathcal{F}_2$	$\mathcal{F}_3$	$\mathcal{F}_4$	$\mathcal{F}_5$	$\mathcal{F}_6$	$\mathcal{F}_7$	$\mathcal{F}_8$	$\mathcal{F}_9$
$\boldsymbol{\theta}_1$	[1.9504, 2.2504]	0	[1.9504, 2.2504]	[1.9503, 2.2504]	[1.9498, 2.2497]	[1.9504, 2.2504]	[1.9500, 2.2500]	[0.0002, 0.0003]	[1.9504, 2.2504]	[1.9504, 2.2504]
$\boldsymbol{\theta}_2$	[1.6237, 1.8734]	[1.6236, 1.8734]	0	[1.6236, 1.8734]	[1.6237, 1.8734]	[1.6232, 1.8729]	[1.6237, 1.8734]	[1.6237, 1.8734]	[0.0001, 0.0002]	[1.6237, 1.8734]
$\boldsymbol{\theta}_3$	[1.2054, 1.3908]	[1.2054, 1.3908]	[1.2054, 1.3908]	0	[1.2052, 1.3906]	[1.2054, 1.3908]	[1.2051, 1.3904]	[1.2054, 1.3908]	[1.2054, 1.3908]	[0.0001, 0.0002]
$\boldsymbol{\theta}_4$	[116.6269, 134.5672]	[82.3900, 120.0865]	[114.2992, 134.2563]	[112.8345, 134.0432]	0	[116.6269, 134.5672]	0	0	[116.6269, 134.5672]	[116.6269, 134.5672]
$\boldsymbol{\theta}_5$	[116.6269, 134.5672]	[116.3411, 134.5531]	[82.3900, 120.0865]	[116.3144, 134.5488]	[116.6269, 134.5672]	0	[116.6269, 134.5672]	[116.6269, 134.5672]	0	[116.6269, 134.5672]
$\boldsymbol{\theta}_6$	[116.6269, 134.5672]	[112.8026, 134.0386]	[114.8423, 134.3353]	[82.3900, 120.0865]	0	[116.6269, 134.56720]	0	[116.6269, 134.5672]	[116.6269, 134.5672]	0
$\boldsymbol{\theta}_7$	[2436.6292, 2811.3564]	[10.4597, 15.1673]	[2436.2522, 2811.3060]	[2435.9564, 2811.2691]	[2417.9040, 2789.8018]	[2436.6292, 2811.3564]	[2417.9040, 2789.8018]	0	[2436.6292, 2811.3563]	[2436.6290, 2811.3561]
$\boldsymbol{\theta}_8$	[2436.6292, 2811.3564]	[2436.4743, 2811.3491]	[10.4597, 15.1673]	[2436.3445, 2811.3425]	[2436.6292, 2811.3564]	[2417.9040, 2789.8018]	[2436.6292, 2811.3564]	[2436.6291, 2811.3562]	0	[2436.6287, 2811.3558]
$\boldsymbol{\theta}_9$	[2436.6292, 2811.3564]	[2436.0031, 2811.2708]	[2436.3407, 2811.3189]	[10.4597, 15.1673]	[2417.9040, 2789.8018]	[2436.6292, 2811.3564]	[2417.9040, 2789.8018]	[2436.6292, 2811.3563]	[2436.6292, 2811.3563]	0

表 3.8　$s=5$、$\boldsymbol{\theta}_i=[0.1,0.15,0.2,0.25,0.3]^{\mathrm{T}}$ 时系统(3.46)的诊断能力评价指标 $\mathcal{D}_{i,j}^{e}(\boldsymbol{\theta}_i)$

$\boldsymbol{\theta}_i$	$\mathcal{D}_{i,j}^{e}(\boldsymbol{\theta}_i)$									
	$\mathcal{F}_0$	$\mathcal{F}_1$	$\mathcal{F}_2$	$\mathcal{F}_3$	$\mathcal{F}_4$	$\mathcal{F}_5$	$\mathcal{F}_6$	$\mathcal{F}_7$	$\mathcal{F}_8$	$\mathcal{F}_9$
$\boldsymbol{\theta}_1$	2.4004	0	2.4004	2.4004	2.3997	2.4004	2.4000	0.0003	2.4004	2.4004
$\boldsymbol{\theta}_2$	1.9983	1.9983	0	1.9983	1.9983	1.9977	1.9983	1.9983	0.0002	1.9983
$\boldsymbol{\theta}_3$	1.4836	1.4836	1.4836	0	1.4833	1.4836	1.4831	1.4836	1.4836	0.0002
$\boldsymbol{\theta}_4$	143.5386	143.4971	143.5386	143.5386	0	143.5386	0	0	143.5386	143.5386
$\boldsymbol{\theta}_5$	143.5386	143.5386	143.4971	143.5386	143.5386	0	143.5386	143.5386	0	143.5386
$\boldsymbol{\theta}_6$	143.5386	143.5386	143.5386	143.4971	0	143.5386	0	143.5386	143.5386	0
$\boldsymbol{\theta}_7$	2998.7414	18.0811	2998.7414	2998.7414	2975.7760	2998.7414	2975.7760	0	2998.7413	2998.7411
$\boldsymbol{\theta}_8$	2998.7414	2998.7414	18.0811	2998.7414	2998.7414	2975.7760	2998.7414	2998.7412	0	2998.7408
$\boldsymbol{\theta}_9$	2998.7414	2998.7414	2998.7414	18.0811	2975.7760	2998.7414	2975.7760	2998.7413	2998.7413	0

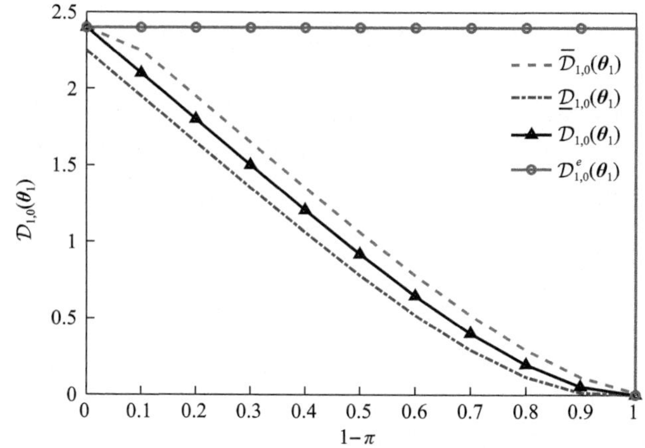

图 3.4　不同信息丢失概率下的可检测性评价值

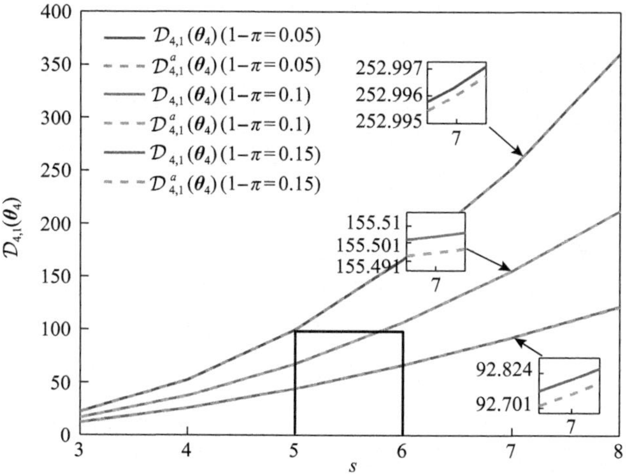

扫码见彩图

图 3.5　不同时间窗口长度下的可隔离性评价值

通过对比图 3.5 中不同信息丢失概率的曲线可知，随着时间窗口长度的增加，系统对故障的隔离能力也增加。同时，由图可知，信息丢失概率为 0.05、时间窗口长度为 5 时所对应的诊断能力评价值与信息丢失概率为 0.1、时间窗口长度为 6 时所对应的评价值相近，换言之，增加诊断所用的信息量可以有效地降低信息丢失对航天器控制系统故障诊断性能的影响。除此之外，由图 3.5 可知，当信息丢失概率较小时，本节所提出的系统可诊断性近似评价值具有可接受的准确性，相同结论可由 3.3.2 节得到。

接下来，对所提出的航天器可诊断性近似评价方法的优化效果进行分析。由于不同的 γ 对应于不同维数的左零空间正交矩阵 $\boldsymbol{N}_{\gamma}$，难以精确地根据 FLOPS 数分析系统诊断能力评价指标所需计算量[77]。因此，为了简化分析，定义相对计算效率 δ 如下：

$$\delta = \frac{c - \overline{c}}{c} \tag{3.47}$$

其中，c 与 $\overline{c}$ 分别表示式(3.37)与式(3.43)中所需计算的项数。例如，当 $s=3$ 时，$c=8$，而 $\overline{c}=7$。相对计算效率 δ 越大表示计算可诊断性近似值时忽略的项数越多。给出不同时间窗口长度下的相对计算效率如图 3.6 所示。

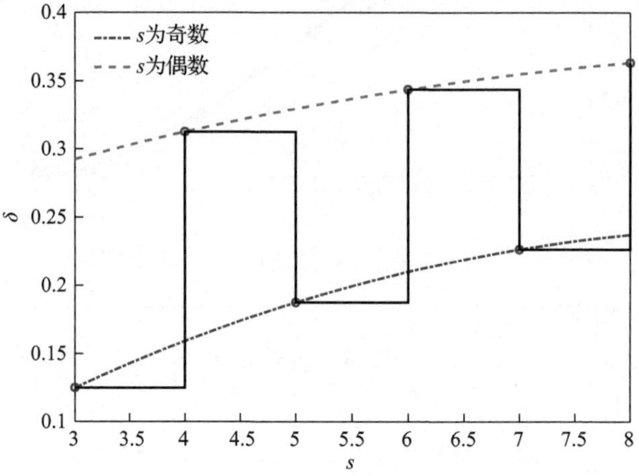

图 3.6　不同时间窗口长度下的相对计算效率

由图 3.6 可以看出，随着时间窗口长度的增加，相对计算效率也会增加。换言之，相对于未近似评价值的计算，随着时间窗口长度的增加，所提出的系统诊断能力评价近似值可以更有效地降低评价所需计算量。

由之前的分析可知，不确定的信息丢失概率会极大地影响系统对于故障的可诊断性。为分析不确定的信息丢失概率对于所研究的卫星姿态控制系统的影响，给出不同不确定概率下的不确定性率如图 3.7 所示。

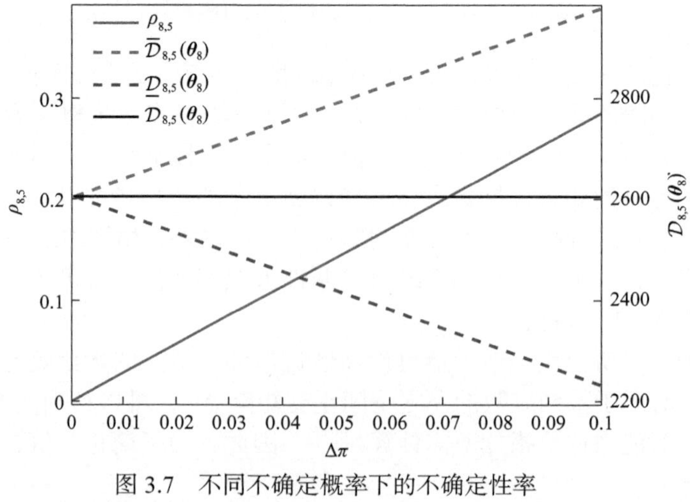

图 3.7　不同不确定概率下的不确定性率

扫码见彩图

由图 3.7 可知，所提出的不确定性率可以准确地反映该系统对于不确定性的鲁棒性，即不确定性率所对应的曲线增长的幅度越小，则所研究系统在诊断该故障的过程中对于信息丢失概率中的不确定性的鲁棒性越强。

3.4　参数缓变条件下系统诊断能力量化方法

3.3 节给出了测量受限下系统可诊断性理论。然而 3.3 节仅考虑了系统参数精确可知的情况。实质上，已有大部分系统可诊断性分析方法均要求系统参数已知[8,18,41,78,79]。但是，在实际情况下，对于功能多样、结构复杂的控制系统，获得精确的模型往往需要付出极大的时间和经济代价，同时系统的建模误差也会导致系统评价结果的不准确。除此之外，对于已建模系统，在系统运行过程中，由于缓变故障或部件的磨损，系统参数会发生改变，随着时间的推移，已辨识的理论模型与实际模型差距将不断变大。另外，系统运行过程中会产生大量的可用数据。因此，本节将通过利用已有的数据对参数未知的航天器控制系统可诊断性进行评价，从而有效地降低其辨识成本以及模型误差对评价结果的影响。

作为基于输入输出数据的模型辨识的有力工具之一，子空间辨识被应用于控制系统的故障检测与故障隔离[80-82]。在此基础上，Ding 等[83]给出了核空间表示的数据驱动实现方法。该方法与子空间辨识最大的区别在于，可以直接通过辨识结果设计诊断方法，而不需要完整地辨识出系统模型，这大大提高了诊断方法的设计效率，并有效缓解了辨识误差所带来的影响。

然而，已有系统实际可诊断性量化评价方法存在一定的不足：现有的实际系统故障诊断量化评价方法均没有考虑系统参数矩阵未知的情况。同时，系统在运行过程中会产生大量的数据，随着储存技术的不断发展，获得、储存并利用系统数据的成本也不断降低。因此，系统诊断能力评价的数据实现形式具有重要的实际应用及理论研究意义。

鉴于上述诊断能力评价的意义和现有方法的不足，本节提出基于数据驱动的诊断能力评价方法。首先，根据核空间辨识的方法，基于数据对必要的矩阵进行辨识；其次，给出故障与故障之间、故障与故障模式之间的诊断能力评价指标的定义；再次，通过充分利用所辨识的矩阵，给出由数据求取所定义的诊断能力评价值的方法；最后，通过仿真实例验证评价方法的有效性。

3.4.1　问题描述

考虑如下带有执行器故障和传感器故障的离散时间系统模型：

$$\begin{aligned} \boldsymbol{x}(t+1) &= \boldsymbol{A}\boldsymbol{x}(t) + \boldsymbol{B}_u\left(\boldsymbol{u}(t) + \boldsymbol{f}_a(t)\right) + \boldsymbol{B}_w\boldsymbol{w}(t) \\ \boldsymbol{y}(t) &= \boldsymbol{C}\boldsymbol{x}(t) + \boldsymbol{D}_u\left(\boldsymbol{u}(t) + \boldsymbol{f}_a(t)\right) + \boldsymbol{f}_s(t) + \boldsymbol{D}_v\boldsymbol{v}(t) \end{aligned} \tag{3.48}$$

其中，$\boldsymbol{x} \in \mathbf{R}^{l_x}$、$\boldsymbol{u} \in \mathbf{R}^{l_u}$、$\boldsymbol{f}_a \in \mathbf{R}^{l_{f_a}}$、$\boldsymbol{f}_s \in \mathbf{R}^{l_{f_s}}$ 和 $\boldsymbol{y} \in \mathbf{R}^{l_y}$ 分别表示系统的状态变量、控制输入、执行器故障、传感器故障和系统输出；$\boldsymbol{w} \in \mathbf{R}^{l_w}$ 和 $\boldsymbol{v} \in \mathbf{R}^{l_v}$ 分别表示航天器控制系统的过程噪声和测量噪声；参数矩阵 $\boldsymbol{A}$、$\boldsymbol{B}_u$、$\boldsymbol{B}_w$、$\boldsymbol{C}$、$\boldsymbol{D}_u$ 和 $\boldsymbol{D}_v$ 为合适维数的未知常数矩阵。

假设 3.4　随机向量 $\boldsymbol{w}(t)$ 和 $\boldsymbol{v}(t)$ 是均值为零、方差未知的独立同分布的高斯向量，且在统计上独立于 $\boldsymbol{u}(t)$ 和 $\boldsymbol{x}(0)$。

定义如下表达式：

$$\boldsymbol{\omega}_n(t) = \begin{bmatrix} \boldsymbol{\omega}(t) \\ \boldsymbol{\omega}(t+1) \\ \vdots \\ \boldsymbol{\omega}(t+n) \end{bmatrix} \tag{3.49}$$

其中，$\boldsymbol{\omega}_n(t) \in \mathbf{R}^{(n+1)\xi}$。在本节的后续分析过程中，$\boldsymbol{\omega}(t)$ 可分别用于表示 $\boldsymbol{y}(t)$、$\boldsymbol{x}(t)$、$\boldsymbol{u}(t)$、$\boldsymbol{f}_a(t)$、$\boldsymbol{f}_s(t)$、$\boldsymbol{w}(t)$ 和 $\boldsymbol{v}(t)$；ξ 可分别表示 l_y、l_x、l_u、l_{f_a}、l_{f_s}、l_w 和 l_v；n 为正整数。

由式(3.49)，给出模型(3.48)的窗口长度为 $n+1$ 的滑动窗口模型：

$$\boldsymbol{y}_n = \boldsymbol{\Gamma}_n\boldsymbol{x}(t) + \boldsymbol{H}_{u,n}\boldsymbol{u}_n + \boldsymbol{H}_{f,n}\boldsymbol{f}_n + \boldsymbol{H}_{e,n}\boldsymbol{e}_n \tag{3.50}$$

其中，$\boldsymbol{\Gamma}_n \in \mathbf{R}^{(n+1)l_y \times l_x}$；$\boldsymbol{H}_{u,n} \in \mathbf{R}^{(n+1)l_y \times (n+1)l_u}$；$\boldsymbol{H}_{f,n} \in \mathbf{R}^{(n+1)l_y \times (n+1)\left(l_{f_a}+l_{f_s}\right)}$；$\boldsymbol{H}_{e,n} \in \mathbf{R}^{(n+1)l_y \times (n+1)\left(l_w+l_v\right)}$；$\boldsymbol{f}_n \in \mathbf{R}^{(n+1)\left(l_{f_a}+l_{f_s}\right) \times N}$；$\boldsymbol{e}_n \in \mathbf{R}^{(n+1)\left(l_w+l_v\right) \times N}$。具体形式如下所示：

$$\boldsymbol{\Gamma}_n = \begin{bmatrix} \boldsymbol{C} \\ \boldsymbol{CA} \\ \vdots \\ \boldsymbol{CA}^n \end{bmatrix},\quad \boldsymbol{H}_{u,n} = \begin{bmatrix} \boldsymbol{D}_u & \cdots & \boldsymbol{0} \\ \boldsymbol{CB}_u & \cdots & \boldsymbol{0} \\ \vdots & & \vdots \\ \boldsymbol{CA}^{n-1}\boldsymbol{B}_u & \cdots & \boldsymbol{D}_u \end{bmatrix},\quad \boldsymbol{H}_{f,n} = \begin{bmatrix} \boldsymbol{H}_{u,n} & \boldsymbol{I}_{(n+1)l_y} \end{bmatrix}$$

$$\boldsymbol{f}_n = \begin{bmatrix} \boldsymbol{f}_{a,n} \\ \boldsymbol{f}_{s,n} \end{bmatrix},\quad \boldsymbol{H}_{e,n} = \left[\begin{array}{ccc|c} \boldsymbol{0} & \cdots & \boldsymbol{0} & \\ \boldsymbol{CB}_w & \cdots & \boldsymbol{0} & \\ \vdots & & \vdots & \boldsymbol{I}_{n+1} \otimes \boldsymbol{D}_v \\ \boldsymbol{CA}^{n-1}\boldsymbol{B}_w & \cdots & \boldsymbol{0} & \end{array}\right],\quad \boldsymbol{e}_n = \begin{bmatrix} \boldsymbol{w}_n \\ \boldsymbol{v}_n \end{bmatrix}$$

已有文献[8]～[10]以及 3.2 节和 3.3 节根据等价关系(3.50)给出了通用、简洁且直观的诊断能力评价方法。因此，为了使所提出的评价方法更具有通用性，本节将重点放在基于等价关系(3.50)的诊断能力评价的数据驱动形式的实现。

为了更好地区分基于数据的可诊断性方法与基于模型的方法，本节中用$n+1$代替s表示滑动窗口长度，同时，利用上标i表示对应于第i个故障(简称故障i)的数据以及相关的参数，其中$i=1,\cdots,l_{f_a}+l_{f_s}$，且有$0<i\leqslant l_u$和$l_u<i\leqslant l_y$分别表示执行器故障和传感器故障，$i=0$表示无故障的情况。在后文中将不再赘述。

3.4.2　基于数据驱动的诊断能力评价方法

1. 故障统计特征辨识

由文献[84]可知，核空间的辨识方法可以有效地处理系统等价关系的辨识问题，为系统诊断能力评价的数据驱动实现提供了解决思路。

首先，给出数据驱动形式实现的核空间表示[83]。

定义 3.13　对于给定的系统(3.48)，且$\boldsymbol{w}(t)=\boldsymbol{0}$，$\boldsymbol{v}(t)=\boldsymbol{0}$，当$\boldsymbol{\mathcal{K}}_n$满足:

$$\boldsymbol{\mathcal{K}}_n\begin{bmatrix}\boldsymbol{u}_n(t)\\ \boldsymbol{y}_n(t)\end{bmatrix}=\boldsymbol{0} \tag{3.51}$$

时，则称系统模型(3.48)的核空间表示为$\boldsymbol{\mathcal{K}}_n$。

定义如下表达式:

$$\boldsymbol{\Omega}_t=\begin{bmatrix}\boldsymbol{\omega}(t) & \cdots & \boldsymbol{\omega}(t+N-1)\end{bmatrix} \tag{3.52}$$

$$\boldsymbol{\Omega}_{t,n}=\begin{bmatrix}\boldsymbol{\omega}_n(t) & \cdots & \boldsymbol{\omega}_n(t+N-1)\end{bmatrix}=\begin{bmatrix}\boldsymbol{\Omega}_t\\ \vdots\\ \boldsymbol{\Omega}_{t+n}\end{bmatrix} \tag{3.53}$$

其中，$\boldsymbol{\Omega}_t\in\mathbf{R}^{\xi\times N}$且$\boldsymbol{\Omega}_{t,n}\in\mathbf{R}^{(n+1)\xi\times N}$，$\xi$、$\boldsymbol{\omega}(t)$与$\boldsymbol{\omega}_n(t)$的定义由式(3.49)给出；$N$均为正整数。

根据式(3.49)～式(3.53)，得到故障情况下式(3.48)的等价表达式:

$$\boldsymbol{Y}_{t,n}=\boldsymbol{\Gamma}_n\boldsymbol{X}_t+\boldsymbol{H}_{u,n}\boldsymbol{U}_{t,n}+\boldsymbol{H}_{f,n}\boldsymbol{F}_{t,n}+\boldsymbol{H}_{e,n}\boldsymbol{E}_{t,n} \tag{3.54}$$

其中，$\boldsymbol{\Gamma}_n$、$\boldsymbol{H}_{u,n}$、$\boldsymbol{H}_{f,n}$和$\boldsymbol{H}_{e,n}$的具体形式可由式(3.50)得到，且有$\boldsymbol{F}_{t,n}=\begin{bmatrix}\boldsymbol{F}_{a,t,n}\\ \boldsymbol{F}_{s,t,n}\end{bmatrix}\in\mathbf{R}^{(n+1)\left(l_{f_a}+l_{f_s}\right)\times N}$，$\boldsymbol{E}_{t,n}=\begin{bmatrix}\boldsymbol{W}_{t,n}\\ \boldsymbol{V}_{t,n}\end{bmatrix}\in\mathbf{R}^{(n+1)(l_w+l_v)\times N}$。

考虑无故障的情况，此时由式(3.54)可得

$$\boldsymbol{Y}_{t,n}^{0}=\boldsymbol{\Gamma}_{n}\boldsymbol{X}_{t}^{0}+\boldsymbol{H}_{u,n}\boldsymbol{U}_{t,n}^{0}+\boldsymbol{H}_{e,n}\boldsymbol{E}_{t,n}^{0} \tag{3.55}$$

对无故障情况下的输入数据 $\boldsymbol{u}^{0}(t-n-1),\cdots,\boldsymbol{u}^{0}(t+n+N-1)$ 及输出数据 $\boldsymbol{y}^{0}(t-n-1),\cdots,\boldsymbol{y}^{0}(t+n+N-1)$ 进行 QR 分解，可以得到

$$\begin{bmatrix}\boldsymbol{U}_{t-n-1,n}^{0}\\ \boldsymbol{Y}_{t-n-1,n}^{0}\\ \hdashline \boldsymbol{U}_{t,n}^{0}\\ \boldsymbol{Y}_{t,n}^{0}\end{bmatrix}=\begin{bmatrix}\boldsymbol{R}_{11}^{0} & & \\ \hdashline \boldsymbol{R}_{21}^{0} & \boldsymbol{R}_{22}^{0} & \\ \boldsymbol{R}_{31}^{0} & \boldsymbol{R}_{32}^{0} & \boldsymbol{R}_{33}^{0}\end{bmatrix}\begin{bmatrix}\boldsymbol{Q}_{1}^{0}\\ \boldsymbol{Q}_{2}^{0}\\ \boldsymbol{Q}_{3}^{0}\end{bmatrix} \tag{3.56}$$

其中，$\boldsymbol{R}_{11}^{0}\in\mathbf{R}^{(n+1)\left(l_u+l_y\right)\times(n+1)\left(l_u+l_y\right)}$，$\boldsymbol{R}_{22}^{0}\in\mathbf{R}^{(n+1)l_u\times(n+1)l_u}$，$\boldsymbol{R}_{33}^{0}\in\mathbf{R}^{(n+1)l_y\times(n+1)l_y}$。

由式(3.56)及文献[85]可得

$$\begin{bmatrix}\boldsymbol{U}_{t,n}^{0}\\ \boldsymbol{Y}_{t,n}^{0}\end{bmatrix}=\begin{bmatrix}\boldsymbol{R}_{21}^{0} & \boldsymbol{R}_{22}^{0}\\ \boldsymbol{R}_{31}^{0} & \boldsymbol{R}_{32}^{0}\end{bmatrix}\begin{bmatrix}\boldsymbol{Q}_{1}^{0}\\ \boldsymbol{Q}_{2}^{0}\end{bmatrix}+\begin{bmatrix}\boldsymbol{0}\\ \boldsymbol{R}_{33}^{0}\boldsymbol{Q}_{3}^{0}\end{bmatrix} \tag{3.57}$$

且有

$$\boldsymbol{R}_{33}^{0}\boldsymbol{Q}_{3}^{0}=\boldsymbol{H}_{e,n}\boldsymbol{E}_{t,n}^{0} \tag{3.58}$$

对式(3.57)中的 $\begin{bmatrix}\boldsymbol{R}_{21}^{0} & \boldsymbol{R}_{22}^{0}\\ \boldsymbol{R}_{31}^{0} & \boldsymbol{R}_{32}^{0}\end{bmatrix}$ 进行奇异值分解，可得到[83]

$$\begin{bmatrix}\boldsymbol{R}_{21}^{0} & \boldsymbol{R}_{22}^{0}\\ \boldsymbol{R}_{31}^{0} & \boldsymbol{R}_{32}^{0}\end{bmatrix}=\begin{bmatrix}\boldsymbol{U}_{1} & \boldsymbol{U}_{2}\end{bmatrix}\begin{bmatrix}\boldsymbol{\Sigma}_{1}^{0} & \boldsymbol{0}\\ \boldsymbol{0} & \boldsymbol{\Sigma}_{2}^{0}\approx\boldsymbol{0}\end{bmatrix}\begin{bmatrix}\boldsymbol{V}_{1}^{\mathrm{T}}\\ \boldsymbol{V}_{2}^{\mathrm{T}}\end{bmatrix} \tag{3.59}$$

根据式(3.57)和式(3.59)可得

$$\begin{bmatrix}\boldsymbol{U}_{t,n}^{0}\\ \boldsymbol{Y}_{t,n}^{0}\end{bmatrix}=\begin{bmatrix}\boldsymbol{U}_{1} & \boldsymbol{U}_{2}\end{bmatrix}\begin{bmatrix}\boldsymbol{\Sigma}_{1}^{0} & \boldsymbol{0}\\ \boldsymbol{0} & \boldsymbol{0}\end{bmatrix}\begin{bmatrix}\boldsymbol{V}_{1}^{\mathrm{T}}\\ \boldsymbol{V}_{2}^{\mathrm{T}}\end{bmatrix}\begin{bmatrix}\boldsymbol{Q}_{1}^{0}\\ \boldsymbol{Q}_{2}^{0}\end{bmatrix}+\begin{bmatrix}\boldsymbol{0}\\ \boldsymbol{R}_{33}^{0}\boldsymbol{Q}_{3}^{0}\end{bmatrix} \tag{3.60}$$

令 $\begin{bmatrix}\boldsymbol{0}\\ \boldsymbol{R}_{33}^{0}\boldsymbol{Q}_{3}^{0}\end{bmatrix}=\boldsymbol{0}$，对式(3.60)两侧同时左乘 $\boldsymbol{U}_{2}^{\mathrm{T}}$，可得

$$\boldsymbol{U}_{2}^{\mathrm{T}}\begin{bmatrix}\boldsymbol{U}_{t,n}^{0}\\ \boldsymbol{Y}_{t,n}^{0}\end{bmatrix}=\boldsymbol{U}_{2}^{\mathrm{T}}\begin{bmatrix}\boldsymbol{U}_{1} & \boldsymbol{U}_{2}\end{bmatrix}\begin{bmatrix}\boldsymbol{\Sigma}_{1}^{0} & \boldsymbol{0}\\ \boldsymbol{0} & \boldsymbol{0}\end{bmatrix}\begin{bmatrix}\boldsymbol{V}_{1}^{\mathrm{T}}\\ \boldsymbol{V}_{2}^{\mathrm{T}}\end{bmatrix}\begin{bmatrix}\boldsymbol{Q}_{1}^{0}\\ \boldsymbol{Q}_{2}^{0}\end{bmatrix}=\boldsymbol{0} \tag{3.61}$$

由式(3.51)和式(3.61)可得，$\mathcal{K}_n = \boldsymbol{U}_2^{\mathrm{T}}$。同时，根据式(3.55)可得

$$\begin{bmatrix} -\boldsymbol{H}_{u,n} & \boldsymbol{I} \end{bmatrix} \begin{bmatrix} \boldsymbol{U}_{t,n}^0 \\ \boldsymbol{Y}_{t,n}^0 \end{bmatrix} = \boldsymbol{\Gamma}_n \boldsymbol{X}_t^0 + \boldsymbol{H}_{e,n} \boldsymbol{E}_{t,n}^0 \tag{3.62}$$

且有

$$\boldsymbol{\Gamma}_n^{\perp} \begin{bmatrix} -\boldsymbol{H}_{u,n} & \boldsymbol{I} \end{bmatrix} \begin{bmatrix} \boldsymbol{U}_{t,n}^0 \\ \boldsymbol{Y}_{t,n}^0 \end{bmatrix} = \boldsymbol{\Gamma}_n^{\perp} \boldsymbol{H}_{e,n} \boldsymbol{E}_{t,n}^0 \tag{3.63}$$

其中，$\boldsymbol{\Gamma}_n^{\perp}$ 为 $\boldsymbol{\Gamma}_n$ 的左零空间，即 $\boldsymbol{\Gamma}_n^{\perp}\boldsymbol{\Gamma}_n = \mathbf{0}$。

根据式(3.58)、式(3.61)和式(3.63)可得

$$\boldsymbol{U}_2^{\mathrm{T}} = \begin{bmatrix} -\boldsymbol{\Gamma}_n^{\perp} \boldsymbol{H}_{u,n} & \boldsymbol{\Gamma}_n^{\perp} \end{bmatrix} \in \mathbf{R}^{\left[(n+1)l_y - l_x\right] \times (n+1)\left(l_u + l_y\right)} \tag{3.64}$$

假设 3.5　$\boldsymbol{R}_{33}^0 \boldsymbol{Q}_3^0 \in \mathbf{R}^{(n+1)l_y \times N}$ 为行满秩矩阵。

根据文献[86]，由式(3.58)和式(3.63)可求出无故障情况下系统动态特性的均值为

$$E\left[\boldsymbol{H}_{e,n}\boldsymbol{e}_n^0 \left(\boldsymbol{H}_{e,n}\boldsymbol{e}_n^0\right)^{\mathrm{T}}\right] = \frac{1}{N}\boldsymbol{H}_{e,n}\boldsymbol{E}_{t,n}^0 \left(\boldsymbol{H}_{e,n}\boldsymbol{E}_{t,n}^0\right)^{\mathrm{T}} = \frac{1}{N}\boldsymbol{R}_{33}^0\boldsymbol{Q}_3^0\left(\boldsymbol{R}_{33}^0\boldsymbol{Q}_3^0\right)^{\mathrm{T}} \tag{3.65}$$

其中，N 为一个较大的整数，且 $\boldsymbol{e}_n^0 = \begin{bmatrix} \boldsymbol{w}_n^0 \\ \boldsymbol{v}_n^0 \end{bmatrix}$。

由式(3.65)，可得到 $\boldsymbol{\Gamma}_n^{\perp}\boldsymbol{y}_n^0 - \boldsymbol{\Gamma}_n^{\perp}\boldsymbol{H}_{u,n}\boldsymbol{u}_n^0$ 的协方差矩阵：

$$\boldsymbol{\Sigma}_n^0 = \frac{1}{N}\boldsymbol{\Gamma}_n^{\perp}\boldsymbol{R}_{33}^0\boldsymbol{Q}_3^0\left(\boldsymbol{\Gamma}_n^{\perp}\boldsymbol{R}_{33}^0\boldsymbol{Q}_3^0\right)^{\mathrm{T}} \tag{3.66}$$

由式(3.59)可知，矩阵 $\boldsymbol{U}_2^{\mathrm{T}}$ 和矩阵 $\boldsymbol{\Gamma}_n^{\perp}$ 均为行满秩矩阵。因此，假设 3.5 可以保证协方差矩阵 $\boldsymbol{\Sigma}_n^0$ 为正定矩阵。

给出故障时序的定义如下：

$$\boldsymbol{f}_n^i = \left[f^i(t), f^i(t+1), \cdots, f^i(t+n)\right]^{\mathrm{T}} \in \mathbf{R}^{n+1} \tag{3.67}$$

其中，$f^i(\varsigma)$ 有如下含义：

(1) 向量 $\boldsymbol{f}_a(\varsigma)$ 在 ς 时刻的第 i 个元素，且有 $\varsigma = t,\cdots,t+n$，$i = 1,\cdots,l_{f_a}$，即第 i

个执行器在 ς 时刻发生的故障；

(2) 向量 $\boldsymbol{f}_s(\varsigma)$ 在 ς 时刻的第 $i-l_{f_a}$ 个元素，且有 $\varsigma=t,\cdots,t+n$， $i=1+l_{f_a},\cdots,l_{f_s}+l_{f_a}$，即第 $i-l_{f_a}$ 个传感器在 ς 时刻发生的故障。

特别地， $\boldsymbol{f}_n^0\equiv\boldsymbol{0}$ 表示无故障的情况。

由式(3.50)和式(3.67)给出发生故障 i 时系统模型(3.48)的等价关系，并通过左乘 $\boldsymbol{\Gamma}_n^{\perp}$ 消去 $\boldsymbol{x}(k)$ 得到：

$$\boldsymbol{\Gamma}_n^{\perp}\boldsymbol{y}_n^i-\boldsymbol{\Gamma}_n^{\perp}\boldsymbol{H}_{u,n}\boldsymbol{u}_n^i=\boldsymbol{\Gamma}_n^{\perp}\boldsymbol{H}_{f,n}^i\boldsymbol{f}_n^i+\boldsymbol{\Gamma}_n^{\perp}\boldsymbol{H}_{e,n}\boldsymbol{e}_n^i \tag{3.68}$$

由式(3.48)和式(3.68)，得到发生故障 i 时，系统动态特性的均值和方差分别为

$$E\left[\boldsymbol{\Gamma}_n^{\perp}\boldsymbol{y}_n^i-\boldsymbol{\Gamma}_n^{\perp}\boldsymbol{H}_{u,n}\boldsymbol{u}_n^i\right]=E\left[\boldsymbol{\Gamma}_n^{\perp}\boldsymbol{H}_{f,n}^i\boldsymbol{f}_n^i+\boldsymbol{\Gamma}_n^{\perp}\boldsymbol{H}_{e,n}\boldsymbol{e}_n^i\right]=\boldsymbol{\Gamma}_n^{\perp}\boldsymbol{H}_{f,n}^i\boldsymbol{f}_n^i \tag{3.69}$$

$$\begin{aligned}&\operatorname{Var}\left[\left(\boldsymbol{\Gamma}_n^{\perp}\boldsymbol{y}_n^i-\boldsymbol{\Gamma}_n^{\perp}\boldsymbol{H}_{u,n}\boldsymbol{u}_n^i-E\left[\boldsymbol{\Gamma}_n^{\perp}\boldsymbol{y}_n^i-\boldsymbol{\Gamma}_n^{\perp}\boldsymbol{H}_{u,n}\boldsymbol{u}_n^i\right]\right)^2\right]\\&=E\left[\boldsymbol{\Gamma}_n^{\perp}\boldsymbol{H}_{e,n}\boldsymbol{e}_n^i\left(\boldsymbol{\Gamma}_n^{\perp}\boldsymbol{H}_{e,n}\boldsymbol{e}_n^i\right)^{\mathrm{T}}\right]\\&=\boldsymbol{\Sigma}_n^i\end{aligned} \tag{3.70}$$

由式(3.69)和式(3.70)可知，故障时序 $\boldsymbol{f}_n^i$ 只影响系统动态特性的均值而不影响其协方差矩阵。因此，对于不同的故障，其对应的动态特性的协方差矩阵不变。此时有

$$\boldsymbol{\Sigma}_n^i=\boldsymbol{\Sigma}_n^0=\boldsymbol{\Sigma},\quad i=1,\cdots,l_{f_a}+l_{f_s} \tag{3.71}$$

由上述分析可知，故障 i 发生时系统的动态特性服从均值为 $\boldsymbol{\Gamma}_n^{\perp}\boldsymbol{H}_{f,n}^i\boldsymbol{f}_n^i$、协方差矩阵为 $\boldsymbol{\Sigma}_n^i$ 的多维正态分布，即满足 $\boldsymbol{\Gamma}_n^{\perp}\boldsymbol{y}_n^i-\boldsymbol{\Gamma}_n^{\perp}\boldsymbol{H}_{u,n}\boldsymbol{u}_n^i\sim\mathcal{N}\left(\boldsymbol{\Gamma}_n^{\perp}\boldsymbol{H}_{f,n}^i\boldsymbol{f}_n^i,\boldsymbol{\Sigma}\right)$，其对应的概率密度函数可以表示为

$$\boldsymbol{p}_n^i:=p\left(\boldsymbol{\Gamma}_n^{\perp}\boldsymbol{y}_n^i-\boldsymbol{\Gamma}_n^{\perp}\boldsymbol{H}_{u,n}\boldsymbol{u}_n^i;\boldsymbol{\Gamma}_n^{\perp}\boldsymbol{H}_{f,n}^i\boldsymbol{f}_n^i\right) \tag{3.72}$$

由式(3.64)可得

$$\begin{aligned}\boldsymbol{\Gamma}_n^{\perp}\boldsymbol{H}_{f,n}&=\boldsymbol{\Gamma}_n^{\perp}\begin{bmatrix}\boldsymbol{H}_{u,n} & \boldsymbol{I}\end{bmatrix}\\&=\left[-\boldsymbol{U}_2^{\mathrm{T}}\left(:,1:(n+1)l_u\right)\quad \boldsymbol{U}_2^{\mathrm{T}}\left(:,(n+1)l_u+1:(n+1)\left(l_u+l_y\right)\right)\right]\end{aligned} \tag{3.73}$$

其中， $\boldsymbol{U}_2^{\mathrm{T}}(:,a:b)$ 表示矩阵 $\boldsymbol{U}_2^{\mathrm{T}}$ 中所有行的第 a 列至第 b 列元素所组成的矩阵。

由式(3.71)～式(3.73)可知，每一个故障都可以由一个多维正态分布表示，并且该多维正态分布的统计特性可由输入输出数据得到。

2. 系统诊断能力评价指标

根据前面的分析结果，可以通过对比不同故障发生时系统动态特征的差异程度来量化故障的可诊断性。因此，给出不同故障之间的诊断能力评价指标。

定义 3.14　给定系统(3.50)与无故障情况下的输入数据 $\boldsymbol{u}^0(t-n-1),\cdots,\boldsymbol{u}^0(t+n+N-1)$ 及输出数据 $\boldsymbol{y}^0(t-n-1),\cdots,\boldsymbol{y}^0(t+n+N-1)$，故障时序分别为 $\boldsymbol{f}_n^i$ 和 $\boldsymbol{f}_n^j$ 的故障 i 和故障 j 的诊断能力评价值为

$$\mathcal{D}_{i,j}\left(\boldsymbol{f}_n^i,\boldsymbol{f}_n^j\right)=K\left(\boldsymbol{p}_n^i\middle\|\boldsymbol{p}_n^j\right) \tag{3.74}$$

诊断能力评价值 $\mathcal{D}_{i,j}\left(\boldsymbol{f}_n^i,\boldsymbol{f}_n^j\right)$ 越小，表示将故障 i 从故障 j 中隔离的难度越大。

值得注意的是，评价指标(3.74)仅可用于量化分析故障 i 和故障 j 在具体故障时序下的可诊断性，因此特别适合于分析常值故障的检测难度以及不同常值故障之间的隔离难度。然而，由于非常值故障幅值的不断变化，不同故障的具体故障时序下的对比结果较为片面，即无法对故障进行全面的分析。因此，需要提出一种可以综合分析故障特征的可诊断性指标。

首先，令 $\mathcal{F}^i$ 表示第 i 个故障的故障模式，用于表征故障 i 的发生。相应地，$\mathcal{F}^0$ 表示无故障的情况。根据式(3.72)，每一个具体的故障均可用一个多维随机分布的概率密度表示。基于此，给出用于描述故障模式的多维随机分布的概率密度集合如下所示：

$$\begin{aligned}\mathcal{P}^i&=\left\{p\left(\boldsymbol{\Gamma}_n^{\perp}\boldsymbol{y}_n^i-\boldsymbol{\Gamma}_n^{\perp}\boldsymbol{H}_{u,n}\boldsymbol{u}_n^i;\boldsymbol{\Gamma}_n^{\perp}\boldsymbol{H}_{f,n}^i\boldsymbol{f}_n^i\right)\middle|\forall\boldsymbol{f}_n^i\in\mathcal{F}_n^i\right\}\\&=\left\{\boldsymbol{p}_n^i\middle|\forall\boldsymbol{f}_n^i\in\mathcal{F}_n^i\right\}\end{aligned} \tag{3.75}$$

其中，$\mathcal{F}_n^i$ 表示对应于第 i 个故障模式的所有故障时序 $\boldsymbol{f}_n^i$ 的集合。特别地，$\mathcal{P}^0$ 表示无故障情况下所对应的概率密度的集合，此时仅包含一个元素 $\boldsymbol{p}^0:=p\left(\boldsymbol{\Gamma}_n^{\perp}\boldsymbol{y}_n^0-\boldsymbol{\Gamma}_n^{\perp}\boldsymbol{H}_{u,n}\boldsymbol{u}_n^0;\boldsymbol{0}\right)$。

根据上述给出的相关定义，给出具体故障与故障模式之间的诊断能力评价指标的数据驱动形式的定义。

定义 3.15　给定系统(3.50)与无故障情况下的输入数据 $\boldsymbol{u}^0(t-n-1),\cdots,\boldsymbol{u}^0(t+n+N-1)$ 及输出数据 $\boldsymbol{y}^0(t-n-1),\cdots,\boldsymbol{y}^0(t+n+N-1)$，故障时序为 $\boldsymbol{f}_n^i$ 的故

障 i 与故障模式 $\mathcal{F}^j$ 的诊断能力评价值为

$$\mathcal{D}_{i,j}\left(\boldsymbol{f}_n^i\right)=\min_{\boldsymbol{p}_n^j\in\mathcal{P}^j} K\left(\boldsymbol{p}_n^i\middle\|\boldsymbol{p}_n^j\right) \tag{3.76}$$

通过对比诊断能力评价值(3.74)和(3.76)可知，$\mathcal{D}_{i,j}\left(\boldsymbol{f}_n^i\right)$ 考虑的是故障诊断的最坏情况，即故障 i 与故障模式 $\mathcal{F}^j$ 所对应的系统动态特征之间的最小相似程度，因此该指标更加具有保守性，另外，该指标可以更全面地对系统故障的诊断性能进行分析。

3. 诊断能力评价的数据驱动实现方法

根据假设 3.5，系统协方差矩阵为正定矩阵。为了有效地简化诊断能力评价指标的计算，对动态系统的协方差矩阵进行 Cholesky 分解：

$$\boldsymbol{\Sigma}=\frac{1}{N}\boldsymbol{\Gamma}_n^{\perp}\boldsymbol{R}_{33}^0\boldsymbol{Q}_3^0\left(\boldsymbol{\Gamma}_n^{\perp}\boldsymbol{R}_{33}^0\boldsymbol{Q}_3^0\right)^{\mathrm{T}}=\boldsymbol{L}\boldsymbol{L}^{\mathrm{T}} \tag{3.77}$$

对式(3.68)两边同时左乘矩阵 $\boldsymbol{L}^{-1}$ 可得

$$\boldsymbol{L}^{-1}\boldsymbol{\Gamma}_n^{\perp}\boldsymbol{y}_n^i-\boldsymbol{L}^{-1}\boldsymbol{\Gamma}_n^{\perp}\boldsymbol{H}_{u,n}\boldsymbol{u}_n^i=\boldsymbol{L}^{-1}\boldsymbol{\Gamma}_n^{\perp}\boldsymbol{H}_{f,n}^i\boldsymbol{f}_n^i+\boldsymbol{L}^{-1}\boldsymbol{\Gamma}_n^{\perp}\boldsymbol{H}_{e,n}\boldsymbol{e}_n^i \tag{3.78}$$

由式(3.77)可知，式(3.78)等号左边服从均值为 $\boldsymbol{L}^{-1}\boldsymbol{\Gamma}_n^{\perp}\boldsymbol{H}_{f,n}^i\boldsymbol{f}_n^i$、方差为单位矩阵的多维正态分布，即

$$\boldsymbol{L}^{-1}\boldsymbol{\Gamma}_n^{\perp}\boldsymbol{y}_n^i-\boldsymbol{L}^{-1}\boldsymbol{\Gamma}_n^{\perp}\boldsymbol{H}_{u,n}\boldsymbol{u}_n^i\sim\mathcal{N}\left(\boldsymbol{L}^{-1}\boldsymbol{\Gamma}_n^{\perp}\boldsymbol{H}_{f,n}^i\boldsymbol{f}_n^i,\boldsymbol{I}\right) \tag{3.79}$$

由文献[59]可知，$K(\boldsymbol{p}\|\boldsymbol{q})=K\left(\boldsymbol{L}^{-1}\boldsymbol{p}\middle\|\boldsymbol{L}^{-1}\boldsymbol{q}\right)$。因此，左乘可逆矩阵 $\boldsymbol{L}^{-1}$ 不会改变评价值 $\mathcal{D}_{i,j}\left(\boldsymbol{f}_n^i,\boldsymbol{f}_n^j\right)$ 和 $\mathcal{D}_{i,j}\left(\boldsymbol{f}_n^i\right)$ 的计算结果。因此，式(3.74)和式(3.76)可分别改写为

$$\mathcal{D}_{i,j}\left(\boldsymbol{f}_n^i,\boldsymbol{f}_n^j\right)=\frac{1}{2}\left\|\boldsymbol{F}^i\boldsymbol{f}_n^i-\boldsymbol{F}^j\boldsymbol{f}_n^j\right\|^2 \tag{3.80}$$

$$\mathcal{D}_{i,j}\left(\boldsymbol{f}_n^i\right)=\min_{\boldsymbol{f}_n^j\in\mathcal{F}^j}\frac{1}{2}\left\|\boldsymbol{F}^i\boldsymbol{f}_n^i-\boldsymbol{F}^j\boldsymbol{f}_n^j\right\|^2 \tag{3.81}$$

其中，$\boldsymbol{F}^{\tau}=\boldsymbol{L}^{-1}\boldsymbol{\Gamma}_n^{\perp}\boldsymbol{H}_{f,n}^{\tau}$，$\tau=i,j$。

根据式(3.73)，$\boldsymbol{F}^{\tau}$ 中的矩阵 $\boldsymbol{\Gamma}_n^{\perp}\boldsymbol{H}_{f,n}^{\tau}$ 由矩阵 $\boldsymbol{\Gamma}_n^{\perp}\boldsymbol{H}_{f,n}$ 中对应于 $\boldsymbol{f}_n^{\tau}$ 的列所构成。因此，诊断能力评价值 $\mathcal{D}_{i,j}\left(\boldsymbol{f}_n^i,\boldsymbol{f}_n^j\right)$ 可直接通过输入输出数据得到。相比而言，由于计算评价值 $\mathcal{D}_{i,j}\left(\boldsymbol{f}_n^i\right)$ 时需要求解最优问题，因此需要对该指标的基于数据驱动的计算方法进行进一步的研究。

文献[8]中的定理 1 提出了一种适用于指标(3.81)计算的方法。该方法在计算的过程中需要求取矩阵 $\begin{bmatrix}\boldsymbol{\Gamma}_n & \boldsymbol{H}_{f,n}^j\end{bmatrix}$，$j=1,\cdots,l_u+l_y$ 的左零空间的正交基。然而，在本节所研究的情况下，矩阵 $\boldsymbol{\Gamma}_n$ 和 $\boldsymbol{H}_{f,n}$ 是未知的。因此，在参数未知的情况下，已有的算法无法直接应用于诊断能力评价指标的计算。研究者已提出大量可用于辨识矩阵 $\boldsymbol{\Gamma}_n$ 和 $\boldsymbol{H}_{f,n}$ 的方法[85]。因此，可以根据已有方法辨识所需矩阵，给出指标(3.81)的计算结果。然而，辨识矩阵 $\boldsymbol{\Gamma}_n$ 和 $\boldsymbol{H}_{f,n}$ 需要进行额外的计算。为了降低评价所需计算量，可利用伪逆的方法求解诊断能力评价值。与已有方法不同，所提出的计算方法仅需用到已辨识矩阵 $\boldsymbol{\Gamma}_n^{\perp}\boldsymbol{H}_{f,n}$。

根据文献[61]，式(3.81)可改写为

$$\begin{aligned}\mathcal{D}_{i,j}\left(\boldsymbol{f}_n^i\right) &= \min_{\boldsymbol{f}_n^j\in\mathcal{F}^j}\frac{1}{2}\left\|\boldsymbol{F}^i\boldsymbol{f}_n^i-\boldsymbol{F}^j\boldsymbol{f}_n^j\right\|^2\\ &=\frac{1}{2}\left\|\boldsymbol{F}^i\boldsymbol{f}_n^i-\boldsymbol{F}^j\left(\boldsymbol{F}^j\right)^{+}\boldsymbol{F}^i\boldsymbol{f}_n^i\right\|^2\end{aligned}\tag{3.82}$$

根据式(3.73)、式(3.80)和式(3.81)，系统诊断能力评价值可根据数据驱动的方法由已辨识的矩阵直接求得。给出基于无故障数据的诊断能力评价的数据驱动方法实现步骤如下。

步骤 1：收集无故障的输入、输出数据，构建矩阵 $\boldsymbol{U}_{t-n-1,n}^0,\boldsymbol{Y}_{t-n-1,n}^0,\boldsymbol{U}_{t,n}^0,\boldsymbol{Y}_{t,n}^0$；

步骤 2：根据式(3.56)对输入输出数据进行 QR 分解；

步骤 3：根据式(3.59)对 QR 分解结果进行奇异值分解得到 $\boldsymbol{U}_2$；

步骤 4：根据式(3.64)计算矩阵 $\boldsymbol{\Gamma}_n^{\perp}\boldsymbol{H}_{u,n}$ 和 $\boldsymbol{\Gamma}_n^{\perp}$；

步骤 5：根据式(3.66)计算系统动态特征的不变协方差矩阵 $\boldsymbol{\Sigma}$；

步骤 6：根据式(3.77)对协方差矩阵进行 Cholesky 分解得到 $\boldsymbol{L}^{-1}$；

步骤 7：$\boldsymbol{L}^{-1}\boldsymbol{\Gamma}_n^{\perp}\boldsymbol{H}_{f,n}=\boldsymbol{L}^{-1}\left[-\boldsymbol{U}_2^{\mathrm{T}}\left(:,1:(n+1)l_u\right)\quad \boldsymbol{U}_2^{\mathrm{T}}\left(:,(n+1)l_u+1:(n+1)\left(l_u+l_y\right)\right)\right]$；

步骤 8：根据式(3.80)和式(3.82)计算诊断能力评价值 $\mathcal{D}_{i,j}\left(\boldsymbol{f}_n^i,\boldsymbol{f}_n^j\right)$ 和 $\mathcal{D}_{i,j}\left(\boldsymbol{f}_n^i\right)$。

式(3.80)和式(3.81)中的故障时序 $\boldsymbol{f}_n^i\left(i=1,\cdots,l_u+l_y\right)$ 是根据不同故障的重要

性选择的。除此之外，上述分析仅使用了无故障情况下的测量数据。若在系统运行中，已经积累了一定程度的故障数据，那么可以根据故障数据对可诊断性进行进一步分析，从而有效地调整航天器控制系统的故障诊断方法。因此，接下来将给出基于故障数据的诊断能力评价指标。可以利用最大似然估计方法对故障情况下的可用输入输出数据进行处理，估计出对应的故障时序向量，从而求取相应的诊断能力评价值。根据定义(3.80)以及动态特征的协方差矩阵的不变性，利用所估计的故障时序向量代替所选择的故障时序向量，得到对应的系统诊断能力评价值：

$$\mathcal{D}_{i,j}\left(\boldsymbol{\mu}^i,\boldsymbol{\mu}^j\right)=\frac{1}{2}\left\|\boldsymbol{\mu}^i-\boldsymbol{\mu}^j\right\|^2 \tag{3.83}$$

其中，$\boldsymbol{\mu}^\tau$ 为高斯随机向量 $\boldsymbol{L}^{-1}\boldsymbol{\Gamma}_n^{\perp}\boldsymbol{y}_n^\tau-\boldsymbol{L}^{-1}\boldsymbol{\Gamma}_n^{\perp}\boldsymbol{H}_{u,n}\boldsymbol{u}_n^\tau$ 的估计均值，$\tau=i,j$。

给出同时基于故障数据与无故障数据的诊断能力评价的数据驱动方法实现步骤如下。

步骤 1：收集无故障的输入、输出数据，构建矩阵 $\boldsymbol{U}_{t-n-1,n}^0$、$\boldsymbol{Y}_{t-n-1,n}^0$、$\boldsymbol{U}_{t,n}^0$、$\boldsymbol{Y}_{t,n}^0$；

步骤 2：根据式(3.56)对输入输出数据进行 QR 分解；

步骤 3：根据式(3.59)对 QR 分解结果进行奇异值分解得到 $\boldsymbol{U}_2$；

步骤 4：根据式(3.64)计算矩阵 $\boldsymbol{\Gamma}_n^{\perp}\boldsymbol{H}_{u,n}$ 和 $\boldsymbol{\Gamma}_n^{\perp}$；

步骤 5：根据式(3.66)计算系统动态特征的不变协方差矩阵 $\boldsymbol{\Sigma}$；

步骤 6：根据式(3.77)对协方差矩阵进行 Cholesky 分解得到 $\boldsymbol{L}^{-1}$；

步骤 7：根据文献[87]估计 $\boldsymbol{L}^{-1}\boldsymbol{\Gamma}_n^{\perp}\boldsymbol{y}_n^\tau-\boldsymbol{L}^{-1}\boldsymbol{\Gamma}_n^{\perp}\boldsymbol{H}_{u,n}\boldsymbol{u}_n^\tau$ 的均值 $\boldsymbol{\mu}^\tau,\tau=i,j$；

步骤 8：根据式(3.83)计算诊断能力评价值 $\mathcal{D}_{i,j}\left(\boldsymbol{\mu}^i,\boldsymbol{\mu}^j\right)$。

注 3.9　为了保证估计结果的精确性，上述步骤更适用于带有未知常值故障的航天器控制系统的可诊断性分析。

3.4.3　仿真算例

本节以卫星姿态控制系统为例，验证所提出的评价方法的有效性。

线性化后的系统方程如下：

$$\begin{cases}I_x\ddot{\varphi}+\left(I_y-I_z-I_x\right)\omega_0\dot{\psi}+\left(I_y-I_z\right)\omega_0^2\varphi=u_x\\ I_y\ddot{\theta}=u_y\\ I_z\ddot{\psi}-\left(I_y-I_z-I_x\right)\omega_0\dot{\varphi}+\left(I_y-I_x\right)\omega_0^2\psi=u_z\end{cases} \tag{3.84}$$

其中，φ、θ 和 ψ 分别表示卫星的滚转角、俯仰角和偏航角；I_x、I_y 和 I_z 为卫星的本体主惯星；ω_0 为卫星的轨道角速度；u_x、u_y 和 u_z 为卫星所受控制力矩。

定义状态变量为 $\boldsymbol{x}=\left[\varphi,\dot{\varphi},\theta,\dot{\theta},\psi,\dot{\psi}\right]^{\mathrm{T}}$，控制变量为 $\boldsymbol{u}=\left[u_x,u_y,u_z\right]^{\mathrm{T}}$，观测量为 $\boldsymbol{y}=\left[\varphi,\dot{\varphi},\theta,\dot{\theta},\psi,\dot{\psi}\right]^{\mathrm{T}}$，则方程(3.84)可改写为

$$\begin{aligned}\dot{\boldsymbol{x}}(t)&=\boldsymbol{A}\boldsymbol{x}(t)+\boldsymbol{B}\boldsymbol{u}(t)+\boldsymbol{w}(t)\\ \boldsymbol{y}(t)&=\boldsymbol{C}\boldsymbol{x}(t)+\boldsymbol{D}\boldsymbol{u}(t)+\boldsymbol{v}(t)\end{aligned}\tag{3.85}$$

其中，$\boldsymbol{A}=\begin{bmatrix}0&1&0&0&0&0\\ M_{21}&0&0&0&0&M_{26}\\ 0&0&0&1&0&0\\ 0&0&0&0&0&0\\ 0&0&0&0&0&1\\ 0&M_{62}&0&0&M_{65}&0\end{bmatrix}$，$\boldsymbol{B}=\begin{bmatrix}0&0&0\\ 0&0&I_x^{-1}\\ 0&0&0\\ 0&I_y^{-1}&0\\ 0&0&0\\ I_z^{-1}&0&0\end{bmatrix}$，$\boldsymbol{C}=\boldsymbol{I}_6$，$\boldsymbol{D}=\boldsymbol{0}_{3\times3}$，$M_{21}=I_x^{-1}\left(I_z-I_y\right)\omega_0^2$，$M_{26}=I_x^{-1}\left(I_x+I_z-I_y\right)\omega_0$，$M_{62}=I_z^{-1}\left(I_y-I_x-I_z\right)\omega_0$，$M_{65}=I_z^{-1}\left(I_x-I_y\right)\omega_0^2$，且有 $I_x=609\mathrm{kg}\cdot\mathrm{m}^2$，$I_y=659\mathrm{kg}\cdot\mathrm{m}^2$，$I_z=401\mathrm{kg}\cdot\mathrm{m}^2$，$\omega_0=0.0667(^\circ)/\mathrm{s}$。

配备 4 个反作用轮组件，4 个反作用轮呈金字塔形安装，安装矩阵为 $\begin{bmatrix}\frac{\sqrt{3}}{3}&-\frac{\sqrt{3}}{3}&\frac{\sqrt{3}}{3}&-\frac{\sqrt{3}}{3}\\ -\frac{\sqrt{3}}{3}&-\frac{\sqrt{3}}{3}&\frac{\sqrt{3}}{3}&\frac{\sqrt{3}}{3}\\ \frac{\sqrt{3}}{3}&\frac{\sqrt{3}}{3}&\frac{\sqrt{3}}{3}&\frac{\sqrt{3}}{3}\end{bmatrix}$。

令 u_1、u_2、u_3 和 u_4 表示动量轮的输入，$\left[y_1,y_2,y_3,y_4,y_5,y_6\right]:=\left[\varphi,\dot{\varphi},\theta,\dot{\theta},\psi,\dot{\psi}\right]$ 为卫星姿态控制系统传感器的输出。令 $n=3$，$N=4000$，$l_{f_a}=0$，$l_{f_s}=l_y=6$，给出卫星姿态控制系统无故障情况下的输入数据 u_1、u_2、u_3、u_4 和输出数据 y_1、y_2、y_3、y_4、y_5 和 y_6 如图 3.8～图 3.10 所示。

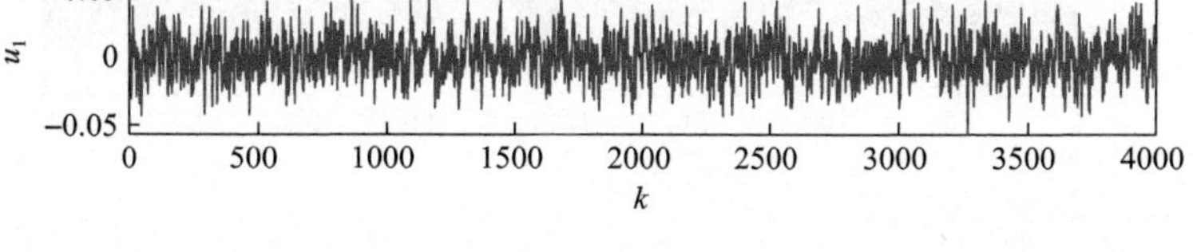

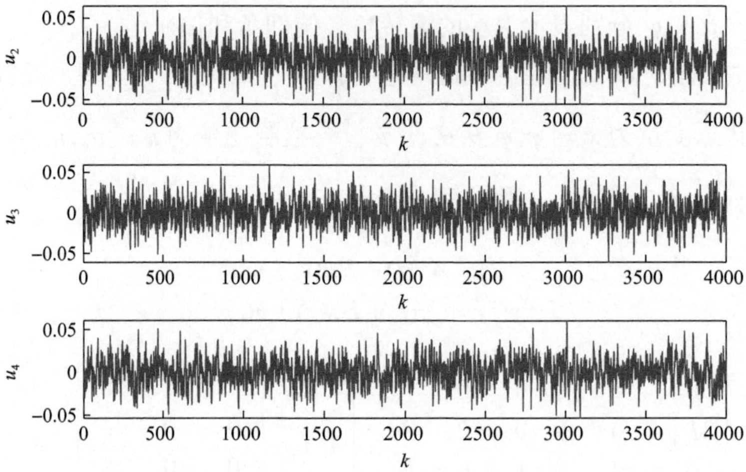

图 3.8　卫星姿态控制系统无故障情况下的输入数据 u_1 、 u_2 、 u_3 和 u_4

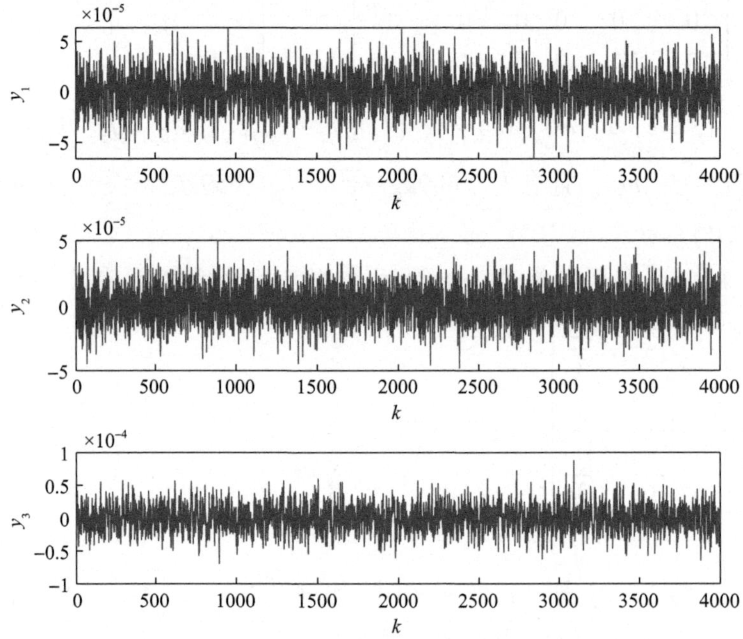

图 3.9　卫星姿态控制系统无故障情况下的输出数据 y_1 、 y_2 和 y_3

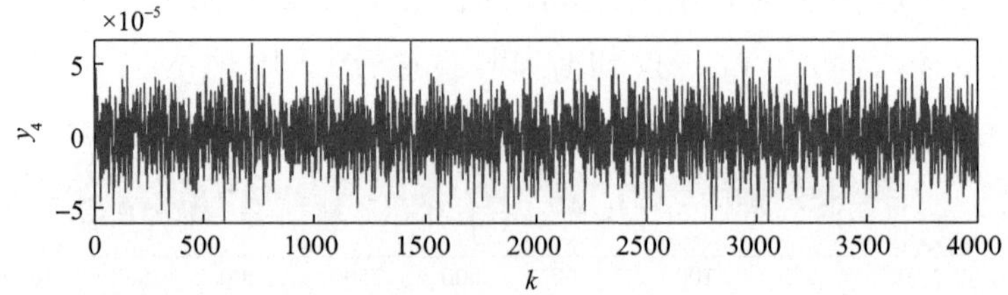

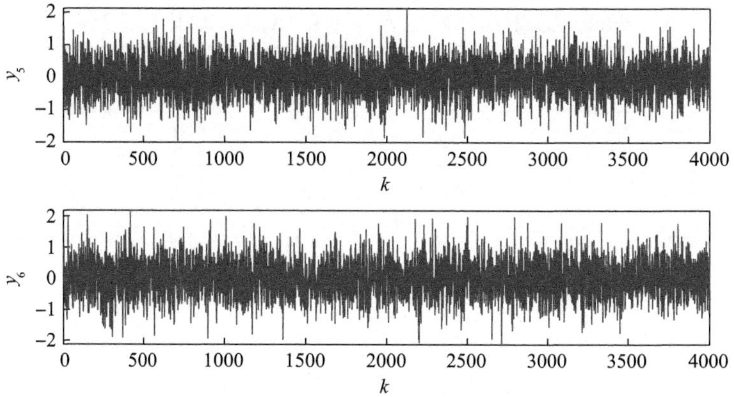

图 3.10　卫星姿态控制系统无故障情况下的输出数据 y_4、y_5 和 y_6

考虑航天器控制系统传感器发生幅值为 0.1 的常值故障，此时，故障时序为 $\boldsymbol{f}_n^i=[0.1,0.1,0.1,0.1]^{\mathrm{T}}\ (i=1,2,\cdots,6)$。根据图 3.8～图 3.10，矩阵 $\boldsymbol{R}_{33}^0\boldsymbol{Q}_3^0$ 为行满秩矩阵，即 $\mathrm{Rank}\left(\boldsymbol{R}_{33}^0\boldsymbol{Q}_3^0\right)=24$。根据算法 3.1，可以得到 $n=3$、$N=4000$ 以及时间序列为 $\boldsymbol{f}_n^i=[0.1,0.1,0.1,0.1]^{\mathrm{T}}\ (i=1,2,\cdots,6)$ 时诊断能力评价值 $\mathcal{D}_{i,j}\left(\boldsymbol{f}_n^i,\boldsymbol{f}_n^j\right)$ 和 $\mathcal{D}_{i,j}\left(\boldsymbol{f}_n^i\right)$，如表 3.9 和表 3.10 所示。

表 3.9 中，“0” 表示故障 f^i 与故障 f^j (或故障模式 $\mathcal{F}_j$) 是不可隔离的。同时，诊断能力评价值越小，表示将两者隔离的难度越大。例如，将故障 f^4 从故障模式 $\mathcal{F}^1$ 中隔离的难度小于从故障 f^3 从故障模式 $\mathcal{F}^1$ 中隔离的难度 $(1.1256<1.6757)$。除此之外，由表 3.9 和表 3.10 可知，诊断能力评价值 $\mathcal{D}_{i,j}\left(\boldsymbol{f}_n^i,\boldsymbol{f}_n^j\right)$ 具有对称性而

表 3.9　$n=3$、$N=4000$ 以及时间序列为 $\boldsymbol{f}_n^i=[0.1,0.1,0.1,0.1]^{\mathrm{T}}$ 时诊断能力评价值 $\mathcal{D}_{i,j}\left(\boldsymbol{f}_n^i,\boldsymbol{f}_n^j\right)$

f^i	$\mathcal{D}_{i,j}\left(\boldsymbol{f}_n^i,\boldsymbol{f}_n^j\right)(\times 10^8)$						
	f^0	f^1	f^2	f^3	f^4	f^5	f^6
f^1	0.8818	0	1.9382	1.1256	1.6757	0.8818	0.8818
f^2	1.0178	1.9382	0	1.2929	1.7530	1.0178	1.0178
f^3	0.1831	1.1256	1.2929	0	1.7393	0.1831	0.1831
f^4	0.8152	1.6757	1.7530	1.7393	0	0.8152	0.8152
f^5	0	0.8818	1.0178	0.1831	0.8152	0	0
f^6	0	0.8818	1.0178	0.1831	0.8152	0	0

表 3.10　$n=3$、$N=4000$ 以及时间序列为 $\boldsymbol{f}_n^i=[0.1,0.1,0.1,0.1]^{\mathrm{T}}$ 时诊断能力评价值 $\mathcal{D}_{i,j}\left(\boldsymbol{f}_n^i\right)$

f^i	$\mathcal{D}_{i,j}\left(\boldsymbol{f}_n^i\right)(\times 10^8)$						
	$\mathcal{F}^0$	$\mathcal{F}^1$	$\mathcal{F}^2$	$\mathcal{F}^3$	$\mathcal{F}^4$	$\mathcal{F}^5$	$\mathcal{F}^6$
f^1	0.8818	0	0.8694	0.8725	0.8809	0.8009	0.7826
f^2	1.0178	1.0148	0	1.0031	1.0155	0.9594	0.9890
f^3	0.1831	0.1806	0.1774	0	0.0126	0.1701	0.1776
f^4	0.8152	0.8134	0.8077	0.0450	0	0.7531	0.8068
f^5	0	0	0	0	0	0	0
f^6	0	0	0	0	0	0	0

$\mathcal{D}_{i,j}\left(\boldsymbol{f}_n^i\right)$不具有对称性，即$\mathcal{D}_{i,j}\left(\boldsymbol{f}_n^i,\boldsymbol{f}_n^j\right)=\mathcal{D}_{i,j}\left(\boldsymbol{f}_n^j,\boldsymbol{f}_n^i\right)$而$\mathcal{D}_{i,j}\left(\boldsymbol{f}_n^i\right)\neq\mathcal{D}_{i,j}\left(\boldsymbol{f}_n^j\right)$，相同的结论也可以通过式(3.80)和式(3.81)得到。值得注意的是，具体故障与故障模式之间的诊断能力评价值考虑的是将故障f^i从故障模式$\mathcal{F}^j$中隔离的最坏情况，因此有$\mathcal{D}_{i,j}\left(\boldsymbol{f}_n^i,\boldsymbol{f}_n^j\right)\geqslant\mathcal{D}_{i,j}\left(\boldsymbol{f}_n^i\right)$。由表 3.9 和表 3.10 得到可以相同的结论。

为了验证所提出评价指标的可靠性与有效性，本节利用文献[86]所提出的基于数据驱动的故障检测方法对分析结果进行验证。一共收集了该姿态系统 10000 个时刻的输入输出数据，其中，在不同时刻分别注入如下故障：

$$
\boldsymbol{f}_n(t)=\begin{cases}[0.1,0,0,0,0,0]^{\mathrm{T}}, & 2001\leqslant t\leqslant 2500\\ [0,0.1,0,0,0,0]^{\mathrm{T}}, & 3001\leqslant t\leqslant 3500\\ [0,0,0.1,0,0,0]^{\mathrm{T}}, & 4001\leqslant t\leqslant 4500\\ [0,0,0,0.1,0,0]^{\mathrm{T}}, & 5001\leqslant t\leqslant 5500\end{cases}
$$

得到卫星姿态控制系统传感器故障的检测结果如图 3.11 所示。

由图 3.11 可知，故障时序 $\boldsymbol{f}_n^i\ (i=1,2,3,4)$ 均可检测，而 $\boldsymbol{f}_n^5$ 和 $\boldsymbol{f}_n^6$ 对诊断系统残差的影响则淹没在噪声中，导致故障无法检测。相同的结果可以由表 3.9 和表 3.10 得到，即 $\mathcal{D}_{i,j}\left(\boldsymbol{f}_n^{\tau}\right)\neq 0$，$\tau=1,2,3,4$，而 $\mathcal{D}_{i,j}\left(\boldsymbol{f}_n^{\tau}\right)=0$，$\tau=5,6$。此外，由图 3.11 可以看出，对于可检测的故障，故障检测的难度由高到低排序为 $f^3>f^4>f^1>f^2$，对应于表 3.9 和表 3.10 中 $\mathcal{D}_{i,j}\left(\boldsymbol{f}_n^2\right)>\mathcal{D}_{i,j}\left(\boldsymbol{f}_n^1\right)>\mathcal{D}_{i,j}\left(\boldsymbol{f}_n^4\right)>\mathcal{D}_{i,j}\left(\boldsymbol{f}_n^3\right)$。

综上所述，对于该卫星姿态控制系统，故障检测结果与分析结果相同。

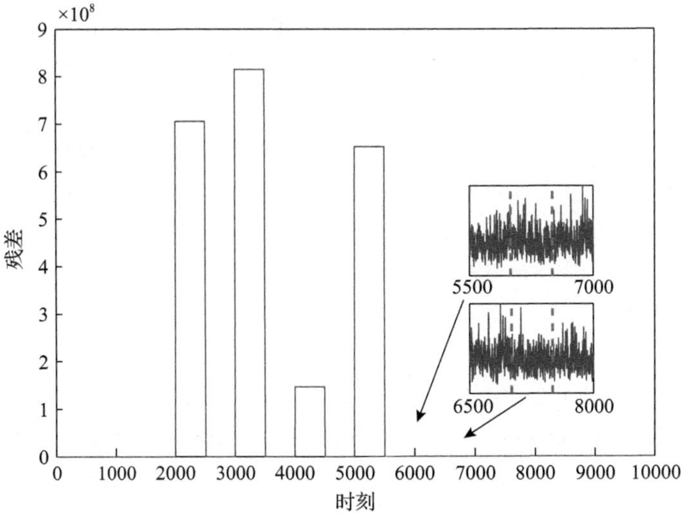

图 3.11　卫星姿态控制系统传感器故障的检测结果

3.5　本章小结

本章归纳了可诊断性理论方法的研究现状，针对航天器功能结构复杂、资源受限和运行环境恶劣的特点，以航天器控制系统为研究对象，分析了未知输入、测量受限和系统参数缓变等因素对系统诊断能力的影响，深入研究了航天器控制系统可诊断性的量化评价方法，给出了系统诊断能力的判定和量化准则，可为实现航天器自主故障诊断提供理论支撑。

参考文献

[1] Ding S X. Model-based Fault Diagnosis Techniques: Design Schemes, Algorithms, and Tools. Leipzig: Springer Science & Business Media, 2008.

[2] Zhao D, Ahn C K, Paszke W, et al. Fault diagnosability analysis of two-dimensional linear discrete systems. IEEE Transactions on Automatic Control, 2020, 66(2): 826-832.

[3] Del Gobbo D, Napolitano M R. Issues in fault detectability for dynamic systems. Proceedings of the 2000 American Control Conference, Chicago, 2000: 3203-3207.

[4] Kóscielny J M, Syfert M, Rostek K, et al. Fault isolability with different forms of the faults-symptoms relation. International Journal of Applied Mathematics and Computer Science, 2016, 26(4): 815-826.

[5] Krysander M, Heintz F, Roll J, et al. FlexDx: A reconfigurable diagnosis framework. Engineering Applications of Artificial Intelligence, 2010, 23(8): 1303-1313.

[6] Nyberg M, Frisk E. Residual generation for fault diagnosis of systems described by linear differential-algebraic equations. IEEE Transactions on Automatic Control, 2006, 51(12): 1995-2000.

[7] Ding Y, Shi J J, Ceglarek D. Diagnosability analysis of multi-station manufacturing processes. Journal of Dynamic Systems, Measurement, and Control, 2002, 124(1): 1-13.

[8] Eriksson D, Frisk E, Krysander M. A method for quantitative fault diagnosability analysis of stochastic linear descriptor models. Automatica, 2013, 49(6): 1591-1600.

[9] Fu F Z, Wang D Y, Li W B, et al. Evaluation of fault diagnosability for dynamic systems with unknown uncertainties. IEEE Access, 2018, 6: 16737-16745.

[10] Fu F Z, Wang D Y, Liu P, et al. Evaluation of fault diagnosability for networked control systems subject to missing measurements. Journal of the Franklin Institute, 2018, 355(17): 8766-8779.

[11] Chow E, Willsky A. Analytical redundancy and the design of robust failure detection systems. IEEE Transactions on Automatic Control, 1984, 29(7): 603-614.

[12] Gertler J. Analytical redundancy methods in fault detection and isolation-survey and synthesis. IFAC Proceedings Volumes, 1991, 24(6): 9-21.

[13] Fu F Z, Wang D Y, Ding S X, et al. Fault identifiability analysis of linear discrete time-varying systems. IEEE Transactions on Circuits and Systems I: Regular Papers, 2019, 66(6): 2371-2381.

[14] Zhang X D, Parisini T, Polycarpou M M. Sensor bias fault isolation in a class of nonlinear systems. IEEE Transactions on Automatic Control, 2005, 50(3): 370-376.

[15] Zhang X D. Sensor bias fault detection and isolation in a class of nonlinear uncertain systems using adaptive estimation. IEEE Transactions on Automatic Control, 2011, 56(5): 1220-1226.

[16] Ferrari R M G, Parisini T, Polycarpou M M. Distributed fault detection and isolation of large-scale discrete-time nonlinear systems: An adaptive approximation approach. IEEE Transactions on Automatic Control, 2011, 57(2): 275-290.

[17] Peng X F, Lin L X, Zhong X Y, et al. Methods for fault diagnosability analysis of a class of affine nonlinear systems. Mathematical Problems in Engineering, 2015, 2015(1): 1-6.

[18] Xing Z R, Xia Y Q. Evaluation and design of actuator fault diagnosability for nonlinear affine uncertain systems with unknown indeterminate inputs. International Journal of Adaptive Control and Signal Processing, 2017, 31(1): 122-137.

[19] Staroswiecki M, Comtet-Varga G. Analytical redundancy relations for fault detection and isolation in algebraic dynamic systems. Automatica, 2001, 37(5): 687-699.

[20] Verdière N, Orange S. Diagnosability and detectability of multiple faults in nonlinear models. Journal of Process Control, 2018, 69: 1-7.

[21] Liu Z T, Ahmed Q, Zhang J Y, et al. Structural analysis based sensors fault detection and

isolation of cylindrical lithium-ion batteries in automotive applications. Control Engineering Practice, 2016, 52: 46-58.

[22] Cruz-Victoria J C, Martínez-Guerra R, Rincón-Pasaye J J. On nonlinear systems diagnosis using differential and algebraic methods. Journal of the Franklin Institute, 2008, 345(2): 102-118.

[23] Venkatasubramanian V, Rengaswamy R, Yin K W, et al. A review of process fault detection and diagnosis: Part I: Quantitative model-based methods. Computers & Chemical Engineering, 2003, 27(3): 293-311.

[24] Verdière N, Jauberthie C, Travé-Massuyès L. Functional diagnosability and detectability of nonlinear models based on analytical redundancy relations. Journal of Process Control, 2015, 35: 1-10.

[25] Escobet T, Bregon A, Pulido B, et al. Fault Diagnosis of Dynamic Systems. Cham: Springer Nature Switzerland AG, 2019.

[26] Verdière N, Orange S. A systematic approach for doing an a priori identifiability study of dynamical nonlinear models. Mathematical Biosciences, 2019, 308: 105-113.

[27] Venkatasubramanian V, Rengaswamy R, Kavuri S N. A review of process fault detection and diagnosis: Part II: Qualitative models and search strategies. Computers & Chemical Engineering, 2003, 27(3): 313-326.

[28] Cabasino M P, Giua A, Seatzu C. Diagnosability of discrete-event systems using labeled Petri nets. IEEE Transactions on Automation Science and Engineering, 2013, 11(1): 144-153.

[29] Haar S, Benveniste A, Fabre E, et al. Partial order diagnosability of discrete event systems using Petri net unfoldings. The 42nd IEEE International Conference on Decision and Control, Maui, 2003: 3748-3753.

[30] Kościelny J M, Bartyś M, Rzepiejewski P, et al. Actuator fault distinguishability study for the DAMADICS benchmark problem. Control Engineering Practice, 2006, 14(6): 645-652.

[31] Mekki T, Triki S, Kamoun A. A qualitative approach to single fault isolation in switching systems. The 14th International Conference on Sciences and Techniques of Automatic Control & Computer Engineering, Sousse, 2013: 220-224.

[32] Pucel X, Mayer W, Stumptner M. Diagnosability analysis without fault models. The 20th International Workshop on Principles of Diagnosis, Stockholm, 2009: 67-74.

[33] Jiang Q C, Ding S X, Wang Y, et al. Data-driven distributed local fault detection for large-scale processes based on the GA-regularized canonical correlation analysis. IEEE Transactions on Industrial Electronics, 2017, 64(10): 8148-8157.

[34] Li L L, Ding S X, Yang Y, et al. A fault detection approach for nonlinear systems based on data-driven realizations of fuzzy kernel representations. IEEE Transactions on Fuzzy Systems, 2017, 26(4): 1800-1812.

[35] Wen L, Li X Y, Gao L, et al. A new convolutional neural network-based data-driven fault diagnosis method. IEEE Transactions on Industrial Electronics, 2017, 65(7): 5990-5998.

[36] Yin S, Xie X C, Sun W. A nonlinear process monitoring approach with locally weighted learning of available data. IEEE Transactions on Industrial Electronics, 2016, 64(2): 1507-1516.

[37] Dunia R, Qin S J. Subspace approach to multidimensional fault identification and reconstruction. AIChE Journal, 1998, 44(8): 1813-1831.

[38] Yue H H, Qin S J. Reconstruction-based fault identification using a combined index. Industrial & Engineering Chemistry Research, 2001, 40(20): 4403-4414.

[39] Ji H Q, He X, Shang J, et al. Incipient sensor fault diagnosis using moving window reconstruction-based contribution. Industrial & Engineering Chemistry Research, 2016, 55(10): 2746-2759.

[40] Isermann R. Process fault detection based on modeling and estimation methods: A survey. Automatica, 1984, 20(4): 387-404.

[41] Cui Y Q, Shi J Y, Wang Z L. System-level operational diagnosability analysis in quasi real-time fault diagnosis: The probabilistic approach. Journal of Process Control, 2014, 24(9): 1444-1453.

[42] Hua Y Z, Li Q D, Ren Z, et al. A data driven method for quantitative fault diagnosability evaluation. 2016 Chinese Control and Decision Conference, Yinchuan, 2016: 1890-1894.

[43] Liu J, Hua Y Z, Li Q D, et al. Fault diagnosability qualitative analysis of spacecraft based on temporal fault signature matrix. 2016 IEEE Chinese Guidance, Navigation and Control Conference, Nanjing, 2016: 1496-1500.

[44] Meskin N, Khorasani K. Fault Detection and isolation in a redundant reaction wheels configuration of a satellite. 2007 IEEE International Conference on Systems, Man and Cybernetics, Montreal, 2007: 3153-3158.

[45] Pirmoradi F N, Sassani F, de Silva C W. Fault detection and diagnosis in a spacecraft attitude determination system. Acta Astronautica, 2009, 65(5-6): 710-729.

[46] Nagesh I, Edwards C. A sliding mode observer based FDI scheme for a nonlinear satellite systems. 2011 IEEE International Conference on Control Applications, Denver, 2011: 159-164.

[47] 李文博, 王大铁, 刘成瑞. 动态系统实际故障可诊断性的量化评价研究. 自动化学报, 2015, 41(3): 497-507.

[48] Gao C Y, Zhao Q, Duan G R. Robust actuator fault diagnosis scheme for satellite attitude control systems. Journal of the Franklin Institute, 2013, 350(9): 2560-2580.

[49] Roychoudhury I, Biswas G, Koutsoukos X. Designing distributed diagnosers for complex continuous systems. IEEE Transactions on Automation Science and Engineering, 2009, 6(2): 277-290.

[50] 李文博, 王大轶, 刘成瑞. 一类非线性系统的故障可诊断性量化评价方法. 宇航学报, 2015, 36(4): 455-462.

[51] Zhong M Y, Song Y, Xue T, et al. Parity space-based fault detection by minimum error minimax probability machine. IFAC-PapersOnLine, 2018, 51(24): 1292-1297.

[52] Song Y, Zhong M Y, Xue T, et al. Parity space-based fault isolation using minimum error minimax probability machine. Control Engineering Practice, 2020, 95: 1-13.

[53] Zhong M Y, Liu C R, Zhou D H, et al. Probability analysis of fault diagnosis performance for satellite attitude control systems. IEEE Transactions on Industrial Informatics, 2019, 15(11): 5867-5876.

[54] Emami-Naeini A, Akhter M M, Rock S M. Effect of model uncertainty on failure detection: The threshold selector. IEEE Transactions on Automatic Control, 1988, 33(12): 1106-1115.

[55] Park T G, Lee K S, Ryu J S. Actuator fault estimation with disturbance decoupling. IEE Proceedings-Control Theory and Applications, 2000, 147(5): 501-508.

[56] Chen J, Patton R J. Optimal filtering and robust fault diagnosis of stochastic systems with unknown disturbances. IEE Proceedings-Control Theory and Applications, 1996, 143(1): 31-36.

[57] Zhong M Y, Ding S X, Han Q L, et al. Parity space-based fault estimation for linear discrete time-varying systems. IEEE Transactions on Automatic Control, 2010, 55(7): 1726-1731.

[58] Jung D, Khorasgani H, Frisk E, et al. Analysis of fault isolation assumptions when comparing model-based design approaches of diagnosis systems. IFAC-PapersOnLine, 2015, 48(21): 1289-1296.

[59] Kullback S, Leibler R A. On information and sufficiency. The Annals of Mathematical Statistics, 1951, 22(1): 79-86.

[60] Waltz R A, Morales J L, Nocedal J, et al. An interior algorithm for nonlinear optimization that combines line search and trust region steps. Mathematical Programming, 2006, 107(3): 391-408.

[61] Watkins D S. Fundamentals of matrix computations. Hoboken: John Wiley & Sons, 2004.

[62] 王雪梅, 刘文强, 邓自立. 带丢失观测和不确定噪声方差系统改进的鲁棒协方差交叉融合稳态 Kalman 滤波器. 控制理论与应用, 2016, 33(7): 973-979.

[63] Hounkpevi F O, Yaz E E. Robust minimum variance linear state estimators for multiple sensors with different failure rates. Automatica, 2007, 43(7): 1274-1280.

[64] Moayedi M, Foo Y K, Soh Y C. Adaptive Kalman filtering in networked systems with random sensor delays, multiple packet dropouts and missing measurements. IEEE Transactions on Signal Processing, 2010, 58(3): 1577-1588.

[65] Yan L P, Zhou D H, Fu M Y, et al. State estimation for asynchronous multirate multisensor

dynamic systems with missing measurements. IET Signal Processing, 2010, 4(6): 728-739.
[66] Yang X Q, Yin S. Variational Bayesian inference for FIR models with randomly missing measurements. IEEE Transactions on Industrial Electronics, 2017, 64(5): 4217-4225.
[67] Geng H, Liang Y, Zhang X J. Linear-minimum-mean-square-error observer for multi-rate sensor fusion with missing measurements. IET Control Theory & Applications, 2014, 8(14): 1375-1383.
[68] Hu J, Wang Z D, Alsaadi F E, et al. Event-based filtering for time-varying nonlinear systems subject to multiple missing measurements with uncertain missing probabilities. Information Fusion, 2017, 38: 74-83.
[69] Saif M, Liu B, Fan H. Stabilisation and control of a class of discretetime nonlinear stochastic output-dependent system with random missing measurements. International Journal of Control, 2017, 90(8): 1678-1687.
[70] Chen B, Yu L, Zhang W A, et al. Robust information fusion estimator for multiple delay-tolerant sensors with different failure rates. IEEE Transactions on Circuits and Systems I: Regular Papers, 2013, 60(2): 401-414.
[71] Hadidi M, Schwartz S. Linear recursive state estimators under uncertain observations. IEEE Transactions on Automatic Control, 1979, 24(6): 944-948.
[72] Wang Z D, Yang F W, Ho D W C, et al. Robust finite-horizon filtering for stochastic systems with missing measurements. IEEE Signal Processing Letters, 2005, 12(6): 437-440.
[73] Lou T S, Wang Y, Ding G Q, et al. Mars atmospheric entry integrated navigation with partial intermittent measurements. International Journal of Aerospace Engineering, 2017, 2017: 4378640.
[74] Zhang H, Shi Y, Mehr A S. Robust weighted H∞ filtering for networked systems with intermittent measurements of multiple sensors. International Journal of Adaptive Control and Signal Processing, 2011, 25(4): 313-330.
[75] Sathishkumar M, Sakthivel R, Wang C, et al. Non-fragile filtering for singular Markovian jump systems with missing measurements. Signal Processing, 2018, 142: 125-136.
[76] 李文博, 王大铁, 刘成瑞. 有干扰的控制系统故障可诊断性量化评估. 控制理论与应用, 2015, 32(6): 744-752.
[77] Golub G H, van Loan C F. Matrix Computations. Baltimore: Johns Hopkins University Press, 2012.
[78] Ding S X. Application of factorization and gap metric techniques to fault detection and isolation part I: A factorization technique based FDI framework. IFAC-PapersOnLine, 2015, 48(21): 113-118.
[79] Ding S X. Application of factorization and gap metric techniques to fault detection and isolation

part II: Gap metric technique aided FDI performance analysis. IFAC-PapersOnLine, 2015, 48(21): 119-124.

[80] Yu C P, Verhaegen M. Data-driven fault estimation of non-minimum phase LTI systems. Automatica, 2018, 92: 181-187.

[81] Navalkar S T, van Wingerden J W. Nuclear norm-based recursive subspace identification for wind turbine flutter detection. IEEE Transactions on Control Systems Technology, 2018, 26(3): 890-902.

[82] Wang J, Ge W S, Zhou J L, et al. Fault isolation based on residual evaluation and contribution analysis. Journal of the Franklin Institute, 2017, 354(6): 2591-2612.

[83] Ding S X, Yang Y, Zhang Y, et al. Data-driven realizations of kernel and image representations and their application to fault detection and control system design. Automatica, 2014, 50(10): 2615-2623.

[84] Koenings T, Krueger M, Luo H, et al. A data-driven computation method for the gap metric and the optimal stability margin. IEEE Transactions on Automatic Control, 2018, 63(3): 805-810.

[85] Qin S J. An overview of subspace identification. Computers & Chemical Engineering, 2006, 30(10-12): 1502-1513.

[86] Li L L, Ding S X, Peng K X, et al. A data-driven fault detection approach with performance optimization. The Canadian Journal of Chemical Engineering, 2018, 96(2): 507-514.

[87] Pfanzagl J. Parametric Statistical Theory. New York: Walter de Gruyter, 2011.

第 4 章　重构能力定量表征和可重构性理论

4.1　可重构性理论研究现状

如何针对航天器控制系统的自身特性，从更深层次来研究自主重构技术，形成一套科学的评价设计准则？在自动控制领域中，为了指导观测器与控制器的评价设计，现代控制理论创始人 Kalman 提出了可观测性与可控性理论，用于评价系统的观测与控制能力。借鉴该思想，可以提出一套可重构性理论，用以评价系统的重构能力，指导航天器控制系统自主重构设计。

可重构性理论为提升航天器控制系统的自主重构能力提供了全新思路，将工作重点前移至地面设计阶段。通过对系统进行可重构性评价，即对重构能力进行表征、判定、量化，使设计人员获知系统重构能力的有无与大小，从而有针对性地对系统(结构、重构方案)进行反向优化，实现高效的可重构性设计，从根本上提升航天器控制系统的自主重构水平。其中，重构能力的表征、判定和量化具体含义如下。

表征：能力的表征旨在回答航天器控制系统在什么条件下完成什么样的重构目标，具体是指对航天器控制系统受到的各种资源约束与运行条件，以及对不同的重构目标(安全重构、部分重构、完全重构[1])进行科学的数学表达，从而为后续的能力判定与量化奠定数学基础。

判定：能力的判定旨在回答航天器控制系统是否能够在上述约束条件下完成规定的重构目标，是一个二值判定问题，具体是指在能力表征的基础之上，给出系统在这些资源约束与运行条件下能够满足相应重构目标的理论判据，是后续能力量化的基本前提。

量化：能力的量化旨在回答航天器在上述条件下完成规定重构目标的能力有多大，是一个能力度量问题，具体是指在能力表征与判定的基础之上，给出能够反映系统重构能力大小的量化指标，从而为设计师提供直接的指导信息。

目前，已提出并发展了一些可重构性评价方法，主要可以分为两大类：基于定量模型的可重构性量化方法和基于定性模型的可重构性判别方法。

4.1.1　基于定量模型的可重构性量化方法

这类方法主要针对可精确建模的系统，通过研究系统在不同故障下的可控度

(执行器故障)和可观测度(传感器故障)来衡量系统重构能力大小[2]。评价指标主要基于可控/可观测性 Gramian 矩阵，其物理意义为控制系统状态的能耗大小和观测系统状态的难度大小[3,4]。

为同时考虑执行器和敏感器故障，1999 年，Frei 等[5]首次综合可控性、可观测性 Gramian 矩阵的行列式来描述线性定常(linear time-invariant, LTI)系统的可重构性；2002 年，Wu 等[2]针对不包含虚轴极点的 LTI 系统，提出了基于 Gramian 矩阵最小二阶模态的可重构性度量指标。由于物理意义清晰和数学形式简单等优势，基于 Gramian 矩阵的可重构性评价方法已被应用于电网系统的可重构性评价与设计研究[6-8]。针对可重构性的在线评价问题，González-Contreras 等[9,10]提出了一种基于数据驱动的特征系统实现算法(eigensystem realization algorithm, ERA)，该算法通过实时观测输入输出数据，间接计算系统的可控性 Gramian 矩阵。此外，这类基于可控可观测性矩阵的方法还被陆续推广至切换系统[11-13]、双线性系统[14-16]、线性随机系统[17]、频域系统[18]、互联非线性系统[19]、分段仿射系统[20,21]等其他对象。然而，上述研究多局限于线性化系统或某种特定类型的非线性系统，通用性较差。Zhao 等[22]基于李代数(李导数和李括号)研究了一般非线性系统的可重构性问题，提出了控制冗余的概念，并分析了其与可重构性之间的关系。

上述方法已被用于航天器控制系统的可重构性研究当中。Cheng 等[23]基于可控性与可观测性，以深度优化搜索方法，研究了执行器与传感器双重部件故障下卫星控制系统的可重构性评价问题。樊雯等[24]针对卫星姿态控制系统的线性化模型，从系统级的角度分析了可控性及可观测性与可重构性之间的关系。徐赫屿等[25]以卫星姿态控制系统为对象，分析了用标准可控性 Gramian 矩阵进行可重构性评价的局限性，基于此，介绍了无须求解 Lyapunov 方程的经验可控性 Gramian 矩阵，又考虑到经验 Gramian 矩阵计算量大、无法求解系统具有虚轴极点的情况，故采用精细积分方法提高了计算效率，拓展了适用范围。

4.1.2　基于定性模型的可重构性判别方法

对于大型复杂系统而言，由于其结构庞大、零部件众多，难以精确建立定量模型。此时，可以借助系统结构、图论等定性模型，根据系统不同功能与部组件之间的因果关系，描述系统特征，判断可重构性有无[26-28]。

1. 基于功能结构分析的可重构性判别方法

这类方法基于系统结构对复杂系统进行功能分解，建立功能树，通过自上而下地逐层分析，检查系统是否存在实现特定目标的路径，以此判断其是否具备可重构性。通过这种方法，可以识别出系统的薄弱环节，进而指导系统的优化设计。Wu 等[29]针对军用航空器的混合闭环控制系统，基于概率转换图与功能分解，分析了系统薄弱环节对首次故障的恢复能力，并通过修正系统结构提高了其操作可重构性。Gehin 等[28-32]构建了一种自下而上金字塔式的功能树，根据有无实现特定功能的路径来判断系统是否具备可重构性，并根据优劣程度对可用路径进行排列，进而实现系统配置的实时管理。段文杰等[33]针对类似的方法展开了相应研究。Liu 等[34]基于功能分析，建立了一种自适应的可重构性在线评价模型。

近年来，这类评价方法已被应用于航天器的可重构性研究。Wang 等[35]基于功能目标模型对航天器姿态测量系统的可重构性进行了评价，识别了系统的薄弱环节，为系统的改进提供了重要依据。Qi 等[36]研究了卫星轮控系统在部件与功能模块单重故障下的可重构性评价问题，并基于深度搜索方法实现了系统可重构度的计算。祁海铭等[37]基于深度搜索算法，定义并计算了卫星姿态控制系统在一重和二重功能模块故障下的硬件可重构性度量指标。Liu 等[34]针对航天器控制系统提出了一种基于功能树的可重构性判定方法，通过故障模式影响分析（failure mode and effects analysis, FMEA）定义了故障可重构度、系统可重构率、故障容忍度和最小单元重要度等评价指标，并基于最小路集分析了系统薄弱环节。

2. 基于图论的可重构性判别方法

除了基于功能结构分析的可重构性判别方法，也有部分学者将图论等工具引入可重构性研究。Loureiro 等[38,39]针对智能自动驾驶车辆的执行器、传感器和其他设备故障，综合系统行为、结构及因果关系特性，提出了一种基于键图（bond graph, BG）模型的可诊断性与可重构性判定方法。Abdesselam 等[40]提出了一种基于超图的可重构性评价方法，该方法将每一个系统方程表示成一个超边，通过故障条件下相应超边之间的路径有无判定系统的可重构性。

然而，上述基于定性模型的可重构性判别方法只能判断系统在当前状态下是否具备重构能力，不能量化重构能力的具体大小。而在实际工程应用当中，设计者往往需要知道重构能力的大小，才能更加明确地对系统进行优化设计。

表 4.1 对上述两大类可重构性评价方法的优缺点进行了简单对比。

表 4.1　不同可重构性评价方法优缺点对比

分类	评价方法	优点	缺点
基于定量模型	基于可控/可观测性 Gramian 矩阵的方法	物理意义明确、评价结果准确	仅适用于简单系统
基于定性模型	结构分析法/图论分析法	适用于难以精确建模的复杂系统	仅可判断可重构性有无，评价结果粗略

4.1.3　存在的问题

目前，关于控制系统可重构性的研究已经有了一定进展，然而尚处于起步阶段。其中大部分研究多针对简单线性系统，较少考虑能耗约束、干扰作用、执行器饱和等实际因素对系统可重构性的影响，具有很大的局限性，无法广泛应用于功能复杂且具有多种限制约束影响的航天器控制系统。为了将可重构性研究引入到航天器的研制过程中，需重点解决以下问题。

1. 考虑能耗约束的可重构性评价问题

运载能力的限制，航天器的贮箱推进剂携带量、太阳能帆板输出功率和蓄电池输出电压均严重受限，导致航天器在故障下重构时可用的能量十分有限。当航天器发生故障后，若重构能耗超出系统可用能量范围，则即使系统依然可控或可稳定，但在实际意义下也是不可重构的，即能耗约束是影响航天器可重构性的一项关键因素。因此，在对航天器进行可重构性研究时，必须考虑实际能耗约束，所得的评价与设计结果才有工程实际意义。

2. 考虑干扰影响的可重构性评价问题

航天器在实际运行过程中不可避免地会受到各种干扰作用，如重力梯度力矩、太阳辐射力矩、气动力矩、地磁力矩等环境干扰，以及过程噪声、飞轮内部摩擦、活动部件转动力矩、太阳能电池阵驱动力矩、挠性结构耦合力矩等非环境干扰。干扰的存在会影响系统的性能，进而影响系统的实际重构潜能。因此，在对控制系统进行可重构性评价设计时，应该充分考虑干扰对系统性能的影响。面对受扰系统，已有的可重构性评价方法不再适用，需要从干扰抑制的全新角度对系统的重构性能进行分析。

3. 考虑执行器饱和影响的可重构性评价问题

受飞轮等执行器的物理限制影响，输入饱和是航天器控制系统最为常见的约束形式之一。目前关于可重构性的研究未涉及执行器饱和问题，而该问题会导致系统控制输入受限，甚至引起失稳现象，削弱系统的重构能力。当航天器控制系统处于严重的故障状态时，执行器的期望输出可能会超出其物理范围，过大的期望力矩会导致飞轮饱和而失去控制作用。因此，针对执行器输出饱和的控制系统开展可重构性研究，具有重要的工程实际意义。

4.2　能量及时间受限条件下系统重构能力量化方法

航天器的运行条件独特、星上资源有限，在实际运行过程中，受多重约束影响，其中最具有代表性的就是能量约束。由于太阳能帆板发电能力和推进剂携带量严重受限，能耗约束是影响航天器控制系统可重构性的一项关键因素。然而，目前最为常见的基于 Gramian 矩阵的可重构性评价方法仅以常数阈值的形式考虑了能量约束，未全面考虑时间等其他限制约束对系统可重构性的影响，更没有考虑期望重构潜力分布以及故障引起的可靠性下降等问题。

因此，本节针对上述评价方法的不足，基于系统的可恢复状态域[41,42]，提出了一种考虑重构潜力分布与可靠性下降影响的能量及时间受限系统的可重构性量化评价方法。首先，基于能耗最优控制思想，确定故障系统的最大可恢复状态域并优化了其可靠度；其次，根据系统重构能力的期望分布，对状态空间进行坐标同等化，得到各向等重要度的同等重构空间；再次，基于同等重构空间中可恢复状态域的广义体积，设计用于描述系统重构能力大小的定量评价指标，并利用精细积分算法进行了数值求解；最后，从系统设计和运行监测两个重要阶段出发，详细介绍上述指标的具体应用方式。

4.2.1 问题描述

考虑如下发生执行器失效故障的能量及时间受限系统：

$$\begin{cases}\dot{\boldsymbol{x}}(t)=\boldsymbol{A}\boldsymbol{x}(t)+\boldsymbol{B}_u\boldsymbol{\Lambda}\boldsymbol{u}(t)\\ \boldsymbol{y}(t)=\boldsymbol{C}\boldsymbol{x}(t)\\ \boldsymbol{x}\left(t_f\right)=\boldsymbol{x}_f,\ \boldsymbol{x}(t_{\text{mis}})=\boldsymbol{0}\\ E\left(t_f,t_{\text{mis}}\right)\leqslant E^*\end{cases},\quad t_f\leqslant t\leqslant t_{\text{mis}} \tag{4.1}$$

其中，$\boldsymbol{x}\in\mathbf{R}^n$、$\boldsymbol{u}\in\mathbf{R}^m$、$\boldsymbol{y}\in\mathbf{R}^q$ 分别为系统的状态向量、输入向量和输出向量；$\boldsymbol{A}$、$\boldsymbol{B}_u$、$\boldsymbol{C}$ 为相应维度的常量矩阵；t_f 为故障发生时刻；t_{mis} 为规定任务完成时刻；$\boldsymbol{\Lambda}=\text{diag}\{\alpha_1,\alpha_2,\cdots,\alpha_m\}$ 为执行器的失效因子矩阵，$\alpha_i\in[0,1], i=1,2,\cdots,m$，$\alpha_i$ 越小，说明相应执行器的剩余效率越低，特别地，$\alpha_i=0$ 表示完全失效，$\alpha_i=1$ 表示未发生故障；E^* 为系统的可用资源上限；$E\left(t_f,t_{\text{mis}}\right)$ 为系统在整个故障阶段 $t_f\sim t_{\text{mis}}$ 的控制能耗：

$$E\left(t_f,t_{\text{mis}}\right)=\frac{1}{2}\int_{t_f}^{t_{\text{mis}}}\boldsymbol{u}^{\text{T}}(t)\boldsymbol{R}\boldsymbol{u}(t)\text{d}t \tag{4.2}$$

其中，$\boldsymbol{R}$ 为正定对称矩阵。

由故障模型(4.1)可知，本节讨论的主要问题可以归纳为：故障系统(4.1)能否以给定能量 E^* 在规定时间内通过采取重构措施，由故障状态 $\boldsymbol{x}_f$ 恢复至原点，若可以，则重构能力为多大，具体受何种因素影响。基于对上述问题的思考，下面以式(4.1)所示的故障系统为分析对象，研究能量及时间受限系统的可重构性定量评价问题。

4.2.2　可重构性评价

为直观了解控制系统的实际重构能力，本节基于可恢复状态域，设计了可重构性量化评价指标。具体评价过程分为四步：①可恢复状态域的确定；②可恢复状态域的可靠性优化；③状态空间的坐标同等化；④指标的计算(分为可重构性评价指标与基于精细积分的指标计算)。下面针对这四个步骤进行详细介绍。

1. 可恢复状态域

1) 可恢复状态域的确定

系统在一定能量及时间约束下的最大重构潜力，可以通过它在期望时间内能够以给定能耗恢复的最大状态偏差集合来衡量。

定义 4.1 (可恢复状态域)　在规定任务完成时刻 t_{mis} 之前，故障系统(4.1)通过自主采取有效措施，能够将给定能量 E^* 恢复至原点的状态偏差集合，称为系统在该时间与能量约束下的可恢复状态域，数学表达如下：

$$\boldsymbol{R}\left(t_{\mathrm{mis}},E^*\right)=\left\{\boldsymbol{x}_f\,\middle|\,\exists\boldsymbol{u}(t),t\in\left[t_f,t_{\mathrm{mis}}\right],\mathrm{s.t.}\ \boldsymbol{x}\left(t_{\mathrm{mis}}\right)=0,\ E\leqslant E^*\right\}\tag{4.3}$$

定理 4.1　对于故障控制系统(4.1)，若给定任务完成时刻 t_{mis} 以及可用能量上限 E^*，那么其可恢复状态域(4.3)的边界在状态空间内呈一个椭球曲面，该椭球曲面的方程表示如下：

$$E^*=\frac{1}{2}\boldsymbol{x}_f^{\mathrm{T}}\boldsymbol{V}^{-1}\left(t_f\right)\boldsymbol{x}_f\tag{4.4}$$

其中，$\boldsymbol{V}(t)\in\mathbf{R}^{n\times n}$ 是与系统构型以及任务完成时刻 t_{mis} 有关的时变对称矩阵，满足

$$\dot{\boldsymbol{V}}^{\mathrm{T}}=\boldsymbol{V}^{\mathrm{T}}\boldsymbol{A}^{\mathrm{T}}+\boldsymbol{A}\boldsymbol{V}^{\mathrm{T}}-\boldsymbol{D},\quad \boldsymbol{V}\left(t_{\mathrm{mis}}\right)=\boldsymbol{0}\tag{4.5}$$

其中，$\boldsymbol{D}=\boldsymbol{B}_f\boldsymbol{R}^{-1}\boldsymbol{B}_f{}^{\mathrm{T}}$，$\boldsymbol{B}_f=\boldsymbol{B}_u\boldsymbol{\Lambda}$。

证明　可恢复状态域的边界可以描述为系统在能耗最优控制器的作用下，以给定能量在规定时间内能够恢复的状态偏差集合。

基于上述分析，需求解能耗最优控制器：

$$\min_{\boldsymbol{u}}(E),\quad \mathrm{s.t.}\begin{cases}\boldsymbol{x}\left(t_f\right)=\boldsymbol{x}_f\\ \boldsymbol{x}\left(t_{\mathrm{mis}}\right)=\boldsymbol{0}\end{cases}\tag{4.6}$$

该最优控制问题除了要求系统在运行过程中具备以式(4.2)为指标的良好性能，还要求系统满足式(4.6)中的终端约束。对于该类最优控制问题，可采用以下Hamilton函数进行求解：

$$\boldsymbol{H}=\frac{1}{2}\boldsymbol{u}^{\mathrm{T}}\boldsymbol{R}\boldsymbol{u}+\boldsymbol{\gamma}^{\mathrm{T}}\left(\boldsymbol{A}\boldsymbol{x}+\boldsymbol{B}_f\boldsymbol{u}\right) \tag{4.7}$$

其中，$\boldsymbol{\gamma}\in\mathbf{R}^n$ 为拉格朗日乘子向量。

根据最优控制理论，得到故障系统(4.1)的能耗最优控制律为[43]

$$\begin{aligned}&\boldsymbol{u}^*(t)=-\boldsymbol{R}^{-1}\boldsymbol{B}_f^{\mathrm{T}}\boldsymbol{\gamma}(t)\\&\dot{\boldsymbol{\gamma}}(t)=-\boldsymbol{A}^{\mathrm{T}}\boldsymbol{\gamma}(t),\quad \boldsymbol{\gamma}\left(t_{\mathrm{mis}}\right)=\boldsymbol{v}\end{aligned} \tag{4.8}$$

其中，$\boldsymbol{v}$ 为待解常向量，可根据初始状态求出。

因为相同维度的两个向量可以通过旋转、缩放等方式进行相互转化，所以任意时刻的 $\boldsymbol{x}(t)$ 都可以由该时刻的 $\boldsymbol{\gamma}(t)$ 变换得到。因此，不妨假设 $\boldsymbol{x}(t)$ 与 $\boldsymbol{\gamma}(t)$ 满足如下关系：

$$\boldsymbol{x}(t)=\boldsymbol{V}(t)\boldsymbol{\gamma}(t) \tag{4.9}$$

对式(4.9)两边分别求导可得

$$\dot{\boldsymbol{x}}=\boldsymbol{V}\dot{\boldsymbol{\gamma}}+\dot{\boldsymbol{V}}\boldsymbol{\gamma}=-\boldsymbol{V}\boldsymbol{A}^{\mathrm{T}}\boldsymbol{\gamma}+\dot{\boldsymbol{V}}\boldsymbol{\gamma}=\left(-\boldsymbol{V}\boldsymbol{A}^{\mathrm{T}}+\dot{\boldsymbol{V}}\right)\boldsymbol{\gamma} \tag{4.10}$$

将式(4.8)代入式(4.1)可得

$$\dot{\boldsymbol{x}}=\boldsymbol{A}\boldsymbol{x}+\boldsymbol{B}_f\boldsymbol{u}^*=\boldsymbol{A}\boldsymbol{V}\boldsymbol{\gamma}-\boldsymbol{B}_f\boldsymbol{R}^{-1}\boldsymbol{B}_f^{\mathrm{T}}\boldsymbol{\gamma}=(\boldsymbol{A}\boldsymbol{V}-\boldsymbol{D})\boldsymbol{\gamma} \tag{4.11}$$

对比式(4.10)和式(4.11)，可得

$$\dot{\boldsymbol{V}}=\boldsymbol{A}\boldsymbol{V}+\boldsymbol{V}\boldsymbol{A}^{\mathrm{T}}-\boldsymbol{D} \tag{4.12}$$

对式(4.12)等号两边分别进行转置可得

$$\dot{\boldsymbol{V}}^{\mathrm{T}}=\boldsymbol{V}^{\mathrm{T}}\boldsymbol{A}^{\mathrm{T}}+\boldsymbol{A}\boldsymbol{V}^{\mathrm{T}}-\boldsymbol{B}_f\boldsymbol{R}^{-1}\boldsymbol{B}_f^{\mathrm{T}}=\boldsymbol{A}\boldsymbol{V}^{\mathrm{T}}+\boldsymbol{V}^{\mathrm{T}}\boldsymbol{A}^{\mathrm{T}}-\boldsymbol{D} \tag{4.13}$$

对比式(4.12)和式(4.13)可知 $\boldsymbol{V}^{\mathrm{T}}(t)=\boldsymbol{V}(t)$。

为满足 $\boldsymbol{x}\left(t_{\mathrm{mis}}\right)=\mathbf{0}$ 的边界条件，无论 $\boldsymbol{\gamma}\left(t_{\mathrm{mis}}\right)$ 和 $\boldsymbol{V}\left(t_{\mathrm{mis}}\right)$ 怎样取终值，若 $\boldsymbol{V}\left(t_{\mathrm{mis}}\right)\boldsymbol{\gamma}\left(t_{\mathrm{mis}}\right)=\mathbf{0}$，则不影响控制能耗的计算结果。由于通常情况下 $\boldsymbol{\gamma}\left(t_{\mathrm{mis}}\right)=\boldsymbol{v}\neq\mathbf{0}$，因此，不妨令 $\boldsymbol{V}\left(t_{\mathrm{mis}}\right)=\mathbf{0}$。

将式(4.8)代入式(4.2)可得

$$\begin{aligned} E &= \frac{1}{2}\int_{t_f}^{t_{\text{mis}}} \boldsymbol{u}^{*\mathrm{T}} \boldsymbol{R} \boldsymbol{u}^{*} \mathrm{d}t = \frac{1}{2}\int_{t_f}^{t_{\text{mis}}} \left(-\boldsymbol{R}^{-1}\boldsymbol{B}_f^{\mathrm{T}}\boldsymbol{\gamma}\right)^{\mathrm{T}} \boldsymbol{R}\left(-\boldsymbol{R}^{-1}\boldsymbol{B}_f^{\mathrm{T}}\boldsymbol{\gamma}\right)\mathrm{d}t = \frac{1}{2}\int_{t_f}^{t_{\text{mis}}} \boldsymbol{\gamma}^{\mathrm{T}} \boldsymbol{D}\boldsymbol{\gamma}\mathrm{d}t \\ &= \frac{1}{2}\int_{t_f}^{t_{\text{mis}}} \boldsymbol{x}^{\mathrm{T}} \boldsymbol{WDWx}\mathrm{d}t \end{aligned} \tag{4.14}$$

由式(4.8)可得

$$\boldsymbol{x}^{\mathrm{T}}\boldsymbol{WAx} - \boldsymbol{x}^{\mathrm{T}}\boldsymbol{A}^{\mathrm{T}}\boldsymbol{Wx} = \boldsymbol{\gamma}^{\mathrm{T}}\boldsymbol{Ax} - \boldsymbol{x}^{\mathrm{T}}\boldsymbol{A}^{\mathrm{T}}\boldsymbol{\gamma} = -\dot{\boldsymbol{\gamma}}^{\mathrm{T}}\boldsymbol{x} + \boldsymbol{x}^{\mathrm{T}}\dot{\boldsymbol{\gamma}} = -\dot{\bar{\boldsymbol{\gamma}}}\bar{\boldsymbol{x}} + \bar{\boldsymbol{x}}\dot{\bar{\boldsymbol{\gamma}}} = \boldsymbol{0} \tag{4.15}$$

所以有

$$\begin{aligned} E &= \frac{1}{2}\int_{t_f}^{t_{\text{mis}}} \boldsymbol{x}^{\mathrm{T}}\boldsymbol{WDWx}\mathrm{d}t = \frac{1}{2}\int_{t_f}^{t_{\text{mis}}} \boldsymbol{x}^{\mathrm{T}}\left(\boldsymbol{WDW} - \boldsymbol{WA} + \boldsymbol{A}^{\mathrm{T}}\boldsymbol{W}\right)\boldsymbol{x}\mathrm{d}t \\ &= \frac{1}{2}\int_{t_f}^{t_{\text{mis}}} \boldsymbol{x}^{\mathrm{T}}\left(-2\boldsymbol{WA} + 2\boldsymbol{WDW} + \boldsymbol{WA} + \boldsymbol{A}^{\mathrm{T}}\boldsymbol{W} - \boldsymbol{WDW}\right)\boldsymbol{x}\mathrm{d}t \\ &= \frac{1}{2}\int_{t_f}^{t_{\text{mis}}} \left[-2\boldsymbol{x}^{\mathrm{T}}\boldsymbol{W}(\boldsymbol{A} - \boldsymbol{DW})\boldsymbol{x} + \boldsymbol{x}^{\mathrm{T}}\boldsymbol{W}\left(\boldsymbol{AV} + \boldsymbol{VA}^{\mathrm{T}} - \boldsymbol{D}\right)\boldsymbol{Wx}\right]\mathrm{d}t \\ &= \frac{1}{2}\int_{t_f}^{t_{\text{mis}}} \left[-2\boldsymbol{x}^{\mathrm{T}}\boldsymbol{W}(\boldsymbol{A} - \boldsymbol{DW})\boldsymbol{x} + \boldsymbol{x}^{\mathrm{T}}\boldsymbol{W}\dot{\boldsymbol{V}}\boldsymbol{Wx}\right]\mathrm{d}t \end{aligned} \tag{4.16}$$

由式(4.9)和式(4.11)可得闭环系统：

$$\dot{\boldsymbol{x}} = (\boldsymbol{AV} - \boldsymbol{D})\boldsymbol{\gamma} = \boldsymbol{Ax} - \boldsymbol{DWx} = (\boldsymbol{A} - \boldsymbol{DW})\boldsymbol{x} \tag{4.17}$$

又因为 $\boldsymbol{VW} = \boldsymbol{WV} = \boldsymbol{I}$，所以有

$$\frac{\mathrm{d}}{\mathrm{d}t}\boldsymbol{VW} = \boldsymbol{V}\frac{\mathrm{d}\boldsymbol{W}}{\mathrm{d}t} + \frac{\mathrm{d}\boldsymbol{V}}{\mathrm{d}t}\boldsymbol{W} = \boldsymbol{0} \Rightarrow \dot{\boldsymbol{W}} = -\boldsymbol{W}\dot{\boldsymbol{V}}\boldsymbol{W} \tag{4.18}$$

将式(4.17)、式(4.18)代入式(4.16)，可得

$$\begin{aligned} E &= \frac{1}{2}\int_{t_f}^{t_{\text{mis}}} \left[-2\boldsymbol{x}^{\mathrm{T}}\boldsymbol{W}(\boldsymbol{A} - \boldsymbol{DW})\boldsymbol{x} + \boldsymbol{x}^{\mathrm{T}}\boldsymbol{W}\dot{\boldsymbol{V}}\boldsymbol{Wx}\right]\mathrm{d}t \\ &= \frac{1}{2}\int_{t_f}^{t_{\text{mis}}} \left(-2\boldsymbol{x}^{\mathrm{T}}\boldsymbol{W}\dot{\boldsymbol{x}} - \boldsymbol{x}^{\mathrm{T}}\dot{\boldsymbol{W}}\boldsymbol{x}\right)\mathrm{d}t = -\frac{1}{2}\int_{t_f}^{t_{\text{mis}}} \left(\frac{\mathrm{d}}{\mathrm{d}t}\boldsymbol{x}^{\mathrm{T}}\boldsymbol{Wx}\right)\mathrm{d}t \\ &= \frac{1}{2}\boldsymbol{x}^{\mathrm{T}}\left(t_f\right)\boldsymbol{V}^{-1}\left(t_f\right)\boldsymbol{x}\left(t_f\right) \end{aligned} \tag{4.19}$$

令 $E = E^*$，则式(4.19)在状态空间内定义了一个 n 维椭球曲面。对于某一故

障发生时刻 t_f，处于该椭球曲面内的任意故障状态偏差，均可在 t_{mis} 前恢复至原点，且整个过程所需消耗的能量不超过 E^*。由此，定理 4.1 得证。□

2) 可恢复状态域的可靠性优化

故障会引起执行器可靠度的降低，此时过度的任务分配会导致相应执行器故障的加速恶化，进而削弱系统的实际可重构性。

因此，在求解能耗最优控制器的过程中，若不考虑各执行器的可靠性大小，那么由此得到的可恢复状态空间并不一定可靠，即处于该状态域内的系统在完成重构任务之前有可能会因为故障恶化而失去原有的可重构性。为提高上述可恢复域的置信程度，应根据各执行器的可靠度大小，对其进行合理可靠的控制分配。

常用的可靠度分布类型有很多，其中的指数分布模型凭借其简单的单参数分布形式以及广泛的工程适用性，得到了大量应用[44]。服从指数分布的执行器在正常工作时的故障概率为常数，当出现部分失效故障时，可靠度会有所降低，因此参考文献[45]，建立如下的故障概率模型：

$$\lambda_i(\alpha_i)=\lambda_{i0}\mathrm{e}^{k\left(\alpha_i^{-1}-1\right)},\quad i=1,2,\cdots,m \tag{4.20}$$

其中，λ_{i0} 为执行器 i 正常工作时的标称故障概率；$k>0$ 为与执行器参数及其负载有关的比例因子。

执行器的故障概率会随着失效因子的减小而增大，导致其可靠性降低。为尽量延长执行器的工作寿命，保证系统能够高可靠地完成重构任务，这里引入权值矩阵：

$$\boldsymbol{W}_u=\begin{bmatrix}\dfrac{\lambda_1}{\lambda_{\min}} & & & \boldsymbol{0}\\ & \dfrac{\lambda_2}{\lambda_{\min}} & & \\ & & \ddots & \\ \boldsymbol{0} & & & \dfrac{\lambda_m}{\lambda_{\min}}\end{bmatrix} \tag{4.21}$$

其中，$\lambda_{\min}=\min\{\lambda_i\},i=1,2,\cdots,m$。

若在代价函数(4.2)中取

$$\boldsymbol{R}=\boldsymbol{W}_u^{\mathrm{T}}\boldsymbol{R}_0\boldsymbol{W}_u \tag{4.22}$$

其中，$\boldsymbol{R}_0$ 为正定对称矩阵。则可使可靠性越低的执行器输出代价越大，由此求得的可恢复状态域具有较高可靠度，处于该状态域内的状态偏差在规定能量及时间约束内恢复至原点的可能性较大。

3)状态空间的坐标同等化

上述可恢复状态域只描述了系统重构潜力在空间内的绝对大小，并不能反映其分布的合理性。由于不同系统具有不同的任务要求，功耗与动态范围各异，相应的重构能力要求也不同，因此不能进行直接对比。例如，对宇宙天体进行观测的天文卫星，姿态变化范围小、速度慢，而对地观测卫星往往大范围快速机动，因此二者对重构能力的要求自然有所不同。此外，同一系统在不同方向的期望重构能力也不尽相同，如成像卫星的姿态控制系统，相比于偏航轴，其滚动轴与俯仰轴的动态范围更大、机动性更高，因此这两轴的重构能力分布也应有所提高。

针对上述问题，为分析系统重构潜力分布的合理性并统一不同系统可重构性的量级，本节根据各方向上系统重构能力的期望水平，对可恢复状态空间进行坐标缩放，目的在于使状态空间各方向上的单位位移具有同等的重要度，并反映系统实际重构能力对期望水平的满足程度。为便于问题描述，首先给出如下定义。

定义 4.2(重构重要度)　系统在第 i 个方向上的任意状态偏差 x_i 与期望重构偏差 $x_{di}^{\min}$ 的比值：

$$I_{x_i} = \frac{x_i}{x_{di}^{\min}}, \quad i = 1, 2, \cdots, n \tag{4.23}$$

称为该状态偏差分量 x_i 的重构重要度。

定义 4.3(重构分布度)　若系统在任务完成时刻 t_{mis} 之前，能够以可用能量上限 E^* 控回原点的最大状态偏差在第 i 个方向上的实际值与最小期望值分别为 x_{ai} 与 $x_{di}^{\min}$，则定义二者比值的绝对值

$$\eta_i = \left| \frac{x_{ai}}{x_{di}^{\min}} \right|, \quad i = 1, 2, \cdots, n \tag{4.24}$$

为系统在该方向上的重构能力分布度，以下简称重构分布度。

定义 4.4(同等重构空间)　根据系统(4.1)在各方向上的期望重构水平 $x_{di}^{\min}$，以式(4.25)对系统可恢复状态空间(4.4)进行坐标缩放，得到的 z-状态空间称为系统的同等重构空间，该空间内任意方向上的单位位移具有同等的重构重要度 I_e。

$$\boldsymbol{z} = \boldsymbol{T}\boldsymbol{x} \tag{4.25}$$

其中，$\boldsymbol{T} = \text{diag}\left(1 / \left| x_{di}^{\min} \right|\right)$，$i = 1, 2, \cdots, n$。

同等重构空间内可恢复状态域边界方程为

$$E^* = \frac{1}{2}\boldsymbol{z}^{\mathrm{T}}\left(t_f\right)\boldsymbol{U}^{-1}\left(t_f\right)\boldsymbol{z}\left(t_f\right), \quad \boldsymbol{U}(t) = \boldsymbol{T}\boldsymbol{V}(t)\boldsymbol{T} \tag{4.26}$$

由分析可知，同等重构空间内可恢复状态椭球的各半轴长等于系统在相应方向的重构分布度η_i，反映了系统实际重构能力在该方向对期望重构能力的满足程度，不同系统以及同一系统不同轴之间可以进行直接对比。

若系统重构能力理想分布，则$\boldsymbol{z}$-空间的可恢复状态域应为内径大于 1 的 n 维球体，此时系统冗余分布最为合理。然而实际系统并不一定能够满足理想分布，$\boldsymbol{z}$-空间的可恢复状态椭球相对其最大内切球的偏离，代表了系统重构能力的实际分布相对理想分布的偏离程度，如图 4.1 所示。

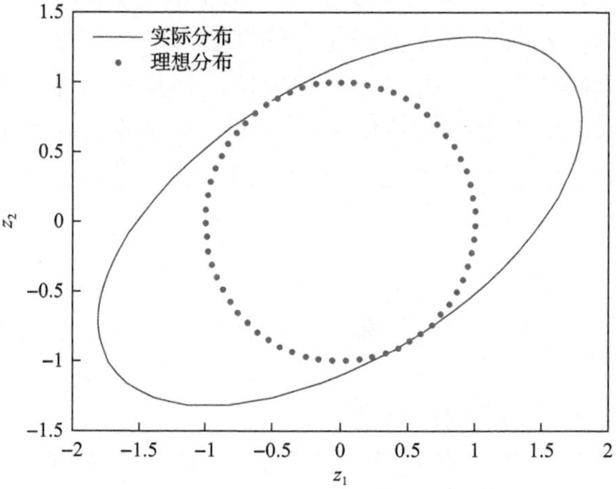

图 4.1　同等控制空间与理想分布

注 4.1　在不同任务阶段，式(4.25)中坐标缩放矩阵 $\boldsymbol{T}$(或系统期望恢复的最小状态偏差 $\boldsymbol{x}_d^{\min}$)的选取方式有所不同。

(1)在系统设计阶段，由于故障并未真实发生，因此系统期望恢复的最小状态偏差 $\boldsymbol{x}_d^{\min}$ 主要取决于具体的任务要求以及系统各个方向的动态范围。

(2)在实际运行阶段，为尽量弥补故障带来的影响，系统的期望重构能力应至少满足：在t_{mis}之前，能够以可用能量上限E^*从故障状态$\boldsymbol{x}_f$恢复至原点。因此，可取 $x_{di}^{\min} = \mu x_{fi}(i = 1,2,\cdots,n)$， $\mu \geqslant 1$ 是考虑故障诊断与控制重构延时造成的故障扩散及资源浪费等实际情况，为保证系统具备一定的安全裕度而引入的比例系数。

2. 可重构性评价指标

本节基于上述同等重构空间内可恢复状态域的广义体积，定义了用于定量描述系统重构能力大小的评价指标——可重构度。

定义 4.5（可重构度）　若 V_E、V_S 分别是式(4.26)所示故障系统(4.1)在同等重构空间内可恢复状态域及其最大内切球的 n 维广义体积，则定义式(4.27)为该故障系统的控制可重构度：

$$\rho=\delta(\boldsymbol{U})\left[V_S+\frac{V_S}{V_E}\left(V_E-V_S\right)\right]^{1/n}$$
$$\delta(\boldsymbol{U})=\begin{cases}0, & \eta_{\min}<1\\ 1, & \eta_{\min}\geqslant 1\end{cases} \tag{4.27}$$

其中，$\eta_{\min}=\min\{\eta_i\}=\sqrt{2E^*\lambda_{\boldsymbol{U}}^{\min}}$ 是同等重构空间内可恢复状态椭球的最小半轴长，即系统的最小重构分布度；$\lambda_{\boldsymbol{U}}^{\min}$ 是矩阵 $\boldsymbol{U}$ 的最小特征值。

注 4.2　上述定义取广义体积的 n 次根，是为了令不同维度系统的可重构度都具有一维状态范数的量纲。

定义中引入 $\delta(\boldsymbol{U})$，是为了对系统可重构性的有无进行二值判定。若 $\eta_{\min}<1$，说明系统在某些方向的重构能力不满足期望水平，此时在相应方向上不可重构，$\rho=0$。若 $\eta_{\min}\geqslant 1$，说明系统在各个方向均满足最低的期望重构水平，此时可重构，需进一步描述其重构能力大小。

定义里方括号内的第一项 V_S 为主导项，表示实际故障系统能够在 t_{mis} 之前，以给定可用能量上限 E^* 恢复至原点的最大状态偏差在同等重构空间所有方向上的最小范围。第二项 $V_S/\left[V_E\left(V_E-V_S\right)\right]$ 为附加项，反映了系统重构能力的实际分布相对理想分布的偏离程度。这种偏离期望分布的重构能力只能提高系统部分方向上的重构潜力，某些方向依然薄弱，V_E-V_S 的增大并不能使整个系统的综合重构潜能得到无限制提升。因此，用 V_S/V_E 对其进行比例缩放，使附加项的值不超过 V_S。综上所述，系统可重构度满足 $\rho\in\left[0,2V_S\right]$。

由文献[46]可知，域 $\Omega=\left\{z\in\mathbf{R}^n \middle| z^{\mathrm{T}}\boldsymbol{U}^{-1}z\leqslant E^*\right\}$ 体积为 $V_n=\dfrac{2\left(\pi E^*\right)^{n/2}}{n\Gamma\left(n/2\right)}\left(\prod\limits_{i=1}^{n}\sqrt{\lambda_{\boldsymbol{U}i}}\right)$，$\lambda_{\boldsymbol{U}i}(i=1,2\cdots,n)$ 为 $\boldsymbol{U}$ 的特征值，$\Gamma(x)=\int_0^{\infty}\mathrm{e}^{-\tau}\tau^{x-1}\mathrm{d}\tau$ 为 Gamma 函数。当系统维度 n 与可用能量上限 E^* 一定时，$V_n\propto\prod\limits_{i=1}^{n}\sqrt{\lambda_{\boldsymbol{U}i}}$。由于高维空间的体积不如三维空间具有直观意义，为简单起见，不妨舍去比例因子，得到同等重构空间内椭状体广义体积 V_E 及其最大内切球体广义体积 V_S 为

$$V_E=\prod_{i=1}^{n}\sqrt{\lambda_{\boldsymbol{U}i}},\quad V_S=\left(\sqrt{\lambda_{\boldsymbol{U}}^{\min}}\right)^n \tag{4.28}$$

因此，通过式(4.27)和式(4.28)可以计算控制系统的可重构度ρ。

3. 基于精细积分的指标求解

由定义4.4和定义4.5可知，计算可重构度的关键在于求解矩阵微分方程(4.5)。在设计阶段优化系统构型时，该方程的求解过程离线进行，对算法要求相对较低。然而，一旦系统投入运行并发生故障，则需要对当前性能进行在线评估以及时采取有效措施。对于卫星等复杂系统而言，任务的重要性与特殊性，加上运行环境恶劣、星载计算机性能有限等原因，对求解算法提出了高稳定、高精度和高速率等要求，以便能够实现在轨应用。

MATLAB等软件的现有程序包尚未涉及此类时变矩阵方程的求解，而传统的基于Runge-Kutta法、Adams法的求解方式又无法保证结果的数值稳定性与精确性。由此可见，求解上述矩阵微分方程是一项艰难的工作。文献[47]在矩阵积分问题中基于加法定理和增量存储等思想提出了精细积分方法，该方法运算速度快，数值稳定性高，精度已在计算机字长之外。因此，本节基于该方法对式(4.5)所示的矩阵微分方程进行求解。

由于篇幅原因，这里不再详细论述推导过程，只给出方程(4.5)的求解算法：

(1)给定$\boldsymbol{A}$、$\boldsymbol{D}$和步长τ，取N=20，$\varepsilon=\tau/2^N$；

(2)计算$\boldsymbol{G}(\varepsilon)$、$\boldsymbol{F}'(\varepsilon)$，并存送$\boldsymbol{G}_c$、$\boldsymbol{F}_c'$：

$$
\begin{aligned}
&\boldsymbol{G}(\varepsilon)=\boldsymbol{g}_1\varepsilon+\boldsymbol{g}_2\varepsilon^2+\boldsymbol{g}_3\varepsilon^3+\boldsymbol{g}_4\varepsilon^4, \quad \boldsymbol{F}'(\varepsilon)=\boldsymbol{f}_1\varepsilon+\boldsymbol{f}_2\varepsilon^2+\boldsymbol{f}_3\varepsilon^3+\boldsymbol{f}_4\varepsilon^4\\
&\boldsymbol{g}_1=\boldsymbol{D}, \quad \boldsymbol{f}_1=-\boldsymbol{A}^{\mathrm{T}}, \quad \boldsymbol{g}_2=\left(\boldsymbol{f}_1^{\mathrm{T}}\boldsymbol{g}_1+\boldsymbol{g}_1\boldsymbol{f}_1\right)\Big/2, \quad \boldsymbol{f}_2=\boldsymbol{f}_1^2\Big/2\\
&\boldsymbol{g}_3=\left(\boldsymbol{f}_2^{\mathrm{T}}\boldsymbol{g}_1+\boldsymbol{g}_1\boldsymbol{f}_2+\boldsymbol{f}_1^{\mathrm{T}}\boldsymbol{g}_1\boldsymbol{f}_1\right)\Big/3, \quad \boldsymbol{f}_3=\boldsymbol{f}_1\boldsymbol{f}_2/3\\
&\boldsymbol{g}_4=\left(\boldsymbol{f}_3^{\mathrm{T}}\boldsymbol{g}_1+\boldsymbol{g}_1\boldsymbol{f}_3+\boldsymbol{f}_1^{\mathrm{T}}\boldsymbol{g}_1\boldsymbol{f}_2+\boldsymbol{f}_2^{\mathrm{T}}\boldsymbol{g}_1\boldsymbol{f}_1\right)\Big/4, \quad \boldsymbol{f}_4=\boldsymbol{f}_1\boldsymbol{f}_3/4
\end{aligned}
$$

(3)计算$\boldsymbol{G}(\tau)$、$\boldsymbol{F}(\tau)$，存送$\boldsymbol{G}_1$、$\boldsymbol{G}_2$、$\boldsymbol{F}_1$、$\boldsymbol{F}_2$：

对于$i=1,2,\cdots,N$，循环执行：$\boldsymbol{G}_1=\boldsymbol{G}_2=\boldsymbol{G}_c, \boldsymbol{F}_1'=\boldsymbol{F}_2'=\boldsymbol{F}_c'$，$\boldsymbol{G}_c=\boldsymbol{G}_1+\left(\boldsymbol{I}+\boldsymbol{F}_1'\right)^{\mathrm{T}}\boldsymbol{G}_2\left(\boldsymbol{I}+\boldsymbol{F}_1'\right)$，$\boldsymbol{F}_c'=\boldsymbol{F}_1'+\boldsymbol{F}_2'+\boldsymbol{F}_2'\boldsymbol{F}_1'$；结束循环后执行$\boldsymbol{F}_c=\left(\boldsymbol{I}+\boldsymbol{F}_c'\right)$，由此得$\boldsymbol{G}(\tau)=\boldsymbol{G}_c, \boldsymbol{F}(\tau)=\boldsymbol{F}_c$。

(4)计算$\boldsymbol{V}(t)$。

对于$k=\dfrac{t_f}{\tau},\dfrac{t_f}{\tau}-1,\cdots,11$，循环执行：$\boldsymbol{G}_c=\boldsymbol{G}_1+\boldsymbol{F}_1^{\mathrm{T}}\boldsymbol{G}_2\boldsymbol{F}_1$，$\boldsymbol{F}_c=\boldsymbol{F}_2\boldsymbol{F}_1$，令$\boldsymbol{G}(t)=\boldsymbol{G}_c$，$\boldsymbol{F}(t)=\boldsymbol{F}_c$，计算$\boldsymbol{V}(t)=\boldsymbol{G}(t)+\boldsymbol{F}^{\mathrm{T}}(t)\boldsymbol{V}\left(t_{\mathrm{mis}}\right)\boldsymbol{F}(t), t=k\tau$，令$\boldsymbol{G}_2=\boldsymbol{G}_c$，$\boldsymbol{F}_2=\boldsymbol{F}_c$，$\boldsymbol{G}_1$、$\boldsymbol{F}_1$保持不变。

由于上述算法的精度已经超出计算机字长，因此有该算法做辅助，可以计算出系统可重构度的计算机“精确解”。

注 4.3　本节设计的指标与具体任务要求有关，主要针对能量及时间约束的线性系统，可用于像航天器那样因为燃料与电池发电量有限、时间窗口受限的多约束系统的线性化模型。

4. 评价指标的应用

本节基于前面提出的可重构性评价指标，进一步研究可重构性的具体应用方式。若以系统的工作状态来划分，可重构性主要应用于两大阶段：系统设计阶段和运行监测阶段。

在系统设计阶段，可重构性的主要作用在于评价系统功能冗余的设计水平并指导系统的反设计优化。具体应用方式为：以可重构度指标为依据，通过优化系统构型与标称控制律，科学分配冗余度，从而以尽可能少的资源配置获得尽可能高的功能冗余水平，即优化可重构性，以提高系统对故障的自主处理潜能。

在运行监测阶段，可重构性的主要作用在于评估故障系统的性能状态并指导重构策略的实时优化。具体应用方式为：基于故障诊断结果，对系统的性能状态进行实时评估，并以其为指导，通过对容错方案(变控制律或变构型)与重构时间等方面进行决策优化，充分调用系统既有冗余度，以尽可能少的资源尽可能降低故障对系统的影响，即深入挖掘系统的自主故障处理潜能。

为进一步了解可重构性的具体应用方式，下面从系统的离线构型优化和在线性能状态评估出发，对上述两个阶段进行详细说明。

1) 离线构型优化

由式(4.12)可知，矩阵 $\boldsymbol{V}$ 与控制阵 $\boldsymbol{B}_u$ 有关，而 $\boldsymbol{B}_u$ 又受执行器个数 m、位置 l 及安装角度 α 、β 等构型参数的影响，因此，系统可重构度可以表示成关于构型参数的函数表达式 $\rho(m,l,\alpha,\beta)$ ，用于指导系统设计阶段的执行器构型优化。

以航天器零动量轮控系统的四斜装构型方案为例，分析可重构性与执行器安装构型之间的关系。在该构型方案中，四个飞轮全部斜装并互为备份，安装方式如图 4.2 所示。四个飞轮的角动量矢量相对俯仰轴成 β 角对称斜装，h_1h_2 平面和 h_2h_4 平面相互垂直，h_1h_3 平面与 x_b 轴所呈角度，以及 h_2h_4 平面与 z_b 轴均所呈角度均为 α ，则该构型的安装矩阵为

$$\boldsymbol{\Phi}=\begin{bmatrix}\sin\beta\cos\alpha & \sin\beta\sin\alpha & -\sin\beta\cos\alpha & -\sin\beta\sin\alpha\\ \cos\beta & \cos\beta & \cos\beta & \cos\beta\\ -\sin\beta\sin\alpha & \sin\beta\cos\alpha & \sin\beta\sin\alpha & -\sin\beta\cos\alpha\end{bmatrix}\tag{4.29}$$

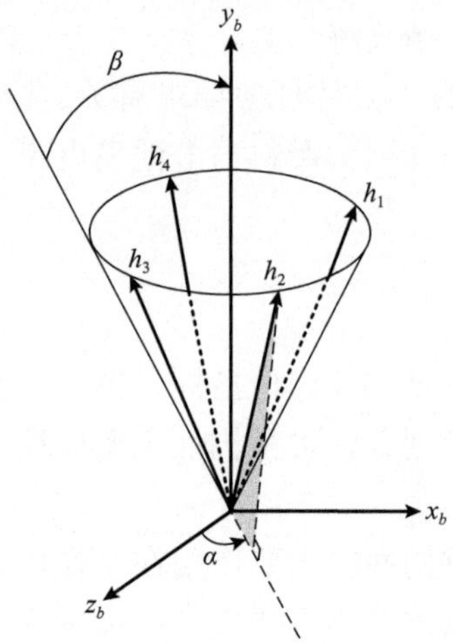

图 4.2　四斜装飞轮构型方案

可见，安装矩阵$\boldsymbol{\Phi}$是关于飞轮安装角α、β的函数，对于上述系统而言，控制矩阵$\boldsymbol{B}_u=\left[\boldsymbol{0}_{3\times3};\mathrm{diag}\left(\boldsymbol{I}_x^{-1},\boldsymbol{I}_y^{-1},\boldsymbol{I}_z^{-1}\right)\right]\boldsymbol{\Phi}(\alpha,\beta)$，$\boldsymbol{I}_x$、$\boldsymbol{I}_y$、$\boldsymbol{I}_z$为系统主惯量。为提高系统可重构性，可以以可重构度为目标函数，对飞轮安装角度进行优化，将系统的构型设计问题转化为如下优化问题：

$$
\begin{aligned}
&\max_{\alpha,\beta}\ \rho\\
&\text{s.t.}\ \begin{cases}
\rho=\delta(\boldsymbol{U})\left[V_S+\dfrac{V_S}{V_E}(V_E-V_S)\right]^{1/n}\\
V_E=\displaystyle\prod_{i=1}^{n}\sqrt{\lambda_{\boldsymbol{U}i}},V_S=\left(\sqrt{\lambda_{\boldsymbol{U}}^{\min}}\right)^n\\
\dot{\boldsymbol{V}}=\boldsymbol{A}\boldsymbol{V}+\boldsymbol{V}\boldsymbol{A}^{\mathrm{T}}-\boldsymbol{B}\boldsymbol{R}^{-1}\boldsymbol{B}^{\mathrm{T}}\\
\boldsymbol{B}_u=\left[\boldsymbol{0}_{3\times3};\mathrm{diag}\left(\boldsymbol{I}_x^{-1},\boldsymbol{I}_y^{-1},\boldsymbol{I}_z^{-1}\right)\right]\boldsymbol{\Phi}(\alpha,\beta)\\
0\leqslant\alpha\leqslant\dfrac{\pi}{2},0<\beta<\dfrac{\pi}{2}
\end{cases}
\end{aligned}
\tag{4.30}
$$

2) 在线性能状态评估

以上基于可重构性的构型优化问题，主要从空间维度分析系统可重构性的影响因素，是一个静态设计问题。然而，系统故障后，受故障诊断延时以及计算机运算速率等因素影响，并不能立即进行控制重构。随着时间的推移，故障状态扩散，并造成有限资源的大量浪费，导致系统可重构性发生变化。因此，在运行阶段，需要对系统可重构性进行在线评估，进而以此为指导，优化系统的容错方案。

针对故障状态扩散问题，可在坐标缩放部分，以观测到的实时状态偏差 $\boldsymbol{x}_r$ 为依据，设计坐标缩放矩阵 $\boldsymbol{D}_r = \mathrm{diag}\left(1/\left|x_{di}^{\min}\right|\right)\left(\boldsymbol{x}_d^{\min} = \mu\boldsymbol{x}_r\right)$，并以当前控制重构时刻 t_r 替换式(4.26)中的 t_f，得到该时刻同等重构空间的椭球体方程为

$$E^* = \frac{1}{2}\boldsymbol{z}^{\mathrm{T}}\left(\boldsymbol{D}_r\boldsymbol{V}\left(t_r\right)\boldsymbol{D}_r\right)^{-1}\boldsymbol{z} \tag{4.31}$$

针对资源浪费问题，可以引入能量剩余因子，以描述故障系统剩余可用能量随时间的变化趋势：

$$E^*(t) = a^2(t)E_0^* \tag{4.32}$$

其中，E_0^* 为初始时刻系统可消耗的控制能量上限；$a^2(t)$ 为能量剩余因子，反映了系统的能量剩余程度，与标称控制器和储能系统有关。

以如下状态反馈控制器为例，作为系统的标称控制器，介绍能量剩余因子的求解过程，其他控制器可以此为参考：

$$\boldsymbol{u}_n(t) = -\boldsymbol{K}_n\boldsymbol{x}(t) \tag{4.33}$$

若期望系统矩阵为 $\boldsymbol{M}_n$，则基于经典的伪逆法可以求得控制器增益 $\boldsymbol{K}_n$ 为

$$\boldsymbol{K}_n = \boldsymbol{B}_u^+\left(\boldsymbol{A} - \boldsymbol{M}_n\right) \tag{4.34}$$

其中，$\boldsymbol{B}_u^+$ 是 $\boldsymbol{B}_u$ 的左伪逆矩阵。

故障后的闭环系统矩阵为 $\boldsymbol{M}_f = \boldsymbol{A} - \boldsymbol{B}_f\boldsymbol{K}_n$，系统故障后虽然偏离预期轨迹但是仍然能够保持稳定，则由 Lyapunov 稳定性理论可知，以下方程具有唯一负定对称矩阵解 $\boldsymbol{P}$：

$$\boldsymbol{M}_f^{\mathrm{T}}\boldsymbol{P} + \boldsymbol{P}\boldsymbol{M}_f = \boldsymbol{K}_n^{\mathrm{T}}\boldsymbol{K}_n \tag{4.35}$$

因此，$\boldsymbol{x}^{\mathrm{T}}\left(\boldsymbol{M}_f^{\mathrm{T}}\boldsymbol{P} + \boldsymbol{P}\boldsymbol{M}_f\right)\boldsymbol{x} = \boldsymbol{x}^{\mathrm{T}}\boldsymbol{K}_n^{\mathrm{T}}\boldsymbol{K}_n\boldsymbol{x}$。由于 $\boldsymbol{x}^{\mathrm{T}}\left(\boldsymbol{M}_f^{\mathrm{T}}\boldsymbol{P} + \boldsymbol{P}\boldsymbol{M}_f\right)\boldsymbol{x} = \frac{\mathrm{d}}{\mathrm{d}t}\boldsymbol{x}^{\mathrm{T}}\boldsymbol{P}\boldsymbol{x}$，系统以原控制器将任意状态 $\boldsymbol{x}(t)$ 恢复至原点所需的能量为

$$\begin{aligned} E_n(t) &= \int_t^{\infty}\boldsymbol{x}^{\mathrm{T}}(\tau)\boldsymbol{K}_n^{\mathrm{T}}\boldsymbol{K}_n\boldsymbol{x}(\tau)\mathrm{d}\tau \\ &= \int_t^{\infty}\left[\frac{\mathrm{d}}{\mathrm{d}\tau}\left(\boldsymbol{x}^{\mathrm{T}}(\tau)\boldsymbol{P}\boldsymbol{x}(\tau)\right)\right]\mathrm{d}\tau = -\boldsymbol{x}^{\mathrm{T}}(t)\boldsymbol{P}\boldsymbol{x}(t) \end{aligned} \tag{4.36}$$

因此，在重构延时$t_f \sim t\left(t > t_f\right)$时间内系统消耗的能量为

$$\Delta E_n = E_n\left(t_f\right) - E_n(t) = \boldsymbol{x}_f^{\mathrm{T}}\left(\mathrm{e}^{\boldsymbol{M}_f^{\mathrm{T}}\Delta t_1}\boldsymbol{P}\mathrm{e}^{\boldsymbol{M}_f\Delta t_1} - \boldsymbol{P}\right)\boldsymbol{x}_f \tag{4.37}$$

其中，$\Delta t_1 = t - t_f$。

由此，可得能量剩余因子：

$$a^2(t) = \frac{E_0^* - \Delta E_n}{E_0^*} = 1 - \frac{\boldsymbol{x}_f^{\mathrm{T}}\left(\mathrm{e}^{\boldsymbol{M}_f^{\mathrm{T}}\Delta t_1}\boldsymbol{P}\mathrm{e}^{\boldsymbol{M}_f\Delta t_1} - \boldsymbol{P}\right)\boldsymbol{x}_f}{E_0^*} \tag{4.38}$$

基于上述分析，结合式(4.28)，可得t_r时刻可恢复状态域的广义体积V_E和V_S：

$$\begin{aligned} V_E\left(t_r\right) &= a\left(t_r\right)\prod_{i=1}^{n}\sqrt{\lambda_{\boldsymbol{U}i}\left(t_r\right)} \\ V_S\left(t_r\right) &= a\left(t_r\right)\left(\sqrt{\lambda_{\boldsymbol{U}}^{\min}\left(t_r\right)}\right)^n \end{aligned} \tag{4.39}$$

综上，通过求解式(4.27)和式(4.39)，可以计算故障系统的实时可重构度$\rho\left(t_r\right)$，它是关于当前控制重构时刻t_r的函数。

注 4.4 实时可重构度ρ与能量剩余因子a^2有关，而a^2受具体控制器的影响，因此可重构度可以用于指导控制律的优化设计；ρ也与控制重构时刻t_r有关，因此可以根据系统可重构度的实时估计，指导控制重构策略的时间规划。

4.2.3 仿真算例

为验证本节所提可重构性评价方法的有效性，同时更加直观地了解构型配置、故障程度、可靠性和重构方案等各项因素对可重构性的影响，下面针对某一典型卫星姿态控制系统的线性化模型[48]进行数值仿真，并与传统的基于 Gramian 矩阵的方法[4,18]进行对比，同时从空间特性与时间特性两方面出发，对系统可重构性的实际影响因素进行深入分析。相关的卫星及其轨道参数由表 4.2 给出。

1. 空间特性

1) 不同构型的选取

为研究执行器空间构型对控制系统可重构性的影响，这里以零动量轮控系统为例，分析不同构型下的系统可重构性。重点对比 3 正交、3 正交+1 斜装、4 斜

装这三种典型构型在不同程度失效故障下的可重构性，并与系统的剩余可控性进行对比，具体结果见表 4.3。

表 4.2　卫星及其轨道参数

参数	数值
轨道角速度 ω_0 / (rad/s)	0.001
初始姿态角 $[\varphi_0, \theta_0, \psi_0]$ / rad	[–0.8, –0.6, 0.8]
初始姿态角速度 $[\dot{\varphi}_0, \dot{\theta}_0, \dot{\psi}_0]$ / (rad/s)	[–0.2, –0.15, 0.2]
卫星主惯量 $\boldsymbol{I}$ / $(\mathrm{kg \cdot m^2})$	diag(12.5, 13.9, 15.8)
任务完成时刻 t_{mis} / s	60
故障发生时刻 t_f / s	0
飞轮标称故障概率 λ_{i0}	1.61×10^{-7}
故障概率参数 k	1

表 4.3　不同构型的可重构度对比分析表

构型	失效因子	可重构度	可控性
3 正交	0.5diag (1, 1 1)	0.68449	1
	diag (1, 1, 0)	0	0
	diag (0, 1, 1)	0	0
	diag (1, 0, 1)	0	0
3 正交+1 斜装	0.5diag (1, 1, 1, 1)	0.725782	1
	diag (1, 1, 1, 0)	1.36898	1
	diag (0, 1, 1, 1)	0.736602	1
	diag (1, 0, 1, 1)	0.848214	1
	diag (1, 1, 0, 1)	0.599354	1
	diag (0, 0, 1, 1)	0	1
	diag (0, 1, 0, 1)	0	1
	diag (1, 0, 0, 1)	0	1
	diag (0, 1, 1, 0)	0	1
	diag (1, 0, 1, 0)	0	0
	diag (1, 1, 0, 0)	0	1
	任三个完全失效	0	0

续表

构型	失效因子	可重构度	可控性
4 斜装 ($\alpha = \pi / 4$rad, $\beta = 0.9554$rad)	0.5diag(1, 1, 1, 1)	0.790424	1
	diag(1, 1, 1, 0)	0.931097	1
	diag(0, 1, 1, 1)	0.937283	1
	diag(1, 0, 1, 1)	0.933926	1
	diag(1, 1, 0, 1)	0.940089	1
	diag(0, 0, 1, 1)	0	1
	diag(0, 1, 0, 1)	0.527072	1
	diag(1, 0, 0, 1)	0	1
	diag(0, 1, 1, 0)	0	1
	diag(1, 0, 1, 0)	0.520279	1
	diag(1, 1, 0, 0)	0	1
	任三个完全失效	0	0

分析以上结果，可以发现，无论何种构型，只要故障系统不可控，其可重构度即为零；反之，当可重构度为零时，系统可能依然可控。这是因为在某些故障下，即使系统依然可控，也可能由于剩余控制能力过小，无法在实际约束内达到理想重构目标而不可重构。

综合而论，在不同程度的故障下，4 斜装构型的可重构性优于 3 正交+1 斜装，在控制重构方面显示出更大优势；由于缺乏冗余度，3 正交构型可重构性最次。从提高可重构性的角度出发，在进行系统设计时，应尽量选择斜装方案。

由此可知：①故障系统可重构性不完全等价于剩余可控性，与传统方法仅考虑可控(可观测)性相比，本节方法更加全面地考虑了能量、时间等实际约束的影响；②在地面设计阶段对部件构型进行合理的优化设计，可以提高系统的可重构性。

2) 安装参数的优化

下面以 4 斜装构型为例，进一步讨论执行器安装参数对系统可重构性的影响。图 4.3 为系统可重构度随飞轮安装角度的变化曲面。

利用式(4.30)对 4 斜装构型的飞轮安装参数进行优化，得到优化结果：当 $\beta^* = 1.1327$rad (α 任意)时，系统可重构性达到最大 $\rho^* = 1.7508$；而利用传统的基于可控性 Gramian 矩阵的评价方法得到的最优安装角度为 $\beta = 0.9554$rad。二者不同的原因在于：相比于传统方法，本节方法充分考虑了系统各轴的期望重构水平，由表 4.2 可知，系统在俯仰轴 y 方向的初始状态偏差较小，因此飞轮安装方向应更靠近 xz 平面，即 β 更大。

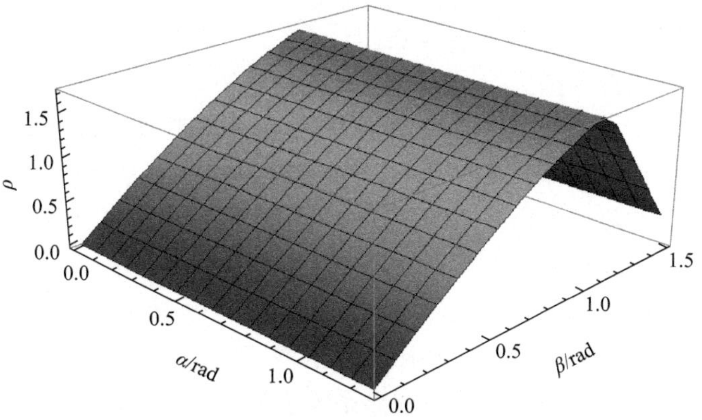

图 4.3　可重构度随飞轮安装角度的变化曲面

若系统发生故障 Λ=diag(0.5, 1, 1, 1)，则剩余可重构度为：ρ=1.2247(α=π/4rad)。此时重新优化飞轮安装角度，得到结果：α^*=0rad，β^*=1.0140rad，相应的 ρ^*=1.3956，这比故障系统的原有可重构度提高了 14%。

由此可知：①由于考虑了重构潜能分布的合理性，以本节所提指标指导系统构型的优化设计相比于传统方法，可更加充分考虑各个方向的重构要求，合理分配冗余度；②控制系统故障以后，可重构性有所下降，此时通过对执行器构型进行调整，可以有效提高系统的重构能力。

3) 故障程度与可靠性对可重构性的影响

以四斜装构型 2、3 轮失效为对象，将失效因子 α_i (i=2,3) 分别从 0 取到 1，分别得到考虑可靠性影响的本节方法与不考虑可靠性影响的基于可控性 Gramian 矩阵的评价方法中，系统可重构度 ρ 随失效因子 α_i 的变化曲面如图 4.4 所示。

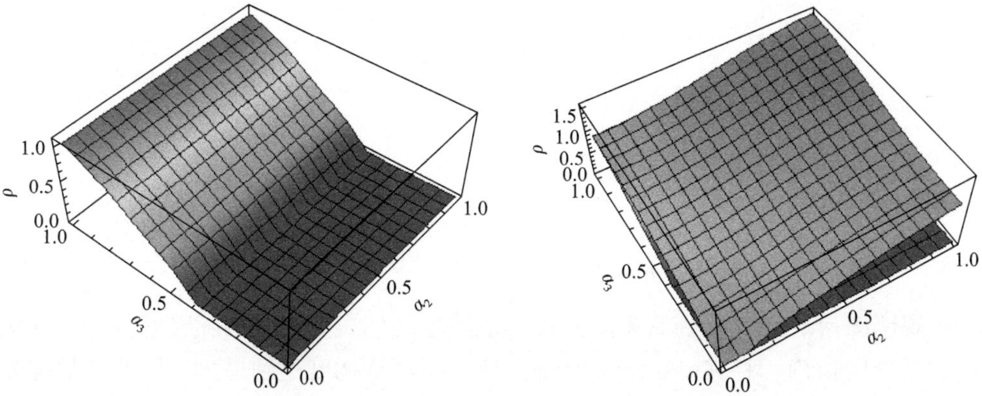

(a) 考虑可靠性　　(b) 不考虑可靠性

图 4.4　可重构度随失效因子的变化曲面

由图 4.4 可知，系统可重构度与故障程度有关，故障越严重，可重构度越小。当 $\alpha_3 \leqslant 0.4$（若不考虑可靠性，$\alpha_2 \leqslant 0.1$ 且 $\alpha_3 \leqslant 0.1$）时，系统可重构度为零，此时尽管执行器仍然能够输出力矩，但所需能耗超出了系统可用能量上限，因此不可重构。对比图 4.4(a)、(b)发现，相比传统方法，本节方法考虑了可靠性影响，所得可重构度有所下降，由于飞轮 3 承担任务较重，其失效因子低于 0.4 时系统便失去了可重构性。因此，为提高系统的安全质量特性，应提高飞轮 3 的可靠度。

由此可知：①故障引起的可靠性下降会削弱系统的实际可重构性，当故障严重到一定程度以后，系统即使依然可控，也可能会由于可靠性过低而失去实际意义上的可重构性；②与传统指标相比，由于本节所提评价指标充分考虑了故障引起的可靠性下降问题，因此可用于指导系统重要环节与薄弱环节的优化设计。

2. 时间特性

1) 控制重构时刻对可重构性的影响

以三正装构型为例，取 $\alpha_1 = \alpha_2 = \alpha_3 = 0.5$，则故障系统可重构度可以表示为关于控制重构时刻 t_r 的函数 $\rho(t_r)$，得到可重构度随控制重构时刻的变化曲线如图 4.5 所示。其中，取期望系统矩阵如下：

$$
\boldsymbol{M}_{n0} = \begin{bmatrix} & \boldsymbol{0}_{3\times3} & & & \boldsymbol{I}_{3\times3} & \\ -0.03 & 0 & 0 & -0.35 & 0 & 0 \\ 0 & -0.12 & 0 & 0 & -0.7 & 0 \\ 0 & 0 & -0.08 & 0 & 0 & -0.6 \end{bmatrix}
$$

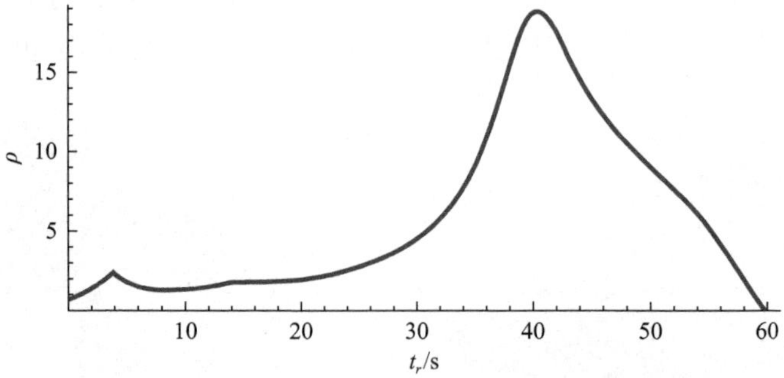

图 4.5 系统可重构度随控制重构时刻的变化曲线

观察图 4.5 可知，在有限时间内，故障系统的可重构性会随时间变化。在规定的任务窗口内，存在一个最优时刻，使系统可重构度达到最大。因此，故障发生以后，系统采取重构措施的时间并非越早越好，不合时宜地进行控制重构，可能会导致系统的重构效率低下。

2) 控制器收敛速度对可重构性的影响

改变期望系统矩阵 $\boldsymbol{M}_n$，则可以改变系统的期望收敛速度。这里对不同的期望闭环系统 $\boldsymbol{M}_n = \kappa \boldsymbol{M}_{n0}$ 进行数值仿真，得到规定任务窗口内的系统最大可重构度 $\rho_{\max}$ 随收敛速度的变化曲线如图 4.6 所示。其中，κ 为比例系数，反映了控制器的收敛速度，其值越大，系统收敛越快。

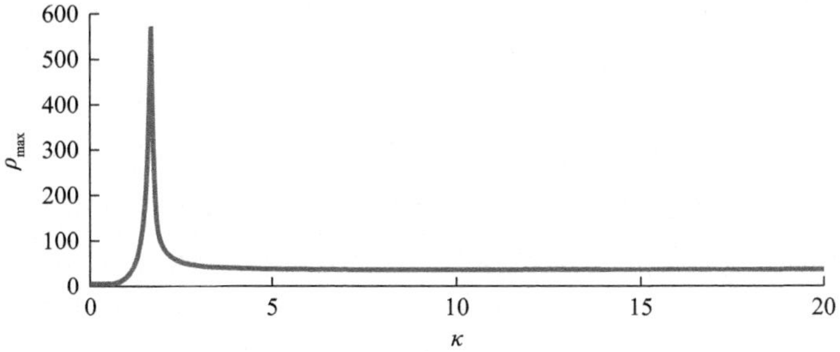

图 4.6 系统最大可重构度 $\rho_{\max}$ 随收敛速度的变化曲线

由仿真结果可知，故障系统的实时可重构度与控制器的收敛速度有关，过低或过高的收敛速度均会导致系统的重构性能低下。

对上述现象的原因展开进一步分析：若控制器的收敛速度过快，则会使系统在采取相应重构措施之前，受不恰当控制器的严重影响，快速偏离标称轨迹，从而导致资源的严重浪费以及后续重构代价的迅速提高；反之，若控制器的收敛速度过低，说明其控制效率低下，对能量的利用率较低，使得标称系统完成预期功能的原定能耗较大，导致能量剩余因子 a^2 过小，从而引起故障系统重构能力下降。由此，说明可重构性能够用于指导控制律的优化设计。

3) 任务时间对可重构性的影响

为研究任务时间对系统可重构性的影响，取不同的任务完成时刻 t_{mis} 进行数值仿真，得到系统最大可重构度随任务时间的变化曲线如图 4.7 所示。

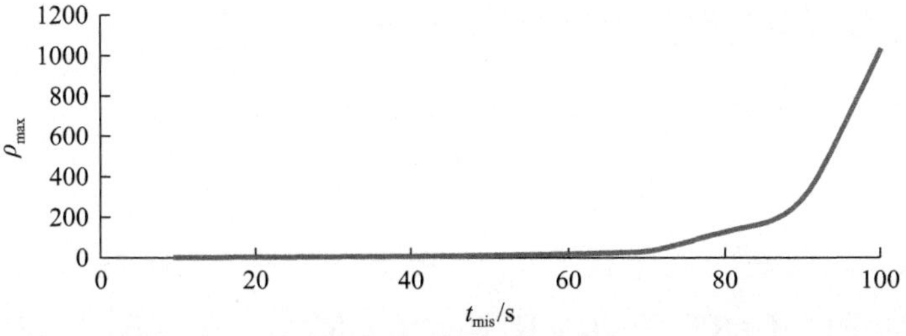

图 4.7 系统最大可重构度随任务时间的变化曲线

仿真结果表明，故障系统的可重构性与任务完成时刻 t_{mis} 有关，t_{mis} 越大，系统的可重构性越好，这是因为任务时间越长，系统的时间冗余度会越大。

综上所述，相比于传统的可重构性评价方法，本节方法进一步考虑了时间约束与能量消耗速率，将可重构性从空间域拓展至了时间域：系统可重构性不仅受资源配置、部件构型和故障程度等空间因素影响，还受重构时刻、收敛速度和任务完成时刻等时间因素制约。

4.3 干扰影响下系统重构能力量化方法

航天器在实际运行过程中不可避免地会受到各种干扰作用，如重力梯度力矩、太阳辐射力矩、气动力矩、地磁力矩等环境干扰，以及过程噪声、飞轮内部摩擦、活动部件转动力矩、太阳能电池阵驱动力矩、挠性结构耦合力矩等非环境干扰。上述各类干扰的存在会影响系统的重构性能，进而影响系统的实际重构能力。因此，在对控制系统进行可重构性评价设计时，应该充分考虑干扰对系统性能的影响，从干扰抑制的全新角度对系统重构性能进行分析。然而，现有可重构性理论方法忽略了系统在运行过程中受到的外部干扰等实际因素影响，实用性较低，亟须进一步开展突破性研究。

鉴于此，本节提出一种受扰系统的可重构性评价方法，考虑了干扰对系统可重构性的影响，更加契合航天器实际运行环境，实用性更强。首先，探究受扰系统可重构的条件，给出可重构性判定准则，并将其转换成线性矩阵不等式的形式，便于对故障系统的可重构性进行定性判定；然后，通过量化系统的干扰抑制能力，定量评价其可重构性，利用 H_2 控制思想推导可重构性量化指标关于系统与干扰参数的数学表达，并转换成一个约束条件均为线性矩阵不等式的优化问题，便于量化指标的求解。在此基础之上，通过对某个典型卫星的姿态控制系统进行数值仿真，验证所提方法的有效性。

4.3.1 问题描述

考虑如下配有 m 个执行器的受扰控制系统：

$$\begin{cases}\dot{\boldsymbol{x}}(t)=\boldsymbol{A}\boldsymbol{x}(t)+\boldsymbol{B}_0\boldsymbol{u}(t)+\boldsymbol{E}\boldsymbol{w}(t)\\ \boldsymbol{y}=\boldsymbol{C}\boldsymbol{x}(t)+\boldsymbol{D}_0\boldsymbol{u}(t)\end{cases} \tag{4.40}$$

其中，$\boldsymbol{x}\in\mathbf{R}^n$、$\boldsymbol{u}\in\mathbf{R}^m$、$\boldsymbol{w}\in\mathbf{R}^{m_w}$ 和 $\boldsymbol{y}\in\mathbf{R}^l$ 分别为系统的状态、控制输入、外部干扰和输出向量；$\boldsymbol{A}\in\mathbf{R}^{n\times n}$、$\boldsymbol{B}_0\in\mathbf{R}^{n\times m}$、$\boldsymbol{E}\in\mathbf{R}^{n\times m_w}$、$\boldsymbol{C}\in\mathbf{R}^{l\times n}$、$\boldsymbol{D}_0\in\mathbf{R}^{l\times m}$ 分别为相应维度的系统参数矩阵。

本节研究执行器失效故障，为保证系统可靠性，一旦发生故障，便关闭故障执行器，仅利用健康执行器形成新的配置，以维持系统继续运行。假设标称系统

配备 m 个执行器，则共有 2^m 种可能的配置，对应于 2^m 种故障情况。以配备 4 个执行器的系统为例，共有 16 种可能的执行器配置，如图 4.8 所示。用 $C_0=\{a_1,a_2,\cdots,a_m\}$ 表示标称执行器配置，其中 $a_i(i=1,2,\cdots,m)$ 表示第 i 个执行器，每一个执行器故障都对应唯一的执行器配置。假设故障 ϑ_s 对应的执行器配置为 $C_s\subseteq C_0$，则 $C_0\setminus C_s$ 中的所有元素均为故障执行器。

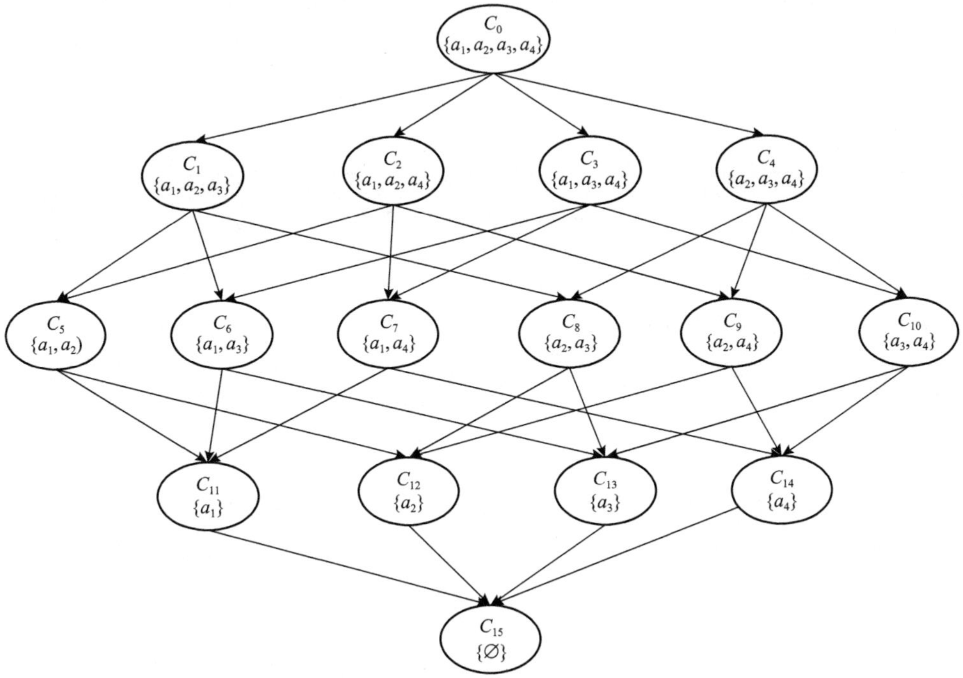

图 4.8　四执行器系统的可能配置

系统在故障 ϑ_s（配置 C_s）下的状态空间模型为

$$\begin{cases}\dot{\boldsymbol{x}}(t)=\boldsymbol{A}\boldsymbol{x}(t)+\boldsymbol{B}_s\boldsymbol{u}(t)+\boldsymbol{E}\boldsymbol{w}(t)\\ \boldsymbol{y}(t)=\boldsymbol{C}\boldsymbol{x}(t)+\boldsymbol{D}_s\boldsymbol{u}(t)\end{cases}\tag{4.41}$$

其中，$\boldsymbol{B}_s=\boldsymbol{B}_0\boldsymbol{\Sigma}_s$；$\boldsymbol{D}_s=\boldsymbol{D}_0\boldsymbol{\Sigma}_s$，$\boldsymbol{\Sigma}_s$ 是执行器选择矩阵，该矩阵是元素为 0 或 1 的对角线矩阵，其中与健康执行器相关的元素为 1，与故障执行器相关的元素为 0。

为简化下文描述，假设

$$\boldsymbol{C}^{\mathrm{T}}\boldsymbol{C}=\boldsymbol{Q},\quad \boldsymbol{D}_s^{\mathrm{T}}\boldsymbol{D}_s=\boldsymbol{R}_s,\quad \boldsymbol{D}_s^{\mathrm{T}}\boldsymbol{C}=\boldsymbol{0},\quad \boldsymbol{C}^{\mathrm{T}}\boldsymbol{D}_s=\boldsymbol{0}\tag{4.42}$$

令 $\boldsymbol{G}_{yw}^s$ 表示系统在故障 ϑ_s 下从干扰 $\boldsymbol{w}$ 到输出 $\boldsymbol{y}$ 的传递函数。这里的控制目标是在保证 $\boldsymbol{G}_{yw}^s$ 的 H_2 范数不超过规定范围的前提下使系统稳定。鉴于此，在配置 C_s

下，控制律为 $\boldsymbol{u}$ 的闭环系统性能函数可以取

$$J_s(\boldsymbol{u})=\left\|\boldsymbol{G}_{yw}^{s}\right\|_2^2 \tag{4.43}$$

该性能函数需要满足 $J_s(\boldsymbol{u})\leqslant\eta$，其中 η 是规定的性能阈值。

为便于后续描述，基于式(4.43)规定的性能需求，给出如下定义。

定义 4.6(容许控制)　如果配置为 C_s 的系统在控制律 $\boldsymbol{u}$ 作用下的代价函数 $J_s(\boldsymbol{x}_0,\boldsymbol{u})$ 满足性能需求(4.43)，则称 $\boldsymbol{u}$ 对配置 C_s 是可容许的，或称 $\boldsymbol{u}$ 是配置 C_s 的一个容许控制律。在阈值 η 下，配置 C_s 的容许控制律集合表示为 $\mathcal{U}_\eta(C_s):=\{\boldsymbol{u}|J_s(\boldsymbol{x}_0,\boldsymbol{u})\leqslant\eta(\boldsymbol{x}_0)\}$。

定义 4.7(可重构性)　当发生故障 ϑ_s 时，若系统在执行器配置 C_s 下至少存在一个容许控制律，则称该系统在相应故障 ϑ_s 下可重构，称 ϑ_s 为可容忍故障、C_s 为可重构配置。在阈值 η 下，系统可重构的执行器配置集合表示为 $\mathcal{C}_\eta:=\{C_s|\exists\boldsymbol{u},\ \text{s.t.}J_s(\boldsymbol{x}_0,\boldsymbol{u})\leqslant\eta(\boldsymbol{x}_0)\}$。

4.3.2　可重构性评价

1. 可重构性判定

首先，为了判定系统在故障下的重构能力，探究系统可重构的条件。

定理 4.2　对于故障 ϑ_k 下的系统(4.41)，如果存在矩阵 $\boldsymbol{K}\in\mathbf{R}^{m\times n}$ 和正定矩阵 $\bar{\boldsymbol{W}}_s=\bar{\boldsymbol{W}}_s^{\mathrm{T}}\in\mathbf{R}^{n\times n}$，满足

$$\begin{aligned}&\text{(a)}\ \left(\boldsymbol{A}-\boldsymbol{B}_s\boldsymbol{K}\right)^{\mathrm{T}}\bar{\boldsymbol{W}}_s+\bar{\boldsymbol{W}}_s\left(\boldsymbol{A}-\boldsymbol{B}_s\boldsymbol{K}\right)+\boldsymbol{K}^{\mathrm{T}}\boldsymbol{R}\boldsymbol{K}+\boldsymbol{Q}\leqslant\boldsymbol{0}\\&\text{(b)}\ \operatorname{trace}\left(\boldsymbol{E}^{\mathrm{T}}\bar{\boldsymbol{W}}_s\boldsymbol{E}\right)\leqslant\eta\end{aligned} \tag{4.44}$$

则系统在故障 ϑ_k 下可重构。

证明　假设系统的控制输入为 $\boldsymbol{u}(t)=\boldsymbol{K}(t)\boldsymbol{x}(t)$，则闭环系统的状态方程可以转换为

$$\begin{cases}\dot{\boldsymbol{x}}(t)=\boldsymbol{A}_{s,K}\boldsymbol{x}(t)+\boldsymbol{E}\boldsymbol{w}(t)\\\boldsymbol{y}(t)=\boldsymbol{C}_{s,K}\boldsymbol{x}(t)\end{cases} \tag{4.45}$$

其中，$\boldsymbol{A}_{s,K}=\boldsymbol{A}-\boldsymbol{B}_s\boldsymbol{K}$；$\boldsymbol{C}_{s,K}=\boldsymbol{C}-\boldsymbol{D}_s\boldsymbol{K}$。

系统在配置 C_s 下从干扰 $\boldsymbol{w}$ 到输出 $\boldsymbol{y}$ 的传递函数的状态空间实现为

$$\boldsymbol{G}_{yw}^{s}=\left[\begin{array}{c|c}\boldsymbol{A}_{s,K}&\boldsymbol{E}\\\hline\boldsymbol{C}_{s,K}&\boldsymbol{0}\end{array}\right] \tag{4.46}$$

若式(4.44)的条件(a)成立，即

$$\left(\boldsymbol{A}-\boldsymbol{B}_s\boldsymbol{K}\right)^{\mathrm{T}}\bar{\boldsymbol{W}}_s+\bar{\boldsymbol{W}}_s\left(\boldsymbol{A}-\boldsymbol{B}_s\boldsymbol{K}\right)+\boldsymbol{K}^{\mathrm{T}}\boldsymbol{R}\boldsymbol{K}+\boldsymbol{Q}\leqslant\boldsymbol{0}$$

则可推得 $\boldsymbol{A}-\boldsymbol{B}_s\boldsymbol{K}<\boldsymbol{0}$，即系统 $\boldsymbol{G}_{yw}^s$ 为 Hurwitz 稳定的。

由文献[49]可知，若系统 $\boldsymbol{T}_c=\left[\begin{array}{c|c}\boldsymbol{A}&\boldsymbol{B}\\\hline\boldsymbol{C}&\boldsymbol{0}\end{array}\right]$ 稳定，则有 $\|\boldsymbol{T}_c\|_2^2=\mathrm{trace}\left(\boldsymbol{B}^{\mathrm{T}}\boldsymbol{L}_o\boldsymbol{B}\right)$，$\boldsymbol{L}_o$ 是系统 $\boldsymbol{T}_c$ 的可观测性 Gramian 矩阵，即 Lyapunov 方程 $\boldsymbol{A}^{\mathrm{T}}\boldsymbol{L}_o+\boldsymbol{L}_o\boldsymbol{A}+\boldsymbol{C}^{\mathrm{T}}\boldsymbol{C}=\boldsymbol{0}$ 的解，因此结合式(4.46)可知

$$J_s=\left\|\boldsymbol{G}_{yw}^s\right\|_2^2=\mathrm{trace}\left(\boldsymbol{E}^{\mathrm{T}}\boldsymbol{W}_s^{-1}\boldsymbol{E}\right)\tag{4.47}$$

其中，$\boldsymbol{W}_s$ 是 Lyapunov 方程

$$\boldsymbol{A}_{s,K}^{\mathrm{T}}\boldsymbol{W}_s+\boldsymbol{W}_s\boldsymbol{A}_{s,K}+\boldsymbol{C}_{s,K}^{\mathrm{T}}\boldsymbol{C}_{s,K}=\boldsymbol{0}\tag{4.48}$$

的解。将 $\boldsymbol{A}_{s,K}$、$\boldsymbol{C}_{s,K}$ 展开，可得

$$\left(\boldsymbol{A}-\boldsymbol{B}_s\boldsymbol{K}\right)^{\mathrm{T}}\boldsymbol{W}_s+\boldsymbol{W}_s\left(\boldsymbol{A}-\boldsymbol{B}_s\boldsymbol{K}\right)+\boldsymbol{K}^{\mathrm{T}}\boldsymbol{R}\boldsymbol{K}+\boldsymbol{Q}=\boldsymbol{0}\tag{4.49}$$

在式(4.44)的条件(a)中减去式(4.49)，可以得到

$$\left(\boldsymbol{A}-\boldsymbol{B}_s\boldsymbol{K}\right)^{\mathrm{T}}\left(\bar{\boldsymbol{W}}_s-\boldsymbol{W}_s\right)+\left(\bar{\boldsymbol{W}}_s-\boldsymbol{W}_s\right)\left(\boldsymbol{A}-\boldsymbol{B}_s\boldsymbol{K}\right)\leqslant\boldsymbol{0}\tag{4.50}$$

因为 $\boldsymbol{A}-\boldsymbol{B}_s\boldsymbol{K}<0$，所以 $\bar{\boldsymbol{W}}_s\geqslant\boldsymbol{W}_s$，$\mathrm{trace}\left(\boldsymbol{E}^{\mathrm{T}}\bar{\boldsymbol{W}}_s\boldsymbol{E}\right)\geqslant\mathrm{trace}\left(\boldsymbol{E}^{\mathrm{T}}\boldsymbol{W}_s\boldsymbol{E}\right)$。因此，若式(4.44)的条件(b)成立，即 $\mathrm{trace}\left(\boldsymbol{E}^{\mathrm{T}}\bar{\boldsymbol{W}}_s\boldsymbol{E}\right)\leqslant\eta$，则 $J_s=\mathrm{trace}\left(\boldsymbol{E}^{\mathrm{T}}\boldsymbol{W}_s^{-1}\boldsymbol{E}\right)\leqslant\eta$，即系统可重构。

定理 4.2 得证。□

由于定理 4.2 中可重构性的判据条件包含矩阵 $\boldsymbol{K}$ 和 $\bar{\boldsymbol{W}}_s$ 的乘积，因此该判据的条件是双线性矩阵不等式(bilinear matrix inequality, BMI)形式的。为了便于利用定理 4.2 对系统的可重构性进行判定，下面将式(4.44)中 BMI 形式的条件转化为线性矩阵不等式(linear matrix inequality, LMI)形式。

设 $\boldsymbol{N}_s=\bar{\boldsymbol{W}}_s^{-1}$ 和 $\boldsymbol{Z}_s=\boldsymbol{K}\boldsymbol{N}_s$，则式(4.44)中的条件(a)可以转换成如下形式：

$$\boldsymbol{N}_s\left(\boldsymbol{A}-\boldsymbol{B}_s\boldsymbol{K}\right)^{\mathrm{T}}+\left(\boldsymbol{A}-\boldsymbol{B}_s\boldsymbol{K}\right)\boldsymbol{N}_s+\boldsymbol{Z}_s^{\mathrm{T}}\boldsymbol{R}\boldsymbol{Z}_s+\boldsymbol{N}_s\boldsymbol{Q}\boldsymbol{N}_s\leqslant\boldsymbol{0}\tag{4.51}$$

基于 Schur 补定理，条件(a)相当于

$$\begin{bmatrix} (AN_s - B_s Z_s)^{\mathrm{T}} + (AN_s - B_s Z_s) & Z_s^{\mathrm{T}} D_s^{\mathrm{T}} & N_s^{\mathrm{T}} C_s^{\mathrm{T}} \\ D_s Z_s & -I & 0 \\ C_s N_s & 0 & -I \end{bmatrix} \leqslant 0 \tag{4.52}$$

条件(b)可以替换为

$$\begin{aligned} &(\mathrm{b1}) \begin{bmatrix} -V_s & E^{\mathrm{T}} \\ E & -N_s \end{bmatrix} \leqslant 0 \\ &(\mathrm{b2})\ \mathrm{trace}(V_s) \leqslant \eta \end{aligned} \tag{4.53}$$

其中，$V_s \in \mathbf{R}^{m_w \times m_w}$ 为正定对称矩阵。

综上，定理 4.2 可以改写为条件均为 LMI 形式的可重构性判据，具体如下。

推论 4.1　对于故障 ϑ_k 下的系统(4.41)，如果存在矩阵 $Z_s \in \mathbf{R}^{m \times n}$，正定矩阵 $N_s \in \mathbf{R}^{n \times n}$ 和 $V_s \in \mathbf{R}^{m_w \times m_w}$，满足

$$\begin{aligned} &(\mathrm{a}) \begin{bmatrix} (AN_s - B_s Z_s)^{\mathrm{T}} + (AN_s - B_s Z_s) & Z_s^{\mathrm{T}} D_s^{\mathrm{T}} & N_s^{\mathrm{T}} C_s^{\mathrm{T}} \\ D_s Z_s & -I & 0 \\ C_s N_s & 0 & -I \end{bmatrix} \leqslant 0 \\ &(\mathrm{b1}) \begin{bmatrix} -V_s & E^{\mathrm{T}} \\ E & -N_s \end{bmatrix} \leqslant 0 \\ &(\mathrm{b2})\ \mathrm{trace}(V_s) \leqslant \eta \end{aligned} \tag{4.54}$$

则系统在故障 ϑ_k 下可重构。

根据推论 4.1，可以利用现有的 LMI 工具箱来判定系统在给定故障下是否具有可重构性。

2. 可重构性量化

对系统的可重构性进行量化，不仅能反映系统在不同故障下是否具有重构能力，而且能反映出系统具有多大的重构能力，从而为系统的设计提供更多有价值的信息。为量化系统的可重构性，这里重点研究以下几个问题。

(1)系统可以容忍多少个故障执行器?

(2)一定数目的执行器故障下，有多少个可重构的配置?

(3)若故障系统可重构，其重构能力有多大?

下面以上述问题为出发点，设计系统的可重构性评价指标。

首先，研究控制系统可以容忍多少个故障的执行器。可容忍的故障执行器数

量越多，说明系统的可重构性越强。因此，本书根据可容忍的故障执行器数目将系统可重构性划分为不同的级别。

定义 4.8（p 级可重构性）　如果系统至少存在一个可容忍的 p 重执行器故障，且一旦故障执行器超过 p 个就不再可重构，则称系统为 p 级可重构的。

然后，研究一定数目的执行器故障下，可重构配置的数量。

定义 4.9（p 级可重构率）　定义 p 重执行器故障对应的所有配置中可重构配置所占的比例为系统的 p 级可重构率，表示为

$$a^p = \sum_{s=1}^{N_p} \gamma_s \tag{4.55}$$

其中，N_p 是 p 重故障对应配置的总数量；$\gamma_s = w_s v_s$，w_s 是故障 ϑ_s 的权重，取决于故障 ϑ_s 对系统性能的影响程度，$\sum_{s=1}^{N_p} w_s = 1$，且

$$v_s = \begin{cases} 0, & \text{构型}C_s\text{不可重构} \\ 1, & \text{构型}C_s\text{可重构} \end{cases}$$

在某些时候，为了获得更多有用的信息来评估或指导系统设计，不仅要知道系统在故障下是否具备重构能力，还要知道系统具备多大的重构能力。鉴于此，本书采用如下归一化的指标函数来评估系统可重构度。

定义 4.10（可重构度）　若系统在故障 ϑ_s 下是可重构的，则定义如下指标来量化系统在故障 ϑ_s 下的重构能力大小：

$$\rho_s = 1 - \frac{\min\limits_{\boldsymbol{u} \in \mathcal{U}_\eta(C_s)} J_s(\boldsymbol{u})}{\eta} \tag{4.56}$$

该指标称为系统在故障 ϑ_s 下的可重构度。

式(4.56)中的 $\min\limits_{\boldsymbol{u} \in \mathcal{U}_\eta(C_s)} J_s(\boldsymbol{u})$ 表示在配置 C_s 容许控制作用下系统的最优性能函数。因为 $\boldsymbol{u} \in \mathcal{U}_\eta(C_s)$，所以有 $J_s(\boldsymbol{u}) \leqslant \eta$。因此，系统的可重构度指标满足 $\rho_s \in [0,1]$，其值越接近于 1，说明系统的重构性能越好，重构能力越大。

定义 4.11（p 级可重构度）　若系统是 p 级可重构的，则定义如下指标来量化系统在所有 p 重执行器故障下的重构能力大小：

$$\mathcal{R}^p = \sum_{s=1}^{N_p} w_s \rho_s = 1 - \frac{\sum\limits_{s=1}^{N_p} w_s \min\limits_{\boldsymbol{u} \in \mathcal{U}_\eta(C_s)} J_s(\boldsymbol{u})}{\eta} \tag{4.57}$$

该指标称为系统的 p 级可重构度。

通过利用推论 4.1 对不同故障模式下的系统进行可重构性判定，可确定定义 4.8 和定义 4.9 中的可重构级别和可重构率；下面重点建立定义 4.10 中的可重构度指标与系统参数之间的数学关系，确定系统在故障 ϑ_s 下的重构能力大小，并进一步确定定义 4.11 中的系统 p 级可重构度。

定理 4.3　对于故障 ϑ_k 下的系统(4.41)，如果其对应的配置 $\left(\boldsymbol{A},\boldsymbol{B}_s\right)$ 可稳定，则式(4.56)定义的可重构度指标为

$$\rho_s=\max\left\{1-\frac{\operatorname{trace}\left(\boldsymbol{E}^{\mathrm{T}}\boldsymbol{W}_s^*\boldsymbol{E}\right)}{\eta},0\right\} \tag{4.58}$$

其中，$\boldsymbol{W}_s^*=\boldsymbol{W}_s^{*\mathrm{T}}>\boldsymbol{0}$ 为系统在配置 C_s 下的最优代价矩阵，可以通过求解以下 Riccati 方程获得：

$$\boldsymbol{A}^{\mathrm{T}}\boldsymbol{W}_s^*+\boldsymbol{W}_s^*\boldsymbol{A}-\boldsymbol{W}_s^*\boldsymbol{B}_s\boldsymbol{R}^{-1}\boldsymbol{B}_s^{\mathrm{T}}\boldsymbol{W}_s^*+\boldsymbol{Q}=\boldsymbol{0} \tag{4.59}$$

证明　假设系统的控制输入如下：

$$\boldsymbol{u}(t)=\boldsymbol{K}(t)\boldsymbol{x}(t)+\boldsymbol{v}(t) \tag{4.60}$$

其中，$\boldsymbol{K}=-\boldsymbol{R}_s^{-1}\boldsymbol{B}_s^{\mathrm{T}}\boldsymbol{W}_s^{*-1}$，则闭环系统的状态方程可以转换为

$$\begin{cases}\dot{\boldsymbol{x}}(t)=\boldsymbol{A}_{s,K}\boldsymbol{x}(t)+\boldsymbol{B}_s\boldsymbol{v}(t)+\boldsymbol{E}\boldsymbol{w}(t)\\ \boldsymbol{y}(t)=\boldsymbol{C}_{s,K}\boldsymbol{x}(t)+\boldsymbol{D}_s\boldsymbol{v}(t)\end{cases} \tag{4.61}$$

其中，$\boldsymbol{A}_{s,K}=\boldsymbol{A}-\boldsymbol{B}_s\boldsymbol{R}_s^{-1}\boldsymbol{B}_s^{\mathrm{T}}\boldsymbol{W}_s^{*-1}$；$\boldsymbol{C}_{s,K}=\boldsymbol{C}-\boldsymbol{D}_s\boldsymbol{R}_s^{-1}\boldsymbol{B}_s^{\mathrm{T}}\boldsymbol{W}_s^{*-1}$。

若控制分量 $\boldsymbol{v}$ 与干扰 $\boldsymbol{w}$ 无关，设 $\boldsymbol{w}$ 和 $\boldsymbol{v}$ 到系统输出 $\boldsymbol{y}$ 的传递函数分别为 $\boldsymbol{T}_{yw}$、$\boldsymbol{T}_{yv}$，则它们的状态空间实现表示如下：

$$\boldsymbol{T}_{yw}=\left[\begin{array}{c|c}\boldsymbol{A}_{s,K} & \boldsymbol{E}\\ \hline \boldsymbol{C}_{s,K} & \boldsymbol{0}\end{array}\right],\quad \boldsymbol{T}_{yv}=\left[\begin{array}{c|c}\boldsymbol{A}_{s,K} & \boldsymbol{B}_s\\ \hline \boldsymbol{C}_{s,K} & \boldsymbol{D}_s\end{array}\right] \tag{4.62}$$

因为 $\boldsymbol{A}_{s,K}$ 稳定[47]，所以由文献[49]的定理 4.6 和定理 4.7 可知 $\boldsymbol{T}_{yw}\in\mathcal{RH}_2$，$\boldsymbol{T}_{yv}\in\mathcal{RH}_\infty$。其中，$\mathcal{RH}_2$、$\mathcal{RH}_\infty$ 分别表示 H_2、H_∞ 范数有界且在右半开平面解析(即极点均在左半开平面)的严格真有理实矩阵函数集合。

然而，控制分量 $\boldsymbol{v}$ 一般与干扰 $\boldsymbol{w}$ 有关，此时系统输出可以表示为

$$\boldsymbol{y}=\boldsymbol{T}_{yw}\boldsymbol{w}+\boldsymbol{T}_{yv}\boldsymbol{v}=\left(\boldsymbol{T}_{yw}+\boldsymbol{T}_{yv}\boldsymbol{T}_{vw}\right)\boldsymbol{w} \tag{4.63}$$

因此，不失一般性，从外部干扰 $\boldsymbol{w}$ 到系统输出 $\boldsymbol{y}$ 的完整传递函数为

$$\boldsymbol{G}_{yw}^{s}=\boldsymbol{T}_{yw}+\boldsymbol{T}_{yv}\boldsymbol{T}_{vw} \tag{4.64}$$

$\boldsymbol{T}_{yv}$ 共轭系统的状态空间实现为

$$\tilde{\boldsymbol{T}}_{yv}=\left[\begin{array}{c|c}-\boldsymbol{A}_{s,K}^{\mathrm{T}} & -\boldsymbol{C}_{s,K}^{\mathrm{T}}\\ \hline \boldsymbol{B}_{s}^{\mathrm{T}} & \boldsymbol{D}_{s}^{\mathrm{T}}\end{array}\right]\in\mathcal{RH}_{\infty} \tag{4.65}$$

根据控制系统的串联特性可得

$$\tilde{\boldsymbol{T}}_{yv}\boldsymbol{T}_{yv}=\left[\begin{array}{cc|c}-\boldsymbol{A}_{s,K}^{\mathrm{T}} & -\boldsymbol{C}_{s,K}^{\mathrm{T}}\boldsymbol{C}_{s,K} & -\boldsymbol{C}_{s,K}^{\mathrm{T}}\boldsymbol{D}_{s}\\ \boldsymbol{0} & \boldsymbol{A}_{s,K} & \boldsymbol{B}_{s}\\ \hline \boldsymbol{B}_{s}^{\mathrm{T}} & \boldsymbol{D}_{s}^{\mathrm{T}}\boldsymbol{C}_{s,K} & \boldsymbol{R}_{s}\end{array}\right] \tag{4.66}$$

$$\tilde{\boldsymbol{T}}_{yv}\boldsymbol{T}_{yw}=\left[\begin{array}{cc|c}-\boldsymbol{A}_{s,K}^{\mathrm{T}} & -\boldsymbol{C}_{s,K}^{\mathrm{T}}\boldsymbol{C}_{s,K} & \boldsymbol{0}\\ \boldsymbol{0} & \boldsymbol{A}_{s,K} & \boldsymbol{E}\\ \hline \boldsymbol{B}_{s}^{\mathrm{T}} & \boldsymbol{D}^{\mathrm{T}}\boldsymbol{C}_{s,K} & \boldsymbol{0}\end{array}\right] \tag{4.67}$$

取新的状态量

$$\begin{bmatrix}\tilde{\boldsymbol{z}}\\ \boldsymbol{z}\end{bmatrix}=\begin{bmatrix}\boldsymbol{I} & -\boldsymbol{W}_{s}^{*-1}\\ \boldsymbol{0} & \boldsymbol{I}\end{bmatrix}\begin{bmatrix}\tilde{\boldsymbol{x}}\\ \boldsymbol{x}\end{bmatrix} \tag{4.68}$$

则有

$$\begin{aligned}\dot{\tilde{\boldsymbol{z}}}(t)&=\dot{\tilde{\boldsymbol{x}}}(t)-\boldsymbol{W}_{s}^{*-1}\dot{\boldsymbol{x}}(t)\\ &=-\boldsymbol{A}_{s,K}^{\mathrm{T}}\tilde{\boldsymbol{x}}(t)-\boldsymbol{C}_{s,K}^{\mathrm{T}}\boldsymbol{y}(t)-\boldsymbol{W}_{s}^{*-1}\left(\boldsymbol{A}_{s,K}\boldsymbol{x}(t)+\boldsymbol{B}_{s}\boldsymbol{v}(t)\right)\\ &=-\boldsymbol{A}_{s,K}^{\mathrm{T}}\tilde{\boldsymbol{z}}(t)-\boldsymbol{W}_{s}^{*-1}\left(\boldsymbol{W}_{s}^{*-1}\boldsymbol{A}_{s,K}^{\mathrm{T}}+\boldsymbol{A}_{s,K}\boldsymbol{W}_{s}^{*-1}+\boldsymbol{W}_{s}^{*-1}\boldsymbol{C}_{s,K}^{\mathrm{T}}\boldsymbol{C}_{s,K}\boldsymbol{W}_{s}^{*-1}\right)\boldsymbol{W}_{s}^{*-1}\boldsymbol{z}(t)\\ &\quad-\left(\boldsymbol{C}_{s,K}^{\mathrm{T}}\boldsymbol{D}_{s}+\boldsymbol{W}_{s}^{*-1}\boldsymbol{B}_{s}\right)\boldsymbol{v}(t)\end{aligned} \tag{4.69}$$

$$\begin{aligned}\tilde{\boldsymbol{y}}(t)&=\boldsymbol{B}_{s}^{\mathrm{T}}\tilde{\boldsymbol{x}}(t)+\boldsymbol{D}_{s}^{\mathrm{T}}\boldsymbol{y}(t)\\ &=\boldsymbol{B}_{s}^{\mathrm{T}}\tilde{\boldsymbol{z}}(t)+\boldsymbol{B}_{s}^{\mathrm{T}}\boldsymbol{W}_{s}^{*-1}\boldsymbol{z}(t)+\boldsymbol{D}_{s}^{\mathrm{T}}\left(\boldsymbol{C}_{s,K}\boldsymbol{z}(t)+\boldsymbol{D}_{s}\boldsymbol{v}(t)\right)\\ &=\boldsymbol{B}_{s}^{\mathrm{T}}\tilde{\boldsymbol{z}}(t)+\left(\boldsymbol{B}_{s}^{\mathrm{T}}\boldsymbol{W}_{s}^{*-1}+\boldsymbol{D}_{s}^{\mathrm{T}}\boldsymbol{C}_{s,K}\right)\boldsymbol{z}(t)+\boldsymbol{R}_{s}\boldsymbol{v}(t)\end{aligned} \tag{4.70}$$

将 $\boldsymbol{A}_{s,K}$、$\boldsymbol{C}_{s,K}$ 展开，结合式(4.59)易证

$$\begin{aligned}&\boldsymbol{W}_s^*\boldsymbol{A}_{s,K}^{\mathrm{T}}+\boldsymbol{A}_{s,K}\boldsymbol{W}_s^*+\boldsymbol{W}_s^*\boldsymbol{C}_{s,K}^{\mathrm{T}}\boldsymbol{C}_{s,K}\boldsymbol{W}_s^*\\&=\boldsymbol{W}_s^*\boldsymbol{A}^{\mathrm{T}}+\boldsymbol{A}\boldsymbol{W}_s^*-\boldsymbol{B}_s\boldsymbol{R}_s^{-1}\boldsymbol{B}_s^{\mathrm{T}}+\boldsymbol{W}_s^*\boldsymbol{Q}\boldsymbol{W}_s^*=\boldsymbol{0}\end{aligned} \tag{4.71}$$

$$\boldsymbol{B}_s^{\mathrm{T}}\boldsymbol{W}_s^{*-1}+\boldsymbol{D}_s^{\mathrm{T}}\boldsymbol{C}_K=\boldsymbol{0},\quad \boldsymbol{C}_{s,K}^{\mathrm{T}}\boldsymbol{D}+\boldsymbol{W}_s^{*-1}\boldsymbol{B}_s=\boldsymbol{0} \tag{4.72}$$

因此，在新状态量的描述下，式(4.66)、式(4.67)转换如下：

$$\tilde{\boldsymbol{T}}_{yv}\boldsymbol{T}_{yv}=\left[\begin{array}{cc|c}-\boldsymbol{A}_{s,K}^{\mathrm{T}} & \boldsymbol{0} & \boldsymbol{0}\\ \boldsymbol{0} & \boldsymbol{A}_{s,K} & \boldsymbol{B}_s\\ \hline \boldsymbol{B}_s^{\mathrm{T}} & \boldsymbol{0} & \boldsymbol{R}_s\end{array}\right]=\boldsymbol{R}_s \tag{4.73}$$

$$\tilde{\boldsymbol{T}}_{yv}\boldsymbol{T}_{yw}=\left[\begin{array}{cc|c}-\boldsymbol{A}_{s,K}^{\mathrm{T}} & \boldsymbol{0} & -\boldsymbol{W}_s^*\boldsymbol{E}\\ \boldsymbol{0} & \boldsymbol{A}_{s,K} & \boldsymbol{E}\\ \hline \boldsymbol{B}_s^{\mathrm{T}} & \boldsymbol{0} & \boldsymbol{0}\end{array}\right]=\left[\begin{array}{c|c}-\boldsymbol{A}_{s,K}^{\mathrm{T}} & -\boldsymbol{W}_s^*\boldsymbol{E}\\ \hline \boldsymbol{B}_s^{\mathrm{T}} & \boldsymbol{0}\end{array}\right] \tag{4.74}$$

因为 $-\boldsymbol{A}_{s,K}^{\mathrm{T}}$ 不稳定，由文献[49]可知 $\tilde{\boldsymbol{T}}_{yv}\boldsymbol{T}_{yw}\in\mathcal{RH}_2^{\perp}$（其中集合 $\mathcal{RH}_2^{\perp}$ 为集合 $\mathcal{RH}_2$ 的正交补），所以式(4.64)可以进一步表示为

$$\left\|\boldsymbol{G}_{yw}^s\right\|_2^2=\left\|\boldsymbol{T}_{yw}+\boldsymbol{T}_{yv}\boldsymbol{T}_{vw}\right\|_2^2=\left\|\boldsymbol{T}_{yw}\right\|_2^2+\left\|\boldsymbol{T}_{yv}\boldsymbol{T}_{vw}\right\|_2^2 \tag{4.75}$$

同样，由文献[49]可知

$$\left\|\boldsymbol{T}_{yw}\right\|_2^2=\operatorname{trace}\left(\boldsymbol{E}^{\mathrm{T}}\boldsymbol{W}_s^*\boldsymbol{E}\right) \tag{4.76}$$

所以有

$$J_s(\boldsymbol{u})=\left\|\boldsymbol{G}_{yw}^s\right\|_2^2=\left\|\boldsymbol{T}_{yw}\right\|_2^2+\left\|\boldsymbol{T}_{yv}\boldsymbol{T}_{vw}\right\|_2^2\geqslant\left\|\boldsymbol{T}_{yw}\right\|_2^2=\operatorname{trace}\left(\boldsymbol{E}^{\mathrm{T}}\boldsymbol{W}_s^*\boldsymbol{E}\right) \tag{4.77}$$

当 $\boldsymbol{T}_{vw}=\boldsymbol{0}$ 时，J_s 可取最小值：

$$\min_u J_s=\left\|\boldsymbol{T}_{yw}\right\|_2^2=\operatorname{trace}\left(\boldsymbol{E}^{\mathrm{T}}\boldsymbol{W}_s^*\boldsymbol{E}\right) \tag{4.78}$$

由分析可知，$\boldsymbol{v}(t)=\boldsymbol{0}$，即 $\boldsymbol{u}(t)=-\boldsymbol{R}^{-1}\boldsymbol{B}_s^{\mathrm{T}}\boldsymbol{W}_s^*\boldsymbol{x}(t)$ 是其最优解之一。

若最小性能函数值 $\min_u J_s = \text{trace}\left(\boldsymbol{E}^{\mathrm{T}}\boldsymbol{W}_s^*\boldsymbol{E}\right) \geqslant \eta$，则说明不存在使系统在故障 ϑ_k 满足性能指标要求的控制律，即系统在该故障下不可重构，此时其可重构度为 $\rho_s = 0$。

若最小性能函数值 $\min_u J_s = \text{trace}\left(\boldsymbol{E}^{\mathrm{T}}\boldsymbol{W}_s^*\boldsymbol{E}\right) < \eta$，则由可重构度定义可得 $\rho_s = 1 - \dfrac{\text{trace}\left(\boldsymbol{E}^{\mathrm{T}}\boldsymbol{W}_s^*\boldsymbol{E}\right)}{\eta}$。

综上，系统在故障 ϑ_k 下的可重构度为

$$\rho_s = \max\left\{1 - \frac{\text{trace}\left(\boldsymbol{E}^{\mathrm{T}}\boldsymbol{W}_s^*\boldsymbol{E}\right)}{\eta}, 0\right\} \tag{4.79}$$

定理 4.3 得证。□

注 4.5　除了直接通过求解 Riccati 方程(4.59)获得系统的可重构度指标(4.58)以外，还可以基于推论 4.1 给出的可重构性判据，通过求解下述 LMI 优化问题进行估计：

$$\begin{aligned}
&\rho_s = \inf_{\boldsymbol{Z}_s, \boldsymbol{N}_s > 0, \boldsymbol{V}_s > 0} \text{trace}\left(\boldsymbol{V}_s\right) \\
&\text{s.t.}\quad (\text{a}) \begin{bmatrix} \left(\boldsymbol{A}\boldsymbol{N}_s - \boldsymbol{B}_s\boldsymbol{Z}_s\right)^{\mathrm{T}} + \left(\boldsymbol{A}\boldsymbol{N}_s - \boldsymbol{B}_s\boldsymbol{Z}_s\right) & \boldsymbol{Z}_s^{\mathrm{T}}\boldsymbol{D}_s^{\mathrm{T}} & \boldsymbol{N}_s^{\mathrm{T}}\boldsymbol{C}_s^{\mathrm{T}} \\ \boldsymbol{D}_s\boldsymbol{Z}_s & -\boldsymbol{I} & \boldsymbol{0} \\ \boldsymbol{C}_s\boldsymbol{N}_s & \boldsymbol{0} & -\boldsymbol{I} \end{bmatrix} \leqslant \boldsymbol{0} \\
&\qquad\ \ (\text{b1}) \begin{bmatrix} -\boldsymbol{V}_s & \boldsymbol{E}^{\mathrm{T}} \\ \boldsymbol{E} & -\boldsymbol{N}_s \end{bmatrix} \leqslant \boldsymbol{0} \\
&\qquad\ \ (\text{b2})\ \text{trace}\left(\boldsymbol{V}_s\right) \leqslant \eta
\end{aligned} \tag{4.80}$$

基于定理 4.3 或注 4.5，得到了可重构性量化评价指标(4.56)的求解表达式，实现了给定故障下系统可重构性的定量评价，可进一步确定系统的 p 级可重构度(4.57)，为重构方法与系统结构设计提供指导依据。

4.3.3　仿真算例

下面选取两个仿真算例验证本节所提方法的有效性和适用性。

1. 算例 1

作为第一个算例，这里选择了文献[2]中配有 a 、b 两个执行器的四阶飞行器

控制系统。该模型有两个输入——升降副翼指令和鸭翼指令，四个状态——前进速度、攻角、俯仰角速度和俯仰角。系统参数如下：

$$\boldsymbol{A}=\begin{bmatrix}-0.0226 & -36.6 & -18.9 & -32.1\\ 0 & -1.9 & 0.983 & 0\\ 0.0123 & -11.7 & -2.63 & 0\\ 0 & 0 & 1 & 0\end{bmatrix},\quad \boldsymbol{B}_0=\begin{bmatrix}0 & 0\\ -0.414 & 0\\ -77.8 & 22.4\\ 0 & 0\end{bmatrix},\quad \boldsymbol{E}=\boldsymbol{B}_0$$

$$\boldsymbol{C}=\boldsymbol{I}_{4\times4},\quad \boldsymbol{D}_0=\begin{bmatrix}\boldsymbol{I}_{2\times2}\\ \boldsymbol{0}\end{bmatrix}$$

对上述系统进行可重构性评价可知，该系统一级可重构。图 4.9 反映了系统分别在执行器 a 、b 故障下可重构度随系统性能阈值的变化曲线。由图可知，当执行器 b 故障时，系统在大多数情况下是可重构的，其可重度随着阈值的增加而不断上升，逐渐收敛于 1。当执行器 a 故障时，在 $\eta=3200$ 之前是不可重构的。因此，系统的一级可重构率 a^1 在 $\eta<3200$ 时为 50%，在 $\eta\geqslant3200$ 时上升至 100%。可以看出，执行器 a 故障对系统的影响比执行器 b 更严重，这与文献[2]中的结论一致，即鸭翼在控制飞机俯仰运动方面不如升降副翼有效，侧面说明了本节方法的有效性。

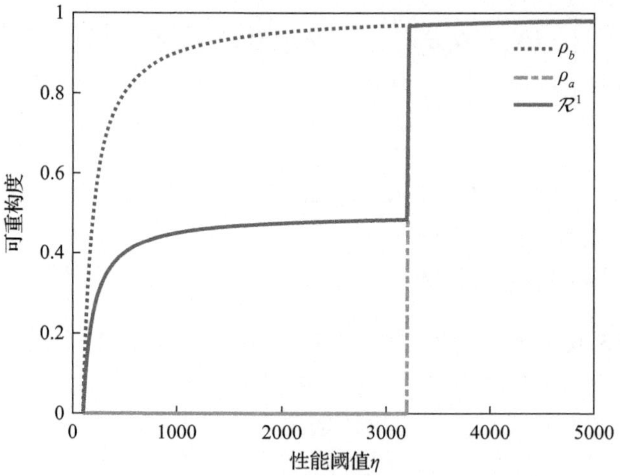

图 4.9　可重构度随性能阈值的变化曲线

2. 算例 2

第二个算例为以四个飞轮作为执行器的卫星姿态控制系统。执行器的标称配置是 $C_0=\{a,b,c,d\}$ ，所有可能的子配置都被标记并列于表 4.4 中。

表 4.4　执行器子配置表

编号	C_0	C_1	C_2	C_3	C_4	C_5	C_6	C_7
配置	$\{a,b,c,d\}$	$\{a,b,c\}$	$\{a,b,d\}$	$\{a,c,d\}$	$\{b,c,d\}$	$\{a,b\}$	$\{a,c\}$	$\{a,d\}$
编号	C_8	C_9	C_{10}	C_{11}	C_{12}	C_{13}	C_{14}	$C_{\varnothing}$
配置	$\{b,c\}$	$\{b,d\}$	$\{c,d\}$	$\{a\}$	$\{b\}$	$\{c\}$	$\{d\}$	$\{\varnothing\}$

选择姿态角和姿态角速度作为系统的状态，则线性化的卫星姿态控制系统参数如下：

$$\boldsymbol{A}=\begin{bmatrix}0&0&0&1&0&0\\0&0&0&0&1&0\\0&0&0&0&0&1\\A_{41}&0&0&0&0&A_{46}\\0&0&0&0&0&0\\0&0&A_{63}&A_{64}&0&0\end{bmatrix},\quad \boldsymbol{B}_0=\begin{bmatrix}\boldsymbol{0}_{3\times3}\\ \mathrm{diag}\left(\dfrac{1}{I_x},\dfrac{1}{I_y},\dfrac{1}{I_z}\right)\end{bmatrix}\boldsymbol{U}$$

$$\boldsymbol{C}=\begin{bmatrix}\boldsymbol{I}_{6\times6} & \boldsymbol{0}\end{bmatrix}^{\mathrm{T}},\quad \boldsymbol{D}_0=\frac{1}{\sqrt{10}}\begin{bmatrix}\boldsymbol{0} & \boldsymbol{I}_{4\times4}\end{bmatrix}^{\mathrm{T}}$$

其中，$A_{41}=\dfrac{\left(I_z-I_y\right)\omega_o^2}{I_x}$，$A_{46}=\dfrac{\left(I_x+I_z-I_y\right)\omega_o}{I_x}$，$A_{63}=\dfrac{\left(I_x-I_y\right)\omega_o^2}{I_z}$，$A_{64}=\dfrac{\left(I_y-I_x-I_z\right)\omega_o}{I_z}$，$\boldsymbol{I}=\mathrm{diag}\left(I_x,I_y,I_z\right)$为卫星的转动惯量，这里取值为$\boldsymbol{I}=\mathrm{diag}(12.5,13.9,15.8)\mathrm{kg}\cdot\mathrm{m}^2$，$\omega_o=0.001\mathrm{rad/s}$为轨道角速度，$\boldsymbol{U}\in\mathbf{R}^{3\times4}$为控制力矩分配矩阵，取决于执行器的安装角度。

四个飞轮最常见的安装方案之一是四斜装构型(下文用 4s 构型表示)，如图 4.10 所示。四个飞轮对称倾斜安装，在系统中相互备份。在图 4.10 中，h_i是第i个车轮的角动量矢量，$i=1,2,3,4$，α、β分别表示飞轮的方位角和俯仰角。在工程实践中，通常取$\alpha=45°,\beta=54.74°$，系统在该结构参数下的控制力矩分布矩阵为$\boldsymbol{U}=\begin{bmatrix}\frac{1}{\sqrt{3}}&\frac{1}{\sqrt{3}}&-\frac{1}{\sqrt{3}}&-\frac{1}{\sqrt{3}}\\\frac{1}{\sqrt{3}}&\frac{1}{\sqrt{3}}&\frac{1}{\sqrt{3}}&\frac{1}{\sqrt{3}}\\-\frac{1}{\sqrt{3}}&\frac{1}{\sqrt{3}}&\frac{1}{\sqrt{3}}&-\frac{1}{\sqrt{3}}\end{bmatrix}$。

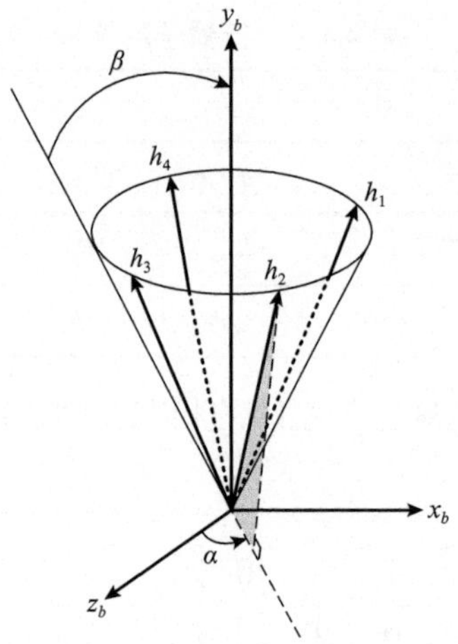

图 4.10　四斜装飞轮构型

在 4s 构型下，系统在正常模式下的最优标称性能为 $J_{0,4s}^{*}=0.4725$ 。若规定系统可容许的性能阈值为 $\eta=1.75$ ，则系统在该阈值下的可重构配置为 $\mathcal{C}_{\eta,4s}=\{C_0,C_1,C_2,C_3,C_4\}$ ，即系统一级可重构且一级可重构率为 $a_{4s}^{1}(\eta)=100\%$ 。基于定理 4.3，可求得系统在不同一重故障下的可重构度指标，并进一步得到系统的一级可重构度为 $\mathcal{R}_{4s}^{1}(\eta)=0.7289$ ，如表 4.5 所示。可以看出，4s 构型下的系统在任意一台飞轮故障时均可重构；由于执行器安装的对称性，每一个飞轮故障对系统的影响是相似的，因此系统在不同一重故障下的可重构度数值相近。

表 4.5　系统在不同一重故障下的可重构度与一级可重构度（4s 构型）

配置	C_1	C_2	C_3	C_4
可重构度 ρ_i	0.7285	0.7294	0.7290	0.7290
一级可重构度 $\mathcal{R}_{4s}^{1}$	0.7289			

为了说明如何根据本节所提出的方法选择更好的系统构型，这里给出另一个常用的三正装一斜装飞轮的构型（用 3o+1s 构型表示）。参见图 4.11，斜装飞轮与三个正交轴的夹角为 $\alpha=54.74°$ ，为三个正交飞轮提供冗余。这种构型的控制力矩分布矩阵为 $\boldsymbol{U}=\begin{bmatrix}1 & 0 & 0 & \frac{1}{\sqrt{3}}\\ 0 & 1 & 0 & \frac{1}{\sqrt{3}}\\ 0 & 0 & 1 & \frac{1}{\sqrt{3}}\end{bmatrix}$ 。

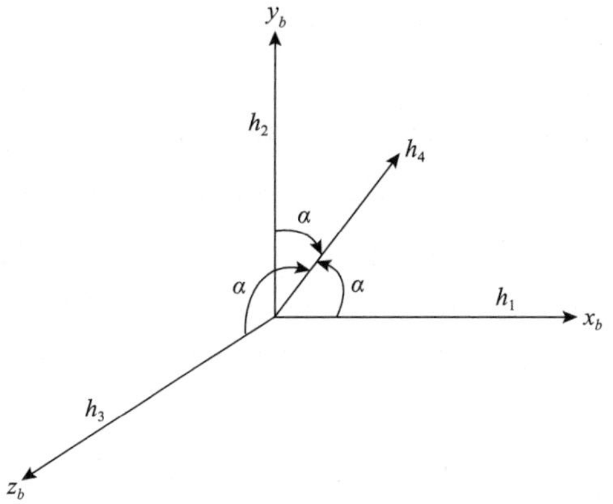

图 4.11　三正装一斜装飞轮构型

对于 3o+1s 构型，系统在正常模式下的最优标称性能为 $J^*_{0,3o+1s}=0.4674$。在相同的性能阈值下，其一级可重构配置集为 $\mathcal{C}_{\eta,3o+1s}=\{C_0,C_1\}$，相应的一级可重构率为 $a^1_{3o+1s}(\eta)=25\%$，一级可重构度为 $\mathcal{R}^1_{3o+1s}=0.1832$。

表 4.6 列出了系统一级可重构度及其对应不同一重执行器故障的可重构度分量。可以看到，任何一个正装飞轮故障都会导致系统不可重构，而斜装飞轮故障则不会。显然，在阈值 $\eta=1.75$ 约束下，4s 构型与 3o+1s 构型下的系统均一级可重构，一级可重构度满足 $\mathcal{R}^1_{4s}>\mathcal{R}^1_{3o+1s}$，这表明系统在发生单执行器故障后，4s 构型的重构性能优于 3o+1s 构型，这与我们的工程经验认知相符合。

表 4.6　系统在不同一重故障下的可重构度与一级可重构度(3o+1s 构型)

配置	C_1	C_2	C_3	C_4
可重构度 ρ_i	0.7329	0	0	0
一级可重构度 $\mathcal{R}^1_{3o+1s}$	0.1832			

基于上述两个仿真算例可以发现，本节提出的可重构性评价方法不仅可以识别系统的薄弱环节，还可以指导系统结构的优化设计，进而为系统诊断重构能力的提升提供定量依据。

4.4　输入饱和条件下系统重构能力量化方法

航天器在实际控制过程中受自身物理限制，只能提供有限的力、力矩、电压、电流等，因此经常会出现执行器饱和现象。该现象是一种强非线性现象，大大增加了系统评价与设计的复杂性，导致系统因控制输出异常锁定而失去调节作用，降低系统的动态性能，影响系统的稳定性[50]，大大削弱系统的重构性能[51]，使原本能达到全局渐近稳定的系统只能局部渐近稳定，在故障较为严重的情况下，甚至会出现失稳现象，导致重构任务失败，甚至造成重大的安全事故与灾难。尽管可以通过降低控制增益等方式来避免执行器饱和，以免造成系统性能下降或者不稳定性现象，但这种处理方式往往不能充分利用系统的控制容量，会进一步引发系统响应变慢、性能降低、代价增大等一系列问题。因此，针对执行器饱和系统展开深入的可重构性研究是一项极具挑战性的工作，具有十分重要的工程实际意义与理论创新价值。

本节首次在可重构性研究中考虑了执行器饱和问题，提出一种适用于输入饱和条件下系统的可重构性定量评价方法。首先，通过将饱和反馈控制律置于一组辅助线性控制律的凸包中，线性化执行器饱和的非线性影响；然后，推导 LMI 形式的可重构性充分条件；在此基础上，将可重构性量化指标求解问题描述成一个带 LMI 约束的优化问题；最后，通过仿真实例验证输入饱和系统可重构性评价方法的有效性。

4.4.1　问题描述

考虑以下配备 m 个执行器的输入受限控制系统：

$$\begin{cases}\dot{\boldsymbol{x}}(t)=\boldsymbol{A}\boldsymbol{x}(t)+\boldsymbol{B}_0\mathrm{sat}(\boldsymbol{u}(t))+\boldsymbol{E}\boldsymbol{w}(t)\\ \boldsymbol{y}=\boldsymbol{C}\boldsymbol{x}(t)+\boldsymbol{D}_0\mathrm{sat}(\boldsymbol{u}(t))\end{cases},\quad \boldsymbol{x}\in\Omega(\boldsymbol{P},1) \tag{4.81}$$

其中，$\boldsymbol{x}\in\mathbf{R}^n$ 和 $\boldsymbol{u}\in\mathbf{R}^m$ 分别代表系统的状态和控制输入；$\boldsymbol{w}\in\mathbf{R}^q$ 为白噪声，$\mathrm{sat}(\cdot)$: $\mathbf{R}^m\to\mathbf{R}^m$ 为标准饱和函数向量，即 $\mathrm{sat}(\boldsymbol{u})=\left(\mathrm{sat}(u_1),\mathrm{sat}(u_2),\cdots,\mathrm{sat}(u_m)\right)^{\mathrm{T}}$，$\mathrm{sat}(u_i)=\mathrm{sgn}(u_i)\min\left\{1,|u_i|\right\}$，非单位饱和可以通过改变 $\boldsymbol{B}_0$ 进行考虑；$\boldsymbol{A}$、$\boldsymbol{B}_0$、$\boldsymbol{E}$、$\boldsymbol{C}$、$\boldsymbol{D}_0$ 是相应维度的矩阵；$\boldsymbol{P}\in\mathbf{R}^{n\times n}$ 是正定矩阵；$\Omega(\boldsymbol{P},1)$ 是定义如下的有界状态域：

$$\Omega(\boldsymbol{P},1)=\left\{\boldsymbol{x}\in\mathbf{R}^n:\boldsymbol{x}^{\mathrm{T}}\boldsymbol{P}\boldsymbol{x}\leqslant 1\right\} \tag{4.82}$$

与 4.3 节相同，本节研究执行器失效故障，不同故障对应不同的执行器配置。在配置 C_s 下的系统状态空间模型为

$$\begin{cases}\dot{\boldsymbol{x}}(t)=\boldsymbol{A}\boldsymbol{x}(t)+\boldsymbol{B}_s\mathrm{sat}(\boldsymbol{u}(t))+\boldsymbol{E}\boldsymbol{w}(t)\\ \boldsymbol{y}=\boldsymbol{C}\boldsymbol{x}(t)+\boldsymbol{D}_s\mathrm{sat}(\boldsymbol{u}(t))\end{cases},\quad \boldsymbol{x}\in\Omega(\boldsymbol{P},1) \tag{4.83}$$

其中，$\boldsymbol{B}_s=\boldsymbol{B}_0\boldsymbol{\Sigma}_s$；$\boldsymbol{D}_s=\boldsymbol{D}_0\boldsymbol{\Sigma}_s$。

为了简化后文的描述，假设

$$C^{\mathrm{T}}C = Q,\ D_s^{\mathrm{T}}D_s = R_s,\ D_s^{\mathrm{T}}C = 0,\ C^{\mathrm{T}}D_s = 0 \tag{4.84}$$

同样，令 G_{yw}^s 表示配置 C_s 下系统从干扰 w 到输出 y 的传递函数。控制的目标是在保证 G_{yw}^s 的 H_2 范数不超过规定范围的前提下使系统稳定。鉴于此，在配置 C_s 下，控制律为 u 的闭环系统性能函数可以定义为

$$J_s(u) = \left\| G_{yw}^s \right\|_2^2 \tag{4.85}$$

该性能函数需要满足 $J_s(u) \leqslant \eta$ ，其中 η 是规定的性能阈值。

4.4.2　可重构性评价

1. 可重构性判定

为了确定可重构级数和相应的可重构率，首先需要确定可重构条件。

对于给定的反馈增益 $K \in \mathbf{R}^{m\times n}$ ，定义控制输入未饱和的状态域如下：

$$\mathcal{L}(K) := \left\{ x \in \mathbf{R}^n : \left| k_j x \right| \leqslant 1, j = 1,2,\cdots,m \right\} \tag{4.86}$$

其中，k_j 是 K 的第 j 行。

假设 $\mathcal{M}$ 是对角元素为 0 或 1 的 $m\times m$ 对角矩阵集合。因为集合 $\mathcal{M}$ 中任一矩阵的 m 个对角线元素有 0 或 1 两种取值，所以集合 $\mathcal{M}$ 一共有 2^m 个元素，每个元素表示为 $M_i,\ i = 1,2,\cdots,2^m$ 。定义 M_i 的补为 $M_i^- = I_{m\times m} - M_i$ ，显然 $M_i^- \in \mathcal{M}$ 。

为了将饱和控制的非线性形式转换成线性形式，首先给出引理 4.1。

引理 4.1[52]　假设 $u, v \in \mathbf{R}^m$ ，如果对于所有的 $i \in [1,m]$ ，$|v_i| \leqslant 1$ 成立，则有

$$\mathrm{sat}(u) \in \mathrm{co}\left\{ M_i u + M_i^- v : i \in \left[1, 2^m\right] \right\} \tag{4.87}$$

其中，co 表示凸包。

基于引理 4.1，可以得到推论 4.2。

推论 4.2　对于采用可稳定状态反馈 $u(t) = Kx(t),\ x \in \Omega(P,1)$ 的控制系统，如果存在满足 $\Omega(P,1) \subset \mathcal{L}(H)$ 的辅助矩阵 $H \in \mathbf{R}^{m\times n}$ ，则可以将饱和反馈控制律置于一组辅助线性控制的凸包中：

$$\mathrm{sat}(u) \in \mathrm{co}\left\{ \left(M_i K + M_i^- H \right) x : i \in \left[1, 2^m\right] \right\} \tag{4.88}$$

推论 4.2 通过将饱和反馈控制律置于一组辅助线性控制的凸包中，将饱和控制的非线性形式转换成了线性形式，便于后续的可重构性判定与量化。

在此基础上，给出故障系统可重构的充分条件。

定理 4.4 对于故障 ϑ_s 下的系统(4.83)，如果存在矩阵 $\boldsymbol{K},\boldsymbol{H}\in\mathbf{R}^{m\times n}$、正数 $\varsigma_s>0$ 和正定矩阵 $\boldsymbol{W}_{s,i}=\boldsymbol{W}_{s,i}^{\mathrm{T}}\in\mathbf{R}^{n\times n}\left(i=1,2,\cdots,2^m\right)$ 满足：

$$
\begin{aligned}
&\text{(a) } \Omega(\boldsymbol{P},1)\subset\mathcal{L}(\boldsymbol{H})\\
&\text{(b)} 2\boldsymbol{P}\left[\boldsymbol{A}+\boldsymbol{B}_s\left(\boldsymbol{M}_i\boldsymbol{K}+\boldsymbol{M}_i^{-}\boldsymbol{H}\right)\right]+\frac{1}{\varsigma_s}\boldsymbol{P}\boldsymbol{E}\boldsymbol{E}^{\mathrm{T}}\boldsymbol{P}+\varsigma_s\boldsymbol{P}\leqslant\boldsymbol{0},\quad i=1,2,\cdots,2^m\\
&\text{(c)}\mathrm{He}\left[\boldsymbol{W}_{s,i}\left(\boldsymbol{A}+\boldsymbol{B}_s\left(\boldsymbol{M}_i\boldsymbol{K}+\boldsymbol{M}_i^{-}\boldsymbol{H}\right)\right)\right]\\
&\quad+\left(\boldsymbol{M}_i\boldsymbol{K}+\boldsymbol{M}_i^{-}\boldsymbol{H}\right)^{\mathrm{T}}\boldsymbol{R}_s\left(\boldsymbol{M}_i\boldsymbol{K}+\boldsymbol{M}_i^{-}\boldsymbol{H}\right)+\boldsymbol{Q}=\boldsymbol{0},\quad i=1,2,\cdots,2^m\\
&\text{(d) } \max_{i\in[1,\,2^m]}\operatorname{trace}\left(\boldsymbol{E}^{\mathrm{T}}\boldsymbol{W}_{s,i}\boldsymbol{E}\right)\leqslant\eta
\end{aligned}
\tag{4.89}
$$

其中，$\mathrm{He}[\boldsymbol{X}]=\boldsymbol{X}+\boldsymbol{X}^{\mathrm{T}}$，则系统在故障 ϑ_s 下可重构。

证明 由文献[52]可知，如果条件(a)和(b)成立，那么系统是稳定的，并且 $\Omega(\boldsymbol{P},1)$ 是一个不变集，即从 $\Omega(\boldsymbol{P},1)$ 出发的闭环系统轨迹将保持在其内部。因此，条件(a)和(b)保证了系统满足状态约束。

基于Lyapunov 稳定性理论，当条件(c)成立时，闭环系统 $\boldsymbol{A}+\boldsymbol{B}_s\left(\boldsymbol{M}_i\boldsymbol{K}+\boldsymbol{M}_i^{-}\boldsymbol{H}\right)$ 对所有的 $i=1,2,\cdots,2^m$ 都是稳定的。用 $\boldsymbol{G}_{yw}^{s,i}$ 表示相应的闭环系统，$\boldsymbol{G}_{yw}^{s,i}$ 的状态空间表达式可以表示为

$$
\begin{cases}\dot{\boldsymbol{x}}_{s,i}(t)=\tilde{\boldsymbol{A}}_{s,i}\boldsymbol{x}_{s,i}(t)+\boldsymbol{E}\boldsymbol{w}(t)\\ \boldsymbol{y}_{s,i}(t)=\tilde{\boldsymbol{C}}_{s,i}\boldsymbol{x}_{s,i}(t)\end{cases},\quad i=1,2,\cdots,2^m \tag{4.90}
$$

其中，$\tilde{\boldsymbol{A}}_{s,i}=\boldsymbol{A}+\boldsymbol{B}_s\left(\boldsymbol{M}_i\boldsymbol{K}+\boldsymbol{M}_i^{-}\boldsymbol{H}\right)$，$\tilde{\boldsymbol{C}}_{s,i}=\boldsymbol{C}+\boldsymbol{D}_s\left(\boldsymbol{M}_i\boldsymbol{K}+\boldsymbol{M}_i^{-}\boldsymbol{H}\right)$。

由于 $\boldsymbol{A}+\boldsymbol{B}_s\left(\boldsymbol{M}_i\boldsymbol{K}+\boldsymbol{M}_i^{-}\boldsymbol{H}\right)$ 是稳定的，根据文献[49]，闭环系统 $\boldsymbol{G}_{yw}^{s,i}$ 的 H_2 范数满足 $\left\|\boldsymbol{G}_{yw}^{s,i}\right\|_2^2=\operatorname{trace}\left(\boldsymbol{E}^{\mathrm{T}}\boldsymbol{W}_{s,i}\boldsymbol{E}\right)$，其中 $\boldsymbol{W}_{s,i}$ 是以下 Lyapunov 方程的正定矩阵解：

$$
\tilde{\boldsymbol{A}}_{s,i}^{\mathrm{T}}\boldsymbol{W}_{s,i}+\boldsymbol{W}_{s,i}\tilde{\boldsymbol{A}}_{s,i}+\tilde{\boldsymbol{C}}_{s,i}^{\mathrm{T}}\tilde{\boldsymbol{C}}_{s,i}=\boldsymbol{0} \tag{4.91}
$$

式(4.91)相当于式(4.89)中的条件(c)。

由推论 4.2 可知，当条件(a)成立时，$\mathrm{sat}(\boldsymbol{u})\in\mathrm{co}\left\{\left(\boldsymbol{M}_i\boldsymbol{K}+\boldsymbol{M}_i^{-}\boldsymbol{H}\right)\boldsymbol{x}:i\in\left[1,2^m\right]\right\}$。

因此，故障系统(4.83)输出信号的功率为

$$
\begin{aligned}
\mathcal{P}_s &= \lim_{t_f\to\infty}\frac{1}{t_f}\int_0^{t_f}\boldsymbol{y}_s^{\mathrm{T}}\boldsymbol{y}_s\mathrm{d}t \\
&= \lim_{t_f\to\infty}\frac{1}{t_f}\int_0^{t_f}\left(\boldsymbol{x}^{\mathrm{T}}\boldsymbol{Q}\boldsymbol{x}+(\mathrm{sat}(\boldsymbol{u}))^{\mathrm{T}}\boldsymbol{R}_s\mathrm{sat}(\boldsymbol{u})\right)\mathrm{d}t \\
&\leqslant \max_{i\in[1,\,2^m]}\lim_{t_f\to\infty}\frac{1}{t_f}\int_0^{t_f}\boldsymbol{x}^{\mathrm{T}}\left[\boldsymbol{Q}+\left(\boldsymbol{M}_i\boldsymbol{K}+\boldsymbol{M}_i^-\boldsymbol{H}\right)^{\mathrm{T}}\boldsymbol{R}_s\left(\boldsymbol{M}_i\boldsymbol{K}+\boldsymbol{M}_i^-\boldsymbol{H}\right)\right]\boldsymbol{x}\mathrm{d}t \\
&= \max_{i\in[1,\,2^m]}\mathcal{P}_{s,i}
\end{aligned}
\tag{4.92}
$$

其中，$\mathcal{P}_{s,i}$ 为闭环系统 $\boldsymbol{G}_{yw}^{s,i}$ 输出信号 $y_{s,i}$ 的功率。

因为对于白噪声，$\left\|\boldsymbol{G}_{yw}^{s}\right\|_2^2\propto\mathcal{P}_s$，所以可以由式(4.92)推得

$$
J_s=\left\|\boldsymbol{G}_{yw}^{s}\right\|_2^2\leqslant\max_{i\in[1,\,2^m]}\left\|\boldsymbol{G}_{yw}^{s,i}\right\|_2^2=\max_{i\in[1,\,2^m]}\mathrm{trace}\left(\boldsymbol{E}^{\mathrm{T}}\boldsymbol{W}_{s,i}\boldsymbol{E}\right)
\tag{4.93}
$$

因此，如果条件(d)成立，则 $J_s\leqslant\eta$，即系统在故障 ϑ_s 下是可重构的。

定理 4.4 得证。□

注 4.6　定理 4.4 中的可重构性充分条件依赖于一个正数和 2^m+2 个矩阵的存在性，因此当执行器个数 m 较大时，存在大量的未知变量。推论 4.3 简化了可重构性的充分条件，使其仅依赖于一个正数和三个矩阵的存在性。

推论 4.3　对于故障 ϑ_s 下的系统(4.83)，如果存在矩阵 $\boldsymbol{K},\boldsymbol{H}\in\mathbf{R}^{m\times n}$、正数 $\varsigma_s>0$ 和正定矩阵 $\bar{\boldsymbol{W}}_s=\bar{\boldsymbol{W}}_s^{\mathrm{T}}\in\mathbf{R}^{n\times n}$，满足：

$$
\begin{aligned}
&\text{(a) } \Omega\left(\boldsymbol{P},1\right)\subset\mathcal{L}(\boldsymbol{H}) \\
&\text{(b) } 2\boldsymbol{P}\left[\boldsymbol{A}+\boldsymbol{B}_s\left(\boldsymbol{M}_i\boldsymbol{K}+\boldsymbol{M}_i^-\boldsymbol{H}\right)\right]+\frac{1}{\varsigma_s}\boldsymbol{P}\boldsymbol{E}\boldsymbol{E}^{\mathrm{T}}\boldsymbol{P}+\varsigma_s\boldsymbol{P}\leqslant\boldsymbol{0},\quad i=1,2,\cdots,2^m \\
&\text{(c) } \mathrm{He}\left[\bar{\boldsymbol{W}}_s\left(\boldsymbol{A}+\boldsymbol{B}_s\left(\boldsymbol{M}_i\boldsymbol{K}+\boldsymbol{M}_i^-\boldsymbol{H}\right)\right)\right] \\
&\qquad +\left(\boldsymbol{M}_i\boldsymbol{K}+\boldsymbol{M}_i^-\boldsymbol{H}\right)^{\mathrm{T}}\boldsymbol{R}_s\left(\boldsymbol{M}_i\boldsymbol{K}+\boldsymbol{M}_i^-\boldsymbol{H}\right)+\boldsymbol{Q}=\boldsymbol{0},\quad i=1,2,\cdots,2^m \\
&\text{(d) } \mathrm{trace}\left(\boldsymbol{E}^{\mathrm{T}}\bar{\boldsymbol{W}}_s\boldsymbol{E}\right)\leqslant\eta
\end{aligned}
\tag{4.94}
$$

则系统在故障 ϑ_s 下可重构。

证明 从式(4.94)(c)中减去式(4.89)(c)得到

$$\mathrm{He}\left\{\left(\bar{\boldsymbol{W}}_s-\boldsymbol{W}_{s,i}\right)\left[\boldsymbol{A}+\boldsymbol{B}_s\left(\boldsymbol{M}_i\boldsymbol{K}+\boldsymbol{M}_i^-\boldsymbol{H}\right)\right]\right\}\leqslant \boldsymbol{0},\quad i=1,2,\cdots,2^m \tag{4.95}$$

基于 Lyapunov 稳定性定理，由条件(c)可以推得闭环系统 $\boldsymbol{A}+\boldsymbol{B}_s\left(\boldsymbol{M}_i\boldsymbol{K}+\boldsymbol{M}_i^-\boldsymbol{H}\right)$ 是 Hurwitz 稳定的，$i=1,2,\cdots,2^m$，所以由式(4.95)可推得 $\bar{\boldsymbol{W}}_s\geqslant \boldsymbol{W}_{s,i}$。由 i 的任意性，有

$$\max_{i\in[1,\,2^m]}\ \mathrm{trace}\left(\boldsymbol{E}^{\mathrm{T}}\boldsymbol{W}_{s,i}\boldsymbol{E}\right)\leqslant \mathrm{trace}\left(\boldsymbol{E}^{\mathrm{T}}\bar{\boldsymbol{W}}_s\boldsymbol{E}\right) \tag{4.96}$$

因此当 $\mathrm{trace}\left(\boldsymbol{E}^{\mathrm{T}}\bar{\boldsymbol{W}}_s\boldsymbol{E}\right)\leqslant\eta$ 时，$\max\limits_{i\in[1,\,2^m]}\ \mathrm{trace}\left(\boldsymbol{E}^{\mathrm{T}}\boldsymbol{W}_{s,i}\boldsymbol{E}\right)\leqslant\eta$ 成立。基于定理 4.4，系统是可重构的。

至此，推论 4.3 得证。□

为了便于利用推论 4.3 对系统的可重构性进行判定，下面将式(4.94)中的条件转化为 LMI 形式。

设 $\boldsymbol{N}_s=\bar{\boldsymbol{W}}_s^{-1}$，$\boldsymbol{G}_s=\boldsymbol{H}\boldsymbol{N}_s$，$\boldsymbol{Z}_s=\boldsymbol{K}\boldsymbol{N}_s$，根据文献[53]，条件(a)可以转化为

$$\boldsymbol{h}_j\boldsymbol{P}^{-1}\boldsymbol{h}_j^{\mathrm{T}}\leqslant 1\Leftrightarrow\begin{bmatrix}\boldsymbol{I} & \boldsymbol{h}_j\boldsymbol{P}^{-1}\\ \boldsymbol{P}^{-1}\boldsymbol{h}_j^{\mathrm{T}} & \boldsymbol{P}^{-1}\end{bmatrix}\geqslant\boldsymbol{0},\quad j=1,2,\cdots,m \tag{4.97}$$

其中，$\boldsymbol{h}_j$ 是 $\boldsymbol{H}$ 的第 j 行。

根据 Schur 补定理，条件(a)可以进一步转化为

$$\begin{aligned}\begin{bmatrix}\boldsymbol{I} & \boldsymbol{h}_j\boldsymbol{P}^{-1}\\ \boldsymbol{P}^{-1}\boldsymbol{h}_j^{\mathrm{T}} & \boldsymbol{P}^{-1}\end{bmatrix}\geqslant\boldsymbol{0}&\Leftrightarrow\boldsymbol{P}^{-1}-\boldsymbol{P}^{-1}\boldsymbol{h}_j^{\mathrm{T}}\boldsymbol{h}_j\boldsymbol{P}^{-1}\geqslant\boldsymbol{0}\\ &\Leftrightarrow\boldsymbol{P}-\boldsymbol{h}_j^{\mathrm{T}}\boldsymbol{h}_j\geqslant\boldsymbol{0}\\ &\Leftrightarrow\boldsymbol{N}_s\boldsymbol{P}\boldsymbol{N}_s-\boldsymbol{N}_s\boldsymbol{h}_j^{\mathrm{T}}\boldsymbol{h}_j\boldsymbol{N}_s\geqslant\boldsymbol{0}\\ &\Leftrightarrow\boldsymbol{N}_s\boldsymbol{P}\boldsymbol{N}_s-\boldsymbol{g}_{sj}^{\mathrm{T}}\boldsymbol{g}_{sj}\geqslant\boldsymbol{0}\\ &\Leftrightarrow\begin{bmatrix}\boldsymbol{P}^{-1} & \boldsymbol{0} & -\boldsymbol{N}_s\\ \boldsymbol{0} & \boldsymbol{I} & \boldsymbol{g}_{sj}\\ \boldsymbol{N}_s & \boldsymbol{g}_{sj}^{\mathrm{T}} & \boldsymbol{0}\end{bmatrix}\geqslant\boldsymbol{0}\end{aligned} \tag{4.98}$$

其中，$\boldsymbol{g}_{sj}$ 是 $\boldsymbol{G}_s$ 的第 j 行。

对条件(b)右乘 $\boldsymbol{N}_s$ 得到

$$\begin{aligned}&2\boldsymbol{P}\left(\boldsymbol{A}\boldsymbol{N}_s+\boldsymbol{B}_s\boldsymbol{M}_i\boldsymbol{Z}_s+\boldsymbol{B}_s\boldsymbol{M}_i^-\boldsymbol{G}_s\right)\\&+\frac{1}{\varsigma_s}\boldsymbol{P}\boldsymbol{E}\boldsymbol{E}^{\mathrm{T}}\boldsymbol{P}\boldsymbol{N}_s+\varsigma_s\boldsymbol{P}\boldsymbol{N}_s\leqslant\boldsymbol{0},\quad i=1,2,\cdots,2^m\end{aligned}\tag{4.99}$$

因此，基于 Schur 补定理，条件(b)可以改写为

$$\begin{bmatrix}2\boldsymbol{P}\left(\boldsymbol{A}\boldsymbol{N}_s+\boldsymbol{B}_s\boldsymbol{M}_i\boldsymbol{Z}_s+\boldsymbol{B}_s\boldsymbol{M}_i^-\boldsymbol{G}_s\right) & \boldsymbol{P}\boldsymbol{E} & \varsigma_s\boldsymbol{P}\\ \boldsymbol{E}^{\mathrm{T}}\boldsymbol{P}\boldsymbol{N}_s & -\dfrac{1}{\varsigma_s}\boldsymbol{I} & \boldsymbol{0}\\ \boldsymbol{N}_s & \boldsymbol{0} & -\boldsymbol{I}\end{bmatrix}\leqslant\boldsymbol{0},\quad i=1,2,\cdots,2^m\tag{4.100}$$

条件(c)相当于

$$\begin{aligned}&\mathrm{He}\left(\boldsymbol{A}\boldsymbol{N}_s+\boldsymbol{B}_s\boldsymbol{M}_i\boldsymbol{Z}_s+\boldsymbol{B}_s\boldsymbol{M}_i^-\boldsymbol{G}_s\right)\\&+\left(\boldsymbol{M}_i\boldsymbol{Z}_s+\boldsymbol{M}_i^-\boldsymbol{G}_s\right)^{\mathrm{T}}\boldsymbol{D}_s^{\mathrm{T}}\boldsymbol{D}_s\left(\boldsymbol{M}_i\boldsymbol{Z}_s+\boldsymbol{M}_i^-\boldsymbol{G}_s\right)+\boldsymbol{N}_s\boldsymbol{C}^{\mathrm{T}}\boldsymbol{C}\boldsymbol{N}_s\leqslant\boldsymbol{0},\\&i=1,2,\cdots,2^m\end{aligned}\tag{4.101}$$

因此，基于 Schur 补定理，条件(c)可转换为

$$\begin{bmatrix}\mathrm{He}\left(\boldsymbol{A}\boldsymbol{N}_s+\boldsymbol{B}_s\boldsymbol{M}_i\boldsymbol{Z}_s+\boldsymbol{B}_s\boldsymbol{M}_i^-\boldsymbol{G}_s\right) & * & *\\ \boldsymbol{D}_s\left(\boldsymbol{M}_i\boldsymbol{Z}_s+\boldsymbol{M}_i^-\boldsymbol{G}_s\right) & -\boldsymbol{I} & \boldsymbol{0}\\ \boldsymbol{C}\boldsymbol{N}_s & \boldsymbol{0} & -\boldsymbol{I}\end{bmatrix}\leqslant\boldsymbol{0},\quad i=1,2,\cdots,2^m\tag{4.102}$$

约束(d)可替换为

$$\begin{aligned}&\text{(d1)}\begin{bmatrix}-\boldsymbol{V}_s & \boldsymbol{E}^{\mathrm{T}}\\ \boldsymbol{E} & -\boldsymbol{N}_s\end{bmatrix}\leqslant\boldsymbol{0}\\&\text{(d2)}\ \ \mathrm{trace}\left(\boldsymbol{V}_s\right)\leqslant\eta\end{aligned}\tag{4.103}$$

综上，推论 4.3 可以改写为条件均为 LMI 形式的判据，具体见推论 4.4。

推论 4.4　对于故障 ϑ_s 下的系统(4.83)，如果存在正数 $\varsigma_s > 0$，矩阵 $\boldsymbol{G}_s, \boldsymbol{Z}_s \in \mathbf{R}^{m\times n}$ 以及正定矩阵 $\boldsymbol{N}_s = \boldsymbol{N}_s^{\mathrm{T}} \in \mathbf{R}^{n\times n}$ 和 $\boldsymbol{V}_s \in \mathbf{R}^{q\times q}$ 满足

$$
\begin{aligned}
&\text{(a)} \begin{bmatrix} \boldsymbol{P}^{-1} & \boldsymbol{0} & -\boldsymbol{N}_s \\ \boldsymbol{0} & \boldsymbol{I} & \boldsymbol{g}_{sj} \\ \boldsymbol{N}_s & \boldsymbol{g}_{sj}^{\mathrm{T}} & \boldsymbol{0} \end{bmatrix} \geqslant \boldsymbol{0} \\
&\text{(b)} \begin{bmatrix} 2\boldsymbol{P}\left(\boldsymbol{A}\boldsymbol{N}_s + \boldsymbol{B}_s\boldsymbol{M}_i\boldsymbol{Z}_s + \boldsymbol{B}_s\boldsymbol{M}_i^{-}\boldsymbol{G}_s\right) & \boldsymbol{P}\boldsymbol{E} & \varsigma_s\boldsymbol{P} \\ \boldsymbol{E}^{\mathrm{T}}\boldsymbol{P}\boldsymbol{N}_s & -\dfrac{1}{\varsigma_s}\boldsymbol{I} & \boldsymbol{0} \\ \boldsymbol{N}_s & \boldsymbol{0} & -\boldsymbol{I} \end{bmatrix} \leqslant \boldsymbol{0}, \quad i = 1,2,\cdots,2^m \\
&\text{(c)} \begin{bmatrix} \mathrm{He}\left(\boldsymbol{A}\boldsymbol{N}_s + \boldsymbol{B}_s\boldsymbol{M}_i\boldsymbol{Z}_s + \boldsymbol{B}_s\boldsymbol{M}_i^{-}\boldsymbol{G}_s\right) & * & * \\ \boldsymbol{D}_s\left(\boldsymbol{M}_i\boldsymbol{Z}_s + \boldsymbol{M}_i^{-}\boldsymbol{G}_s\right) & -\boldsymbol{I} & \boldsymbol{0} \\ \boldsymbol{C}\boldsymbol{N}_s & \boldsymbol{0} & -\boldsymbol{I} \end{bmatrix} \leqslant \boldsymbol{0}, \quad i = 1,2,\cdots,2^m \\
&\text{(d1)} \begin{bmatrix} -\boldsymbol{V}_s & \boldsymbol{E}^{\mathrm{T}} \\ \boldsymbol{E} & -\boldsymbol{N}_s \end{bmatrix} \leqslant \boldsymbol{0} \\
&\text{(d2)}\ \ \mathrm{trace}\left(\boldsymbol{V}_s\right) \leqslant \eta
\end{aligned}
\tag{4.104}
$$

则系统在故障 ϑ_s 下可重构。

推论 4.4 的所有条件都以 LMI 的形式给出，可便于利用现有的 LMI 工具箱对故障系统的可重构性进行判定。

2. 可重构性量化

借助可重构性的充分条件，可以估计式(4.56)中定义的系统在故障 ϑ_s 下的可重构性量化评价指标——可重构度，其求解的关键问题是计算最小性能函数 $\min\limits_{\boldsymbol{u}\in\mathcal{U}_\eta(C_s)} J_s(\boldsymbol{u})$。

由于式(4.96)成立，性能函数 $J_s(\boldsymbol{u})$ 可以用 $\mathrm{trace}\left(\boldsymbol{E}^{\mathrm{T}}\bar{\boldsymbol{W}}_s\boldsymbol{E}\right)$ 的下界来估计。因此，基于 LMI 形式的可重构性充分条件(4.104)，$\min\limits_{\boldsymbol{u}\in\mathcal{U}_\eta(C_s)} J_s(\boldsymbol{u})$ 可以通过求解以下优化问题估计得到：

$$
\begin{aligned}
&\min_{\boldsymbol{N}_s>\boldsymbol{0},\varsigma_s>0,\boldsymbol{G}_s,\boldsymbol{Z}_s,\boldsymbol{V}_s} \mathrm{trace}\left(\boldsymbol{E}^{\mathrm{T}}\bar{\boldsymbol{W}}_s\boldsymbol{E}\right) \\
&\text{s.t. 式(4.104)}
\end{aligned}
\tag{4.105}
$$

其中，所有约束都以 LMI 的形式给出。

式(4.105)提供了最小性能函数 $\min\limits_{\boldsymbol{u}\in\mathcal{U}_\eta(C_s)} J_s(\boldsymbol{u})$ 的估计方法，可用于计算式(4.56)定义的系统在故障 ϑ_s 下的可重构度指标，进一步确定系统的 p 级可重构度(4.57)，为重构方法与系统结构设计提供指导依据。

4.4.3　仿真算例

下面选取两个仿真算例验证本节所提方法的有效性和适用性。

1. 算例 1

以文献[54]中的双轮系统为例，验证一个六阶系统可重构性评价方法的有效性。该系统有 4 个执行器，标称执行器配置表示为 $C_0=\{a,b,c,d\}$ 。

表 4.7 列出了所有可能的 16 种配置，系统参数如下：

$$\boldsymbol{A}=\begin{bmatrix}0&1&1&2&0&0\\-1&1&1&0&0&0\\2&2&0&1&0&0\\0&1&0&0&0&0\\1&0&0&0&1&-1\\0&0&0&0&1&-1\end{bmatrix},\quad \boldsymbol{B}_0=\begin{bmatrix}1&1&1&0\\0&1&0&0\\1&1&0&1\\0&0&0&1\\1&0&1&1\\1&0&0&0\end{bmatrix}$$

$$\boldsymbol{E}=\begin{bmatrix}\boldsymbol{0}&\boldsymbol{I}_3\end{bmatrix}^{\mathrm{T}},\quad \boldsymbol{C}=\begin{bmatrix}\boldsymbol{I}_6&\boldsymbol{0}\end{bmatrix}^{\mathrm{T}},\quad \boldsymbol{D}_0=\begin{bmatrix}\boldsymbol{0}&\boldsymbol{I}_4\end{bmatrix}^{\mathrm{T}}$$

表 4.7　执行器配置表

编号	C_0	C_1	C_2	C_3	C_4	C_5	C_6	C_7
配置	$\{a,b,c,d\}$	$\{a,b,c\}$	$\{a,b,d\}$	$\{a,c,d\}$	$\{b,c,d\}$	$\{a,b\}$	$\{a,c\}$	$\{a,d\}$
编号	C_8	C_9	C_{10}	C_{11}	C_{12}	C_{13}	C_{14}	$C_\varnothing$
配置	$\{b,c\}$	$\{b,d\}$	$\{c,d\}$	$\{a\}$	$\{b\}$	$\{c\}$	$\{d\}$	$\{\varnothing\}$

取控制输出上限 $\bar{u}=1\mathrm{N}\cdot\mathrm{m}$ ，性能阈值 $\eta=1$ 。然后，基于可重构性的充分条件得到可重构配置集为 $\mathcal{C}_\eta=\{C_0,C_1,C_2,C_4,C_5,C_8,C_9\}$ ，一级和二级可重构率分别为 $a^1=0.75$ 和 $a^2=0.5$ ，相应的一级和二级可重构度分别为 $\mathcal{R}^1=0.6860$ 和 $\mathcal{R}^2=0.4485$ ，不同配置对应的可重构度分量如表 4.8 和表 4.9 所示。由表 4.8 可知，配置 C_3 的可重构度为零，这意味着只要执行器 b 发生故障，系统就不可重构。由表 4.9 可知，所有可重构度为零的配置均包含了执行器 b 故障的情况。由此可见，执行器 b 是该控制系统的薄弱环节，这与文献[54]的分析结果一致。因此，为了保证系统的安全可靠运行，必须提高执行器 b 的可靠性。

表 4.8 系统在不同一重故障下的可重构度与一级可重构度表

配置	C_1	C_2	C_3	C_4
可重构度 ρ_i	0.9138	0.9148	0	0.9154
一级可重构度 $\mathcal{R}^1$		0.6860		

表 4.9 系统在不同二重故障下的可重构度与二级可重构度表

配置	C_5	C_6	C_7	C_8	C_9	C_{10}
可重构度 ρ_i	0.8876	0	0	0.9050	0.8985	0
二级可重构度 $\mathcal{R}^2$			0.4485			

基于前文分析可知，系统的性能阈值对其可重构性有很大影响。图 4.12 显示了系统的一级和二级可重构度随不同性能阈值的变化曲线。如图所示，系统的性能阈值越高，其可重构性越强。随着阈值的增加，系统的一级和二级综合可重构度分别趋于 0.75 和 0.5。

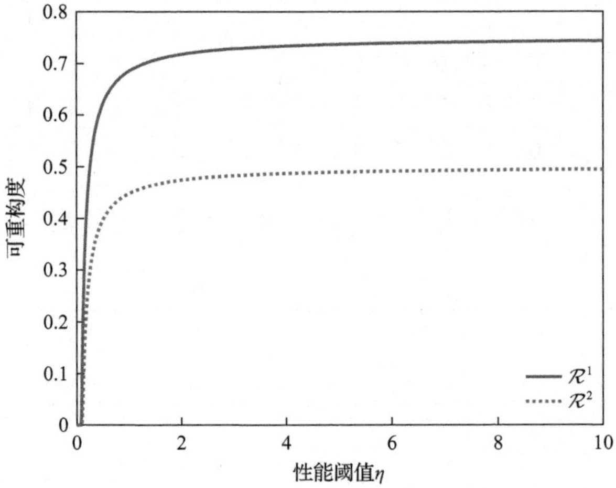

图 4.12 一级和二级可重构度随性能阈值的变化曲线

影响系统可重构性的另一个因素是控制输入限值。可以通过设置 $\Omega_0(\boldsymbol{P},1)\subset\mathcal{L}\left(\dfrac{\boldsymbol{H}}{\boldsymbol{u}_m}\right)$、$\boldsymbol{B}'=\boldsymbol{B}\boldsymbol{u}_m$、$\boldsymbol{H}'=\dfrac{\boldsymbol{H}}{\boldsymbol{u}_m}$、$\boldsymbol{K}'=\dfrac{\boldsymbol{K}}{\boldsymbol{u}_m}$、$\boldsymbol{R}'=\boldsymbol{u}_m\boldsymbol{K}\boldsymbol{u}_m$ 研究不同控制输入限值 $\boldsymbol{u}_m$ 对可重构性的影响。图 4.13 显示了系统的一级可重构度在不同输入上限下随性能阈值的变化曲线。在相同的参数下，一级可重构度随输入上限的增大而增大。当输入上限足够高时，一级可重构度显著提高。相反，当上限过低时，系统可能会失去可重构性。

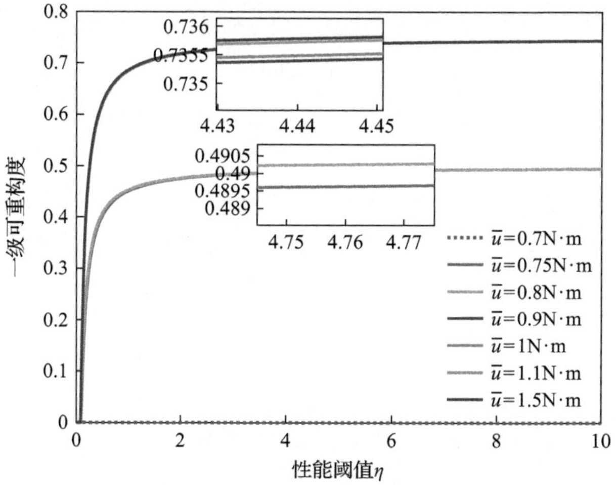

扫码见彩图

图 4.13　一级可重构度在不同输入上限下随性能阈值变化的曲线

此外，系统的可重构性还受规定的状态不变集大小影响。通过选择不同的标量 x_m 来调整矩阵 $\boldsymbol{P}=\boldsymbol{I}_{6\times6}/x_m$ ，以改变指定状态不变集的大小，得到一级可重构度在不同状态不变集下随性能阈值变化的曲线，如图 4.14 所示。该图表明系统需要保持的状态不变集越大，其拥有的一级可重构度越低。随着不变集范围的增加，系统可重构度显著降低，一级可重构率从 75%下降到 50%。如果规定的状态不变集太大，则系统可能会失去其可重构性。

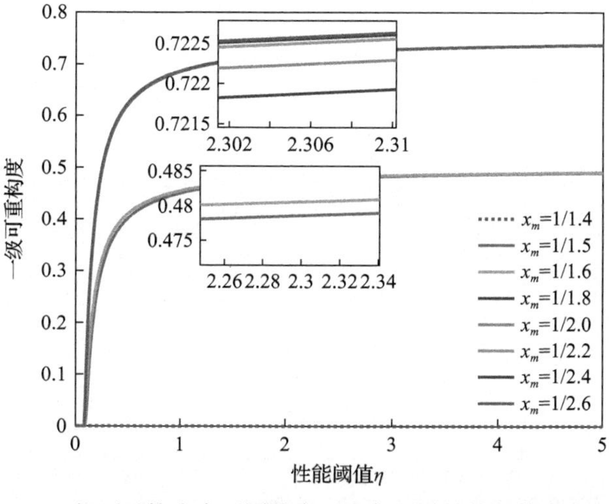

扫码见彩图

图 4.14　一级可重构度在不同状态不变集下随性能阈值变化的曲线

2. 算例 2

与 4.3 节的算例 2 一样，以四飞轮卫星姿态控制系统为例，阐述本节所提方法对系统结构设计的指导作用，即通过对比不同的系统设计方法选择一种综合性能更好的，或者直接以所提评价指标为指导来反向优化系统结构。取卫星转动惯量 $\boldsymbol{I}=\mathrm{diag}(86.24,85.07,113.59)\mathrm{kg}\cdot\mathrm{m}^2$，轨道角速度 $\omega_o=0.001\mathrm{rad/s}$，以及其他参数为 $\bar{u}=1\mathrm{N}\cdot\mathrm{m}$，$\boldsymbol{P}=25\boldsymbol{I}_{6\times6}$，$\eta=0.02$。假设干扰空间分布未知，考虑最坏的单扰动情况。

为了说明如何根据本节所提方法选择更好的系统结构设计，这里对系统在 4s 和 3o+1s 两种执行器安装结构下的可重构性进行对比，它们的控制力矩分布矩阵分别为

$$\boldsymbol{U}_{4\mathrm{s}}=\begin{bmatrix}\frac{1}{\sqrt{3}} & \frac{1}{\sqrt{3}} & -\frac{1}{\sqrt{3}} & -\frac{1}{\sqrt{3}}\\ \frac{1}{\sqrt{3}} & \frac{1}{\sqrt{3}} & \frac{1}{\sqrt{3}} & \frac{1}{\sqrt{3}}\\ -\frac{1}{\sqrt{3}} & \frac{1}{\sqrt{3}} & \frac{1}{\sqrt{3}} & -\frac{1}{\sqrt{3}}\end{bmatrix},\quad \boldsymbol{U}_{3\mathrm{o}+1\mathrm{s}}=\begin{bmatrix}1 & 0 & 0 & \frac{1}{\sqrt{3}}\\ 0 & 1 & 0 & \frac{1}{\sqrt{3}}\\ 0 & 0 & 1 & \frac{1}{\sqrt{3}}\end{bmatrix}$$

当系统规定的性能阈值 $\eta=0.02$ 时，两种结构的一级可重构度分别为 $\mathcal{R}_{4\mathrm{s}}^1=0.6414$ 和 $\mathcal{R}_{3\mathrm{o}+1\mathrm{s}}^1=0.5917$。这两种常见飞轮安装结构对应的一级可重构度随系统性能阈值的变化曲线如图 4.15 所示。可以看出，在发生单执行器故障以后，4s 构型的系统重构性能要优于 3o+1s 构型，这与我们的工作经验是一致的。由此可见，借助本节所提的可重构性评价方法，可以通过定量地对比分析选择一种更好的系统结构设计方法。

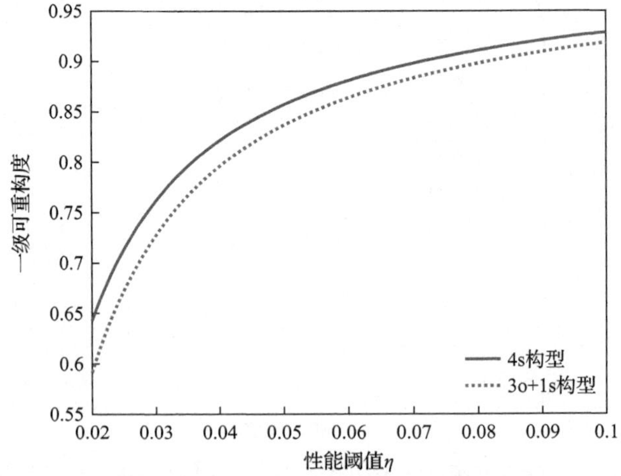

图 4.15　两种构型下一级可重构度随系统性能阈值的变化曲线

此外，在可重构性指标体系的指导下，可以直接反向优化飞轮的安装角度。以 4s 构型为例，将飞轮的安装角度 α 、β 当成变量，将控制力矩分布矩阵视为安

装角度的函数：

$$
\boldsymbol{U}=\begin{bmatrix} \sin\beta\cos\alpha & \sin\beta\sin\alpha & -\sin\beta\cos\alpha & -\sin\beta\sin\alpha \\ \cos\beta & \cos\beta & \cos\beta & \cos\beta \\ -\sin\beta\sin\alpha & \sin\beta\cos\alpha & \sin\beta\sin\alpha & -\sin\beta\cos\alpha \end{bmatrix}
$$

图 4.16 为一级可重构度随飞轮安装角度的变化曲面。只有当飞轮的俯仰角满足 $\beta\in(23°,75°)$ 时，系统才具有一级可重构性；而由于对称性，方位角对系统可重构性影响不大。当 β^{*}=56.8°时，系统的一级可重构度达到最大值 $\mathcal{R}^{1*}$ = 0.6465，比传统的安装角度 β=54.74°更好。可以看出，基于所提的可重构性评价指标，可以确定满足规定可重构性要求的部件安装角度范围，并展开进一步的优化设计。

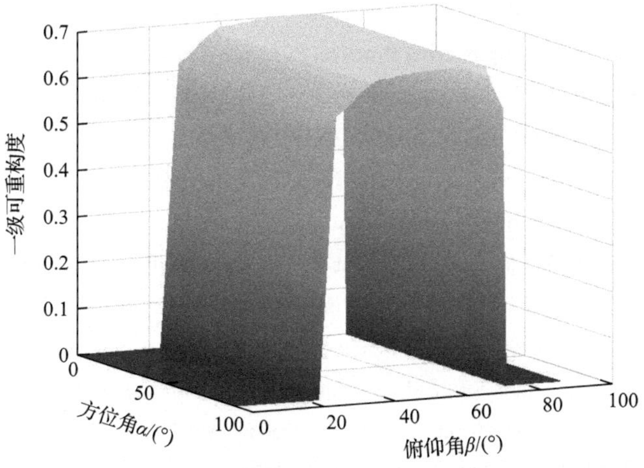

图 4.16　4s 构型下一级可重构度随飞轮安装角度的变化曲面

4.5　本 章 小 结

本章归纳了可重构性理论方法的研究现状，分析了当前研究存在的问题：相关研究多针对简单线性系统，较少考虑能耗约束、干扰作用、执行器饱和等实际因素对系统可重构性的影响，具有很大的局限性，实用性和适用性较低，无法广泛应用于功能复杂且具有多种限制约束影响的航天器控制系统。为了将可重构性评价方法引入到航天器的研制过程，本章考虑了各类实际因素影响，分别对能量及时间受限系统、受扰系统和输入饱和系统的可重构性评价方法开展了深入研究，实现了系统重构能力的准确判定和完备量化。

参 考 文 献

[1] 王大轶, 屠园园, 刘成瑞, 等. 航天器控制系统可重构性的内涵与研究综述. 自动化学报, 2017, 43(10): 1687-1702.

[2] Wu N E, Zhou K M, Salomon G. Control reconfigurability of linear time-invariant systems. Automatica, 2002, 36(11): 1767-1771.

[3] Moore B. Principal component analysis in linear systems: Controllability, observability, and model reduction. IEEE Transactions on Automatic Control, 1981, 26(1): 17-32.

[4] Zhou K M, Salomon G, Wu E. Balanced realization and model reduction for unstable systems. International Journal of Robust and Nonlinear Control, 1999, 9(3): 183-198.

[5] Frei C W, Kraus F J, Blanke M. Recoverability viewed as a system property. Proceedings of the European Control Conference, Karlsruhe, 1999: 2197-2202.

[6] Huang J Z, Wu N E. Fault-tolerant placement of phasor measurement units based on control reconfigurability. Control Engineering Practice, 2013, 21(1): 1-11.

[7] Huang J Z, Wu N E. Fault-tolerant sensor placement based on control reconfigurability. IFAC Proceedings Volumes, 2011, 44(1): 14814-14819.

[8] Qin Q, Wu N E. Control reconfigurability-based placement strategy for FACTS devices. 2013 American Control Conference, Washington, 2013: 5056-5061.

[9] González-Contreras B M, Theilliol D, Sauter D. On-line reconfigurability evaluation for actuator faults using input/output data. IFAC Proceedings Volumes, 2009, 42(8): 674-679.

[10] González-Contreras B M, Checa N, Aguilar M, et al. Using a realization technique for system reconfigurability evaluation: Simulation application on a DC motor. Proceedings of Electronics, Robotics and Automotive Mechanics Conference, Cuernavaca, 2011: 277-282.

[11] Yang H, Jiang B, Staroswiecki M. On fault recoverability of a class of switched systems. Proceedings of the 29th Chinese Control Conference, Beijing, 2010: 4052-4056.

[12] Yang H, Jiang B, Staroswiecki M. Fault recoverability analysis of switched systems. International Journal of Systems Science, 2012, 43(3): 535-542.

[13] Ren W J, Yang H, Jiang B. Fault recoverability analysis of nonlinear systems: A piecewise affine system approach. International Journal of Control, Automation and Systems, 2017, 15(2): 547-556.

[14] Shaker H R. Control reconfigurability of bilinear systems. Journal of Mechanical Science and Technology, 2013, 27(4): 1117-1123.

[15] Shaker H R, Tahavori M. Control reconfigurability of bilinear hydraulic drive systems. Proceedings of 2011 International Conference on Fluid Power and Mechatronics, Beijing, 2011: 477-480.

[16] Shaker H R. Mechatronics and Robotics Engineering for Advanced and Intelligent Manufacturing: Fault Recoverability Analysis Via Cross-Gramian. Berlin: Springer, 2017.

[17] Shaker H R, Shaker F. Control configuration selection for linear stochastic systems. Journal of Process Control, 2014, 24(1): 146-151.
[18] Shaker H R. Frequency-interval control reconfigurability for automated processes. Natural Hazards, 2014, 72(2): 1021-1027.
[19] Yang H, Jiang B, Staroswiecki M, et al. Fault recoverability and fault tolerant control for a class of interconnected nonlinear systems. Automatica, 2015, 54: 49-55.
[20] Tabatabaeipour S, Gholami M, Bak T, et al. Reconfigurability of piecewise affine systems against actuator faults. IFAC Proceedings Volumes, 2003, 44: 4672-4677.
[21] Richter J H, Heemels W P M H, van de Wouw N, et al. Reconfigurable control of piecewise affine systems with actuator and sensor faults: Stability and tracking. Automatica, 2011, 47(4): 678-691.
[22] Zhao Y, Song H, Qiu H Z, et al. Control reconfigurability of nonlinear system based on control redundancy. IEEE 10th International Conference on Industrial Informatics, Beijing, 2012: 815-820.
[23] Cheng Y H, Jiang B, Ma Y J, et al. Reconfiguration analysis for satellite attitude control system with double faults. 2013 10th IEEE International Conference on Control and Automation, Hangzhou, 2013: 83-88.
[24] 樊雯, 程月华, 姜斌, 等. 卫星姿态控制系统的可重构性分析. 宇航学报, 2014, 35(2): 185-191.
[25] 徐赫屿, 王大轶, 李文博. 卫星姿态控制系统的可重构性量化评价方法研究. 航天控制, 2016, 34(4): 29-35.
[26] Düştegör D, Frisk E, Cocquempot V, et al. Structural analysis of fault isolability in the DAMADICS benchmark. Control Engineering Practice, 2006, 14(6): 597-608.
[27] Staroswiecki M. Observability and the design of fault tolerant estimation using structural analysis//Bonivento C, Marconi L, Rossi C, et al. Lecture Notes in Control & Information Sciences, Berlin: Springer, 2007: 257-278.
[28] Gehin A L, Staroswiecki M. Reconfiguration analysis using generic component models. IEEE Transactions on Systems, Man, and Cybernetics-Part A: Systems and Humans, 2008, 38(3): 575-583.
[29] Wu N E, Busch T. Operational reconfigurability in command and control. Proceedings of the 2004 American Control Conference, Boston, 2004: 4426-4431.
[30] Gehin A L, Staroswiecki M. A formal approach to reconfigurability analysis application to the three tank benchmark. Proceedings of European Control Conference, Karlsruhe, 1999: 4041-4046.
[31] Gehin A L, Hu H X, Bayart M. A self-updating model for analysing system reconfigurability. Engineering Applications of Artificial Intelligence, 2012, 25(1): 20-30.

[32] Izadi-Zamanabadi R, Staroswiecki M. A structural analysis method formulation for fault-tolerant control system design. Proceedings of the 39th IEEE Conference on Decision and Control, Sydney, 2000: 4901-4902.

[33] 段文杰，王大铁，刘成瑞．一种线性系统可重构控制分析方法．自动化学报，2014，40(12)：2726-2736.

[34] Liu C R, Wang D Y. Reconfigurability analysis method for spacecraft autonomous control. 2013 10th IEEE International Conference on Control and Automation , Hangzhou, 2013: 105-110.

[35] Wang D Y, Duan W J, Liu C R. An analysis method for control reconfigurability of linear systems. Advances in Space Research, 2016, 57(1): 329-339.

[36] Qi H M, Cheng Y H, Jiang B, et al. Reconfigurability analysis for redundant momentums control systems with single fault. 2013 25th Chinese Control and Decision Conference , Guiyang, 2013: 4898-4903.

[37] 祁海铭，程月华，姜斌，等．功能模块故障下的卫星姿态控制系统硬件可重构性．航天控制，2014, 32(4): 62-68.

[38] Loureiro R, Merzouki R, Bouamama B O. Bond graph model based on structural diagnosability and recoverability analysis: Application to intelligent autonomous vehicles. IEEE Transactions on Vehicular Technology, 2012, 61(3): 986-997.

[39] Loureiro R, Merzouki R, Bouamama B O. Structural reconfiguration conditions based on bond graph approach: Application to an intelligent autonomous vehicle. IFAC Proceedings Volumes, 2012, 45(20): 970-975.

[40] Abdesselam I, Haffaf H. Hypergraph reconfigurability analysis. IERI Procedia, 2014, 6: 22-32.

[41] Vander Velde W E, Carignan C R. Number and placement of control system components considering possible failures. Journal of Guidance, Control, and Dynamics, 1984, 7(6): 703-709.

[42] Li Y L, Lin Z L. A complete characterization of the maximal contractively invariant ellipsoids of linear systems under saturated linear feedback. IEEE Transactions on Automatic Control, 2015, 60(1): 179-185.

[43] 王晓陵，陆军．最优化方法与最优控制．哈尔滨：哈尔滨工程大学出版社, 2006.

[44] 曾声奎．可靠性设计分析基础．北京：北京航空航天大学出版社, 2004.

[45] Khelassi A, Theilliol D, Weber P. Reconfigurability analysis for reliable fault-tolerant control design. International Journal of Applied Mathematics and Computer Science, 2011, 21(3): 431-439.

[46] 粟涓，全宏跃．关于高维欧氏空间某些区域的体积计算．长沙交通学院学报，2004，(1)：41-44.

[47] 钟万勰，吴志刚，谭述君．状态空间控制理论与计算．北京：科学出版社, 2007.

[48] 李文博，王大铁，刘成瑞．卫星姿态控制系统的故障可诊断性评价研究．空间控制技术与

应用, 2014, 40(5):8-13.

[49] Zhou K, Doyle J C, Glover K. Robust and Optimal Control. Englewood Cliffs: Prentice-Hall, 1996.

[50] Zhang P, Yuan Y, Guo L. Fault-tolerant optimal control for discrete-time nonlinear system subjected to input saturation: A dynamic event-triggered approach. IEEE Transactions on Cybernetics, 2021, 51(6): 2956-2968.

[51] Du G X, Quan Q, Yang B X, et al. Controllability analysis for multirotor helicopter rotor degradation and failure. Journal of Guidance, Control, and Dynamics, 2015, 38(5): 978-985.

[52] Hu T S, Lin Z L, Chen B M. An analysis and design method for linear systems subject to actuator saturation and disturbance. Automatica, 2002, 38(2): 351-359.

[53] Hindi H, Boyd S. Analysis of linear systems with saturation using convex optimization. Proceedings of the 37th IEEE Conference on Decision and Control, Tampa, 1998: 903-908.

[54] Staroswiecki M, Zhang K, Berdjag D, et al. Reducing the reliability over-cost in reconfiguration-based fault tolerant control under actuator faults. IEEE Transactions on Automatic Control, 2012, 57(12): 3181-3186.

第 5 章　观测能力定量表征和可观测性理论

欠观测系统是指一类难以直接通过观测量获取完备且精确导航信息的系统。导致系统欠观测的因素很多，主要原因可归结为两类：一是测量手段有限，系统因空间、能源等客观因素限制，可配置的、可使用的敏感器有限，无法对系统状态、系统误差充分测量，进而导致系统状态估计难以完备和精确；二是测量信息中可有效利用的信息有限，受计算能力、存储空间能力限制，系统难以对所有测量信息进行处理，无法从测量中获得足够的信息进行滤波，进而影响系统状态估计的完备性和精确性。值得注意的是，欠观测系统仅仅是难以直接从观测信息中还原系统状态，并不代表系统可观测性的完全缺失。

欠观测系统的可观测性研究为提高系统的观测能力提供了新思路。可观测性从本质上反映了系统具备观测能力的内涵。可观测性分析结果不仅可以回答“系统状态是否可以被观测”等必要问题，还可以进一步回答“系统状态被估计的难度有多大”或“可获取的导航精度边界是多少”等关键问题。基于可观测性的分析结果，可以指导敏感器测量数据的选用，极大地降低导航系统对探测器计算及存储资源的占用，有效平衡导航系统的观测代价及观测性能。因此，可观测分析对欠观测系统研究至关重要，但欠观测系统通常具有非线性特征及弱可观测度特质，完备、准确地分析其观测能力具有一定的难度，本章将以序列图像自主导航系统这一典型的欠观测系统为例，介绍欠观测系统的可观测性理论。

5.1　可观测性理论研究现状

经过学术界和工程界的不断研究和验证，已经证明可观测性对系统估计问题具有根本性意义。目前，针对线性系统的可观测性理论研究已经基本完备，而对于占绝大多数的非线性系统而言，其可观测性理论研究方兴未艾。对于本节研究的一类欠观测系统而言，非线性是其典型的系统特性之一，在介绍其分析方法之前，首先对非线性系统的可观测性研究现状进行介绍。

非线性系统的可观测性研究主要聚焦于系统观测能力的表征、判定及量化等核心问题。其中，观测能力的表征是进行可观能力定性判定及定量表达的基础，是将非线性系统观测能力进行抽象表达。在此基础上，针对不同的表征形式，非线性系统观测能力的定性判定及定量表达方法也各有不同。为系统地给出非线性系统可观测性的研究现状，本节将从非线性系统可观测性研究的三个核心问题(表征、判定及量化)出发，进行梳理和总结。

5.1.1　观测能力表征方法的研究现状

非线性系统的观测能力表征是研究非线性系统可观测性理论的基础，目前主要的方法包括基于 Gramian 矩阵的观测能力表征方法、基于微分流形的观测能力表征方法以及基于可区分性的离散非线性系统观测能力表征方法[1]。

1. 基于 Gramian 矩阵的观测能力表征方法

基于 Gramian 矩阵的系统观测能力表征最早由 Müller 等[2]提出，文献[3]和[4]的研究结果表明，Gramian 矩阵可有效表征线性定常及线性时变系统的观测能力，如何将 Gramian 矩阵由线性系统推广至更具一般性的非线性系统是该领域研究的热点。

Conley 等[5]给出了一种针对切换控制系统的可观测性分析方法，通过将切换系统分解为单输入单输出的子系统，可方便地给出各子系统的可观测性 Gramian 矩阵形式，在此基础上利用 Lyapunov 法推导出切换系统完整的可观测性 Gramian 矩阵形式；Vaidya[6]从建立非线性系统 Lyapunov 测度方程出发，给出了针对一般非线性系统的 Gramian 可观测性矩阵的计算方法，但由于非线性系统的 Lyapunov 测度方程很难得到解析解，因此该方法仅适用于数值分析非线性系统的可观测性；Powel 等[7]通过将非线性系统近似线性化，推导了非线性系统的可观测性 Gramian 矩阵形式，并分析了线性化误差对可观测性分析的影响，分析结论表明基于近似线性化法表征的非线性系统观测能力并不完备，其可观测性仅为充分条件；Zeng[8]基于可区分性定义给出了基于测度的非线性系统 Gramian 矩阵建立方法，并证明了该可观测性表征形式是线性系统 Gramian 矩阵向非线性系统的推广；Pontes Duff 等[9]针对一类特殊的非线性系统(线性切换系统)进行可观测性分析，给出了一种新的代数形式的 Graimian 矩阵，以表征系统的可观测性。Bettayeb 等[10,11]针对分数阶非线性系统的观测能力表征问题，通过计算分数阶系统的 Lyapunov 方程建立了可控/可观测性 Gramian 矩阵，扩展了可控/可观测性 Gramian 矩阵的适用范围。Rydel 等[12]针对非协调分数阶系统的可观测性 Gramian 矩阵计算问题开展了研究。Qi 等[13]建立了电力非线性动力学模型的 Graiman 矩阵形式，并基于优化 Graiman 矩阵奇异度给出了电力系统测量敏感器配置的最优方案。Ritter 等[14]基于传统的 Gramian 矩阵分析了风机非线性控制系统的可观测性，并利用奇异值分解分析了系统的可观测度，以此评估了不同分风机系统内不同敏感器的观测能力。

综上可见，目前将 Gramian 矩阵推广到非线性系统主要有两种方法：①将非线性系统近似表示为线性系统，之后建立近似线性系统的可观测性 Gramian 矩阵，并以此分析非线性系统的局部可观测性；②通过建立关于系统观测的测度表达式或 Lyapunov 方程，直接推导非线性系统的 Gramian 矩阵形式。上述两种方法在一定程度上均可实现对非线性系统观测能力的表征，但受限于 Gramian 矩阵的复杂计算形式，对非线性系统通常难以获得解析形式的观测能力表征，因此基于 Gramian 矩阵的观测能力表征通常用于数值分析系统的可观测性及可观测度。

2. 基于微分流形的观测能力表征方法

基于微分流形理论的非线性系统观测能力表征是一种局部观测能力表征方法[15]，是目前表征非线性系统观测能力的常用方法之一。Hermann 等[16]利用系统可区分性的概念[17]将微分流形理论自然地引入到非线性系统的可观测性分析中，在非线性系统状态方程、观测方程均为连续可微的前提下，以系统观测方程相对系统状态方程各阶 Lie 导数的微分形式构成可观测性矩阵的行空间，以此建立了非线性系统的可观测性矩阵，实现了对非线性系统局部可观测性的表征。Sira-Ramirez[18]则在文献[16]的基础上，通过将非线性系统进行 Carleman 线性化，证明了基于微分几何的非线性系统可观测性矩阵与线性系统的 Kalman 可观测性矩阵[19]等价，该结论从侧面说明了基于微分流形的非线性系统观测能力表征是一种局部观测能力表征方法。De Persis 等[20]在观测能力微分几何表征的基础上，提出了可观测性共分布的概念，以非线性系统的不可观子空间定性表征非线性系统的观测能力。Stigter 等[21]给出了针对一类高维复杂非线性系统的基于微分几何的可观测性矩阵形式，实现了对大型复杂系统的观测能力表征。

3. 基于可区分性的离散非线性系统观测能力表征方法

由于微分几何法要求系统状态方程及观测方程均为连续可微，而对于网络系统等离散系统，其观测能力的表征难以采用微分几何法，为此，众多学者基于可区分性概念给出了离散系统观测能力的表征方法。Özveren 等[22]针对离散动态系统的观测能力表征开展了研究，建立了动态事件的传播表达式，并给出了可观测性定义。Giua 等[23]给出一种针对 PN(place/transition)网络系统的观测器可覆盖树及观测器可覆盖性图的建立方法，基于此实现了对网络系统的观测能力表征。Ramírez-Treviño 等[24]则利用网络事件的可检测性给出了 IPN(interpreted Petri net)系统的观测能力表征形式。Holloway 等[25]给出了状态可观测性及条件可观测性的概念，以此实现了对不同结构的离散事件系统的观测能力进行表征。De Santis 等[26]以可区分性为基础，讨论了离散系统的可观测性及可诊断性的统一表达形式。Giua

等[27]基于可区分性给出了分散可观测性的定义，以实现对一类状态分散测量的离散系统观测能力表征。Zhang 等[28]基于可区分性分析了一种有限状态的非确定及非全量系统在不同实现条件下的观测能力表征及判定形式。Chilenski 等[29]基于可区分性的思想通过描述有向图节点被观测的覆盖情况，实现了对一类有向图系统的观测能力表征。

4. 其他观测能力表征方法

除上述三类非线性系统观测能力表征方法外，Ibarra-Rojas 等[30]将非线性系统的不可区分轨迹转换为微分方程形式，以该微分方程的解的存在性表征了系统的观测能力。Hespanha 等[31]针对离散非线性系统给出了基于范数的观测能力表征方法。Rumschinski 等[32]在文献[31]的基础上提出了集合可观测性的概念。Bageshwar 等[33]针对离散卡尔曼滤波系统的观测能力分析，提出了随机可观测性的概念。Ge 等[34]给出了基于 CR(Cramer-Rao)下限的观测能力表征形式。Duan 等[35]推导了仿射非线性系统的能观规范型，给出了一般非线性动态系统完全能观性(可观测性)的定义。

5.1.2　观测能力定性判定方法的研究现状

非线性系统的观测能力的定性判定对研究非线性系统观测属性至关重要，现有观测能力的定性判定方法根据判定机理的不同可被归纳为三类：基于秩判据的观测能力定性判定方法、基于零空间的观测能力定性判定方法以及基于范数的观测能力定性判定方法。

1. 基于秩判据的观测能力定性判定方法

秩判据是目前定性判定非线性系统观测能力的常见方法之一，该判定方法源于线性系统可观测性秩判据[19]，其优点在于具有明确的几何含义，易于理解。但值得注意的是，非线性系统的高阶 Lie 导数运算及 Gramian 矩阵积分运算难以得到解析表达式，因此基于数值方法计算可观测性矩阵的秩是目前常用的方法，同时其系统可观测性结论往往仅为充分条件。

2. 基于零空间的观测能力定性判定方法

基于零空间的观测能力定性判定方法由 Castillo 等[36,37]提出。由于非线性系统的可观测性矩阵的核空间需根据系统实际情况进行分析计算，当系统维度较高时其可观测性矩阵的核空间通常难以获得，尽管如此，Ramanandan 等[38]、Rothman 等[39]、Huang 等[40]和 Hinks 等[41]仍成功将该方法应用于不同的工程场景。

3. 基于范数的观测能力定性判定方法

基于范数的观测能力定性判定方法最早由 Hespanha 等[31]提出，在此基础上 Li 等[42]将这一判定方法由非线性切换系统推广至一般非线性系统。

由于基于范数的可观测性判据是以“输入输出对状态的稳定性”（input-output-to-state stability）[43,44]为基础，该判据的成立还间接说明了非线性系统的可观测性与其开环稳定性存在内在联系，这为非线性系统的可观测性判定提供了新思路，Ibarra-Rojas 等[30]利用这一思想，基于不区分模型的稳定性分析了非线性系统的全局可观测性。

5.1.3 观测能力定量表达方法的研究现状

观测能力的定性判定可以确定系统观测能力的有无，但无法获知系统观测的难易程度或估计精度的大小情况，此时则需要定量分析系统的观测能力，非线性系统观测能力的定量表达是实现系统观测能力定量分析的基础。目前非线性系统观测能力定量表达方法主要包括基于条件数的观测能力量化方法、基于范数的观测能力量化方法、基于 Fisher 信息阵的观测能力量化方法及基于协方差矩阵的观测能力量化方法。

1. 基于条件数的观测能力量化方法

通过条件数度量系统观测能力的大小是一种几何分析方法，该方法最早由 Chen[45]提出，以非线性系统局部可观测性矩阵为基础，通过计算该矩阵的条件数，以系统局部可观测性矩阵的病态程度度量非线性系统观测能力的大小。Baglietto 等[46]给出了非线性系统 Gramian 矩阵的近似计算方法，再由 Gramian 近似矩阵的奇异值量化系统的观测能力。Katriniok 等[47]则通过以状态方程及观测方程的雅可比矩阵取代 Lie 导数运算，简化了系统可观测性矩阵形式，在新构建的系统局部可观测性矩阵的基础上，基于条件数法实现了非线性系统观测能力的量化。Ning 等[48]通过无损卡尔曼滤波算法得到了非线性系统的近似线性形式，在此基础上以可观测性矩阵的条件数量化了非线性系统观测能力。常晓华等[49]基于条件数法分析了航天器自主导航系统的可观测度。Yu 等[50]给出了 Lie 导数运算的二阶近似形式，简化了 Lie 导数运算，在此基础上以条件数法分析了火星探测器大气进入过程中自主导航系统的可观测度。

2. 基于范数的观测能力量化方法

基于范数的观测能力量化方法最早由 Moore[51]提出，该方法从信号能量强弱的角度分析系统的观测能力，以 Gramian 可观测性矩阵的 Frobenius 范数表示信号传输的增益，进而实现了系统观测能力的量化，与之类似，Sevaston 等[52]提出了基于系统传递函数增益的观测能力量化方法，系统传递函数增益则可以用系统 Gramian 观测矩阵的 1、2 或无穷范数代表。Rahrovani 等[53]则基于 Gramian 可观测性矩阵的 H_2 范数表征了系统的可观测度。上述方法可以实现对系统观测能力的量化，但未考虑系统噪声的影响。Mirzaei 等[54]采用马哈拉诺比斯距离(Mahalanobis distance)法解决了这一问题，实现了含噪情况下系统观测能力的量化。

3. 基于 Fisher 信息阵的观测能力量化方法

基于条件数以及基于范数的观测能力量化方法均在一定程度上可解决非线性系统观测能力量化的难题，但上述两种方法难以直接给出系统的估计精度边界，为解决这一问题，部分学者利用 Fisher 信息阵[55]从统计角度实现了系统观测能力的量化。Jazwinski[56]的研究成果表明在高斯噪声条件下 Fisher 信息阵均可表征非线性系统的观测能力。Jauffret[57]将这一结论拓展至非高斯噪声情况下。Sun 等[58]以 Fisher 信息阵的迹量化分析了矢量观测的观测能力。Lee 等[59]通过将非线性同步定位与建图(simultaneous localization and mapping, SLAM)系统局部冻结，以近似线性模型的 Fisher 信息阵的行列式量化分析了 SLAM 系统的观测能力大小。Zhao 等[60]通过分析 Fisher 信息阵的主对角元素，结合 Cramer-Rao 不等式[61]，实现了对火星探测器进入段导航系统观测能力的量化分析。

4. 基于协方差矩阵的观测能力量化方法

以系统误差协方差矩阵量化系统的可观测度，这一思想最早由 Ham 等[62]提出，其研究表明在系统误差协方差矩阵进行归一化处理后，其属性可表征线性系统可观测性的有无及系统可观测度的大小。此后，为将该方法推广于非线性系统，Hahn 等[63]定义了非线性系统可观测性协方差矩阵，并证明了当系统退化为线性系统时，该可观测性协方差矩阵与 Gramian 可观测性矩阵等价。Hong 等[64]在最小二乘估计的基础上给出全球定位系统/惯性导航系统误差协方差矩阵，并以此量化了系统的观测能力。Li 等[65]在前人的基础上证明了协方差矩阵的迹存在上界及下界，并给出了解析表达式，以此量化了系统的观测能力。

5.1.4 一类欠观测系统的可观测性研究现状

上述内容介绍了非线性系统的观测能力表征、判定及量化方法的研究现状，相关研究方法在航天器自主导航系统的研究中也有广泛的应用，但对于序列图像自主导航系统这类欠观测系统，现有非线性系统的可观测性分析方法并不都适用，本节将介绍一类欠观测系统(序列图像自主导航系统)的可观测性理论研究现状，并说明各方法的优缺点。

针对序列图像或其抽象观测模型(仅测角)的可观测性研究，最早可追溯至 20 世纪 70～80 年代，已有的文献表明 Nardone 等[66]最早针对这一问题开展了研究，其以舰船相对导航为背景，基于视觉几何的方法分析了二维平面上的仅测角导航系统的可观测性，基于视觉几何的可观测性分析方法较为直观、易于理解，且其可观测性分析结论具有全局性，但由于该分析方法需推导相对运动的解析形式解，因而对于深空探测自主导航系统难以直接应用。

Woffinden 等[67]通过将非线性轨道动力学模型简化为近似线性的 HCW 方程[68]，以文献[66]的可观测性分析方法为基础，讨论了航天器仅侧角导航系统待估计状态初值与观测的映射关系，并分析了轨道机动对系统可观测性的影响，分析结果表明当无轨道机动时仅测角导航系统的可观测性将缺失。由德国宇航中心主导的 PRISMA(Prototype Research Instruments and Space Mission Technology Advancement)在轨试验任务[69-71]验证了轨道机动对仅测角导航系统可观测性的改善作用。Yim 等[72]基于秩判据数值分析了仅测角导航系统的可观测性，给出了与文献[67]不同的分析结论，研究结果表明在无轨道机动情况下仅测角自主导航系统仍可具备可观测性。针对这两者的研究差异，Kaufman 等[73]首先推导了仅测角观测相对轨道动力学模型的 0 至 2 阶的 Lie 导数形式，并基于局部弱可观测性秩判据表明了仅测角导航系统可满足局部弱可观测性条件。此后，Butcher 等[74]在文献[73]的基础上，基于局部弱可观测性秩判据分析了航天器仅测角导航系统不同阶次 HCW 方程的可观测性，分析结果表明对于仅保留 Taylor 展开一阶项的 HCW 方程仅测角相对导航为不完全可观测，而二阶以上的 HCW 方程则可保证系统的可观测性。文献[75]基于几何分析也给出了相似的结论。

上述研究均是基于理想的二体运动，Gaias 等[76]基于条件数法数值分析了含 J2 摄动情况下轨道机动对仅测角相对导航可观测性的影响。Perez 等[77]则理论分析了近地轨道 J2 摄动对仅测角导航系统可观测性的影响，分析结果表明 J2 摄动的存在有利于保证仅测角导航系统的可观测性。Pi 等[78]考虑了航天器共面相对运动的情况，给出了仅测角自主导航系统的 Fisher 信息阵表达形式，基于 Cramer-Rao 不等式分析了系统的可观测度。Subbarao 等[79]分析空间光学敏感器对目标的可探测性，并基于范数法分析了不同光照环境下序列图像导航系统的可观测度。崔平远等[80]基于微分流形理论分析了不同敏感器下深空探测自主导航系统的可观测性，并基于条件数法分析了各导航敏感器观测能力大小。Li 等[65]基于协方差矩阵的迹分析了深空探测自主导航系统的可观测度。Ning 等[81]基于隐式无损卡尔曼滤波算法和微分流形理论构建了星光仰角自主导航系统的局部弱可观测性矩阵。Xu 等[82]基于零空间可观测性分析方法给出了大气进入段序列图像导航系统满足可观测性的充分条件，并基于条件数法分析了特征点选取对导航精度的影响。董天舒等[83]利用轨道动力学的微分几何特性构建了系统任意阶 Lie 导数的共有子空间，基于此给出了序列图像自主导航系统可观测性的降维判据。

由上述研究现状可知，目前序列图像自主导航系统的可观测性分析研究根据系统类型不同、场景不同有不同的适用范围。下面将从可观测性分析的完备性及算法复杂性角度对此类欠观测系统的主要可观测性分析方法进行梳理，分析结果见表 5.1 和表 5.2。

表 5.1　一类欠观测系统的观测能力定性判定方法对比

定性判定方法	分析对象	完备性	计算量
基于视觉几何	近似线性轨道动力学	受限于解析解的获得条件 完备性较弱	解析形式 计算量较小
基于秩判据	非线性轨道动力学	完备性较强	高维矩阵运算 计算量较大
基于范数	近似线性轨道动力学	受限于范数表达构建条件 完备性较弱	算法维度较低 计算量较小
基于零空间	非线性轨道动力学	受限于可观测性矩阵维度 完备性较弱	解析形式 计算量较小

表 5.2　一类欠观测系统的观测能力量化分析方法对比

量化分析方法	分析对象	完备性	计算量
基于条件数	非线性轨道动力学	完备性较强	高维矩阵运算 计算量较大
基于范数	近似线性轨道动力学	受限于范数表达构建条件 完备性较弱	解析形式 计算量较小
基于 Fisher 信息矩阵	共面相对轨道动力学	受限于 Fisher 构建条件 完备性较弱	高维矩阵运算 计算量较大
基于协方差	近似线性轨道动力学	受限于协方差矩阵获得条件 完备性较弱	解析形式 计算量较小

通过对一类欠观测的观测能力定性判定方法进行对比(表 5.1)，可见现有研究方法中当判定的完备性较强时，计算量通常较大，基于视觉几何、基于范数和基于零空间的判定方法计算量较小，但上述方法受限于判定建立过程所作的假设条件，其完备性受到影响。目前尚未有方法可同时兼顾定性判定的完备性与算法的计算量；与定性判定类似，观测能力量化分析方法的现状(表 5.2)也表明当完备性较强时，分析的计算量较大，而基于 Fisher 信息矩阵等方法则由于 Fisher 矩阵的构建条件以及高维矩阵运算的影响，其完备性和计算复杂程度均不理想。可见，目前针对一类欠观测的可观测性分析方法研究尚难以兼顾理论完备性与工程实用性。

5.2 欠观测系统的观测能力等价降维表征方法

从目前非线性系统可观测性理论和一类欠观测系统可观测性的研究现状可见，现有可观测性分析方法的完备性和计算的简便性难以兼顾。本节介绍一种针对欠观测系统的观测能力等价降维表征方法，提供一种可在资源严重受限的航天器上应用的系统观测能力表征方法。

5.2.1 问题描述

在介绍欠观测系统观测能力等价降维表征方法之前，本节首先给出研究对象的状态方程及观测方程。

1. 系统状态方程

由于航天器自主导航系统的状态量通常为航天器的位置和速度，为此本节以航天器相对轨道动力学方程为系统状态方程。为了保证方法的通用性，采用完整的相对轨道动力学方程(TH 方程)为研究对象，表达式如下：

$$
\begin{aligned}
&\dot{x} = \dot{x} \\
&\dot{y} = \dot{y} \\
&\dot{z} = \dot{z} \\
&\ddot{x} = 2\dot{f}_{\text{chaser}}\dot{z} + \ddot{f}_{\text{chaser}}z + \dot{f}^2_{\text{chaser}}x - \frac{\mu x}{\left[\left(R_{\text{chaser}} - z\right)^2 + y^2 + x^2\right]^{\frac{3}{2}}} \\
&\ddot{y} = -\frac{\mu y}{\left[\left(R_{\text{chaser}} - z\right)^2 + y^2 + x^2\right]^{\frac{3}{2}}} \\
&\ddot{z} = -2\dot{f}_{\text{chaser}}\dot{x} - \ddot{f}_{\text{chaser}}x + \dot{f}^2_{\text{chaser}}z + \frac{\mu\left(R_{\text{chaser}} - z\right)}{\left[\left(R_{\text{chaser}} - z\right)^2 + y^2 + x^2\right]^{\frac{3}{2}}} - \frac{\mu}{R^2_{\text{chaser}}}
\end{aligned}
\tag{5.1}
$$

其中，$(x, y, z, \dot{x}, \dot{y}, \dot{z})$ 为在轨道坐标系下描述的航天器相对目标的位置和速度；f_{chaser} 为航天器轨道真近点角；R_{chaser} 为航天器质心相对地心的距离；μ 为引力常数。轨道坐标系定义在第 2 章中已经介绍，此处不再重复，读者可参考相关章节。

2. 系统观测方程

本书考虑航天器仅配置单个视觉导航敏感器(如星敏感器等)，单目视觉相机的测量模型[12]如下：

$$z = \boldsymbol{h}(\boldsymbol{X}) = \begin{bmatrix} \alpha \\ \beta \end{bmatrix} + \boldsymbol{\upsilon} = \begin{bmatrix} \arctan\left(\dfrac{y_C}{x_C}\right) \\ \arcsin\left(\dfrac{z_C}{\rho}\right) \end{bmatrix} + \boldsymbol{\upsilon} \tag{5.2}$$

其中，α、β为单目视觉相机获得的测角信息；$\boldsymbol{\upsilon}$为观测噪声向量；x_C、y_C、z_C为相对距离在相机坐标系C系下的投影；x_C、y_C、z_C与系统状态x、y、z存在如下转换关系：

$$\left[x_C, y_C, z_C\right]^{\mathrm{T}} = C_b^C C_{\mathrm{LVLH}}^b [x, y, z]^{\mathrm{T}} \tag{5.3}$$

$\rho = \left\|(x_C, y_C, z_C)\right\|_2 = \left\|(x, y, z)\right\|_2$表示航天器与目标之间的绝对距离。

3. 可观测性表征

基于上述状态方程及观测方程，本书所研究的一类欠观测系统可由如下形式代表：

$$\begin{cases} \dot{\boldsymbol{X}} = \boldsymbol{f}(\boldsymbol{X}) \\ z = \boldsymbol{h}(\boldsymbol{X}) \end{cases} \tag{5.4}$$

其中，$\boldsymbol{X}$为自主导航系统状态矢量；z为观测量；$\boldsymbol{f}$、$\boldsymbol{h}$分别为状态方程和观测方程。由于旋转矩阵并不改变系统可观性，为便于分析，本节中假设相机坐标系C系始终保持与轨道坐标系重合，即$C_b^C C_{\mathrm{LVLH}}^b = \boldsymbol{I}$，此时有$\left[x_C, y_C, z_C\right] = [x, y, z]$。

基于 Hermann 等[16]所提出的微分几何理论，可通过构建可观测性矩阵表征系统的观测能力，其构建方法如下。

首先，计算系统观测关于系统状态的 0 阶 Lie 导数，0 阶 Lie 导数表达式如下：

$$\boldsymbol{L}_f^0 h = h(\boldsymbol{X}) \tag{5.5}$$

然后，计算系统观测关于系统状态的 1 阶至高阶 Lie 导数，其递归规则如下：

$$\begin{aligned} &\boldsymbol{L}_f^k h = \mathrm{d}\boldsymbol{L}_f^{k-1} h(\boldsymbol{X}) \boldsymbol{f}(\boldsymbol{X}), \quad k \geqslant 1 \\ &\nabla \boldsymbol{L}_f^{k-1} h(\boldsymbol{X}) = \frac{\partial \boldsymbol{L}_f^{k-1} h}{\partial \boldsymbol{X}} \end{aligned} \tag{5.6}$$

最后，计算 0 阶至$m-1$阶 Lie 导数$\boldsymbol{L}_f^0 h, \boldsymbol{L}_f^1 h, \cdots, \boldsymbol{L}_f^{m-1} h$相对系统状态$\boldsymbol{X}$的雅可比矩

阵，构成可观测性矩阵，形式如下：

$$\boldsymbol{N}=\begin{bmatrix}\nabla \boldsymbol{L}_f^0 h(\boldsymbol{X}) \\ \vdots \\ \nabla \boldsymbol{L}_f^{m-1} h(\boldsymbol{X})\end{bmatrix} \tag{5.7}$$

其中，m 为系统状态 $\boldsymbol{X}$ 的维数。

由上述可观测性矩阵构建过程可见，对于非线性的序列图像导航系统复杂的状态方程以及非线性观测方程，要计算它们的 Lie 导数是非常困难的，同时，构建的可观测性矩阵维数高，不利于进一步进行可观测性的判定以及可观测度的量化评估。因此，需要研究新的系统观测能力表征方法。

5.2.2　欠观测系统 Lie 运算的共有属性

直接利用 Lie 导数构建系统的可观测性矩阵，存在计算复杂、矩阵维度高等问题，为避免上述复杂运算，本节将首先介绍 Lie 导数运算的共有属性，后续章节中将基于该属性实现可观测性分析简化。

下面介绍这一属性，并给出相关证明。

定理 5.1　对所研究的系统，$\forall k>0$，$\boldsymbol{L}_f^k h$ 仅与变量 α、β、ρ、$\dot{x}$、$\dot{y}$、$\dot{z}$ 相关（ρ 为相对距离绝对值）。

证明　当 $k=0$ 时，系统 0 阶 Lie 导数为

$$\boldsymbol{L}_f^0 h=\boldsymbol{h}(\boldsymbol{X})=\begin{bmatrix}\alpha \\ \beta\end{bmatrix} \tag{5.8}$$

易知 $\boldsymbol{L}_f^0 h$ 仅与 α、β 相关。

当 $k=1$ 时，根据 Lie 导数运算规则，系统的 1 阶 Lie 导数为

$$\begin{gathered}\boldsymbol{L}_f^1 h=\nabla \boldsymbol{L}_f^0 h(\boldsymbol{X}) \boldsymbol{f}(\boldsymbol{X}) \\ \nabla \boldsymbol{L}_f^0 h(\boldsymbol{X})=\frac{\partial \boldsymbol{L}_f^0 h}{\partial \boldsymbol{X}}\end{gathered} \tag{5.9}$$

将 $\boldsymbol{L}_f^0 h$ 表达式代入后，可得到系统 1 阶 Lie 导数表达式如下：

$$\boldsymbol{L}_f^1 h=\begin{bmatrix}\dfrac{-\sin\alpha}{\rho\cos\beta}\dot{x}+\dfrac{\cos\alpha}{\rho\cos\beta}\dot{y} \\ \dfrac{-\sin\beta\cos\alpha}{\rho}\dot{x}-\dfrac{\sin\beta\sin\alpha}{\rho}\dot{y}+\dfrac{\cos\beta}{\rho}\dot{z}\end{bmatrix} \tag{5.10}$$

可见，$\boldsymbol{L}_f^1 h$ 仅与变量 α 、β 、ρ 、$\dot{x}$ 、$\dot{y}$ 、$\dot{z}$ 相关。

当 $k=2$ 时，根据 Lie 导数计算规则，有

$$\begin{aligned} \boldsymbol{L}_f^2 h &= \nabla \boldsymbol{L}_f^1 h(\boldsymbol{X}) \boldsymbol{f}(\boldsymbol{X}) \\ \nabla \boldsymbol{L}_f^1 h(\boldsymbol{X}) &= \frac{\partial \boldsymbol{L}_f^1 h}{\partial \boldsymbol{X}} \end{aligned} \tag{5.11}$$

按规则需要首先计算 $\nabla \boldsymbol{L}_f^1 h(\boldsymbol{X})$ ，而由于 $\boldsymbol{L}_f^1 h(\boldsymbol{X})$ 仅与变量 α 、β 、ρ 、$\dot{x}$ 、$\dot{y}$ 、$\dot{z}$ 相关，因此 $\nabla \boldsymbol{L}_f^1 h(\boldsymbol{X})$ 的计算可分解为计算两个雅可比矩阵，形式如下：

$$\nabla \boldsymbol{L}_f^1 h(\boldsymbol{X}) = \begin{bmatrix} \dfrac{\partial \boldsymbol{L}_f^1 h}{\partial \alpha} & \dfrac{\partial \boldsymbol{L}_f^1 h}{\partial \beta} & \dfrac{\partial \boldsymbol{L}_f^1 h}{\partial \rho} & \dfrac{\partial \boldsymbol{L}_f^1 h}{\partial \dot{x}} & \dfrac{\partial \boldsymbol{L}_f^1 h}{\partial \dot{y}} & \dfrac{\partial \boldsymbol{L}_f^1 h}{\partial \dot{z}} \end{bmatrix} \begin{bmatrix} \dfrac{\partial \alpha}{\partial \boldsymbol{X}} \\ \dfrac{\partial \beta}{\partial \boldsymbol{X}} \\ \dfrac{\partial \rho}{\partial \boldsymbol{X}} \\ \dfrac{\partial \dot{x}}{\partial \boldsymbol{X}} \\ \dfrac{\partial \dot{y}}{\partial \boldsymbol{X}} \\ \dfrac{\partial \dot{z}}{\partial \boldsymbol{X}} \end{bmatrix} \tag{5.12}$$

定义矩阵 $\boldsymbol{A}_1$ 为

$$\boldsymbol{A}_1 = \begin{bmatrix} \dfrac{\partial \boldsymbol{L}_f^1 h}{\partial \alpha} & \dfrac{\partial \boldsymbol{L}_f^1 h}{\partial \beta} & \dfrac{\partial \boldsymbol{L}_f^1 h}{\partial \rho} & \dfrac{\partial \boldsymbol{L}_f^1 h}{\partial \dot{x}} & \dfrac{\partial \boldsymbol{L}_f^1 h}{\partial \dot{y}} & \dfrac{\partial \boldsymbol{L}_f^1 h}{\partial \dot{z}} \end{bmatrix} \tag{5.13}$$

定义向量 $\boldsymbol{B}$ 为

$$\boldsymbol{B} = \left[\left(\frac{\partial \alpha}{\partial \boldsymbol{X}}\right)^{\mathrm{T}} \ \left(\frac{\partial \beta}{\partial \boldsymbol{X}}\right)^{\mathrm{T}} \ \left(\frac{\partial \rho}{\partial \boldsymbol{X}}\right)^{\mathrm{T}} \ \left(\frac{\partial \dot{x}}{\partial \boldsymbol{X}}\right)^{\mathrm{T}} \ \left(\frac{\partial \dot{y}}{\partial \boldsymbol{X}}\right)^{\mathrm{T}} \ \left(\frac{\partial \dot{z}}{\partial \boldsymbol{X}}\right)^{\mathrm{T}} \right]^{\mathrm{T}} \boldsymbol{f}(\boldsymbol{X}) \tag{5.14}$$

则系统的 2 阶 Lie 导数可表示为

$$\boldsymbol{L}_f^2 h = \boldsymbol{A}_1 \boldsymbol{B} \tag{5.15}$$

其中，$\boldsymbol{A}_1$ 仅与变量 α 、β 、ρ 、$\dot{x}$ 、$\dot{y}$ 、$\dot{z}$ 相关；$\boldsymbol{B}$ 的表达式为

$$
\boldsymbol{B} = \begin{bmatrix} \dfrac{\partial \alpha}{\partial \boldsymbol{X}} \\ \dfrac{\partial \beta}{\partial \boldsymbol{X}} \\ \dfrac{\partial \rho}{\partial \boldsymbol{X}} \\ \dfrac{\partial \dot{x}}{\partial \boldsymbol{X}} \\ \dfrac{\partial \dot{y}}{\partial \boldsymbol{X}} \\ \dfrac{\partial \dot{z}}{\partial \boldsymbol{X}} \end{bmatrix} \boldsymbol{f}(\boldsymbol{X})
$$

$$
= \begin{bmatrix} \dfrac{-\sin\alpha\dot{x}}{\rho\cos\beta} + \dfrac{\cos\alpha\dot{y}}{\rho\cos\beta} \\ \dfrac{-\sin\beta\cos\alpha\dot{x}}{\rho} - \dfrac{\sin\beta\sin\alpha\dot{y}}{\rho} + \dfrac{\cos\beta\dot{z}}{\rho} \\ \cos\beta\cos\alpha\dot{x} + \cos\beta\sin\alpha\dot{y} + \sin\beta\dot{z} \\ 2\dot{f}_{\text{chaser}}\dot{z} + \ddot{f}_{\text{chaser}}\rho\sin\beta + \dot{f}^2_{\text{chaser}}\rho\cos\beta\cos\alpha - \dfrac{\mu\rho\cos\beta\cos\alpha}{\left[\left(R_{\text{chaser}} - \rho\sin\beta\right)^2 + \rho^2\cos^2\beta\right]^{\frac{3}{2}}} \\ -\dfrac{\mu\cos\beta\sin\alpha}{\left[\left(R_{\text{chaser}} - \rho\sin\beta\right)^2 + \rho^2\cos^2\beta\right]^{\frac{3}{2}}} \\ -2\dot{f}_{\text{chaser}}\dot{x} - \ddot{f}_{\text{chaser}}\rho\cos\beta\cos\alpha + \dot{f}^2_{\text{chaser}}\rho\sin\beta - \dfrac{\mu\left(R_{\text{chaser}} - \rho\sin\beta\right)}{\left[\left(R_{\text{chaser}} - \rho\sin\beta\right)^2 + \rho^2\cos^2\beta\right]^{\frac{3}{2}}} - \dfrac{\mu}{R^2_{\text{chaser}}} \end{bmatrix} \tag{5.16}
$$

可见，$\boldsymbol{B}$ 也仅与变量 α、β、ρ、$\dot{x}$、$\dot{y}$、$\dot{z}$ 相关。因此，可知系统的 2 阶 Lie 导数仅与变量 α、β、ρ、$\dot{x}$、$\dot{y}$、$\dot{z}$ 相关。

假设系统 k 阶 Lie 导数仅与变量 α、β、ρ、$\dot{x}$、$\dot{y}$、$\dot{z}$ 相关，则 $k+1$ 阶 Lie 导数可表示为

$$
\begin{aligned} \boldsymbol{L}_f^{k+1}h &= \nabla \boldsymbol{L}_f^k h(\boldsymbol{X})\boldsymbol{f}(\boldsymbol{X}) = \frac{\partial \boldsymbol{L}_f^k h}{\partial \boldsymbol{X}}\boldsymbol{f}(\boldsymbol{X}) \\ &= \boldsymbol{A}_k \boldsymbol{B} \end{aligned} \tag{5.17}
$$

其中，矩阵 $\boldsymbol{A}_k$ 为

$$
\boldsymbol{A}_k = \begin{bmatrix} \dfrac{\partial \boldsymbol{L}_f^k h}{\partial \alpha} & \dfrac{\partial \boldsymbol{L}_f^k h}{\partial \beta} & \dfrac{\partial \boldsymbol{L}_f^k h}{\partial \rho} & \dfrac{\partial \boldsymbol{L}_f^k h}{\partial \dot{x}} & \dfrac{\partial \boldsymbol{L}_f^k h}{\partial \dot{y}} & \dfrac{\partial \boldsymbol{L}_f^k h}{\partial \dot{z}} \end{bmatrix} \tag{5.18}
$$

由于 k 阶 Lie 导数仅与变量 α 、 β 、 ρ 、 $\dot{x}$ 、 $\dot{y}$ 、 $\dot{z}$ 相关，因此矩阵 $\boldsymbol{A}_{k-1}$ 也满足这一条件，同时向量 $\boldsymbol{B}$ 经证明也仅与变量 α 、 β 、 ρ 、 $\dot{x}$ 、 $\dot{y}$ 、 $\dot{z}$ 相关，由此可得到推论：

当 $\boldsymbol{L}_f^k h$ 仅与 α 、 β 、 ρ 、 $\dot{x}$ 、 $\dot{y}$ 、 $\dot{z}$ 相关时，$\boldsymbol{L}_f^{k+1} h$ 也仅与 α 、 β 、 ρ 、 $\dot{x}$ 、 $\dot{y}$ 、 $\dot{z}$ 相关。

基于该推论，当系统 0 阶 Lie 导数及 1 阶 Lie 导数仅与变量 α 、 β 、 ρ 、 $\dot{x}$ 、 $\dot{y}$ 、 $\dot{z}$ 相关时，系统的任意阶 Lie 导数均将具有这一属性。定理 5.1 得证。□

在定理 5.1 的基础上，我们还可以得到推论：对于系统阶次为二阶的非线性系统，其任意阶 Lie 导数仅与系统状态、观测及其一阶导数相关。

5.2.3　欠观测系统可观测性矩阵共有子空间的构建

利用 5.2.2 节得到的欠观测系统 Lie 运算的共有属性，可以构建出系统可观测性矩阵的共有子空间，并可基于这一共有子空间实现对系统观测能力的等价降维表征。下面给出共有子空间的形式及其证明过程。

定理 5.2　定义由系统可观测性矩阵 $\boldsymbol{N}$ 的所有行向量构成的行空间为 $\mathfrak{I}$。在满足定理 5.1 的情况下，行空间 $\mathfrak{I}$ 的任意行向量均可分解出一个共有子空间 $\mathfrak{I}_*$。$\mathfrak{I}_*$ 的表达式为

$$\mathfrak{I}_* = \underset{\text{row}}{\text{span}} \begin{bmatrix} \mathfrak{I}_1 & \boldsymbol{0}_{3\times3} \\ \boldsymbol{0}_{3\times3} & \boldsymbol{I}_{3\times3} \end{bmatrix} \tag{5.19}$$

$$\mathfrak{I}_1 = \begin{bmatrix} -\dfrac{y}{x^2+y^2} & \dfrac{x}{x^2+y^2} & 0 \\ -\dfrac{xz}{\rho^2\sqrt{\rho^2-z^2}} & -\dfrac{yz}{\rho^2\sqrt{\rho^2-z^2}} & \dfrac{\rho^2-z^2}{\rho^2\sqrt{\rho^2-z^2}} \\ \dfrac{x}{\rho} & \dfrac{y}{\rho} & \dfrac{z}{\rho} \end{bmatrix} \tag{5.20}$$

证明　定义可观测性矩阵 $\boldsymbol{N}$ 的行空间为

$$\mathfrak{I} = \underset{\text{row}}{\text{span}} \begin{bmatrix} \nabla \boldsymbol{L}_f^0 h \\ \vdots \\ \nabla \boldsymbol{L}_f^{k-1} h \end{bmatrix} \tag{5.21}$$

根据定理 5.1，系统 Lie 导数 $\boldsymbol{L}_f^{k-1} h$ 仅与变量 α 、 β 、 ρ 、 $\dot{x}$ 、 $\dot{y}$ 、 $\dot{z}$ 相关，但是可

观测性矩阵的行向量表达式 $\nabla \boldsymbol{L}_f^{k-1}h$ 是 $\boldsymbol{L}_f^{k-1}h$ 关于系统状态 $\boldsymbol{X}$ 的偏导数。因此，为了计算 $\nabla \boldsymbol{L}_f^{k-1}h$，需要将系统状态 $\boldsymbol{X}$ 转换到极坐标，即

$$(x, y, z) \to (\alpha, \beta, \rho) \tag{5.22}$$

定义转换后得到的新的系统状态向量为 $\bar{\boldsymbol{X}}$，表达式如下：

$$\bar{\boldsymbol{X}} = (\alpha, \beta, \rho, \dot{x}, \dot{y}, \dot{z}) \tag{5.23}$$

$\nabla \boldsymbol{L}_f^{k-1}h$ 的表达式可以被改写为

$$\nabla \boldsymbol{L}_f^{k-1}h = \frac{\partial \boldsymbol{L}_f^{k-1}h}{\partial \bar{\boldsymbol{X}}}\frac{\partial \bar{\boldsymbol{X}}}{\partial \boldsymbol{X}} \tag{5.24}$$

将式(5.24)代入行空间 $\mathfrak{I}$ 后，行空间 $\mathfrak{I}$ 可以被分解为

$$\mathfrak{I} = \operatorname*{span}_{\text{row}} \begin{bmatrix} \dfrac{\partial \boldsymbol{L}_f^{0}h}{\partial \bar{\boldsymbol{X}}} \\ \vdots \\ \dfrac{\partial \boldsymbol{L}_f^{k-1}h}{\partial \bar{\boldsymbol{X}}} \end{bmatrix} \frac{\partial \bar{\boldsymbol{X}}}{\partial \boldsymbol{X}} \tag{5.25}$$

可以发现行空间 $\mathfrak{I}$ 所有的行向量均存在共同的空间 $\dfrac{\partial \bar{\boldsymbol{X}}}{\partial \boldsymbol{X}}$。定义这一共同空间为 $\mathfrak{I}_*$，其表达式为

$$\mathfrak{I}_* = \frac{\partial \bar{\boldsymbol{X}}}{\partial \boldsymbol{X}} = \operatorname*{span}_{\text{row}} \begin{bmatrix} \dfrac{\partial \alpha}{\partial \boldsymbol{X}} \\ \dfrac{\partial \beta}{\partial \boldsymbol{X}} \\ \dfrac{\partial \rho}{\partial \boldsymbol{X}} \\ \dfrac{\partial \dot{x}}{\partial \boldsymbol{X}} \\ \dfrac{\partial \dot{y}}{\partial \boldsymbol{X}} \\ \dfrac{\partial \dot{z}}{\partial \boldsymbol{X}} \end{bmatrix} = \operatorname*{span}_{\text{row}} \begin{bmatrix} \mathfrak{I}_1 & \boldsymbol{0}_{3\times 3} \\ \boldsymbol{0}_{3\times 3} & \boldsymbol{I}_{3\times 3} \end{bmatrix} \tag{5.26}$$

其中

$$\mathfrak{I}_1 = \begin{bmatrix} -\dfrac{y}{x^2+y^2} & \dfrac{x}{x^2+y^2} & 0 \\ -\dfrac{xz}{\rho^2\sqrt{\rho^2-z^2}} & -\dfrac{yz}{\rho^2\sqrt{\rho^2-z^2}} & \dfrac{\rho^2-z^2}{\rho^2\sqrt{\rho^2-z^2}} \\ \dfrac{x}{\rho} & \dfrac{y}{\rho} & \dfrac{z}{\rho} \end{bmatrix} \tag{5.27}$$

由此定理 5.2 得证。□

由定理 5.2 可知，无论可观测性矩阵 $\boldsymbol{N}$ 的维数是多少，其始终存在一个共有子空间，该子空间的维数与系统状态的维数一致。由于共有子空间的构建过程并未对系统动力学方程及观测方程进行任何简化或线性处理，因此以共有子空间替代原可观测性矩阵进行系统可观测性分析，可以认为是一种等价降维过程。同时，利用共有子空间还可以实现系统观测能力的简便判定和度量，详细过程将在后续章节中进行介绍。

5.3　欠观测系统的观测能力严格判定及解析量化方法

对于航天器自主导航系统，通过计算 Lie 导数构建可观测性矩阵，进而通过计算可观测性矩阵的秩和条件数，实现系统可观测性的判定和观测能力的量化评估是最常用的方法之一。然而，现有方法虽然可以有效判定系统可观测性的有无以及评估观测能力的大小，但会涉及复杂的高阶 Lie 导数运算和高维矩阵运算，在航天器计算资源严重受限的条件下，难以在航天器上直接应用。本节针对航天器自主导航这类欠观测系统，介绍一种观测能力严格判定及解析量化方法。

5.3.1　观测能力严格判定方法

在 5.2 节中，已经表明系统的可观测性矩阵可以构建出一个共有子空间，基于这一属性可在保证判定严格性的同时，简化系统的可观测性判据。

定理 5.3　对于欠观测系统，当存在 $i=2,\cdots,k-1$ 时，使得

$$\frac{\partial \boldsymbol{L}_f^i h}{\partial \rho}\rho + \frac{\partial \boldsymbol{L}_f^i h}{\partial \dot{\boldsymbol{r}}}(\dot{\boldsymbol{r}})^{\mathrm{T}} \neq 0 \tag{5.28}$$

$$\dot{\boldsymbol{r}} = (\dot{x}, \dot{y}, \dot{z}) \tag{5.29}$$

成立系统为局部弱可观测。

证明　对于系统可观测性矩阵：

$$\boldsymbol{N}=\begin{bmatrix}\nabla\boldsymbol{L}_f^0 h(\boldsymbol{X})\\ \vdots \\ \nabla\boldsymbol{L}_f^{m-1}h(\boldsymbol{X})\end{bmatrix} \tag{5.30}$$

当矩阵满秩，表明 $\boldsymbol{N}$ 存在六个线性无关的行向量。因此，可将证明 $\boldsymbol{N}$ 满秩转换为证明当系统满足定理 5.3 的条件时，系统可观测性矩阵 $\boldsymbol{N}$ 存在六个线性无关的行向量。

假设存在非零向量 $\boldsymbol{c}$ ，使得 $\boldsymbol{N}\cdot\boldsymbol{c}=\boldsymbol{0}$ 。对于序列图像自主导航系统，当且仅当 $\boldsymbol{c}=v\boldsymbol{X}$ ， v 为任意非零常数时，有

$$\begin{aligned}\nabla\boldsymbol{L}_f^0 h(\boldsymbol{X})\cdot\boldsymbol{c}=v\cdot\nabla\boldsymbol{L}_f^0 h(\boldsymbol{X})\cdot\boldsymbol{X}=\boldsymbol{0}\\ \nabla\boldsymbol{L}_f^1 h(\boldsymbol{X})\cdot\boldsymbol{c}=v\cdot\nabla\boldsymbol{L}_f^1 h(\boldsymbol{X})\cdot\boldsymbol{X}=\boldsymbol{0}\end{aligned} \tag{5.31}$$

令 $v=1$，非零向量 $\boldsymbol{c}$ 则可由系统状态向量 $\boldsymbol{X}$ 代替。基于定理 5.2，可观测性矩阵存在共有子空间 $\mathfrak{I}_*$，而 $\mathfrak{I}_*$ 的前两行为观测关于系统状态向量 $\boldsymbol{X}$ 的偏微分，其偏微分结果与状态向量 $\boldsymbol{X}$ 垂直，即

$$\mathfrak{I}_*\cdot\boldsymbol{X}=\begin{bmatrix}0\\0\\ \rho\\ \dot{\boldsymbol{r}}\end{bmatrix} \tag{5.32}$$

由此可简化可观测性矩阵 $\boldsymbol{N}$ 与系统状态向量 $\boldsymbol{X}$ 积的表达形式， $\boldsymbol{N}\cdot\boldsymbol{X}$ 为

$$\begin{aligned}\boldsymbol{N}\cdot\boldsymbol{X}&=\begin{bmatrix}\dfrac{\partial\boldsymbol{L}_f^0 h}{\partial(\alpha,\beta,\rho,\dot{x},\dot{y},\dot{z})}\\ \vdots\\ \dfrac{\partial\boldsymbol{L}_\rho^{k-1}h}{\partial(\alpha,\beta,\rho,\dot{x},\dot{y},\dot{z})}\end{bmatrix}\cdot\mathfrak{I}_*\cdot\boldsymbol{X}=\begin{bmatrix}\dfrac{\partial\boldsymbol{L}_f^0 h}{\partial(\alpha,\beta,\rho,\dot{x},\dot{y},\dot{z})}\\ \vdots\\ \dfrac{\partial\boldsymbol{L}_f^{k-1}h}{\partial(\alpha,\beta,\rho,\dot{x},\dot{y},\dot{z})}\end{bmatrix}\cdot\begin{bmatrix}0\\0\\ \rho\\ \dot{\boldsymbol{r}}\end{bmatrix}\\ &=\begin{bmatrix}\boldsymbol{0}_{2\times1}\\ \boldsymbol{0}_{2\times1}\\ \left(\dfrac{\partial\mathcal{L}_f^2 h}{\partial\rho}\rho+\dfrac{\partial\mathcal{L}_f^2 h}{\partial\dot{\boldsymbol{r}}}\dot{\boldsymbol{r}}\right)_{2\times1}\\ \vdots\\ \left(\dfrac{\partial\mathcal{L}_f^{k-1}h}{\partial\rho}\rho+\dfrac{\partial\mathcal{L}_f^{k-1}h}{\partial\dot{\boldsymbol{r}}}\dot{\boldsymbol{r}}\right)_{2\times1}\end{bmatrix}\end{aligned} \tag{5.33}$$

可见，当 $i=2,3,\cdots,k-1$，$\dfrac{\partial \boldsymbol{L}_f^i h}{\partial \rho}\rho+\dfrac{\partial \boldsymbol{L}_f^i h}{\partial \dot{\boldsymbol{r}}}(\dot{\boldsymbol{r}})^{\mathrm{T}} \neq \mathbf{0}$ 时，有 $\boldsymbol{N}\cdot\boldsymbol{X}\neq\mathbf{0}$。此时，等式 $\boldsymbol{N}\cdot\boldsymbol{c}=\mathbf{0}$ 不再成立，可知此时非零向量 $\boldsymbol{c}$ 不存在。由此，可观测性矩阵 $\boldsymbol{N}$ 的右零空间为空集，则可观测性矩阵 $\boldsymbol{N}$ 为满秩。定理 5.3 得证。□

根据定理 5.3，还可得到系统不可观测的判据，如定理 5.4 所示。

定理 5.4　当 $i=2,3,\cdots,k-1$ 时，存在等式：

$$\frac{\partial \boldsymbol{L}_f^i h}{\partial \rho}\rho+\frac{\partial \boldsymbol{L}_f^i h}{\partial \dot{\boldsymbol{r}}}(\dot{\boldsymbol{r}})^{\mathrm{T}}=\mathbf{0} \tag{5.34}$$

此时系统不可观测。

证明　同定理 5.3 证明过程。□

从系统可观测性判据及不可观测判据中可见，影响一类欠观测系统可观测性的核心要素为偏微分算式 $\dfrac{\partial \boldsymbol{L}_f^i h}{\partial \rho}$ 和 $\dfrac{\partial \boldsymbol{L}_f^i h}{\partial \dot{\boldsymbol{r}}}$，而这两项偏微分算式在工程中可以找到对应的物理解释，其中 $\dfrac{\partial \boldsymbol{L}_f^i h}{\partial \rho}$ 为系统观测的 i 阶导数对观测距离的偏微分，$\dfrac{\partial \boldsymbol{L}_f^i h}{\partial \dot{\boldsymbol{r}}}$ 为系统观测的 i 阶导数对观测速度的偏微分，由此可知，系统的不可观测判据(定理 5.4)的物理解释为：当系统观测的任意阶导数对距离及速度不敏感时，系统为不可观测；反之，对于定理 5.3，当系统观测的任意阶导数可以随距离及速度变化而变化时，系统可观测。

基于定理 5.3 和定理 5.4 可以判断系统是否具备可观测性，可观测性判据不涉及矩阵运算，仅需进行偏微分计算。但是，对于非线性的相对轨道动力学方程及仅测角观测方程，其 Lie 导数涉及的偏微分运算仍十分复杂。下面给出一种解析运算的可观测性判据。

定理 5.5　对于本节研究的欠观测系统，其可观测性判据的解析形式为

$$\boldsymbol{D}(\boldsymbol{X})=\left\|\frac{\partial \boldsymbol{L}_f^2 h}{\partial \rho}\rho+\frac{\partial \boldsymbol{L}_f^2 h}{\partial \dot{\boldsymbol{r}}}(\dot{\boldsymbol{r}})^{\mathrm{T}}\right\|_2 \tag{5.35}$$

当 $\boldsymbol{D}(\boldsymbol{X})\neq\mathbf{0}$ 时，系统在 $\boldsymbol{X}$ 处为局部可观测的，$\dfrac{\partial \boldsymbol{L}_f^2 h}{\partial \rho}\rho$ 和 $\dfrac{\partial \boldsymbol{L}_f^2 h}{\partial \dot{\boldsymbol{r}}}(\dot{\boldsymbol{r}})^{\mathrm{T}}$ 的表达式如下：

$$\frac{\partial \boldsymbol{L}_f^2 h}{\partial \rho}\rho=\begin{bmatrix}\xi_1(\boldsymbol{X})\\ \xi_3(\boldsymbol{X})\end{bmatrix}=\begin{bmatrix}\dfrac{2\sin\alpha\,\dot{f}_{\mathrm{chaser}}\dot{z}}{\rho\cos\beta}\\ \left(\dfrac{\sin\beta\cos\alpha\cos\beta}{\rho^2}\left(\dfrac{2\dot{f}_{\mathrm{chaser}}\dot{z}}{\cos\beta}+\dfrac{\dot{f}_{\mathrm{chaser}}\dot{x}}{\sin\beta\cos\alpha}\right)\right)\end{bmatrix} \tag{5.36}$$

$$\frac{\partial \boldsymbol{L}_f^2 h(\boldsymbol{X})}{\partial \dot{\boldsymbol{r}}}\dot{\boldsymbol{r}}(\boldsymbol{X})=\begin{bmatrix}\xi_2(\boldsymbol{X})\\ \xi_4(\boldsymbol{X})\end{bmatrix}$$

$$=\begin{bmatrix} -\dfrac{2\sin\alpha \dot{f}_{\text{chaser}}\dot{z}}{\rho\cos\beta}+\dfrac{1}{\rho^2\cos^2\beta}\begin{bmatrix}4\cos\alpha\sin\beta\dot{x}^2-\begin{pmatrix}4\cos^2\alpha-(1+\sin^2\beta)\sin^2\alpha\\ -\cos^2\beta\cos\alpha\sin\alpha\end{pmatrix}\dot{x}\dot{y}\\ -\begin{pmatrix}2\cos\alpha\sin\alpha+2\cos\alpha\sin\alpha\sin^2\beta\\ +\cos^2\beta\cos^2\alpha\end{pmatrix}\dot{y}^2\end{bmatrix} \\ \left(\dfrac{1}{\rho^2\cos^2\beta}\begin{bmatrix}2\sin\beta\left(2\cos^2\beta\cos^2\alpha-\sin^2\alpha\right)\dot{x}+2\begin{pmatrix}2\sin\beta\sin\alpha\cos\alpha\\ +3\cos^2\beta\cos\alpha\sin\beta\sin\alpha\\ +\sin\beta\cos^2\alpha\cos^2\beta\end{pmatrix}\dot{x}\dot{y}\\ +4\left(\cos\beta\cos\alpha\sin^2\beta-\cos\alpha\cos^3\beta\right)\dot{x}\dot{z}+2\begin{pmatrix}2\cos\beta\sin^2\beta\sin^2\alpha\\ -\cos^3\beta\begin{pmatrix}\sin\alpha\\ +\cos\alpha\end{pmatrix}\end{pmatrix}\dot{y}\dot{z}\\ +2\left(-\sin\beta\cos^2\alpha+\cos^2\beta\sin^2\alpha\sin\beta+\cos^2\beta\sin^2\alpha\sin\beta\cos\alpha\right)\dot{y}^2\\ -2\cos^2\beta\sin\beta\dot{z}\end{bmatrix}\\ -\dfrac{\dot{f}_{\text{chaser}}\cos\beta\dot{x}}{\rho}-\dfrac{2\dot{f}_{\text{chaser}}\sin\beta\cos\alpha\dot{z}}{\rho}\right)\end{bmatrix} \tag{5.37}$$

证明　设定 $i=2$，可参考定理 5.3 证明过程。□

由定理 5.5 可知，对于本节研究的一类欠观测系统的可观测性判据，仅需计算 2 阶的 Lie 导数即可，这一定义与传统的可观测性判据存在一定差异，下面通过分析系统的相对阶向量说明这一方面的完备性。

对于本节研究的一类欠观测系统，可将轨道动力学中的引力项定义为系统的输入 $\boldsymbol{u}$，即

$$\boldsymbol{u}=\begin{bmatrix}-\dfrac{\mu x}{\left[\left(R_{\text{chaser}}-z\right)^2+y^2+x^2\right]^{\frac{3}{2}}} & -\dfrac{\mu y}{\left[\left(R_{\text{chaser}}-z\right)^2+y^2+x^2\right]^{\frac{3}{2}}} & \dfrac{\mu\left(R_{\text{chaser}}-z\right)}{\left[\left(R_{\text{chaser}}-z\right)^2+y^2+x^2\right]^{\frac{3}{2}}}-\dfrac{\mu}{R_{\text{chaser}}^2}\end{bmatrix}^{\mathrm{T}} \tag{5.38}$$

根据相对阶的定义，对系统输出(观测)进行微分运算，当系统输出的第 n 阶微分表达式中包含系统输入时，系统的相对阶即 $n+1$。对于本章研究的自主导航系统，其为多输入多输出系统，此类系统的相对阶不是单一的数字，而是向量，称为相对阶向量。下面给出相对阶向量的推导过程。

首先计算系统输出的 1 阶导数，表达式为

$$\begin{bmatrix}\dot{\alpha}\\ \dot{\beta}\end{bmatrix}=\begin{bmatrix}\dfrac{\dot{y}\cos\alpha}{\rho\cos\beta}-\dfrac{\dot{x}\sin\alpha}{\rho\cos\beta}\\ \dfrac{-\dot{x}\sin\beta\cos\alpha}{\rho}-\dfrac{\dot{y}\sin\beta\cos\alpha}{\rho}+\dfrac{\cos\beta\dot{z}}{\rho}\end{bmatrix} \tag{5.39}$$

可见，系统输出的 1 阶导数不包含系统输出，需要计算更高阶的微分表达式。下面给出 2 阶导数的表达式：

$$\begin{aligned}\ddot{\alpha}=&\frac{2\dot{\alpha}\dot{\beta}\sin\beta}{\cos\beta}-\frac{2\dot{\rho}\dot{\alpha}}{\rho}\\&-\frac{\sin\alpha}{\rho\cos\beta}\ddot{x}+\frac{\cos\alpha}{\rho\cos\beta}\ddot{y}\\=&\frac{2\dot{\alpha}\dot{\beta}\sin\beta}{\cos\beta}-\frac{2\dot{\rho}\dot{\alpha}}{\rho}\\&-\frac{\sin\alpha}{\cos\beta}\begin{pmatrix}2\dot{f}_{\text{chaser}}\dfrac{\dot{\rho}}{\rho}\sin\beta+\ddot{f}_{\text{chaser}}\sin\beta\\+2\dot{f}_{\text{chaser}}\dot{\beta}\cos\beta+\dot{f}_{\text{chaser}}^{2}\cos\beta\cos\alpha\end{pmatrix}\\=&\frac{\dot{\rho}}{\rho}\left(-2\dot{\alpha}-2\dot{f}_{\text{chaser}}\sin\alpha\tan\beta\right)+\frac{2\dot{\alpha}\dot{\beta}\sin\beta}{\cos\beta}\\&-\frac{\sin\alpha}{\cos\beta}\begin{pmatrix}\ddot{f}_{\text{chaser}}\sin\beta\\+2\dot{f}_{\text{chaser}}\dot{\beta}\cos\beta+\dot{f}_{\text{chaser}}^{2}\cos\beta\cos\alpha\end{pmatrix}\end{aligned} \tag{5.40}$$

$$\begin{aligned}\ddot{\beta}=&-\dot{\alpha}^2\sin\beta\cos\beta-\frac{2\dot{\rho}\dot{\beta}}{\rho}\\&+2\dot{f}_{\text{chaser}}\left(\dot{\alpha}\cos^2\beta\sin\alpha-\frac{\dot{\rho}}{\rho}\cos\alpha\right)\\&-\ddot{f}_{\text{chaser}}\cos\alpha+\dot{f}_{\text{chaser}}^{2}\sin^2\alpha\sin\beta\cos\beta\\&+\frac{\mu R_{\text{chaser}}\cos\beta}{\rho\left[\left(R_{\text{chaser}}-\rho\sin\beta\right)^2+\rho^2\cos^2\beta\right]^{\frac{3}{2}}}-\frac{\mu\cos\beta}{R^2{}_{\text{chaser}}\rho}\end{aligned} \tag{5.41}$$

由式(5.41)可见，在输出的 2 阶导数表达式中 $\ddot{\beta}$ 包含了输出项，由此可知一类欠观测系统的相对阶向量为 $\{n_1,n_2\}=\{3,3\}$。

根据 Isidori 的理论，相对阶向量及 Lie 导数存在如下性质。

引理 5.1　假设系统在 x_0 处的相对阶向量为 $[n_1,\cdots,n_m]$，则向量集

$$\begin{aligned}&\mathrm{d}h_1(x_0),\mathrm{d}L_f h_1(x_0),\cdots,\mathrm{d}L_f^{n_1-1}h_1(x_0)\\&\mathrm{d}h_2(x_0),\mathrm{d}L_f h_2(x_0),\cdots,\mathrm{d}L_f^{n_2-1}h_2(x_0)\\&\vdots\\&\mathrm{d}h_m(x_0),\mathrm{d}L_f h_m(x_0),\cdots,\mathrm{d}L_f^{n_m-1}h_m(x_0)\end{aligned} \tag{5.42}$$

为线性无关。

基于引理 5.1 可以证明系统的可观测性判据(定理 5.5)的充分性，下面说明定理 5.5 的必要性。首先给出如下引理。

引理 5.2　如果系统在 x_0 处相对阶向量元素的和 $n = n_1 + n_2 + \cdots + n_m$ 与系统维数 m 一致，则存在函数集合

$$\phi_k^i = L_f^{k-1}h_i(x),\quad 1 \leqslant k \leqslant n_i; 1 \leqslant i \leqslant m \tag{5.43}$$

在 x_0 处可完全基于该函数合组成基向量表述原系统。

由于系统的相对阶为 $\{n_1, n_2\} = \{3,3\}$，可知系统的 0 阶、1 阶和 2 阶 Lie 导数的偏微分向量为线性无关，同时，当系统的相对阶与系统的状态维数一致时，即

$$n_1 + n_2 = m \tag{5.44}$$

可以证明仅由系统的 0 阶、1 阶和 2 阶 Lie 导数构成的空间可完备代替原系统的空间，即无须再计算更高阶 Lie 导数。由此可说明定理 5.5 的完备性。

本节给出的可观测性判据定理 5.5，无须进行复杂的矩阵计算，与传统的基于秩判据的可观测性判定方法相比，本节方法更适合在计算资源严重受限的航天器上应用。

5.3.2　观测能力解析量化方法

对于航天器自主导航任务，除了需要航天器自主判断系统是否具备观测能力外，还需要通过分析系统观测能力的强弱，指导系统观测数据的选用，进而降低自主导航系统在航天器上的计算及存储负担。现有的系统观测能力量化方法主要包括协方差估计方法和基于几何的可观测度分析方法两大类。其中，协方差估计方法主要适用于分析线性系统，非线性系统的协方差矩阵构建是该方法的主要瓶颈。基于几何的可观测度分析，对于非线性系统而言主要以数值分析为主，复杂的矩阵计算使得其难以直接应用于航天器。本节仍以前文介绍的一类欠观测系统为例，给出一种系统观测能力解析量化的方法。

文献[51]表明，观测能量的强弱可以反映系统观测的质量。而根据文献[51]定理 3，系统可观测性矩阵的 F 范数可以反映系统观测的能量分布。由此，可以

选择系统可观测性矩阵 F 范数的下界来量化表征系统的观测能力。下面给出可观测度定义。

定义 5.1　对于一类欠观测系统，系统的可观测度可由如下表达式表征：

$$\mathcal{O}(\boldsymbol{X})=\inf\left(\left\|\mathcal{N}(\boldsymbol{X})\right\|_F\right) \tag{5.45}$$

其中，$\|\cdot\|_F$ 代表 F 范数算子；$\mathcal{N}(\boldsymbol{X})$ 为可观测性矩阵。

根据定义 5.1，可以得到系统观测能力的量化评估指标，但上述形式仍涉及矩阵范数运算，在可观测性矩阵 $\mathcal{N}(\boldsymbol{X})$ 的维数较高时，计算量仍难以在资源严重受限的航天器上实现。因此，需要对定义 5.1 中的表达式进一步简化。下面将介绍一种可观测度量化形式的简化方法，新的可观测度表征具有一维、解析的特点。

定理 5.6　若系统在 $\boldsymbol{X}$ 处为局部弱可观测的，则根据定义 5.1，系统可观测性矩阵的下界为 $\mathcal{O}(\boldsymbol{X})$，$\mathcal{O}(\boldsymbol{X})$ 的表达式为

$$\mathcal{O}(\boldsymbol{X})=\frac{\sqrt{\left(\xi_1+\xi_2\right)^2+\left(\xi_3+\xi_4\right)^2}}{\sqrt{6}\left\|\boldsymbol{X}\right\|_2} \tag{5.46}$$

其中，ξ_1、ξ_2、ξ_3、ξ_4 的表达式见式(5.36)和式(5.37)。

证明　根据引理 5.1 和引理 5.2，当系统在 $\boldsymbol{X}$ 处局部弱可观测时，系统的可观测性矩阵可表述为

$$\boldsymbol{N}=\begin{bmatrix}\nabla\boldsymbol{L}_f^0 h(\boldsymbol{X})\\ \nabla\boldsymbol{L}_f^1 h(\boldsymbol{X})\\ \nabla\boldsymbol{L}_f^2 h(\boldsymbol{X})\end{bmatrix} \tag{5.47}$$

可观测性矩阵的 F 范数表示为 $\|\boldsymbol{N}\|_F$。根据 F 范数的性质，有

$$\|\boldsymbol{N}\|_F^2=\operatorname{tr}\left(\boldsymbol{N}\boldsymbol{N}^{\mathrm{T}}\right) \tag{5.48}$$

其中，$\operatorname{tr}(\cdot)$ 为矩阵的迹算子。

下面，将首先证明系统可观测性矩阵的 F 范数存在下界，即 $\operatorname{tr}\left(\boldsymbol{N}\boldsymbol{N}^{\mathrm{T}}\right)$ 存在下界。

假设存在常值矩阵 $\boldsymbol{\sigma}\in\mathbf{R}^{n\times n}$，使得矩阵 $\boldsymbol{X}\boldsymbol{X}^{\mathrm{T}}+\boldsymbol{\sigma}\in\mathbf{R}^{n\times n}$ 是满秩的。系统可观

测性矩阵的表达式可改写为

$$\begin{aligned}\boldsymbol{N}&=\begin{bmatrix}\nabla \boldsymbol{L}_f^0 h(\boldsymbol{X})\\ \nabla \boldsymbol{L}_f^1 h(\boldsymbol{X})\\ \nabla \boldsymbol{L}_f^2 h(\boldsymbol{X})\end{bmatrix}\left(\boldsymbol{X}\boldsymbol{X}^{\mathrm{T}}+\boldsymbol{\sigma}\right)\left(\boldsymbol{X}\boldsymbol{X}^{\mathrm{T}}+\boldsymbol{\sigma}\right)^{-1}\\ &=\begin{bmatrix}\boldsymbol{0}_{2\times1}\\ \boldsymbol{0}_{2\times1}\\ \dfrac{\partial \boldsymbol{L}_f^2 h}{\partial \rho}\rho+\dfrac{\partial \boldsymbol{L}_f^2 h}{\partial \dot{\boldsymbol{r}}}(\dot{\boldsymbol{r}})^{\mathrm{T}}\end{bmatrix}\boldsymbol{X}^{\mathrm{T}}\left(\boldsymbol{X}\boldsymbol{X}^{\mathrm{T}}+\boldsymbol{\sigma}\right)^{-1}+\boldsymbol{N}\boldsymbol{\sigma}\left(\boldsymbol{X}\boldsymbol{X}^{\mathrm{T}}+\boldsymbol{\sigma}\right)^{-1}\end{aligned}\tag{5.49}$$

基于式(5.49)，以及迹运算规则

$$\operatorname{tr}(\boldsymbol{BCDA})=\operatorname{tr}(\boldsymbol{ABCD})\tag{5.50}$$

其中，$\boldsymbol{A}$、$\boldsymbol{B}$、$\boldsymbol{C}$、$\boldsymbol{D}$ 为相同维数的方阵。可以得到如下表达式：

$$\begin{aligned}&\operatorname{tr}\left(\boldsymbol{W}\boldsymbol{W}^{\mathrm{T}}\boldsymbol{N}^{\mathrm{T}}\boldsymbol{N}\right)\\ &=\operatorname{tr}\left(\boldsymbol{N}\boldsymbol{W}\boldsymbol{W}^{\mathrm{T}}\boldsymbol{N}^{\mathrm{T}}\right)\\ &=\operatorname{tr}\left(\begin{bmatrix}\boldsymbol{0}_{2\times1}\\ \boldsymbol{0}_{2\times1}\\ \dfrac{\partial \boldsymbol{L}_f^2 h}{\partial \rho}\rho+\dfrac{\partial \boldsymbol{L}_f^2 h}{\partial \dot{\boldsymbol{r}}}(\dot{\boldsymbol{r}})^{\mathrm{T}}\end{bmatrix}\boldsymbol{X}^{\mathrm{T}}\boldsymbol{M}\boldsymbol{M}^{\mathrm{T}}\boldsymbol{X}\begin{bmatrix}\boldsymbol{0}_{2\times1}\\ \boldsymbol{0}_{2\times1}\\ \dfrac{\partial \boldsymbol{L}_f^2 h}{\partial \rho}\rho+\dfrac{\partial \boldsymbol{L}_f^2 h}{\partial \dot{\boldsymbol{r}}}(\dot{\boldsymbol{r}})^{\mathrm{T}}\end{bmatrix}^{\mathrm{T}}\right)\end{aligned}\tag{5.51}$$

其中，$\boldsymbol{W}$ 和 $\boldsymbol{M}$ 为均 6 维矩阵，表达式如下：

$$\begin{aligned}\boldsymbol{W}&=\boldsymbol{I}_{6\times6}-\boldsymbol{\sigma}\left(\boldsymbol{X}\boldsymbol{X}^{\mathrm{T}}+\boldsymbol{\sigma}\right)^{-1}\\ \boldsymbol{M}&=\left(\boldsymbol{X}\boldsymbol{X}^{\mathrm{T}}+\boldsymbol{\sigma}\right)^{-1}\end{aligned}\tag{5.52}$$

由于 $\boldsymbol{W}\boldsymbol{W}^{\mathrm{T}}$ 和 $\boldsymbol{N}^{\mathrm{T}}\boldsymbol{N}$ 均为半正定矩阵，则存在如下不等式：

$$\operatorname{tr}\left(\boldsymbol{W}\boldsymbol{W}^{\mathrm{T}}\right)\operatorname{tr}\left(\boldsymbol{N}^{\mathrm{T}}\boldsymbol{N}\right)\geqslant\operatorname{tr}\left(\boldsymbol{W}\boldsymbol{W}^{\mathrm{T}}\boldsymbol{N}^{\mathrm{T}}\boldsymbol{N}\right)\tag{5.53}$$

可假设 $\boldsymbol{W}\boldsymbol{W}^{\mathrm{T}}$ 的迹不为零，则 $\operatorname{tr}\left(\boldsymbol{N}^{\mathrm{T}}\boldsymbol{N}\right)$ 存在下界，并且该下界表达式为

$$\mathrm{tr}\left(\boldsymbol{N}^{\mathrm{T}}\boldsymbol{N}\right) \geqslant \frac{\mathrm{tr}\left(\boldsymbol{W}\boldsymbol{W}^{\mathrm{T}}\boldsymbol{N}^{\mathrm{T}}\boldsymbol{N}\right)}{\mathrm{tr}\left(\boldsymbol{W}\boldsymbol{W}^{\mathrm{T}}\right)} \tag{5.54}$$

由于 $\mathrm{tr}\left(\boldsymbol{N}\boldsymbol{N}^{\mathrm{T}}\right)=\mathrm{tr}\left(\boldsymbol{N}^{\mathrm{T}}\boldsymbol{N}\right)$，则系统可观测性矩阵 F 范数存在下界得证。下面将给出该下界表达式的推导过程。

由于 $\boldsymbol{X}^{\mathrm{T}}\boldsymbol{M}\boldsymbol{M}^{\mathrm{T}}\boldsymbol{X}$ 为 1 维，系统可观测性矩阵 F 范数的下界可被简化为

$$\begin{aligned}\frac{\mathrm{tr}\left(\boldsymbol{W}\boldsymbol{W}^{\mathrm{T}}\boldsymbol{N}^{\mathrm{T}}\boldsymbol{N}\right)}{\mathrm{tr}\left(\boldsymbol{W}\boldsymbol{W}^{\mathrm{T}}\right)} &= \frac{\mathrm{tr}\left(\boldsymbol{N}\boldsymbol{W}\boldsymbol{W}^{\mathrm{T}}\boldsymbol{N}^{\mathrm{T}}\right)}{\mathrm{tr}\left(\boldsymbol{W}\boldsymbol{W}^{\mathrm{T}}\right)} \\ &= \frac{\boldsymbol{X}^{\mathrm{T}}\boldsymbol{M}\boldsymbol{M}^{\mathrm{T}}\boldsymbol{X}}{\mathrm{tr}\left(\boldsymbol{W}\boldsymbol{W}^{\mathrm{T}}\right)}\left\|\frac{\partial \boldsymbol{L}_f^2 h}{\partial \rho}\rho+\frac{\partial \boldsymbol{L}_f^2 h}{\partial \dot{\boldsymbol{r}}}(\dot{\boldsymbol{r}})^{\mathrm{T}}\right\|_2^2\end{aligned} \tag{5.55}$$

值得注意的是，上述表达式成立的条件是存在常值矩阵 $\boldsymbol{\sigma}\in\mathbf{R}^{n\times n}$，使得矩阵 $\boldsymbol{X}\boldsymbol{X}^{\mathrm{T}}+\boldsymbol{\sigma}$ 满秩。而矩阵 $\boldsymbol{W}$ 和 $\boldsymbol{M}$ 与 $\boldsymbol{\sigma}$ 耦合，为了降低 $\boldsymbol{\sigma}$ 的影响，假设 $\boldsymbol{\sigma}$ 中的元素在满足矩阵 $\boldsymbol{X}\boldsymbol{X}^{\mathrm{T}}+\boldsymbol{\sigma}$ 满秩的条件下，尽可能地小。在这一设定下，$\boldsymbol{X}^{\mathrm{T}}\boldsymbol{M}\boldsymbol{M}^{\mathrm{T}}\boldsymbol{X}$ 及 $\mathrm{tr}\left(\boldsymbol{W}\boldsymbol{W}^{\mathrm{T}}\right)$ 可进一步简化为

$$\boldsymbol{X}^{\mathrm{T}}\boldsymbol{M}\boldsymbol{M}^{\mathrm{T}}\boldsymbol{X}=\frac{1}{\|\boldsymbol{X}\|_2^{\,2}} \tag{5.56}$$

$$\mathrm{tr}\left(\boldsymbol{W}\boldsymbol{W}^{\mathrm{T}}\right)=\mathrm{tr}\left(\boldsymbol{I}_{6\times 6}\right)=6 \tag{5.57}$$

将式 (5.55)、式 (5.56) 和式 (5.57) 代入式 (5.54)，可得到 $\mathrm{tr}\left(\boldsymbol{N}\boldsymbol{N}^{\mathrm{T}}\right)$ 下界的表达式，即

$$\mathrm{tr}\left(\boldsymbol{N}\boldsymbol{N}^{\mathrm{T}}\right) \geqslant \frac{1}{6\|\boldsymbol{X}\|_2^2}\left\|\frac{\partial \boldsymbol{L}_f^2 h}{\partial \rho}\rho+\frac{\partial \boldsymbol{L}_f^2 h}{\partial \dot{\boldsymbol{r}}}(\dot{\boldsymbol{r}})^{\mathrm{T}}\right\|_2^2 \tag{5.58}$$

由此可知，可观测性矩阵的 F 范数下界为

$$\inf\left(\|\boldsymbol{N}(\boldsymbol{X})\|_F\right)=\frac{1}{\sqrt{6}\|\boldsymbol{X}\|_2}\left\|\frac{\partial \boldsymbol{L}_f^2 h}{\partial \rho}\rho+\frac{\partial \boldsymbol{L}_f^2 h}{\partial \dot{\boldsymbol{r}}}(\dot{\boldsymbol{r}})^{\mathrm{T}}\right\|_2 \tag{5.59}$$

其中，$\left\|\frac{\partial \boldsymbol{L}_f^2 h}{\partial \rho}\rho+\frac{\partial \boldsymbol{L}_f^2 h}{\partial \dot{\boldsymbol{r}}}(\dot{\boldsymbol{r}})^{\mathrm{T}}\right\|_2$ 的解析表达式为

$$\left\| \frac{\partial \boldsymbol{L}_f^2 h}{\partial \rho} \rho + \frac{\partial \boldsymbol{L}_f^2 h}{\partial \dot{\boldsymbol{r}}} (\dot{\boldsymbol{r}})^{\mathrm{T}} \right\|_2 = \sqrt{(\xi_1 + \xi_2)^2 + (\xi_3 + \xi_4)^2} \tag{5.60}$$

定理 5.6 得证。□

5.3.3 仿真算例

本节中将给出仿真示例说明上述可观测性分析方法的有效性。以两个航天器(跟踪星、目标星)之间的相对导航为例，导航敏感器为单个光学相机。相对导航试验任务中的相机参数见表 5.3。

表 5.3 相对导航试验任务中的相机参数

相机参数	数值	单位
分辨率	752×580	像素
焦距	2.01×10^{-2}	m
测量噪声	1	像素
像元	8.6×8.3	μm
成像频率	10	Hz

通常由于航天器间的相对导航，跟踪星和目标星的轨道根数会存在差异，两星的初始轨道根数(即半长轴 a、偏心率 e、轨道倾角 i、升交点赤经 Ω 、近地点幅角 ω 、平近点角 M)见表 5.4。

表 5.4 航天器初始轨道根数

轨道根数	a / km	e	i / (°)	Ω / (°)	ω / (°)	M / (°)
跟踪星	6884	0	97.5	0	0	10
目标星	$6884 + \delta a$	δe	$97.5 + \delta i$	$\delta\Omega$	$\delta\omega$	$10 + \delta M$

其中，跟踪星的初始轨道参数为恒定值，目标星的初始轨道参数会随不同相对轨道参数 δa 、 δe 、 δi 、 $\delta\Omega$ 、 $\delta\omega$ 和 δM 变化而变化，为充分验证本章提出的可观测性分析方法的有效性，设定三组相对轨道根数，见表 5.5。

表 5.5 相对轨道根数

相对轨道根数	δa / km	δe	δi / (°)	$\delta\Omega$ / (°)	$\delta\omega$ / (°)	δM / (°)
RO-1	10	0.1	10	0	0	10
RO-2	0	0.0436	8.323×10^{-6}	0	2.4981	−0.2497
RO-3	0	0	0.2497	0	0	−0.2497

在仿真中，假设目标星始终在跟踪星相对导航相机的视场内；对定理 5.5 所提出的观测能力严格判定方法以及观测能力解析量化方法进行仿真，同时为了对照仿真结果的正确性，采用秩判据以及条件数法进行比对。不同方法得到的可观测性判定结果如表 5.6 所示。从表中可见，本章给出的可观测性判据结果与秩判据以及条件数判据可保持一致。

表 5.6　可观测性判定结果

可观测性判据	RO-1	RO-2	RO-3
定理 5.5	√	×	√
秩判据	√	×	√
条件数	√	×	√

RO-1、RO-2 和 RO-3 轨迹流形可观测度和滤波误差的仿真结果如图 5.1～图 5.3 所示。

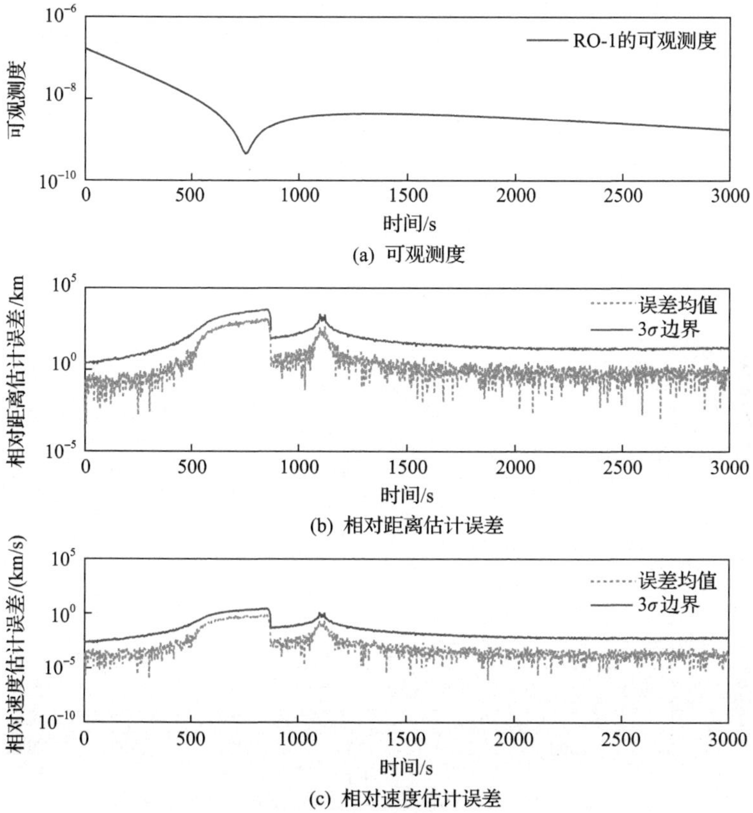

图 5.1　RO-1 轨迹流形可观测度和滤波误差的趋势关系

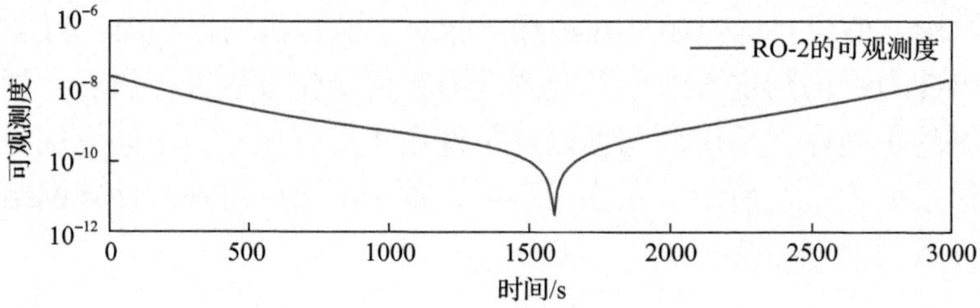

(a) 可观测度

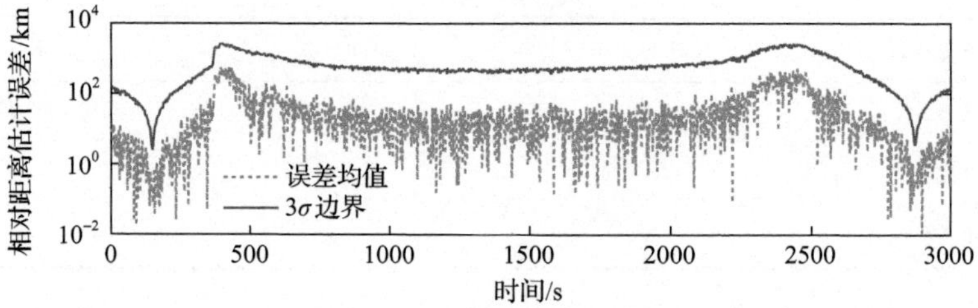

(b) 相对距离估计误差

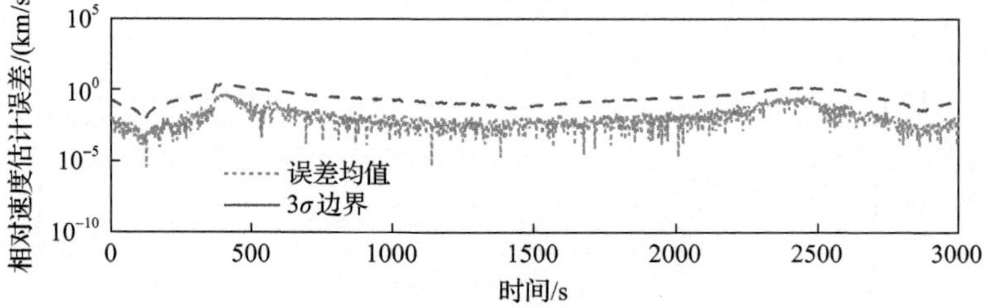

(c) 相对速度估计误差

图 5.2　RO-2 轨迹流形可观测度和滤波误差的趋势关系

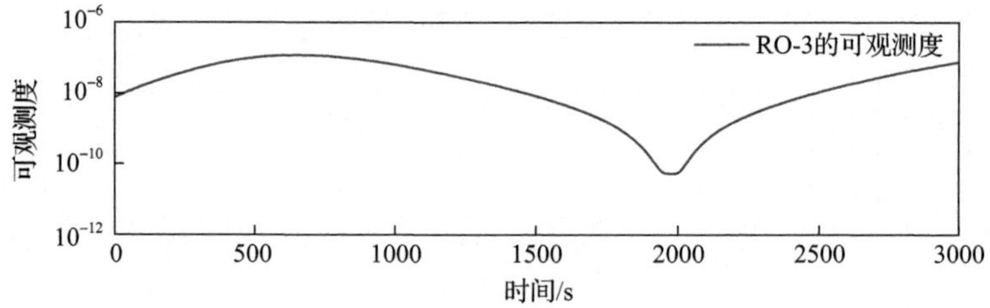

(a) 可观测度

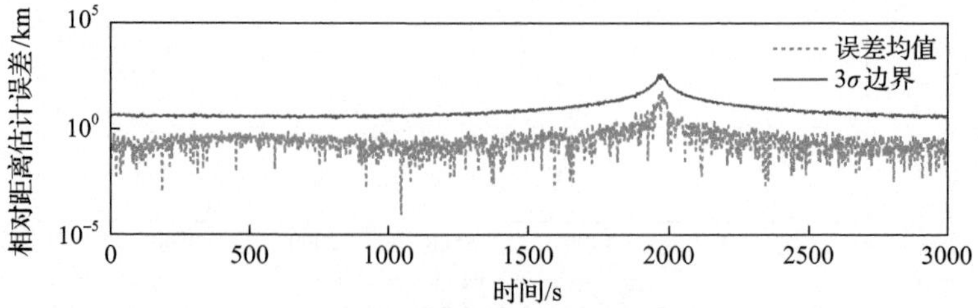

(b) 相对距离估计误差

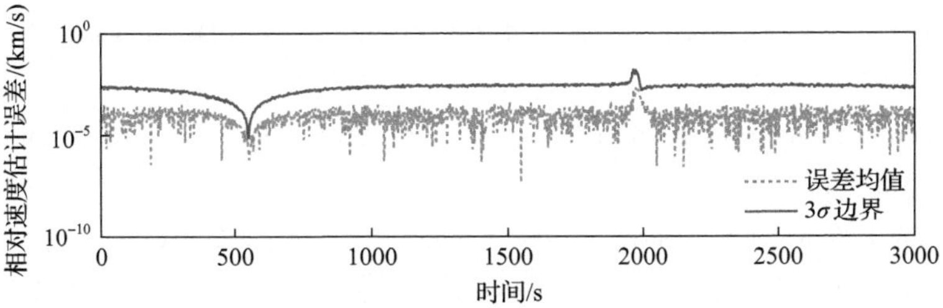

(c) 相对速度估计误差

图 5.3　RO-3 轨迹流形可观测度和滤波误差的趋势关系

由图 5.1～图 5.3 中可见，本章给出的观测能力解析量化方法反映的系统观测能力强弱，总体趋势上与导航滤波算法结果保持一致，可以表明，本章给出的量化评估方法是有效的。

5.4　本 章 小 结

本章较为系统地介绍了航天器自主导航这类欠观测系统的可观测性理论，给出了欠观测系统观测能力降维表征方法、严格判定和解析量化方法，通过仿真分析验证了所提方法的有效性。本章所给出的观测能力严格判定方法和解析量化方法占用计算资源较少，适合在计算资源严格受限的航天器上实时计算，基于该理论有望在航天器上实现自主导航系统测量敏感器及观测数据的优选。基于可观测性理论的自主导航方法将在本书后续章节中进一步介绍。

参 考 文 献

[1] Goshen-Meskin D, Bar-Itzhack I Y. Observability analysis of piece-wise constant systems. I. Theory. IEEE Transactions on Aerospace and Electronic Systems, 1992, 28(4): 1056-1067.

[2] Müller P C, Weber H I. Analysis and optimization of certain qualities of controllability and observability for linear dynamical systems. Automatica, 1972, 8(3): 237-246.

[3] Kailath T. Linear Systems. Englewood Cliffs: Prentice-Hall, 1980.

[4] Chen Z, Jiang K, Hung J C. Local observability matrix and its application to observability analyses. IECON'90: 16th Annual Conference of IEEE Industrial Electronics Society, Pacific Grove, 1990: 100-103.

[5] Conley A, Salgado M E. Gramian based interaction measure. Proceedings of the 39th IEEE Conference on Decision and Control, Sydney, 2000: 5020-5022.

[6] Vaidya U. Observability gramian for nonlinear systems. The 46th IEEE Conference on Decision and Control, New Orleans, 2007: 3357-3362.

[7] Powel N D, Morgansen K A. Empirical observability Gramian rank condition for weak observability

of nonlinear systems with control. The 54th IEEE Conference on Decision and Control, Osaka, 2015: 6342-6348.

[8] Zeng S. Observability measures for nonlinear systems. IEEE Conference on Decision and Control, Miami, 2018: 4668-4673.

[9] Pontes Duff I, Grundel S, Benner P. New Gramians for switched linear systems: Reachability, observability, and model reduction. IEEE Transactions on Automatic Control, 2020, 65 (6) : 2526-2535.

[10] Bettayeb M, Djennoune S. A note on the controllability and the observability of fractional dynamical systems. IFAC Proceedings Volumes, 2006, 39 (11) : 493-498.

[11] Bettayeb M, Djennoune S. New results on the controllability and observability of fractional dynamical systems. Journal of Vibration and Control, 2008, 14 (9-10) : 1531-1541.

[12] Rydel M, Stanisławski R. Computation of controllability and observability Gramians in modeling of discrete-time noncommensurate fractional-order systems. Asian Journal of Control, 2020, 22 (3) : 1052-1064.

[13] Qi J, Sun K, Kang W. Adaptive optimal PMU placement based on empirical observability Gramian. IFAC-Papers OnLine, 2016, 49 (18) : 482-487.

[14] Ritter B, Mora E, Schild A. Observability analysis for horizontal axis wind turbines using empirical gramian matrices. Journal of Physics: Conference Series, 2018, 1102: 012021.

[15] Berger T, Reis T, Trenn S. Observability of linear differential-algebraic systems: A survey// Ilchmann A, Reis T. Surveys in Differential-Algebraic Equations Ⅳ. Berlin: Springer, 2017: 161-219.

[16] Hermann R, Krener A. Nonlinear controllability and observability. IEEE Transactions on Automatic Control, 1977, 22 (5) : 728-740.

[17] Sussmann H J. Existence and uniqueness of minimal realizations of nonlinear systems. Mathematical Systems Theory, 1976, 10 (1) : 263-284.

[18] Sira-Ramirez H. Algebraic condition for observability of non-linear analytic systems. International Journal of Systems Science, 1988, 19 (11) : 2147-2155.

[19] Kalman R E. On the general theory of control systems. Proceedings First International Conference on Automatic Control, Moscow, 1960: 481-492.

[20] De Persis C, Isidori A. On the observability codistributions of a nonlinear system. Systems & Control Letters, 2000, 40 (5) : 297-304.

[21] Stigter J D, Joubert D, Molenaar J. Observability of complex systems: Finding the gap. Scientific Reports, 2017, 7 (1) : 1-9.

[22] Özveren C M, Willsky A S. Observability of discrete event dynamic systems. IEEE Transactions on Automatic Control, 1990, 35 (7) : 797-806.

[23] Giua A, Seatzu C. Observability of place/transition nets. IEEE Transactions on Automatic

Control, 2002, 47(9): 1424-1437.

[24] Ramírez-Treviño A, Rivera-Rangel I, López-Mellado E. Observability of discrete event systems modeled by interpreted Petri nets. IEEE Transactions on Robotics and Automation, 2003, 19(4): 557-565.

[25] Holloway L E, Gong Y, Ashley J. State observability and condition observability for a class of interacting discrete event systems. Mathematics and Computers in Simulation, 2006, 70(5-6): 275-286.

[26] De Santis E, Di Benedetto M D. Observability and diagnosability of finite state systems: A unifying framework. Automatica, 2017, 81: 115-122.

[27] Giua A, Mahulea C, Seatzu C. Decentralized observability of discrete event systems with synchronizations. Automatica, 2017, 85: 468-476.

[28] Zhang K Z, Liu T, Cheng D Z. Observability of finite labeled transition systems. IEEE Transactions on Automatic Control, 2017, 63(6): 1591-1602.

[29] Chilenski M, Cybenko G, Dekine I, et al. Observability properties of colored graphs. IEEE Transactions on Network Science and Engineering, 2019, 7(3): 1687-1696.

[30] Ibarra-Rojas S, Moreno J, Espinosa-Pérez G. Global observability analysis of sensorless induction motors. Automatica, 2004, 40(6): 1079-1085.

[31] Hespanha J P, Liberzon D, Angeli D, et al. Nonlinear norm-observability notions and stability of switched systems. IEEE Transactions on Automatic Control, 2005, 50(2): 154-168.

[32] Rumschinski P, Findeisen R, Streif S. Finite-time output energy measure for polynomial systems with applications in observability analysis. IFAC Proceedings Volumes, 2014, 47(3): 2800-2805.

[33] Bageshwar V L, Gebre-Egziabher D, Garrard W L, et al. Stochastic observability test for discrete-time Kalman filters. Journal of Guidance, Control, and Dynamics, 2009, 32(4): 1356-1370.

[34] Ge Q B, Chen T X, He H L, et al. Cramer-Rao lower bound-based observable degree analysis. Science China Information Sciences, 2019, 62(5): 50209.

[35] Duan G R. High-order system approaches: Ⅲ. Observability and observer design. Acta Automatica Sinica, 2020, 46(9): 1885-1895.

[36] Castillo E, Conejo A J, Pruneda R E, et al. State estimation observability based on the null space of the measurement Jacobian matrix. IEEE Transactions on Power Systems, 2005, 20(3): 1656-1658.

[37] Castillo E, Conejo A, Pruneda R, et al. Observability analysis in state estimation: A unified numerical approach. IEEE Transactions on Power Systems, 2006, 21(2): 877-886.

[38] Ramanandan A, Chen A N, Farrell J A. Inertial navigation aiding by stationary updates. IEEE Transactions on Intelligent Transportation Systems, 2011, 13(1): 235-248.

[39] Rothman Y, Klein I, Filin S. Analytical observability analysis of INS with vehicle constraints.

Navigation, 2014, 61(3): 227-236.

[40] Huang G P, Mourikis A I, Roumeliotis S I. Observability-based rules for designing consistent EKF SLAM estimators. International Journal of Robotics Research, 2010, 29(5): 502-528.

[41] Hinks J C, Linares R, Crassidis J L. Attitude observability from light curve measurements. AIAA Guidance, Navigation, and Control Conference, Boston, 2013: 1-9.

[42] Li R, Hong Y G, Wang X Y. Nonlinear norm-observability and simulation of control systems. Systems & Control Letters, 2017, 105: 14-19.

[43] Sontag E D, Wang Y. Output-to-state stability and detectability of nonlinear systems. Systems & Control Letters, 1997, 29(5): 279-290.

[44] Krichman M, Sontag E D, Wang Y. Input-output-to-state stability. SIAM Journal on Control and Optimization, 2001, 39(6): 1874-1928.

[45] Chen Z. Local observability and its application to multiple measurement estimation. IEEE Transactions on Industrial Electronics, 1991, 38(6): 491-496.

[46] Baglietto M, Battistelli G, Tesi P. Mode-observability degree in discrete-time switching linear systems. Systems & Control Letters, 2014, 70: 69-76.

[47] Katriniok A, Abel D. Adaptive EKF-based vehicle state estimation with online assessment of local observability. IEEE Transactions on Control Systems Technology, 2015, 24(4): 1368-1381.

[48] Ning X L, Gui M Z, Zhang J, et al. Impact of the pulsar's direction on CNS/XNAV integrated navigation. IEEE Transactions on Aerospace and Electronic Systems, 2017, 53(6): 3043-3055.

[49] 常晓华, 崔平远, 王晓明, 等. 基于条件数的能观性度量方法及在自主导航系统中的应用. 宇航学报, 2010, 31(5): 1331-1337.

[50] Yu Z, Cui P, Zhu S. Observability-based beacon configuration optimization for mars entry navigation. Journal of Guidance, Control, and Dynamics, 2014, 38(4): 643-650.

[51] Moore B. Principal component analysis in linear systems: Controllability, observability, and model reduction. IEEE Transactions on Automatic Control, 1981, 26(1): 17-32.

[52] Sevaston G E, Longman R W. Gain measures of controllability and observability. International Journal of Control, 1985, 41(4): 865-893.

[53] Rahrovani S, Khorsand Vakilzadeh M, Abrahamsson T. Modal dominancy analysis based on modal contribution to frequency response function $\mathcal{H}2$-norm. Mechanical Systems and Signal Processing, 2014, 48(1-2): 218-231.

[54] Mirzaei F M, Roumeliotis S I. A Kalman filter-based algorithm for IMU-camera calibration: Observability analysis and performance evaluation. IEEE Transactions on Robotics, 2008, 24(5): 1143-1156.

[55] Fisher R. Contributions to Mathematical Statistics. Hoboken: Wiley, 1950.

[56] Jazwinski A H. Stochastic Processes and Filtering Theory. North Chelmsford: Courier Corporation,

2007.

[57] Jauffret C. Observability and Fisher information matrix in nonlinear regression. IEEE Transactions on Aerospace and Electronic Systems, 2007, 43(2): 756-759.

[58] Sun D, Crassidis J L. Observability analysis of six-degree-of-freedom configuration determination using vector observations. Journal of Guidance, Control, and Dynamics, 2002, 25(6): 1149-1157.

[59] Lee S M, Jung J, Kim S, et al. DV-SLAM(dual-sensor-based vector-field SLAM) and observability analysis. IEEE Transactions on Industrial Electronics, 2014, 62(2): 1101-1112.

[60] Zhao Z D, Yu Z S, Cui P Y. A beacon configuration optimization method based on Fisher information for mars atmospheric entry. Acta Astronautica, 2017, 133: 467-475.

[61] Ristic B, Arulampalam S, Gordon N. Beyond the Kalman filter: Particle filters for tracking applications. Norwood : Artech House, 2003.

[62] Ham F M, Brown R G. Observability, eigenvalues, and Kalman filtering. IEEE Transactions on Aerospace and Electronic Systems, 1983, 2: 269-273.

[63] Hahn J, Edgar T F, Marquardt W. Controllability and observability covariance matrices for the analysis and order reduction of stable nonlinear systems. Journal of Process Control, 2003, 13(2): 115-127.

[64] Hong S, Chun H H, Kwon S H, et al. Observability measures and their application to GPS/INS. IEEE Transactions on Vehicular Technology, 2008, 57(1): 97-106.

[65] Li M, Wang D, Huang X. Study on the observability analysis based on the trace of error covariance matrix for spacecraft autonomous navigation. The 10th IEEE International Conference on Control and Automation , Hangzhou, 2013: 95-98.

[66] Nardone S C, Aidala V J. Observability criteria for bearings-only target motion analysis. IEEE Transactions on Aerospace and Electronic Systems, 1981, 2: 162-166.

[67] Woffinden D C, Geller D K. Relative angles-only navigation and pose estimation for autonomous orbital rendezvous. Journal of Guidance, Control, and Dynamics, 2007, 30(5): 1455-1469.

[68] Alfriend K, Vadali S R, Gurfil P, et al. Spacecraft Formation Flying: Dynamics, Control, and Navigation. London: Butterworth-Heinemann, 2009.

[69] D'Amico S, Ardaens J S, Gaias G, et al. Noncooperative rendezvous using angles-only optical navigation: system design and flight results. Journal of Guidance, Control, and Dynamics, 2013, 36(6): 1576-1595.

[70] Ardaens J S, Gaias G. Angles-only relative orbit determination in low earth orbit. Advances in Space Research, 2018, 61(11): 2740-2760.

[71] Ardaens J S, Gaias G. A numerical approach to the problem of angles-only initial relative orbit determination in low earth orbit. Advances in Space Research, 2019, 63(12): 3884-3899.

[72] Yim J R, Crassidis J L, Junkins J L. Autonomous orbit navigation of two spacecraft system using

relative line of sight vector measurements. Proceedings of the AAS Space Flight Mechanics Meeting, Maui, 2004:1-14.

[73] Kaufman E, Lovell T A, Lee T. Nonlinear observability for relative orbit determination with angles-only measurements. The Journal of the Astronautical Sciences, 2016, 63(1): 60-80.

[74] Butcher E A, Wang J W, Alan L T. On Kalman filtering and observability in nonlinear sequential relative orbit estimation. Journal of Guidance, Control, and Dynamics, 2017, 40(9): 2167-2182.

[75] Grzymisch J, Fichter W. Observability criteria and unobservable maneuvers for in-orbit bearings-only navigation. Journal of Guidance, Control, and Dynamics, 2014, 37(4): 1250-1259.

[76] Gaias G, D'Amico S, Ardaens J S. Angles-only navigation to a noncooperative satellite using relative orbital elements. Journal of Guidance, Control, and Dynamics, 2014, 37(2): 439-451.

[77] Perez A C, Geller D K, Lovell T A. Non-iterative angles-only initial relative orbit determination with J2 perturbations. Acta Astronautica, 2018, 151: 146-159.

[78] Pi J, Bang H. Trajectory design for satellite relative angles-only navigation. AIP Conference Proceedings, Vienna, 2012: 747-751.

[79] Subbarao K, Henderson L. Observability and sensitivity analysis of lightcurve measurement models for use in space situational awareness. Inverse Problems in Science and Engineering, 2019, 27(10): 1399-1424.

[80] 崔平远, 常晓华, 崔祜涛. 基于可观测性分析的深空自主导航方法研究. 宇航学报, 2011, 32(10): 2115-2124.

[81] Ning X L, Wang F, Fang J C. Implicit UKF and its observability analysis of satellite stellar refraction navigation system. Aerospace Science and Technology, 2016, 54: 49-58.

[82] Xu C, Wang D, Huang X. Autonomous navigation based on sequential images for planetary landing in unknown environments. Journal of Guidance, Control, and Dynamics, 2017, 40(10): 2587-2602.

[83] 董天舒, 王大轶, 李文博. 近地小行星仅测角相对导航可观性判据. 控制理论与应用, 2019, 36(12): 18-26.

第6章 基于可诊断性与可重构性理论的航天器自主诊断重构方法

6.1 基于可诊断性理论的自主诊断研究现状

本节将从系统结构设计与诊断方法设计两个方面综述基于可诊断性理论的自主诊断研究现状，并给出相关研究成果在航天器中的应用现状。

6.1.1 系统结构设计

基于可诊断性分析的系统结构设计指在保证控制系统满足所需性能指标的前提下，在设计过程中对系统进行优化，从结构上提高系统对潜在故障的反应能力，从而提高系统的诊断能力过程。在线故障诊断系统的性能极大地依赖可用测量信息。因此，传感器最优配置问题是系统设计过程中需要考虑的重要问题[1]。实际上，目前可诊断性设计中针对系统结构设计的研究与应用也大多集中在传感器配置优化上。在优化传感器配置时，除了考虑诊断系统的性能，还需要考虑实际的限制约束，如传感器体积、价格和测量数据获取的难易程度等。如何利用尽可能少的传感器获取尽可能多的故障信息是其中最重要的待解决的问题之一。

为了提高燃气涡轮机的运行安全性，文献[2]通过分析系统部件的冗余关系对系统可诊断性进行评价，在系统设计阶段利用所得到的评价结果优化传感器布置；目前，该方法已成功地应用于燃气涡轮机的设计。与文献[2]相似，文献[3]在系统设计阶段利用解析冗余关系对可诊断性进行研究，分析了所增加的传感器与可诊断性之间的关系，根据分析结果确定满足实际诊断性能需求的最小传感器集合，有效地提高了配置效率，并将该方法应用于工业智能执行机构。由文献[4]可知，传感器布置代价通常包括实际经济成本和能量消耗两部分。其中，实际经济成本主要包括传感器价格、安装难度等；而能量消耗主要考虑的是诊断所需的能量问题。此时，优化传感器布置问题转换成一个求取诊断所需能量最小的传感器集合问题，在此基础上，该文献通过求解诊断能量最小问题给出了一种新的传感器配置方法。Krysander 等[5]提出了一种基于模型结构信息的传感器配置方法。该方法利用故障可检测性与可隔离性作为评价指标，对不同配置的传感器进行分析，得到所需代价最小的传感器配置最优解；除此之外，由于只利用了模型的结构信息，因此该传感器配置方法可以用于处理高维非线性微分代数模型。文献[6]对线性微分代数系统的传感器配置问题进行了研究，提出了基于解析表达式的系统优化算法，该优化算法的主要优势在于：若由于实际条件的约束，该系统无法通过调整传感器配置达到所要求的可诊断性能，则该算法可以给出最接近于目标的传感器配置方案，即通过对系统配置进行优化，得到最大的可诊断性能。因此，相对于文献[5]中只考虑模型结构的传感器配置方法，Krysander 等[6]所提出的方法具有更强的适用性。文献[7]基于所设计的量化评价指标给出了相应的系统设计方案：将量化的可检测性与可隔离性的评价值视为约束条件，将所有传感器个数视为目标函数，从而把传感器配置问题转换为优化问题；通过求解优化问题，可以得到系统在满足可诊断性能要求下所需传感器个数最小的配置方案；同时，该文献还利用贪心算法拓展了其设计方案的适用范围。

值得一提的是，可诊断性设计中系统结构优化问题不等于传感器配置问题。传感器配置仅仅是可诊断性设计的一部分。实际上，系统配置、系统构型和动力学特性均直接影响系统的可诊断性。因此，在系统设计过程中可以同时考虑系统的控制性能与可诊断性，将可诊断性设计问题转换成多目标优化问题，即在保证系统标称性能满足要求的前提下，尽可能通过改变系统构型提升可诊断性能力。

6.1.2 诊断方法设计

基于可诊断性分析的诊断方法设计是通过分析系统结构和影响因素对可诊断性的影响，提高诊断方法与系统结构、实际诊断环境的契合程度，从而优化诊断方法的过程。

目前，基于可诊断性分析的诊断方法设计的研究已经取得了较多的成果。文献[8]针对引擎失火提出了一种基于模型的故障检测算法。该算法可以在不同运行条件下检测系统故障并辨识出故障气缸。在故障检测算法的设计过程中，通过利用基于 Kullback-Leibler 散度的故障可诊断性量化指标选取合适的速度区间，从而有效地分隔故障数据与无故障数据，提高诊断算法的性能。为了更好地满足半导体制造过程中对于故障诊断的实际需求，文献[9]将快速性、可隔离性和鲁棒性等纳入诊断方案评价指标，利用所提指标对不同诊断方法的性能进行对比分析，选出性能更优的方案，并最终将其应用于芯片晶圆生产过程。为了在增强诊断算法故障检测能力的同时有效抑制算法复杂度的增加，文献[10]利用故障可诊断性指标指导诊断算法选择每一个节点处的可测信息。Ding[11,12]给出了 K-gap 的定义并基于此给出了故障检测与隔离的性能指标及相应的分析方法。Eriksson 等[13]利用 Kullback-Leibler 散度作为可诊断性评价指标对诊断算法残差生成器进行分析；选取不同的残差生成器的加权和作为最终的诊断残差生成器，并利用所提出的量化指标求取出使可诊断性能最大的权值，以达到优化诊断方案的目的。传感器故障可能会导致诊断系统发生误报，同时大多数的诊断方案研究都集中于传感器故障或过程故障，很少同时考虑两者对故障诊断的影响。针对这一现状，文献[14]提出了一种用于物理系统的分布式诊断方法；该诊断方法可以同时用于诊断传感器故障和过程故障，并在全局诊断性分析结果的指导下，利用最小数量的残差得到最大的系统可诊断性。文献[15]提出了一种基于随机算法的故障可检测性分析方法，在此基础上，通过综合考虑诊断误报率、故障检测率和故障检测时间，设计了一种基于观测器的故障检测系统。

6.1.3　可诊断性设计在航天器中的应用

航天器控制系统具备自主故障诊断能力是其安全可靠自主运行的重要保证，而通过对系统进行可诊断性设计，提升系统的故障诊断性能，是将传统的地面站人工判读转变为诊断系统自主决策、实现航天器自主运行的关键途径。

通过上述总结归纳可知，可诊断性设计主要包括系统结构设计和诊断方法设计两方面。对系统结构进行可诊断性设计，其本质在于通过先天设计提高后天能力，而诊断方法的可诊断性设计，则是通过后天设计进一步提高系统的故障诊断能力。在航天器系统的设计阶段，可以通过将可诊断性评价结果与已有的设计指标相结合，在系统满足所需控制性能指标的前提下，通过多目标优化的方式对结构进行优化，从结构上提高系统对潜在故障的反应能力，从而提高航天器诊断故障的能力；在航天器的诊断方法设计阶段，可以通过充分考虑航天器资源配置和运行条件对可诊断性的影响，利用可诊断性评价结果对诊断算法的残差和阈值等方面进行优化，提高诊断方法与系统结构、实际环境的契合程度，从而科学地、有针对性地提高航天器的诊断性。由此可知，对航天器进行可诊断性设计，既能在系统设计阶段有效地提高配置效率和优化配置方案，缓解航天器资源受限所带来的影响，又可以通过充分考虑航天器的资源配置与运行条件，使得诊断方法更好地与航天器相匹配，从而提高系统的故障诊断性能，最终从系统层面弥补航天器可靠性提升带来的高昂代价、提升难度大和提升效果有限等缺陷，从根本上提高航天器的自主故障诊断能力。为了进一步阐明已有的、较为成熟的可靠性设计与基于可诊断性设计之间的差异，给出两者的比较如表 6.1 所示。

表 6.1　航天器可靠性设计与可诊断性设计的比较

	可靠性设计	可诊断性设计
目标	提升航天器在轨运行的安全性	
本质	故障预防	故障处理
方式	降低故障概率	提升诊断能力
指标	平均失效时间、平均失效间隔时间等	可检测性、可隔离性、可辨识性
应用范围	软件、硬件	系统结构、诊断方法

目前，随着人们对可诊断性理论研究的不断深入以及航天器安全可靠自主运行要求的逐渐提高，可诊断性设计受到了越来越多的重视，逐渐成为航天器故障诊断领域研究的热点。例如，Gao 等[16]基于有向图模型建立了故障-测点之间的关联矩阵模型，进一步，通过构造故障诊断约束下测量点配置成本的最优指标，基于改进的离散二进制粒子群优化算法提出了一种传感器配置优化算法。同样是关注于传感器配置优化，在文献[17]中，建立了动量轮的贝叶斯网络模型，并利用互信息理论估计了不同传感器集合下系统的故障诊断能力，在此基础上提出了面向动量轮故障诊断的传感器配置优化算法。Hu 等[18]基于微分几何原理提出了故障可诊断性定性判据和定量评价指标，结合所构建的传感器配置优化模型，基于 Pagerank 算法实现了航天器传感器配置的优化。Chen 等[19]在动力学方程中使用降阶测量矩阵获得星敏感器、地平传感器和太阳敏感器的故障方向，通过分析不同故障的幅值和方向之间的关系，设计了一种具有较强故障诊断能力的故障检测滤波器。Jiang 等[20]基于反作用轮矩阵分析了反作用轮中单发故障、两个并发故障对残差的影响，并根据分析结果优化诊断系统残差，以区分每个残差对应的故障，有效地实现了反作用轮故障的检测、隔离和重构。文献[21]针对航天器编队飞行系统，研究了仅使用局部/分散信号的航天器故障检测与隔离滤波器，并基于不可观子空间给出了性能可接受的故障检测滤波器存在的充分条件。De Persis 等[22]研究了一种用于检测和隔离故障信号的滤波器，并分析了残差生成器的存在性。文献[23]进一步扩展了文献[22]的结果，将其用于航天器的动量轮。同样是针对动量轮，文献[24]通过利用所提出的距离系数来测量新数据点到一类历史数据中心的距离，为卫星反作用轮的故障诊断方法的阈值设定提供了理论依据。

为更好地归纳有关航天器可诊断性设计现状，给出航天器可诊断性评价方法概述如表 6.2 所示。

表 6.2　航天器可诊断性评价方法概述

类别	方法/指标	对象	输入	输出	年份
系统结构设计	改进的离散二进制粒子群优化[16]	姿态控制系统	有向图模型	传感器配置	2015
	互信息理论、贝叶斯网络[17]	动量轮	动量轮的贝叶斯网络	传感器配置	2017
	微分几何原理[18]	点质量航天器系统	仿射非线性系统	传感器配置	2017
诊断方法设计	几何方法[22]	点质量航天器系统	非线性系统模型	故障检测滤波器	2000

续表

类别	方法/指标	对象	输入	输出	年份
诊断方法设计	故障方向[19]	地球指向卫星	线性系统模型	故障检测滤波器	2006
	不可观子空间[21]	航天器编队飞行系统	编队飞行模型	局部故障检测滤波器	2006
	故障分析[20]	姿态控制系统	姿态模型	非线性滑模观测器	2007
	可观子空间[23]	动量轮	非线性系统模型	非线性几何方法	2010
	距离系数[24]	动量轮	历史故障数据	基于核的模糊 C-均值	2012

从表 6.2 可得出的结论是，已有的大多数可诊断性设计方法都是基于模型的，这与可诊断性评价的研究现状相似。此外，由表 6.2 还可以得出，针对系统结构设计的研究主要集中于传感器配置优化，很少从故障诊断角度对航天器动态特征进行优化。

6.2　基于可重构性理论的自主重构研究现状

本节将从系统结构设计与重构方案设计这两个方面综述基于可重构性理论的自主重构研究现状并给出相关研究成果在航天器中的应用现状。

6.2.1　系统结构设计

目前，关于可重构性设计的研究大都以系统结构优化为手段来提升可重构性。具体可以分为两个层面：①不考虑部件安装构型的资源配置优化；②资源配置一定下的部件构型优化。

1. 资源配置优化

在实际的可重构性设计过程当中，航天器受多种资源与性能约束，需权衡考虑性能、重量和部件数量等资源配置因素。Ferguson 等[25]通过研究系统质量、可重构性、性能表现之间的关系，量化了系统可附加的质量大小。Huang 等[26,27]采用基于最小二阶模态的可重构性指标，对电力系统相位测量单元的容错配置问题进行了研究，解决了以下两个优化问题：①当系统可重构性满足一定条件时，最小化部件个数；②给定部件个数，最大化系统的可重构性。

2. 部件构型优化

上述关于资源配置优化的研究只设计了部件数量，并未考虑具体的安装位置与安装角度。Tabatabaeipour 等[28,29]对故障下各种构型的可重构性进行了评价，以此指导分段仿射系统的执行器与传感器安装。Shaker 等[30]针对线性随机系统，通过将执行器(传感器)的数量与位置优化问题转化成整数规划问题，实现了系统构型的优化设计。

6.2.2　重构方案设计

为保证航天器入轨以后能够充分利用既有的故障处理能力，除了优化其结构以外，还需要设计优良的重构方案，以尽可能少的资源和尽可能简单的方式实现重构。需考虑的关键问题为：采用什么样的重构方法，选取什么样的重构参数，何时进行控制重构，才可以充分发挥系统固有的故障处理潜能。

1. 重构方法设计

目前对航天器的控制重构方法设计研究已经比较成熟，可参考本书的 1.3 节或者综述性文章[31,32]。然而，现有的控制重构方法尚未与可重构性研究紧密结合，还没有能对方法设计进行理论指导与优劣评价的综合性指标，这也是后续可重构性研究需要突破的难题之一。

2. 重构时刻优化

现有研究几乎忽略了可重构性的动态特性。然而，航天器是一个动态系统，因此应该从动态的角度来研究其可重构性。如前文所述，时间会严重影响系统的重构性能。通过对重构方案进行时间规划，可以进一步提高系统的重构性能，在一定程度上可能会获得降低重构代价、节约星上资源的效果。对于资源严重受限的航天器来说，具有十分重要的研究价值。然而，目前关于这一方面的研究仍处于萌芽阶段，相关成果屈指可数。Zhang 等[33]引入了“最优重构等待时间 t_m”的概念，指出当重构延时等于 t_m 时，系统性能将达到最优。Hamdaoui 等[34]推导了系统性能指标关于重构时刻的解析表达式并优化了重构时刻。虽然 Hamdaoui 等[35]指出故障诊断时间对系统重构性能具有重要影响，但尚未进行深入研究。

表 6.3 简单概括了可重构性设计的研究内容与意义。

表 6.3　可重构性设计的研究内容与意义

方法	研究内容	意义
系统结构设计	优化传感器、执行器配置与构型	提高系统的资源分配效率与解析冗余
重构方案设计	改进重构方法，优化重构时刻	提升重构方法与系统结构的契合程度，提高重构时效性，降低重构代价

6.2.3　可重构性设计在航天器中的应用

为缓解航天器严重的资源约束和日益提高的安全要求之间的矛盾，在进行可重构性设计时，既要摆脱传统的一味追求华丽算法与豪华配置的设计理念；又要避免以往因缺乏科学理论指导而以牺牲系统性能为代价，盲目追求可靠性的过保守设计。可重构性理论从航天器的自身特性出发，牢牢抓住问题的本源，将航天器自主重构问题归结为对系统重构能力的科学评价(表征、判定、量化)，以及基于评价结果指导的系统设计这两大根本问题。可重构性研究从更深层次挖掘了航天器系统特性与重构能力之间的关系，在此指导下设计的系统，其资源配置更加合理，重构方法更加贴合系统特性，可以做到“因材施教，物尽其用”。基于可重构性评价结果指导可重构性设计，可以实现能力可量化的自主重构，进而明确星上自主的可靠范围以及地面辅助的必要范围，由此实现的航天器自主重构更加可靠，是从根本上提升航天器自主重构能力的有效途径。

基于上述显著优势，可重构性设计目前已被部分学者引入到航天器控制系统的设计过程当中。项昌毅等[36,37]针对工程应用中可重构性统计数据不足等问题，将卫星姿态控制系统可重构性的指标分配划分为初次分配和再分配两个过程，首先采用模糊综合评价法对指标进行初次分配，以克服控制系统因素指标的不确定性和人类认知的模糊性问题；然后基于启发式算法[38]对可重构性指标进行再分配，以解决约束条件内系统资源的最优配置问题。王世新等[39]针对卫星姿态控制系统，为兼顾不同因素的重要程度，同时减少主观随意性，对层次分析法进行了补充和完善，采用多指标综合评价组合赋权法确定各项因素的权重，实现了航天器控制系统的可重构性的综合评价，并分别以能耗最优和量测精度最优为目标，在给定推力器和敏感器个数的情况下，对各部件的具体位置及安装角度进行了优化。顾朋等[40]针对卫星姿态控制系统，研究了动量轮的构型设计问题，通过综合考虑角动量包络、输出饱和、控制能耗和系统可靠性等各方面因素，制定了可重构性设计准则。Wang 等[41]基于可控性 Gramian 矩阵和可达集理论，对航天器姿态控制系统执行器的安装角度进行了优化设计。

6.3 航天器正常模式与故障模式一体化设计方法

航天器执行器故障会严重影响系统的性能和稳定性，进而威胁系统安全性[42]。为应对可能发生的故障，需要为航天器配备相应的系统重构策略来维持或适度降低控制目标[43,44]。系统重构可以分为主动重构和被动重构[45]。被动重构采用一个固定的、具有一定鲁棒性的重构策略来应对某些特定的故障，易于实现；主动重构针对不同的故障采用不同的重构策略进行处理，更加灵活高效。然而，实施主动重构的难度相对较高，需要复杂的故障辨识和系统重构过程，大大增加了计算负担，尤其是对计算资源十分有限的在轨航天器而言；且系统重构效果很大程度上依赖于故障辨识结果，辨识的延时和不确定性都会严重削弱系统重构的有效性；此外，在重构过程中，系统必须由故障前的控制器切换到新控制器，该过程可能会引发不适当的瞬态响应，导致系统部组件的进一步损坏[46]。相反，被动重构利用系统固有的冗余度，只设计一种重构策略来应对所有可容忍的故障，不需要故障辨识或系统重构等机制，实现起来相对简单，且从故障发生到实施应对措施之间没有延迟，当故障发生后的可用时间较短时，这种方法更加适用；此外，被动重构无须切换控制器，系统响应明显比主动重构平滑。然而，被动重构以降低系统性能为代价来降低方法复杂度，总体性能逊于主动重构。因此，为了平衡系统重构的实施效果与实现难度，需结合主动重构和被动重构两种方法的优势，寻求一种折中的重构方法。

此外，在现有航天器的研制过程中，正常模式与故障模式一般割裂进行，即先对标称系统进行设计，再向设计好的系统注入故障诊断与重构方法，前者关注系统标称性能(即无故障情况下的系统性能)的提升，后者注重系统诊断重构能力的提升。在资源严重受限时，这种设计方式可能会出现“顾此失彼”的问题，即为了提高系统的标称性能而牺牲过多的重构能力，或为了提高系统的重构能力而过度削弱其标称性能，导致过保守设计。因此，本节以航天器的可重构性理论为指导，科学平衡其标称性能与重构能力，以此来提高航天器有限资源的分配效率，在满足规定可重构性要求的同时，提升航天器在不同工作模式下的综合性能，有效解决有限资源在航天器研制过程中带来的“顾此失彼”问题。

针对上述问题，本节研究了基于正常与故障模式一体化设计的主被动结合重构方法。首先，建立一种主动与被动结合(passive/active, PACT)的重构方法设计框架，平衡重构方法的实施效果与实现难度；然后，在设计具体PACT重构方法时，提出一种基于自下而上可拓展(bottom-up extensible, BUE)控制技术的正常模式与故障模式一体化设计方法，平衡系统在正常模式下的标称性能与在故障模式下的重构性能；最后，以执行器安装构型为出发点，给出规定等级可重构性要求下系统结构设计的优化模型，进一步提升航天器控制系统的综合性能。

6.3.1　问题描述

考虑航天器姿态控制系统：

$$\boldsymbol{I}\dot{\boldsymbol{\omega}} = -\boldsymbol{\omega}^{\times}\boldsymbol{I}\boldsymbol{\omega} + \boldsymbol{U}\boldsymbol{u} \tag{6.1}$$

其中，$\boldsymbol{I} \in \mathbf{R}^{3\times3}$、$\boldsymbol{\omega} \in \mathbf{R}^{3}$ 和 $\boldsymbol{u} \in \mathbf{R}^{4}$ 分别表示航天器的转动惯量、旋转角速度和控制力矩矢量，且

$$\boldsymbol{\omega}^{\times} = \begin{bmatrix} 0 & -\omega_3 & \omega_2 \\ \omega_3 & 0 & -\omega_1 \\ -\omega_2 & \omega_1 & 0 \end{bmatrix} \tag{6.2}$$

是以矩阵形式表示的矢量 $\boldsymbol{\omega}$ 的叉乘算子，$\boldsymbol{U} \in \mathbf{R}^{3\times4}$ 为执行器安装矩阵，反映了执行器安装坐标系到航天器本体坐标系的力矩映射。

为保证本节所提理论方法的通用性，可将上述系统表示成状态为 n 阶、配备 m 个执行器的通用仿射非线性系统：

$$\begin{cases} \dot{\boldsymbol{x}} = \boldsymbol{f}(\boldsymbol{x}) + \boldsymbol{g}_0(\boldsymbol{x})\boldsymbol{u} \\ \boldsymbol{x}(t_0) = \boldsymbol{x}_0 \end{cases} \tag{6.3}$$

其中，$\boldsymbol{x} \in \mathbf{R}^{n}$ 和 $\boldsymbol{u} \in \mathbf{R}^{m}$ 分别为系统的状态和控制输入向量；$\boldsymbol{x}_0$ 为初始时刻 t_0 的状态；$\boldsymbol{f}(\cdot): \mathbf{R}^{n} \to \mathbf{R}^{n}$ 和 $\boldsymbol{g}_0(\cdot): \mathbf{R}^{n} \to \mathbf{R}^{n\times m}$ 为已知光滑映射，且 $\boldsymbol{f}(0) = \boldsymbol{0}$。假设 $\boldsymbol{f} + \boldsymbol{g}_0\boldsymbol{u}$ 在包含原点的集合上 Lipschitz 连续[47]。对于系统(6.1)，$\boldsymbol{x} = \boldsymbol{\omega}$，$\boldsymbol{f}(\boldsymbol{x}) = -\boldsymbol{I}^{-1}\boldsymbol{x}^{\times}\boldsymbol{I}\boldsymbol{x}$，$\boldsymbol{g}_0(\boldsymbol{x}) = \boldsymbol{I}^{-1}\boldsymbol{U}$。

系统在稳定控制律 $\boldsymbol{u}$ 下的性能可以由如下代价函数来衡量：

$$J_0(\boldsymbol{x}_0, \boldsymbol{u}) = \int_{t_0}^{\infty} \boldsymbol{x}^{\mathrm{T}}\boldsymbol{Q}\boldsymbol{x} + \boldsymbol{u}^{\mathrm{T}}\boldsymbol{R}\boldsymbol{u}\,\mathrm{d}t \tag{6.4}$$

其中，$\boldsymbol{Q} \geqslant \boldsymbol{0}$ 和 $\boldsymbol{R} \geqslant \boldsymbol{0}$ 是对称常数矩阵，$\boldsymbol{R} \geqslant \boldsymbol{0}$ 进一步假设为对角矩阵。

鉴于航天任务的高可靠性要求，航天器一旦发生故障，一般会关闭故障部件，只采用健康部件完成后续任务。另外，航天器的星载计算资源十分有限，一般只具备故障检测和隔离能力，并不具备故障识别能力。在这种情况下，无法根据故障识别结果补偿故障部件带来的影响，同样需要关闭故障部件，只采用健康部件。如 4.3.1 节所述，在这种重构方式下，不同故障对应不同的执行器配置。系统在配置 C_s（故障 ϑ_s）（$s = 0,1,\cdots,2^m - 1$）下的模型为

$$\dot{\boldsymbol{x}} = \boldsymbol{f}(\boldsymbol{x}) + \boldsymbol{g}_s(\boldsymbol{x})\boldsymbol{u} \tag{6.5}$$

其中，$\boldsymbol{g}_s(\boldsymbol{x}) = \boldsymbol{g}_0(\boldsymbol{x})\boldsymbol{\Sigma}_s$，$\boldsymbol{\Sigma}_s$为执行器选择矩阵。当$\boldsymbol{\Sigma}_s = \boldsymbol{I}_{m\times m}$时，$J_s(\boldsymbol{x}_0,\boldsymbol{u}) = J_0(\boldsymbol{x}_0,\boldsymbol{u})$，即标称系统为配置$C_s$的一种特殊情况。

相应地，系统在配置C_s下的代价函数为

$$J_s(\boldsymbol{x}_0,\boldsymbol{u}) = \int_{t_0}^{\infty} \boldsymbol{x}^{\mathrm{T}}\boldsymbol{Q}\boldsymbol{x} + \boldsymbol{u}^{\mathrm{T}}\boldsymbol{R}_s\boldsymbol{u}\mathrm{d}t \tag{6.6}$$

其中，$\boldsymbol{R}_s = \boldsymbol{R}\boldsymbol{\Sigma}_s$。

沿系统轨迹对代价函数$J_s(\boldsymbol{x},\boldsymbol{u})$进行微分：

$$\frac{\mathrm{d}J_s}{\mathrm{d}t} = \frac{\partial J_s}{\partial t} + \left(\frac{\partial J_s}{\partial \boldsymbol{x}}\right)^{\mathrm{T}} \left(\boldsymbol{f}(\boldsymbol{x}) + \boldsymbol{g}_s(\boldsymbol{x})\boldsymbol{u}\right) = -\boldsymbol{x}^{\mathrm{T}}\boldsymbol{Q}\boldsymbol{x} + \boldsymbol{u}^{\mathrm{T}}\boldsymbol{R}_s\boldsymbol{u} \tag{6.7}$$

得到 GHJB 方程：

$$\mathrm{GHJB}(\boldsymbol{u},J_s) = \frac{\partial J_s}{\partial t} + \left(\frac{\partial J_s}{\partial \boldsymbol{x}}\right)^{\mathrm{T}} \left(\boldsymbol{f}(x) + \boldsymbol{g}_s(\boldsymbol{x})\boldsymbol{u}\right) + \boldsymbol{x}^{\mathrm{T}}\boldsymbol{Q}\boldsymbol{x} + \boldsymbol{u}^{\mathrm{T}}\boldsymbol{R}_s\boldsymbol{u} = \boldsymbol{0} \tag{6.8}$$

当采用最优控制器

$$\boldsymbol{u}_s^* = -\frac{1}{2}\boldsymbol{R}^{-1}\boldsymbol{g}_s^{\mathrm{T}}\frac{\partial J_s^*}{\partial \boldsymbol{x}} \tag{6.9}$$

时，GHJB 方程(6.8)变为标准的 HJB 方程：

$$\mathrm{HJB}(J_s^*) = \frac{\partial J_s^*}{\partial t} + \left(\frac{\partial J_s^*}{\partial \boldsymbol{x}}\right)^{\mathrm{T}} \boldsymbol{f}(\boldsymbol{x}) - \frac{1}{4}\left(\frac{\partial J_s^*}{\partial \boldsymbol{x}}\right)^{\mathrm{T}} \boldsymbol{g}_s\boldsymbol{R}^{-1}\boldsymbol{g}_s^{\mathrm{T}}\frac{\partial J_s^*}{\partial \boldsymbol{x}} + \boldsymbol{x}^{\mathrm{T}}\boldsymbol{Q}\boldsymbol{x} = \boldsymbol{0} \tag{6.10}$$

注 6.1 因为$J_s(\boldsymbol{x},\boldsymbol{u})$不是时间的显式函数，所以$\dfrac{\partial J_s}{\partial t} = 0$。

这里的控制目标是要保证系统性能满足规定的要求，即无论系统处于标称状态还是故障状态，均要保证其能够稳定且控制代价函数不超过一定的阈值：

$$J_s(\boldsymbol{x}_0,\boldsymbol{u}) \leqslant \eta \tag{6.11}$$

其中，η是预先规定的阈值，可以设置为

$$\eta = \kappa J_0^* \tag{6.12}$$

其中，J_0^*为标称系统最优控制对应的代价函数；标量$\kappa \geqslant 1$规定了系统实际性能相对于最优标称性能的最大容许退化程度。

根据文献[48]和文献[49]，若任意配置 C_s 下的系统模型 $\boldsymbol{f}+\boldsymbol{g}_s\boldsymbol{u}$ 为 Lipschitz 连续，则系统的代价函数满足 $J_s\left(\boldsymbol{x}_0,\boldsymbol{u}\right)\leqslant\beta_s\boldsymbol{x}_0^{\mathrm{T}}\boldsymbol{x}_0$，其中标量 $\beta_s>0$ 称为系统的瞬态边界。具体推导过程如下。

假设函数 $\boldsymbol{G}_s(\boldsymbol{x})=\boldsymbol{f}(\boldsymbol{x})+\boldsymbol{g}_s(\boldsymbol{x})\boldsymbol{u}(\boldsymbol{x})$ 和 $L_s(\boldsymbol{x})=\boldsymbol{x}^{\mathrm{T}}\boldsymbol{Q}\boldsymbol{x}+\boldsymbol{u}^{\mathrm{T}}(\boldsymbol{x})\boldsymbol{R}_s\boldsymbol{u}(\boldsymbol{x})$ 满足文献[50]中的假设，具体见假设 6.1 和假设 6.2。

假设 6.1　函数 $\boldsymbol{G}(\boldsymbol{x})$：$\mathbf{R}^n\to\mathbf{R}^n$ 是连续的，且存在一个正数 K_{G_s} 使得函数 $\boldsymbol{G}_s(\boldsymbol{x})$ 满足

$$\left(\boldsymbol{x}_1-\boldsymbol{x}_2\right)^{\mathrm{T}}\left(\boldsymbol{G}_s\left(\boldsymbol{x}_1\right)-\boldsymbol{G}_s\left(\boldsymbol{x}_2\right)\right)\leqslant-K_{G_s}\left(\boldsymbol{x}_1-\boldsymbol{x}_2\right)^{\mathrm{T}}\left(\boldsymbol{x}_1-\boldsymbol{x}_2\right),\quad\forall\boldsymbol{x}_1,\boldsymbol{x}_2\in\mathbf{R}^n\tag{6.13}$$

假设 6.2　函数 $L_s(\boldsymbol{x})$：$\mathbf{R}^n\to\mathbf{R}$ 是连续的，且存在一个正数 K_{L_s} 使得函数 $L_s(\boldsymbol{x})$ 满足

$$L_s(\boldsymbol{x})\leqslant K_{L_s}\boldsymbol{x}^{\mathrm{T}}\boldsymbol{x},\quad\forall\boldsymbol{x}\in\mathbf{R}^n\tag{6.14}$$

引理 6.1　如果系统(6.5)满足假设 6.1 和假设 6.2，则在任意的初始状态 $\boldsymbol{x}_0\in\mathbf{R}^n$ 下，其代价函数均具有如下的 L_2 增益性质：

$$J_s\left(\boldsymbol{x}_0,\boldsymbol{u}\right)\leqslant\beta_s\boldsymbol{x}_0^{\mathrm{T}}\boldsymbol{x}_0\tag{6.15}$$

其中，标量 $\beta_s>0$ 称为系统的瞬态边界，取值为 $\beta_s=\dfrac{K_{L_s}}{2K_{G_s}}$。

证明　定义 $q(t)=\int_{t_0}^{t}\boldsymbol{x}^{\mathrm{T}}(\tau)\boldsymbol{x}(\tau)\mathrm{d}\tau$，该函数的一阶时间导数和二阶时间导数分别为

$$\dot{q}(t)=\boldsymbol{x}^{\mathrm{T}}(t)\boldsymbol{x}(t)\tag{6.16}$$

和

$$\ddot{q}(t)=2\boldsymbol{x}^{\mathrm{T}}(t)\left(\boldsymbol{f}+\boldsymbol{g}_s\boldsymbol{u}\right)\leqslant-2K_{G_s}\boldsymbol{x}^{\mathrm{T}}(t)\boldsymbol{x}(t)\tag{6.17}$$

将式(6.17)的两侧从 t_0 积分到 t，得到

$$\dot{q}(t)-\boldsymbol{x}_0^{\mathrm{T}}\boldsymbol{x}_0\leqslant-2K_{G_s}q(t)\tag{6.18}$$

因此，有

$$q(t)\leqslant\frac{1}{2K_{G_s}}\left(\boldsymbol{x}_0^{\mathrm{T}}\boldsymbol{x}_0-\dot{q}(t)\right)=\frac{1}{2K_{G_s}}\left(\boldsymbol{x}_0^{\mathrm{T}}\boldsymbol{x}_0-\boldsymbol{x}^{\mathrm{T}}(t)\boldsymbol{x}(t)\right)\tag{6.19}$$

若控制律 $\boldsymbol{u}(x)$ 对系统是可稳定的，则 $\lim\limits_{t\to\infty}\boldsymbol{x}(t)=\boldsymbol{0}$。基于假设 6.2，代价函数满足

$$J_s=\int_{t_0}^{\infty}L_s(\boldsymbol{x}(\tau))\mathrm{d}\tau\leqslant K_{L_s}q(\infty)\leqslant\beta_s\boldsymbol{x}_0^{\mathrm{T}}\boldsymbol{x}_0 \tag{6.20}$$

其中，$\beta_s=\dfrac{K_{L_s}}{2K_{G_s}}$。

由此，引理 6.1 得证。□

鉴于此，式(6.11)中的系统代价函数阈值可以设置为 $\eta=\kappa\beta_0^*\boldsymbol{x}_0^{\mathrm{T}}\boldsymbol{x}_0$，其中 $\beta_0^*>0$ 为标称系统在其最优控制下的瞬态边界。

为便于后续描述，基于式(6.11)规定的性能需求，给出如下定义。

定义 6.1（容许控制）　如果配置为 C_s 的系统在控制律 $\boldsymbol{u}$ 作用下的代价函数 $J_s(\boldsymbol{x}_0,\boldsymbol{u})$ 满足性能需求式(6.11)，则称 $\boldsymbol{u}$ 对配置 C_s 是可容许的，或称 $\boldsymbol{u}$ 是配置 C_s 的一个容许控制律。在阈值 η 下，配置 C_s 的容许控制律集表示为 $\mathcal{U}_\eta(C_s):=\{\boldsymbol{u}|J_s(\boldsymbol{x}_0,\boldsymbol{u})\leqslant\eta(\boldsymbol{x}_0)\}$。

定义 6.2（可重构性）　当故障 ϑ_s 发生时，若系统在执行器配置 C_s 下至少存在一个容许控制律，则称该系统在相应故障 ϑ_s 下可重构，称 ϑ_s 为可容忍故障、C_s 为可重构配置。在阈值 η 下，系统可重构的执行器配置集表示为 $\mathcal{C}_\eta:=\{C_s|\exists\boldsymbol{u},\ \mathrm{s.t.}\ J_s(\boldsymbol{x}_0,\boldsymbol{u})\leqslant\eta(\boldsymbol{x}_0)\}$。

定义 6.3　对于一个可重构的执行器配置，若其中任何执行器失效都将导致系统不可重构，则称该配置为最小可重构配置。在阈值 η 下，系统的最小可重构配置集表示为 $\mathcal{M}_\eta:=\{C_s|C_s\in\mathcal{C}_\eta,\forall C_\sigma\subseteq C_s,C_s\setminus C_\sigma\notin\mathcal{C}_\eta\}$。

定义 6.4　如果一个执行器配置 C_σ 包含 C_s 中的所有执行器，即 $C_s\subseteq C_\sigma$，则称 C_σ 为 C_s 的扩展配置。C_s 的扩展配置集表示为 $\mathcal{E}(C_s):=\{C_\sigma|C_s\subseteq C_\sigma\subseteq C_0\}$。

注 6.2　如图 6.1 所示，对于一个执行器配置 C_s，可能存在多个扩展配置，且不同的执行器配置也可能共享相同的扩展配置，因此同一个配置可能出现在不同的扩展配置集。

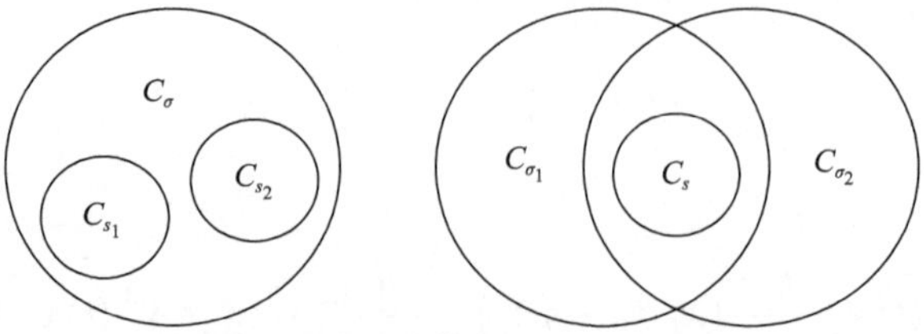

图 6.1　扩展配置的不一一对应性

定义 6.5（自下而上可扩展性）　如果一个控制律 $\boldsymbol{u}$ 对 C_s 的所有扩展配置均可容许，则称该控制律对于配置 C_s 自下而上可扩展。配置 C_s 的 BUE 控制律集合表示为 $\mathcal{U}_\eta^{\text{BUE}}(C_s)$，即

$$\boldsymbol{u} \in \mathcal{U}_\eta(C_\sigma),\quad \forall \boldsymbol{u} \in \mathcal{U}_\eta^{\text{BUE}}(C_s),\quad \forall C_\sigma \in \mathcal{E}(C_s) \tag{6.21}$$

从定义来看，基于配置 C_s 的 BUE 控制器是扩展配置集 $\mathcal{E}(C_s)$ 上的一个可靠控制。

本节要解决的问题可以描述为：针对式(6.3)描述的非线性控制系统，给出规定的代价函数阈值 η，通过比较系统在不同配置下的最优代价函数和阈值 η 的大小来获得可重构的执行器配置集 $\mathcal{C}_\eta$，并设计一个控制重构方法，使得 $\mathcal{C}_\eta$ 中所有的配置稳定且满足性能需求 $J_s(\boldsymbol{x}_0,\boldsymbol{u}) \leqslant \eta(\boldsymbol{x}_0)$。

6.3.2　重构方案设计

为了使系统满足规定的可重构性要求，下面从重构方法和系统结构等软硬件两方面出发，权衡重构方案的实现难度和实施效果，兼顾系统在正常情况下的标称性能与故障情况下的重构性能，对系统进行可重构性优化设计，使系统无论在正常情况下还是故障情况下均具备较高的综合性能。

1. 主被动结合的方案框架

为了权衡重构方案的实现难度和实施效果，本节采用一种 PACT 重构方法[51,52]。该方法基于可靠控制策略，设计了一个“控制库”，该控制库包含一组预先设计好的可靠控制律，每个控制律对应一个故障子集。特别地，主动重构方法和被动重构方法分别是 PACT 重构方法的两个特例，分别对应控制库中的控制律数目为故障数和 1 时两种特殊情况。相比于主动重构方法，PACT 重构方法不需要在线估计故障并重新设计控制器，对实时计算的要求较低。相比于被动重构方法，PACT 重构方法采用不同的控制律处理不同子集中的故障，因此具有更好的重构效果。综上所述，PACT 重构方法比主动重构方法更容易实现，且提供了比被动重构方法更好的重构效果，在重构方法的实现难度和实施效果之间取得了很好的平衡。

一个 PACT 重构方法由以下两部分组成。

(1) 一个 PACT 控制库 $\mathcal{U}_\eta^{\text{PACT}}$：其中任何可重构的执行器配置至少有一个容许控制律，即

$$\forall C_s \in \mathcal{C}_\eta,\ \exists u \in \mathcal{U}_\eta^{\text{PACT}} : u \in \mathcal{U}_\eta(C_s) \tag{6.22}$$

(2) 一个决策机制：用于将可重构配置集 $\mathcal{C}_\eta$ 中的每个配置关联至 $\mathcal{U}_\eta^{\text{PACT}}$ 中的

单个控制律。

注 6.3 需要一个决策机制的原因在于：如注 6.2 所述，同一个执行器配置可能出现在不同的扩展配置集。因此，同一个配置在控制库 $\mathcal{U}_{\eta}^{\text{PACT}}$ 中可能拥有多个容许控制律。

有很多方法可以设计一个 PACT 控制库，本书介绍一种基于 BUE 控制的设计方法，其示意图如图 6.2 所示。首先，若系统需要在某些关键配置下满足特殊的控制要求，则可以先从可重构配置集 $\mathcal{C}_{\eta}$ 中筛选出这些关键配置，记为关键配置集 $\mathcal{K}$，并分别为它们设计专门的控制器，如最优控制器。然后，确定最小可重构配置集 $\mathcal{M}_{\eta}$，并将剩余的可重构配置划分为不同最小可重构配置的扩展配置子集 $\mathcal{E}(C_s),\forall C_s \in \mathcal{M}_{\eta} \setminus \mathcal{K}$，并为每个子集设计 BUE 控制器，记为 $\boldsymbol{u}_s^{\text{BUE}}$。最后，获得 PACT 控制库：

$$\mathcal{U}_{\eta}^{\text{PACT}} = \mathcal{U}^{\text{opt}} \cup \mathcal{U}^{\text{BUE}} \tag{6.23}$$

其中，$\mathcal{U}^{\text{opt}} = \left\{\boldsymbol{u}_s^*, \forall C_s \in \mathcal{K}\right\}$，$\boldsymbol{u}_s^*$ 为系统在配置 C_s 下的最优控制律；$\mathcal{U}^{\text{BUE}} = \left\{\boldsymbol{u}_s^{\text{BUE}} \in \mathcal{U}_{\eta}^{\text{BUE}}(C_s), \forall C_s \in \mathcal{M}_{\eta} \setminus \mathcal{K}\right\}$。

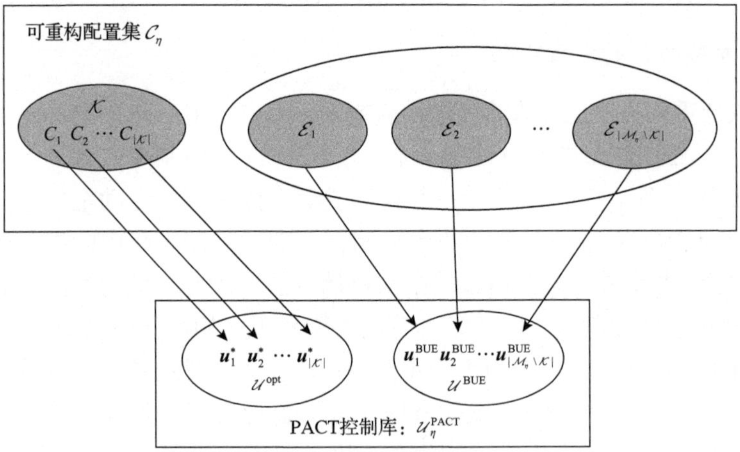

图 6.2 PACT 重构方法

$|*|$ 指集合 $*$ 中元素的个数

由上述内容可知，设计一个 PACT 控制库的关键在于为不同的扩展配置集设计 BUE 控制器。该项工作可以利用可靠控制的思想[53,54]，即采用一个控制律来处理一个特定的执行器故障子集。与基于稳定性的容错控制方法相比，可靠控制方法可以在保证系统故障时能够维持令人满意的性能水平的基础之上，使得系统的标称性能处于次优水平，从而同时保障系统的可靠性与控制性能。因为这个良好的性质，可靠控制受到了控制领域的大量关注[55-58]，并被广泛应用于各类场景(连续线性系统[52]、离散时间系统[58]、非线性系统[54]、切换系统[59]、分布式系统、模糊系统[57]等)，以实现不同的控制目标(稳定[52]、跟踪[57]、鲁棒和干扰抑制[60,61]等)。然而，相比于针对每一个故障分别采用最优控制而言，用一个可靠的控制律来处理某集合中的所有故障存在过保守的问题，而该问题在可靠性控制的现有相关研究中尚未受到重视。因此，如何降低可靠控制的过保守问题，获得一个性能更优的 PACT 控制库是一个值得研究的重要课题。

2. BUE 控制器设计

首先，基于非线性可靠控制思想，设计一个初步的 BUE 控制器。

引理 6.2　假设 $C_\sigma \supseteq C_s$，即 C_σ 是 C_s 的一个扩展配置。如果 $J_s^*(\boldsymbol{x})$ 是配置 C_s 下系统的 HJB 方程的解，则控制器

$$\boldsymbol{u}_{s,\sigma} = -\frac{1}{2}\boldsymbol{R}^{-1}\boldsymbol{g}_\sigma^{\mathrm{T}}\frac{\partial J_s^*}{\partial \boldsymbol{x}} \tag{6.24}$$

可以稳定扩展配置 C_σ 下的系统。

证明　对于配置 C_σ，选择标量函数 $V_\sigma(x) = J_s^*(x)$ 作为系统的 Lyapunov 函数，沿系统轨迹对其进行微分可以得

$$\begin{aligned}\dot{V}_\sigma &= \left(\frac{\partial V_\sigma}{\partial \boldsymbol{x}}\right)^{\mathrm{T}}\boldsymbol{f}(x) - \frac{1}{2}\left(\frac{\partial V_\sigma}{\partial \boldsymbol{x}}\right)^{\mathrm{T}}\boldsymbol{\Omega}_{\sigma_s^k}\frac{\partial V_\sigma}{\partial \boldsymbol{x}} \\ &= -\boldsymbol{x}^{\mathrm{T}}\boldsymbol{Q}\boldsymbol{x} - \frac{1}{4}\left(\frac{\partial J_s}{\partial \boldsymbol{x}}\right)^{\mathrm{T}}\boldsymbol{\Omega}_s\frac{\partial J_s}{\partial \boldsymbol{x}} - \frac{1}{2}\left(\frac{\partial J_s}{\partial \boldsymbol{x}}\right)^{\mathrm{T}}\boldsymbol{\Omega}_{\sigma_s^k\setminus s}\frac{\partial J_s}{\partial \boldsymbol{x}} \\ &< 0\end{aligned} \tag{6.25}$$

其中，$\boldsymbol{\Omega}_\# = \boldsymbol{g}_\#\boldsymbol{R}^{-1}\boldsymbol{g}_\#^{\mathrm{T}}$，$\boldsymbol{\Omega}_{\#_1\setminus\#_2} = \boldsymbol{\Omega}_{\#_1} - \boldsymbol{\Omega}_{\#_2}$。

由此可知，控制器 $\boldsymbol{u}_{s,\sigma}$ 可以稳定扩展配置 C_σ 下的系统。

至此，引理 6.2 得证。□

引理 6.3　若 $C_{\sigma_1} \supseteq C_{\sigma_2} \supseteq C_s$，配置 $C_{\sigma_l}(l=1,2)$ 在控制器 $\boldsymbol{u}_{s,\sigma_l} = -\frac{1}{2}\boldsymbol{R}^{-1}\boldsymbol{g}_{\sigma_l}^{\mathrm{T}}\frac{\partial J_s^*}{\partial \boldsymbol{x}}$ 作用下的性能函数满足

$$J_{\sigma_1}\left(\boldsymbol{x}, \boldsymbol{u}_{s,\sigma_1}\right) \leqslant J_{\sigma_2}\left(\boldsymbol{x}, \boldsymbol{u}_{s,\sigma_2}\right) \leqslant J_s^*(\boldsymbol{x}) \tag{6.26}$$

证明　代价函数 $J_{\sigma_l}\left(\boldsymbol{x}, \boldsymbol{u}_{s,\sigma_l}\right)$ 满足以下 GHJB 方程：

$$\left(\frac{\partial J_{\sigma_l}}{\partial \boldsymbol{x}}\right)^{\mathrm{T}} \boldsymbol{f}(\boldsymbol{x})-\frac{1}{2}\left(\frac{\partial J_{\sigma_l}}{\partial \boldsymbol{x}}\right)^{\mathrm{T}} \boldsymbol{\Omega}_{\sigma_l} \frac{\partial J_s}{\partial \boldsymbol{x}}+\boldsymbol{x}^{\mathrm{T}} \boldsymbol{Q} \boldsymbol{x}+\frac{1}{4}\left(\frac{\partial J_s}{\partial \boldsymbol{x}}\right)^{\mathrm{T}} \boldsymbol{\Omega}_{\sigma_l} \frac{\partial J_s}{\partial \boldsymbol{x}}=\mathbf{0} \tag{6.27}$$

设 $J_{\sigma_l}=\nabla J_{\sigma_l,s}+J_s^*$，将其代入式(6.27)，得到

$$\begin{aligned}\frac{\mathrm{d}\nabla J_{\sigma_l,s}}{\mathrm{d}t} &=\left(\frac{\partial \nabla J_{\sigma_l,s}}{\partial \boldsymbol{x}}\right)^{\mathrm{T}} \boldsymbol{f}(\boldsymbol{x})-\frac{1}{2}\left(\frac{\partial \nabla J_{\sigma_l,s}}{\partial \boldsymbol{x}}\right)^{\mathrm{T}} \boldsymbol{\Omega}_{\sigma_l} \frac{\partial J_s^*}{\partial \boldsymbol{x}} \\ &=\left(\frac{1}{4} \frac{\partial J_s^*}{\partial \boldsymbol{x}}\right)^{\mathrm{T}} \boldsymbol{\Omega}_{\sigma_l \backslash s} \frac{\partial J_s^*}{\partial \boldsymbol{x}} \\ &>0\end{aligned} \tag{6.28}$$

由于 $\lim\limits_{t \rightarrow \infty} J_{\sigma_l}\left(\boldsymbol{x}, \boldsymbol{u}_{s,\sigma_l}\right)=\lim\limits_{t \rightarrow \infty} J_s^*(\boldsymbol{x})=0$，我们有 $\lim\limits_{t \rightarrow \infty} \nabla J_{\sigma_l,s}=0$。因此，结合式(6.28)可知，对于 $t \in[0, \infty)$，有

$$\nabla J_{\sigma_l,s}=J_{\sigma_l}\left(\boldsymbol{x}, \boldsymbol{u}_{s,\sigma_l}\right)-J_s^*(\boldsymbol{x})<0 \tag{6.29}$$

此外，根据式(6.28)，如果 $C_{\sigma_1} \supseteq C_{\sigma_2} \supseteq C_s$，有

$$\frac{\mathrm{d}\nabla J_{\sigma_1,s}}{\mathrm{d}t} \geqslant \frac{\mathrm{d}\nabla J_{\sigma_2,s}}{\mathrm{d}t}>0 \tag{6.30}$$

对于 $t \in[0, \infty)$，有

$$\begin{aligned}J_{\sigma_l} &=J_s^*+\nabla J_{\sigma_l,s}\left(\boldsymbol{x}, \boldsymbol{u}_{s,\sigma_l}\right) \\ &=J_s^*+\lim_{t \rightarrow \infty} \nabla J_{\sigma_l,s}\left(\boldsymbol{x}, \boldsymbol{u}_{s,\sigma_l}\right)-\int_t^{\infty} \frac{\mathrm{d}J_{\sigma_l,s}\left(\boldsymbol{x}, \boldsymbol{u}_{s,\sigma_l}\right)}{\mathrm{d}\tau} \mathrm{d}\tau \\ &=J_s^*-\int_t^{\infty} \frac{\mathrm{d}\nabla J_{\sigma_l,s}\left(\boldsymbol{x}, \boldsymbol{u}_{s,\sigma_l}\right)}{\mathrm{d}\tau} \mathrm{d}\tau, \quad k=1,2\end{aligned} \tag{6.31}$$

因此，结合式(6.30)和式(6.31)，有

$$J_{\sigma_1}\left(\boldsymbol{x}, \boldsymbol{u}_{s,\sigma_1}\right) \leqslant J_{\sigma_2}\left(\boldsymbol{x}, \boldsymbol{u}_{s,\sigma_2}\right) \tag{6.32}$$

根据式(6.29)和式(6.32)，当 $C_{\sigma_1} \supseteq C_{\sigma_2} \supseteq C_s$ 时，有

$$J_{\sigma_1}\left(\boldsymbol{x}, \boldsymbol{u}_{s,\sigma_1}\right) \leqslant J_{\sigma_2}\left(\boldsymbol{x}, \boldsymbol{u}_{s,\sigma_2}\right) \leqslant J_s^*(\boldsymbol{x}) \tag{6.33}$$

至此，引理 6.3 得证。□

注 6.4 对于任意给定的 $\boldsymbol{\lambda}_s(\boldsymbol{x}) \in \mathbf{R}^n$，当其组成的控制律 $\boldsymbol{u}_{s,\sigma_l}=-\frac{1}{2} \boldsymbol{R}^{-1} \boldsymbol{g}_{\sigma_l}^{\mathrm{T}} \boldsymbol{\lambda}_s(\boldsymbol{x})$

可以使系统在配置 C_s 下稳定时，该控制律可能既不能稳定 C_s 的扩展配置 C_{σ_l}，更不能满足代价函数性质(6.26)。换言之，$\boldsymbol{\lambda}_s(\boldsymbol{x})=\dfrac{\partial J_s^*}{\partial \boldsymbol{x}}$ 只是个特例，如果控制律设计不合理，则额外的执行器可能反而会对系统性能产生负面影响。

定理 6.1　设 $C_s \in \mathcal{M}_\eta$ 是一个最小可重构配置，则控制器 $\boldsymbol{u}_{s,0}=-\dfrac{1}{2}\boldsymbol{R}^{-1}\boldsymbol{g}_0^{\mathrm{T}}\dfrac{\partial J_s^*}{\partial \boldsymbol{x}}$ 是 C_s 的一个 BUE 控制器，且不同配置的系统在该控制器作用下的代价函数满足

$$J_0\left(\boldsymbol{x},\boldsymbol{u}_{s,0}\right) \leqslant J_{\sigma_1}\left(\boldsymbol{x},\boldsymbol{u}_{s,0}\right) \leqslant J_{\sigma_2}\left(\boldsymbol{x},\boldsymbol{u}_{s,0}\right) \leqslant J_s\left(\boldsymbol{x},\boldsymbol{u}_{s,0}\right) \tag{6.34}$$

其中，$C_0 \supseteq C_{\sigma_1} \supseteq C_{\sigma_2} \supseteq C_s$。

证明　由于失效执行器的实际控制输出为零，则控制律 $\boldsymbol{u}_{s,0}=-\dfrac{1}{2}\boldsymbol{R}^{-1}\boldsymbol{g}_0^{\mathrm{T}}\dfrac{\partial J_s^*}{\partial \boldsymbol{x}}$ 作用于配置 $C_{\sigma_l}(l=1,2)$ 和 C_s 时，分别与控制律 $\boldsymbol{u}_{s,\sigma_l}=-\dfrac{1}{2}\boldsymbol{R}^{-1}\boldsymbol{g}_{\sigma_l}^{\mathrm{T}}\dfrac{\partial J_s^*}{\partial \boldsymbol{x}}$ 和 $\boldsymbol{u}_s^*=-\dfrac{1}{2}\boldsymbol{R}^{-1}\boldsymbol{g}_s^{\mathrm{T}}\dfrac{\partial J_s^*}{\partial \boldsymbol{x}}$ 等价。由此可见，定理 6.1 可以由引理 6.2 和引理 6.3 直接推导得到。□

定理 6.1 提供了一个特定的 BUE 控制器设计，下面将它作为初始方案，降低其过保守性，以获得一个性能更优的 BUE 控制器。

3. 正常模式与故障模式一体化设计

PACT 重构方法利用一个 BUE 控制器控制一个子集中的所有配置，相比于每个配置分别采用自己的最优控制器，损失了一定的控制性能。例如，对于 $\forall C_\sigma \in \mathcal{E}\left(C_s\right)$ 而言，其损失的性能为 $J_\sigma\left(\boldsymbol{x}_0,\boldsymbol{u}_s^{\mathrm{BUE}}\right)-J_\sigma^*\left(\boldsymbol{x}_0\right)$，其中 $J_\sigma^*\left(\boldsymbol{x}_0\right)$ 是配置为 C_σ 的系统在其最优控制律下的性能指标。这里将上述性能损失问题称为 PACT 重构方案的过保守问题。给定一个扩展配置子集 $\mathcal{E}\left(C_s\right)$，定义其中执行器数目最多的配置为该子集的最高配置并记为 $C_{\bar{s}}$。一般情况下，一个扩展配置集的最高配置是标称配置 C_0。系统预计在大部分寿命时段均运行于正常模式，因此需要首先保证其标称性能，降低其在标称配置下的过保守问题。此外，为预防故障的发生，还需要确保系统在规定故障下具有足够的可重构性。因此，在设计重构方案时需要平衡系统在正常情况下的标称性能和故障情况下的可重构性。由此可见，一个值得研究的方向是：为一个配置集 $\mathcal{E}\left(C_s\right)$ 设计 BUE 控制律，使其在确保系统满足规定可重构性要求(即 $\mathcal{E}\left(C_s\right)$ 中所有配置可重构)的前提下，尽可能提升系统的标称性能，该控制律记为 $\boldsymbol{u}_{s,0}$。鉴于此，配置集 $\mathcal{E}\left(C_s\right)$ 的 BUE 控制器设计问题可以

描述为以下优化问题：

$$\begin{aligned}&\min_{\boldsymbol{u}_{s,0}} J_0\left(\boldsymbol{u}_{s,0}\right)\\&\text{s.t. } \forall C_\sigma \in \mathcal{E}\left(C_s\right): J_\sigma\left(\boldsymbol{u}_{s,0}\right) \leqslant \eta\end{aligned} \tag{6.35}$$

为了简化描述，上述优化问题可以简写成计算指标 $\min\limits_{\boldsymbol{u}_{s,0} \in \mathcal{U}_\eta^{\mathrm{BUE}}(C_s)} J_0\left(\boldsymbol{u}_{s,0}\right)$ 的形式。为了便于后续描述，该指标在后文中被称为系统在配置集 $\mathcal{E}\left(C_s\right)$ 中的正常与故障模式平衡性能指标。

注 6.5　若需进一步降低 PACT 重构方法的过保守性，可以在选择某配置集的 BUE 控制器作为标称控制器后，将其他配置集中的标称配置 C_0 删去，然后以优化新的最高配置 $C_{\bar{s}}$ 下的系统性能为目标，重新设计这些配置集的 BUE 控制器 $\boldsymbol{u}_{s,\bar{s}}$，以降低这些配置集的过保守性。以此类推，直到每个配置集都拥有一个使不同最高配置性能最优的 BUE 控制器。从故障概率的角度来说，在一个扩展配置子集中，系统预期最早且花费最长时间运行在最高配置下。因此，在为扩展配置集 $\mathcal{E}\left(C_s\right)$ 设计 BUE 控制器时，需要尽可能提高系统在最高配置下的性能，即计算 $\min\limits_{\boldsymbol{u}_{s,\bar{s}} \in \mathcal{U}_\eta^{\mathrm{BUE}}(C_s)} J_{\bar{s}}(\boldsymbol{x}, \boldsymbol{u})$。根据注 6.2，一个配置子集中可能存在多个最高配置，或者多个配置子集可能同时拥有相同的最高配置。面对这种情况，针对每个配置子集，我们可以将最小化该集合中不同最高配置的代价函数为目标设计不同的 BUE 控制器，然后通过适当的决策机制(例如对比不同最高配置的性能指标大小、故障概率等)，选择其中一个进入 PACT 控制库。下面给出上述情况下 PACT 控制库的设计过程。

步骤 1：从可重构配置集 $\mathcal{C}_\eta$ 中选择关键配置，并用 $\mathcal{K}$ 表示其集合。为关键配置集 $\mathcal{K}$ 中的所有配置 $\forall C_s \in \mathcal{K}$ 设计最优控制器 $\boldsymbol{u}_s^*$，得到控制集合 $\mathcal{U}^{\mathrm{opt}} = \left\{\boldsymbol{u}_s^* \middle| \forall C_s \in \mathcal{K}\right\}$。

步骤 2：将集合 $\mathcal{C}_\eta \setminus \mathcal{K}$ 中的配置划分为不同的扩展配置子集 $\mathcal{E}\left(C_s\right)$，$\forall C_s \in \mathcal{M}_\eta \setminus \mathcal{K}$。

步骤 3：初始化 $i = 0$，$\mathcal{M}_{\text{total}}^i = \mathcal{M}_\eta \setminus \mathcal{K}$ 以及 $\mathcal{U}^{\mathrm{BUE}} = \varnothing$。

步骤 4：对 $\forall C_s \in \mathcal{M}_\eta \setminus \mathcal{K}$，确定其扩展配置子集 $\mathcal{E}\left(C_s\right)$ 中的最高配置，并用 $\mathcal{HL}\left(C_s\right)$ 表示其集合，令 $\mathcal{HL}_{\text{total}}^i = \bigcup\limits_{C_s \in \mathcal{M}_\eta \setminus \mathcal{K}} \mathcal{HL}\left(C_s\right)$。

步骤 5：在每一个子集 $\mathcal{E}\left(C_s\right), \forall C_s \in \mathcal{M}_{\text{total}}^i$ 中，针对不同的最高配置 $C_{\bar{s}}$ 设计不同的 BUE 控制器 $\boldsymbol{u}_{s,\bar{s}}$，使得该配置下的代价函数最低，用 $\mathcal{U}_{\text{cand}}^i = \left\{\boldsymbol{u}_{s,\bar{s}} \middle| \forall C_s \in \mathcal{M}_{\text{total}}^i,\right.$

$\forall C_{\bar{s}} \in \mathcal{HL}(C_s)\}$ 表示所有候选 BUE 控制器的集合。

步骤 6：如果 $i = |\mathcal{M}_\eta \setminus \mathcal{K}|$，则转到步骤 8。否则，转到步骤 7。

步骤 7：如果 $\mathcal{U}_{\text{cand}}^i \neq \varnothing$，选择 $\mathcal{U}_{\text{cand}}^i$ 中使代价函数 $J_{\bar{s}}(\boldsymbol{x}, \boldsymbol{u}_{s,\bar{s}})$ 最小的控制器作为 $\mathcal{U}^{\text{BUE}}$ 中的第 i 个元素来控制集合 $\mathcal{E}(C_s)$ 中的配置，更新 $\mathcal{U}_{\text{cand}}^{i+1} = \mathcal{U}_{\text{cand}}^i \Big\backslash \left\{ \boldsymbol{u}_{s^*,\bar{s}}, \boldsymbol{u}_{s,\bar{s}^*} \middle| \forall C_s \in \mathcal{M}_{\text{total}}^i, \forall C_{\bar{s}} \in \mathcal{HL}(C_s) \right\}$，$\mathcal{M}_{\text{total}}^{i+1} = \mathcal{M}_{\text{total}}^i \setminus C_{s^*}$，$\mathcal{E}(C_s) = \mathcal{E}(C_s) \setminus C_{\bar{s}^*}$，$\forall C_s \in \mathcal{M}_{\text{total}}^{i+1}$ 以及 $\mathcal{HL}_{\text{total}}^{i+1} = \mathcal{HL}_{\text{total}}^i \setminus C_{\bar{s}^*}$，$i = i+1$，然后返回到步骤 6。否则，返回步骤 4。

步骤 8：停止。输出最后的 PACT 控制库 $\mathcal{U}_\eta^{\text{PACT}} = \mathcal{U}^{\text{opt}} \cup \mathcal{U}^{\text{BUE}}$。

基于上述方法，可以得到一个同时平衡系统标称性能与可重构性的 PACT 重构方法。

假设 BUE 控制器形式为 $\boldsymbol{u}_{s,0} = -\frac{1}{2}\boldsymbol{R}^{-1}\boldsymbol{g}_0^{\text{T}}\boldsymbol{\lambda}_s(x)$，其中 $\boldsymbol{\lambda}_s(x)$ 可以作为设计的一个自由度来降低 BUE 控制器的保守性，该过程可以具体描述为如下的优化问题：

$$
\begin{aligned}
&\min_{\boldsymbol{\lambda}_s(x)} J_{s_0}\left(\boldsymbol{x}_0, -\frac{1}{2}\boldsymbol{R}^{-1}\boldsymbol{g}_0^{\text{T}}\boldsymbol{\lambda}_s(x)\right) \\
&\text{s.t. } \forall C_\sigma \in \mathcal{E}(C_s), \exists J_\sigma\left(\boldsymbol{x}_0, \boldsymbol{u}_{s,s_0}\right): \begin{cases} \text{GHJB}\left(-\frac{1}{2}\boldsymbol{R}^{-1}\boldsymbol{g}_0^{\text{T}}\boldsymbol{\lambda}_s(x), J_\sigma\right) = 0 \\ J_\sigma\left(\boldsymbol{x}_0, -\frac{1}{2}\boldsymbol{R}^{-1}\boldsymbol{g}_0^{\text{T}}\boldsymbol{\lambda}_s(x)\right) \leqslant \eta(\boldsymbol{x}_0) \end{cases}
\end{aligned} \tag{6.36}
$$

这是一个很难求解的非线性优化问题。鉴于此，本书首先以定理 6.1 提供的控制器作为初始 BUE 控制器，然后设计一个改进的 Galerkin 迭代算法来降低其在标称配置 C_0 下的保守性，过程如下所示。

步骤 1：求解 HJB 方程 $\text{HJB}(J_s^*) = 0$，得到系统在配置 C_s 下对应的最佳性能指标函数 J_s^*。

步骤 2：初始化 $i = 0$，$J_{s,0}^{-1} = \infty$，$\boldsymbol{\lambda}_s^0(\boldsymbol{x}) = \dfrac{\partial J_s^*}{\partial \boldsymbol{x}}$。

步骤 3：令 $\boldsymbol{u}_{s,0}^i = -\frac{1}{2}\boldsymbol{R}^{-1}\boldsymbol{g}_0^{\text{T}}\boldsymbol{\lambda}_s^i(\boldsymbol{x})$，通过求解 GHJB 方程 $\text{GHJB}(\boldsymbol{u}_{s,0}^i, J_0^i) = 0$ 评价控制律 $\boldsymbol{u}_{s,0}^i$ 在标称配置 C_0 下的代价函数 $J_0^i(\boldsymbol{x}, \boldsymbol{u}_{s,0}^i)$。

步骤 4：如果 $\left|J_0^i(\boldsymbol{x}_0, \boldsymbol{u}_{s,0}^i) - J_0^{i-1}(\boldsymbol{x}_0, \boldsymbol{u}_{s,0}^{i-1})\right| \leqslant \varepsilon$，其中 ε 是预先指定的计算精度，

则转步骤 5。否则，更新 $\boldsymbol{\lambda}_s^{i+1}=p^i\boldsymbol{\lambda}_s^i+q^i\dfrac{\partial \boldsymbol{J}_0^i}{\partial \boldsymbol{x}}$，其中 $p^i+q^i=1$ 且 $p^i=\min\left\{p:p\in[0,1],\ \boldsymbol{\lambda}_s^{i+1}\in\mathcal{H}\right\}$，$\mathcal{H}$ 是满足约束(6.36)的 $\boldsymbol{\lambda}_s(x)$ 集合；然后 $i=i+1$，转步骤 3。

步骤 5：停止并输出当前控制律 $\boldsymbol{u}_{s,0}^i$。

下面给出上述算法迭代过程中每一步所得控制律的一些性质及其证明。

定理 6.2 改进的 Galerkin 算法每一步迭代过程中得到的控制律 $\boldsymbol{u}_{s,0}^i=-\dfrac{1}{2}\boldsymbol{R}^{-1}\boldsymbol{g}_0^{\mathrm{T}}\boldsymbol{\lambda}_s^i(\boldsymbol{x})$，$i=0,1,2,\cdots$ 对于标称配置 C_0 均是可稳定的。

证明 根据定理 6.1，初始控制律 $\boldsymbol{u}_{s,0}^0=-\dfrac{1}{2}\boldsymbol{R}^{-1}\boldsymbol{g}_0^{\mathrm{T}}\boldsymbol{\lambda}_s^0(\boldsymbol{x})$ 对标称配置 C_0 是可稳定的，假设第 i 步得到的控制律 $\boldsymbol{u}_{s,0}^i=-\dfrac{1}{2}\boldsymbol{R}^{-1}\boldsymbol{g}_0^{\mathrm{T}}\boldsymbol{\lambda}_s^i(\boldsymbol{x})$ 对 C_0 稳定，下面考虑 $\boldsymbol{u}_{s,0}^{i+1}=-\dfrac{1}{2}\boldsymbol{R}^{-1}\boldsymbol{g}_0^{\mathrm{T}}\boldsymbol{\lambda}_s^{i+1}(\boldsymbol{x})$ 的稳定性。

因为 $\boldsymbol{u}_{s,0}^i$ 可以稳定标称配置 C_0 下的系统，所以下述 GHJB 方程成立：

$$\left(\frac{\partial J_0^i}{\partial \boldsymbol{x}}\right)^{\mathrm{T}}\boldsymbol{f}(\boldsymbol{x})-\frac{1}{2}\left(\frac{\partial J_0^i}{\partial \boldsymbol{x}}\right)^{\mathrm{T}}\boldsymbol{\varOmega}_0\boldsymbol{\lambda}_s^i+\boldsymbol{x}^{\mathrm{T}}\boldsymbol{Q}\boldsymbol{x}+\frac{1}{4}\left(\boldsymbol{\lambda}_s^i\right)^{\mathrm{T}}\boldsymbol{\varOmega}_0\boldsymbol{\lambda}_s^i=0 \tag{6.37}$$

在第 $i+1$ 次迭代过程中，选择闭环系统的 Lyapunov 函数为 $V_0^{i+1}(\boldsymbol{x})=J_0^i\left(\boldsymbol{x},\boldsymbol{u}_{s,0}^i(\boldsymbol{x})\right)$，并沿该次迭代中的系统轨迹对其进行微分得到

$$\begin{aligned}
\frac{\mathrm{d}V_0^{i+1}(\boldsymbol{x})}{\mathrm{d}t}&=\left(\frac{\partial V_0^{i+1}}{\partial \boldsymbol{x}}\right)^{\mathrm{T}}\left[\boldsymbol{f}(\boldsymbol{x})-\frac{1}{2}\boldsymbol{\varOmega}_0\left(p^i\boldsymbol{\lambda}_s^i+q^i\frac{\partial J_0^i}{\partial \boldsymbol{x}}\right)\right]\\
&=p^i\left(\frac{\partial J_0^i}{\partial \boldsymbol{x}}\right)^{\mathrm{T}}\left(\boldsymbol{f}(\boldsymbol{x})-\frac{1}{2}\boldsymbol{\varOmega}_0\boldsymbol{\lambda}_s^i\right)+q^i\left(\frac{\partial J_0^i}{\partial \boldsymbol{x}}\right)^{\mathrm{T}}\left(\boldsymbol{f}(\boldsymbol{x})-\frac{1}{2}\boldsymbol{\varOmega}_0\frac{\partial J_0^i}{\partial \boldsymbol{x}}\right)\\
&=-p^i\left(\frac{1}{4}\boldsymbol{\lambda}_s^{i\mathrm{T}}\boldsymbol{\varOmega}_0\boldsymbol{\lambda}_s^i+\boldsymbol{x}^{\mathrm{T}}\boldsymbol{Q}\boldsymbol{x}\right)+q^i\left(\frac{\partial J_0^i}{\partial \boldsymbol{x}}\right)^{\mathrm{T}}\left(\boldsymbol{f}(\boldsymbol{x})-\frac{1}{2}\boldsymbol{\varOmega}_0\boldsymbol{\lambda}_s^i+\frac{1}{2}\boldsymbol{\varOmega}_0\boldsymbol{\lambda}_s^i-\frac{1}{2}\boldsymbol{\varOmega}_0\frac{\partial J_0^i}{\partial \boldsymbol{x}}\right)\\
&=-p^i\left(\frac{1}{4}\boldsymbol{\lambda}_s^{i\mathrm{T}}\boldsymbol{\varOmega}_0\boldsymbol{\lambda}_s^i+\boldsymbol{x}^{\mathrm{T}}\boldsymbol{Q}\boldsymbol{x}\right)\\
&\quad-q^i\left(\boldsymbol{x}^{\mathrm{T}}\boldsymbol{Q}\boldsymbol{x}+\frac{1}{4}\left(\boldsymbol{\lambda}_s^i-\frac{\partial J_0^i}{\partial \boldsymbol{x}}\right)^{\mathrm{T}}\boldsymbol{\varOmega}_0\left(\boldsymbol{\lambda}_s^i-\frac{\partial J_0^i}{\partial \boldsymbol{x}}\right)+\frac{1}{4}\left(\frac{\partial J_0^i}{\partial \boldsymbol{x}}\right)^{\mathrm{T}}\boldsymbol{\varOmega}_0\frac{\partial J_0^i}{\partial \boldsymbol{x}}\right)\\
&<0
\end{aligned} \tag{6.38}$$

因此，如果第 i 步得到的控制律 $\boldsymbol{u}_{s,0}^{i}=-\frac{1}{2}\boldsymbol{R}^{-1}\boldsymbol{g}_0^{\mathrm{T}}\boldsymbol{\lambda}_s^{i}(\boldsymbol{x})$ 对配置 C_0 稳定，则第 $i+1$ 步所得控制律 $\boldsymbol{u}_{s,0}^{i+1}=-\frac{1}{2}\boldsymbol{R}^{-1}\boldsymbol{g}_0^{\mathrm{T}}\boldsymbol{\lambda}_s^{i+1}(\boldsymbol{x})$ 也对配置 C_0 稳定。

综上，改进的 Galerkin 算法在每一步迭代过程中得到的控制律 $\boldsymbol{u}_{s,0}^{i}=-\frac{1}{2}\boldsymbol{R}^{-1}\boldsymbol{g}_0^{\mathrm{T}}\boldsymbol{\lambda}_s^{i}(\boldsymbol{x})(i=0,1,2,\cdots)$ 对于标称配置 C_0 均是可稳定的。

至此，定理 6.2 得证。□

定理 6.3　改进的 Galerkin 算法是收敛的，且每次迭代都会提升标称性能，即每次迭代得到的标称代价函数 $J_0^{i}\left(\boldsymbol{x},\boldsymbol{u}_{s,0}^{i}\right)(i=0,1,2,\cdots)$ 是一个下界为最优标称代价 $J_0^{*}(\boldsymbol{x})$ 的单调非增序列：

$$J_0^{0}\left(\boldsymbol{x},\boldsymbol{u}_{s,0}^{0}\right)>J_0^{1}\left(\boldsymbol{x},\boldsymbol{u}_{s,0}^{1}\right)>\cdots>J_0^{i}\left(\boldsymbol{x},\boldsymbol{u}_{s,0}^{i}\right)>J_0^{i+1}\left(\boldsymbol{x},\boldsymbol{u}_{s,0}^{i+1}\right)>\cdots\geqslant J_0^{*}(\boldsymbol{x}) \tag{6.39}$$

证明　代价函数 $J_0^{i}\left(\boldsymbol{x},\boldsymbol{u}_{s,0}^{i}\right)$ 和 $J_0^{i+1}\left(\boldsymbol{x},\boldsymbol{u}_{s,0}^{i+1}\right)$ 分别满足 GHJB 方程(6.37)和(6.40)：

$$\begin{aligned}&\left(\frac{\partial J_0^{i+1}}{\partial \boldsymbol{x}}\right)^{\mathrm{T}}\boldsymbol{f}(\boldsymbol{x})-\frac{1}{2}\left(\frac{\partial J_0^{i+1}}{\partial \boldsymbol{x}}\right)^{\mathrm{T}}\boldsymbol{\Omega}_0\left(p^{i}\boldsymbol{\lambda}_s^{i}+q^{i}\frac{\partial J_0^{i}}{\partial \boldsymbol{x}}\right)+\boldsymbol{x}^{\mathrm{T}}\boldsymbol{Q}\boldsymbol{x}\\&+\frac{1}{4}\left(p^{i}\boldsymbol{\lambda}_s^{i}+q^{i}\frac{\partial J_0^{i}}{\partial \boldsymbol{x}}\right)^{\mathrm{T}}\boldsymbol{\Omega}_{s_0}\left(p^{i}\boldsymbol{\lambda}_s^{i}+q^{i}\frac{\partial J_0^{i}}{\partial \boldsymbol{x}}\right)=0\end{aligned} \tag{6.40}$$

使 $J_0^{i+1}=J_0^{i}+\nabla J_0^{i+1}$，将其代入式(6.40)，得到

$$\begin{aligned}\frac{\mathrm{d}\nabla J_0^{i+1}}{\mathrm{d}t}&=\left(\frac{\partial \nabla J_0^{i+1}}{\partial \boldsymbol{x}}\right)^{\mathrm{T}}\left[\boldsymbol{f}(\boldsymbol{x})-\frac{1}{2}\boldsymbol{\Omega}_0\left(p^{i}\boldsymbol{\lambda}_s^{i}+q^{i}\frac{\partial J_0^{i}}{\partial \boldsymbol{x}}\right)\right]\\&=\frac{1-p^{i2}}{4}\left(\boldsymbol{\lambda}_s^{i}-\frac{\partial J_0^{i}}{\partial \boldsymbol{x}}\right)^{\mathrm{T}}\boldsymbol{\Omega}_0\left(\boldsymbol{\lambda}_s^{i}-\frac{\partial J_0^{i}}{\partial \boldsymbol{x}}\right)\\&\geqslant 0\end{aligned} \tag{6.41}$$

由于 $\lim\limits_{t\to\infty}J_0^{i}\left(\boldsymbol{x},\boldsymbol{u}_{s,0}^{i}\right)=\lim\limits_{t\to\infty}J_0^{i+1}\left(\boldsymbol{x},\boldsymbol{u}_{s,0}^{i+1}\right)=0$，我们有 $\lim\limits_{t\to\infty}\nabla J_0^{i+1}=0$。因此，结合式(6.41)可知，对 $\forall t\in[0,\infty)$，有

$$\nabla J_0^{i+1}=J_0^{i+1}-J_0^{i}\leqslant 0 \tag{6.42}$$

因为 $J_0^*(\boldsymbol{x})$ 是标称配置的最优代价函数，所以在改进的 Galerkin 算法迭代过程中所得任何控制律的代价函数都大于它。

综上，该迭代过程中得到的连续代价函数是一个有界的单调非增序列：

$$\begin{aligned} & J_0^0\left(\boldsymbol{x},\boldsymbol{u}_{s,0}^0\right) > J_0^1\left(\boldsymbol{x},\boldsymbol{u}_{s,0}^1\right) > \cdots \\ & > J_0^i\left(\boldsymbol{x},\boldsymbol{u}_{s,0}^i\right) > J_0^{i+1}\left(\boldsymbol{x},\boldsymbol{u}_{s,0}^{i+1}\right) > \cdots \geqslant J_0^*(\boldsymbol{x}) \end{aligned} \tag{6.43}$$

根据单调收敛定理，该代价函数序列是收敛的，即改进的 Galerkin 算法收敛。定理 6.3 得证。□

下面给出另一个描述标称代价函数下降速度的定理。

定理 6.4　在改进的 Galerkin 算法的每次迭代中，如果 p^i 被视为一个变量，则基于 p^i 更新的标称代价函数 $J_0^{i+1}\left(\boldsymbol{x},\boldsymbol{u}_{s,0}^{i+1}\left(p^i\right)\right)$ 是一个关于 p^i 单调非减的函数，这表示改进的 Galerkin 算法中的约束 $p^i=\min\left\{p: p\in[0,1], \boldsymbol{\lambda}_s^{i+1}\in\mathcal{H}\right\}$ 在每次迭代过程中，保证了更新的控制律在满足 BUE 性质的前提下，在标称配置下的代价函数降低程度最大。

证明　基于式(6.41)，如果 $p_1^i<p_2^i$，那么有

$$\frac{\mathrm{d}\nabla J_{s_0}^{i+1}\left(p_1^i\right)}{\mathrm{d}t} \geqslant \frac{\mathrm{d}\nabla J_{s_0}^{i+1}\left(p_2^i\right)}{\mathrm{d}t} \geqslant 0 \tag{6.44}$$

因为 $\lim\limits_{t\to\infty}\nabla J_{s_0}^{i+1}\left(p_l^i\right)=0(l=1,2)$，所以对 $\forall t\in[0,\infty)$ 有

$$\begin{aligned} J_{s_0}^{i+1}\left(p_l^i\right) &= J_{s_0}^i + \nabla J_{s_0}^{i+1}\left(p_l^i\right) \\ &= J_{s_0}^i + \lim_{t\to\infty}\nabla J_{s_0}^{i+1}\left(p_l^i\right) - \int_t^\infty \frac{\mathrm{d}\nabla J_{s_0}^{i+1}\left(p_l^i\right)}{\mathrm{d}\tau}\mathrm{d}\tau \\ &= J_{s_0}^i - \int_t^\infty \frac{\mathrm{d}\nabla J_{s_0}^{i+1}\left(p_l^i\right)}{\mathrm{d}\tau}\mathrm{d}\tau, \quad k=1,2 \end{aligned} \tag{6.45}$$

根据式(6.44)和式(6.45)，有

$$J_{s_0}^{i+1}\left(p_1^i\right) \leqslant J_{s_0}^{i+1}\left(p_2^i\right) \tag{6.46}$$

因此，基于 p^i 更新的标称代价函数 $J_0^{i+1}\left(\boldsymbol{x},\boldsymbol{u}_{s,0}^{i+1}\left(p^i\right)\right)$ 是一个关于 p^i 单调非减的函数。

如果在每一次迭代中均使用 $p^i=1(i=0,1,2,\cdots)$，则改进的 Galerkin 算法实际上是求解标称系统 HJB 方程的 Galerkin 近似算法[62]，得到的是最优标称控制律及其对应的最优标称代价函数。然而，该算法不能保证迭代得到的控制律在配置 C_s 下满足 BUE 性质。改进的 Galerkin 算法中对 p^i 的选择保证了在每次迭代过程中，控制律在满足 BUE 性质的前提下，其标称代价函数降低程度最大。

至此，定理 6.4 得证。□

类似 3.4.1 节，可以证得改进的 Galerkin 算法的结果收敛到式(6.36)的最优解。

定理 6.2～定理 6.4 揭示了改进的 Galerkin 算法所得迭代控制律的稳定性和收敛性。除此之外，我们想知道定理 6.1 所描述的控制律在不同配置下的代价函数关系在迭代期间是否仍然成立。如果成立，那么改进的 Galerkin 算法中更新控制律的 BUE 性质约束 $\boldsymbol{\lambda}_s^{i+1}\in\mathcal{H}$（针对一个集合的配置）可以简化为可容许性约束 $-\dfrac{1}{2}\boldsymbol{R}^{-1}\boldsymbol{g}_{s_0}^{\mathrm{T}}\boldsymbol{\lambda}_s^{i+1}(\boldsymbol{x})\in\mathcal{U}_\eta\left(C_0\right)$（只针对单个配置）。为了讨论这一点，我们提出了定理 6.5。

定理 6.5　在改进的 Galerkin 算法的每次迭代中，均存在一个以原点为中心的邻域 χ，对于 $\forall\boldsymbol{x}\in\chi$，迭代所得控制器 $\boldsymbol{u}_{s,0}^i(i=0,1,2,\cdots)$ 在不同配置下的代价函数满足

$$J_0^i\left(\boldsymbol{x},\boldsymbol{u}_{s,0}^i\right)\leqslant J_{\sigma_1}^i\left(\boldsymbol{x},\boldsymbol{u}_{s,0}\right)\leqslant J_{\sigma_2}^i\left(\boldsymbol{x},\boldsymbol{u}_{s,0}\right)\leqslant J_s^i\left(\boldsymbol{x},\boldsymbol{u}_{s,0}\right) \tag{6.47}$$

其中，$C_0\supseteq C_{\sigma_1}\supseteq C_{\sigma_2}\supseteq C_s$。当系统(6.3)退化为线性系统时，邻域 χ 则为全状态空间。

证明　对于每次迭代 $i(i=0,1,2,\cdots)$，配置 C_0、$C_{\sigma_l}(l=1,2)$ 和 C_s 下的 GHJB 方程分别为式(6.37)和

$$\left(\frac{\partial J_{\sigma_l}^i}{\partial\boldsymbol{x}}\right)^{\mathrm{T}}\boldsymbol{f}(\boldsymbol{x})-\frac{1}{2}\left(\frac{\partial J_{\sigma_l}^i}{\partial\boldsymbol{x}}\right)^{\mathrm{T}}\boldsymbol{\Omega}_{\sigma_l}\boldsymbol{\lambda}_s^i+\boldsymbol{x}^{\mathrm{T}}\boldsymbol{Q}\boldsymbol{x}+\frac{1}{4}\left(\boldsymbol{\lambda}_s^i\right)^{\mathrm{T}}\boldsymbol{\Omega}_{\sigma_l}\boldsymbol{\lambda}_s^i=\boldsymbol{0} \tag{6.48}$$

$$\left(\frac{\partial J_s^i}{\partial\boldsymbol{x}}\right)^{\mathrm{T}}\boldsymbol{f}(\boldsymbol{x})-\frac{1}{2}\left(\frac{\partial J_s^i}{\partial\boldsymbol{x}}\right)^{\mathrm{T}}\boldsymbol{\Omega}_{\sigma_l}\boldsymbol{\lambda}_s^i+\boldsymbol{x}^{\mathrm{T}}\boldsymbol{Q}\boldsymbol{x}+\frac{1}{4}\left(\boldsymbol{\lambda}_s^i\right)^{\mathrm{T}}\boldsymbol{\Omega}_{\sigma_l}\boldsymbol{\lambda}_s^i=\boldsymbol{0} \tag{6.49}$$

根据文献[63]，任意配置 $C_\#$ 下系统动力学方程及其代价函数的梯度可以写成

$$\dot{\boldsymbol{x}}=\boldsymbol{F}(\boldsymbol{x})\boldsymbol{x}+\boldsymbol{g}_\#(\boldsymbol{x})\boldsymbol{u} \tag{6.50}$$

$$\left[\frac{\partial J_{\#}^{i}}{\partial \boldsymbol{x}}\right]^{\mathrm{T}} = \boldsymbol{P}_{\#}^{i}(\boldsymbol{x})\boldsymbol{x} \tag{6.51}$$

其中，矩阵值函数 $\boldsymbol{F}(\boldsymbol{x}) \in \mathbf{R}^{n \times n}$ ，$\boldsymbol{P}_{\#}^{i}(\boldsymbol{x}) = \left(\boldsymbol{P}_{\#}^{i}\right)^{\mathrm{T}}(\boldsymbol{x}) \in \mathbf{R}^{n \times n}$ ，$\left(\boldsymbol{F}(\boldsymbol{x}), \boldsymbol{g}_{\#}(\boldsymbol{x})\right)$ 逐点可稳定。因为 $\boldsymbol{\lambda}_{s}^{0}\left(\boldsymbol{x}_{k}\right) = \dfrac{\partial J_{s}^{*}}{\partial \boldsymbol{x}_{k}}$ 和 $\boldsymbol{\lambda}_{s}^{i+1} = p^{i}\boldsymbol{\lambda}_{s}^{i} + q^{i}\dfrac{\partial J_{s_0}^{i}}{\partial \boldsymbol{x}} (i = 0,1,2,\cdots)$ ，$\boldsymbol{\lambda}_{s}^{i}$ 也可以参数化为相似形式：

$$\boldsymbol{\lambda}_{s}^{i} = \boldsymbol{H}_{s}^{i}(\boldsymbol{x})\boldsymbol{x}, \quad i = 0,1,2,\cdots \tag{6.52}$$

$$\boldsymbol{H}_{s}^{0} = \boldsymbol{P}_{s}^{*}, \quad \boldsymbol{H}_{s}^{i+1} = p^{i}\boldsymbol{H}_{s}^{i} + q^{i}\boldsymbol{P}_{0}^{i}, \quad i = 0,1,2,\cdots \tag{6.53}$$

其中，矩阵值函数 $\boldsymbol{H}_{s}^{i}(\boldsymbol{x}) \in \mathbf{R}^{n \times n}$ 。

令 $J_{0}^{i} = J_{0,s}^{i} + \nabla J_{s}^{i}$ 和 $J_{\sigma_l}^{i} = J_{\sigma_l,s}^{i} + \nabla J_{s}^{i}$ 。通过上述参数化，分别从式(6.37)和式(6.48)中减去式(6.49)得到

$$\begin{aligned}\frac{\mathrm{d}\nabla J_{0,s}^{i}}{\mathrm{d}t} &= \frac{1}{2}\boldsymbol{x}^{\mathrm{T}}\mathrm{He}\left[\nabla \boldsymbol{P}_{0,s}^{i}(x)\left(\boldsymbol{F}(\boldsymbol{x}) - \frac{1}{2}\boldsymbol{\Omega}_{0}\boldsymbol{H}_{s}^{i}(\boldsymbol{x})\right)\right]\boldsymbol{x} \\ &= \frac{1}{2}\boldsymbol{x}^{\mathrm{T}}\mathrm{He}\left[\left(\boldsymbol{P}_{s}^{i}(x) - \frac{1}{2}\boldsymbol{H}_{s}^{i}(\boldsymbol{x})\right)\boldsymbol{\Omega}_{0\backslash s}\boldsymbol{H}_{s}^{i}(\boldsymbol{x})\right]\boldsymbol{x} \\ &= \boldsymbol{x}^{\mathrm{T}}\sum_{k \in \mathcal{I}\left(C_0 \backslash C_s\right)}\boldsymbol{Z}_{k}\boldsymbol{x}\end{aligned} \tag{6.54}$$

$$\begin{aligned}\frac{\mathrm{d}\nabla J_{\sigma_l,s}^{i}}{\mathrm{d}t} &= \frac{1}{2}\boldsymbol{x}^{\mathrm{T}}\mathrm{He}\left[\nabla \boldsymbol{P}_{\sigma_l,s}^{i}(\boldsymbol{x})\left(\boldsymbol{F}(\boldsymbol{x}) - \frac{1}{2}\boldsymbol{\Omega}_{\sigma_l}\boldsymbol{H}_{s}^{i}(\boldsymbol{x})\right)\right]\boldsymbol{x} \\ &= \frac{1}{2}\boldsymbol{x}^{\mathrm{T}}\mathrm{He}\left[\left(\boldsymbol{P}_{s}^{i}(\boldsymbol{x}) - \frac{1}{2}\boldsymbol{H}_{s}^{i}(\boldsymbol{x})\right)\boldsymbol{\Omega}_{\sigma_l\backslash s}\boldsymbol{H}_{s}^{i}(\boldsymbol{x})\right]\boldsymbol{x} \\ &= \boldsymbol{x}^{\mathrm{T}}\sum_{k \in \mathcal{I}\left(C_{\sigma_l} \backslash C_s\right)}\boldsymbol{Z}_{k}\boldsymbol{x}\end{aligned} \tag{6.55}$$

其中，$\nabla \boldsymbol{P}_{0,s}^{i}(\boldsymbol{x}) = \boldsymbol{P}_{0}^{i}(\boldsymbol{x}) - \boldsymbol{P}_{s}^{i}(\boldsymbol{x})$ ，$\nabla \boldsymbol{P}_{\sigma_l,s}^{i}(\boldsymbol{x}) = \boldsymbol{P}_{\sigma_l}^{i}(\boldsymbol{x}) - \boldsymbol{P}_{s}^{i}(\boldsymbol{x})$ ，$\mathcal{I}(\cdot)$ 是配置“·”中执行器的索引集合，另外

$$\boldsymbol{Z}_{k}(\boldsymbol{x}) = \frac{1}{2r_k}\left(\boldsymbol{P}_{s}^{i}(\boldsymbol{x}) - \frac{1}{2}\boldsymbol{H}_{s}^{i}(\boldsymbol{x})\right)\boldsymbol{b}_{k}(\boldsymbol{x})\boldsymbol{b}_{k}^{\mathrm{T}}(\boldsymbol{x})\boldsymbol{H}_{s}^{i}(\boldsymbol{x}) \tag{6.56}$$

其中，r_k 和 $\boldsymbol{b}_k$ 分别是 $\boldsymbol{R}$ 的第 k 个对角线元素和 $\boldsymbol{g}_0$ 的第 k 列，$\forall k \in \mathcal{I}\left(C_{\sigma_l} \setminus C_s\right)$。相应地，$\operatorname{rank}\left(\boldsymbol{Z}_k(\boldsymbol{x})\right) \leqslant 1$，其中 $\operatorname{rank}(\cdot) \leqslant 1$ 表示矩阵的秩。

$J_0^i\left(\boldsymbol{x}, \boldsymbol{u}_{s,0}^i\right)$ 的二阶导数是

$$\begin{aligned}\frac{\mathrm{d}^2 J_0^i}{\mathrm{d}t^2} &= \frac{\partial^{\mathrm{T}}\left(\boldsymbol{x}^{\mathrm{T}} \boldsymbol{P}_0^i(\boldsymbol{x}) \boldsymbol{F}_{cl}(\boldsymbol{x}) \boldsymbol{x}\right)}{\partial x} \boldsymbol{F}_{cl}(\boldsymbol{x}) \boldsymbol{x} \\ &= 2\boldsymbol{x}^{\mathrm{T}} \boldsymbol{F}_{cl}^{\mathrm{T}}(\boldsymbol{x}) \boldsymbol{P}_0^i(\boldsymbol{x}) \boldsymbol{F}_{cl}(\boldsymbol{x}) \boldsymbol{x} + \boldsymbol{x}^{\mathrm{T}} \frac{\partial \boldsymbol{P}_0^i(\boldsymbol{x}) \boldsymbol{F}_{cl}(\boldsymbol{x})}{\partial \boldsymbol{x}} \boldsymbol{x} \boldsymbol{F}_{cl}(\boldsymbol{x}) \boldsymbol{x}\end{aligned} \tag{6.57}$$

其中，$\boldsymbol{F}_{cl}(\boldsymbol{x}) = \boldsymbol{F}(\boldsymbol{x}) - \dfrac{1}{2} \boldsymbol{\Omega}_0 \boldsymbol{H}_s^i(\boldsymbol{x})$。

类似地，$J_s^i\left(\boldsymbol{x}, \boldsymbol{u}_{s,0}^i\right)$ 沿标称配置下系统轨迹的二阶导数是

$$\frac{\mathrm{d}^2 J_s^i}{\mathrm{d}t^2} = 2\boldsymbol{x}^{\mathrm{T}} \boldsymbol{F}_{cl}^{\mathrm{T}}(\boldsymbol{x}) \boldsymbol{P}_s^i(\boldsymbol{x}) \boldsymbol{F}_{cl}(\boldsymbol{x}) \boldsymbol{x} + \boldsymbol{x}^{\mathrm{T}} \frac{\partial \boldsymbol{P}_s^i(\boldsymbol{x}) \boldsymbol{F}_{cl}(\boldsymbol{x})}{\partial \boldsymbol{x}} \boldsymbol{x} \boldsymbol{F}_{cl}(\boldsymbol{x}) \boldsymbol{x} \tag{6.58}$$

所以，有

$$\frac{\mathrm{d}^2 \nabla J_{0,s}^i}{\mathrm{d}t^2} = 2\boldsymbol{x}^{\mathrm{T}} \boldsymbol{F}_{cl}^{\mathrm{T}}(\boldsymbol{x}) \nabla \boldsymbol{P}_{0,s}^i(\boldsymbol{x}) \boldsymbol{F}_{cl}(\boldsymbol{x}) \boldsymbol{x} + \boldsymbol{x}^{\mathrm{T}} \frac{\partial \nabla \boldsymbol{P}_{0,s}^i(\boldsymbol{x}) \boldsymbol{F}_{cl}(\boldsymbol{x})}{\partial \boldsymbol{x}} \boldsymbol{x} \boldsymbol{F}_{cl}(\boldsymbol{x}) \boldsymbol{x} \tag{6.59}$$

当系统退化为线性系统时，式(6.59)简化为

$$\frac{\mathrm{d}^2 \nabla J_{0,s}^i}{\mathrm{d}t^2} = 2\boldsymbol{x}^{\mathrm{T}} \boldsymbol{F}_{cl}^{\mathrm{T}}(\boldsymbol{x}) \nabla \boldsymbol{P}_{0,s}^i(\boldsymbol{x}) \boldsymbol{F}_{cl}(\boldsymbol{x}) \boldsymbol{x} \tag{6.60}$$

基于定理 6.3，改进的 Galerkin 算法是收敛的，且每次迭代都会提升标称性能，即每次迭代得到的标称代价函数 $J_0^i\left(\boldsymbol{x}, \boldsymbol{u}_{s,0}^i\right)(i = 0,1,2,\cdots)$ 是一个下界为最优标称代价 $J_0^*(\boldsymbol{x})$ 的单调非增序列：$J_{0,s}^i \leqslant J_{0,s}^0 \leqslant J_s^* \leqslant J_s^i$，即 $\nabla J_{0,s}^{\mathrm{i}} \leqslant 0$ 对 $\forall t \in [0,\infty)$ 成立。由于 $\lim\limits_{t\to\infty} \nabla J_{0,s}^i = 0$、$\lim\limits_{t\to\infty} \dfrac{\mathrm{d}\nabla J_{0,s}^i}{\mathrm{d}t} = 0$ 以及 $\lim\limits_{t\to\infty} \dfrac{\mathrm{d}^2 \nabla J_{0,s}^i}{\mathrm{d}t^2} = 0$，因此存在一个时刻 t^+，对 $\forall t \in \left(t^+, \infty\right)$，$\dfrac{\mathrm{d}\nabla J_{0,s}^i}{\mathrm{d}t} \geqslant 0$ 且 $\dfrac{\mathrm{d}^2 \nabla J_{0,s}^i}{\mathrm{d}t^2} \leqslant 0$。值得注意的是，虽然不同的轨迹对应不同的 t^+，但由于 $\dfrac{\mathrm{d}\nabla J_{0,s}^i}{\mathrm{d}t}$ 和 $\dfrac{\mathrm{d}^2 \nabla J_{0,s}^i}{\mathrm{d}t^2}$ 是系统状态 x 的函数，所以都对应于一个相同的包含原点的状态邻域，记为 $\chi \in \mathbf{R}^n$。换言之，对于 $\forall \boldsymbol{x} \in \chi$，$\dfrac{\mathrm{d}\nabla J_{0,s}^i}{\mathrm{d}t} \geqslant 0$ 且

$\frac{\mathrm{d}^2\nabla J_{0,s}^i}{\mathrm{d}t^2}\leqslant 0$。

对于线性情况，由于 $\nabla J_{0,s}^i=\frac{1}{2}\boldsymbol{x}^{\mathrm{T}}\nabla\boldsymbol{P}_{0,s}^i\boldsymbol{x}\leqslant 0$，因此 $\nabla P_{0,s}^i\leqslant 0$ 始终成立。根据式(6.60)，$\frac{\mathrm{d}^2\nabla J_{0,s}^i}{\mathrm{d}t^2}\leqslant 0$ 对 $\forall t\in[0,\infty)$ 恒成立，相应地 $\frac{\mathrm{d}\nabla J_{0,s}^i}{\mathrm{d}t}\geqslant 0$。因此，对线性系统而言，上述状态邻域 χ 是整个状态空间 $\mathbf{R}^n$。

假设式(6.56)中的 $\boldsymbol{b}_k\left(\forall k\in\mathcal{I}\left(C_0\setminus C_s\right)\right)$ 是线性无关的向量，那么

$$\operatorname{rank}\left(\sum_{k\in\mathcal{I}\left(C_0\setminus C_s\right)}\boldsymbol{Z}_k(\boldsymbol{x})\right)\leqslant\sum_{k\in\mathcal{I}\left(C_0\setminus C_s\right)}\operatorname{rank}\left(\boldsymbol{Z}_k(\boldsymbol{x})\right)\tag{6.61}$$

因此，对于 $\forall k\in\mathcal{I}\left(C_0\setminus C_s\right)$，有

$$\operatorname{Im}\left[\boldsymbol{\Pi}_{0\setminus s}-\boldsymbol{Z}_k(\boldsymbol{x})\right]\cap\operatorname{Im}\left[\boldsymbol{Z}_k(\boldsymbol{x})\right]=\varnothing,\quad\forall\boldsymbol{x}\neq\boldsymbol{0}\tag{6.62}$$

式(6.62)等价于

$$\operatorname{Im}\left[\boldsymbol{\Pi}_{0\setminus s}-\boldsymbol{Z}_k(\boldsymbol{x})\right]\subseteq\operatorname{Ker}\left[\boldsymbol{Z}_k(\boldsymbol{x})\right]\tag{6.63}$$

其中，$\boldsymbol{\Pi}_{0\setminus s}=\sum\limits_{k\in\mathcal{I}\left(C_0\setminus C_s\right)}\boldsymbol{Z}_k(\boldsymbol{x})$，$\operatorname{Im}[\cdot]$ 和 $\operatorname{Ker}[\cdot]$ 分别是矩阵的值域和核空间。

因此，对于 $\forall\boldsymbol{x}_I\in\operatorname{Im}\left[\boldsymbol{\Pi}_{0\setminus s}-\boldsymbol{Z}_k(\boldsymbol{x})\right]$，有

$$\boldsymbol{x}_I^{\mathrm{T}}\boldsymbol{Z}_k(\boldsymbol{x})\boldsymbol{x}_I=\boldsymbol{0}\tag{6.64}$$

另外，对于 $\forall\boldsymbol{x}_K\in\operatorname{Ker}\left[\boldsymbol{\Pi}_{0\setminus s}-\boldsymbol{Z}_k(\boldsymbol{x})\right]$，有

$$\boldsymbol{x}_K^{\mathrm{T}}\boldsymbol{Z}_k(\boldsymbol{x})\boldsymbol{x}_K=\frac{\mathrm{d}\nabla J_{0,s}^i\left(\boldsymbol{x}_K\right)}{\mathrm{d}t}\geqslant\boldsymbol{0}\tag{6.65}$$

由于 $\forall\boldsymbol{x}\in\mathbf{R}^n$ 均可分解为 $\boldsymbol{x}=\boldsymbol{x}_I+\boldsymbol{x}_K$，其中 $\boldsymbol{x}_I\in\operatorname{Im}\left[\boldsymbol{\Pi}_{0\setminus s}-\boldsymbol{Z}_k(\boldsymbol{x})\right]$ 且 $\boldsymbol{x}_K\in\operatorname{Ker}\left[\boldsymbol{\Pi}_{0\setminus s}-\boldsymbol{Z}_k(\boldsymbol{x})\right]$，因此有

$$\boldsymbol{x}^{\mathrm{T}}\boldsymbol{Z}_k(\boldsymbol{x})\boldsymbol{x}=\boldsymbol{x}_K^{\mathrm{T}}\boldsymbol{Z}_k(\boldsymbol{x})\boldsymbol{x}_K\geqslant\boldsymbol{0},\quad\forall k\in\mathcal{I}\left(C_0\setminus C_s\right)\tag{6.66}$$

根据式(6.55)有

$$\frac{\mathrm{d}\nabla J_{\sigma_l,s}^i}{\mathrm{d}t}=\boldsymbol{x}^{\mathrm{T}}\sum_{k\in\mathcal{I}\left(C_{\sigma_l}\setminus C_s\right)}\boldsymbol{Z}_k\boldsymbol{x}\geqslant\boldsymbol{0}\tag{6.67}$$

因为 $\lim_{t\to\infty}\nabla J^i_{\sigma_l,s}=0$ ，所以对 $\forall t\in[0,\infty)$ ，有

$$\nabla J^i_{\sigma_l,s}=J^i_{\sigma_l}\left(\boldsymbol{x},\boldsymbol{u}^i_{s,0}\right)-J^i_s\left(\boldsymbol{x},\boldsymbol{u}^i_{s,0}\right)\leqslant 0 \tag{6.68}$$

因此，如果改进的 Galerkin 算法迭代过程中得到的控制律 $\boldsymbol{u}^i_{s,0}$ 对配置 C_s 可容许，则 $\boldsymbol{u}^i_{s,0}$ 对 C_s 的任意扩展配置可容许，即该控制律是 C_s 的一个 BUE 控制律。相应地，改进的 Galerkin 算法中的 BUE 性质约束 $\boldsymbol{\lambda}^{i+1}_s\in\mathcal{H}$ 可以简化为可容许性约束 $-\frac{1}{2}\boldsymbol{R}^{-1}\boldsymbol{g}^{\mathrm{T}}_{s_0}\boldsymbol{\lambda}^{i+1}_s(\boldsymbol{x})\in\mathcal{U}_\eta\left(C_0\right)$ 。

对于 $\forall\boldsymbol{x}\in\chi$ ，当 $C_{\sigma_1}\supseteq C_{\sigma_2}\supseteq C_s$ 时，有

$$J^i_0\left(\boldsymbol{x},\boldsymbol{u}^i_{s,0}\right)\leqslant J^i_{\sigma_1}\left(\boldsymbol{x},\boldsymbol{u}_{s,0}\right)\leqslant J^i_{\sigma_2}\left(\boldsymbol{x},\boldsymbol{u}_{s,0}\right)\leqslant J^i_s\left(\boldsymbol{x},\boldsymbol{u}_{s,0}\right) \tag{6.69}$$

至此，定理 6.5 得证。□

4. HJB 和 GHJB 方程的求解

本节采用 θ-D 算法求解改进的 Galerkin 算法中 HJB 方程和 GHJB 方程的次优解析解。该算法已成功应用于求解 HJB 方程[64]，这里将其推广到求解 GHJB 方程。

在 θ-D 算法中，为了保证算法的收敛性和稳定性，在代价函数中加入了一些摄动项：

$$J_0(\boldsymbol{x},\boldsymbol{u})=\int_{t_0}^{t_f}\boldsymbol{x}^{\mathrm{T}}\left(\boldsymbol{Q}+\sum_{k=1}^{\infty}\boldsymbol{D}_k\theta^k\right)\boldsymbol{x}+\boldsymbol{u}^{\mathrm{T}}\boldsymbol{R}\boldsymbol{u}\mathrm{d}t \tag{6.70}$$

其中， $\boldsymbol{D}_k\in\mathbf{R}^{n\times n}$ 和 $\theta\in\mathbf{R}$ 的选取需要保证 $\boldsymbol{Q}+\sum_{k=1}^{\infty}\boldsymbol{D}_k\theta^k$ 半正定。

注 6.6　虽然在代价函数中加入了额外的摄动项，但下面将在保证 θ-D 算法收敛性和稳定性的前提下引入指数函数，使得摄动项随时间的推移而减小。此外，若利用原代价函数就可以使 θ-D 算法在目标区域内满足收敛性和稳定性，则可以省去摄动项。

在 θ-D 算法中，系统模型被重新描述为下述与状态相关的类线性结构：

$$\dot{\boldsymbol{x}}=\left\{\bar{\boldsymbol{A}}+\frac{\boldsymbol{A}(\boldsymbol{x})}{\theta}\theta\right\}\boldsymbol{x}+\left\{\bar{\boldsymbol{B}}_0+\frac{\boldsymbol{B}_0(\boldsymbol{x})}{\theta}\theta\right\}\boldsymbol{u} \tag{6.71}$$

其中， $\bar{\boldsymbol{A}}\in\mathbf{R}^{n\times n}$ 和 $\bar{\boldsymbol{B}}_0\in\mathbf{R}^{n\times m}$ 为常数矩阵，且 $\left(\bar{\boldsymbol{A}},\bar{\boldsymbol{B}}_0\right)$ 是可稳定对， $\bar{\boldsymbol{A}}+\boldsymbol{A}(\boldsymbol{x}),\bar{\boldsymbol{B}}_0+$

$\boldsymbol{B}_0(\boldsymbol{x})$是逐点可控对。

在改进的 Galerkin 算法的第i次迭代中，$i=0,1,2,\cdots$，假设$\dfrac{\partial J_0^i}{\partial \boldsymbol{x}}$和$\boldsymbol{\lambda}_s^i$为$\theta$的幂级数：

$$\frac{\partial J_0^i}{\partial \boldsymbol{x}}=\sum_{k=0}^{\infty}\boldsymbol{P}_{0|k}^i\theta^k\boldsymbol{x} \tag{6.72}$$

$$\boldsymbol{\lambda}_s^i=\sum_{k=0}^{\infty}\boldsymbol{H}_{s|k}^i\theta^k\boldsymbol{x} \tag{6.73}$$

其中，$\boldsymbol{P}_{0|k}^i\in\mathbf{R}^{n\times n}$和$\boldsymbol{H}_{s|k}^i\in\mathbf{R}^{n\times n}$为对称矩阵函数，其取值需进一步确定。

参考文献[64]可求得构型C_s所对应 HJB 方程的解，表示为

$$\frac{\partial J_s^*}{\partial \boldsymbol{x}}=\sum_{k=1}^{\infty}\boldsymbol{P}_{s|k}^*\theta^k\boldsymbol{x} \tag{6.74}$$

由于改进的 Galerkin 算法中$\boldsymbol{\lambda}_s^i$的初值$\boldsymbol{\lambda}_s^0(\boldsymbol{x})=\dfrac{\partial J_s^*}{\partial \boldsymbol{x}}$，所以

$$\boldsymbol{H}_{s|k}^0=\boldsymbol{P}_{s|k}^*,\quad k=0,1,2,\cdots \tag{6.75}$$

在改进的 Galerkin 算法的第$i(i=0,1,2,\cdots)$次迭代中，将式(6.72)和式(6.73)代入相应的 GHJB 方程中得到

$$\frac{1}{2}\mathrm{He}\left[\boldsymbol{P}_{0|0}^i\left(\bar{\boldsymbol{A}}-\frac{1}{2}\bar{\boldsymbol{B}}_0\boldsymbol{R}^{-1}\boldsymbol{B}_0^{\mathrm{T}}\boldsymbol{H}_{s|0}^i\right)\right]=-\frac{1}{4}\boldsymbol{H}_{s|0}^i\bar{\boldsymbol{B}}_0\boldsymbol{R}^{-1}\bar{\boldsymbol{B}}_0^{\mathrm{T}}\boldsymbol{H}_{s|0}^i-\boldsymbol{Q} \tag{6.76}$$

$$\frac{1}{2}\mathrm{He}\left[\boldsymbol{P}_{0|k}^i\left(\bar{\boldsymbol{A}}-\frac{1}{2}\bar{\boldsymbol{B}}_0\boldsymbol{R}^{-1}\bar{\boldsymbol{B}}_0^{\mathrm{T}}\boldsymbol{H}_{s|0}^i\right)\right]=\boldsymbol{M}_k-\boldsymbol{D}_k,\quad k=1,2,3,\cdots \tag{6.77}$$

其中，

$$\begin{aligned}\boldsymbol{M}_1=&-\frac{1}{2}\mathrm{He}\left(\boldsymbol{P}_{0|0}^i\frac{\boldsymbol{A}(\boldsymbol{x})}{\theta}-\frac{1}{2}\boldsymbol{P}_{0|0}^i\bar{\boldsymbol{B}}_0\boldsymbol{R}^{-1}\bar{\boldsymbol{B}}_0^{\mathrm{T}}\boldsymbol{H}_{s|1}^i-\frac{1}{2}\boldsymbol{P}_{0|0}^i\bar{\boldsymbol{B}}_0\boldsymbol{R}^{-1}\frac{\boldsymbol{B}_0^{\mathrm{T}}(\boldsymbol{x})}{\theta}\boldsymbol{H}_{s|0}^i\right)\\&-\frac{1}{4}\left(\boldsymbol{H}_{s|0}^i\bar{\boldsymbol{B}}_0\boldsymbol{R}^{-1}\bar{\boldsymbol{B}}_0^{\mathrm{T}}\boldsymbol{H}_{s|1}^i+\boldsymbol{H}_{s|0}^i\bar{\boldsymbol{B}}_0\boldsymbol{R}^{-1}\frac{\boldsymbol{B}_0^{\mathrm{T}}(\boldsymbol{x})}{\theta}\boldsymbol{H}_{s|0}^i\right)\end{aligned} \tag{6.78}$$

$$
\begin{aligned}
\boldsymbol{M}_k = &-\frac{1}{2}\mathrm{He}\left(\boldsymbol{P}_{0|k-1}^{i}\frac{\boldsymbol{A}(\boldsymbol{x})}{\theta}-\frac{1}{2}\sum_{j=0}^{k-1}\boldsymbol{P}_{0|j}^{i}\overline{\boldsymbol{B}}_0\boldsymbol{R}^{-1}\overline{\boldsymbol{B}}_0^{\mathrm{T}}\boldsymbol{H}_{s|k-j}^{i}\right.\\
&\left.-\frac{1}{2}\sum_{j=0}^{k-2}\boldsymbol{P}_{0|j}^{i}\frac{\boldsymbol{B}_0(\boldsymbol{x})}{\theta}\boldsymbol{R}^{-1}\frac{\boldsymbol{B}_0^{\mathrm{T}}(\boldsymbol{x})}{\theta}\boldsymbol{H}_{s|k-2-j}^{i}-\frac{1}{2}\sum_{j=0}^{k-1}\boldsymbol{P}_{0|j}^{i}\overline{\boldsymbol{B}}_0\boldsymbol{R}^{-1}\frac{\boldsymbol{B}_0^{\mathrm{T}}(\boldsymbol{x})}{\theta}\boldsymbol{H}_{s|k-1-j}^{i}\right)\\
&-\frac{1}{4}\sum_{j=0}^{k}\boldsymbol{H}_{s|j}^{i}\overline{\boldsymbol{B}}_0\boldsymbol{R}^{-1}\overline{\boldsymbol{B}}_0^{\mathrm{T}}\boldsymbol{H}_{s|k-j}^{i}-\frac{1}{4}\sum_{j=0}^{k-2}\boldsymbol{H}_{s|k-2-j}^{i}\frac{\boldsymbol{B}_0(\boldsymbol{x})}{\theta}\boldsymbol{R}^{-1}\frac{\boldsymbol{B}_0^{\mathrm{T}}(\boldsymbol{x})}{\theta}\boldsymbol{H}_{s|j}^{i}\\
&-\frac{1}{4}\mathrm{He}\left(\sum_{j=0}^{k-1}\boldsymbol{H}_{s|j}^{i}\overline{\boldsymbol{B}}_0\boldsymbol{R}^{-1}\frac{\boldsymbol{B}_0^{\mathrm{T}}(\boldsymbol{x})}{\theta}\boldsymbol{H}_{s|k-1-j}^{i}\right),\quad k=2,3,4,\cdots
\end{aligned}
\tag{6.79}
$$

并更新

$$
\boldsymbol{H}_{s|k}^{i+1}=p^{i}\boldsymbol{H}_{s|k}^{i}+q^{i}\boldsymbol{P}_{0|k}^{i},\quad k=0,1,2,\cdots \tag{6.80}
$$

分析发现过大的控制输入甚至不稳定现象通常是由式(6.77)右侧 $\boldsymbol{M}_k$ 中的 $\boldsymbol{A}(\boldsymbol{x})$ 项引起的，当系统状态 $\boldsymbol{x}$ 较大时，该项会增长到一个很高的值。为了避免这种情况，摄动项设计为

$$
\boldsymbol{D}_k=h_k\mathrm{e}^{-l_k t}\boldsymbol{M}_k,\quad k=1,2,\cdots \tag{6.81}
$$

其中，h_k 和 $l_k>0$ 是可调标量参数。

因此，式(6.77)的右侧等于

$$
\boldsymbol{M}_k-\boldsymbol{D}_k=\varepsilon_k(t)\boldsymbol{M}_k,\quad k=1,2,\cdots \tag{6.82}
$$

其中，$\varepsilon_k(t)=1-h_k\mathrm{e}^{-l_k t}$ 是一个小数且 $\varepsilon_k\in[0,1)$。

注 6.7　很容易看出，式(6.76)和式(6.77)是线性的，左侧的所有系数都是相同的常数矩阵。因此，只需要进行一次矩阵逆运算就可以得到 GHJB 方程的解析解。

注 6.8　需要注意的是，尽管 $\boldsymbol{P}_{0|k}^{i}$ 和 $\boldsymbol{H}_{s|k}^{i}$ 是 $\boldsymbol{x}$ 和 θ 的函数，但 θ 只是为了把 $\boldsymbol{P}_{0|k}^{i}$ 和 $\boldsymbol{H}_{s|k}^{i}$ 表示成幂级数展开形式而引入的中间变量。从式(6.72)和式(6.73)可以看出，最后得到的解中，$\boldsymbol{P}_{0|k}^{i}$ 和 $\boldsymbol{H}_{s|k}^{i}$ 需要乘以 θ^{k}，从而消去变量 θ。

基于文献[65]，可以得到 θ-D 算法的收敛性证明及其误差上界。如果采用式(6.72)中的有限项，则可以得到具有解析形式的表达式，并且易于实现，文献[65]已证明，一般取式(6.72)中的前三项，算法的计算精度就已经足够。

6.3.3　系统结构设计

系统的控制与重构性能还和其结构参数密切相关。特别是执行器安装结构直接影响控制输入的分布，进而影响系统的控制效率。作为一个控制系统设计人员，

可以通过优化执行器安装参数，如数量 m 、位置 $\mathcal{L}_a=\{l_1,l_2,\cdots,l_m\}$ 和安装角度 $\mathcal{A}_a=\{(\alpha_1,\beta_1),(\alpha_2,\beta_2),\cdots,(\alpha_m,\beta_m)\}$ 等，来改善系统的综合性能指标。此外，在设计系统的结构时，为了更全面地预防不同故障的发生，需要综合考虑不同的故障集。因此，若规定系统必须具备 r 级可重构性，则其结构设计的优化目标函数可以选为不同 r 重故障所对应扩展配置集平衡性能指标的加权和，即

$$J_{\text{sum}}\left(m,\mathcal{L}_a,\mathcal{A}_a\right)=\sum_{s=1}^{N_r} w_s\cdot \min_{\boldsymbol{u}_{s,0}\in\mathcal{U}_\eta^{\text{BUE}}(C_s)} J_0\left(\boldsymbol{u}_{s,0}\right) \tag{6.83}$$

基于此，系统结构的设计问题可以描述成以下的优化问题：

$$\begin{aligned}&\min_{m,\mathcal{L}_a,\mathcal{A}_a} J_{\text{sum}}\left(m,\mathcal{L}_a,\mathcal{A}_a\right)\\ &\text{s.t.}\begin{cases} m\in\left[\underline{m},\overline{m}\right]\\ \mathcal{L}_a\in\left[\underline{\mathcal{L}_a},\overline{\mathcal{L}_a}\right]\\ \mathcal{A}_a\in\left[\underline{\mathcal{A}_a},\overline{\mathcal{A}_a}\right]\end{cases}\end{aligned} \tag{6.84}$$

其中，符号“_”和“‾”代表变量的下限和上限。

通过求解上述优化问题，可以从结构优化的角度在系统层面进一步提高航天器在正常与故障两种模式下的综合性能指标，使系统在具备足够可重构性的前提下拥有尽可能好的标称性能。

一般情况下，可以直接利用重构方案和系统结构设计过程中目标函数 $\min\limits_{\boldsymbol{u}_{s,0}\in\mathcal{U}_\eta^{\text{BUE}}(C_s)} J_0\left(\boldsymbol{u}_{s,0}\right)$ 和 $\min\limits_{m,\mathcal{L}_a,\mathcal{A}_a} J_{\text{sum}}\left(m,\mathcal{L}_a,\mathcal{A}_a\right)$ 的最优取值来衡量系统设计的优劣水平。然而，这种方法无法直观反映系统设计水平对设计需求的满足程度，也不方便对比不同的型号任务。因此，需要重新设计规范化的指标函数来对系统的重构方案与结构设计水平进行量化评价。下面以两个目标函数和规定性能阈值为基础，给出两个归一化的综合评价指标。

定义 6.6 (平衡可重构度)　若 $\mathcal{E}\left(C_s\right)$ 是系统的一个可重构配置集，则定义如下归一化的指标来量化系统在配置集 $\mathcal{E}\left(C_s\right)$ 中 PACT 重构方法的设计水平：

$$\text{BRD}_s=1-\frac{\min\limits_{\boldsymbol{u}_{s,0}\in\mathcal{U}_\eta^{\text{BUE}}(C_s)} J_0\left(\boldsymbol{u}_{s,0}\right)}{\eta} \tag{6.85}$$

该指标称为系统在配置集 $\mathcal{E}\left(C_s\right)$ 中的标称与故障模式平衡可重构度，简称平衡可重构度。

定义 6.7 (综合可重构度)　若系统 r 级可重构，则通过对系统在不同 r 重故障

所对应扩展配置集中的平衡可重构度进行加权求和来衡量系统的综合重构能力：

$$\mathrm{CRD}^r = \sum_{s=1}^{N_r} w_s \cdot \mathrm{BRD}_s = 1 - \frac{\sum_{s=1}^{N_r} w_s \cdot \min_{\boldsymbol{u}_{s,0} \in \mathcal{U}_\eta^{\mathrm{BUE}}(C_s)} J_0\left(\boldsymbol{u}_{s,0}\right)}{\eta} \tag{6.86}$$

该指标称为系统的 r 级综合可重构度。

上述无量纲的指标均为 0～1，更加规范化，其值越接近于 1，说明系统的重构方案和结构设计越满足设计需求。

6.3.4　仿真算例

考虑装有四个执行器的航天器姿态控制系统：

$$\boldsymbol{I}\dot{\boldsymbol{\omega}} = -\boldsymbol{\omega}^{\times}\boldsymbol{I}\boldsymbol{\omega} + \boldsymbol{U}\boldsymbol{u} \tag{6.87}$$

其中，$\boldsymbol{I} \in \mathbf{R}^{3\times3}$、$\boldsymbol{\omega} \in \mathbf{R}^3$、$\boldsymbol{u} \in \mathbf{R}^4$ 分别表示航天器的转动惯量、旋转角速度和控制力矩矢量，且

$$\boldsymbol{\omega}^{\times} = \begin{bmatrix} 0 & -\omega_3 & \omega_2 \\ \omega_3 & 0 & -\omega_1 \\ -\omega_2 & \omega_1 & 0 \end{bmatrix} \tag{6.88}$$

是以矩阵形式表示的矢量 $\boldsymbol{\omega}$ 的叉乘算子；$\boldsymbol{U} \in \mathbf{R}^{3\times4}$ 为执行器安装矩阵，反映了执行器安装坐标系到航天器本体坐标系的力矩映射，这里研究前述 4s 安装构型：

$$\boldsymbol{U} = \frac{1}{\sqrt{3}}\begin{bmatrix} 1 & 1 & -1 & -1 \\ 1 & 1 & 1 & 1 \\ -1 & 1 & 1 & -1 \end{bmatrix}$$

系统所有可能的执行器配置如表 6.4 所示，控制目标是消除旋转角速度使航天器稳定。选取旋转角速度 $\boldsymbol{\omega}$ 作为系统状态，航天器姿态控制系统类线性状态空间(6.71)中的相关参数如下：

$$\begin{aligned} &\bar{\boldsymbol{A}} = \boldsymbol{F}\left(\boldsymbol{x}_0\right), \quad \boldsymbol{A}(\boldsymbol{x}) = \boldsymbol{F}(\boldsymbol{x}) - \boldsymbol{A}_0 \\ &\bar{\boldsymbol{B}}_0 = \boldsymbol{I}^{-1}\boldsymbol{U}, \quad \boldsymbol{B}_0(\boldsymbol{x}) = \mathbf{0} \end{aligned}$$

其中，$\boldsymbol{F}(\boldsymbol{x}) = -\boldsymbol{I}^{-1}\boldsymbol{x}^{\times}\boldsymbol{I}$，$\boldsymbol{x}_0 = [1,1,1]\mathrm{rad/s}$ 是系统的初始状态。

此外，代价函数中的权值矩阵选择为 $\boldsymbol{Q} = 9\boldsymbol{I}_3, \boldsymbol{R} = \boldsymbol{I}_4$，航天器的转动惯量为 $\boldsymbol{I} = \begin{bmatrix} 100 & 2 & 0.5 \\ 2 & 100 & 1 \\ 0.5 & 1 & 110 \end{bmatrix} \mathrm{kg \cdot m^2}$。

表 6.4 执行器配置表

编号	C_0	C_1	C_2	C_3	C_4	C_5	C_6	C_7
配置	$\{a,b,c,d\}$	$\{a,b,c\}$	$\{a,b,d\}$	$\{a,c,d\}$	$\{b,c,d\}$	$\{a,b\}$	$\{a,c\}$	$\{a,d\}$
编号	C_8	C_9	C_{10}	C_{11}	C_{12}	C_{13}	C_{14}	$C_\varnothing$
配置	$\{b,c\}$	$\{b,d\}$	$\{c,d\}$	$\{a\}$	$\{b\}$	$\{c\}$	$\{d\}$	$\{\varnothing\}$

选择代价函数的阈值 $\eta_1 = 1.65\beta_0^* \boldsymbol{x}_0^{\mathrm{T}} \boldsymbol{x}_0$，其中 $\beta_0^* = 138.4$ 是标称系统的瞬态边界。如图 6.3 所示，在该阈值下系统的可重构配置集是 $\mathcal{C}_{\eta_1} = \{C_0, C_1, C_2, C_3, C_4, C_5, C_6, C_9\}$，其中的最小可重构配置集是 $\mathcal{M}_{\eta_1} = \{C_5, C_6, C_9\}$。若放宽性能要求，取更大的代价函数阈值 $\eta_2 = 277\boldsymbol{x}_0^{\mathrm{T}} \boldsymbol{x}_0$，则得到的可重构配置集是 $\mathcal{C}_{\eta_2} = \{C_0, C_1, C_2, C_3, C_4, C_5, C_6, C_9, C_{10}\}$，最小可重构配置集是 $\mathcal{M}_{\eta_2} = \{C_5, C_6, C_9, C_{10}\}$，可见降低性能要求会有更多的可重构配置。

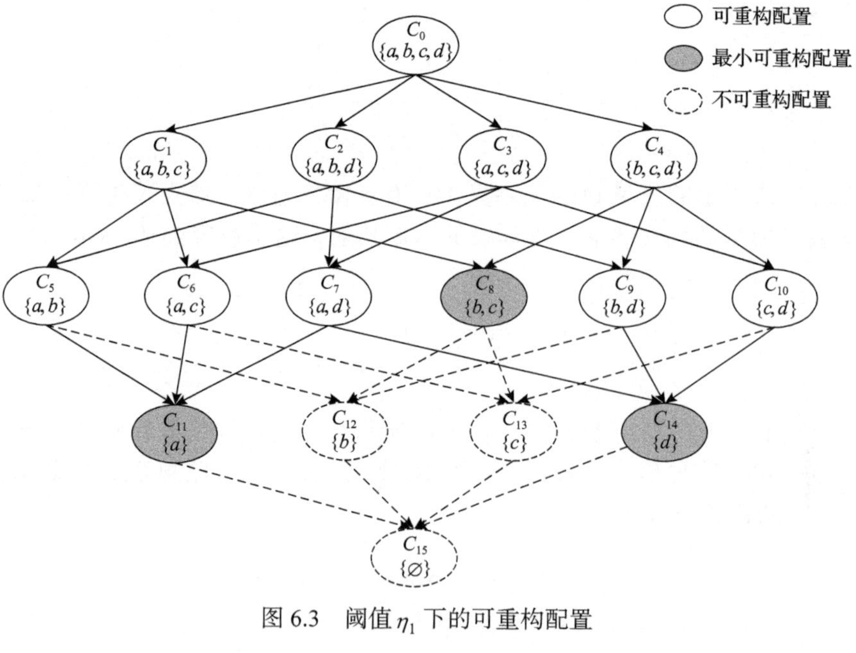

图 6.3 阈值 η_1 下的可重构配置

以 $\eta_1 = 1.65\beta_0^* \boldsymbol{x}_0^{\mathrm{T}} \boldsymbol{x}_0$ 为例说明 PACT 控制库的设计过程。由于最优控制已经得到了广泛研究，因此并不是本书的重点。为简单起见，本例中没有选取单独使用最优控制器的关键配置，直接将可重构配置集划分为三个最小可重构配置 $\{C_5, C_6, C_9\}$ 的扩展配置集：$\mathcal{E}(C_5) = \{C_0, C_1, C_2, C_5\}$，$\mathcal{E}(C_6) = \{C_0, C_1, C_3, C_6\}$ 和 $\mathcal{E}(C_9) = \{C_0, C_2, C_4, C_9\}$。根据定理 6.1，在不考虑降低过保守性的情况下，初始的 PACT

控制库可设计为 $\mathcal{U}_{\eta_1}^{\mathrm{PACT}}=\left\{\boldsymbol{u}_{5,0},\boldsymbol{u}_{6,0},\boldsymbol{u}_{9,0}\right\}$，其中 $\boldsymbol{u}_{s,0}=-\dfrac{1}{2}\boldsymbol{R}^{-1}\boldsymbol{g}_0^{\mathrm{T}}\dfrac{\partial J_s^*}{\partial \boldsymbol{x}}$，$s=5,6,9$，该设计属于常规的可靠控制设计。在上述基于可靠控制的 PACT 控制库范围内，表 6.5 列出了系统每一个可重构配置所对应的容许控制律。可以看出，一些配置可以通过 PACT 控制库中的多个控制律进行重构，因此需要采用某种决策机制来确定每一个可重构配置具体采用哪一个控制律。基于最小代价原则，表 6.5 中每一个可重构配置所采用的 BUE 控制律均加了下划线。

表 6.5　基于可靠控制的 PACT 控制库和相应的可重构配置

可重构配置	C_0	C_1	C_2	C_3
控制律	$\underline{\boldsymbol{u}_{5,0}}$、$\boldsymbol{u}_{6,0}$、$\boldsymbol{u}_{9,0}$	$\underline{\boldsymbol{u}_{5,0}}$、$\boldsymbol{u}_{6,0}$	$\underline{\boldsymbol{u}_{5,0}}$、$\boldsymbol{u}_{9,0}$	$\underline{\boldsymbol{u}_{6,0}}$
可重构配置	C_4	C_5	C_6	C_9
控制律	$\underline{\boldsymbol{u}_{9,0}}$	$\underline{\boldsymbol{u}_{5,0}}$	$\underline{\boldsymbol{u}_{6,0}}$	$\underline{\boldsymbol{u}_{9,0}}$

此外，对于每个扩展配置集，利用改进的 Galerkin 算法降低上述 PACT 控制库中 BUE 控制器的保守性，结果如表 6.6 所示。$\mathcal{E}(C_5)$ 和 $\mathcal{E}(C_9)$ 对应的控制律经过 3 次迭代后达到收敛，$\mathcal{E}(C_6)$ 对应控制律的需要经过 5 次。采用最小成本决策方案，选择 $\boldsymbol{u}_{9,0}^3$ 作为优化后 PACT 控制库的第一个控制律，负责控制配置集 $\mathcal{E}(C_9)$，包括标称配置。$\boldsymbol{u}_{9,0}^i(i=0,1,2,3)$ 的迭代过程如表 6.7 所示。与初始设计(传统的可靠控制律)相比，优化所得控制律 $\boldsymbol{u}_{9,0}^3$ 的标称代价函数降低了 15.24%。相对于最优标称控制律，$\boldsymbol{u}_{9,0}^3$ 的标称代价函数只上升了 0.85%（$J_0^*(\boldsymbol{x}_0)=415.269$），却提供了一个很好的 BUE 属性，使得集合 $\mathcal{E}(C_9)$ 中所有的配置在 $\boldsymbol{u}_{9,0}^3$ 的控制下均具有满意的性能。图 6.4 显示了 $\boldsymbol{u}_{9,0}^3$ 控制下的系统响应。可以看出，该控制律具有与最优标称控制器相似的标称性能，且在两个执行器失效的情况下，仍然可容许，使欠驱动的航天器姿态达到稳定。

表 6.6　不同扩展配置集的 BUE 控制律迭代结果

配置集	代价函数		代价下降程度/%
	传统的可靠控制律	优化后的 BUE 控制律	
$\mathcal{E}(C_5)$	456.017	428.820	5.96
$\mathcal{E}(C_6)$	478.519	426.664	10.84
$\mathcal{E}(C_9)$	494.104	418.804	15.24

表 6.7　扩展配置集 $\mathcal{E}(C_9)$ 的 BUE 控制律迭代过程

迭代步 i	p^i	代价函数 $J_{9,0}^i$
0	0	494.104
1	0.726	421.085
2	1	418.804
3	1	418.804

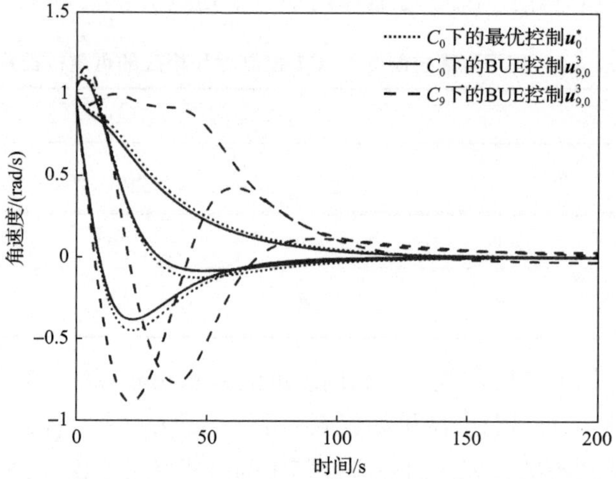

(a) 状态响应曲线

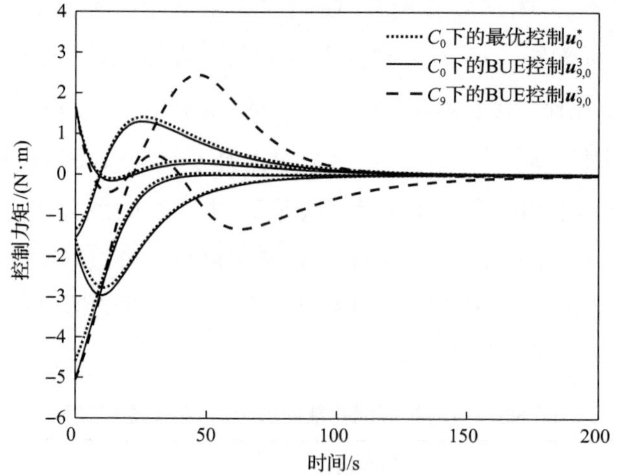

(b) 控制输入响应曲线

图 6.4　$\boldsymbol{u}_{9,0}^3$ 控制下的系统响应

此外，为进一步降低 PACT 控制库后续控制律的过保守性，根据 6.3.2 节给出的 PACT 控制库的设计过程，在选取 $\mathcal{E}(C_9)$ 的 BUE 控制律 $\boldsymbol{u}_{9,0}^3$ 进入控制库以后，

从 $\mathcal{E}(C_5)$ 和 $\mathcal{E}(C_6)$ 中移除标称配置 C_0 得到新的扩展配置集 $\mathcal{E}'(C_5)=\{C_1,C_2,C_5\}$ 和 $\mathcal{E}'(C_6)=\{C_1,C_3,C_6\}$，并重新设计它们的 BUE 控制器。分别针对 $\mathcal{E}'(C_5)$ 和 $\mathcal{E}'(C_6)$ 中的最高配置 C_1、C_2、C_3，采用改进的 Galerkin 算法得到候选的 BUE 控制律 $\left\{\boldsymbol{u}_{5,1}^3,\boldsymbol{u}_{5,2}^3,\boldsymbol{u}_{6,1}^3,\boldsymbol{u}_{6,3}^3\right\}$，相应的标称代价为 $\left\{J_{5,1}^5=438.466,J_{5,2}^3=568.524,J_{6,1}^4=438.466,J_{6,3}^2=559.710\right\}$。根据最小代价原则，选择 $\boldsymbol{u}_{5,1}^5$ 和 $\boldsymbol{u}_{6,3}^2$ 分别控制配置集 $\mathcal{E}'(C_5)$ 和 $\mathcal{E}'(C_6)$。因此，最终的 PACT 控制库设计为 $\mathcal{U}_{\eta_1}^{\mathrm{PACT}}=\left\{\boldsymbol{u}_{9,0}^3,\boldsymbol{u}_{5,1}^5,\boldsymbol{u}_{6,1}^4\right\}$。

上面设计的 PACT 控制库使用三个 BUE 控制器来应对 8 个故障场景，简化了故障诊断和控制重构的过程。此外，与常规可靠控制设计相比，该方法显著降低了控制器的过保守性，并提供了与最优标称控制器几乎相同的标称性能。

6.4　航天器故障诊断与系统重构一体化设计方法

在故障诊断与系统重构方案设计中，故障诊断主要侧重在多干扰因素条件下提升航天器的故障诊断精度，而系统重构主要侧重在资源严重受限条件下提升航天器的系统重构效果，这使得故障诊断与系统重构对故障处理时间、运行存储空间等关键因素的设计需求不同，难以保证系统诊断能力与重构能力同时达到最大。因此，需要研究故障诊断与系统重构一体化设计方法，充分权衡航天器的诊断能力与重构能力，提升航天器有限资源的分配效率和诊断重构过程的协同程度，有效解决有限资源在航天器研制过程中带来的“顾此失彼”问题。

目前，在故障诊断与系统重构一体化设计方面，国内外研究多侧重于诊断与重构之间的信息传递，即重点关注故障系统的状态观测器设计，以状态估计值作为故障诊断与系统重构之间的关键传递信息，对故障诊断与系统重构进行综合设计，较少关注诊断重构时刻的优化。然而，故障诊断结束时刻与控制重构时刻等时间因素也严重影响诊断重构方案性能，在系统发生故障以后，需要花费一定的时间进行故障诊断，才能够“对症下药”，采取有效的重构措施，即控制重构存在一定的“延时”。如果这段“延时”过短，则诊断模块没有充足的时间对故障进行精确认知，无法为重构控制器提供准确的故障信息，从而导致控制系统的重构性能低下，甚至重构失败；反之，如果这段“延时”过长，则会造成有限资源的大量浪费，并引起故障偏差的过分扩散，使得后续重构代价过大，超出系统剩余资源可以提供的范围，从而导致系统在实际意义下不可重构。除此之外，很多特定任务需要在规定的时间内完成，系统故障后，为继续完成这类既定任务，必须在一定的时间窗口内进行系统重构，这个窗口越小，说明系统的时间冗余度越小，相应的重构难度越大。

综上所述，系统诊断重构的效果，除了取决于故障诊断与系统重构之间的关键信息传递以外，一定程度上还受故障诊断结束时刻、控制重构时刻以及任务完成时刻等时间因素的影响。为实现系统总体性能最优，应该关注任务完成时刻以及故障诊断结束时刻与系统重构时刻之间的关联影响。针对此，本节定量推导重构性能指标关于故障诊断结束时刻、控制重构时刻和任务完成时刻之间的一般表达式，从理论上给出指标在时域中的最优解，从时间优化的角度实现控制系统的故障诊断与重构一体化设计。

6.4.1　问题描述

考虑如下标称系统模型：

$$\begin{cases}\dot{\boldsymbol{x}}_n(t)=\boldsymbol{A}\boldsymbol{x}_n(t)+\boldsymbol{B}_u\boldsymbol{u}_n(t)+\boldsymbol{B}_d\boldsymbol{d}(t)\\ \boldsymbol{y}_n(t)=\boldsymbol{C}\boldsymbol{x}_n(t)\end{cases}\tag{6.89}$$

其中，$\boldsymbol{x}_n\in\mathbf{R}^n$、$\boldsymbol{u}_n\in\mathbf{R}^m$、$\boldsymbol{y}_n\in\mathbf{R}^q$、$\boldsymbol{d}\in\mathbf{R}^{m_d}$ 分别为标称系统的状态向量、控制输入向量、输出向量和外部干扰；$\boldsymbol{A}$、$\boldsymbol{B}_u$、$\boldsymbol{C}$、$\boldsymbol{B}_d$ 为相应维度的常量矩阵。

若 m 个执行器中有 m_k 个受偏差故障影响，则故障系统模型可表示如下[66]：

$$\begin{cases}\dot{\boldsymbol{x}}(t)=\boldsymbol{A}\boldsymbol{x}(t)+\boldsymbol{B}_u\boldsymbol{u}(t)+\sum\limits_{i\in\mathcal{F}_a}\boldsymbol{b}_i f_i(t)+\boldsymbol{B}_d\boldsymbol{d}(t)\\ \qquad\ =\boldsymbol{A}\boldsymbol{x}(t)+\boldsymbol{B}_u\boldsymbol{u}(t)+\boldsymbol{F}\boldsymbol{f}(t)+\boldsymbol{B}_d\boldsymbol{d}(t)\\ \boldsymbol{y}(t)=\boldsymbol{C}\boldsymbol{x}(t)\end{cases}\tag{6.90}$$

其中，$\boldsymbol{f}\in\mathbf{R}^{m_k}$ 为执行器的故障信号，不可直接测量；f_i 是 $\boldsymbol{f}$ 的第 i 个分量；$\boldsymbol{b}_i$ 为 $\boldsymbol{B}_u$ 的第 i 列；$\mathcal{F}_a$ 是故障执行机构编号的集合；$\boldsymbol{F}=\left[b_i\right]\in\mathbf{R}^{n\times m_k}\left(i\in\mathcal{F}_a\right)$。

故障类型众多，难以辨识出所有可能的故障构型，而研究某些已知、可信的故障类型可以为实际工程中的故障诊断提供重要的参考依据[67]。因此，本节借鉴文献[67]的故障描述方法，利用“外系统”对一类重要的快时变故障进行建模：

$$\begin{cases}\dot{\boldsymbol{\varphi}}(t)=\boldsymbol{0}, & 0\leqslant t<t_f\\ \boldsymbol{\varphi}\left(t_f\right)=\boldsymbol{\varphi}_0\\ \dot{\boldsymbol{\varphi}}(t)=\boldsymbol{A}_f\boldsymbol{\varphi}(t), & t>t_f\\ \boldsymbol{f}(t)=\boldsymbol{C}_f\boldsymbol{\varphi}(t)\end{cases}\tag{6.91}$$

其中，$\boldsymbol{\varphi}\in\mathbf{R}^r$ 是故障的状态向量；$\boldsymbol{A}_f$ 和 $\boldsymbol{C}_f$ 是适当维数的常量矩阵，故障的初始状态 $\boldsymbol{\varphi}_0$ 和发生时刻 t_f 未知。

上述故障描述方法可广泛应用于周期型故障、指数发散/收敛型故障、常值或慢时变故障以及其他更一般的持续型故障。通过数学转化，执行器部分失效故障也可以表示成该类偏差故障的形式。

考虑故障诊断与重构模块，建立如下所示完整的重构系统模型：

$$
\begin{cases}
\begin{cases}
\dot{\boldsymbol{x}}(t)=\boldsymbol{A}\boldsymbol{x}(t)+\boldsymbol{B}_u\boldsymbol{u}_r(t)+\boldsymbol{F}\boldsymbol{f}(t)+\boldsymbol{B}_d\boldsymbol{d}(t)\\
\boldsymbol{y}(t)=\boldsymbol{C}\boldsymbol{x}(t)
\end{cases} & \text{(a)}\\
\boldsymbol{u}_r(t)=\boldsymbol{u}_n(t)+\boldsymbol{u}_\xi(\hat{\boldsymbol{f}},t) & \text{(b)}\\
\begin{cases}
\dot{\boldsymbol{z}}(t)=\boldsymbol{A}_z\boldsymbol{z}(t)+\boldsymbol{B}_z\boldsymbol{u}(t)+\boldsymbol{F}\hat{\boldsymbol{f}}(t)+\boldsymbol{L}\boldsymbol{y}(t)\\
\dot{\hat{\boldsymbol{f}}}=\boldsymbol{K}_1\boldsymbol{z}(t)+\boldsymbol{K}_2\dot{\boldsymbol{z}}(t)+\boldsymbol{L}_1\boldsymbol{y}(t)+\boldsymbol{L}_2\dot{\boldsymbol{y}}(t)
\end{cases} & \text{(c)}
\end{cases}
\tag{6.92}
$$

其中，式(b)为基于故障补偿思想的重构控制律；$\boldsymbol{u}_\xi(\hat{\boldsymbol{f}},t)$ 为故障补偿项。式(c)是对基于观测器故障诊断方法的统一描述，广泛适用于未知输入观测器法[68]、自适应观测器法[69]及 H_2/H_∞ 观测器法[70]等多种故障诊断方法。由于该类诊断方法均以系统输入输出信号 $\boldsymbol{u}$、$\boldsymbol{y}$ 为诊断器输入，以故障估计值 $\hat{\boldsymbol{f}}(t)$ 为诊断器输出，中间的系统输出估计 $\hat{\boldsymbol{y}}$ 由观测器状态量 $\boldsymbol{z}\in\mathbf{R}^l$ 得到，因此可用通用数学框架式(c)对其进行统一描述。

需要强调的是，本节的重点讨论对象是系统可重构性的时间特性，并非具体的诊断与重构方法。这里仅以经典的基于观测器的故障诊断方法和控制重构方法为例，对系统故障后的时域特性进行相关分析，具体的分析方法可以推广到其他形式的诊断与重构方法。

6.4.2　性能下降描述

为更好地描述控制系统故障后各个阶段的性能，定义以下四个关键时刻：

(1)任务完成时刻 t_{mis}：系统必须在该时刻之前跟踪到期望轨迹；

(2)故障发生时刻 t_f：满足 $0\leqslant t_f\leqslant t_{\text{mis}}$；

(3)故障诊断结束时刻 t_d：表示提取故障诊断结果的时刻；

(4)控制重构时刻 t_r：表示系统采取控制重构措施的时刻。

一个典型重构控制系统的时间响应可以划分为三个阶段：故障前($0\sim t_f$)、诊断与重构阶段($t_f\sim t_{\text{mis}}$)、重构后($t_{\text{mis}}\sim\infty$)。故障前，整个系统运行稳定。诊断与重构阶段，系统性态复杂，甚至存在时变或非线性的情况，该阶段可以细分为三个部分：故障诊断阶段($t_f\sim t_d$)、重构延时阶段($t_d\sim t_r$)、重构阶段($t_r\sim t_{\text{mis}}$)。在故障诊断阶段与重构延时阶段，由于诊断器提供的信息没有表征系统异常，标称控制器无法提供正确的控制信号，因此该阶段系统运行性能较差，甚至出现失稳现象，此时闭环系统的性能主要取决于故障的严重程度以及系统自身的鲁棒性；在重构阶段，如果重构方法采取得及时并且合理，则故障系统可在短时间内恢复至稳定状态。

1. 系统性能分析

假设对重构系统(6.92)采用如下状态反馈控制性能分析：

$$\boldsymbol{u}_n(t)=-\boldsymbol{K}\boldsymbol{x}_n(t)+\boldsymbol{u}_d(t) \tag{6.93}$$

其中，$\boldsymbol{K}$ 为控制增益；$\boldsymbol{u}_d(t)$ 为干扰抑制项。

由于 $\boldsymbol{F}=[b_i](i\in\mathcal{F}_a)$，所以存在一个矩阵 $\boldsymbol{N}_a$，使 $\boldsymbol{F}=\boldsymbol{B}_u\boldsymbol{N}_a$，因此重构控制律的故障补偿项 $\boldsymbol{u}_\xi(t)$ 可以设计为

$$\boldsymbol{u}_\xi(t)=\begin{cases}\boldsymbol{0}, & 0\leqslant t<t_r\\ -\boldsymbol{N}_a\hat{\boldsymbol{f}}(t), & t_r\leqslant t<t_{\text{mis}}\end{cases} \tag{6.94}$$

基于此，整个重构过程中的控制律可以表示成如下分段函数：

$$\boldsymbol{u}(t)=\begin{cases}\boldsymbol{u}_n(t)=-\boldsymbol{K}\boldsymbol{x}_n(t)+\boldsymbol{u}_d(t), & 0\leqslant t<t_f\\ \boldsymbol{u}_f(t)=-\boldsymbol{K}\boldsymbol{x}_f(t)+\boldsymbol{u}_d(t), & t_f\leqslant t<t_r\\ \boldsymbol{u}_r(t)=-\boldsymbol{K}\boldsymbol{x}_r(t)+\boldsymbol{u}_d(t)-\boldsymbol{N}_a\hat{\boldsymbol{f}}(t), & t_r\leqslant t<t_{\text{mis}}\end{cases} \tag{6.95}$$

其中，$\boldsymbol{u}_f$、$\boldsymbol{u}_r$、$\boldsymbol{x}_f$、$\boldsymbol{x}_r$ 分别为故障系统重构前后的控制输入与状态向量。

本节重点研究故障对系统性能状态的影响，若控制分量 $\boldsymbol{u}_d(t)$ 具有良好的干扰抑制作用，则外部扰动对系统性能状态的影响相比于故障可以被忽略。基于此，将各阶段的控制律代入系统方程，得到整个重构过程的系统状态空间模型如下：

$$\dot{\boldsymbol{x}}(t)=\begin{cases}\dot{\boldsymbol{x}}_n(t)=\left(\boldsymbol{A}-\boldsymbol{B}_u\boldsymbol{K}\right)\boldsymbol{x}_n(t), & 0\leqslant t<t_f\\ \dot{\boldsymbol{x}}_f(t)=\left(\boldsymbol{A}-\boldsymbol{B}_u\boldsymbol{K}\right)\boldsymbol{x}_f(t)+\boldsymbol{F}\boldsymbol{f}(t), & t_f\leqslant t<t_r\\ \dot{\boldsymbol{x}}_r(t)=\left(\boldsymbol{A}-\boldsymbol{B}_u\boldsymbol{K}\right)\boldsymbol{x}_r(t)+\boldsymbol{F}\boldsymbol{e}_f, & t_r\leqslant t<t_{\text{mis}}\end{cases} \tag{6.96}$$

其中，$\boldsymbol{e}_f=\boldsymbol{f}-\hat{\boldsymbol{f}}$ 为故障诊断误差。

2. 性能指标设计

前面提到，故障会导致系统性能的下降，主要表现为两方面：其一为控制精度的下降，其二为系统资源的浪费。除此之外，诊断器精度也会严重影响系统的重构性能。因此，综合考虑重构系统相对标称系统的状态偏差、控制输入偏差和故障诊断偏差，设计用于描述重构系统性能下降程度的量化指标。

定义 6.8 (综合性能下降指标)　若实际系统相对标称系统(6.89)的状态偏差、控制输入偏差以及故障诊断偏差分别为$\boldsymbol{e}_x$、$\boldsymbol{e}_u$、$\boldsymbol{e}_f$，则定义如下的积分二次型函数为系统的综合性能下降指标：

$$J_s = \int_{t_f}^{t_{\text{mis}}} \left(\boldsymbol{e}_x^{\text{T}} \boldsymbol{Q} \boldsymbol{e}_x + \boldsymbol{e}_u^{\text{T}} \boldsymbol{R} \boldsymbol{e}_u \right) \text{d}t + \int_{t_d}^{t_{\text{mis}}} \boldsymbol{e}_f^{\text{T}} \boldsymbol{P} \boldsymbol{e}_f \text{d}t \tag{6.97}$$

其中，$\boldsymbol{e}_x = \boldsymbol{x}_n - \boldsymbol{x}$；$\boldsymbol{e}_u = \boldsymbol{u}_n - \boldsymbol{u}$；$\boldsymbol{Q}$、$\boldsymbol{R}$ 为对称矩阵，且满足：$\boldsymbol{Q} = \boldsymbol{Q}^{\text{T}} \geqslant \boldsymbol{0}$，$\boldsymbol{R} = \boldsymbol{R}^{\text{T}} > \boldsymbol{0}$。

注 6.9　该性能指标中对故障诊断误差的积分从t_d开始，而不是t_f，原因在于：诊断误差对系统性能的影响并非从故障发生时刻就立即开始，而是从提取诊断结果的时刻开始。

定义 6.8 提供了一种综合考虑控制精度、资源消耗和故障诊断精度三方面因素，对系统重构性能进行定量分析的参考依据。

6.4.3　重构时刻优化

6.4.2 节以积分形式表示的性能下降指标无法直观反映各个关键时刻对系统重构性能的影响，因此，本节重点研究该性能指标的定量求解问题。首先，分析整个重构过程中的系统稳定性；然后，基于 Lyapunov 稳定性理论，定量推导性能指标关于四个关键时刻的具体表达式；最后，以该指标为依据，给出重构方法的时间优化描述，并分析系统可重构的时间条件。

1. 稳定性分析

若系统采用线性控制器，即控制输入由系统状态及其导数线性表示，则可以消去诊断方法通用表达式(6.92(c))中的$\boldsymbol{u}$、$\boldsymbol{y}$，得到

$$\begin{cases} \dot{\boldsymbol{z}}(t) = \boldsymbol{A}_1 \boldsymbol{z}(t) + \boldsymbol{A}_2 \boldsymbol{x}(t) + \boldsymbol{F} \hat{\boldsymbol{f}}(t) \\ \dot{\hat{\boldsymbol{f}}} = \boldsymbol{C}_1 \boldsymbol{z}(t) + \boldsymbol{C}_2 \boldsymbol{x}(t) + \boldsymbol{F}_1 \hat{\boldsymbol{f}}(t) + \boldsymbol{F}_2 \boldsymbol{f}(t) \end{cases} \tag{6.98}$$

为简化性能指标的计算，引入扩展状态变量$\boldsymbol{X}(t) = \left[\boldsymbol{x}_n^{\text{T}}(t), \boldsymbol{x}^{\text{T}}(t), \boldsymbol{\varphi}^{\text{T}}(t), \hat{\boldsymbol{f}}^{\text{T}}(t), \boldsymbol{z}^{\text{T}}(t) \right]^{\text{T}} \in \mathbf{R}^N, N = 2n + r + m_k + l$，得到扩展系统状态空间模型：

$$\dot{\boldsymbol{X}}(t) = \boldsymbol{G} \boldsymbol{X}(t) \tag{6.99}$$

其中，$\boldsymbol{G} = \begin{cases} \boldsymbol{G}_f, & t_f \leqslant t < t_r \\ \boldsymbol{G}_r, & t_r \leqslant t < t_{\text{mis}} \end{cases}$，$\boldsymbol{G}_f$与$\boldsymbol{G}_r$的表达式为

$$
G_f = \begin{bmatrix} A - B_u K & 0 & 0 & 0 & 0 \\ 0 & A - B_u K & FC_f & 0 & 0 \\ 0 & 0 & A_f & 0 & 0 \\ 0 & C_2 & F_2 C_f & F_1 & C_1 \\ 0 & A_2 & 0 & F & A_1 \end{bmatrix}
$$

$$
G_r = \begin{bmatrix} A - B_u K & 0 & 0 & 0 & 0 \\ 0 & A - B_u K & FC_f & -B_u N_a & 0 \\ 0 & 0 & A_f & 0 & 0 \\ 0 & C_2 & F_2 C_f & F_1 & C_1 \\ 0 & A_2 & 0 & F & A_1 \end{bmatrix}
$$

定理 6.6 若重构系统(6.92)的故障诊断器有效，且故障有界，则扩展系统(6.99)在整个重构过程中保持稳定。

证明 扩展系统的稳定性取决于其分量，因此下面对各个分量的稳定性依次进行分析。

(1) $\boldsymbol{x}_n(t)$ 的稳定性分析。

因为 $\boldsymbol{A}-\boldsymbol{B}_u\boldsymbol{K}$ 稳定，所以标称系统(6.89)稳定，即 $\boldsymbol{x}_n(t)$ 稳定。

(2) $\boldsymbol{\varphi}(t)$ 的稳定性分析。

定理 6.6 中关于故障有界的假设是符合实际工程意义的。由于系统的剩余资源有限，所以故障并不能无限大，否则重构代价会超出系统的剩余能力范围，从而导致系统不可重构。因此，本节不研究发散型故障，故障模型(6.91)稳定(包含临界稳定)，即故障状态 $\boldsymbol{\varphi}(t)$ 稳定。

(3) $\hat{\boldsymbol{f}}(t)$、$\boldsymbol{z}(t)$ 的稳定性分析。

故障诊断器有效，意味着其诊断结果收敛于故障真实值，因此其观测量 $\boldsymbol{z}(t)$ 以及最后的故障估计输出 $\hat{\boldsymbol{f}}(t)$ 均稳定。

(4) $\boldsymbol{x}(t)$ 的稳定性分析。

这里分阶段对实际系统的稳定性进行分析。

①故障前阶段($t_0 \sim t_f$)系统状态 $\boldsymbol{x}(t)=\boldsymbol{x}_n(t)$，系统稳定。

②在故障诊断与重构延时阶段($t_f \sim t_r$)，由式(6.96)可知，状态偏差 $\boldsymbol{e}_{x_f}$ 满足

$$
\dot{\boldsymbol{e}}_{x_f}(t)=\left(\boldsymbol{A}-\boldsymbol{B}_u\boldsymbol{K}\right)\boldsymbol{e}_{x_f}(t)-\boldsymbol{F}\boldsymbol{f}(t)=\left(\boldsymbol{A}-\boldsymbol{B}_u\boldsymbol{K}\right)\boldsymbol{e}_{x_f}(t)-\boldsymbol{F}\boldsymbol{C}_f\boldsymbol{\varphi}(t) \tag{6.100}
$$

令 $\boldsymbol{Z}(t)=\left[\boldsymbol{e}_{x_f}^{\mathrm{T}}(t),\boldsymbol{\varphi}^{\mathrm{T}}(t)\right]^{\mathrm{T}}$，则有

$$\dot{\boldsymbol{Z}}(t)=\boldsymbol{G}_z\boldsymbol{Z}_1(t) \tag{6.101}$$

其中，$\boldsymbol{G}_z=\begin{bmatrix}\boldsymbol{A}-\boldsymbol{BK} & -\boldsymbol{FC}_f\\ \boldsymbol{0} & \boldsymbol{A}_f\end{bmatrix}$。

因为 $\boldsymbol{A}-\boldsymbol{B}_u\boldsymbol{K}$ 与 $\boldsymbol{A}_f$ 均稳定，所以 $\boldsymbol{G}_z$ 稳定，则 $\boldsymbol{e}_{x_f}$ 稳定，因此该阶段的系统状态稳定。

③在重构阶段（$t_r\sim t_{\text{mis}}$），由式(6.96)可知，该阶段的状态偏差 $\boldsymbol{e}_{x_r}$ 满足

$$\dot{\boldsymbol{e}}_{x_r}(t)=\left(\boldsymbol{A}-\boldsymbol{B}_u\boldsymbol{K}\right)\boldsymbol{e}_{x_r}(t)-\boldsymbol{F}\boldsymbol{e}_f(t) \tag{6.102}$$

参考故障诊断与重构延时阶段（$t_f\sim t_r$）的稳定性分析，可证该阶段的系统状态 $\boldsymbol{x}(t)=\boldsymbol{x}_r(t)$ 稳定。

综上所述，在整个重构过程中，扩展系统的所有分量均保持稳定，即扩展系统(6.99)稳定。至此，定理 6.6 得证。□

由定理 6.6 可知，系统在有界故障(6.91)的作用下仅仅偏离了预定轨迹，在原定控制器以及重构方法的作用下仍然保持稳定。

2. 性能指标求解

在定理 6.6 成立的前提下，可利用 Lyapunov 稳定性理论，对系统的性能下降指标进行定量求解。

定理 6.7　若重构系统(6.92)满足定理 6.6，即扩展系统 $\boldsymbol{G}$ 稳定，则系统的综合性能下降指标(6.97)可以表示成如下形式：

$$J_s=\boldsymbol{X}^{\mathrm{T}}\left(t_f\right)\boldsymbol{\Gamma}\left(t_f,t_d,t_r,t_{\text{mis}}\right)\boldsymbol{X}\left(t_f\right) \tag{6.103}$$

其中，$\boldsymbol{\Gamma}\left(t_f,t_d,t_r,t_{\text{mis}}\right)$是关于四个关键时刻的矩阵函数。

证明　由式(6.97)对系统性能指标的定义有

$$\begin{aligned}
J_s&=\int_{t_f}^{t_r}\left(\boldsymbol{e}_{x_f}^{\mathrm{T}}\boldsymbol{Q}\boldsymbol{e}_{x_f}+\boldsymbol{e}_{u_f}^{\mathrm{T}}\boldsymbol{R}\boldsymbol{e}_{u_f}\right)\mathrm{d}t+\int_{t_r}^{t_{\text{mis}}}\left(\boldsymbol{e}_{x_r}^{\mathrm{T}}\boldsymbol{Q}\boldsymbol{e}_{x_r}+\boldsymbol{e}_{u_r}^{\mathrm{T}}\boldsymbol{R}\boldsymbol{e}_{u_r}\right)\mathrm{d}t+\int_{t_d}^{t_{\text{mis}}}\boldsymbol{e}_f^{\mathrm{T}}\boldsymbol{P}\boldsymbol{e}_f\mathrm{d}t\\
&=\int_{t_f}^{t_r}\left(\boldsymbol{e}_{x_f}^{\mathrm{T}}\boldsymbol{Q}\boldsymbol{e}_{x_f}+\boldsymbol{e}_{u_f}^{\mathrm{T}}\boldsymbol{R}\boldsymbol{e}_{u_f}+\boldsymbol{e}_f^{\mathrm{T}}\boldsymbol{P}\boldsymbol{e}_f\right)\mathrm{d}t+\int_{t_r}^{t_{\text{mis}}}\left(\boldsymbol{e}_{x_r}^{\mathrm{T}}\boldsymbol{Q}\boldsymbol{e}_{x_r}+\boldsymbol{e}_{u_r}^{\mathrm{T}}\boldsymbol{R}\boldsymbol{e}_{u_r}+\boldsymbol{e}_f^{\mathrm{T}}\boldsymbol{P}\boldsymbol{e}_f\right)\mathrm{d}t\\
&\quad-\int_{t_f}^{t_d}\boldsymbol{e}_f^{\mathrm{T}}\boldsymbol{P}\boldsymbol{e}_f\mathrm{d}t\\
&=\tilde{J}_f+\tilde{J}_r-\tilde{J}_d
\end{aligned} \tag{6.104}$$

其中，$\tilde{J}_f=\int_{t_f}^{t_r}\left(\boldsymbol{e}_{x_f}^{\mathrm{T}}\boldsymbol{Q}\boldsymbol{e}_{x_f}+\boldsymbol{e}_{u_f}^{\mathrm{T}}\boldsymbol{R}\boldsymbol{e}_{u_f}+\boldsymbol{e}_f^{\mathrm{T}}\boldsymbol{P}\boldsymbol{e}_f\right)\mathrm{d}t$，$\tilde{J}_r=\int_{t_r}^{t_{\mathrm{mis}}}\left(\boldsymbol{e}_{x_r}^{\mathrm{T}}\boldsymbol{Q}\boldsymbol{e}_{x_r}+\boldsymbol{e}_{u_r}^{\mathrm{T}}\boldsymbol{R}\boldsymbol{e}_{u_r}+\boldsymbol{e}_f^{\mathrm{T}}\boldsymbol{P}\boldsymbol{e}_f\right)\mathrm{d}t$，$\tilde{J}_d=\int_{t_f}^{t_d}\boldsymbol{e}_f^{\mathrm{T}}\boldsymbol{P}\boldsymbol{e}_f\mathrm{d}t$。

基于扩展系统，性能指标分量 $\tilde{J}_f$ 可表示成

$$\tilde{J}_f=\int_{t_f}^{t_r}\boldsymbol{X}^{\mathrm{T}}(t)\boldsymbol{S}_f\boldsymbol{X}(t)\mathrm{d}t \tag{6.105}$$

其中，$\boldsymbol{S}_f$为半正定对称矩阵，且

$$\boldsymbol{S}_f=\begin{bmatrix}\boldsymbol{Q}+\boldsymbol{K}^{\mathrm{T}}\boldsymbol{R}\boldsymbol{K} & -\boldsymbol{Q}-\boldsymbol{K}^{\mathrm{T}}\boldsymbol{R}\boldsymbol{K} & \boldsymbol{0} & \boldsymbol{0} & \boldsymbol{0}\\ -\boldsymbol{Q}-\boldsymbol{K}^{\mathrm{T}}\boldsymbol{R}\boldsymbol{K} & \boldsymbol{Q}+\boldsymbol{K}^{\mathrm{T}}\boldsymbol{R}\boldsymbol{K} & \boldsymbol{0} & \boldsymbol{0} & \boldsymbol{0}\\ \boldsymbol{0} & \boldsymbol{0} & \boldsymbol{C}_f^{\mathrm{T}}\boldsymbol{P}\boldsymbol{C}_f & -\boldsymbol{C}_f^{\mathrm{T}}\boldsymbol{P} & \boldsymbol{0}\\ \boldsymbol{0} & \boldsymbol{0} & -\boldsymbol{P}\boldsymbol{C}_f & \boldsymbol{P} & \boldsymbol{0}\\ \boldsymbol{0} & \boldsymbol{0} & \boldsymbol{0} & \boldsymbol{0} & \boldsymbol{0}\end{bmatrix}$$

在$t_f \sim t_r$阶段，由于扩展系统$\boldsymbol{G}_f$稳定，由 Lyapunov 稳定性理论可知，以下方程具有唯一负定对称矩阵解$\boldsymbol{P}_f$：

$$\boldsymbol{G}_f^{\mathrm{T}}\boldsymbol{P}_f+\boldsymbol{P}_f\boldsymbol{G}_f=\boldsymbol{S}_f \tag{6.106}$$

将该方程等号两边同时左乘$\boldsymbol{X}^{\mathrm{T}}(t)$，右乘$\boldsymbol{X}(t)$，得到

$$\boldsymbol{X}^{\mathrm{T}}(t)\left(\boldsymbol{G}_f^{\mathrm{T}}\boldsymbol{P}_f+\boldsymbol{P}_f\boldsymbol{G}_f\right)\boldsymbol{X}(t)=\boldsymbol{X}^{\mathrm{T}}(t)\boldsymbol{S}_f\boldsymbol{X}(t)$$

又因为$\boldsymbol{X}^{\mathrm{T}}(t)\left(\boldsymbol{G}_f^{\mathrm{T}}\boldsymbol{P}_f+\boldsymbol{P}_f\boldsymbol{G}_f\right)\boldsymbol{X}(t)=\dfrac{\mathrm{d}}{\mathrm{d}t}\boldsymbol{X}^{\mathrm{T}}(t)\boldsymbol{P}_f\boldsymbol{X}(t)$，所以有

$$\begin{aligned}\tilde{J}_f&=\int_{t_f}^{t_r}\left[\frac{\mathrm{d}}{\mathrm{d}t}\left(\boldsymbol{X}^{\mathrm{T}}(t)\boldsymbol{P}_f\boldsymbol{X}(t)\right)\right]\mathrm{d}t=\boldsymbol{X}^{\mathrm{T}}\left(t_r\right)\boldsymbol{P}_f\boldsymbol{X}\left(t_r\right)-\boldsymbol{X}^{\mathrm{T}}\left(t_f\right)\boldsymbol{P}_f\boldsymbol{X}\left(t_f\right)\\&=\boldsymbol{X}^{\mathrm{T}}\left(t_f\right)\left(\mathrm{e}^{\boldsymbol{G}_f^{\mathrm{T}}\Delta t_1}\boldsymbol{P}_f\mathrm{e}^{\boldsymbol{G}_f\Delta t_1}-\boldsymbol{P}_f\right)\boldsymbol{X}\left(t_f\right)\end{aligned} \tag{6.107}$$

其中，$\Delta t_1=t_r-t_f$，表示系统重构延时。

借鉴$\tilde{J}_f$的计算思路，推导$\tilde{J}_r$的具体表达式，用到的中间矩阵有

$$\boldsymbol{S}_r = \begin{bmatrix} \boldsymbol{Q}+\boldsymbol{K}^{\mathrm{T}}\boldsymbol{R}\boldsymbol{K} & -\boldsymbol{Q}-\boldsymbol{K}^{\mathrm{T}}\boldsymbol{R}\boldsymbol{K} & \boldsymbol{0} & -\boldsymbol{K}^{\mathrm{T}}\boldsymbol{R}\boldsymbol{N}_a & \boldsymbol{0} \\ -\boldsymbol{Q}-\boldsymbol{K}^{\mathrm{T}}\boldsymbol{R}\boldsymbol{K} & \boldsymbol{Q}+\boldsymbol{K}^{\mathrm{T}}\boldsymbol{R}\boldsymbol{K} & \boldsymbol{0} & \boldsymbol{K}^{\mathrm{T}}\boldsymbol{R}\boldsymbol{N}_a & \boldsymbol{0} \\ \boldsymbol{0} & \boldsymbol{0} & \boldsymbol{C}_f^{\mathrm{T}}\boldsymbol{P}\boldsymbol{C}_f & -\boldsymbol{C}_f^{\mathrm{T}}\boldsymbol{P} & \boldsymbol{0} \\ -\boldsymbol{N}_a^{\mathrm{T}}\boldsymbol{R}\boldsymbol{K} & \boldsymbol{N}_a^{\mathrm{T}}\boldsymbol{R}\boldsymbol{K} & -\boldsymbol{P}\boldsymbol{C}_f & \boldsymbol{P}+\boldsymbol{N}_a^{\mathrm{T}}\boldsymbol{R}\boldsymbol{N}_a & \boldsymbol{0} \\ \boldsymbol{0} & \boldsymbol{0} & \boldsymbol{0} & \boldsymbol{0} & \boldsymbol{0} \end{bmatrix}$$

基于此，性能指标分量 $\tilde{J}_r$ 可以表示如下：

$$\tilde{J}_r = \int_{t_r}^{t_{\mathrm{mis}}} \boldsymbol{X}^{\mathrm{T}}(t)\boldsymbol{S}_r\boldsymbol{X}(t)\mathrm{d}t \tag{6.108}$$

设 $\boldsymbol{P}_r$ 为以下方程的唯一负定对称矩阵解：

$$\boldsymbol{G}_r^{\mathrm{T}}\boldsymbol{P}_r + \boldsymbol{P}_r\boldsymbol{G}_r = \boldsymbol{S}_r \tag{6.109}$$

则有

$$\begin{aligned} \tilde{J}_r &= \int_{t_r}^{t_{\mathrm{mis}}} \left[\frac{\mathrm{d}}{\mathrm{d}t}\left(\boldsymbol{X}^{\mathrm{T}}(t)\boldsymbol{P}_r\boldsymbol{X}(t)\right)\right]\mathrm{d}t = \boldsymbol{X}^{\mathrm{T}}\left(t_{\mathrm{mis}}\right)\boldsymbol{P}_r\boldsymbol{X}\left(t_{\mathrm{mis}}\right) - \boldsymbol{X}^{\mathrm{T}}\left(t_r\right)\boldsymbol{P}_r\boldsymbol{X}\left(t_r\right) \\ &= \boldsymbol{X}^{\mathrm{T}}\left(t_f\right)\mathrm{e}^{\boldsymbol{G}_f^{\mathrm{T}}\Delta t_1}\left(\mathrm{e}^{\boldsymbol{G}_r^{\mathrm{T}}\Delta t_2}\boldsymbol{P}_r\mathrm{e}^{\boldsymbol{G}_r\Delta t_2} - \boldsymbol{P}_r\right)\mathrm{e}^{\boldsymbol{G}_f\Delta t_1}\boldsymbol{X}\left(t_f\right) \end{aligned} \tag{6.110}$$

其中，$\Delta t_2 = t_{\mathrm{mis}} - t_r$，表示系统重构时长。

取 $\boldsymbol{X}_d = \left[\boldsymbol{x}(t),\boldsymbol{\varphi}(t),\hat{\boldsymbol{f}}(t),\boldsymbol{z}(t)\right]^{\mathrm{T}}$，同样借鉴上述计算思路，推导 $\tilde{J}_d$ 的表达式，用到的中间矩阵如下：

$$\boldsymbol{G}_d = \begin{bmatrix} \boldsymbol{A}-\boldsymbol{B}_u\boldsymbol{K} & \boldsymbol{F}\boldsymbol{C}_f & \boldsymbol{0} & \boldsymbol{0} \\ \boldsymbol{0} & \boldsymbol{A}_f & \boldsymbol{0} & \boldsymbol{0} \\ \boldsymbol{C}_2 & \boldsymbol{F}_2\boldsymbol{C}_f & \boldsymbol{F}_1 & \boldsymbol{C}_1 \\ \boldsymbol{A}_2 & \boldsymbol{0} & \boldsymbol{F} & \boldsymbol{A}_1 \end{bmatrix}, \quad \boldsymbol{S}_d = \begin{bmatrix} \boldsymbol{0} & \boldsymbol{0} & \boldsymbol{0} & \boldsymbol{0} \\ \boldsymbol{0} & \boldsymbol{C}_f^{\mathrm{T}}\boldsymbol{P}\boldsymbol{C}_f & -\boldsymbol{C}_f^{\mathrm{T}}\boldsymbol{P} & \boldsymbol{0} \\ \boldsymbol{0} & -\boldsymbol{P}\boldsymbol{C}_f & \boldsymbol{P} & \boldsymbol{0} \\ \boldsymbol{0} & \boldsymbol{0} & \boldsymbol{0} & \boldsymbol{0} \end{bmatrix}$$

则有

$$\begin{aligned} \tilde{J}_d &= \int_{t_f}^{t_d} \frac{\mathrm{d}}{\mathrm{d}t}\boldsymbol{X}_d^{\mathrm{T}}(t)\boldsymbol{P}_d\boldsymbol{X}_d(t)\mathrm{d}t = \boldsymbol{X}_d^{\mathrm{T}}\left(t_d\right)\boldsymbol{P}_d\boldsymbol{X}_d\left(t_d\right) - \boldsymbol{X}_d^{\mathrm{T}}\left(t_f\right)\boldsymbol{P}_d\boldsymbol{X}_d\left(t_f\right) \\ &= \boldsymbol{X}_d^{\mathrm{T}}\left(t_f\right)\left(\mathrm{e}^{\boldsymbol{G}_d^{\mathrm{T}}\Delta\tau_1}\boldsymbol{P}_d\mathrm{e}^{\boldsymbol{G}_d\Delta\tau} - \boldsymbol{P}_d\right)\boldsymbol{X}_d\left(t_f\right) \end{aligned} \tag{6.111}$$

其中，$\Delta\tau = t_d - t_f$，表示系统进行故障诊断的有效时长；$\boldsymbol{P}_d$ 为以下方程的唯一负定对称矩阵解：

$$\boldsymbol{G}_d^{\mathrm{T}}\boldsymbol{P}_d + \boldsymbol{P}_d\boldsymbol{G}_d = \boldsymbol{S}_d \tag{6.112}$$

将式(6.107)、式(6.110)、式(6.111)代入式(6.104)可以得到：

$$\begin{aligned} J_s &= \boldsymbol{X}^{\mathrm{T}}\left(t_f\right)\left(\mathrm{e}^{\boldsymbol{G}_f^{\mathrm{T}}\Delta t_1}\boldsymbol{P}_f\mathrm{e}^{\boldsymbol{G}_f\Delta t_1} - \boldsymbol{P}_f\right)\boldsymbol{X}\left(t_f\right) + \boldsymbol{X}^{\mathrm{T}}\left(t_f\right)\mathrm{e}^{\boldsymbol{G}_f^{\mathrm{T}}\Delta t_1}\left(\mathrm{e}^{\boldsymbol{G}_r^{\mathrm{T}}\Delta t_2}\boldsymbol{P}_r\mathrm{e}^{\boldsymbol{G}_r\Delta t_2} - \boldsymbol{P}_r\right) \\ &\quad \cdot \mathrm{e}^{\boldsymbol{G}_f\Delta t_1}\boldsymbol{X}\left(t_f\right) - \boldsymbol{X}_d^{\mathrm{T}}\left(t_f\right)\left(\mathrm{e}^{\boldsymbol{G}_d^{\mathrm{T}}\Delta\tau_1}\boldsymbol{P}_d\mathrm{e}^{\boldsymbol{G}_d\Delta\tau} - \boldsymbol{P}_d\right)\boldsymbol{X}_d\left(t_f\right) \\ &= \boldsymbol{X}^{\mathrm{T}}\left(t_f\right)\left[\boldsymbol{\Phi}_1^{\mathrm{T}}\left(\boldsymbol{P}_f - \boldsymbol{P}_r\right)\boldsymbol{\Phi}_1 + \boldsymbol{\Phi}_2^{\mathrm{T}}\boldsymbol{P}_r\boldsymbol{\Phi}_2 - \boldsymbol{P}_f - \boldsymbol{\Phi}_3^{\mathrm{T}}\boldsymbol{P}_d\boldsymbol{\Phi}_3 + \boldsymbol{E}_d^{\mathrm{T}}\boldsymbol{P}_d\boldsymbol{E}_d\right]\boldsymbol{X}\left(t_f\right) \\ &= \boldsymbol{X}^{\mathrm{T}}\left(t_f\right)\boldsymbol{\Gamma}\left(t_f, t_d, t_r, t_{\mathrm{mis}}\right)\boldsymbol{X}\left(t_f\right) \end{aligned} \tag{6.113}$$

其中，$\boldsymbol{\Gamma}\left(t_f, t_d, t_r, t_{\mathrm{mis}}\right) = \boldsymbol{\Phi}_1^{\mathrm{T}}\left(\boldsymbol{P}_f - \boldsymbol{P}_r\right)\boldsymbol{\Phi}_1 + \boldsymbol{\Phi}_2^{\mathrm{T}}\boldsymbol{P}_r\boldsymbol{\Phi}_2 - \boldsymbol{P}_f - \boldsymbol{\Phi}_3^{\mathrm{T}}\boldsymbol{P}_d\boldsymbol{\Phi}_3 + \boldsymbol{E}_d^{\mathrm{T}}\boldsymbol{P}_d\boldsymbol{E}_d$，$\boldsymbol{\Phi}_1 = \mathrm{e}^{\boldsymbol{G}_f^{\mathrm{T}}\Delta t_1}$，$\boldsymbol{\Phi}_2 = \mathrm{e}^{\boldsymbol{G}_r\Delta t_2}\mathrm{e}^{\boldsymbol{G}_f\Delta t_1}$，$\boldsymbol{\Phi}_3 = \mathrm{e}^{\boldsymbol{G}_d\Delta\tau}\boldsymbol{E}_d$，$\boldsymbol{E}_d = \left[\boldsymbol{0}_{(N-n)\times n}, \boldsymbol{I}_{(N-n)\times(N-n)}\right]$。

综上，定理 6.7 得证。□

由此得到系统的综合性能下降指标 J_s 关于时间的具体表达式，为后续进行可重构性的时间特性研究提供了数学依据。

3. 时间优化描述

由上述分析可知，重构系统的性能指标函数 J_s 可以表示成关于四个关键时刻的函数表达式 $J_s\left(t_f, t_d, t_r, t_{\mathrm{mis}}\right)$。故障发生以后，在预定容错方案的作用下，对于既定的故障发生时刻 t_f 以及规定的任务完成时刻 t_{mis}，控制系统的重构性能 J_s 只与系统的故障状态 $\boldsymbol{x}\left(t_f\right)$、故障诊断结束时刻 t_d 和控制器重构时刻 t_r 有关。因此，在已知 $\boldsymbol{x}\left(t_f\right)$ 的前提下，可以对 t_d、t_r 进行优化，使系统的性能下降程度 J_s 达到最小，此时称系统在预定容错方案作用下的重构性能达到 J_s 意义下的最优。

同样，考虑实际任务需求，应该使重构系统的性能下降程度保持在容许范围，即 $J_s \leqslant \eta$，当 $J_s > \eta$ 时，系统偏离标称轨迹的程度过大，资源浪费严重，重构代价超出了其可以承受的范围，导致系统不可重构。除此之外，受执行器物理限制的影响，系统的控制输入也需要满足约束 $u_{\min} \leqslant \|\boldsymbol{u}(t)\|_{\infty} \leqslant u_{\max}$。因此，采用如下形式的优化问题来求解系统提取诊断结果、进行控制重构的最佳时机 t_d^*、t_r^*，以及系统性能下降指标的最小值 J_r^*：

$$\min_{t_d,t_r}\{J_s\}$$
$$\text{s.t.}\begin{cases}J_s-\eta\leqslant 0\\u_{\min}\leqslant\|\boldsymbol{u}(t)\|_\infty\leqslant u_{\max}\\t_f\leqslant t_d\leqslant t_r\leqslant t_{\text{mis}}\end{cases}\tag{6.114}$$

定理 6.8　对于式(6.92)描述的重构控制系统，若式(6.114)所示的优化问题存在最优解，则称采用当前容错方案的控制系统在综合性能下降指标 J_s 的意义下实际可重构。另外，满足式(6.114)中所有不等式约束的 t_d、t_r 解，即为系统可重构需要满足的诊断与重构时间条件。

定理 6.9　假设系统一诊断出故障就立即进行控制重构，即 $t_r=t_d$，则在确定故障发生时刻 t_f、任务完成时刻 t_{mis} 以及性能阈值 η 以后，系统容许的最晚重构时刻为

$$\tau^*=\max\left\{J_s^{-1}(\eta)\right\}\tag{6.115}$$

其中，$J_s^{-1}(\eta)$ 为方程 $J_s(t_r)=\eta$ 的解。

6.4.4　仿真算例

考虑式(6.90)描述的故障系统，其矩阵参数及初始状态如下：

$$\boldsymbol{A}=\begin{bmatrix}-0.1&0\\0&-0.1\end{bmatrix},\quad\boldsymbol{B}=\begin{bmatrix}0.1\\0.5\end{bmatrix},\quad\boldsymbol{C}=[0\quad 1],\quad\boldsymbol{F}=\begin{bmatrix}0.4\\2\end{bmatrix},\quad\boldsymbol{x}_0=\begin{bmatrix}0.3\\0.2\end{bmatrix}$$

式(6.91)描述的故障参数如下：

$$\boldsymbol{A}_f=\begin{bmatrix}0&0.5\\-2&0\end{bmatrix},\quad\boldsymbol{C}_f=\begin{bmatrix}1\\0\end{bmatrix},\quad\boldsymbol{\varphi}_0=\begin{bmatrix}1\\0\end{bmatrix}$$

期望模型的系统矩阵为

$$\boldsymbol{M}=\begin{bmatrix}-0.2&0\\-0.5&-0.1\end{bmatrix}$$

取故障发生时刻 $t_f=25\text{s}$；任务完成时刻 $t_{\text{mis}}=100\text{s}$；性能阈值 η=16；控制输入幅值上限 $|u|_{\max}$=0.3N·m。

采用文献[71]中的故障诊断方法作为分析样例，在上述参数条件下，进行数值仿真，结果如图 6.5～图 6.11 所示。

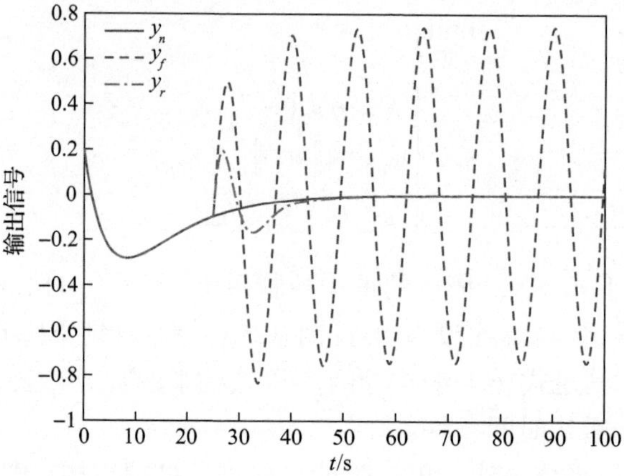

图 6.5　标称系统、故障系统与重构系统的输出响应

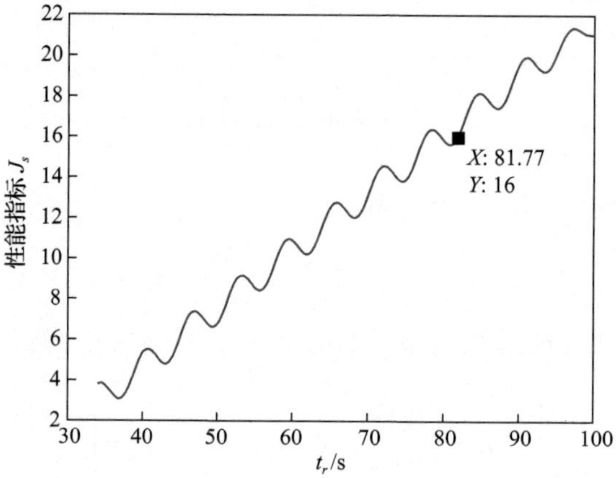

图 6.6　$t_d = 34\text{s}$ 时性能指标 J_s 随 t_r 的变化曲线

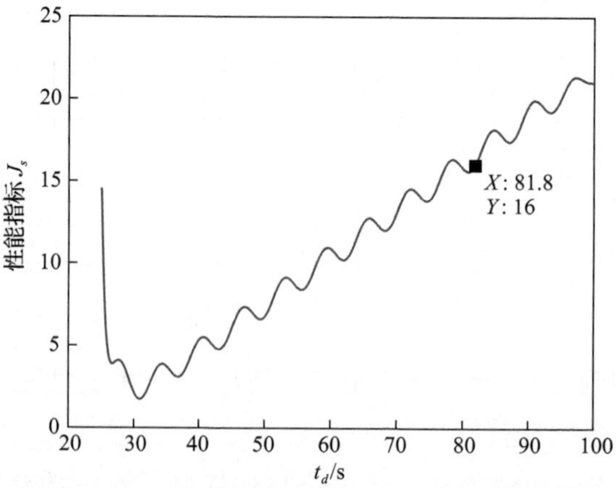

图 6.7　$t_r = t_d$ 时性能指标 J_s 随 t_d 的变化曲线

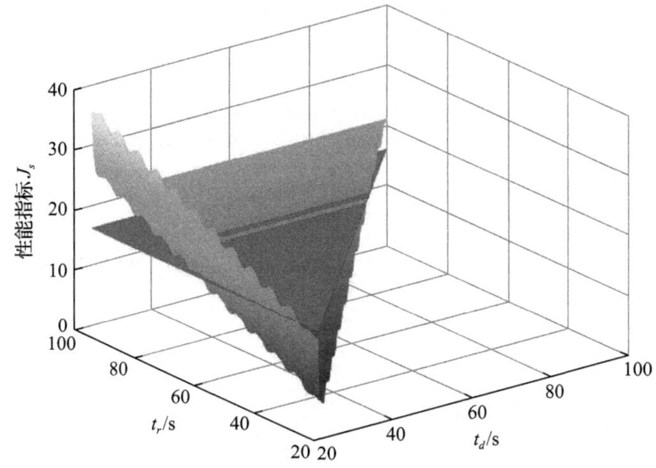

图 6.8　性能指标 J_s 关于 t_d 和 t_r 的变化曲线

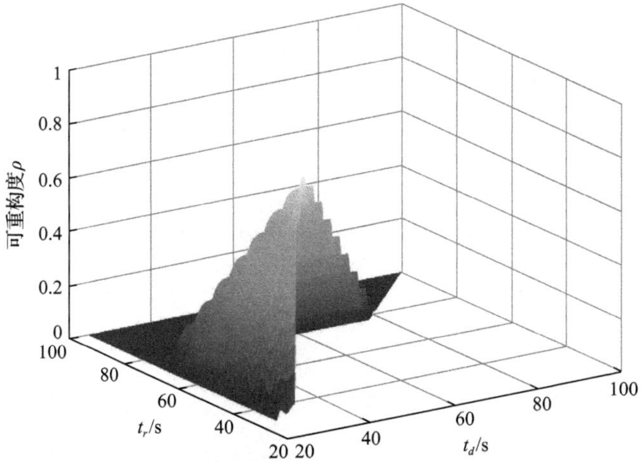

图 6.9　可重构度 ρ 关于 t_d 和 t_r 的变化曲线

图 6.5 为标称系统、故障系统和无重构延时的重构系统输出响应曲线。

固定故障诊断时间 t_d，可以研究系统性能下降程度与控制重构时刻 t_r 的关系。假设 $t_d = 34\text{s}$，得到性能指标 J_s 关于 t_r 的变化曲线如图 6.6 所示，此时最优控制重构时刻为 $t_r^* = 36.85\text{s}$，对应的最小系统性能下降指标 J_s^*=3.07，最大可重构度 $\rho^* = 80.8\%$。从图中还可以发现：只有当 $t_r \leqslant 81.77\text{s}$ 时，$J_s < \eta$，系统可重构；否则，当 $J_s > \eta$ 时，系统不再可重构。

假设故障诊断一结束立即进行控制重构，即 $t_r = t_d$，可以研究系统性能下降程度与故障诊断结束时刻 t_d 的关系，得到 J_s 关于 t_d 的变化曲线如图 6.7 所示。此时最优诊断结束时刻与控制重构时刻为 $t_d^* = t_r^* = 30.9\text{s}$，对应的最小系统性能下降

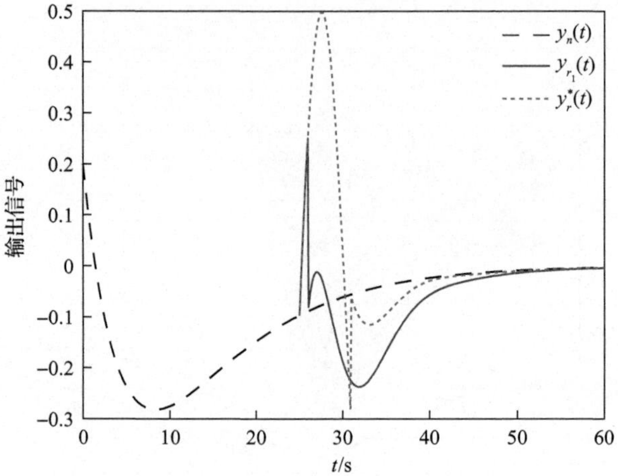

图 6.10　t_{r_1} 与 t_r^* 两个不同重构时刻的输出响应

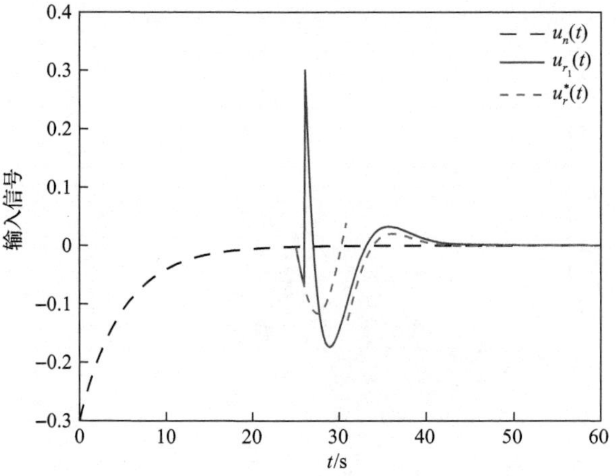

图 6.11　t_{r_1} 与 t_r^* 两个不同重构时刻的控制输入

指标 $J_s^* = 1.71$，最大可重构度 $\rho^* = 89.31\%$；系统可重构的时间条件为 $t_r \leqslant 81.8\text{s}$，即在理想情况下，系统容许的最晚重构时刻为 $\tau^* = 81.8\text{s}$。

图 6.8 为 J_s 在 t_d、t_r 两个维度上的变化曲面。通过观察可以发现，对每一个 t_d，都存在一个 t_r 使性能指标 J_s 达到最小。对 t_d、t_r 进行双优化，可得最优诊断结束时刻与控制重构时刻分别为 $t_d^* = 30.9\text{s}$、$t_r^* = 31\text{s}$，此时 $J_s^* = 1.66$、$\rho^* = 89.63\%$。

图 6.9 是故障系统在上述容错方案作用下的可重构度 ρ 关于 t_d、t_r 的变化曲面。最大可重构度 $\rho^* = 89.63\%$，说明采用该容错方案对系统进行故障处理的效率较高；在时域 $t_f \sim \tau^*$ 内，可重构度 $\rho > 0$，系统在 J_s 意义下可重构；超出该时域，$\rho = 0$，系统不可重构。

图 6.10 和图 6.11 分别为在最优控制重构时刻 $t_r^* = 30.9\text{s}$ 和更早时刻 $t_{r_1} = 26\text{s}$ 采取重构措施的系统输入输出响应曲线。由图可知，虽然尽早地采取重构措施，会降低系统的控制偏差，但需要以更大的控制输入为代价，因此控制重构时刻并非越快越好，需要折中考虑控制精度与重构代价等多重因素。

为进一步验证上述时间规律的一般性，利用文献[72]中基于迭代学习观测器(iterative learning observer, ILO)的故障诊断方法重新进行数值仿真，并与式(6.92)给出的基于观测器的故障诊断方法进行对比分析，仿真结果如图 6.12 和图 6.13 所示。对 t_d、t_r 进行优化，得最优解为 $t_d^* = 25.11\text{s}$，$t_r^* = 25.21\text{s}$，此时 $J_s^* = 3.74$。

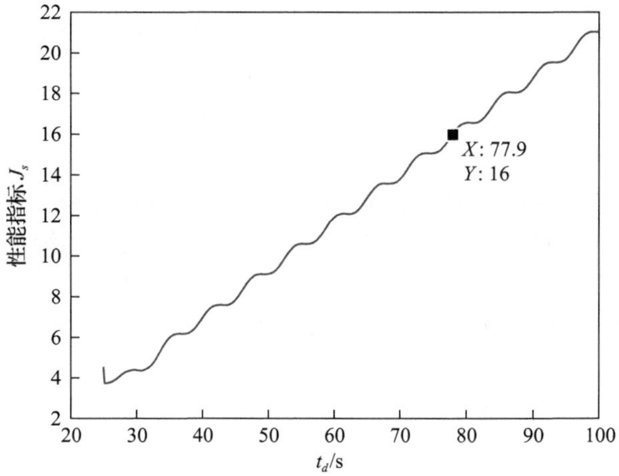

图 6.12　采用基于 ILO 的故障诊断方法且当 $t_r = t_d$ 时 J_s 随 t_d 的变化曲线

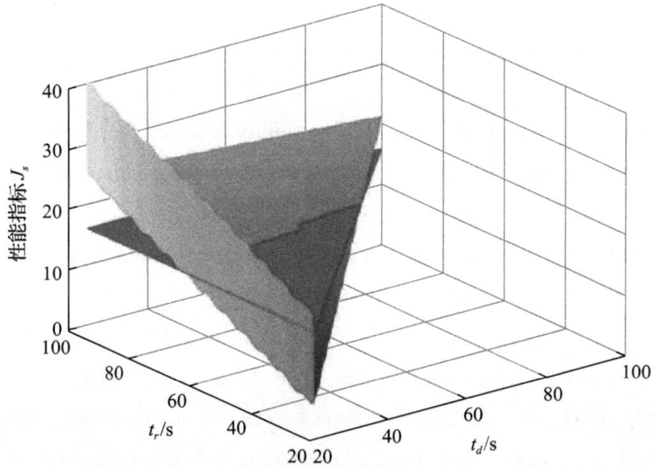

图 6.13　采用基于 ILO 的故障诊断方法时 J_s 关于 t_d 和 t_r 的变化曲线

观察两种不同诊断方法的仿真结果可以发现，基于 ILO 的诊断器收敛速度较快，所以其最优故障诊断结束时刻与控制重构时刻会相应前移。尽管如此，两种诊断器作用下的系统曲线仍然呈现相似的变化趋势，由此可见，除了最优解的具体数值以外，不同诊断器并不会改变时间对系统可重构性的影响趋势。

故障诊断结束时刻会直接影响诊断精度，进而影响系统的实际重构性能。鉴于此，本节针对执行器快变偏差故障，定量研究了故障诊断结束时刻与控制重构时刻对系统实际重构性能的重要影响。通过建立可重构性评价指标与诊断结束时刻、重构时刻的数学联系，给出了系统可重构的时间条件，并从时间规划的角度对系统重构方法进行了优化。由于考虑了具体的诊断模块，该研究可以同时实现故障诊断结束时刻与控制重构时刻的双重优化。

6.5 本章小结

本章以可诊断性与可重构性理论为指导，提出资源约束下航天器正常模式与故障模式一体化设计方法、时空约束下航天器故障诊断与系统重构一体化设计方法，实现了航天器有限资源配置在正常模式与故障模式下的统筹优化，以及航天器故障诊断与系统重构过程的协同优化，分别从地面设计和在轨运行两个阶段大幅提升了系统的自主诊断重构能力，保障了航天器的安全可靠自主运行。

参考文献

[1] Basseville M, Benveniste A, Moustakides G, et al. Optimal sensor location for detecting changes in dynamical behavior. IEEE Transactions on Automatic Control, 1987, 32(12): 1067-1075.

[2] Travé-Massuyes L, Escobet T, Milne R. Model-based diagnosability and sensor placement. Proceedings of the 12th International Workshop on Principles of Diagnosis, San Sicario, 2001: 551-556.

[3] Travé-Massuyes L, Escobet T, Olive X. Diagnosability analysis based on component-supported analytical redundancy relations. IEEE Transactions on Systems, Man, and Cybernetics-Part A: Systems and Humans, 2006, 36(6): 1146-1160.

[4] Debouk R, Lafortune S, Teneketzis D. On an optimization problem in sensor selection. Discrete Event Dynamic Systems, 2002, 12(4): 417-445.

[5] Krysander M, Frisk E. Sensor placement for fault diagnosis. IEEE Transactions on Systems, Man, and Cybernetics-Part A: Systems and Humans, 2008, 38(6): 1398-1410.

[6] Krysander M, Frisk E, Åslund J. Sensor placement for fault isolation in linear differential-algebraic systems. IFAC Proceedings Volumes, 2008, 41(2): 7895-7900.

[7] Eriksson D, Krysander M, Frisk E. Using quantitative diagnosability analysis for optimal sensor placement. IFAC Proceedings Volumes, 2012, 45(20): 940-945.

[8] Jung D, Eriksson L, Frisk E, et al. Development of misfire detection algorithm using quantitative FDI performance analysis. Control Engineering Practice, 2015, 34: 49-60.

[9] Nguyen D T, Duong Q B, Zamai E, et al. Fault diagnosis for the complex manufacturing system. Proceedings of the Institution of Mechanical Engineers, Part O: Journal of Risk and Reliability, 2016, 230(2): 178-194.

[10] Kinnaert M, Hao J J. Distributed sensor fault detection and isolation over network. IFAC Proceedings Volumes, 2014, 47(3): 11458-11463.

[11] Ding S X. Application of factorization and gap metric techniques to fault detection and isolation part I: A factorization technique based FDI framework. IFAC-PapersOnLine, 2015, 48(21): 113-118.

[12] Ding S X. Application of factorization and gap metric techniques to fault detection and isolation part II: Gap metric technique aided FDI performance analysis. IFAC-PapersOnLine, 2015, 48(21): 119-124.

[13] Eriksson D, Sundström C. Sequential residual generator selection for fault detection. 2014 European Control Conference, Strasbourg, 2014: 932-937.

[14] Bregon A, Daigle M, Roychoudhury I. An integrated framework for distributed diagnosis of process and sensor faults. 2015 IEEE Aerospace Conference, Big Sky, 2015: 1-11.

[15] Ding S X, Li L L, Krüger M. Application of randomized algorithms to assessment and design of observer-based fault detection systems. Automatica, 2019, 107: 175-182.

[16] Gao S, Guo Y N, Ma G F, et al. Sensor placement optimization with fault diagnosable constraint and its application in spacecraft attitude control system. 2015 34th Chinese Control Conference, Hangzhou, 2015: 6280-6284.

[17] Gao S, Zhang W, He X, et al. Optimal sensor placement for momentum wheel fault diagnosis using Bayesian network. 2017 36th Chinese Control Conference, Dalian, 2017: 7099-7103.

[18] Hu X Q, Zhang X L, Peng X F, et al. Design of sensor placement based on fault diagnosability. The 36th Chinese Control Conference, Dalian, 2017: 7059-7063.

[19] Chen R H, Ng H K, Speyer J L, et al. Health monitoring of a satellite system. Journal of Guidance, Control, and Dynamics, 2006, 29(3): 593-605.

[20] Jiang T, Khorasani K. A fault detection, isolation and reconstruction strategy for a satellite's attitude control subsystem with redundant reaction wheels. 2007 IEEE International Conference on Systems, Man and Cybernetics, Montreal, 2007: 3146-3152.

[21] Meskin N, Khorasani K. Fault detection and isolation of actuator faults in spacecraft formation flight. Proceedings of the 45th IEEE Conference on Decision and Control, San Diego, 2006: 1159-1164.

[22] De Persis C, Isidori A. A geometric approach to nonlinear fault detection and isolation. IFAC

Proceedings Volumes, 2000, 33(11): 213-218.

[23] Baldi P, Castaldi P, Simani S, et al. Fault diagnosis and control reconfiguration for satellite reaction wheels. 2010 Conference on Control and Fault-Tolerant Systems, Nice, 2010: 143-148.

[24] Hu D, Sarosh A, Dong Y F. A novel KFCM based fault diagnosis method for unknown faults in satellite reaction wheels. ISA Transactions, 2012, 51(2): 309-316.

[25] Ferguson S, Lewis K. Investigating the interaction between reconfigurability and system mass using multidisciplinary design optimization. Proceedings of 49th AIAA/ASME/ASCE/AHS/ASC Structures, Structural Dynamics, and Materials Conference, Schaumburg, 2008: 1-13.

[26] Huang J Z, Wu N E. Fault-tolerant placement of phasor measurement units based on control reconfigurability. Control Engineering Practice, 2013, 21(1): 1-11.

[27] Huang J Z, Wu N E. Fault-tolerant sensor placement based on control reconfigurability. IFAC Proceedings Volumes, 2011, 44(1): 14814-14819.

[28] Tabatabaeipour S M, Gholami M, Bak T. Configuration selection for reconfigurable control of piecewise affine systems. International Journal of Control, 2015, 88(6): 1310-1323.

[29] Tabatabaeipour S M, Gholami M, Bak T, et al. Reconfigurability of piecewise affine systems against actuator faults. IFAC Proceedings Volumes, 2011, 44(1): 4672-4677.

[30] Shaker H R, Shaker F. Control configuration selection for linear stochastic systems. Journal of Process Control, 2014, 24(1): 146-151.

[31] Yin S, Xiao B, Ding S X, et al. A review on recent development of spacecraft attitude fault tolerant control system. IEEE Transactions on Industrial Electronics, 2016, 63(5): 3311-3320.

[32] Zhang Y M, Jiang J. Bibliographical review on reconfigurable fault-tolerant control systems. Annual Reviews in Control, 2008, 32(2): 229-252.

[33] Zhang Y M, Jiang J. Issues on integration of fault diagnosis and reconfigurable control in active fault-tolerant control systems. IFAC Proceedings Volumes, 2006, 39(13): 1437-1448.

[34] Hamdaoui R, Abdelkrim M N. Conditions on diagnosis and accommodation delays for actuator fault recoverability. The Eighth International Multi-Conference on Systems, Signals & Devices, Sousse, 2011: 1-6.

[35] Hamdaoui R, Abdelkrim M N. Timely actuator fault diagnosis and accommodation. The 10th International Multi-Conferences on Systems, Signals & Devices , Hammamet, 2013: 1-8.

[36] 项昌毅，杨浩，程月华，等. 卫星姿态控制系统的可重构性指标分配. 航天控制，2014, 32(2): 46-52.

[37] Xiang C Y, Yang H, Cheng Y H, et al. Reconfiguration allocation of satellite attitude control systems. 2013 25th Chinese Control and Decision Conference, Guiyang, 2013: 4101-4105.

[38] 项昌毅，杨浩，程月华，等. 基于启发式算法的可重构性指标分配. 空间控制技术与应用，2013, 39(5): 7-12.

[39] 王世新, 邢琰, 王大铁, 等. 基于能耗最优的卫星姿控系统推力器可重构性设计. 航天控制, 2015, 33(5): 46-53.

[40] 顾朋, 王大铁, 刘成瑞. 零动量卫星轮控系统可重构性设计研究. 中国空间科学技术, 2013, 33(1): 7-14.

[41] Wang D Y, Duan W J, Liu C R. An analysis method for control reconfigurability of linear systems. Advances in Space Research, 2015, 57(1): 329-339.

[42] Tao J, Lu R Q, Shi P, et al. Dissipativity-based reliable control for fuzzy Markov jump systems with actuator faults. IEEE Transactions on Cybernetics, 2017, 47(9): 2377-2388.

[43] Yang H, Huang C K, Jiang B, et al. Fault estimation and accommodation of interconnected systems: A separation principle. IEEE Transactions on Cybernetics, 2019, 49(12): 4103-4116.

[44] Liu L, Liu Y J, Tong S C. Neural networks-based adaptive finite-time fault-tolerant control for a class of strict-feedback switched nonlinear systems. IEEE Transactions on Cybernetics, 2019, 49(7): 2536-2545.

[45] Staroswiecki M, Zhang K, Berdjag D, et al. Reducing the reliability over-cost in reconfiguration-based fault tolerant control under actuator faults. IEEE Transactions on Automatic Control, 2012, 57(12): 3181-3186.

[46] Jiang J, Yu X. Fault-tolerant control systems: A comparative study between active and passive approaches. Annual Reviews in Control, 2012, 36(1): 60-72.

[47] Chen Z, Jagannathan S. Generalized Hamilton-Jacobi-Bellman formulation-based neural network control of affine nonlinear discrete-time systems. IEEE Transactions on Neural Networks, 2008, 19(1): 90-106.

[48] Zhang H, Dower P M. Performance bounds for nonlinear systems with a nonlinear $\mathcal{L}2$-gain property. International Journal of Control, 2012, 85(9): 1293-1312.

[49] McEneaney W M. Max-Plus Methods for Nonlinear Control and Estimation. Boston: Springer Science & Business Media, 2006.

[50] Yu X, Li Y, Wang X M, et al. An autonomous robust fault tolerant control system. Proceedings of 2006 IEEE International Conference on Information Acquisition, Veihai, 2006: 1191-1196.

[51] Staroswiecki M, Berdjag D. A general fault tolerant linear quadratic control strategy under actuator outages. International Journal of Systems Science, 2010, 41(8): 971-985.

[52] Veillette R J. Reliable linear-quadratic state-feedback control. Automatica, 1995, 31(1): 137-143.

[53] Yang G H, Zhang S Y, Lam J, et al. Reliable control using redundant controllers. IEEE Transactions on Automatic Control, 1998, 43(11): 1588-1593.

[54] Liang Y W, Liaw D C, Lee T C. Reliable control of nonlinear systems. IEEE Transactions on Automatic Control, 2000, 45(4): 706-710.

[55] Qiu J B, Wei Y L, Wu L G. A novel approach to reliable control of piecewise affine systems with actuator faults. IEEE Transactions on Circuits and Systems II: Express Briefs, 2017, 64(8): 957-961.

[56] Wei Y L, Qiu J B, Karimi H. Reliable output feedback control of discrete-time fuzzy affine systems with actuator faults. IEEE Transactions on Circuits and Systems I: Regular Papers, 2021, 64: 170-181.

[57] Wu H N, Wang Z P, Guo L. Disturbance observer based reliable H_∞ fuzzy attitude tracking control for mars entry vehicles with actuator failures. Aerospace Science and Technology, 2018, 77: 92-104.

[58] Yang Y, Yang G H, Soh Y C. Reliable control of discrete-time systems with actuator failure. IEE Proceedings - Control Theory and Applications, 2000, 147(4): 428-432.

[59] Liu Y H, Niu Y G, Zou Y Y, et al. Adaptive sliding mode reliable control for switched systems with actuator degradation. IET Control Theory & Applications, 2015, 9(8): 1197-1204.

[60] Yang G H, Lam J, Wang J L. Reliable H_∞ control for affine nonlinear systems. IEEE Transactions on Automatic Control, 1998, 43(8): 1112-1117.

[61] Lien C H, Yu K W, Lin Y F, et al. Robust reliable H_∞ control for uncertain nonlinear systems via LMI approach. Applied Mathematics and Computation, 2008, 198(1): 453-462.

[62] Beard R, McLain T. Successive Galerkin approximation algorithms for nonlinear optimal and robust control. International Journal of Control, 1998, 71(5): 717-743.

[63] Çimen T. Survey of state-dependent Riccati equation in nonlinear optimal feedback control synthesis. Journal of Guidance, Control, and Dynamics, 2012, 35(4): 1025-1047.

[64] Xin M, Balakrishnan S N. A new method for suboptimal control of a class of non-linear systems. Optimal Control Applications and Methods, 2005, 26(2): 55-83.

[65] Xin M, Balakrishnan S N, Ohlmeyer E J. Integrated guidance and control of missiles with *θ-D* method. IFAC Proceedings Volumes, 2004, 37(6): 629-634.

[66] Joshi S M, González O R, Upchurch J M. Identifiability of additive actuator and sensor faults by state augmentation. Journal of Guidance, Control, and Dynamics, 2014, 37(3): 941-946.

[67] Joshi S M, González O R, Upchurch J M. Identifiability of additive, time-varying actuator and sensor faults by state augmentation. NASA/TM-2014-218669, 2014.

[68] Hamdaoui R, Guesmi S, El Harabi R. UIO based robust fault detection and estimation. 2013 International Conference on Control, Decision and Information Technologies, Hammamet, 2013: 76-81.

[69] Jiang B, Staroswiecki M. Adaptive observer design for robust fault estimation. International Journal of Systems Science, 2002, 33(9): 767-775.

[70] Collins E G Jr, Song T L. Robust H8 estimation and fault detection of uncertain dynamic

systems. Journal of Guidance, Control, and Dynamics, 2000, 23(5): 857-864.

[71] Tang G Y, Li J. Optimal fault diagnosis for systems with delayed measurements. IET Control Theory and Applications, 2008, 2(11): 990-998.

[72] Chen W, Saif M. Observer-based fault diagnosis of satellite systems subject to time-varying thruster faults. Journal of Dynamic Systems, Measurement, and Control, 2007, 129(3): 352-356.

第 7 章　基于可观测性理论的航天器自主导航方法

基于可观测性分析，可以判断系统能否在有限时间内根据观测量确定状态量，并且可以定量评估系统根据观测量确定状态量的难易程度。可见，可观测性分析结果对航天器自主导航系统的设计和实施具有关键的指导性意义。基于可观测性理论指导航天器自主导航系统的设计和运行是学界研究的热点问题之一。

本章以航天器光学自主导航系统为背景，介绍如何以可观测性理论为指导，对航天器相对轨道流形、陆标构型和导航状态估计方法进行自适应调整，相关方法有助于降低航天器自主导航系统器上运行的计算压力，提升航天器自主导航的精度和收敛速度。

7.1　基于可观测性理论的轨道流形优化方法

对于航天器自主导航系统，其状态方程往往是轨道动力学方程，自主导航系统观测能力的强弱既取决于导航敏感器获取的观测数据品质，又取决于航天器所处的轨道特性。本节将介绍航天器相对轨道流形的表征方法、共面轨道的最优轨道流形和异面轨道的最优轨道流形。

7.1.1　相对轨道动力学及轨道参数

考虑两航天器处于不同轨道，可定义航天器相对轨道要素 $(\delta a, \delta e, \delta i, \delta\Omega, \delta\omega, \delta M)$，其中 δa 为两器相对半长轴，δe 为相对偏心率，δi 为相对轨道倾角，$\delta\Omega$ 为相对升交点赤经，$\delta\omega$ 为相对近地点幅角，δM 为相对平近点角。可给出笛卡儿坐标系下描述的相对位置与相对轨道要素之间的关系如下：

$$
\begin{aligned}
x &= r_{\text{chaser}}\left(\delta f + \delta\omega + \delta\Omega\cos i_{\text{chaser}}\right)\\
y &= r_{\text{chaser}}\left[-2\sin i_{\text{chaser}}\sin\left(\frac{\delta\Omega}{2}\right)\cos\left(M_{\text{chaser}} + \omega_{\text{chaser}} + 2e_{\text{chaser}}\sin M_{\text{chaser}} + \frac{\delta f + \delta\omega}{2}\right)\right.\\
&\quad\left. + \delta i\sin\left(M_{\text{chaser}} + \omega_{\text{chaser}} + 2e_{\text{chaser}}\sin M_{\text{chaser}} + \delta f + \delta\omega\right)\right]\\
z &= \frac{a_{\text{chaser}}\left(1 - e_{\text{chaser}}^2\right)}{1 + e_{\text{chaser}}\cos f_{\text{chaser}}} - \frac{\left(a_{\text{chaser}} + \delta a\right)\left[1 - \left(e_{\text{chaser}} + \delta e\right)^2\right]}{1 + \left(e_{\text{chaser}} + \delta e\right)\cos\left(M_{\text{chaser}} + 2e_{\text{chaser}}\sin M_{\text{chaser}} + \delta f\right)}
\end{aligned}
\tag{7.1}
$$

其中，r_{chaser} 为跟踪航天器质心到中心天体的距离；i_{chaser} 为跟踪航天器轨道倾角；M_{chaser} 为跟踪航天器平近点角；ω_{chaser} 为跟踪航天器近地点幅角；e_{chaser} 为跟踪航天器偏心率；f_{chaser} 为跟踪航天器真近点角。

将相对位置与相对轨道要素的表达式代入航天器仅测角观测方程，可得到系统观测与相对轨道要素的关联表达式，形式如下：

$$\alpha = \arctan\left(\frac{\delta f + \delta\omega + \delta\Omega \cos i_{\text{chaser}}}{-2\delta i \sin i_{\text{chaser}} \sin\left(\frac{\delta\Omega}{2}\right)\cos\left(\tilde{M}_{\text{chaser}} + \frac{\delta\omega - \delta f}{2}\right) + \delta i \sin\left(\tilde{M}_{\text{chaser}} + \delta\omega\right)} \right) \tag{7.2}$$

$$\beta = \arcsin\left(\frac{a_{\text{chaser}}\left(1 - e_{\text{chaser}}^2\right)}{\rho + \rho e_{\text{chaser}} \cos f_{\text{chaser}}} - \frac{\left(a_{\text{chaser}} - \delta a\right)\left[1 - \left(e_{\text{chaser}} + \delta e\right)^2\right]}{\rho + \rho\left(e_{\text{chaser}} + \delta e\right)\cos\left(\tilde{M}_{\text{chaser}} - \omega_{\text{chaser}}\right)} \right) \tag{7.3}$$

$$\tilde{M}_{\text{chaser}} = M_{\text{chaser}} + \omega_{\text{chaser}} + 2e_{\text{chaser}} \sin M_{\text{chaser}} + \delta f \tag{7.4}$$

由式(7.2)～式(7.4)可见，观测方程可直接由相对轨道要素描述。由此可知，导航系统的可观测度强弱会受到相对轨道流形的影响。

7.1.2　观测能力及相对轨道要素关联表达式

在第 5 章已给出系统观测能力的量化评估表达式。系统观测能力的量化表达式如下：

$$\boldsymbol{D}(\boldsymbol{X}) = \left\| \frac{\partial \boldsymbol{L}_f^2 h}{\partial \rho} \rho + \frac{\partial \boldsymbol{L}_f^2 h}{\partial \dot{\boldsymbol{r}}} \dot{\boldsymbol{r}}^{\mathrm{T}} \right\|_2 \tag{7.5}$$

其中，$\frac{\partial \boldsymbol{L}_f^2 h}{\partial \rho}\rho$ 和 $\frac{\partial \boldsymbol{L}_f^2 h}{\partial \dot{\boldsymbol{r}}}\dot{\boldsymbol{r}}^{\mathrm{T}}$ 关于相对状态及观测的表达式如下：

$$\frac{\partial \boldsymbol{L}_f^2 h}{\partial \rho}\rho = \begin{bmatrix} \dfrac{2\sin\alpha \dot{f}_{\text{chaser}} \dot{z}}{\rho\cos\beta} \\ \dfrac{\sin\beta\cos\alpha\cos\beta}{\rho^2}\left(\dfrac{2\dot{f}_{\text{chaser}}\dot{z}}{\cos\beta} + \dfrac{\dot{f}_{\text{chaser}}\dot{x}}{\sin\beta\cos\alpha}\right) \end{bmatrix} \tag{7.6}$$

$$
\frac{\partial \boldsymbol{L}_f^2 h}{\partial \dot{\boldsymbol{r}}}\dot{\boldsymbol{r}}^{\mathrm{T}}=\begin{bmatrix}
-\dfrac{2\sin\alpha\,\dot f_{\mathrm{chaser}}\dot z}{\rho\cos\beta}+\dfrac{1}{\rho^2\cos^2\beta}\begin{bmatrix}4\cos\alpha\sin\beta\,\dot x^2-\begin{pmatrix}4\cos^2\alpha-\left(1+\sin^2\beta\right)\sin^2\alpha\\ -\cos^2\beta\cos\alpha\sin\alpha\end{pmatrix}\dot x\dot y\\ -\begin{pmatrix}2\cos\alpha\sin\alpha+2\cos\alpha\sin\alpha\sin^2\beta\\ +\cos^2\beta\cos^2\alpha\end{pmatrix}\dot y^2\end{bmatrix}\\
\left(\dfrac{1}{\rho^2\cos^2\beta}\begin{bmatrix}2\sin\beta\left(2\cos^2\beta\cos^2\alpha-\sin^2\alpha\right)\dot x+2\begin{pmatrix}2\sin\beta\sin\alpha\cos\alpha\\ +3\cos^2\beta\cos\alpha\sin\beta\sin\alpha\\ +\sin\beta\cos^2\alpha\cos^2\beta\end{pmatrix}\dot x\dot y\\ +4\left(\cos\beta\cos\alpha\sin^2\beta-\cos\alpha\cos^3\beta\right)\dot x\dot z+2\begin{pmatrix}2\cos\beta\sin^2\beta\sin^2\alpha\\ -\cos^3\beta\begin{pmatrix}\sin\alpha\\ +\cos\alpha\end{pmatrix}\end{pmatrix}\dot y\dot z\\ +2\left(-\sin\beta\cos^2\alpha+\cos^2\beta\sin^2\alpha\sin\beta+\cos^2\beta\sin^2\alpha\sin\beta\cos\alpha\right)\dot y^2\\ -2\cos^2\beta\sin\beta\,\dot z\end{bmatrix}\\
-\dfrac{\dot f_{\mathrm{chaser}}\cos\beta\,\dot x}{\rho}-\dfrac{2\dot f_{\mathrm{chaser}}\sin\beta\cos\alpha\,\dot z}{\rho}\right)
\end{bmatrix}
\tag{7.7}
$$

可见，系统观测能力的表达式与系统测量、航天器相对距离、相对速度等变量相关。而系统测量、航天器相对距离、相对速度均可由相对轨道要素表达，将表达式代入，则可获得系统观测能力与相对轨道要素相关的表达式，如下所示：

$$
\frac{\partial \boldsymbol{L}_f^2 h}{\partial \rho}\rho=\begin{bmatrix}\xi_1\\ \xi_2\end{bmatrix}
\tag{7.8}
$$

其中，ξ_1 和 ξ_2 为

$$
\xi_1=\frac{2\sin\left(\arctan\left(\dfrac{\delta f+\delta\omega+\delta\Omega\cos i_{\mathrm{chaser}}}{-2\delta i\sin i_{\mathrm{chaser}}\sin\left(\dfrac{\delta\Omega}{2}\right)\cos\left(\tilde M_{\mathrm{chaser}}+\dfrac{\delta\omega-\delta f}{2}\right)+\delta i\sin\left(\tilde M_{\mathrm{chaser}}+\delta\omega\right)}\right)\right)\dot f_{\mathrm{chaser}}\dot z}{\rho\cos\left(\arcsin\left(\dfrac{1}{\rho}\dfrac{a_{\mathrm{chaser}}\left(1-e_{\mathrm{chaser}}^2\right)}{1+e_{\mathrm{chaser}}\cos f_{\mathrm{chaser}}}-\dfrac{1}{\rho}\dfrac{\left(a_{\mathrm{chaser}}-\delta a\right)\left[1-\left(e_{\mathrm{chaser}}+\delta e\right)^2\right]}{1+\left(e_{\mathrm{chaser}}+\delta e\right)\cos\left(M_{\mathrm{chaser}}+2e_{\mathrm{chaser}}\sin M_{\mathrm{chaser}}+\delta f\right)}\right)\right)}
\tag{7.9}
$$

$$
\xi_2=\frac{2\dot f_{\mathrm{chaser}}\dot z\left(\dfrac{1}{\rho}\dfrac{a_{\mathrm{chaser}}\left(1-e_{\mathrm{chaser}}^2\right)}{1+e_{\mathrm{chaser}}\cos f_{\mathrm{chaser}}}-\dfrac{1}{\rho}\dfrac{\left(a_{\mathrm{chaser}}-\delta a\right)\left[1-\left(e_{\mathrm{chaser}}+\delta e\right)^2\right]}{1+\left(e_{\mathrm{chaser}}+\delta e\right)\cos\left(M_{\mathrm{chaser}}+2e_{\mathrm{chaser}}\sin M_{\mathrm{chaser}}+\delta f\right)}\right)}{\rho^2}
$$

$$\times\cos\left(\arctan\left(\frac{\delta f+\delta\omega+\delta\Omega\cos i_{\text{chaser}}}{-2\delta i\sin\left(i_{\text{chaser}}\right)\sin\left(\frac{\delta\Omega}{2}\right)\cos\left(\tilde{M}_{\text{chaser}}+\frac{\delta\omega-\delta f}{2}\right)+\delta i\sin\left(\tilde{M}_{\text{chaser}}+\delta\omega\right)}\right)\right)$$
$$+\frac{\dot{f}_{\text{chaser}}\dot{x}\cos\left(\arcsin\left(\frac{1}{\rho}\frac{a_{\text{chaser}}\left(1-e_{\text{chaser}}^2\right)}{1+e_{\text{chaser}}\cos\left(f_{\text{chaser}}\right)}-\frac{1}{\rho}\frac{\left(a_{\text{chaser}}-\delta a\right)\left[1-\left(e_{\text{chaser}}+\delta e\right)^2\right]}{1+\left(e_{\text{chaser}}+\delta e\right)\cos\left(M_{\text{chaser}}+2e_{\text{chaser}}\sin M_{\text{chaser}}+\delta f\right)}\right)\right)}{\rho^2}$$
(7.10)

系统观测能力描述的另一要素为$\dfrac{\partial \boldsymbol{L}_f^2 h}{\partial \dot{\boldsymbol{r}}}\dot{\boldsymbol{r}}$，其关于相对轨道要素的表达式如下：

$$\frac{\partial \boldsymbol{L}_f^2 h}{\partial \dot{\boldsymbol{r}}}\dot{\boldsymbol{r}}=\begin{bmatrix}\xi_3\\ \xi_4\end{bmatrix} \tag{7.11}$$

其中，ξ_3表达式如下：

$$\xi_3=-\frac{2\sin\left(\arctan\left(\frac{\delta f+\delta\omega+\delta\Omega\cos i_{\text{chaser}}}{-2\delta i\sin i_{\text{chaser}}\sin\left(\frac{\delta\Omega}{2}\right)\cos\left(\tilde{M}_{\text{chaser}}+\frac{\delta\omega-\delta f}{2}\right)+\delta i\sin\left(\tilde{M}_{\text{chaser}}+\delta\omega\right)}\right)\right)\dot{f}_{\text{chaser}}\dot{z}}{\rho\cos\left(\arctan\left(\frac{\delta f+\delta\omega+\delta\Omega\cos i_{\text{chaser}}}{-2\delta i\sin i_{\text{chaser}}\sin\left(\frac{\delta\Omega}{2}\right)\cos\left(\tilde{M}_{\text{chaser}}+\frac{\delta\omega-\delta f}{2}\right)+\delta i\sin\left(\tilde{M}_{\text{chaser}}+\delta\omega\right)}\right)\right)}$$
$$+\frac{\chi_a}{\rho^2\cos^2\left(\arctan\left(\frac{\delta f+\delta\omega+\delta\Omega\cos i_{\text{chaser}}}{-2\delta i\sin i_{\text{chaser}}\sin\left(\frac{\delta\Omega}{2}\right)\cos\left(\tilde{M}_{\text{chaser}}+\frac{\delta\omega-\delta f}{2}\right)+\delta i\sin\left(\tilde{M}_{\text{chaser}}+\delta\omega\right)}\right)\right)}$$
(7.12)

其中，χ_a表达式为

$$\chi_a=4\cos\left(\arctan\left(\frac{\delta f+\delta\omega+\delta\Omega\cos i_{\text{chaser}}}{-2\delta i\sin i_{\text{chaser}}\sin\left(\frac{\delta\Omega}{2}\right)\cos\left(\tilde{M}_{\text{chaser}}+\frac{\delta\omega-\delta f}{2}\right)+\delta i\sin\left(\tilde{M}_{\text{chaser}}+\delta\omega\right)}\right)\right)$$
$$\times\left(\frac{a_{\text{chaser}}\left(1-e_{\text{chaser}}^2\right)}{\rho+\rho e_{\text{chaser}}\cos f_{\text{chaser}}}-\frac{\left(a_{\text{chaser}}-\delta a\right)\left[1-\left(e_{\text{chaser}}+\delta e\right)^2\right]}{\rho+\rho\left(e_{\text{chaser}}+\delta e\right)\cos\left(\tilde{M}_{\text{chaser}}-\omega_{\text{chaser}}\right)}\right)\dot{x}^2$$

$$
\begin{aligned}
&-\left(\begin{aligned}
&4\cos^2\left(\arctan\left(\frac{\delta f+\delta\omega+\delta\Omega\cos i_{\text{chaser}}}{-2\delta i\sin i_{\text{chaser}}\sin\left(\frac{\delta\Omega}{2}\right)\cos\left(\tilde{M}_{\text{chaser}}+\frac{\delta\omega-\delta f}{2}\right)+\delta i\sin\left(\tilde{M}_{\text{chaser}}+\delta\omega\right)}\right)\right)\\
&-\left(1+\left(\frac{a_{\text{chaser}}\left(1-e_{\text{chaser}}^2\right)}{\rho+\rho e_{\text{chaser}}\cos f_{\text{chaser}}}-\frac{\left(a_{\text{chaser}}-\delta a\right)\left[1-\left(e_{\text{chaser}}+\delta e\right)^2\right]}{\rho+\rho\left(e_{\text{chaser}}+\delta e\right)\cos\left(\tilde{M}_{\text{chaser}}-\omega_{\text{chaser}}\right)}\right)\right)^2\\
&\times\sin^2\left(\arctan\left(\frac{\delta f+\delta\omega+\delta\Omega\cos i_{\text{chaser}}}{-2\delta i\sin i_{\text{chaser}}\sin\left(\frac{\delta\Omega}{2}\right)\cos\left(\tilde{M}_{\text{chaser}}+\frac{\delta\omega-\delta f}{2}\right)+\delta i\sin\left(\tilde{M}_{\text{chaser}}+\delta\omega\right)}\right)\right)\\
&-\frac{1}{2}\cos^2\left(\arcsin\left(\frac{a_{\text{chaser}}\left(1-e_{\text{chaser}}^2\right)}{\rho+\rho e_{\text{chaser}}\cos f_{\text{chaser}}}-\frac{\left(a_{\text{chaser}}-\delta a\right)\left[1-\left(e_{\text{chaser}}+\delta e\right)^2\right]}{\rho+\rho\left(e_{\text{chaser}}+\delta e\right)\cos\left(\tilde{M}_{\text{chaser}}-\omega_{\text{chaser}}\right)}\right)\right)\\
&\times\sin\left(2\arctan\left(\frac{\delta f+\delta\omega+\delta\Omega\cos i_{\text{chaser}}}{-2\delta i\sin i_{\text{chaser}}\sin\left(\frac{\delta\Omega}{2}\right)\cos\left(\tilde{M}_{\text{chaser}}+\frac{\delta\omega-\delta f}{2}\right)+\delta i\sin\left(\tilde{M}_{\text{chaser}}+\delta\omega\right)}\right)\right)
\end{aligned}\right)\dot{x}\dot{y}\\
&-\left(2\cos\alpha\sin\alpha+2\cos\alpha\sin\alpha\sin^2\beta+\cos^2\beta\cos^2\alpha\right)\dot{y}^2
\end{aligned}
\tag{7.13}
$$

ξ_4 的表达式如下：

$$
\begin{aligned}
\xi_4=&\frac{\chi_b}{\rho^2\cos^2\left(\arcsin\left(\frac{a_{\text{chaser}}\left(1-e_{\text{chaser}}^2\right)}{\rho+\rho e_{\text{chaser}}\cos f_{\text{chaser}}}-\frac{\left(a_{\text{chaser}}-\delta a\right)\left[1-\left(e_{\text{chaser}}+\delta e\right)^2\right]}{\rho+\rho\left(e_{\text{chaser}}+\delta e\right)\cos\left(\tilde{M}_{\text{chaser}}-\omega_{\text{chaser}}\right)}\right)\right)}\\
&-\frac{\dot{f}_{\text{chaser}}\cos\left(\arcsin\left(\frac{a_{\text{chaser}}\left(1-e_{\text{chaser}}^2\right)}{\rho+\rho e_{\text{chaser}}\cos f_{\text{chaser}}}-\frac{\left(a_{\text{chaser}}-\delta a\right)\left[1-\left(e_{\text{chaser}}+\delta e\right)^2\right]}{\rho+\rho\left(e_{\text{chaser}}+\delta e\right)\cos\left(\tilde{M}_{\text{chaser}}-\omega_{\text{chaser}}\right)}\right)\right)\dot{x}}{\rho}\\
&-\frac{2\dot{f}_{\text{chaser}}\left(\frac{a_{\text{chaser}}\left(1-e_{\text{chaser}}^2\right)}{\rho+\rho e_{\text{chaser}}\cos f_{\text{chaser}}}-\frac{\left(a_{\text{chaser}}-\delta a\right)\left[1-\left(e_{\text{chaser}}+\delta e\right)^2\right]}{\rho+\rho\left(e_{\text{chaser}}+\delta e\right)\cos\left(\tilde{M}_{\text{chaser}}-\omega_{\text{chaser}}\right)}\right)\dot{z}}{\rho}\\
&\times\cos\left(\arctan\left(\frac{\delta f+\delta\omega+\delta\Omega\cos i_{\text{chaser}}}{-2\delta i\sin i_{\text{chaser}}\sin\left(\frac{\delta\Omega}{2}\right)\cos\left(\tilde{M}_{\text{chaser}}+\frac{\delta\omega-\delta f}{2}\right)+\delta i\sin\left(\tilde{M}_{\text{chaser}}+\delta\omega\right)}\right)\right)
\end{aligned}
\tag{7.14}
$$

其中，χ_b表达式为

$$
\begin{aligned}
\chi_b &= 2\sin\beta\left(2\cos^2\beta\cos^2\alpha-\sin^2\alpha\right)\dot{x} \\
&+2\left(2\sin\beta\sin\alpha\cos\alpha+3\cos^2\beta\cos\alpha\sin\beta\sin\alpha+\sin\beta\cos^2\alpha\cos^2\beta\right)\dot{x}\dot{y} \\
&+4\left(\cos\beta\cos\alpha\sin^2\beta-\cos\alpha\cos^3\beta\right)\dot{x}\dot{z} \\
&+2\left[2\cos\beta\sin^2\beta\sin^2\alpha-\cos^3\beta(\sin\alpha+\cos\alpha)\right]\dot{y}\dot{z} \\
&+2\left(-\sin\beta\cos^2\alpha+\cos^2\beta\sin^2\alpha\sin\beta+\cos^2\beta\sin^2\alpha\sin\beta\cos\alpha\right)\dot{y}^2 \\
&-2\cos^2\beta\sin\beta\dot{z}
\end{aligned}
\tag{7.15}
$$

由上述表达式可见，由相对轨道要素表述的可观测度表达式极为复杂，为便于分析相对轨道要素对系统观测能力的影响，下面将按异面轨道和共面轨道两种情况进行分析。

7.1.3　异轨道面的最优轨道流形分析

在多数情况下，航天器的相对运动是在异面轨道上进行，认为相对轨道倾角 δi 为非零常数，而在航天器相对运动中，相对轨道倾角的影响占主要因素，为便于分析，可假设轨道相对半长轴、相对偏心率、相对升交点赤经以及相对近地点幅角近似为零，即设定

$$(\delta a,\delta e,\delta\Omega,\delta\omega)=0 \tag{7.16}$$

可重写相对位置与相对轨道要素表达式如下：

$$
\begin{aligned}
x &= r_{\text{chaser}}\delta f \\
y &= r_{\text{chaser}}\delta i\sin\tilde{M}_{\text{chaser}} \\
z &= \frac{a_{\text{chaser}}\left(1-e_{\text{chaser}}^2\right)}{1+e_{\text{chaser}}\cos f_{\text{chaser}}}-\frac{a_{\text{chaser}}\left(1-e_{\text{chaser}}^2\right)}{1+e_{\text{chaser}}\cos\left(\tilde{M}_{\text{chaser}}-\omega_{\text{chaser}}\right)}
\end{aligned}
\tag{7.17}
$$

为进一步简化计算，可认为跟踪星位于近圆轨道，即认为

$$e_{\text{chaser}}=0 \tag{7.18}$$

进而，相对位置关系为

$$
\begin{aligned}
z &\approx 0 \\
\dot{z} &\approx 0 \\
\beta &\approx 0
\end{aligned}
\tag{7.19}
$$

将式(7.17)～式(7.19)代入可观测度表达式(7.8)及式(7.11)，有

$$
\begin{aligned}
&\xi_1 = 0\\
&\xi_2 = \frac{1}{\rho^2}\left[-\left(4\cos^2\alpha - \sin^2\alpha - \cos\alpha\sin\alpha\right)\dot{x}\dot{y} - \left(2\cos\alpha\sin\alpha + \cos^2\alpha\right)\dot{y}^2\right]\\
&\xi_3 = \frac{\dot{f}_{\text{chaser}}\dot{x}}{\rho^2}\\
&\xi_4 = -\frac{\dot{f}_{\text{chaser}}\dot{x}}{\rho}
\end{aligned}
\tag{7.20}
$$

其中

$$
\begin{aligned}
\rho^2 &= x^2 + y^2\\
&= r_{\text{chaser}}^2\left[(\delta f)^2 + (\delta i)^2\sin^2\left(M_{\text{chaser}} + \omega_{\text{chaser}} + 2e_{\text{chaser}}\sin M_{\text{chaser}} + \delta f\right)\right]\\
\dot{x} &= r_{\text{chaser}}\dot{f}_{\text{chaser}}\\
\dot{y} &= r_{\text{chaser}}\delta i\cos\left(M_{\text{chaser}} + \omega_{\text{chaser}} + 2e_{\text{chaser}}\sin M_{\text{chaser}} + \delta f\right)\dot{f}_{\text{chaser}}
\end{aligned}
\tag{7.21}
$$

将式(7.20)代入可观测度表达式(7.5)，有

$$
\begin{aligned}
\boldsymbol{D}(\boldsymbol{X}) &= \left\|\frac{\partial \boldsymbol{L}_f^2 h}{\partial \rho}\rho + \frac{\partial \boldsymbol{L}_f^2 h}{\partial \dot{\boldsymbol{r}}}\dot{\boldsymbol{r}}^{\mathrm{T}}\right\|_2\\
&= \frac{r_{\text{chaser}}^2\left|\begin{aligned}&\left(4\cos^2\alpha - \sin^2\alpha - \cos\alpha\sin\alpha\right)\delta i\dot{f}_{\text{chaser}}\\ &+\left(2\cos\alpha\sin\alpha + \cos^2\alpha\right)(\delta i)^2\cos\left(M_{\text{chaser}} + \omega_{\text{chaser}} + 2e_{\text{chaser}}\sin M_{\text{chaser}} + \delta f\right)\end{aligned}\right|}{\rho^2\sqrt{\rho^2 + \dot{x}^2 + \dot{y}^2}}\\
&= \frac{\left|\left(4\cos^2\alpha - \sin^2\alpha - \cos\alpha\sin\alpha\right)\delta i\dot{f}_{\text{chaser}} + \left(2\cos\alpha\sin\alpha + \cos^2\alpha\right)(\delta i)^2\cos\tilde{M}_{\text{chaser}}\right|}{\sqrt{6}\left((\delta f)^2 + (\delta i)^2\sin^2\tilde{M}_{\text{chaser}}\right)}\\
&\quad\times\frac{1}{\sqrt{r^2\ \text{chaser}\left((\delta f)^2 + (\delta i)^2\sin^2\tilde{M}_{\text{chaser}}\right) + \left(r_{\text{chaser}}\dot{f}_{\text{chaser}}\right)^2 + \left(r_{\text{chaser}}\delta i\cos\tilde{M}_{\text{chaser}}\dot{f}_{\text{chaser}}\right)^2}}
\end{aligned}
\tag{7.22}
$$

由于轨道角速度 $\dot{f}_{\text{chaser}}$ 与真近点角差 δf 相比通常为小量，可进一步简化式(7.22)为

$$\boldsymbol{D}(\boldsymbol{X}) \approx \left| \left(4\cos^2\alpha - \sin^2\alpha - \cos\alpha\sin\alpha\right)\delta i \dot{f}_{\text{chaser}} + \left(2\cos\alpha\sin\alpha + \cos^2\alpha\right)(\delta i)^2 \cos\left(\tilde{M}_{\text{chaser}}\right) \right| \times \frac{1}{\sqrt{6} r_{\text{chaser}} \left((\delta f)^2 + (\delta i)^2 \sin^2 \tilde{M}_{\text{chaser}}\right)^{3/2}} \tag{7.23}$$

易知，当 $\tilde{M}_{\text{chaser}} = 2k\pi(k = 0,1,\cdots)$ 时，式(7.23)可取到极大值。那么，对于观测星，最大可观测度与相对轨道倾角 δi 的关系如下：

$$\boldsymbol{D}(\boldsymbol{X}) \approx \left| \left(4\cos^2\alpha - \sin^2\alpha - \cos\alpha\sin\alpha\right)\delta i \dot{f}_{\text{chaser}} + \left(2\cos\alpha\sin\alpha + \cos^2\alpha\right)(\delta i)^2 \right| \frac{1}{\sqrt{6} r_{\text{chaser}} (\delta f)^3} \tag{7.24}$$

从式(7.24)中可见，当相对轨道倾角 δi 较大时，观测系统的最大可观测度越大。

7.1.4　共轨道面的最优轨道流形分析

在异轨道面可观测度分析中，相对轨道倾角 δi 对可观测度的影响已经形成结论。而当航天器处于共轨道面情况下，相对轨道倾角 δi 为零，此时其余轨道要素对可观测度影响较为明显。在相对轨道要素中，在共面轨道的情况下，相对近地点幅角 $\delta\omega$ 、相对升交点赤经 $\delta\Omega$ 和相对真近点角 δf 的主要影响为相对轨道相位差异，而上述轨道要素对轨道相位的影响相互耦合，并且在非近圆轨道及半长轴存在差异的情况下，轨道相位变化与时间相关联为时变量，因此相对近地点幅角 $\delta\omega$ 、相对升交点赤经 $\delta\Omega$ 、相对真近点角 δf 并非对可观测度产生的影响将体现在可观测度的时变过程。本节主要讨论相对半长轴 δa 、相对偏心率 δe 对可观测度的影响。

考虑目标星与观测星共面，但半长轴及偏心率不同。由于原始的相对轨道动力学过于复杂难以直接进行分析，但在共面轨道情况下，可简化为

$$\begin{aligned} x &= r_{\text{chaser}}\delta f \\ y &= 0 \\ z &= \frac{a_{\text{chaser}}\left(1 - e_{\text{chaser}}\right)}{1 + e_{\text{chase}} \cos f_{\text{chaser}}} - \frac{\left(a_{\text{chaser}} + \delta a\right)\left[1 - \left(e_{\text{chaser}} + \delta e\right)^2\right]}{1 + \left(e_{\text{chaser}} + \delta e\right)\cos\left(M_{\text{chaser}} + 2e_{\text{chaser}}\sin M_{\text{chaser}} + \delta f\right)} \end{aligned} \tag{7.25}$$

为进一步简化分析，假设观测星位于近圆轨道，则有

$$z = a_{\text{chaser}} - \frac{(a_{\text{chaser}} + \delta a)\left[1-(\delta e)^2\right]}{1+\delta e\cos(M_{\text{chaser}}+\delta f)} \tag{7.26}$$

对式(7.26)求导，可得到

$$\begin{aligned}
&\dot{x} = r_{\text{chaser}}\delta\dot{f} \\
&\dot{y} = 0 \\
&\dot{z} = -\frac{(a_{\text{chaser}} + \delta a)\left[1-(\delta e)^2\right]}{\left[1+\delta e\cos(M_{\text{chaser}}+\delta f)\right]^2} \times \delta e \sin(M_{\text{chaser}}+\delta f)\dot{f}_{\text{chaser}}
\end{aligned} \tag{7.27}$$

由于 $y=0$， $\dot{y}=0$，可以得到 $\alpha=\dfrac{\pi}{2}$，可观测度表达式可简化为

$$\xi_1 + \xi_2 = 0 \tag{7.28}$$

$$\xi_3 = \frac{\dot{f}_{\text{chaser}}\,\dot{x}\cos\beta}{\rho^2} \tag{7.29}$$

$$\xi_4 = -\frac{2\sin\beta\dot{x} + 2\cos^2\beta\sin\beta\dot{z}}{\rho^2\cos^2\beta} - \frac{\dot{f}_{\text{chaser}}\cos\beta\dot{x}}{\rho} \tag{7.30}$$

则有

$$\begin{aligned}
\left\| \frac{\partial \boldsymbol{L}_f^2 h}{\partial \rho}\rho + \frac{\partial \boldsymbol{L}_f^2 h}{\partial \dot{\boldsymbol{r}}}\dot{\boldsymbol{r}}^{\mathrm{T}} \right\|_2 &= |\xi_3 + \xi_4| \\
&= \left| \frac{\dot{f}_{\text{chaser}}\,\dot{x}\cos\beta}{\rho^2} - \frac{\dot{f}_{\text{chaser}}\cos\beta\dot{x}}{\rho} - \frac{2\sin\beta\dot{x} + 2\cos^2\beta\sin\beta\dot{z}}{\rho^2\cos^2\beta} \right|
\end{aligned} \tag{7.31}$$

根据系统可观测度表达式，有

$$\begin{aligned}
\boldsymbol{D}(\boldsymbol{X}) &= \frac{|\xi_3 + \xi_4|}{\sqrt{6}\sqrt{\rho^2 + \dot{x}^2 + \dot{y}^2 + \dot{z}^2}} \\
&= \frac{1}{\sqrt{6}\sqrt{\rho^2 + \dot{x}^2 + \dot{z}^2}} \times \left| \frac{\dot{f}_{\text{chaser}}\dot{x}\cos\beta}{\rho^2} - \frac{\dot{f}_{\text{chaser}}\cos\beta\dot{x}}{\rho} - \frac{2\sin\beta\dot{x} + 2\cos^2\beta\sin\beta\dot{z}}{\rho^2\cos^2\beta} \right|
\end{aligned} \tag{7.32}$$

其中，

$$\rho = \sqrt{\left(a_{\text{chaser}} - \frac{(a_{\text{chaser}} + \delta a)\left(1-(\delta e)^2\right)}{1+\delta e\cos\left(M_{\text{chaser}} + \delta f\right)}\right)^2 + r_{\text{chaser}}^2(\delta f)^2} \tag{7.33}$$

针对式(7.32)，可见在测量 $\beta = \dfrac{(2k+1)\pi}{2}$ 时，余弦函数 $\cos\beta$ 为零，此时，系统可观测度将趋近于无穷。但是，可观测度在此时取得极大值，同时导致可观测度计算进入奇异。为解决这一问题，假设观测角 β 存在邻域 $U(\varepsilon)$ 。当 $\beta \in U(\varepsilon)$ 时，有 $\cos^2\beta \subset (0,\varepsilon)$ 。则此时可观测度表达式为

$$\begin{aligned} \boldsymbol{D}(\boldsymbol{X}) &\approx \frac{1}{\sqrt{6}\sqrt{\rho^2+\dot{x}^2+\dot{z}^2}}\left|\frac{2\dot{x}+2\cos^2\beta\dot{z}}{\rho^2\cos^2\beta}\right| \\ &\geqslant \frac{1}{\sqrt{6}\sqrt{\rho^2+\dot{x}^2+\dot{z}^2}}\left|\frac{2\dot{x}}{\rho^2\varepsilon}\right| \end{aligned} \tag{7.34}$$

令 $\varepsilon = \dfrac{2}{\sqrt{6}\rho^2\sqrt{\rho^2+\dot{x}^2+\dot{z}^2}}$ ，则有

$$\boldsymbol{D}(\boldsymbol{X}) \geqslant |\dot{x}| = \left|r_{\text{chaser}}\delta\dot{f}\right| \tag{7.35}$$

$$\delta\dot{f} = \varpi + 2\delta e\varpi\cos\left(M_{\text{chaser}}(0) + \delta M(0) + \varpi t\right) \tag{7.36}$$

$$\varpi = \left(\sqrt{\frac{\mu}{a_{\text{chaser}}{}^3}} - \sqrt{\frac{\mu}{(a_{\text{chaser}}+\delta a)^3}}\right) \tag{7.37}$$

从式(7.35)可见，当 $\delta\dot{f}$ 变大时，可观测度也将增加。相对半长轴 δa 和相对偏心率 δe 与 $\delta\dot{f}$ 成正相关，则相对半长轴 δa 和相对偏心率 δe 与系统可观测度正相关。

7.1.5　仿真算例

为验证上述可观测度分析，假设两颗近地卫星采用仅测角相对导航，两颗卫星轨道参数如表 7.1 所示。

表 7.1　两颗卫星轨道参数

轨道要素	a/km	e	i/(°)	Ω/(°)	ω/(°)	M/(°)
The chaser	6884	0	97.5	0	0	10
The target	6884+ δa	δe	97.5+ δi	$\delta\Omega$	$\delta\omega$	10+ δM

其中，观测星轨道根数不变，目标星轨道发生变化，取值如表 7.2。

表 7.2 相对轨道参数

相对轨道根数	δa/km	δe	δi/(°)	$\delta\Omega$/(°)	$\delta\omega$/(°)	δM/(°)
Case1→9	10	0.1	10～90（间隔为 10）	0	0	0
Case10→17	10	0.1～0.8（间隔为 0.1）	5	0	0	0
Case18→26	20～180（间隔为 20）	0.3	5	0	0	0

可观测度表达式采用式(7.5)已给出的可观测度形式：

$$\boldsymbol{D}(\boldsymbol{X})=\left\|\frac{\partial \boldsymbol{L}_f^2 h}{\partial \rho}\rho+\frac{\partial \boldsymbol{L}_f^2 h}{\partial \dot{\boldsymbol{r}}}\dot{\boldsymbol{r}}^{\mathrm{T}}\right\|_2$$

可得到仿真结果如图 7.1 所示。

由数值仿真结果表明，轨道流形与可观测度的理论分析结果与数值仿真结果一致。

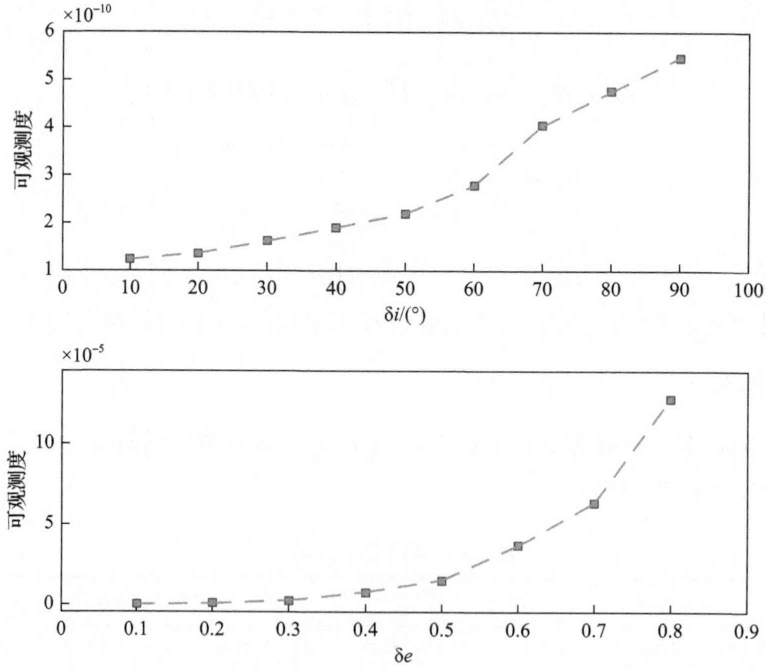

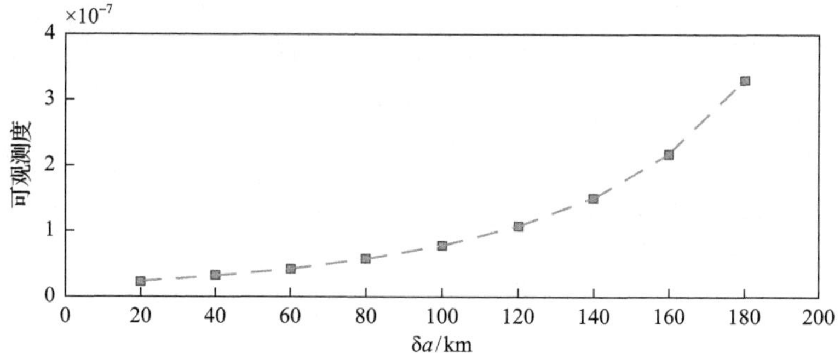

图 7.1　轨道流形与系统可观测度关系

7.2　基于可观测度的陆标构型规划方法

对于航天器软着陆自主导航系统，光学图像路标点的识别数量、空间构型均对系统观测能力具有较大影响。现有研究通常利用可观测性矩阵经过矩阵运算来量化可观测度，但由于需要对高维矩阵进行复杂运算，这些方法仅适用于在已知环境中设计陆标数据库或着陆后分析滤波精度，无法用于在着陆过程中在线评估可观测度并指导陆标选取和构型规划，而且现有方法大多针对已知环境的陆标构型规划，缺乏未知环境中的规划方法。另外，现有陆标观测规划方法主要集中于从空间的角度挑选位置最好的陆标，如果能从时间的角度规划观测时序，就能减少陆标观测带来的图像处理计算负担，但目前缺乏此类研究。

因此，本节分别从空间和时间角度设计序列图像中序列特征的自主规划方法。首先从空间角度提出在有限个陆标条件下获得最高导航精度的陆标构型自主规划方法；随后，从时间角度提出能自适应减少观测次数的观测时序自主规划方法。

7.2.1　陆标个数对可观测度影响分析

在未知环境中，为保证除偏航角以外的状态能收敛，只需观测着陆系原点处陆标。但是，除观测原点处陆标外增加观测 1 个未知陆标能减少所需最少观测次数，说明增加未知陆标后能提升导航系统的观测能力，使导航状态更早被求解出来。由此可以看出，增加观测陆标的个数可能提升可观测度。但在计算资源受限的条件下，为了降低导航滤波器的维度，需要尽量减少观测的陆标，说明不能无限制地增加陆标个数。因此，为了合理选择观测未知陆标的个数，本节将分析陆标个数对导航系统可观测度的影响。

由于导航状态需要利用多次观测信息进行解算，建立多次观测方程：

$$\underbrace{\left[\left(\tilde{z}^{(k)}\right)^{\mathrm{T}} \quad \cdots \quad \left(\tilde{z}^{(k+N-1)}\right)^{\mathrm{T}}\right]^{\mathrm{T}}}_{\tilde{Z}^{(k,k+N-1)}} = \underbrace{\left[\left(\boldsymbol{H}_{1,n_p}^{(k)}\tilde{\boldsymbol{x}}^{(k)}\right)^{\mathrm{T}} \quad \cdots \quad \left(\boldsymbol{H}_{1,n_p}^{(k+N-1)}\tilde{\boldsymbol{x}}^{(k+N-1)}\right)^{\mathrm{T}}\right]^{\mathrm{T}}}_{\boldsymbol{h}\left(\tilde{\boldsymbol{x}}^{(k)}\right)} + \boldsymbol{\eta} \tag{7.38}$$

其中，$\tilde{z}^{(k)}$ 为第 k 次观测；$\tilde{\boldsymbol{x}}$ 为系统状态变量；$\boldsymbol{h}$ 为观测方程；$\boldsymbol{H}$ 为线性化观测方法；$\boldsymbol{\eta}$ 为测量噪声；n_p 为未知陆标个数。

测量噪声满足

$$\begin{cases} E(\boldsymbol{\eta}) = \boldsymbol{0}_{3N(n_s+n_p)\times 1} \\ E\left(\boldsymbol{\eta}^{\mathrm{T}}\boldsymbol{\eta}\right) = \sigma^2 \boldsymbol{I}_{3N(n_s+n_p)} \end{cases} \tag{7.39}$$

其中，n_s 为已知陆标个数。

假设测量噪声满足高斯分布，则测量信息的概率密度函数可以写为

$$p\left(\tilde{\boldsymbol{Z}}^{(k,k+N-1)} \mid \tilde{\boldsymbol{x}}^{(k)}\right) = \frac{1}{(2\pi)^{3N(n_s+n_p)/2}\left|\sigma^2\boldsymbol{I}_{3N(n_s+n_p)}\right|^{1/2}} \\ \exp\left(-\frac{1}{2}\left[\tilde{\boldsymbol{Z}}^{(k,k+N-1)} - \boldsymbol{h}\left(\tilde{\boldsymbol{x}}^{(k)}\right)\right]^{\mathrm{T}} \sigma^{-2}\boldsymbol{I}_{3N(n_s+n_p)}\left[\tilde{\boldsymbol{Z}}^{(k,k+N-1)} - \boldsymbol{h}\left(\tilde{\boldsymbol{x}}^{(k)}\right)\right]\right) \tag{7.40}$$

对式(7.40)取对数有

$$\ln\left(p\left(\tilde{\boldsymbol{Z}}^{(k,k+N-1)} \mid \tilde{\boldsymbol{x}}^{(k)}\right)\right) \\ = -\frac{1}{2}\sigma^{-2}\left[\tilde{\boldsymbol{Z}}^{(k,k+N-1)} - \boldsymbol{h}\left(\tilde{\boldsymbol{x}}^{(k)}\right)\right]^{\mathrm{T}}\left[\tilde{\boldsymbol{Z}}^{(k,k+N-1)} - \boldsymbol{h}\left(\tilde{\boldsymbol{x}}^{(k)}\right)\right] + \text{const} \tag{7.41}$$

设 $\hat{\boldsymbol{x}}$ 为参数 $\boldsymbol{x}$ 的正规无偏估计，则其误差的协方差阵满足 Cramer-Rao 不等式：

$$\operatorname{var}(\tilde{\boldsymbol{x}}) \overset{\text{def}}{=\!=} E\left((\tilde{\boldsymbol{x}} - \bar{\tilde{\boldsymbol{x}}})(\tilde{\boldsymbol{x}} - \bar{\tilde{\boldsymbol{x}}})^{\mathrm{T}}\right) = E\left(\tilde{\boldsymbol{x}}\tilde{\boldsymbol{x}}^{\mathrm{T}}\right) \geqslant \boldsymbol{F}^{-1} \tag{7.42}$$

其中，$\bar{\tilde{\boldsymbol{x}}} = E(\tilde{\boldsymbol{x}})$；$\boldsymbol{F}$ 为 Fisher 信息矩阵，定义如下：

$$\boldsymbol{F} \overset{\text{def}}{=\!=} E\left(\left[\frac{\partial \log p(\boldsymbol{z} \mid \boldsymbol{x})}{\partial \boldsymbol{x}}\right]^{\mathrm{T}}\left[\frac{\partial \log p(\boldsymbol{z} \mid \boldsymbol{x})}{\partial \boldsymbol{x}}\right]\right) \tag{7.43}$$

其中，$p(\boldsymbol{z} \mid \boldsymbol{x})$ 为给定 $\boldsymbol{x}$ 时 $\boldsymbol{z}$ 的条件概率密度。

可以得到 Fisher 信息矩阵的计算公式为

$$\boldsymbol{F}=E\left(\sigma^{-4}\left[\frac{\partial \boldsymbol{h}\left(\tilde{\boldsymbol{x}}^{(k)}\right)}{\partial \tilde{\boldsymbol{x}}^{(k)}}\right]^{\mathrm{T}}\left[\tilde{\boldsymbol{Z}}^{(k,k+N-1)}-\boldsymbol{h}\left(\tilde{\boldsymbol{x}}^{(k)}\right)\right]\left[\tilde{\boldsymbol{Z}}^{(k,k+N-1)}-\boldsymbol{h}\left(\tilde{\boldsymbol{x}}^{(k)}\right)\right]^{\mathrm{T}}\frac{\partial \boldsymbol{h}\left(\tilde{\boldsymbol{x}}^{(k)}\right)}{\partial \tilde{\boldsymbol{x}}^{(k)}}\right) \tag{7.44}$$

可得 $E\left(\left[\tilde{\boldsymbol{Z}}^{(k,k+N-1)}-\boldsymbol{h}\left(\tilde{\boldsymbol{x}}^{(k)}\right)\right]\left[\tilde{\boldsymbol{Z}}^{(k,k+N-1)}-\boldsymbol{h}\left(\tilde{\boldsymbol{x}}^{(k)}\right)\right]^{\mathrm{T}}\right)=\sigma^{-2}\boldsymbol{I}_{3N\left(n_s+n_p\right)}$，因此 Fisher 信息矩阵能化简为

$$\boldsymbol{F}=\sigma^{-2}\left(\frac{\partial \boldsymbol{h}\left(\tilde{\boldsymbol{x}}^{(k)}\right)}{\partial \tilde{\boldsymbol{x}}^{(k)}}\right)^{\mathrm{T}}\frac{\partial \boldsymbol{h}\left(\tilde{\boldsymbol{x}}^{(k)}\right)}{\partial \tilde{\boldsymbol{x}}^{(k)}} \tag{7.45}$$

$\dfrac{\partial \boldsymbol{h}\left(\tilde{\boldsymbol{x}}^{(k)}\right)}{\partial \tilde{\boldsymbol{x}}^{(k)}}$ 可以简化为

$$\begin{aligned}
\frac{\partial \boldsymbol{h}\left(\tilde{\boldsymbol{x}}^{(k)}\right)}{\partial \tilde{\boldsymbol{x}}^{(k)}}&=\frac{\partial\left[\left(\boldsymbol{H}_{1,n_p}^{(k)}\tilde{\boldsymbol{x}}^{(k)}\right)^{\mathrm{T}}\quad\cdots\quad\left(\boldsymbol{H}_{1,n_p}^{(k+N-1)}\tilde{\boldsymbol{x}}^{(k+N-1)}\right)^{\mathrm{T}}\right]^{\mathrm{T}}}{\partial \tilde{\boldsymbol{x}}^{(k)}}\\
&=\left[\left(\frac{\partial \boldsymbol{H}_{1,n_p}^{(k)}\tilde{\boldsymbol{x}}^{(k)}}{\partial \tilde{\boldsymbol{x}}^{(k)}}\right)^{\mathrm{T}}\quad\cdots\quad\left(\frac{\partial \boldsymbol{H}_{1,n_p}^{(k+N-1)}\tilde{\boldsymbol{x}}^{(k+N-1)}}{\partial \tilde{\boldsymbol{x}}^{(k)}}\right)^{\mathrm{T}}\right]^{\mathrm{T}}\\
&=\left[\left(\frac{\partial \boldsymbol{H}_{1,n_p}^{(k)}\tilde{\boldsymbol{x}}^{(k)}}{\partial \tilde{\boldsymbol{x}}^{(k)}}\right)^{\mathrm{T}}\quad\cdots\quad\left(\frac{\partial \boldsymbol{H}_{1,n_p}^{(k+N-1)}\tilde{\boldsymbol{x}}^{(k+N-1)}}{\partial \tilde{\boldsymbol{x}}^{(k+N-1)}}\frac{\partial \tilde{\boldsymbol{x}}^{(k+N-1)}}{\partial \tilde{\boldsymbol{x}}^{(k)}}\right)^{\mathrm{T}}\right]^{\mathrm{T}}\\
&=\left[\left(\boldsymbol{H}_{1,n_p}^{(k)}\right)^{\mathrm{T}}\quad\cdots\quad\left(\boldsymbol{H}_{1,n_p}^{(k+N-1)}\boldsymbol{\Phi}_{1,n_p}^{(k+N-1,k)}\right)^{\mathrm{T}}\right]^{\mathrm{T}}
\end{aligned} \tag{7.46}$$

因此 Fisher 信息矩阵最终化简为

$$\boldsymbol{F}=\sigma^{-2}\sum_{i=1}^{N}\boldsymbol{\Phi}_{1,n_p}^{(k+i-1,k)\mathrm{T}}\boldsymbol{H}_{1,n_p}^{(k+i-1)\mathrm{T}}\boldsymbol{H}_{1,n_p}^{(k+i-1)}\boldsymbol{\Phi}_{1,n_p}^{(k+i-1,k)} \tag{7.47}$$

由 Cramer-Rao 不等式可知，导航状态的误差协方差矩阵的下界是 Fisher 信息

矩阵，因此可以通过分析 Fisher 信息矩阵来获知导航精度。所示全部状态对应的 Fisher 信息矩阵是无法求逆的。为了简化分析过程，仅将着陆器的位置、速度和陆标位置作为状态，建立相应的 Fisher 信息矩阵：

$$\tilde{\boldsymbol{x}}=\begin{bmatrix}\tilde{\boldsymbol{r}}^{\mathrm{T}} & \tilde{\boldsymbol{v}}^{\mathrm{T}} & \tilde{\boldsymbol{x}}_p^{\mathrm{T}}\end{bmatrix}^{\mathrm{T}} \tag{7.48}$$

$$\boldsymbol{H}_{1,n_p}^{(k)}=\begin{bmatrix}\boldsymbol{H}_{r1}^{(k)} & \mathbf{0}_{3\times3} & \mathbf{0}_{3\times3} & \cdots & \mathbf{0}_{3\times3}\\ \boldsymbol{H}_{r2}^{(k)} & \mathbf{0}_{3\times3} & \boldsymbol{H}_{p2}^{(k)} & \cdots & \mathbf{0}_{3\times3}\\ \vdots & \vdots & \vdots & & \vdots\\ \boldsymbol{H}_{r(1+n_p)}^{(k)} & \mathbf{0}_{3\times3} & \mathbf{0}_{3\times3} & \cdots & \boldsymbol{H}_{p(1+n_p)}^{(k)}\end{bmatrix} \tag{7.49}$$

$$\boldsymbol{\Phi}_{1,n_p}^{(j,i)}=\begin{bmatrix}\boldsymbol{I}_3 & (j-i)\Delta t\boldsymbol{I}_3 & \mathbf{0}_{3\times3n_p}\\ \mathbf{0}_{3\times3} & \boldsymbol{I}_3 & \mathbf{0}_{3\times3n_p}\\ \mathbf{0}_{3n_p\times3} & \mathbf{0}_{3n_p\times3} & \boldsymbol{I}_{3n_p}\end{bmatrix} \tag{7.50}$$

得到

$$\boldsymbol{F}_{1,n_s}^{(k+N-1,k)}=\begin{cases}\sigma^{-2}\sum\limits_{i=k}^{k+N-1}\begin{bmatrix}\boldsymbol{H}_{d1}^{(i)} & \Delta t(i-1)\boldsymbol{H}_{d1}^{(i)}\\ \Delta t(i-1)\boldsymbol{H}_{d1}^{(i)} & \Delta t^2(i-1)^2\boldsymbol{H}_{d1}^{(i)}\end{bmatrix}, & n_s=0\\ \sigma^{-2}\sum\limits_{i=k}^{k+N-1}\begin{bmatrix}\sum\limits_{j=1}^{1+n_p}\boldsymbol{H}_{dj}^{(i)} & \Delta t(i-1)\sum\limits_{j=1}^{1+n_p}\boldsymbol{H}_{dj}^{(i)} & -\boldsymbol{H}_{d2}^{(i)} & \cdots & -\boldsymbol{H}_{d(1+n_p)}^{(i)}\\ \Delta t(i-1)\sum\limits_{j=1}^{1+n_p}\boldsymbol{H}_{dj}^{(i)} & \Delta t^2(i-1)^2\sum\limits_{j=1}^{1+n_p}\boldsymbol{H}_{dj}^{(i)} & -\Delta t(i-1)\boldsymbol{H}_{d2}^{(i)} & \cdots & -\Delta t(i-1)\boldsymbol{H}_{d(1+n_p)}^{(i)}\\ -\boldsymbol{H}_{d2}^{(i)} & -\Delta t(i-1)\boldsymbol{H}_{d2}^{(i)} & \boldsymbol{H}_{d2}^{(i)} & \cdots & \mathbf{0}_{3\times3}\\ \vdots & \vdots & \vdots & & \vdots\\ -\boldsymbol{H}_{d(1+n_p)}^{(i)} & -\Delta t(i-1)\boldsymbol{H}_{d(1+n_p)}^{(i)} & \mathbf{0}_{3\times3} & \cdots & \boldsymbol{H}_{d(1+n_p)}^{(i)}\end{bmatrix}, & n_s>0\end{cases} \tag{7.51}$$

$$\boldsymbol{H}_{di}^{(k)}=\frac{\left(\boldsymbol{r}_i^{(k)}\right)^{\mathrm{T}}\boldsymbol{r}_i^{(k)}\boldsymbol{I}_3-\boldsymbol{r}_i^{(k)}\left(\boldsymbol{r}_i^{(k)}\right)^{\mathrm{T}}}{\left\|\boldsymbol{r}_i^{(k)}\right\|_2^4} \tag{7.52}$$

将式(7.51)代入 Cramer-Rao 不等式即可得到误差协方差矩阵的下界，由于协方差矩阵的迹可以用于衡量可观测度的大小，通过数值仿真获得不同未知陆标个数时的误差协方差矩阵下界如图 7.2 所示。

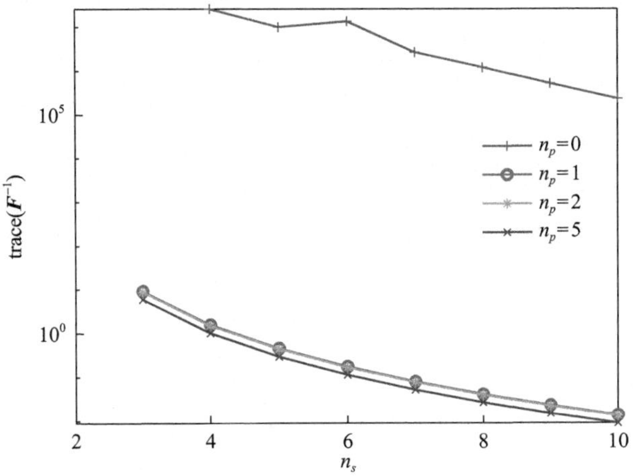

图 7.2　未知环境中观测不同未知陆标个数时的误差协方差矩阵下界

从图 7.2 可以看出，在未知环境中，只观测着陆系原点处陆标时误差协方差会趋于收敛。只要未知陆标个数 n_p 增加到 1 后，误差协方差就会大幅下降。但如果继续增加未知陆标的个数，几乎不会使误差协方差明显降低，观测 5 个未知陆标与观测 1 个未知陆标时的误差协方差矩阵取逆后，其迹的变化曲线几乎相同。因此，在未知环境中，通过分析观测不同未知陆标个数时误差协方差矩阵的下界可知，为达到较高精度，除观测着陆系原点处陆标外至少还需观测 1 个未知陆标，且不需要观测过多未知陆标。基于上述结论，本章后续将对观测 1 个和 2 个未知陆标的情况设计空间构型规划方法。

7.2.2　观测 1 个未知陆标的空间构型规划

如果只关心着陆器位置估计误差，观测矩阵取着陆器位置状态相关项：

$$\boldsymbol{H}_{1,1} = \begin{bmatrix} \boldsymbol{H}_{r1}^{\mathrm{T}} & \boldsymbol{H}_{r2}^{\mathrm{T}} \end{bmatrix}^{\mathrm{T}}$$

用可观测度来描述导航精度。传统的可观测度指标往往是观测矩阵的函数，如奇异值法、几何精度因子法和条件数法。在已知着陆器位置、姿态估计值的情况下 $\boldsymbol{H}_{r1}$ 是固定的，$\boldsymbol{H}_{r2}$ 是未知陆标相对着陆器位置 $\boldsymbol{r}_2$ 的函数。可以看出传统可观测度指标都是 $\boldsymbol{r}_2$ 的函数，说明如果能合理规划未知陆标与着陆器的相对位置关系，就能增加可观测度，从而提高导航精度。

假设 7.1　当规划陆标空间构型时，所有未知陆标都分布在着陆系 $\{L\}$ 的 $x_L y_L$ 平面内。

在未知环境中着陆时，着陆器需要自主规划陆标构型，陆标的三维位置是不容易规划的。当着陆器的飞行高度较高时，如果认为陆标在着陆系下的高度明显小于着陆器的高度，则可以假设陆标都分布在着陆系$\{L\}$的$x_L y_L$平面内。下面将在假设 7.1 的条件下规划陆标空间构型，用于指导选择使导航精度最高的陆标，同时在滤波过程中依然保持对陆标进行三维位置估计。

着陆器质心 C 与着陆系原点处陆标 p_1、未知陆标 p_2 形成的陆标构型如图 7.3 所示，在假设 7.1 的条件下陆标 p_2 存在于着陆系$\{L\}$的$x_L y_L$平面内。

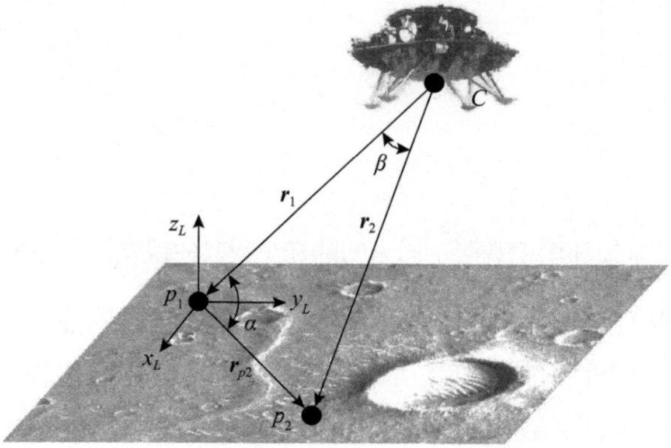

图 7.3　观测 1 个未知陆标时的陆标构型

在观测剖面 Cp_1p_2 中，$\alpha \in \left[\arcsin\left(\frac{r_z}{\|\boldsymbol{r}\|_2}\right), \frac{\pi}{2}\right)$ 表示 $\boldsymbol{r}$ 与 $\boldsymbol{r}_{p2}$ 之间的夹角（$\boldsymbol{r}=-\boldsymbol{r}_1$），$r_z$ 表示着陆器的高度。考虑到 C、p_1、p_2 需要构成三角形，并且由于视场宽度限制 β 是个锐角，陆标与着陆器的相对位置 $\boldsymbol{r}_1$ 和 $\boldsymbol{r}_2$ 之间的夹角为 $\beta \in \left(0, \frac{\pi}{2}\right)$。

由图 7.4 可以看出，着陆器的位置估计误差由姿态估计误差和 p_2 的位置估计误差共同造成。姿态估计误差界为 $2\varepsilon_\theta$，可由卡尔曼滤波器的误差协方差矩阵求得。在 k 时刻 p_2 的位置估计误差界 $\delta \boldsymbol{r}_p^{(k)}$ 由两部分组成，其一是观测上一陆标后的位置估计误差界 $\delta \boldsymbol{r}_p^{(k-1)}$，由误差协方差矩阵求得；其二，$\delta \boldsymbol{r}_p^{(k-1)}$ 由于状态转移误差和 ${}^b\boldsymbol{e}_2$ 的测量噪声会被扩大。因此，k 时刻 p_2 的位置误差界 $\delta \boldsymbol{r}_p^{(k)} \approx \delta \boldsymbol{r}_p^{(k-1)} + 2\|\boldsymbol{r}_2\|\mu$，$\mu > 0$ 为扩张参数。

用沿 $\boldsymbol{r}_1$ 方向的位置估计误差 $\delta \boldsymbol{r}$ 作为可观测度指标。将 $\delta \boldsymbol{r}$ 分为两部分考虑，第一部分是 $\delta \boldsymbol{r}_p^{(k)}$ 在 $\boldsymbol{r}_1$ 方向上的投影，表示为

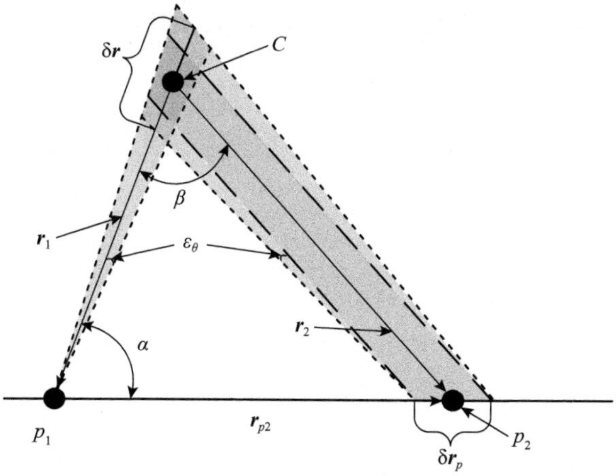

图 7.4　观测剖面 Cp_1p_2

$$\frac{\sin(\alpha+\beta)}{\sin\beta}\delta\boldsymbol{r}_p^{(k)}=\frac{\sin(\alpha+\beta)}{\sin\beta}\delta\boldsymbol{r}_p^{(k-1)}+2\frac{\sin\alpha}{\sin\beta}\|\boldsymbol{r}\|_2\,\mu \tag{7.53}$$

第二部分是观测 p_2 时姿态估计误差带来的影响，表示为

$$2\varepsilon_\theta\|\boldsymbol{r}_2\|_2=2\frac{\sin\alpha}{\sin(\alpha+\beta)}\|\boldsymbol{r}\|_2\,\varepsilon_\theta \tag{7.54}$$

综合式(7.53)得到描述着陆器在 $\boldsymbol{r}_1$ 方向上位置估计误差的可观测度指标 $\delta\boldsymbol{r}$ ：

$$\delta\boldsymbol{r}=\frac{\sin(\alpha+\beta)}{\sin\beta}\delta\boldsymbol{r}_p^{(k-1)}+2\frac{\sin\alpha}{\sin\beta}\|\boldsymbol{r}\|_2\,\mu+2\frac{\sin\alpha}{\sin(\alpha+\beta)}\|\boldsymbol{r}\|_2\,\varepsilon_\theta \tag{7.55}$$

由于 $\delta\boldsymbol{r}$ 是 α 和 β 的函数，可以通过优化 α 和 β 来减小 $\delta\boldsymbol{r}$ 。也就是在假设 7.1 的条件下，通过规划 p_2 在地平面上的位置来提高导航精度。首先讨论当 β 不变时，α 对可观测度的影响。对于任意给定的 β ，p_2 到着陆器的距离 $\|\boldsymbol{r}_2\|_2=\dfrac{\sin\alpha}{\sin(\alpha+\beta)}\|\boldsymbol{r}\|_2$ 是关于 $\alpha\in\left[\arcsin\left(\dfrac{r_z}{\|\boldsymbol{r}\|_2}\right),\dfrac{\pi}{2}\right)$ 的增函数，当 $\alpha=\arcsin\left(\dfrac{r_z}{\|\boldsymbol{r}\|_2}\right)$ 时观测剖面 Cp_1p_2 垂直于地面。当利用着陆器状态估计值 $\hat{\boldsymbol{x}}$ 估计陆标位置 $\boldsymbol{r}_{p2}=\left[x_{p2},y_{p2},z_{p2}\right]^{\mathrm{T}}$ 时，在假设 7.1 条件下转变为只估计 $\hat{\boldsymbol{r}}_{p2}=\left[x_{p2},y_{p2}\right]^{\mathrm{T}}$ ，$\hat{\boldsymbol{r}}_{p2}$ 对应的观测矩阵可由 $\boldsymbol{H}_{p2}$ 改写为

$$\hat{\boldsymbol{H}}_{p2}=\boldsymbol{C}(\hat{\boldsymbol{q}})\frac{\boldsymbol{r}_2^{\mathrm{T}}\boldsymbol{r}_2\boldsymbol{I}_3-\boldsymbol{r}_2\boldsymbol{r}_2^{\mathrm{T}}}{\left\|\boldsymbol{r}_2^{(k)}\right\|_2^3}\begin{bmatrix}\boldsymbol{I}_2\\ \boldsymbol{0}_{1\times2}\end{bmatrix} \tag{7.56}$$

用几何精度因子(geometric dilution of precision, GDOP)法描述$\hat{\boldsymbol{r}}_{p2}$的估计精度：

$$\operatorname{trace}\left(\left(\hat{\boldsymbol{H}}_{p2}^{\mathrm{T}}\hat{\boldsymbol{H}}_{p2}\right)^{-1}\right)=\frac{\|\boldsymbol{r}_2\|_2^4}{r_{2z}^2}+\|\boldsymbol{r}_2\|_2^2 \tag{7.57}$$

其中，$r_{2z}=[0,0,1]\boldsymbol{r}_2$。

当$\operatorname{trace}\left(\left(\hat{\boldsymbol{H}}_{p2}^{\mathrm{T}}\hat{\boldsymbol{H}}_{p2}\right)^{-1}\right)$越小时$\hat{\boldsymbol{r}}_{p2}$的估计精度越高。在假设 7.2 条件下$|r_{2z}|$等于着陆器的高度，是固定值，因此陆标到着陆器的距离$\|\boldsymbol{r}_2\|_2$越近，$\hat{\boldsymbol{r}}_{p2}$的估计精度越高。根据前文分析，为了使$\hat{\boldsymbol{r}}_{p2}$的估计精度最高，只需使观测剖面$Cp_1p_2$垂直于地面，此时可以直接固定$\alpha=\arcsin\left(\frac{r_z}{\|\boldsymbol{r}\|_2}\right)$，因此只需优化$\beta$来减小$\delta\boldsymbol{r}$。

引理 7.1 对于复合函数$f(x)=h(g(x))$，当h和g是二次可微的，如果h是凸函数且非增，g是凹函数，则f是凸函数。

证明 复合函数$f(x)=h(g(x))$的二阶导数为

$$f''(x)=h''(g(x))\left(g'(x)\right)^2+h'(g(x))g''(x) \tag{7.58}$$

当h是凸函数且非增(即$h''\geqslant 0$且$h'\leqslant 0$)，g是凹函数(即$g''\leqslant 0$)，从中可以看出$f''\geqslant 0$，即函数f是凸函数。□

定理 7.1 $\delta\boldsymbol{r}$是一个关于$\beta\in\left(0,\frac{\pi}{2}\right)$的凸函数。

证明 将$\delta\boldsymbol{r}$的第一项展开可得

$$\frac{\sin(\alpha+\beta)}{\sin\beta}\delta\boldsymbol{r}_p^{(k-1)}=(\sin\alpha\cot\beta+\cos\alpha)\delta\boldsymbol{r}_p^{(k-1)} \tag{7.59}$$

由于$\sin\alpha>0$、$\delta\boldsymbol{r}_p^{(k-1)}>\boldsymbol{0}$，在$\beta\in\left(0,\frac{\pi}{2}\right)$内$\cot\beta$是凸函数，因此$\delta\boldsymbol{r}$的第一项是凸函数。

由于$\frac{1}{x}$在$x>0$时是凸函数且非增，$\sin\beta$在$\beta\in\left(0,\frac{\pi}{2}\right)$是凹函数，并且$\|\boldsymbol{r}\|_2\mu>0$，根据引理 7.1 可以得到$\delta\boldsymbol{r}$的第二项是凸函数。

同理，由于在$\alpha+\beta\in(0,\pi)$内$\sin(\alpha+\beta)$是凹函数，并且$\|\boldsymbol{r}\|_2\varepsilon_\theta>0$，因此$\delta\boldsymbol{r}$的第三项是凸函数。

综上，$\delta\boldsymbol{r}$是一个关于$\beta\in\left(0,\frac{\pi}{2}\right)$的凸函数。□

通过优化 $\delta\boldsymbol{r}$ 进行陆标构型规划的观测方法如算法 7.1 所示，其中 $\Pi(\beta)$ 为由图像视场宽度限制带来的 β 的可行解集。规划好陆标构型后可以得到图像中待观测陆标的理想位置，将图像中与理想位置最接近陆标作为实际观测陆标。当要观测新陆标时，取 $\mu>0$，优化新陆标的可观测度 $\delta\boldsymbol{r}(\beta,\mu>0)$ 得到的 $\beta^{*(k)}$ 是最优空间构型的观测角度，当要继续跟踪观测上一时刻的陆标时，则 $\mu=0$，且对应的观测夹角 $\beta^{(k,k-1)}$ 可通过 $\hat{\boldsymbol{r}}^{(k,k-1)}$ 和 $\hat{\boldsymbol{r}}_{p2}^{(k-1)}$ 计算得到，此时可以直接计算出旧陆标的可观测度 $\delta\boldsymbol{r}\left(\beta^{(k,k-1)},\mu=0\right)$。参数 μ 的取值变化，会使新陆标的可观测度 $\delta\boldsymbol{r}\left(\beta^{(k,k-1)},\mu>0\right)>\delta\boldsymbol{r}\left(\beta^{(k,k-1)},\mu=0\right)$，即使通过寻优得到 $\beta^{*(k)}$ 能使观测新陆标时的 $\delta\boldsymbol{r}\left(\beta^{*(k)},\mu>0\right)<\delta\boldsymbol{r}\left(\beta^{(k,k-1)},\mu>0\right)$，但不一定能让 $\delta\boldsymbol{r}\left(\beta^{*(k)},\mu>0\right)<\delta\boldsymbol{r}\left(\beta^{(k,k-1)},\mu=0\right)$。因此，在算

算法 7.1　观测 1 个未知陆标的空间构型规划观测方法

$\alpha=\arcsin\left(\dfrac{r_z}{\|\boldsymbol{r}\|_2}\right)$

求解 $\beta^{*(k)}=\underset{\beta\in\Pi(\beta)\cap\left(0,\min\left(\pi-\alpha,\frac{\pi}{2}\right)\right)}{\arg\min}(\delta\boldsymbol{r}(\beta,\mu>0))$

观测 $\beta^{*(k)}$ 附近的未知陆标

while do

　　if 不考虑 IMU 偏差

　　　　用扩展卡尔曼滤波算法估计 3 个周期

　　else

　　　　用扩展卡尔曼滤波算法估计 4 个周期

　　end if

　　求解 $\beta^{*(k)}=\underset{\beta\in\Pi(\beta)\cap\left(0,\min\left(\pi-\alpha,\frac{\pi}{2}\right)\right)}{\arg\min}(\delta\boldsymbol{r}(\beta,\mu>0))$

　　if $\delta\boldsymbol{r}\left(\beta^{*(k)},\mu>0\right)<\delta\boldsymbol{r}\left(\beta^{(k,k-1)},\mu=0\right)$

　　　　观测 $\beta^{*(k)}$ 对应方向附近的未知陆标

　　else

　　　　观测旧陆标

　　end if

end while

法 7.1 中通过比较 $\delta\boldsymbol{r}\left(\beta^{*(k)}, \mu > 0\right)$ 与 $\delta\boldsymbol{r}\left(\beta^{(k,k-1)}, \mu = 0\right)$ 的大小，就可以对比出观测新陆标与旧陆标对应的可观测度大小。如果旧陆标的可观测度值更小说明位置估计误差更大，则继续跟踪观测；如果新陆标的可观测度值更大说明位置估计误差更小，则切换到 $\beta^{*(k)}$ 所对应方向上的新陆标。在算法 7.1 中为了保证除偏航角外的状态收敛，确定相同陆标最少观测次数，达到最少次数后开始寻找下一个陆标。

$\delta\boldsymbol{r}$ 是一个初等函数，算法复杂度是 $O(1)$，而传统可观测度指标涉及复杂的矩阵求逆、求奇异值的运算，算法复杂度为 $O\left(n^3\right)$。此外，$\delta\boldsymbol{r}$ 是一个单变量凸函数，利用优化工具能轻松求解最小值点。因此，利用本节提出的可观测度 $\delta\boldsymbol{r}$ 进行陆标空间构型规划时的计算速度可能会更快，更利于着陆器上自主实现。

7.2.3　观测 2 个未知陆标的空间构型规划

着陆器质心 C 与着陆系原点处陆标 p_1、未知陆标 p_2、p_3 形成的陆标构型如图 7.5 所示，在假设 7.1 的条件下陆标 p_2、p_3 存在于着陆系 $\{L\}$ 的 $x_L y_L$ 平面内。为了简化设计，令 p_2 和 p_3 是关于平面 Cp_1z_L 对称的。在给定 C 的估计位置时，四面体 $Cp_1p_2p_3$ 的空间构型只与 β 和 γ 两个角度参数有关。如图 7.6 所示，β 和 γ 正好就是图像中 3 个陆标间的角距，图中 C' 是 C 在 $x_L y_L$ 平面上的投影点。下面将在假设 7.1 的条件下规划陆标空间构型，用于指导选择使导航精度最高的陆标。

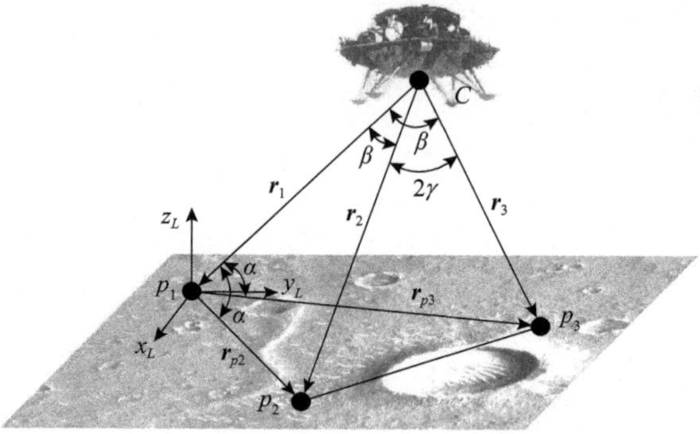

图 7.5　观测 2 个未知陆标时的陆标构型

1. 平面 Cp_1p_2 和 Cp_1p_3 内的可观测度

首先讨论平面 Cp_1p_2 和 Cp_1p_3 内的可观测度，因为 p_2 和 p_3 对称，所以仅研究平面 Cp_1p_2 即可。当平面 Cp_1p_2 与平面 $x_L p_1 y_L$ 的夹角给定时，$\boldsymbol{r}$ 与 $\boldsymbol{r}_{p2}$ 之间的夹角也可确定，记为 α；$\boldsymbol{r}_1$ 与 $\boldsymbol{r}_2$ 之间的夹角记为 β。在平面 Cp_1p_2 和 Cp_1p_3 内的可观测度指标与观测 1 个未知陆标的空间构型相同，都是 β 的函数 $\delta\boldsymbol{r}$。

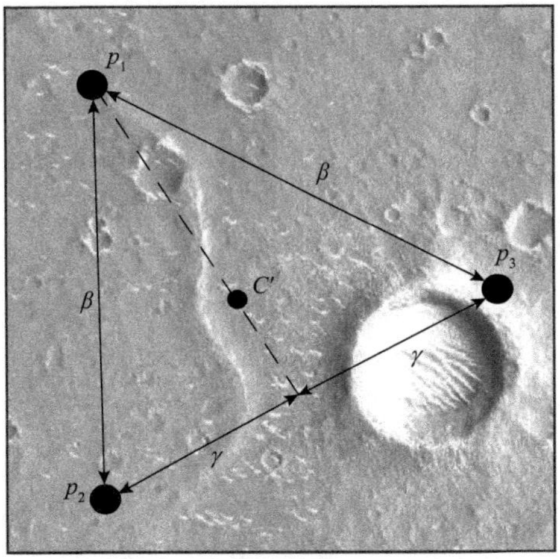

图 7.6　图像中的陆标角距关系

2. 平面 Cp_2p_3 内的可观测度

接着讨论平面 Cp_2p_3 内的可观测度。如图 7.7 所示，当平面 Cp_2p_3 与平面 $x_Lp_1y_L$ 间的夹角给定时，C 与 p_2p_3 的距离 l 固定已知，$\boldsymbol{r}_2$ 和 $\boldsymbol{r}_3$ 的夹角记为 $2\gamma\in\left(0,\dfrac{\pi}{2}\right)$。$p_2$ 和 p_3 在直线 p_2p_3 上的位置误差界依然为 δr_p，由姿态误差造成的角度误差界仍然为 $2\varepsilon_\theta$。在平面 Cp_2p_3 内，着陆器的位置误差同样由 p_2 和 p_3 的位置误差和着陆器姿态误差造成。这个误差范围构成一个四边形，将它的两条对角线长度（δh 和 δl）作为平面 Cp_2p_3 内的可观测度描述位置估计误差的大小。

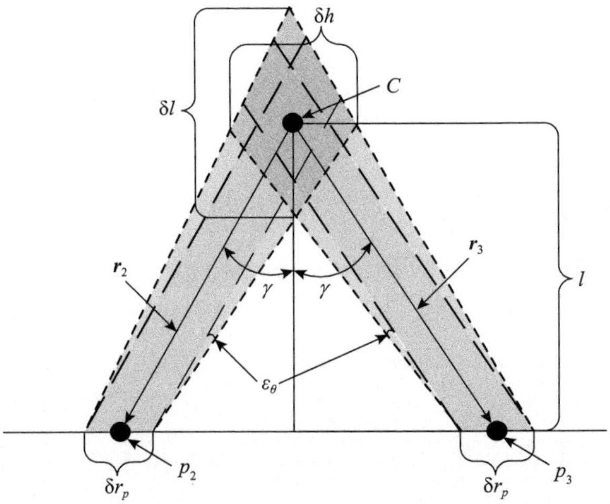

图 7.7　平面 Cp_2p_3 示意图

δh 是误差四边形在水平方向上的宽度，$\delta r_p^{(k)}$ 对它的投影长度为

$$\delta r_p^{(k)} = \delta r_p^{(k-1)} + \frac{l\mu}{\cos\gamma} \tag{7.60}$$

由着陆器姿态误差带来的影响是

$$\frac{2\|\boldsymbol{r}_2\|\varepsilon_\theta}{\cos\gamma} = \frac{2l\varepsilon_\theta}{\cos^2\gamma} \tag{7.61}$$

因此 δh 可以表示为

$$\delta h = \delta r_p^{(k-1)} + \frac{l\mu}{\cos\gamma} + \frac{2l\varepsilon_\theta}{\cos^2\gamma} \tag{7.62}$$

δl 是误差四边形在垂直方向上的宽度，$\delta r_p^{(k)}$ 对它的投影长度为

$$\frac{\delta r_p^{(k)}}{\tan\gamma} = \delta r_p^{(k-1)}\cot\gamma + \frac{l\mu}{\sin\gamma} \tag{7.63}$$

由着陆器姿态误差带来的影响是

$$\frac{2\|\boldsymbol{r}_2\|\varepsilon_\theta}{\sin\gamma} = \frac{4l\varepsilon_\theta}{\sin 2\gamma} \tag{7.64}$$

因此 δl 可以表示为

$$\delta l = \delta r_p^{(k-1)}\cot\gamma + \frac{l\mu}{\sin\gamma} + \frac{4l\varepsilon_\theta}{\sin 2\gamma} \tag{7.65}$$

用 δh 与 δl 的和描述平面 Cp_2p_3 内着陆器的位置估计误差。去掉常数项后，平面 Cp_2p_3 内的可观测度指标表示为

$$\delta\lambda = \delta h + \delta l = 2l\varepsilon_\theta\tan^2\gamma + \delta r_p^{(k-1)}\cot\gamma + \left(\frac{1}{\sin\gamma} + \frac{1}{\cos\gamma}\right)l\mu + \frac{4l\varepsilon_\theta}{\sin 2\gamma} \tag{7.66}$$

引理 7.2　对于复合函数 $f(x) = h(g(x))$，当 h 和 g 是二次可微时，如果 h 是凸函数且非减，g 是凸函数，则 f 是凸函数。

证明　复合函数 $f(x) = h(g(x))$ 的二阶导数为

$$f''(x)=h''(g(x))\left(g'(x)\right)^2+h'(g(x))g''(x) \tag{7.67}$$

当 h 是凸函数且非减（即 $h''\geqslant 0$ 且 $h'\geqslant 0$），g 是凸函数（即 $g''\geqslant 0$），可以看出 $f''\geqslant 0$，即函数 f 是凸函数。□

定理 7.2　$\delta\lambda$ 是一个关于 $\gamma\in\left(0,\dfrac{\pi}{4}\right)$ 的凸函数。

证明　对于 $\delta\lambda$ 的第一项，当 $\gamma\in\left(0,\dfrac{\pi}{4}\right)$ 时，由于 x^2 在 $x>0$ 时是凸函数且非减，$\tan\gamma$ 是凸函数，$l\varepsilon_\theta>0$，根据引理 7.2 可以得到 $\delta\lambda$ 的第一项是凸函数。

对于 $\delta\lambda$ 的第二项，当 $\gamma\in\left(0,\dfrac{\pi}{4}\right)$ 时，由于 $\delta r_p^{(k-1)}>0$，$\cot\gamma$ 是凸函数，因此 $\delta\lambda$ 的第二项是凸函数。

由于 $\dfrac{1}{x}$ 在 $x>0$ 时是凸函数且非增，当 $\gamma\in\left(0,\dfrac{\pi}{4}\right)$ 时，$\sin\gamma$、$\cos\gamma$、$\sin 2\gamma$ 是凹函数，$l\mu>0$，$l\varepsilon_\theta>0$，根据引理 7.1 可以得到 $\delta\lambda$ 的第三项和第四项是凸函数。

综上，定理 7.2 得证。□

将 $J=\delta r+\delta\lambda$ 作为观测 2 个未知陆标的空间构型可观测度指标，描述着陆器由陆标构型引起的位置估计误差。J 是 β 和 γ 的函数，通过求解 J 的极小值点可以获得使着陆器位置估计误差最小的最优陆标构型。但 δr 和 $\delta\lambda$ 存在隐含的参数传递关系，如 α 和 l，因此只能分别交替寻优。

可观测度指标 J 的优化算法如算法 7.2 所示，其中 Tol 是收敛阈值，右下角标 (n) 表示寻优过程中的第 n 步，$\Pi(\beta)$ 和 $\Pi(\gamma)$ 是图像视场宽度限制带来的 β 和 γ 的可行解集。第一次计算 $\gamma_{(1)}^*$ 时可以令平面 Cp_2p_3 垂直于 $\boldsymbol{r}$，此时 $l_{(1)}=\dfrac{r_z^{(k,k-1)}}{\cos\left(\arcsin\left(\dfrac{r_z^{(k,k-1)}}{\left\|\boldsymbol{r}^{(k,k-1)}\right\|_2}\right)\right)}$。规划好陆标构型后，可以得到图像中待观测陆标的理想位置，将图像中与理想位置最接近陆标作为实际观测陆标。

算法 7.2　J 的优化算法

输入：$\hat{\boldsymbol{r}}$、ε_θ、$\delta r_p^{(k-1)}$、Tol

计算 $l_{(1)}$

　　$n=1$

　　While

续表

$\gamma_{(n)}^{*}=\underset{\gamma\in\Pi(\gamma)\cap\left(0,\frac{\pi}{4}\right)}{\arg\min}\ \delta\lambda$
计算 $\alpha_{(n)}$
$\beta_{(n)}^{*}=\underset{\beta\in\Pi(\beta)\cap\left(0,\frac{\pi}{2}\right)}{\arg\min}\ \delta r$
计算 $l_{(n+1)}$
if $\left\|\beta_{(n)}^{*}-\beta_{(n-1)}^{*}\right\|\leqslant \mathrm{Tol}$, $\left\|\gamma_{(n)}^{*}-\gamma_{(n-1)}^{*}\right\|\leqslant \mathrm{Tol}$
Break
end if
$n=n+1$
end while
输出：$\gamma^{*(k)}=\gamma_{(n)}^{*}$ 和 $\beta^{*(k)}=\beta_{(n)}^{*}$

通过优化 J 进行陆标构型规划的观测方法如算法 7.3 所示。在需要观测新陆标时，令 μ>0，通过算法 7.2 计算出 $J(\beta,\gamma,\mu>0)$ 的最小值点 $\beta^{*(k)}$ 和 $\gamma^{*(k)}$ 即为观测新陆标时最优构型的观测角度。继续观测旧陆标时，取 μ=0，且对应的观测夹角 $\beta^{(k,k-1)}$ 和 $\gamma^{(k,k-1)}$ 可通过 $\hat{\boldsymbol{r}}^{(k,k-1)}$ 与 $\hat{\boldsymbol{r}}_{p2}^{(k-1)}$ 计算得到，此时可以直接计算出旧陆标的可观测度 $J\left(\beta^{(k,k-1)},\gamma^{(k,k-1)},\mu=0\right)$。通过比较 $J\left(\beta^{*(k)},\gamma^{*(k)},\mu>0\right)$ 与 $J\left(\beta^{(k,k-1)},\gamma^{(k,k-1)},\mu=0\right)$ 的大小，来选择观测旧陆标还是新陆标。如果旧陆标的可观测度值更小说明位置估计误差更大，则继续跟踪观测；如果新陆标的可观测度值更大说明位置估计误差更小，则切换到 $\beta^{*(k)}$ 和 $\gamma^{*(k)}$ 所对应方向上的新陆标。

算法 7.3　观测 2 个未知陆标的空间构型规划观测方法
$\alpha=\arcsin\left(\frac{r_z}{\|\boldsymbol{r}\|_2}\right)$
利用算法 7.2 求解 $\beta^{*(k)},\gamma^{*(k)}=\underset{\Pi(\beta),\Pi(\gamma)}{\arg\min}\ (J(\beta,\gamma,\mu>0))$
观测 $\beta^{*(k)}$、$\gamma^{*(k)}$ 对应方向附近的未知陆标
while do

续表

if 不考虑 IMU 偏差
　　用扩展卡尔曼滤波算法估计 3 个周期
else
　　用扩展卡尔曼滤波算法估计 4 个周期
end if
利用算法 7.2 求解 $\beta^{*(k)},\gamma^{*(k)} = \underset{\Pi(\beta),\Pi(\gamma)}{\arg\min}\ (J(\beta,\gamma,\mu>0))$
if $J\left(\beta^{*(k)},\gamma^{*(k)},\mu>0\right) < J\left(\beta^{(k,k-1)},\gamma^{(k,k-1)},\mu=0\right)$
　　观测 $\beta^{*(k)}$ 、$\gamma^{*(k)}$ 对应方向附近的未知陆标
else
　　观测旧陆标
end if
end while

δr 和 $\delta\lambda$ 都是单变量初等函数，算法复杂度是 $O(1)$ 。传统可观测度指标涉及复杂的矩阵求逆、求奇异值的运算，算法复杂度为 $O\left(n^3\right)$ 。

7.3　基于最优轨道机动的相对位置状态高精度估计模型

空间非合作目标相对运动状态估计是自主相对导航系统的核心任务，也是系统数学观测能力的主要评估对象。根据系统观测能力评价体系，目标相对运动状态估计将在目标提取的测量信息基础上，结合目标运动模型和光学敏感器测量模型，确定系统状态信息。但是受限于序列图像信息的不完备信息，状态信息难以直接确定，需要通过轨道机动来提供额外的尺度信息。考虑到系统工程可观测性约束以及在轨导航、制导流程，本章将在自主相对导航系统数学观测能力评价方法的指导下，研究能够实现系统状态完备估计的轨道机动方案；分析系统状态估计精度与轨道机动之间的解析模型并根据服务航天器在轨服务工程任务需求确定约束边界，获得使系统状态估计精度最优的一步轨道机动方案，改善系统数学可观测性。

7.3.1　系统状态可区分性机理分析

由于缺少距离信息，基于序列图像的相对导航系统在位置、速度变量上的可观测性差，而服务航天器轨道机动可以产生已知距离信息，实现状态估计。然而，考虑到状态估计性能，需要对轨道机动量进行分析。系统状态可区分性机理是分析系统能否实现状态完备估计的一项重要指标。因此，本节将结合轨道机动量对系统状态可区分性机理进行分析。

当系统满足数学可观测性条件时，系统状态可区分，即可以根据状态方程和观测方程求出导航系统状态的唯一解。计算系统 Lie 导数矩阵如下（省略时间下标 k）：

$$\boldsymbol{O}=\begin{bmatrix}\mathrm{d}\boldsymbol{L}_f^0 h(\boldsymbol{x})\\ \mathrm{d}\boldsymbol{L}_f^1 h(\boldsymbol{x})\\ \mathrm{d}\boldsymbol{L}_f^2 h(\boldsymbol{x})\\ \mathrm{d}\boldsymbol{L}_f^3 h(\boldsymbol{x})\\ \mathrm{d}\boldsymbol{L}_f^4 h(\boldsymbol{x})\\ \mathrm{d}\boldsymbol{L}_f^5 h(\boldsymbol{x})\end{bmatrix} \tag{7.68}$$

其中，在不考虑执行轨道机动 $\boldsymbol{u}$ 时，$f(\boldsymbol{x})=\boldsymbol{F}\boldsymbol{x}$，则对式(7.68)进行最简行变换后得到 Lie 导数矩阵如下：

$$\boldsymbol{O}\cong\begin{bmatrix}\boldsymbol{I}_{5\times5} & \boldsymbol{M}_1\\ \boldsymbol{0}_{7\times5} & \boldsymbol{0}_{7\times1}\end{bmatrix} \tag{7.69}$$

其中

$$\boldsymbol{M}_1=\begin{bmatrix}-\dfrac{x}{\dot{z}} & -\dfrac{y}{\dot{z}} & -\dfrac{z}{\dot{z}} & -\dfrac{\dot{x}}{\dot{z}} & -\dfrac{\dot{y}}{\dot{z}}\end{bmatrix}^{\mathrm{T}} \tag{7.70}$$

显然 Lie 导数矩阵 $\boldsymbol{O}$ 的秩为 5，不满秩，因此，此时系统不满足数学可观测性，无法直接实现状态可区分。很明显，由于缺少距离信息，系统状态难以区分，为了能够获取距离信息，考虑将轨道机动引入到系统模型中。

当服务航天器在 k 时刻执行轨道机动后，接下来两个时刻的状态变量可以表示为(为了表述简便，本节将省略系统状态和测量噪声)

$$\boldsymbol{x}_{k+1}=\boldsymbol{\Phi}\boldsymbol{x}_k+\boldsymbol{G}\boldsymbol{u} \tag{7.71}$$

$$\boldsymbol{x}_{k+2}=\boldsymbol{\Phi}\boldsymbol{x}_{k+1}=\boldsymbol{\Phi}^2\boldsymbol{x}_k+\boldsymbol{\Phi}\boldsymbol{G}\boldsymbol{u} \tag{7.72}$$

将序列图像观测方程进行变换得到

$$
\boldsymbol{z}_k = \begin{bmatrix} \theta_k \\ \phi_k \end{bmatrix} = \begin{bmatrix} \arctan\left(\dfrac{y_k}{x_k}\right) \\ \arcsin\left(\dfrac{z}{\sqrt{x_k^2 + y_k^2 + z_k^2}}\right) \end{bmatrix}
$$

$$
\Rightarrow \begin{bmatrix} y_k \cos\theta_k - x_k \sin\theta_k \\ z_k^2 - \sin^2\phi_k\left(x_k^2 + y_k^2 + z_k^2\right) \end{bmatrix} = \begin{bmatrix} 0 \\ 0 \end{bmatrix} \tag{7.73}
$$

则有

$$
\begin{aligned}
z_k^2 &= \sin^2\phi_k\left(x_k^2 + y_k^2 + z_k^2\right) \\
&= \sin^2\phi_k\left(x_k^2 + x_k^2\tan^2\theta_k + z_k^2\right) \\
&\Rightarrow z_k^2\cos^2\phi_k = \sin^2\phi_k x_k^2\left(1 + \tan^2\theta_k\right) \\
&\Rightarrow z_k^2\cos^2\phi_k\cos^2\theta_k = \sin^2\phi_k x_k^2 \\
&\Rightarrow z_k\cos\phi_k\cos\theta_k\sin\theta_k - \sin\phi_k x_k = 0
\end{aligned} \tag{7.74}
$$

因此，根据式(7.74)，式(7.73)表示为

$$
\begin{bmatrix} \sin\theta_k & -\cos\theta_k & 0 & 0 & 0 & 0 \\ \sin\phi_k & 0 & -\cos\phi_k\cos\theta_k\sin\phi_k & 0 & 0 & 0 \end{bmatrix} \begin{bmatrix} x \\ y \\ z \\ \dot{x} \\ \dot{y} \\ \dot{z} \end{bmatrix} \Rightarrow \boldsymbol{H}\left(\boldsymbol{z}_k\right)\boldsymbol{x}_k = \boldsymbol{0} \tag{7.75}
$$

其中，$\boldsymbol{H}\left(\boldsymbol{z}_k\right)$表示为

$$
\boldsymbol{H}\left(\boldsymbol{z}_k\right) = \begin{bmatrix} \sin\theta_k & -\cos\theta_k & 0 & 0 & 0 & 0 \\ \sin\phi_k & 0 & -\cos\phi_k\cos\theta_k\sin\left(\phi_k\right) & 0 & 0 & 0 \end{bmatrix} \tag{7.76}
$$

则非线性的图像观测方程(7.73)可以表示为线性形式(7.75)。结合式(7.71)和式(7.72)，连续 3 个时刻下的观测方程可以表示为

$$
\boldsymbol{H}\left(\boldsymbol{z}_k\right)\boldsymbol{x}_k = \boldsymbol{0} \tag{7.77}
$$

$$
\boldsymbol{H}\left(\boldsymbol{z}_{k+1}\right)\boldsymbol{x}_{k+1} = \boldsymbol{H}\left(\boldsymbol{z}_{k+1}\right)\left(\boldsymbol{\Phi}\boldsymbol{x}_k + \boldsymbol{G}\boldsymbol{u}_k\right) = \boldsymbol{0} \tag{7.78}
$$

$$
\boldsymbol{H}\left(\boldsymbol{z}_{k+2}\right)\boldsymbol{x}_{k+2} = \boldsymbol{H}\left(\boldsymbol{z}_{k+2}\right)\left(\boldsymbol{\Phi}^2\boldsymbol{x}_k + \boldsymbol{\Phi}\boldsymbol{G}\boldsymbol{u}_k + \boldsymbol{G}\boldsymbol{u}_{k+1}\right) = \boldsymbol{0} \tag{7.79}
$$

其中，$\boldsymbol{z}_k$、$\boldsymbol{z}_{k+1}$、$\boldsymbol{z}_{k+2}$分别代表对应时刻的图像测量值。

于是，式(7.77)～式(7.79)可以联立成线性方程组：

$$\begin{bmatrix} \boldsymbol{H}(\boldsymbol{z}_k) \\ \boldsymbol{H}(\boldsymbol{z}_{k+1})\boldsymbol{\Phi} \\ \boldsymbol{H}(\boldsymbol{z}_{k+2})\boldsymbol{\Phi}^2 \end{bmatrix} \boldsymbol{x}_k = \begin{bmatrix} \boldsymbol{0} \\ -\boldsymbol{H}(\boldsymbol{z}_{k+1})\boldsymbol{G} \\ -\boldsymbol{H}(\boldsymbol{z}_{k+2})\boldsymbol{\Phi G} \end{bmatrix} \boldsymbol{u}_k \tag{7.80}$$

式(7.80)中状态变量的系数矩阵可以表示如下：

$$\boldsymbol{C} = \begin{bmatrix} \boldsymbol{H}(\boldsymbol{z}_k) \\ \boldsymbol{H}(\boldsymbol{z}_{k+1})\boldsymbol{\Phi} \\ \boldsymbol{H}(\boldsymbol{z}_{k+2})\boldsymbol{\Phi}^2 \end{bmatrix} = \begin{bmatrix} \sin\theta_k & -\cos\theta_k & 0 & 0 & 0 & 0 \\ \sin\phi_k & 0 & c_{23} & 0 & 0 & 0 \\ \sin\theta_{k+1} & -\cos(\omega T) & c_{33} & c_{34} & c_{35} & c_{36} \\ \sin\phi_{k+1} & 0 & c_{43} & c_{44} & 0 & c_{46} \\ \sin\theta_{k+2} & -\cos\theta_{k+2}\cos(2\omega T) & c_{53} & c_{54} & c_{55} & c_{56} \\ \sin\phi_{k+2} & 0 & c_{63} & c_{64} & 0 & c_{66} \end{bmatrix} \tag{7.81}$$

其中

$$c_{23} = -\cos\theta_k \cos\phi_k \sin\phi_k$$

$$c_{33} = (6\omega T - \sin(\omega T))\sin\theta_{k+1}$$

$$c_{43} = (-4 + 3\cos(\omega T))\cos\theta_{k+1}\cos\phi_{k+1}\sin\phi_{k+1} + (6\omega T - \sin(\omega T))\sin\phi_{k+2}$$

$$\begin{aligned} c_{53} = -\frac{1}{2\omega}\{&[12T(3-5\omega)\omega + 36T(-1+\omega)\omega\cos(\omega T) \\ &- 2(24+\omega)\sin(\omega T) + 3(8+\omega)\sin(2\omega T)]\sin\theta_{k+1}\} \end{aligned}$$

$$\begin{aligned} c_{63} = \frac{1}{\omega}\{&\left[18 - 22\omega + 24(-1+\omega)\cos(\omega T) - 3(-2+\omega)\cos(\omega T)\right]\cos\theta_{k+2}\cos\phi_{k+2}\sin\left(\phi_{k+2}\right) \\ &-\frac{1}{2}[12T(3-5\omega)\omega + 36T(-1+\omega)\omega\cos(\omega T) \\ &- 2(24+\omega)\sin(\omega T) + 3(8+\omega)\sin(2\omega T)]\sin\phi_{k+2}\} \end{aligned}$$

$$c_{34} = \left(-3T + \frac{4\sin(\omega T)}{\omega}\right)\sin\theta_{k+1}$$

$$c_{44} = \frac{1}{\omega}\left[4\cos\theta_{k+1}\cos\phi_{k+1}\sin\phi_{k+1}\sin\left(\frac{T\omega}{2}\right)^2\right] + \left(-3T + \frac{4\sin(\omega T)}{\omega}\right)\sin\phi_{k+1}$$

$$c_{54} = \frac{1}{\omega}\left[(-6T\omega - 10\sin(\omega T) + 9\sin(2\omega T))\sin\theta_{k+2}\right]$$

$$c_{64} = \frac{1}{\omega}\Big[4\cos\theta_{k+2}\cos\phi_{k+2}\sin\phi_{k+2}\sin^2(\omega T)$$

$$
\begin{aligned}
&\quad +(-6T\omega-10\sin(\omega T)+9\sin(2\omega T))\sin\phi_{k+2}\Big]\\
&c_{35}=-\frac{1}{\omega}\left[\cos\theta_{k+1}\sin(\omega T)\right]\\
&c_{55}=-\frac{1}{\omega}\left[2\cos(\omega T)\cos\theta_{k+2}\sin(\omega T)\right]\\
&c_{36}=\frac{1}{\omega}\left[4\sin^2\left(\frac{\omega T}{2}\right)\sin\theta_{k+1}\right]\\
&c_{46}=\frac{1}{\omega}\left[-\cos\theta_{k+1}\cos\phi_{k+1}\sin\phi_{k+1}\sin(\omega T)+4\sin\left(\frac{\omega T}{2}\right)^2\sin\phi_{k+1}\right]\\
&c_{56}=\frac{1}{\omega}\left[9\sin^2(\omega T)\sin\theta_{k+2}\right]\\
&c_{66}=\frac{1}{\omega}\left[\sin(\omega T)\left(-2\cos\omega T\cos\theta_{k+2}\cos\phi_{k+2}\sin\phi_{k+2}+9\sin(T\omega)\sin\phi_{k+2}\right)\right]
\end{aligned}
\tag{7.82}
$$

其中，ω 为轨道角速度；T 为算法步长。

对系数矩阵 $\boldsymbol{C}$ 进行初等行变换后可以化简为 6×6 的单位矩阵。因此，该系数矩阵的秩为 6 且是非奇异矩阵。从线性系统可观测性矩阵秩条件来看，$\boldsymbol{C}$ 的秩为 6，但是系统测量模型变换后如式(7.75)所示，等式右边始终为 0。从可区分性条件来看，等式右侧始终无法反映出系统状态的变化，即无法满足系统状态可区分性条件。从代数的角度来看，式(7.75)的解始终为 $\mathbf{0}$，这与系统实际情况不符。因此，在无轨道机动情况下，系统不满足可区分性条件，即系统不可观。

当系统状态满足可区分性条件时，即可以根据测量数据唯一确定导航系统状态时，可以获得非零解且方程(7.80)必须存在非奇异解。否则，导航系统状态存在无穷解或者无解。因此，方程(7.80)的右端必须满足如下条件：

$$
\begin{bmatrix}\mathbf{0}\\ -\boldsymbol{H}\left(z_{k+1}\right)\boldsymbol{G}\\ -\boldsymbol{H}\left(z_{k+2}\right)\boldsymbol{\Phi}\boldsymbol{G}\end{bmatrix}\boldsymbol{u}_k\neq\mathbf{0}
\tag{7.83}
$$

令 $\boldsymbol{H}_m=\begin{bmatrix}\mathbf{0}\\ -\boldsymbol{H}\left(z_{k+1}\right)\boldsymbol{G}\\ -\boldsymbol{H}\left(z_{k+2}\right)\boldsymbol{\Phi}\boldsymbol{G}\end{bmatrix}$，则式(7.83)需要满足如下两个条件：① $\boldsymbol{u}\neq\mathbf{0}$；② $\mathrm{Null}\left(\boldsymbol{H}_m\right)=\varnothing$。其中 $\mathrm{Null}(\cdot)$ 代表矩阵的零空间。当轨道机动量不为 $\mathbf{0}$ 时，条件①即可满足。而条件②较难满足。因此，有必要推导轨道机动量和系统状态可区分性之间的关系。

当系统状态满足可区分性条件时，导航系统状态可以由测量值唯一确定。从另一个角度来讲，除了当前时刻的系统状态外，在同一观测周期内，不能存在其他导航系统状态产生相同的测量值。换言之，轨道机动前后必须要获得不同的视线测量信息。结合轨道机动产生的位置变化，导航系统的不可观测判定条件可以总结为：当存在一个非零常数 $\alpha \in \mathbf{R}^+$ 使 $\boldsymbol{r}_{k+1} = \alpha \tilde{\boldsymbol{r}}_{k+1}$ 时，系统状态变量 $\boldsymbol{x}_k$ 不可区分。

根据上述阐述，系统状态不可区分判定条件所体现的就是轨道机动前后产生的视线测量矢量是共线的，如图 7.8 所示（机动后视线与机动前视线平行而且像点重合）。另外，目标必须始终在服务航天器的一侧（否则无法观测到目标），即机动后的目标视线方向不可能与机动前的目标视线方向相反，所以 $\alpha > 0$。

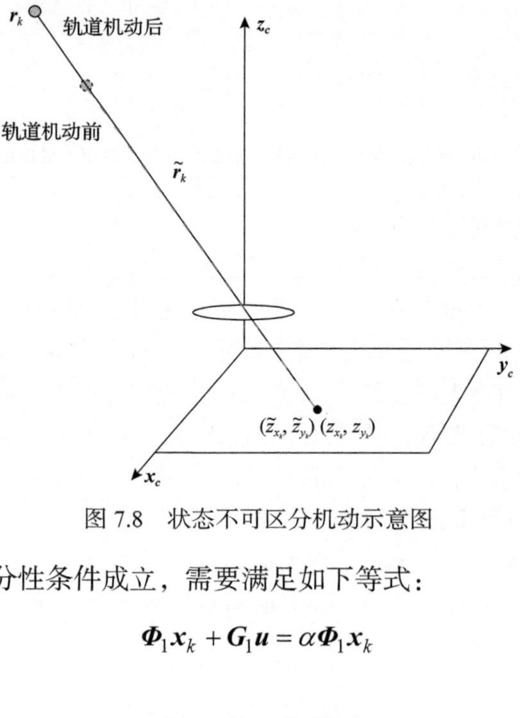

图 7.8　状态不可区分机动示意图

为了使不可区分性条件成立，需要满足如下等式：

$$\boldsymbol{\Phi}_1 \boldsymbol{x}_k + \boldsymbol{G}_1 \boldsymbol{u} = \alpha \boldsymbol{\Phi}_1 \boldsymbol{x}_k \tag{7.84}$$

于是

$$\boldsymbol{G}_1 \boldsymbol{u} = (\alpha - 1) \boldsymbol{\Phi}_1 \boldsymbol{x}_k \tag{7.85}$$

假设 $\gamma_1 = \alpha - 1$，式(7.85)可以写成

$$\boldsymbol{G}_1 \boldsymbol{u} = \gamma_1 \boldsymbol{\Phi}_1 \boldsymbol{x}_k, \quad \gamma_1 > -1 \tag{7.86}$$

因此，状态不可区分的必要条件可以总结如下：

$$不可区分 \Rightarrow \boldsymbol{G}_1 \boldsymbol{u} = \gamma_1 \boldsymbol{\Phi}_1 \boldsymbol{x}_k, \quad \gamma_1 > -1 \tag{7.87}$$

式(7.87)的逆反命题可以总结如下：系统状态可区分的充分条件为

$$\boldsymbol{G}_1 \boldsymbol{u} \neq \gamma_1 \boldsymbol{\Phi}_1 \boldsymbol{x}_k, \quad \gamma_1 > -1 \tag{7.88}$$

为了获得轨道机动和系统状态可区分性条件的关系，需要证明充分条件也是必要条件。当系统状态可区分时，轨道机动前后的测量值应该是不同的。假设不存在轨道机动时三个连续时刻的测量值为 $\tilde{\boldsymbol{y}}_k$、$\tilde{\boldsymbol{y}}_{k+1}$ 和 $\tilde{\boldsymbol{y}}_{k+2}$，则 $\tilde{\boldsymbol{y}}_k$、$\tilde{\boldsymbol{y}}_{k+1}$ 和 $\tilde{\boldsymbol{y}}_{k+2}$ 满足如下条件：

$$\boldsymbol{H}\left(\tilde{\boldsymbol{y}}_k\right)\boldsymbol{x}_k=\boldsymbol{0} \tag{7.89}$$

$$\boldsymbol{H}\left(\tilde{\boldsymbol{y}}_{k+1}\right)\boldsymbol{x}_{k+1}=\boldsymbol{H}\left(\tilde{\boldsymbol{y}}_{k+1}\right)\left(\boldsymbol{\Phi}\boldsymbol{x}_k\right)=\boldsymbol{0} \tag{7.90}$$

$$\boldsymbol{H}\left(\tilde{\boldsymbol{y}}_{k+2}\right)\boldsymbol{x}_{k+2}=\boldsymbol{H}\left(\tilde{\boldsymbol{y}}_{k+2}\right)\boldsymbol{\Phi}\left(\boldsymbol{\Phi}\boldsymbol{x}_k\right)=\boldsymbol{0} \tag{7.91}$$

当测量输出不同时，下列不等式成立：

$$\boldsymbol{H}\left(\tilde{\boldsymbol{y}}_{k+1}\right)\neq\boldsymbol{H}\left(\boldsymbol{z}_{k+1}\right) \tag{7.92}$$

$$\boldsymbol{H}\left(\tilde{\boldsymbol{y}}_{k+2}\right)\neq\boldsymbol{H}\left(\boldsymbol{z}_{k+2}\right) \tag{7.93}$$

其中，矩阵 $\boldsymbol{H}(\boldsymbol{z})$ 的秩为 2，将矩阵 $\boldsymbol{H}\left(\tilde{\boldsymbol{y}}_{k+1}\right)$ 分解为

$$\boldsymbol{H}\left(\tilde{\boldsymbol{y}}_{k+1}\right)=\left[\boldsymbol{H}_1\left(\tilde{\boldsymbol{y}}_{k+1}\right)\quad \boldsymbol{0}_{2\times 3}\right] \tag{7.94}$$

其中，$\boldsymbol{H}_1(\cdot)$ 代表矩阵 $\boldsymbol{H}(\cdot)$ 的前三列元素构成的矩阵，考虑到矩阵 $\boldsymbol{H}(\cdot)$ 的后三列元素均为 0，式(7.78)、式(7.79)、式(7.90)及式(7.91)可以写作：

$$\boldsymbol{H}_1\left(\boldsymbol{z}_{k+1}\right)\left(\boldsymbol{\Phi}_1\boldsymbol{x}_k+\boldsymbol{G}_1\boldsymbol{u}\right)=\boldsymbol{0} \tag{7.95}$$

$$\boldsymbol{H}_1\left(\boldsymbol{z}_{k+2}\right)\left(\boldsymbol{\Phi}_1\boldsymbol{\Phi}\boldsymbol{x}_k+\boldsymbol{\Phi}_1\boldsymbol{G}_1\boldsymbol{u}\right)=\boldsymbol{0} \tag{7.96}$$

$$\boldsymbol{H}_1\left(\tilde{\boldsymbol{y}}_{k+1}\right)\left(\boldsymbol{\Phi}_1\boldsymbol{x}_k\right)=\boldsymbol{0} \tag{7.97}$$

$$\boldsymbol{H}_1\left(\tilde{\boldsymbol{y}}_{k+2}\right)\boldsymbol{\Phi}_1\left(\boldsymbol{\Phi}\boldsymbol{x}_k\right)=\boldsymbol{0} \tag{7.98}$$

矩阵 $\boldsymbol{H}_1\left(\boldsymbol{z}_i\right)$ 和 $\boldsymbol{H}_1\left(\tilde{\boldsymbol{y}}_i\right)(i=k+1,\ k+2)$ 的秩是 2 而维数是 3。于是，两个矩阵的零空间维数为 1。根据式(7.95)～式(7.98)，在执行轨道机动后，当导航系统满足可观测条件时，矩阵 $\boldsymbol{H}_1(\cdot)$ 应该满足：

$$\mathrm{Null}\left(\boldsymbol{H}_1\left(\tilde{\boldsymbol{z}}_{k+1}\right)\right)\cap\mathrm{Null}\left(\boldsymbol{H}_1\left(\tilde{\boldsymbol{y}}_{k+1}\right)\right)=\varnothing \tag{7.99}$$

或者

$$\mathrm{Null}\left(\boldsymbol{H}_1\left(\tilde{\boldsymbol{z}}_{k+2}\right)\right)\cap\mathrm{Null}\left(\boldsymbol{H}_1\left(\tilde{\boldsymbol{y}}_{k+2}\right)\right)=\varnothing \tag{7.100}$$

根据上述条件，结合式(7.95)～式(7.98)，如果非零轨道机动可以使导航系统

满足可区分性条件，那么需要矩阵 $\boldsymbol{H}_1\left(z_i\right)$ 和 $\boldsymbol{H}_1\left(\tilde{\boldsymbol{y}}_i\right)(i=k+1,k+2)$ 的零空间不存在相同的元素。换言之，轨道机动后的测量输出应该是不同的。即当式(7.92)和式(7.93)成立时，有如下不等式成立：

$$\boldsymbol{\Phi}_1\boldsymbol{x}_k+\boldsymbol{G}_1\boldsymbol{u}\neq\beta_1\boldsymbol{\Phi}_1\boldsymbol{x}_k \tag{7.101}$$

$$\boldsymbol{\Phi}_1\boldsymbol{\Phi}\boldsymbol{x}_k+\boldsymbol{\Phi}_1\boldsymbol{G}_1\boldsymbol{u}\neq\beta_2\boldsymbol{\Phi}_1\left(\boldsymbol{\Phi}\boldsymbol{x}_k\right) \tag{7.102}$$

其中，$\beta_1,\beta_2\neq 0$。然而，观测方程的线性形式呈现出一个完全不同的结果，即 $\boldsymbol{H}_1(\tilde{z})[x,y,z]^{\mathrm{T}}=-\boldsymbol{H}_1(\tilde{z})[-x,-y,-z]^{\mathrm{T}}$。另外，轨道机动前后目标都应该在服务航天器的一侧，因此，$\beta_1,\beta_2>0$。

根据式(7.101)，有如下不等式成立：

$$\boldsymbol{G}_1\boldsymbol{u}\neq\left(\beta_1-1\right)\boldsymbol{\Phi}_1\boldsymbol{x}_k \tag{7.103}$$

假设 $\gamma_2=\beta_1-1$，即导航系统状态满足可区分性条件时，式(7.104)成立：

$$\boldsymbol{G}_1\boldsymbol{u}\neq\gamma_2\boldsymbol{\Phi}_1\boldsymbol{x}_k,\quad \gamma_2>-1 \tag{7.104}$$

式(7.104)给出了系统状态可区分性的必要条件。结合式(7.88)，可得到导航系统状态满足可区分性条件的充分必要条件如下：

$$\boldsymbol{G}_1\boldsymbol{u}\neq\gamma\boldsymbol{\Phi}_1\boldsymbol{x}_k,\quad \gamma>-1 \tag{7.105}$$

类似地，根据式(7.102)，当在第 k 时刻执行轨道机动时，在第 $k+1$ 时刻系统满足可观测性条件的充分必要条件如下：

$$\boldsymbol{\Phi}_1\boldsymbol{G}_1\boldsymbol{u}\neq\gamma\boldsymbol{\Phi}_1\boldsymbol{\Phi}\boldsymbol{x}_k,\quad \gamma>-1 \tag{7.106}$$

以此类推，当在第 k 时刻执行轨道机动后，在第 $k+n$ 时刻，系统状态满足可区分性条件的充分必要条件如下：

$$\boldsymbol{\Phi}_1\boldsymbol{\Phi}^{n-1}\boldsymbol{G}_1\boldsymbol{u}\neq\gamma\boldsymbol{\Phi}_1\boldsymbol{\Phi}^{n}\boldsymbol{x}_k,\quad \gamma>-1 \tag{7.107}$$

7.3.2　系统状态估计精度分析

轨道机动可以为实现相对导航系统状态估计提供距离信息，由于这个测量信息并非真实测量获得，因此，称其为“伪测量量”或者“伪距测量信息”。结合图像观测方程(7.73)，可以获得带有伪距观测方程的伪观测方程：

$$\tilde{z}_k = \begin{bmatrix} \theta_k \\ \phi_k \\ d_k \end{bmatrix} = \begin{bmatrix} \arctan\left(\dfrac{y_k}{x_k}\right) \\ \arcsin\left(\dfrac{z}{\sqrt{x_k^2 + y_k^2 + z_k^2}}\right) \\ \sqrt{x_k^2 + y_k^2 + z_k^2} \end{bmatrix} + \begin{bmatrix} v_{\theta_k} \\ v_{\phi_k} \\ v_{R_k} \end{bmatrix} \tag{7.108}$$

$$= \tilde{h}(\boldsymbol{x}_k) + \tilde{\boldsymbol{v}}_k$$

其中，v_{R_k} 代表伪距测量随机误差，伪距测量值计算原理如图 7.9 所示。

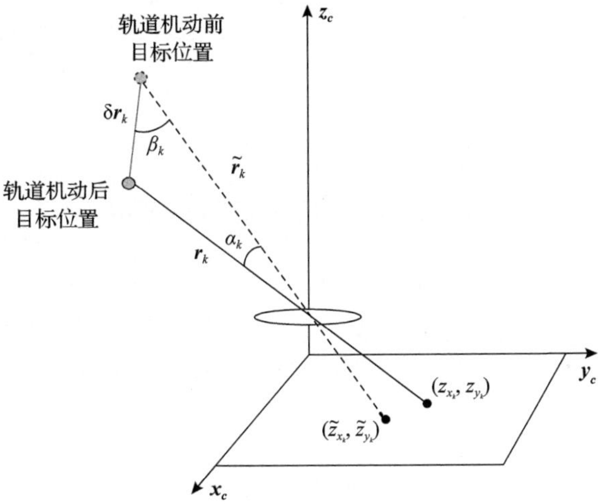

图 7.9　伪距测量值计算示意图

轨道机动前后服务航天器与目标之间的相对距离分别为 $\tilde{\boldsymbol{r}}_k$ 、$\boldsymbol{r}_k$ ，二者计算如下：

$$\tilde{\boldsymbol{r}}_k = \boldsymbol{\Phi}_1 \boldsymbol{x}_{k-1} \tag{7.109}$$

$$\boldsymbol{r}_k = \boldsymbol{\Phi}_1 \boldsymbol{x}_{k-1} + \boldsymbol{G}_1 \boldsymbol{u} \tag{7.110}$$

轨道机动后的相对距离(伪距)计算如下：

$$d_k = |\delta \boldsymbol{r}_k| = |\boldsymbol{\Phi}_1 \boldsymbol{x}_{k-1} + \boldsymbol{G}_1 \boldsymbol{u}| \tag{7.111}$$

第 $k+n$ 时刻相对距离可以计算如下：

$$d_{k+n} = \boldsymbol{\Phi}_1 \boldsymbol{\Phi}^{n-2} (\boldsymbol{\Phi} \boldsymbol{x}_k + \boldsymbol{G} \boldsymbol{u}) \tag{7.112}$$

伪观测方程提供了伪距测量信息，而敏感器测量误差会带来伪距测量误差。因此，需要对伪距测量误差进行分析，如图 7.10 所示，为了简化表述，在误差分析中省略下角标 k 。

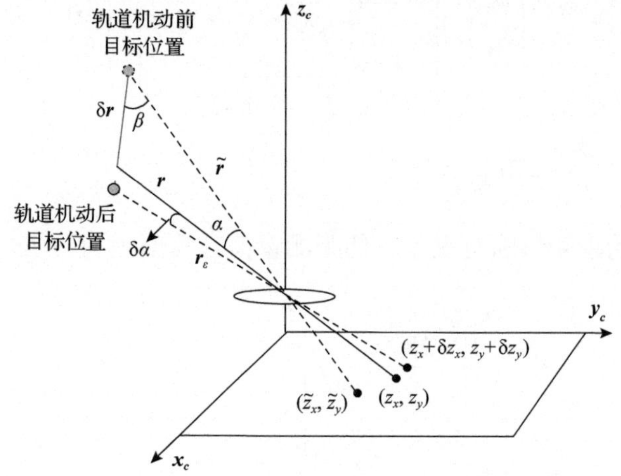

图 7.10　伪距测量误差分析示意图

在图 7.10 中，δz_x 和 δz_y 代表像点误差，$\delta\boldsymbol{r}$ 代表轨道机动产生的方向向量，$\delta\alpha$ 代表轨道机动前后位置向量夹角误差， $\boldsymbol{r}_\varepsilon$ 代表由光学敏感器误差产生的真实相对位置向量。结合正弦定理，敏感器误差产生的相对距离影响满足如下条件：

$$
\begin{aligned}
|\boldsymbol{r}_\varepsilon| &= \frac{\sin(\alpha+\beta)}{\sin(\pi-(\alpha+\beta+\delta\alpha))}|\boldsymbol{r}| \\
&= \frac{\sin(\alpha+\beta)}{\sin(\alpha+\beta+\delta\alpha)}|\boldsymbol{r}|
\end{aligned} \tag{7.113}
$$

则相对距离误差 Δd 可以表示为

$$
\begin{aligned}
\Delta d &= \left||\boldsymbol{r}_\varepsilon|-|\boldsymbol{r}|\right| \\
&= \left|\frac{\sin(\alpha+\beta)}{\sin(\alpha+\beta+\delta a)}-1\right||\boldsymbol{r}|
\end{aligned} \tag{7.114}
$$

需要注意，式(7.114)右端的三角函数 $\sin(\alpha+\beta+\delta a)$ 可以通过 Taylor 展开为

$$
\begin{aligned}
&\sin(\alpha+\beta+\delta a) \\
&= \sin(\alpha+\beta)+\frac{\cos(\alpha+\beta)}{1!}[\alpha+\beta+\delta a-(\alpha+\beta)]+O\left((\delta a)^2\right)
\end{aligned} \tag{7.115}
$$

其中，$O\left((\delta a)^2\right)$ 代表可以忽略的高阶无穷小量。由于光学敏感器的测量精度较高，

误差量 δa 相对较小。因此，$O\left((\delta a)^2\right)$ 可以忽略，式(7.114)可以简化为

$$\begin{aligned}\Delta d &= \left\|\boldsymbol{r}_{\varepsilon}\right|-\left|\boldsymbol{r}\right\| \\ &= \left|\frac{\sin(\alpha+\beta)}{\sin(\alpha+\beta+\delta a)}-1\right|\left|\boldsymbol{r}\right| \\ &= \frac{\delta a\cos(\alpha+\beta)}{\sin(\alpha+\beta)+\delta a\cos(\alpha+\beta)}\left|\boldsymbol{r}\right|\end{aligned} \tag{7.116}$$

根据图 7.10，β 满足如下等式：

$$\sin\beta=\frac{\left|\boldsymbol{r}\right|\sin\alpha}{\left|\delta\boldsymbol{r}\right|} \tag{7.117}$$

进一步，有

$$\Delta d=\frac{\delta a\cos(\alpha+\beta)\sin\beta}{(\sin(\alpha+\beta)+\delta a\cos(\alpha+\beta))\sin a}\left|\delta\boldsymbol{r}\right| \tag{7.118}$$

其中，Δd 代表伪距测量的标准差，可以通过式(7.118)和光学敏感器测量误差计算，进而获得伪距测量的方差为 $R_r=E\left(\boldsymbol{v}_{R_k}^{\mathrm{T}}\boldsymbol{v}_{R_k}\right)=E\left((\boldsymbol{\Delta d})^{\mathrm{T}}\boldsymbol{\Delta d}\right)$。

伪距观测方程协方差矩阵 $\boldsymbol{R}$ 可以表示为

$$\boldsymbol{R}=\mathrm{diag}\left(\left[R\ \ R\ \ R_r\right]\right) \tag{7.119}$$

对于仅用序列图像的相对导航系统，测量信息对于系统状态估计是十分重要的。测量误差对于系统状态估计更是不可避免的问题。因此，需要从伪距测量噪声的角度来进行状态估计精度分析并获得最优轨道机动。

Fisher 信息矩阵(Fisher information matrix, FIM)是分析状态估计精度的有效手段。系统的每一个状态变量都可以通过 FIM 反映出来。与文献[1]不同，FIM 主要从状态估计进度的角度分析系统状态可区分的效果而不是系统固有的性质。这两篇文献的研究成果是从控制系统的可观测性概念出发，为系统状态估计提供一个前提条件。虽然基于可观测性尺度的最优轨道机动一定程度上可以改进系统状态估计精度，但是作为影响估计精度最主要因素的测量噪声没有被考虑在内。因此，本节将重点通过 FIM 分析状态估计精度，即数学可观测性。在 $k+1$ 时刻的 FIM 可以表示为

$$\boldsymbol{F}_{k+1}=\left(\left(\boldsymbol{\Phi}_{k+1}^{\mathrm{T}}\right)\boldsymbol{F}_k^{-1}\left(\boldsymbol{\Phi}_{k+1}\right)+\boldsymbol{Q}_{k+1}\right)^{-1}+\boldsymbol{H}_{k+1}^{\mathrm{T}}\boldsymbol{R}_{k+1}^{-1}\boldsymbol{H}_{k+1} \tag{7.120}$$

其中，$\boldsymbol{F}_{k+1} \in \mathbf{R}^{6\times6}$ 代表 $k+1$ 时刻下的 FIM；$\boldsymbol{Q}_{k+1}$ 代表状态噪声协方差矩阵；$\boldsymbol{R}_k$ 可以通过式(7.119)计算，$\boldsymbol{H}_k = \partial\tilde{h}(\boldsymbol{x}_k)\big/\partial\boldsymbol{x}_k$ 代表伪观测方程的线性近似矩阵：

$$\boldsymbol{H}_k = \begin{bmatrix} -\dfrac{y_k}{x_k^2+y_k^2} & \dfrac{x_k}{x_k^2+y_k^2} & 0 & \\ -\dfrac{x_k z_k}{\sqrt{\left(x_k^2+y_k^2\right)\left(x_k^2+y_k^2+z_k^2\right)^2}} & -\dfrac{y_k z_k}{\sqrt{\left(x_k^2+y_k^2\right)\left(x_k^2+y_k^2+z_k^2\right)^2}} & \dfrac{\sqrt{x_k^2+y_k^2}}{x_k^2+y_k^2+z_k^2} & \mathbf{0}_{3\times3} \\ x_k\Big/\sqrt{x_k^2+y_k^2+z_k^2} & y_k\Big/\sqrt{x_k^2+y_k^2+z_k^2} & z_k\Big/\sqrt{x_k^2+y_k^2+z_k^2} & \end{bmatrix} \tag{7.121}$$

由于状态协方差矩阵为常数矩阵，为了阐述方便，后续分析中将省略状态协方差项。假设轨道脉冲机动在第 k 时刻执行，FIM 在 $k+n$ 时刻的递推形式可以表示为

$$\begin{aligned} \boldsymbol{F}_{k+n} &= \left(\left(\boldsymbol{\Phi}^{\mathrm{T}}\right)\boldsymbol{F}_{k+n-1}^{-1}(\boldsymbol{\Phi})\right)^{-1} + \boldsymbol{H}_{k+n}^{\mathrm{T}}\boldsymbol{R}_{k+n}^{-1}\boldsymbol{H}_{k+n} \\ &= \left(\boldsymbol{\Phi}^{-1}\right)\boldsymbol{F}_{k+n-1}\left(\boldsymbol{\Phi}^{-\mathrm{T}}\right) + \boldsymbol{H}_{k+n}^{\mathrm{T}}\boldsymbol{R}_{k+n}^{-1}\boldsymbol{H}_{k+n} \\ &= \left(\boldsymbol{\Phi}^{-1}\right)\boldsymbol{F}_{k+n-1}\left(\boldsymbol{\Phi}^{-\mathrm{T}}\right) + \sum_{i=k+1}^{k+n}\left(\boldsymbol{\Phi}^{\mathrm{T}}\right)^{i-(k+n)}\boldsymbol{H}_i^{\mathrm{T}}\boldsymbol{R}_i^{-1}\boldsymbol{H}_i(\boldsymbol{\Phi})^{i-(k+n)} \end{aligned} \tag{7.122}$$

在 FIM 的基础上，Cramer 和 Rao 证明了状态估计协方差存在一个下界，即 Cramer-Rao 下界(CRLB)。CRLB 是 FIM 的逆，可以表示为

$$\boldsymbol{L}_k = \boldsymbol{F}_k^{-1} \tag{7.123}$$

其中，$\boldsymbol{L}_k \in \mathbf{R}^{6\times6}$。

根据式(7.122)和式(7.123)，可以看出 $k+n$ 时刻的 CRLB 主要依赖于 $k+1$ 时刻到 $k+n$ 时刻的序列图像测量值，7.3.3 节将在 CRLB 的基础上求解最优轨道机动量。

7.3.3 最优轨道机动量求解

现有的最优轨道机动方法主要是采用一步轨道机动或者多步轨道机动。目前，一步轨道机动方法主要是在无法确定最优状态估计性能的情况下，在某个特定时刻执行轨道机动，进而获得更好的状态估计性能。这种方法虽然能够为后续在轨服务提供帮助，但是没有考虑到在轨任务对状态估计精度的需求。多步轨道机动方法主要是根据每次机动后的导航精度来更新下一步机动方法，进而辅助导航滤

波快速收敛。从工程任务的角度来看，多步轨道机动可以有效提高在轨服务效果，但是会耗费更多燃料。另外，多步轨道机动方法没有将状态估计精度考虑在内。

本节将给出一种一步轨道机动求解方法。与现有的方法不同，该方法不仅会把每一时刻的状态估计精度考虑在内，还会考虑在轨服务的工程约束和燃料约束。

本节提出的一步轨道机动方法的主要思想是优化轨道机动后每一时刻的状态估计精度，包括终点时刻的状态估计精度。该方法在不同采样点的误差椭圆要比多步轨道动机动同时刻下的误差椭圆小(误差椭圆的大小代表了状态估计的不确定性)，如图 7.11 所示。事实上，根据 FIM，状态估计精度不仅与测量噪声协方差 $\boldsymbol{R}_k$ 有关，还跟测量矩阵 $\boldsymbol{H}_k$ 有关，而 $\boldsymbol{H}_k$ 是一个关于相对位置状态 $[x,y,z]^{\mathrm{T}}$ 的函数。虽然系统状态可区分性可能会因多步轨道机动进一步改善，但是机动也会改变相对位置状态并降低状态估计精度。

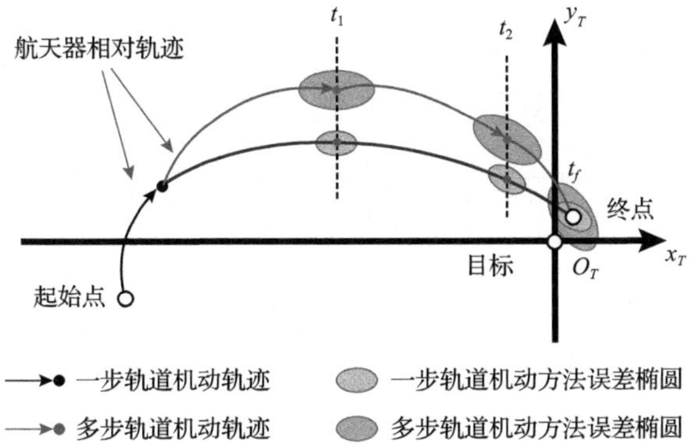

图 7.11　一步轨道机动方法与多步轨道机动方法比较

基于上述讨论，本节提出的一步轨道机动量将结合 CRLB，在量化状态估计精度的基础上计算得到。状态估计精度主要通过矩阵 $\boldsymbol{L}_k$ 对角线元素的和来量化。需要注意的是，该量化方法只包括相对位置状态估计精度。根据式(7.119)和式(7.121)，式(7.120)的右侧可以计算如下：

$$\boldsymbol{H}_k^{\mathrm{T}}\boldsymbol{R}_k^{-1}\boldsymbol{H}_k=\begin{bmatrix}\boldsymbol{M}_k & \boldsymbol{0}_{3\times3}\\ \boldsymbol{0}_{3\times3} & \boldsymbol{0}_{3\times3}\end{bmatrix} \tag{7.124}$$

其中，$\boldsymbol{M}_k$ 可以表示为

$$\boldsymbol{M}_k=\begin{bmatrix}m_{11} & m_{12} & m_{13}\\ m_{21} & m_{22} & m_{23}\\ m_{31} & m_{32} & m_{33}\end{bmatrix} \tag{7.125}$$

$\boldsymbol{M}_k$ 元素表示如下：

$$\begin{aligned}
m_{11} &= \frac{y_k^2}{R\left(x_k^2+y_k^2\right)^2}+\frac{x_k^2 z_k^2}{R\left(x_k^2+y_k^2\right)\left(x_k^2+y_k^2+z_k^2\right)^2}+\frac{x_k^2}{R_{r_k}\left(x_k^2+y_k^2+z_k^2\right)} \\
m_{12} &= -\frac{x_k y_k}{R\left(x_k^2+y_k^2\right)^2}+\frac{x_k y_k z_k^2}{R\left(x_k^2+y_k^2\right)\left(x_k^2+y_k^2+z_k^2\right)^2}+\frac{x_k y_k}{R_{r_k}\left(x_k^2+y_k^2+z_k^2\right)} \\
m_{13} &= -\frac{x_k z_k}{R\left(x_k^2+y_k^2+z_k^2\right)^2}+\frac{x_k z_k}{R_{r_k}\left(x_k^2+y_k^2+z_k^2\right)} \\
m_{21} &= -\frac{x_k y_k}{R\left(x_k^2+y_k^2\right)^2}+\frac{x_k y_k z_k^2}{R\left(x_k^2+y_k^2\right)\left(x_k^2+y_k^2+z_k^2\right)^2}+\frac{x_k y_k}{R_{r_k}\left(x_k^2+y_k^2+z_k^2\right)} \\
m_{22} &= \frac{x_k^2}{R\left(x_k^2+y_k^2\right)^2}+\frac{y_k^2 z_k^2}{R\left(x_k^2+y_k^2\right)\left(x_k^2+y_k^2+z_k^2\right)^2}+\frac{y_k^2}{R_{r_k}\left(x_k^2+y_k^2+z_k^2\right)} \\
m_{23} &= -\frac{y_k z_k}{R\left(x_k^2+y_k^2+z_k^2\right)^2}+\frac{y_k z_k}{R_{r_k}\left(x_k^2+y_k^2+z_k^2\right)} \\
m_{31} &= -\frac{x_k z_k}{R\left(x_k^2+y_k^2+z_k^2\right)^2}+\frac{x_k z_k}{R_{r_k}\left(x_k^2+y_k^2+z_k^2\right)} \\
m_{32} &= -\frac{y_k z_k}{R\left(x_k^2+y_k^2+z_k^2\right)^2}+\frac{y_k z_k}{R_{r_k}\left(x_k^2+y_k^2+z_k^2\right)} \\
m_{33} &= \frac{x_k^2+y_k^2}{R\left(x_k^2+y_k^2+z_k^2\right)^2}+\frac{z_k^2}{R_{r_k}\left(x_k^2+y_k^2+z_k^2\right)}
\end{aligned} \tag{7.126}$$

根据式(7.124)，测量信息不包含相对速度信息。由相对轨道动力学方程，相对速度计算主要依靠相对位置信息。因此，轨道机动量优化问题的目标函数主要依赖于一步机动后每一采样时刻的相对位置精度。假设相对导航任务在 $k+n$ 时刻结束，则目标函数可以表示为

$$\boldsymbol{J}=\sum_{i=k+1}^{k+n}\sum_{j=1}^{3}\boldsymbol{L}_i(j,j) \tag{7.127}$$

其中，$\boldsymbol{L}_i(j,j)$ 是一个关于轨道机动量 $\boldsymbol{u}$ 的函数，代表 CRLB 矩阵 $\boldsymbol{L}_i$ 第 j 个对角线元素。CRLB 矩阵对角线元素反映了对应系统状态变量的估计精度。$\boldsymbol{L}_i$ 可以表示为

$$\boldsymbol{L}_i=\left(\left(\boldsymbol{\Phi}^{-\mathrm{T}}\right)^{i-k}\boldsymbol{L}_{i-1}\left(\boldsymbol{\Phi}^{-1}\right)^{i-k}+\sum_{l=k+1}^{i}\left(\boldsymbol{\Phi}^{\mathrm{T}}\right)^{l-i}\boldsymbol{H}_l^{\mathrm{T}}\boldsymbol{R}_l^{-1}\boldsymbol{H}_l(\boldsymbol{\Phi})^{l-i}\right)^{-1} \tag{7.128}$$

对于式(7.128)，由于 k 时刻下状态估计协方差未知，为了利用 FIM 求得最优轨道机动量，$\boldsymbol{F}_k$ 可以预设为零矩阵。这一假设的另一个原因是状态估计协方差的初值对于轨道机动后的每一个时刻都是一样的，所以这个简化不会影响后续状态估计精度的评估。这一简化的合理性在文献[2]中也有所阐述。

需要注意的是，目标函数(7.127)与文献[3]的目标函数不同，主要体现在两个方面：

(1)式(7.128)考虑了全程相对导航精度；

(2)CRLB 矩阵 $\boldsymbol{L}_i$ 包含了测量矩阵 $\boldsymbol{H}$，可以更加全面地描述系统状态估计精度，而不仅仅是考虑伪距测量误差。

7.3.4　优化问题及求解

由于需要对空间非合作目标执行在轨操作，所以在求解最优轨道机动量时，需要考虑多种工程任务约束。轨道机动量 $\boldsymbol{u}$ 的优化问题可以描述为

$$\boldsymbol{u}=\arg\min \boldsymbol{J} \tag{7.129}$$

主要考虑的约束如下：

(1)轨道机动量需要满足系统状态可区分性的充分必要条件；

(2)轨道机动燃料需要在燃料约束范围内；

(3)考虑到相对导航任务要求，服务航天器需要到达在轨服务的预定地点；

(4)考虑到相对导航任务的安全性，轨道机动后服务航天器不能与非合作目标发生碰撞。

基于上述表述，目标函数优化求解的 4 个约束如下。

1. 状态可区分性条件约束

根据状态可区分性定理，轨道机动需要满足相应的条件。根据式(7.107)，$\left(\boldsymbol{\Phi}_1\boldsymbol{x}_k\right)\cdot\left(\boldsymbol{G}_1\boldsymbol{u}\right)$ 应该尽可能接近 $-\left(\boldsymbol{\Phi}_1\boldsymbol{x}_k\right)\cdot\left(\boldsymbol{\Phi}_1\boldsymbol{x}_k\right)$，其中 $\cdot$ 代表内积运算，即 $\left(\boldsymbol{\Phi}_1\boldsymbol{x}_k\right)\cdot\left(\boldsymbol{G}_1\boldsymbol{u}\right)$ 应该满足如下条件：

$$\left(\boldsymbol{\Phi}_1\boldsymbol{x}_k\right)\cdot\left(\boldsymbol{G}_1\boldsymbol{u}\right)>-\left(\boldsymbol{\Phi}_1\boldsymbol{x}_k\right)\cdot\left(\boldsymbol{\Phi}_1\boldsymbol{x}_k\right) \tag{7.130}$$

或者

$$\left(\boldsymbol{\Phi}_1\boldsymbol{x}_k\right)\cdot\left(\boldsymbol{G}_1\boldsymbol{u}\right)<-\left(\boldsymbol{\Phi}_1\boldsymbol{x}_k\right)\cdot\left(\boldsymbol{\Phi}_1\boldsymbol{x}_k\right) \tag{7.131}$$

为了更好地阐述式(7.130)和式(7.131)，轨道机动向量和相对位置向量的几何

关系解释如图 7.12 所示。

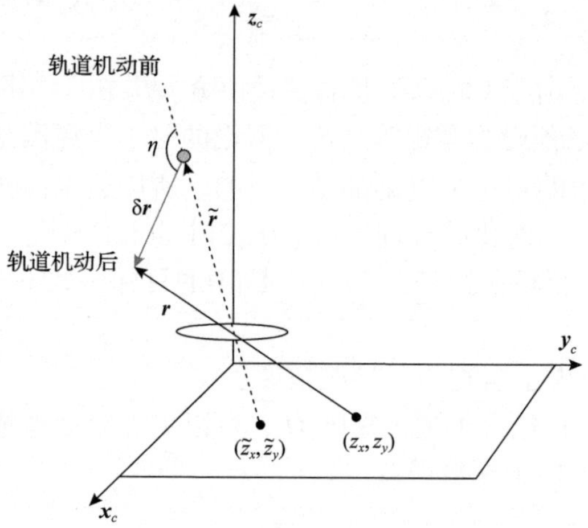

图 7.12　轨道机动向量和相对位置向量的几何关系图

根据内积的定义，式(7.130)和式(7.131)可以分别表示为

$$\begin{aligned}&\left|\boldsymbol{\Phi}_1\boldsymbol{x}_k\right|\left|\boldsymbol{G}_1\boldsymbol{u}\right|\cos\eta > -\left|\boldsymbol{\Phi}_1\boldsymbol{x}_k\right|^2\\ \Rightarrow &\left|\boldsymbol{G}_1\boldsymbol{u}\right|\cos\eta > -\left|\boldsymbol{\Phi}_1\boldsymbol{x}_k\right|\end{aligned} \tag{7.132}$$

$$\begin{aligned}&\left(\boldsymbol{\Phi}_1\boldsymbol{x}_k\right)\cdot\left(\boldsymbol{G}_1\boldsymbol{u}\right) < -\left(\boldsymbol{\Phi}_1\boldsymbol{x}_k\right)\cdot\left(\boldsymbol{\Phi}_1\boldsymbol{x}_k\right)\\ \Rightarrow &\left|\boldsymbol{G}_1\boldsymbol{u}\right|\cos\eta < -\left|\boldsymbol{\Phi}_1\boldsymbol{x}_k\right|\end{aligned} \tag{7.133}$$

可见，式(7.132)是合理的，因为向量 $\delta\boldsymbol{r}$ 的投影与目标在相机的同一侧，而式(7.133)表明向量 $\delta\boldsymbol{r}$ 在目标的另一侧。若轨道机动 $\boldsymbol{u}$ 满足式(7.133)，目标会离开相机视场，无法实现相对导航。因此，$\left(\boldsymbol{\Phi}_1\boldsymbol{x}_k\right)\cdot\left(\boldsymbol{G}_1\boldsymbol{u}\right) > -\left(\boldsymbol{\Phi}_1\boldsymbol{x}_k\right)\cdot\left(\boldsymbol{\Phi}_1\boldsymbol{x}_k\right)$ 而且 $\left(\boldsymbol{\Phi}_1\boldsymbol{x}_k\right)\cdot\left(\boldsymbol{G}_1\boldsymbol{u}\right)$ 应该尽可能接近 $-\left(\boldsymbol{\Phi}_1\boldsymbol{x}_k\right)\cdot\left(\boldsymbol{G}_1\boldsymbol{u}\right)$，则该约束条件可以表示为

$$\begin{aligned}&\left(\boldsymbol{\Phi}_1\boldsymbol{x}_k\right)\cdot\left(\boldsymbol{G}_1\boldsymbol{u}\right) > -\left(\boldsymbol{\Phi}_1\boldsymbol{x}_k\right)\cdot\left(\boldsymbol{\Phi}_1\boldsymbol{x}_k\right)\\ \Rightarrow &\left(\boldsymbol{\Phi}_1\boldsymbol{x}_k\right)^{\mathrm{T}}\boldsymbol{G}_1\boldsymbol{u} > -\left\|\boldsymbol{\Phi}_1\boldsymbol{x}_k\right\|^2\\ \Rightarrow &\boldsymbol{P}_x\boldsymbol{u} > b_x\end{aligned} \tag{7.134}$$

其中，$\boldsymbol{P}_x = \left(\boldsymbol{\Phi}_1\boldsymbol{x}_k\right)^{\mathrm{T}}\boldsymbol{G}_1$ 而且 $b_x = -\left\|\boldsymbol{\Phi}_1\boldsymbol{x}_k\right\|^2$。

状态可区分性是实现系统状态估计的前提条件，为相对导航系统提供了距离信息估计的前提条件，进而为相对位置状态估计提供前提条件。

2. 机动燃料约束

燃料约束的上界主要由系统燃料约束决定。根据系统可区分性分析，轨道机

动量需要大于 0，即燃料应该大于 0。因此，燃料约束可以写成如下线性形式：

$$\begin{aligned} \boldsymbol{u}^{\mathrm{T}}\boldsymbol{u} &\leqslant b_{u_1} \\ -\boldsymbol{u}^{\mathrm{T}}\boldsymbol{u} &< b_{u_2} \end{aligned} \tag{7.135}$$

其中

$$\begin{aligned} b_{u_1} &= \left|u_{\max}\right|^2 \\ b_{u_2} &= 0 \end{aligned} \tag{7.136}$$

其中，$u_{\max}$ 代表允许的最大轨道机动值。

轨道机动燃料消耗在最优轨道机动求解过程中是非常重要的。一方面，它决定了机动量的大小：可消耗的燃料越多，轨道机动量越大；根据状态估计精度分析，机动量越大，机动距离越大；如果轨道机动方向合适，相对较大的机动距离会提高相对导航精度；另外，机动量大小决定了服务航天器的最终位置，这个也会在第三个约束条件中体现。另一方面，燃料约束是判定轨道机动量能否改善状态可区分性的核心要素之一，如果可用燃料为 0，那么无法产生轨道机动、改善状态可区分性。

3. 位置约束

服务航天器在相对运动过程中，目标和服务航天器的距离随时间变化。通常来讲，为了实现在轨服务任务，轨道机动后二者的距离越小越好。因此，有必要保证二者的距离在一个特定的范围内，即确保服务航天器尽量不要越过预定位置。需要注意的是，一步轨道机动主要是为了改善相对导航精度，并引导航天器到达一个距离目标地点尽可能近的位置。在这之后，需要进行相应的制导与控制以保证到达准确的目标点并保持相应的运动状态。相应的制导与控制策略不在本书进行讨论。位置约束可以表述如下(假设轨道机动在 k 时刻发生，服务航天器在 $k+n$ 时刻到达最终位置)：

$$\boldsymbol{x}_{\min} \leqslant \boldsymbol{\Phi}^n\left(\boldsymbol{\Phi}\boldsymbol{x}_k + \boldsymbol{G}\boldsymbol{u}\right) \leqslant \boldsymbol{x}_{\max} \tag{7.137}$$

其中，向量 $\boldsymbol{u} \leqslant \boldsymbol{V}$ 代表 $\boldsymbol{u}$ 中元素 u_i 小于 $\boldsymbol{V}$ 中对应位置的元素，即 $u_i \leqslant v_i$。

对式(7.137)进行简化，位置约束可以表示为

$$\boldsymbol{x}_{\min} - \boldsymbol{\Phi}^n\boldsymbol{x}_k \leqslant \boldsymbol{\Phi}^{n-1}\boldsymbol{G}\boldsymbol{u} \leqslant \boldsymbol{x}_{\max} - \boldsymbol{\Phi}^n\boldsymbol{x}_k \tag{7.138}$$

式(7.138)线性表达形式为

$$\begin{aligned} \boldsymbol{P}_u\boldsymbol{u} &\leqslant b_u \\ -\boldsymbol{P}_u\boldsymbol{u} &\leqslant b_l \end{aligned} \tag{7.139}$$

其中

$$\boldsymbol{P}_u = \boldsymbol{\Phi}^{n-1}\boldsymbol{G} \tag{7.140}$$

$$b_u = \left\|\boldsymbol{x}_{\max} - \boldsymbol{\Phi}^n \boldsymbol{x}_k\right\| \tag{7.141}$$

$$b_l = \left\|\boldsymbol{\Phi}^n \boldsymbol{x}_k - \boldsymbol{x}_{\min}\right\| \tag{7.142}$$

其中，$\boldsymbol{x}_{\max}$ 和 $\boldsymbol{x}_{\min}$ 分别代表相对位置的上界和下界。

基于约束 2，燃料约束决定了轨道机动量 $\boldsymbol{u}$ 。进一步，机动量 $\boldsymbol{u}$ 决定了最终到达的位置，这个位置由约束 3 中的 $\boldsymbol{x}_{\max}$ 决定。服务航天器最终到达的位置非常重要，因为它决定了最终在轨服务任务的成败。为了说明燃料约束对导航精度的影响，相对导航最终位置的导航精度和燃料约束的关系将通过数值仿真进行分析。

4. 防碰撞约束

在相对导航过程中，服务航天器一定不能与目标发生碰撞，即二者的距离始终不能为 0(假设二者均为质点)。因此，防碰撞约束条件表示为

$$\begin{array}{l} -\left\|\boldsymbol{\Phi}_1\boldsymbol{x}_k + \boldsymbol{G}_1\boldsymbol{u}\right\| < 0 \\ -\left\|\boldsymbol{\Phi}_1\left(\boldsymbol{\Phi}\boldsymbol{x}_k + \boldsymbol{G}_1\boldsymbol{u}\right)\right\| < 0 \\ \quad\quad\vdots \\ -\left\|\boldsymbol{\Phi}_1\boldsymbol{\Phi}^{n-1}\left(\boldsymbol{\Phi}\boldsymbol{x}_k + \boldsymbol{G}_1\boldsymbol{u}\right)\right\| < 0 \end{array} \Rightarrow \boldsymbol{N}(\boldsymbol{u}) < \boldsymbol{0}_{n\times 1} \tag{7.143}$$

其中，$\|\cdot\|$ 代表向量模长，在这里用于计算服务航天器与目标之间的距离；$\boldsymbol{N}(\boldsymbol{u})$ 表示为

$$\boldsymbol{N}(\boldsymbol{u}) = \begin{bmatrix} -\left\|\boldsymbol{\Phi}_1\boldsymbol{x}_k + \boldsymbol{G}_1\boldsymbol{u}\right\| \\ -\left\|\boldsymbol{\Phi}_1\left(\boldsymbol{\Phi}\boldsymbol{x}_k + \boldsymbol{G}_1\boldsymbol{u}\right)\right\| \\ \vdots \\ -\left\|\boldsymbol{\Phi}_1\boldsymbol{\Phi}^{n-1}\left(\boldsymbol{\Phi}\boldsymbol{x}_k + \boldsymbol{G}_1\boldsymbol{u}\right)\right\| \end{bmatrix} \tag{7.144}$$

$\boldsymbol{N}(\boldsymbol{u})$ 是防碰撞约束的非线性表达。

基于目标函数(7.129)和关于机动量 $\boldsymbol{u}$ 的约束，最优化问题可以表示为

$$\min_{\boldsymbol{u}} \boldsymbol{J} = \sum_{i=k+1}^{k+n}\sum_{j=1}^{3}\boldsymbol{L}_i(j,j) \tag{7.145}$$

约束条件为

$$
\begin{aligned}
-\boldsymbol{P}_x\boldsymbol{u} &< -b_x \\
\boldsymbol{u}^{\mathrm{T}}\boldsymbol{u} &\leqslant b_{u_1} \\
-\boldsymbol{u}^{\mathrm{T}}\boldsymbol{u} &< b_{u_2} \\
\boldsymbol{P}_u\boldsymbol{u} &\leqslant b_u \\
-\boldsymbol{P}_u\boldsymbol{u} &\leqslant b_l \\
\boldsymbol{N}(\boldsymbol{u}) &< \boldsymbol{0}
\end{aligned}
\tag{7.146}
$$

根据式(7.146)，约束条件并非严格的不等式。因此，引入松弛变量 ξ 重建优化问题如下：

$$
\min_{\boldsymbol{u}} \boldsymbol{J}_0 = \sum_{i=k+1}^{k+n}\sum_{j=1}^{3}\boldsymbol{L}_i(j,j)+\frac{1}{2}\xi^2 \tag{7.147}
$$

约束条件为

$$
\begin{aligned}
-\boldsymbol{P}_x\boldsymbol{u}+\xi^2 &\leqslant -b_x \\
\boldsymbol{u}^{\mathrm{T}}\boldsymbol{u} &\leqslant b_{u_1} \\
-\boldsymbol{u}^{\mathrm{T}}\boldsymbol{u}+\xi^2 &\leqslant b_{u_2} \\
\boldsymbol{P}_u\boldsymbol{u} &\leqslant b_u \\
-\boldsymbol{P}_u\boldsymbol{u} &\leqslant b_l \\
\boldsymbol{N}(\boldsymbol{u})+\xi^2\boldsymbol{I}_{6n\times 1} &\leqslant \boldsymbol{0} \\
-\xi &\leqslant 0
\end{aligned}
\tag{7.148}
$$

由式(7.148)可以看出，约束条件构建了一个超空间，所以最优解可以在约束边界求得，进而提高求解效率。最优解 $\boldsymbol{u}_o$ 使得状态估计精度最优，进而保证相对导航任务顺利完成。

针对优化问题(7.147)，目标函数是凸的，最优求解问题是一个半正定规划问题，而且约束条件(7.148)为待优化变量 $\boldsymbol{u}$ 提供了一个边界。为了阐述最优解的存在性，优化问题的拉格朗日函数构建如下：

$$
\begin{aligned}
L(\boldsymbol{u},\xi,\lambda) = &\sum_{i=k+1}^{k+n}\sum_{j=1}^{3}\boldsymbol{L}_i(j,j)+\frac{1}{2}\xi^2+\lambda_1\left(\boldsymbol{u}^{\mathrm{T}}\boldsymbol{u}-b_{u_1}\right)-\lambda_2\left(\boldsymbol{u}^{\mathrm{T}}\boldsymbol{u}-\xi^2+b_{u_2}\right) \\
&+\lambda_3\left(\boldsymbol{P}_u\boldsymbol{u}-b_u\right)-\lambda_4\left(\boldsymbol{P}_u\boldsymbol{u}+b_l\right)-\lambda_5\left(\boldsymbol{P}_x\boldsymbol{u}-\xi^2+b_x\right)+\lambda_6\left(\boldsymbol{N}(\boldsymbol{u})+\xi^2\boldsymbol{I}_{6n\times 1}\right)
\end{aligned}
\tag{7.149}
$$

则 Karush-Kuhn-Tucker 条件(KKT 条件)如下：

(1)待定变量 $\boldsymbol{u}$ 、ξ 需满足如下条件:

$$\begin{aligned}\frac{\partial L(\boldsymbol{u},\xi,\lambda)}{\partial(\boldsymbol{u})}&=\sum_{i=k+1}^{k+n}2\operatorname{tr}\left(\boldsymbol{\Phi}_0\boldsymbol{H}_i\right)\left(\frac{\partial\boldsymbol{R}_i}{\partial\alpha}\frac{\partial\alpha}{\partial\boldsymbol{u}}+\frac{\partial\boldsymbol{R}_i}{\partial\beta}\frac{\partial\beta}{\partial\boldsymbol{u}}\right)+2\lambda_1\boldsymbol{u}-2\lambda_2\boldsymbol{u}\\&\quad+\left(\lambda_3-\lambda_4\right)\boldsymbol{P}_{\boldsymbol{u}}-\lambda_5\boldsymbol{P}_x+\lambda_6\frac{\partial\boldsymbol{N}(\boldsymbol{u})}{\partial\boldsymbol{u}}=\boldsymbol{0}\end{aligned}\tag{7.150}$$

$$\frac{\partial L(\boldsymbol{u},\xi,\lambda)}{\partial(\xi)}=\xi+2\lambda_2\xi+2\lambda_5\xi+2\lambda_6\xi=0\tag{7.151}$$

其中，$\lambda_i(i=1,2,\cdots,5)$ 代表不等式约束(7.148)中对应的拉格朗日乘子。

(2)拉格朗日乘子 $\lambda_i(i=1,2,\cdots,6)$ 应该满足如下条件:

$$\begin{aligned}&\lambda_1\left(\boldsymbol{u}^{\mathrm{T}}\boldsymbol{u}-b_{u_1}\right)=0\\&\lambda_2\left(\boldsymbol{u}^{\mathrm{T}}\boldsymbol{u}-\xi^2+b_{u_2}\right)=0\\&\lambda_3\left(\boldsymbol{P}_u\boldsymbol{u}-b_u\right)=0\\&\lambda_4\left(\boldsymbol{P}_u\boldsymbol{u}+b_l\right)=0\\&\lambda_5\left(\boldsymbol{P}_x\boldsymbol{u}-\xi^2+b_x\right)=0\\&\lambda_6\left(\boldsymbol{N}(\boldsymbol{u})+\xi^2\boldsymbol{I}_{6n\times1}\right)=\boldsymbol{0}\end{aligned}\tag{7.152}$$

基于约束条件(7.148)，很明显存在变量 $\boldsymbol{u}$ 满足最优化条件。在后续仿真中，将采用内点法求解最优轨道机动量。

7.3.5　仿真算例

本节中，假设相对轨道任务开始于 2012 年 4 月 23 日 16:00，仿真参数如表 7.3 所示，则二者的相对轨道示意图如图 7.13 所示。

表 7.3　仿真参数[4]

参数	值	单位
光学敏感器分辨率	2048×2048	像素
焦距	30	mm
测量噪声	1	像素
像素大小	7.4×7.4	μm
仿真步数	200	
仿真采样间隔	10	s
机动时刻	20	s
机动上限(速度增量上限)	20	m/s

续表

参数	值	单位
初值位置误差	(1000,1000,1000)	m
初始速度误差	(1,1,1)	m/s
预定目标点位置	(500,–500,500)	m

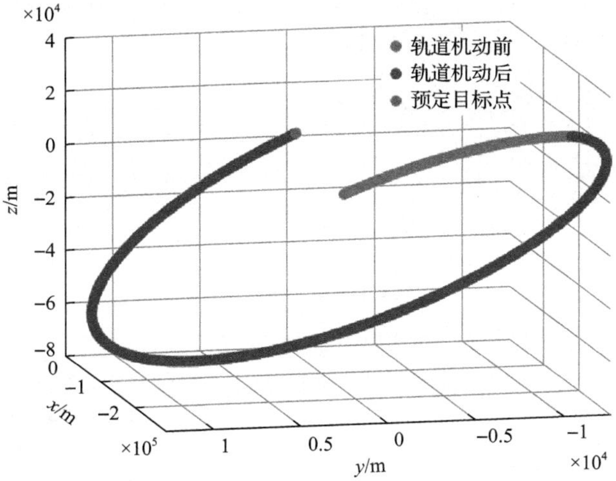

扫码见彩图

图 7.13　相对轨道示意图

在系统模型的基础上，采用扩展卡尔曼滤波算法进行状态估计。为了说明最优轨道机动结果的优势，以均方根误差(root mean square error, RMSE)作为评价指标，在仿真中比较 100 个随机机动与最优轨道机动的 RMSE，其中这 100 个随机机动也需要满足约束条件(7.148)。本节提出的最优轨道机动量是在考虑全程状态估计精度的情况下求解出来的，将其与某时刻下系统状态估计精度最优的轨道机动量进行比较，进而说明本节方法的优势。为了阐述本节方法的精度优势，将其与“根据状态可区分性准则求解的某一时刻下的最优轨道机动量[5]”和“多步最优轨道机动量[6]”进行比较，而且每种轨道机动方法都需要满足约束条件(7.148)。

最优轨道机动量求解的优化问题如式(7.147)所示，RMSE 定义如下：

$$\mathrm{RMSE}=\sqrt{\frac{1}{n}\sum_{k=1}^{n}\left(\boldsymbol{x}_k-\hat{\boldsymbol{x}}_k\right)^2} \tag{7.153}$$

其中，n代表仿真步数；$\hat{\boldsymbol{x}}_k$ 代表k时刻下相对轨道状态估计值。

为了更好地说明最优轨道机动性能，将采用执行轨道机动后的状态估计 RMSE 进行比较。仿真共进行了 10 次，采取 10 次仿真结果的平均值。相对距离估计精度在实际工程任务中非常重要，指导评估在轨服务安全性和制定控制指令，如靠近或者规避目标。相对导航位置、速度状态估计精度对于下一步控制指令的合理性下达至关重要，如姿态控制。因此，本节中重点比较了相对距离和相对位置、速度状态估计精度，如图 7.14～图 7.17 所示。

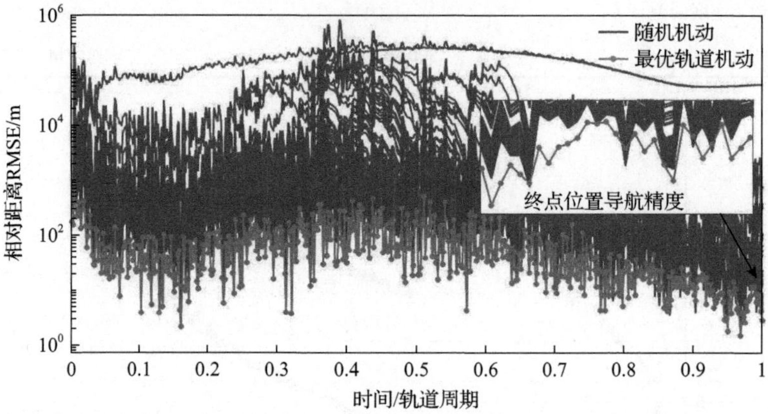

图 7.14　相对距离 RMSE 比较

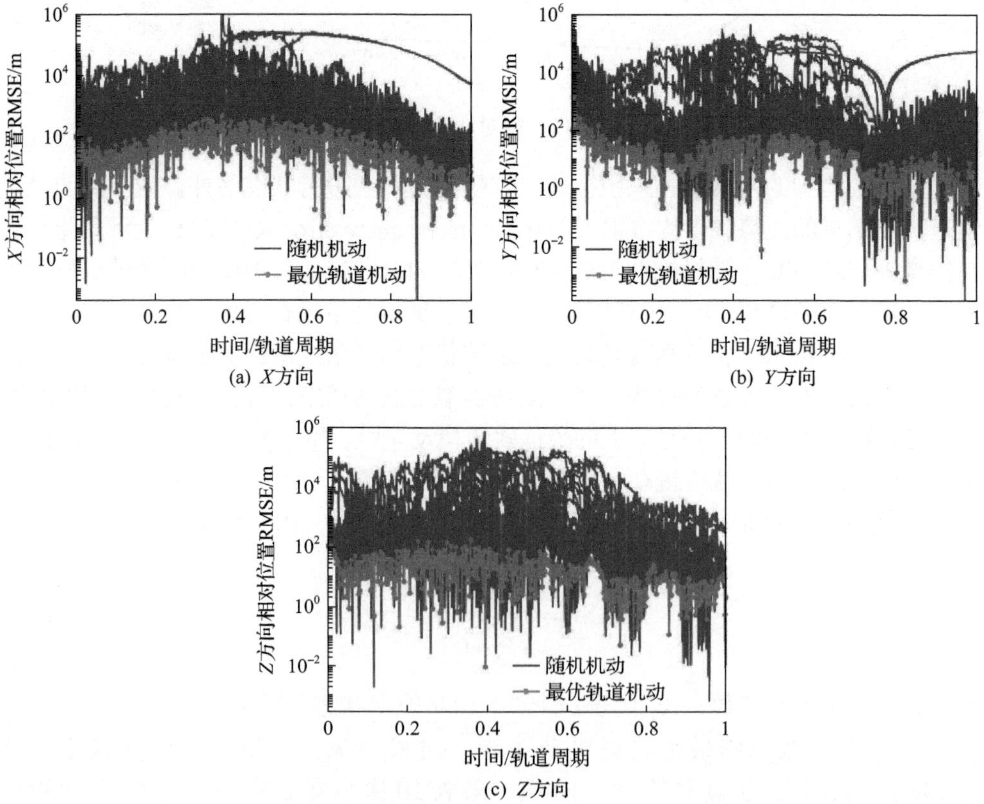

图 7.15　不同方向上相对位置 RMSE 比较

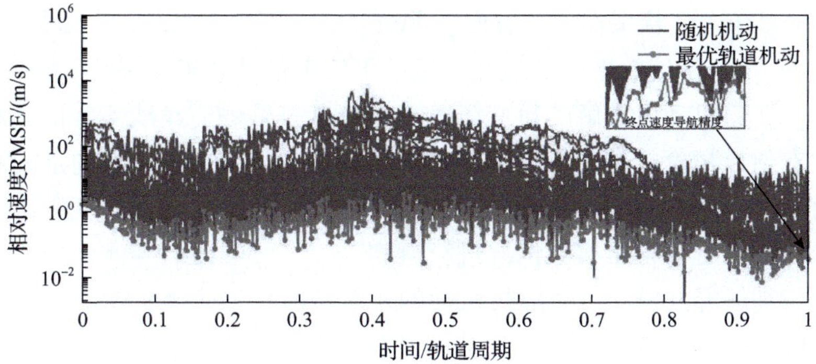

图 7.16　相对速度 RMSE 比较

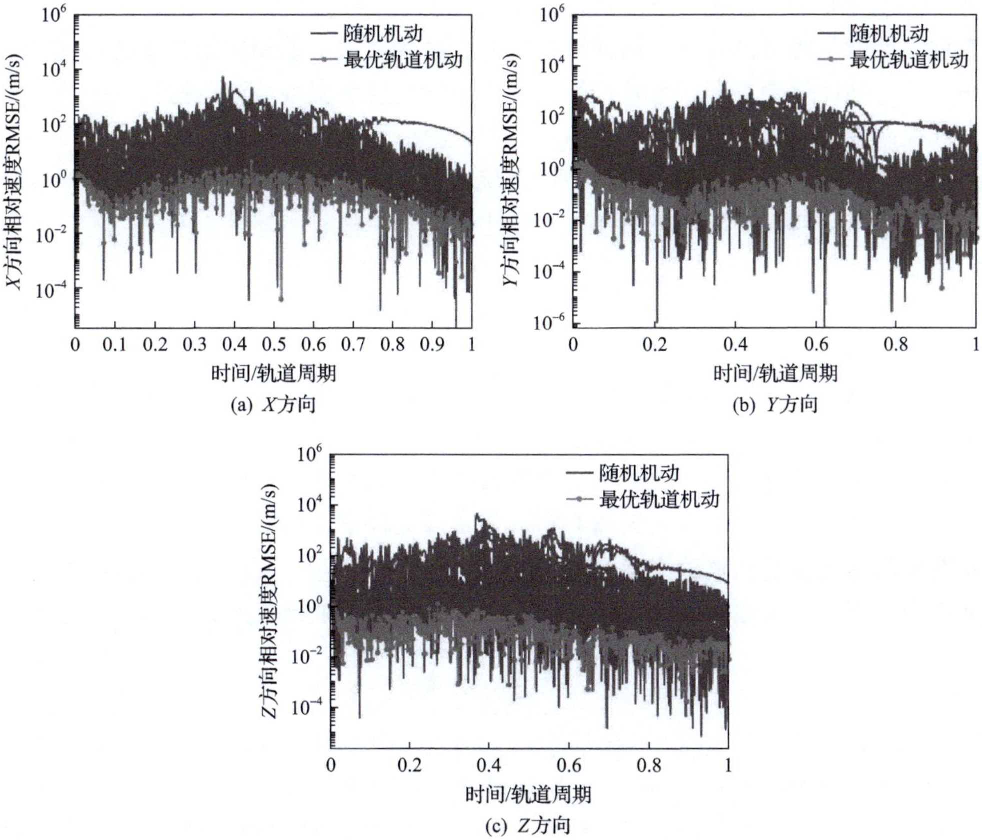

图 7.17　不同方向上相对速度 RMSE 比较

根据上述仿真结果，最优轨道机动与 100 个随机机动进行了比较。在轨服务过程中，相对距离和速度估计精度是在轨操作和控制指令准确执行的重要依据。仿真结果说明了最优轨道机动相对于其他随机机动来说具有较好的状态估计效果。至于位置和速度状态在三个方向上的分量，最优轨道机动在大多数情况下（而非全部时刻）状态估计效果比其他随机机动下状态估计效果要好。这是因为，本节提出的最优轨道机动量求解的目标函数是 CRLB 矩阵的对角线元素值之和，即系统整体状态估计精度。从工程任务的整体情况来看，三个位置方向上的状态精度之和更有意义。对于特定的工程任务，某个方向上的状态估计精度更重要，所以对应的目标函数可以根据实际情况进行调整。

需要特别解释的是，一些随机机动的相对导航状态估计 RMSE 非常大，这是因为这些随机机动非常小，以至于被淹没在光学敏感器的噪声之中，使得轨道机动产生的距离信息不足以实现系统状态的高精度估计。因此，这些机动量的状态估计误差都非常大。相对速度估计主要依赖于相对位置估计。因此，相对速度状态估计性能与相对位置状态估计性能类似，最优轨道机动相比于其他随机机动来说，状态估计效果更好。另外，终点状态估计精度是服务航天器执行下一步的制导和控制的重要依据，所以也对终点系统状态估计精度进行了比较（如上述图中的局部放大图所示）。从仿真结果来看，最优轨道机动方法的终点位置和终点速度状态估计效果与随机机动状态估计效果相比也更好一些。

7.4 本 章 小 结

本章以系统观测能力量化评估为指标，提出了基于可观测性理论的轨道流形优化方法、基于可观测度的陆标空间构型规划方法、基于最优轨道机动的相对位置状态高精度估计模型，实现了对观测数据在时间及空间维度的自主优选，以及观测策略的自主优化。在航天器有限计算资源条件下，可有效提升航天器自主导航系统的导航精度和收敛速度。相关方法不仅可应用于航天器间的相对导航任务，还可应用于深空探测器软着陆任务，具有较为重要的工程意义。

参 考 文 献

[1] Woffinden D C, Geller D K. Observability criteria for angles-only navigation. IEEE Transactions on Aerospace and Electronic Systems, 2009, 45(3): 1194-1208.

[2] Passerieux J M, van Cappel D. Optimal observer maneuver for bearings-only tracking. IEEE Transactions on Aerospace and Electronic Systems, 1998, 34(3): 777-788.

[3] Woffinden D C, Geller D K. Optimal orbital rendezvous maneuvering for angles-only navigation. Journal of Guidance, Control, and Dynamics, 2009, 32(4): 1382-1387.

[4] Grzymisch J, Fichter W. Observability criteria and unobservable maneuvers for in-orbit bearings-only navigation. Journal of Guidance, Control, and Dynamics, 2014, 37(4): 1250-1259.

[5] Grzymisch J, Fichter W. Analytic optimal observability maneuvers for in-orbit bearings-only rendezvous. Journal of Guidance, Control, and Dynamics, 2014, 37(5): 1658-1664.

[6] Grzymisch J, Fichter W. Optimal rendezvous guidance with enhanced bearings-only observability. Journal of Guidance, Control, and Dynamics, 2015, 38(6): 1131-1140.

第 8 章　总结和展望

在科技高速迭代的当下，自主运行技术已成为无人系统向智能化、高效化演进的核心动力。航天器作为资源强受限、难以在轨维修的典型无人系统，其独立可靠的运行能力在通信遥感、气象导航、深空探测等航天任务中具有重要战略价值，也是各航天强国争相发展的核心目标。在王大轶负责的国家 973 计划、国家杰出青年科学基金和国防科技卓越青年科学基金等重大科技项目支持下，作者团队以实现航天器自主运行为目标，聚焦自主诊断重构与自主导航两大核心挑战，展开了系统性研究。通过深入分析航天器自主运行技术的研究现状与关键瓶颈，以二阶动态系统的诊断、重构与观测能力定量表征作为理论突破口，创新性地构建了可诊断性理论、可重构性理论与可观测性理论体系，提出了基于可诊断性与可重构性的自主诊断重构方法，以及基于可观测性理论的自主导航方法，为航天器安全可靠地自主运行奠定了理论基础，提供了关键技术支撑。

8.1　研 究 总 结

8.1.1　系统能力定量表征理论

在诊断能力和重构能力定量表征理论方面，本书针对航天器这一类二阶动态系统，构建了可诊断性与可重构性理论，给出了统一框架下故障现象到测量信息、资源配置到重构目标的映射关系数学表征；基于映射关系的连通关系，实现了诊断重构能力有无的准确判定；基于映射关系的差异程度建立了用于衡量系统可诊断性和可重构性的指标体系，实现了诊断重构能力的完备量化，为航天器实现自主诊断重构提供了理论支撑。

在观测能力定量表征理论方面，本书针对航天器自主导航系统这类典型欠观测系统，构建了可观测性理论，基于系统动力学模型阶次有限的条件，发现了可观测性矩阵(用于表征观测能力)的任意阶李导数仅与状态量、观测量及其一阶导相关，通过建立与可观测性矩阵等价的低维共有子空间(≤6 维)，实现了观测能力的等价降维表征，得到量化系统观测能力的解析可观测性指标体系，解决了器上因难以进行可观测性矩阵的高阶偏微分运算而无法量化观测能力的问题，为航天器实现自主导航提供了理论支撑。

8.1.2　自主运行技术方法

在自主诊断重构技术方法方面，本书基于构建的可诊断性和可重构性理论，提出了正常模式与故障模式一体化设计方法，揭示了概率逻辑方面的因果关系和资源配置方面的耦合关系，实现了有限资源在正常与故障下的合理分配，解决了研制阶段最大化航天器诊断重构能力的难题；提出了故障诊断与系统重构一体化设计方法，揭示了所需时间的制约机理和故障空间的变迁规律，实现了诊断重构时刻的动态协同，解决了运行阶段航天器难以自主保持最大诊断重构能力的问题。

在自主导航技术方法方面，本书提出了基于可观测度的航天器轨道流形优化方法、基于可观测度的陆标空间构型规划方法以及基于最优轨道机动的相对位置状态高精度估计方法，从轨道流形、陆标构型和轨道机动等方面提升自主导航系统的观测能力，实现了有限资源条件下的航天器高精度自主导航。

上述研究成果已成功应用于我国探月工程和首次火星探测等任务，实现了理论发展、方法创新、技术突破和工程应用的完整闭环。

8.2　未来展望

尽管航天器自主诊断重构和自主导航的理论方法研究已取得阶段性成果，但面对未来日益复杂的航天装备和全新的高难度、高风险航天任务带来的挑战，相关理论体系与技术方法仍有待深入发展和完善，下面重点介绍该领域的主要发展趋势。

8.2.1　自主诊断重构领域

在理论层面，亟需发展更全面的二阶动态系统诊断重构能力评价方法。航天器作为高度复杂的非线性动态系统，其行为受多重资源约束、复杂空间环境及强动力学耦合特性等因素的综合影响。现有可诊断性与可重构性理论对此类实际因素考量不足。后续研究应结合机理模型与工程数据构建更完备的航天器模型，并在评价框架中系统性地纳入上述复杂约束与非线性的影响，发展普适性更强的评价理论与方法。

在方法层面，需要研究更轻量高效的正常模式与故障模式一体化设计方法、故障诊断与系统重构一体化设计方法。这两类设计均为涉及海量故障模式、众多设计目标(标称性能、诊断/重构能力)和决策变量(资源配置、诊断时长、重构时刻)的高维多目标优化问题，且受时空耦合约束，挑战巨大。尤其对于需在轨实时应用的故障诊断和系统重构一体化设计，星载计算资源限制难以满足复杂优化算法的算力需求。为此，需对航天器的不同故障模式和资源配置进行聚类分析，实现目标与变量的有效降维，并发展轻量高效的实时优化算法，以确保在轨策略的实时最优性。

8.2.2 自主导航领域

在理论层面，需深入研究欠观测系统观测能力的完备表征方法。完备表征系统的观测能力是准确判定与量化其可观测性的基础，而欠观测系统的表征尤为关键。现有非线性系统可观测性表征方法(如基于 Gramian 矩阵、微分流形、可区分性等)常因运算复杂性(如高阶 Lie 导数)导致完备性缺失。未来研究需兼顾表征的完备性与工程实现的可行性，探索非线性系统可区分性/局部可区分性与范数结合的表征途径。此外，基于系统开环稳定性和基于能观规范型的表征方法在欠观测系统中的应用尚属空白，具有深入研究的理论价值。

在方法层面，需突破仅依赖光学序列图像的自主导航方法。传统基于多源信息(尤其多种相对导航敏感器)融合的方法易导致系统复杂、设备冗余、数据异构，难以在资源受限航天器上高效自主运行。光学序列图像凭借其标准配置、全程适用、信息丰富的优势，结合光学敏感器模块化、通用化、无约束的特性，有望成为自主导航系统唯一必要的信息源。发展仅利用光学序列图像的高精度自主导航方法，可赋予我国各类航天器全程自主导航能力。该技术路线工程实用性强且理论完备，有望成为我国航天器导航能力跃升的有效技术途径。